高等学校数据结构课程系列教材

数据结构教程

（Java语言描述）

◎ 李春葆 李筱驰 主编

清华大学出版社
北京

内容简介

本书系统地介绍了各种常用的数据结构以及查找和排序的各种算法，阐述了各种数据结构的逻辑结构、存储表示及基本运算，并采用Java语言描述数据组织和算法实现，所有算法的程序均在Java 1.8中调试通过。

本书既注重原理又注重实践，配有大量图表和示例，内容丰富，概念讲解清楚，表达严谨，逻辑性强，语言精练，可读性好。书中提供了丰富的练习题、实验题和在线编程题，配套的《数据结构教程(Java语言描述)学习与上机实验指导》详细给出了本书练习题的解题思路和参考答案，以及在线编程题的AC代码。

本书内容的广度和深度符合本科培养目标的要求，配套教学资源丰富。本书可作为普通高等学校计算机及相关专业本科的“数据结构”课程的教材，也可作为从事计算机软件开发和工程应用人员的参考书。

图书在版编目(CIP)数据

数据结构教程：Java语言描述/李春葆，李筱驰主编. —北京：清华大学出版社，2020.7(2024.1重印)
高等学校数据结构课程系列教材
ISBN 978-7-302-55134-8

Ⅰ. ①数… Ⅱ. ①李… ②李… Ⅲ. ①数据结构—高等学校—教材 ②JAVA语言—程序设计—高等学校—教材 Ⅳ. ①TP311.12 ②TP312.8

中国版本图书馆CIP数据核字(2020)第047900号

策划编辑：魏江江
责任编辑：王冰飞
封面设计：刘 键
责任校对：李建庄
责任印制：沈 露

出版发行：清华大学出版社
网 址：https：//www.tup.com.cn，https：//www.wqxuetang.com
地 址：北京清华大学学研大厦A座 **邮 编**：100084
社 总 机：010-83470000 **邮 购**：010-62786544
投稿与读者服务：010-62776969，c-service@tup.tsinghua.edu.cn
质量反馈：010-62772015，zhiliang@tup.tsinghua.edu.cn
课件下载：https：//www.tup.com.cn，010-83470236
印 装 者：三河市天利华印刷装订有限公司
经 销：全国新华书店
开 本：185mm×260mm **印 张**：31.5 **字 数**：764千字
版 次：2020年9月第1版 **印 次**：2024年1月第12次印刷
印 数：29001～31000
定 价：69.80元

产品编号：086499-01

FOREWORD

前言

党的二十大报告中指出：教育、科技、人才是全面建设社会主义现代化国家的基础性、战略性支撑。必须坚持科技是第一生产力、人才是第一资源、创新是第一动力，深入实施科教兴国战略、人才强国战略、创新驱动发展战略，这三大战略共同服务于创新型国家的建设。高等教育与经济社会发展紧密相连，对促进就业创业、助力经济社会发展、增进人民福祉具有重要意义。

"数据结构"课程是计算机及相关专业的核心专业基础课，以常用的数据结构为主线讨论基本的数据组织和处理方法。该课程的要求是学生能够掌握数据的逻辑结构、存储结构及基本运算的实现，能够对算法进行基本的时间复杂度与空间复杂度分析，能够运用数据结构的基本原理和方法进行问题分析与求解，并具备采用计算机语言设计与实现算法的能力。

该课程要求分为两个层次，一是掌握各种数据结构的基本原理，从逻辑层面理解各种数据结构的逻辑结构特性以及基本运算，继而合理地实现数据结构，使之成为像程序设计语言中那样可以直接使用的数据类型；二是掌握各种数据结构的应用，针对一个较复杂的数据处理问题选择合适的数据结构，设计出好的求解算法。

本书基于作者长期在教学第一线从事教学研究的教学经验的积累和总结，同时参考近年来国内外出版的多种数据结构教材，考虑教与学的特点，合理地进行内容取舍和延伸，精心组织编写而成。本书采用 Java 语言的面向对象方法描述数据结构和算法。全书由 10 章组成，各章的内容如下。

第 1 章绪论：介绍数据结构的基本概念、采用 Java 语言描述算法的方法和特点、算法分析方法和如何设计好算法等。

第 2 章线性表：介绍线性表的定义、线性表的两种主要存储结构和各种基本运算算法设计，以及 Java 中的 ArrayList<E>和 LinkedList<E>集合及其使用，最后通过示例讨论线性表的应用。

第 3 章栈和队列：介绍栈的定义、栈的存储结构、栈的各种基本运算算法设计和栈的应用，以及队列的定义、队列的存储结构、队列的各种基本运算算法设计和队列的应用，Java 中的 Stack<E>、Queue<E>、Deque<E>和 PriorityQueue<E>集合及其使用。

第4章串：介绍串的定义、串的存储结构和串的各种基本运算算法设计，以及Java中的String类及其使用，串的模式匹配算法BF和KMP及其应用。

第5章递归：介绍递归的定义、递归模型、递归算法设计和分析方法。

第6章数组和稀疏矩阵：介绍数组的定义、数组存储方法和Java中的数组类Arrays及其使用，以及几种特殊矩阵的压缩存储方式、稀疏矩阵的压缩存储及相关算法设计。

第7章树和二叉树：介绍树的定义、树的逻辑表示方法、树的性质、树的遍历和树的存储结构，以及二叉树的定义、二叉树的性质、二叉树的存储结构、二叉树的基本运算算法设计、二叉树的递归和非递归遍历算法、二叉树的构造、线索二叉树和哈夫曼树、树/森林和二叉树的转换与还原过程、树算法设计和并查集的应用。

第8章图：介绍图的定义、图的存储结构、图的基本运算算法设计、图的两种遍历算法以及图的应用(包括图的最小生成树、最短路径、拓扑排序和关键路径等)。

第9章查找：介绍查找的定义、线性表上的各种查找算法、树表上的各种查找算法、哈希表查找算法，以及Java中的TreeMap<E>、TreeSet<E>、HashMap<E>和HashSet<E>集合的使用方法。

第10章排序：介绍排序的定义，插入排序方法、交换排序方法、选择排序方法、归并排序方法和基数排序方法，以及各种内排序方法的比较、外排序过程和相关算法。

本书教学内容紧扣《高等学校计算机专业核心课程教学实施方案》和《计算机学科硕士研究生入学考试大纲》，涵盖教学方案及考研大纲要求的全部知识点。书中带"*"的章节或示例为选讲或选学内容，相对难度较高，供提高者研习。本书的主要特点如下。

(1) 结构清晰，内容丰富，文字叙述简洁明了，可读性强。

(2) 图文并茂，全书用了300多幅图来表述和讲解数据的组织结构与算法设计思想。

(3) 力求归纳各类算法设计的规律。例如单链表算法中很多是基于建表算法，二叉树算法中很多是基于4种遍历算法，图算法中很多是基于两种遍历算法，如果读者掌握了相关的基础算法，那么对于较复杂的算法设计就会驾轻就熟。

(4) 深入讨论递归算法设计方法。递归算法设计是数据结构课程中的难点之一，作者从递归模型入手介绍从求解问题中提取递归模型的通用方法，讲解从递归模型到递归算法设计的基本规律。

(5) 书中提供大量的教学示例，将抽象概念具体化，所有算法设计示例均在JDK 1.8中调试通过。

(6) 与Java语言深度结合，在讲授各种数据结构实现原理的基础上介绍Java中已实现的相关集合，并通过示例利用这些集合求解实际问题。

(7) 强调实践教学过程，锻炼在线编程能力，以POJ和HDU为平台，提供了若干个与课程内容紧密结合、难度适中的在线编程实验题，方便课程实训。

(8) 绝大部分知识点配有教学视频，采用微课碎片化形式组织，累计超过32小时。

本书的配套辅助教材《数据结构教程(Java语言描述)学习与上机实验指导》提供了本书所有练习题和实验题的参考答案，其中所有在线编程题均在相关平台中通过(Accept)。

为了方便教师授课和学生学习，本书提供了全面、丰富的教学资源，内容如下。

(1) 教学大纲：包含48课时和60课时参考教学内容安排。

(2) 教学课件：提供超过1500页的精美PPT课件，仅供任课教师在教学中使用。

(3) 程序源码：所有源代码按章组织，例如 ch2 文件夹存放第 2 章的源代码，其中 SqList 子文件夹存放顺序表类文件 SqListClass.java 和相关示例源代码文件，例如 ch2 下的 SqList 中的 Exam2_3.java 为例 2.3 的源代码。

资源下载提示

课件等资源：扫描封底的"课件下载"二维码，在公众号"书圈"下载。

素材(源码)等资源：扫描目录上方的二维码下载。

视频等资源：扫描封底刮刮卡中的二维码，再扫描书中章节中的二维码，可以在线学习。

在线作业：扫描封底刮刮卡中的二维码，登录在线作业平台。

本书出版前已作为武汉大学的弘毅学堂的"数据结构"课程讲义使用过多次，并在教学中根据实际情况和同学们的建议做了多次修订，在出版过程中得到清华大学出版社计算机与信息分社魏江江分社长的全力支持，同时王冰飞老师给予精心指导，在此一并表示衷心的感谢。

尽管作者不遗余力，但由于水平所限，书中难免存在不足之处，敬请教师和同学们批评指正。

作　者

2020 年 5 月于西雅图

CONTENTS

目录

程序源码

第 1 章　绪论 ······ 1

1.1　什么是数据结构 ······ 2

1.1.1　数据结构的定义 ······ 2

1.1.2　数据的逻辑结构 ······ 3

1.1.3　数据的存储结构 ······ 6

1.1.4　数据的运算 ······ 10

1.1.5　数据结构和数据类型 ······ 10

1.2　算法及其描述 ······ 12

1.2.1　什么是算法 ······ 12

1.2.2　算法描述 ······ 13

1.3　算法分析 ······ 28

1.3.1　算法设计的要求 ······ 28

1.3.2　算法的时间性能分析 ······ 28

1.3.3　算法的存储空间分析 ······ 32

1.4　数据结构的目标 ······ 32

1.5　练习题 ······ 36

1.5.1　问答题 ······ 36

1.5.2　算法分析题 ······ 37

1.6　实验题 ······ 38

1.6.1　上机实验题 ······ 38

1.6.2　在线编程题 ······ 38

第 2 章　线性表 ······ 40

2.1　线性表的定义 ······ 40

2.1.1　什么是线性表 ······ 40

2.1.2　线性表的抽象数据类型描述 ······ 41

2.2　线性表的顺序存储结构 ······ 41

2.2.1 线性表的顺序存储结构——顺序表 …… 42
2.2.2 线性表的基本运算算法在顺序表中的实现 …… 42
2.2.3 顺序表的应用算法设计示例 …… 47
2.2.4 顺序表容器——ArrayList …… 53
2.3 线性表的链式存储结构 …… 57
2.3.1 线性表的链式存储结构——链表 …… 57
2.3.2 单链表 …… 58
2.3.3 单链表的应用算法设计示例 …… 65
2.3.4 双链表 …… 71
2.3.5 双链表的应用算法设计示例 …… 75
2.3.6 循环链表 …… 78
2.3.7 链表容器——LinkedList …… 83
2.4 顺序表和链表的比较 …… 84
2.5 线性表的应用 …… 85
2.5.1 求解两个多项式相加问题的描述 …… 85
2.5.2 采用顺序存储结构求解 …… 85
2.5.3 采用链式存储结构求解 …… 89
2.6 练习题 …… 93
2.6.1 问答题 …… 93
2.6.2 算法设计题 …… 93
2.7 实验题 …… 96
2.7.1 上机实验题 …… 96
2.7.2 在线编程题 …… 96

第 3 章 栈和队列 …… 99

3.1 栈 …… 99
3.1.1 栈的定义 …… 99
3.1.2 栈的顺序存储结构及其基本运算算法的实现 …… 101
3.1.3 顺序栈的应用算法设计示例 …… 103
3.1.4 栈的链式存储结构及其基本运算算法的实现 …… 109
3.1.5 链栈的应用算法设计示例 …… 110
3.1.6 Java 中的栈容器——Stack<E> …… 111
3.1.7 栈的综合应用 …… 112
3.2 队列 …… 122
3.2.1 队列的定义 …… 122
3.2.2 队列的顺序存储结构及其基本运算算法的实现 …… 123
3.2.3 循环队列的应用算法设计示例 …… 128
3.2.4 队列的链式存储结构及其基本运算算法的实现 …… 130
3.2.5 链队的应用算法设计示例 …… 132

3.2.6 Java 中的队列接口——Queue<E> …… 133
3.2.7 队列的综合应用 …… 134
*3.2.8 双端队列 …… 138
3.2.9 优先队列 …… 138
3.3 练习题 …… 142
3.3.1 问答题 …… 142
3.3.2 算法设计题 …… 142
3.4 实验题 …… 143
3.4.1 上机实验题 …… 143
3.4.2 在线编程题 …… 143

第4章 串 …… 151

4.1 串的基本概念 …… 151
4.1.1 什么是串 …… 151
4.1.2 串的抽象数据类型 …… 152
4.2 串的存储结构 …… 152
4.2.1 串的顺序存储结构——顺序串 …… 153
4.2.2 串的链式存储结构——链串 …… 154
4.3 Java 中的字符串 …… 157
4.3.1 String …… 157
4.3.2 StringBuffer …… 159
4.4 串的模式匹配 …… 160
4.4.1 Brute-Force 算法 …… 160
4.4.2 KMP 算法 …… 163
4.5 练习题 …… 171
4.5.1 问答题 …… 171
4.5.2 算法设计题 …… 171
4.6 实验题 …… 172
4.6.1 上机实验题 …… 172
4.6.2 在线编程题 …… 172

第5章 递归 …… 175

5.1 什么是递归 …… 175
5.1.1 递归的定义 …… 175
5.1.2 何时使用递归 …… 176
5.1.3 递归模型 …… 178
5.1.4 递归与数学归纳法 …… 178
5.1.5 递归的执行过程 …… 179
5.1.6 递归算法的时空分析 …… 181

5.2 递归算法的设计 …… 182
5.2.1 递归算法设计的步骤 …… 182
5.2.2 基于递归数据结构的递归算法设计 …… 183
5.2.3 基于归纳方法的递归算法设计 …… 185
5.3 练习题 …… 190
5.3.1 问答题 …… 190
5.3.2 算法设计题 …… 191
5.4 实验题 …… 191
5.4.1 上机实验题 …… 191
5.4.2 在线编程题 …… 191
第6章 数组和稀疏矩阵 …… 198
6.1 数组 …… 198
6.1.1 数组的基本概念 …… 198
6.1.2 数组的存储结构 …… 199
6.1.3 Java 中的数组 …… 201
6.1.4 数组的应用 …… 205
6.2 特殊矩阵的压缩存储 …… 206
6.3 稀疏矩阵 …… 210
6.3.1 稀疏矩阵的三元组表示 …… 210
6.3.2 稀疏矩阵的十字链表表示 …… 213
6.4 练习题 …… 215
6.4.1 问答题 …… 215
6.4.2 算法设计题 …… 215
6.5 实验题 …… 216
6.5.1 上机实验题 …… 216
6.5.2 在线编程题 …… 216
第7章 树和二叉树 …… 218
7.1 树 …… 218
7.1.1 树的定义 …… 219
7.1.2 树的逻辑结构表示方法 …… 219
7.1.3 树的基本术语 …… 220
7.1.4 树的性质 …… 221
7.1.5 树的基本运算 …… 222
7.1.6 树的存储结构 …… 223
7.2 二叉树 …… 225
7.2.1 二叉树的概念 …… 225
7.2.2 二叉树的性质 …… 227

7.2.3 二叉树的存储结构 …… 230
7.2.4 二叉树的递归算法设计 …… 232
7.2.5 二叉树的基本运算及其实现 …… 233
7.3 二叉树的先序、中序和后序遍历 …… 236
7.3.1 二叉树遍历的概念 …… 236
7.3.2 先序、中序和后序遍历递归算法 …… 237
7.3.3 递归遍历算法的应用 …… 238
*7.3.4 先序、中序和后序遍历非递归算法 …… 248
7.4 二叉树的层次遍历 …… 256
7.4.1 层次遍历过程 …… 256
7.4.2 层次遍历算法设计 …… 256
7.4.3 层次遍历算法的应用 …… 257
7.5 二叉树的构造 …… 261
7.5.1 由先序/中序序列或后序/中序序列构造二叉树 …… 261
*7.5.2 序列化和反序列化 …… 266
7.6 线索二叉树 …… 267
7.6.1 线索二叉树的定义 …… 267
7.6.2 线索化二叉树 …… 268
7.6.3 遍历线索二叉树 …… 271
7.7 哈夫曼树 …… 272
7.7.1 哈夫曼树的定义 …… 272
7.7.2 哈夫曼树的构造算法 …… 273
7.7.3 哈夫曼编码 …… 275
7.8 二叉树与树、森林之间的转换 …… 277
7.8.1 树到二叉树的转换及还原 …… 278
7.8.2 森林到二叉树的转换及还原 …… 279
*7.9 树算法设计和并查集 …… 280
7.9.1 树算法设计 …… 280
7.9.2 并查集 …… 283
7.10 练习题 …… 288
7.10.1 问答题 …… 288
7.10.2 算法设计题 …… 289
7.11 实验题 …… 290
7.11.1 上机实验题 …… 290
7.11.2 在线编程题 …… 290

第8章 图 …… 295

8.1 图的基本概念 …… 295
8.1.1 图的定义 …… 295

8.1.2 图的基本术语 …… 297
8.2 图的存储结构 …… 299
8.2.1 邻接矩阵 …… 299
8.2.2 邻接表 …… 302
8.3 图的遍历 …… 307
8.3.1 图遍历的概念 …… 307
8.3.2 深度优先遍历 …… 307
8.3.3 广度优先遍历 …… 309
8.3.4 非连通图的遍历 …… 310
8.3.5 图遍历算法的应用 …… 312
*8.3.6 求有向图中强连通分量的 Tarjan 算法 …… 325
8.4 生成树和最小生成树 …… 327
8.4.1 生成树和最小生成树的概念 …… 327
8.4.2 普里姆算法 …… 330
8.4.3 Kruskal 算法 …… 333
8.5 最短路径 …… 337
8.5.1 最短路径的概念 …… 337
8.5.2 Dijkstra 算法 …… 338
8.5.3 Floyd 算法 …… 342
8.6 拓扑排序 …… 349
8.6.1 什么是拓扑排序 …… 349
8.6.2 拓扑排序算法设计 …… 350
*8.6.3 逆拓扑序列和非递归深度优先遍历 …… 351
8.7 AOE 网与关键路径 …… 353
8.7.1 什么是 AOE 网和关键路径 …… 353
8.7.2 求 AOE 网中关键路径的算法 …… 356
8.8 练习题 …… 358
8.8.1 问答题 …… 358
8.8.2 算法设计题 …… 359
8.9 实验题 …… 359
8.9.1 上机实验题 …… 359
8.9.2 在线编程题 …… 362

第 9 章 查找 …… 368

9.1 查找的基本概念 …… 368
9.2 线性表的查找 …… 369
9.2.1 顺序查找 …… 370
9.2.2 折半查找 …… 372
9.2.3 索引存储结构和分块查找 …… 381

9.3 树表的查找 …… 384
9.3.1 二叉排序树 …… 385
9.3.2 平衡二叉树 …… 393
*9.3.3 Java 中的 TreeMap 和 TreeSet 集合 …… 399
9.3.4 B-树 …… 404
9.3.5 B+树 …… 410
9.4 哈希表的查找 …… 412
9.4.1 哈希表的基本概念 …… 412
9.4.2 哈希函数的构造方法 …… 413
9.4.3 哈希冲突的解决方法 …… 414
9.4.4 哈希表的查找及性能分析 …… 417
*9.4.5 Java 中的 HashMap 和 HashSet 集合 …… 420
9.5 练习题 …… 425
9.5.1 问答题 …… 425
9.5.2 算法设计题 …… 426
9.6 实验题 …… 427
9.6.1 上机实验题 …… 427
9.6.2 在线编程题 …… 427

第 10 章 排序 …… 433

10.1 排序的基本概念 …… 433
10.2 插入排序 …… 436
10.2.1 直接插入排序 …… 436
10.2.2 折半插入排序 …… 438
10.2.3 希尔排序 …… 440
10.3 交换排序 …… 442
10.3.1 冒泡排序 …… 442
10.3.2 快速排序 …… 444
10.4 选择排序 …… 450
10.4.1 简单选择排序 …… 450
10.4.2 堆排序 …… 452
10.4.3 堆数据结构 …… 457
10.5 归并排序 …… 459
10.5.1 自底向上的二路归并排序 …… 459
10.5.2 自顶向下的二路归并排序 …… 462
10.6 基数排序 …… 466
10.7 各种内排序方法的比较和选择 …… 469
10.8 外排序 …… 471
10.8.1 生成初始归并段的方法 …… 471

10.8.2 多路归并方法 …… 473
10.9 练习题 …… 478
10.9.1 问答题 …… 478
10.9.2 算法设计题 …… 480
10.10 实验题 …… 480
10.10.1 上机实验题 …… 480
10.10.2 在线编程题 …… 481

参考文献 …… 486

CHAPTER 1

第1章 绪论

“数据结构”作为一门独立的课程最早在美国的一些大学开设，1968年美国的Donald E. Knuth教授开创了数据结构的最初体系，他所著的《计算机程序设计技巧》是系统地阐述数据的逻辑结构和存储结构及其运算的著作，是数据结构的经典之作。在20世纪60年代末出现了大型程序，结构程序设计成为程序设计方法学的主要内容，人们越来越重视数据结构，认为程序设计的实质是对确定的问题选择一种好的结构，加上设计一种好的算法，即程序＝数据结构＋算法。从20世纪70年代开始，数据结构得到了迅速发展，编译程序、操作系统和数据库管理系统等都涉及数据元素的组织以及在存储器中的分配，数据结构技术成为设计和实现大型系统软件与应用软件的关键技术。

“数据结构”课程通过介绍一些典型数据结构的特性来讨论基本的数据组织和数据处理方法。通过本课程的学习，培养学生对数据结构的逻辑结构和存储结构具有明确的基本概念和必要的基础知识，对定义在数据结构上的基本运算有较强的理解能力，学会分析研究计算机加工的数据结构的特性，以便为应用涉及的数据选择适当的逻辑结构和存储结构，并能设计出较高质量的算法。

本章基本学习要点如下：

(1) 数据结构的定义，数据结构包含的逻辑结构、存储结构和运算3个方面的相互关系。

(2) 各种逻辑结构(线性结构、树形结构和图形结构)之间的差别。

(3) 各种存储结构(顺序存储结构、链式存储结构、索引和哈希)之间的差别。

(4) 数据结构和数据类型的区别和联系。

(5) 抽象数据类型的概念和描述方式。

(6) 算法的定义及其特性。

(7) 重点掌握算法的时间复杂度和空间复杂度分析。

1.1 什么是数据结构

在了解数据结构的重要性之后开始讨论数据结构的定义,本节先从一个简单的学生表例子入手,继而给出数据结构的严格定义,接着分析数据结构的几种类型,最后给出数据结构和数据类型之间的区别与联系。

1.1.1 数据结构的定义

用计算机解决一个具体的问题大致需要经过以下几个步骤:

(1) 分析问题,确定数据模型。

(2) 设计相应的算法。

(3) 编写程序,运行并调试程序直至得到正确的结果。

寻求数学模型的实质是分析问题,从中提取操作的对象,并找出这些操作对象之间的关系,然后用数学语言加以描述。有些问题的数据模型可以用具体的数学方程式来表示,但更多的实际问题是无法用数学方程式来表示的,这就需要从数据入手来分析并得到解决问题的方法。

数据是描述客观事物的数、字符以及所有能输入计算机中并被计算机程序处理的符号的集合。例如,日常生活中使用的各种文字、数字和特定符号都是数据。从计算机的角度看,数据是所有能被输入计算机中且能被计算机处理的符号的集合。它是计算机操作的对象的总称,也是计算机处理的信息的某种特定的符号表示形式(例如,A 班学生数据包含了该班全体学生的记录)。

通常以**数据元素**作为数据的基本单位(例如,A 班中的每个学生记录都是一个数据元素),也就是说数据元素是组成数据的有一定意义的基本单位,在计算机中通常作为整体处理,有些情况下数据元素也称为元素、结点、记录等。有时候,一个数据元素可以由若干个数据项组成。数据项是具有独立含义的数据最小单位,也称为域[例如,A 班中的每个数据元素(学生记录)是由学号、姓名、性别和班号等数据项组成]。

数据对象是性质相同的有限个数据元素的集合,它是数据的一个子集,例如大写字母数据对象是集合 $C=\{'A','B','C',\cdots,'Z'\}$;1～100 的整数数据对象是集合 $N=\{1,2,\cdots,100\}$。在默认情况下,数据结构中的数据都是指的数据对象。

数据结构是指所涉及的数据元素的集合以及数据元素之间的关系,由数据元素之间的关系构成结构,因此可把数据结构看成是带结构的数据元素的集合。数据结构包括如下几个方面:

(1) 数据元素之间的逻辑关系,即数据的逻辑结构,它是数据结构在用户面前呈现的形式。

(2) 数据元素及其关系在计算机存储器中的存储方式,即数据的存储结构,也称为数据的物理结构。

(3) 施加在该数据上的操作,即数据的运算。

数据的逻辑结构是从逻辑关系(主要是指数据元素的相邻关系)上描述数据的,它与数据的存储无关,是独立于计算机的,因此数据的逻辑结构可以看作是从具体问题抽象出来的数学模型。

数据的存储结构是逻辑结构用计算机语言的实现或在计算机中的表示(也称为映射),也就是逻辑结构在计算机中的存储方式,它是依赖于计算机语言的,一般在高级语言(例如Java、C/C++等语言)的层次上来讨论存储结构。

数据的运算是定义在数据的逻辑结构之上的,每种逻辑结构都有一组相应的运算,最常用的运算有检索、插入、删除、更新、排序等。数据的运算最终需要在对应的存储结构上用算法实现。

因此,数据结构是一门讨论"描述现实世界实体的数学模型(通常为非数值计算)及其之上的运算在计算机中如何表示和实现"的学科。

1.1.2 数据的逻辑结构

讨论数据结构的目的是为了用计算机求解问题,而分析并弄清数据的逻辑结构是求解问题的基础,也是求解问题的第一步。

数据的逻辑结构是面向用户的,它反映数据元素之间的逻辑关系而不是物理关系,是独立于计算机的。

1. 逻辑结构的表示

由于数据的逻辑结构是面向用户的,所以可以采用表格、图等用户容易理解的形式表示。下面通过几个实例加以说明。

【例1.1】 采用表格形式给出一个高等数学成绩表,表中的数据元素是学生成绩记录,每个数据元素由3个数据项(学号、姓名和分数)组成。

解:一个用表格表示的高等数学成绩表如表1.1所示,表中的每一行对应一个学生记录。

表1.1 高等数学成绩表

学号	姓名	分数
2018001	王华	90
2018010	刘丽	62
2018006	陈明	54
2018009	张强	95
2018007	许兵	76
2018012	李萍	88
2018005	李英	82

【例1.2】 采用图形式给出某大学组织结构图,大学下设若干个学院和若干个处,每个学院下设若干个系,每个处下设若干个科或办公室。

解：某大学组织结构图如图 1.1 所示，该图中的每个矩形框为一个结点，对应一个单位名称。

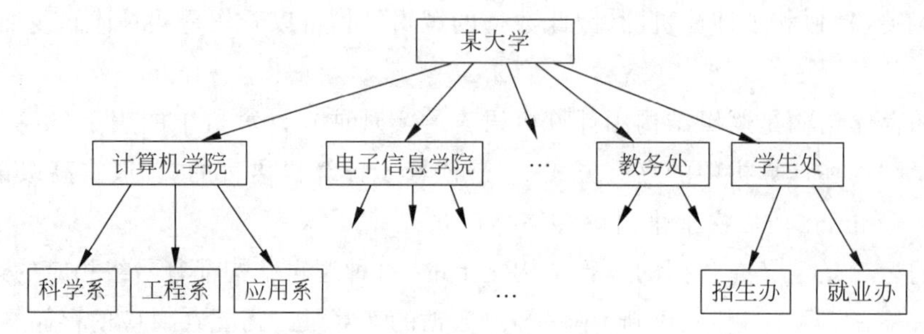

图 1.1　某大学组织结构图

【例 1.3】 采用图形式给出全国部分城市交通线路图。

解：全国部分城市交通线路图如图 1.2 所示，图中的每个结点表示一个城市。

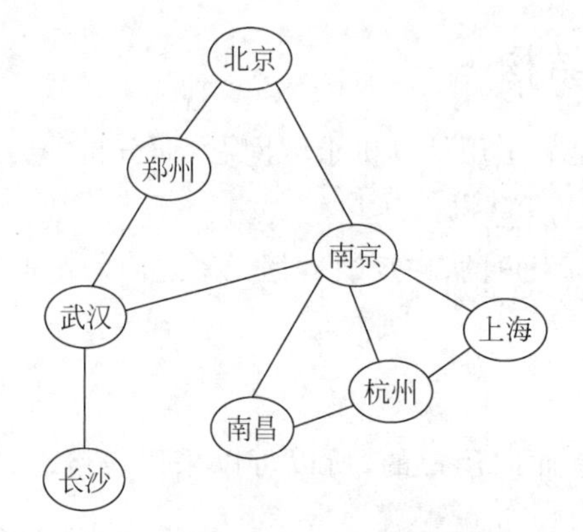

图 1.2　全国部分城市交通线路图

上面几个实例都是数据逻辑结构的表示形式，从中可以看出，数据逻辑结构主要是从数据元素之间的相邻关系来考虑的，数据结构课程中主要讨论这种相邻关系，在实际应用中很容易将其推广到其他关系。

实际上同一个数据逻辑结构可以采用多种方式来表示，假设用学号表示一个成绩记录，高等数学成绩表的逻辑结构也可以用图 1.3 表示。

图 1.3　高等数学成绩表的另一种逻辑结构表示

为了更通用地描述数据的逻辑结构，通常采用二元组表示数据的逻辑结构，一个二元组如下：

$$B=(D,R)$$

其中 B 是一种逻辑数据结构，D 是数据元素的集合，在 D 上数据元素之间可能存在多种关系，R 是所有关系的集合，即

$$D=\{d_i \mid 0\leqslant i\leqslant n-1, n\geqslant 0\}$$

$$R=\{r_j \mid 1 \leqslant j \leqslant m, m \geqslant 0\}$$

其中 d_i 表示集合 D 中的第 $i(0 \leqslant i \leqslant n-1)$ 个数据元素(或结点),n 为 D 中数据元素的个数,特别地,若 $n=0$,则 D 是一个空集,此时 B 也就无结构可言;$r_j(1 \leqslant j \leqslant m)$ 表示集合 R 中的第 j 个关系,m 为 R 中关系的个数,特别地,若 $m=0$,则 R 是一个空集,表明集合 D 中的数据元素间不存在任何关系,彼此是独立的,这和数学中集合的概念是一致的。

说明:为了方便起见,数据结构中元素的逻辑序号统一从 0 开始。

R 中的某个关系 $r_j(1 \leqslant j \leqslant m)$ 是序偶的集合,对于 r_j 中的任一序偶 $\langle x, y \rangle (x, y \in D)$,把 x 叫作序偶的第一元素,把 y 叫作序偶的第二元素,又称序偶的第一元素为第二元素的**前驱元素**,称第二元素为第一元素的**后继元素**。例如在 $\langle x, y \rangle$ 的序偶中,x 为 y 的前驱元素,而 y 为 x 的后继元素。

若某个元素没有前驱元素,则称该元素为**开始元素**;若某个元素没有后继元素,则称该元素为**终端元素**。

对于对称序偶,满足这样的条件:若 $\langle x, y \rangle \in r (r \in R)$,则 $\langle y, x \rangle \in r (x, y \in D)$,可用圆括号代替尖括号,即 $(x, y) \in r$。

对于 D 中的每个数据元素,通常用一个关键字来唯一标识,例如高等数学成绩表中学生成绩记录的关键字为学号。前面 3 个示例均可以采用二元组来表示其逻辑结构。

【例 1.4】 采用二元组表示前面 3 个例子的逻辑结构。

解:高等数学成绩表(假设学号为关键字)的二元组表示如下。

B1=(D,R)
D={2018001,2018010,2018006,2018009,2018007,2018012,2018005}
$R=\{r_1\}$　　　　//表示只有一种逻辑关系
r_1={ <2018001,2018010>,<2018010,2018006>,<2018006,2018009>,
　　<2018009,2018007>,<2018007,2018012>,<2018012,2018005> }

某高校组织结构(假设单位名为关键字)的二元组表示如下。

B2=(D,R)
D={某大学,计算机学院,电子信息学院,…,教务处,学生处,…,科学系,工程系,应用系,…,
　招生办,就业办}
$R=\{r_1\}$
r_1={<某大学,计算机学院>,<某大学,电子信息学院>,…,<某大学,教务处>,
　　<某大学,学生处>,…,<计算机学院,科学系>,<计算机学院,工程系>,
　　<计算机学院,应用系>,…,<学生处,招生办>,<学生处,就业办> }

全国部分城市交通图(假设城市名为关键字)的二元组表示如下。

B3=(D,R)
D={北京,郑州,武汉,长沙,南京,南昌,杭州,上海}
$R=\{r_1\}$
r_1={ (北京,郑州),(北京,南京),(郑州,武汉),(武汉,南京),(武汉,长沙),(南京,南昌),
　　(南京,上海),(南京,杭州),(南昌,杭州),(南昌,上海) }

2. 逻辑结构的类型

在现实生活中数据呈现不同类型的逻辑结构,归纳起来数据的逻辑结构主要分为以下类型。

(1) 集合：结构中的数据元素之间除了“同属于一个集合”的关系外没有其他关系，与数学中集合的概念相同。

(2) 线性结构：若结构是非空的，则有且仅有一个开始元素和终端元素，并且所有元素最多只有一个前驱元素和一个后继元素。

在例 1.1 的高等数学成绩表中，每一行为一个学生成绩记录(或成绩元素)，其逻辑结构特性是只有一个开始记录(即姓名为王华的记录)和一个终端记录(也称为尾记录，即姓名为李英的记录)，其余每个记录只有一个前驱记录和一个后继记录，也就是说记录之间存在一对一的关系，其逻辑结构特性为线性结构。

(3) 树形结构：若结构是非空的，则有且仅有一个元素为开始元素(也称为根结点)，可以有多个终端元素，每个元素有零个或多个后继元素，除开始元素外每个元素有且仅有一个前驱元素。

例 1.2 中某大学组织结构图的逻辑结构特性是只有一个开始结点(即大学名称结点)，有若干个终端结点(例如科学系等)，每个结点有零个或多个下级结点，也就是说结点之间存在一对多的关系，其逻辑结构特性为树形结构。

(4) 图形结构：若结构是非空的，则每个元素可以有多个前驱元素和多个后继元素。

例 1.3 中全国部分城市交通线路图的逻辑结构特性是每个结点和一个或多个结点相连，也就是说结点之间存在多对多的关系，其逻辑结构特性为图形结构。

视频讲解

1.1.3 数据的存储结构

问题求解最终是用计算机求解，在弄清数据的逻辑结构后便可以借助计算机语言(本书采用 Java 语言)实现其存储结构(或物理结构)。

数据的存储结构应正确地反映数据元素之间的逻辑关系，也就是说在设计某种逻辑结构对应的存储结构时需要在计算机内存中存储两个方面的信息，即存储逻辑结构中的所有数据元素和存储数据元素之间的逻辑关系，所以将数据的存储结构称为逻辑结构的映像，如图 1.4 所示。

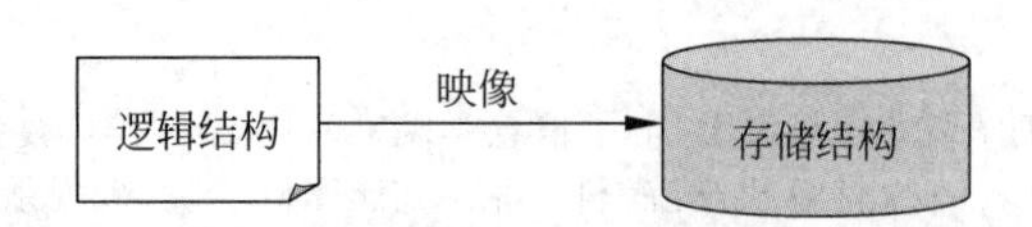

图 1.4 存储结构是逻辑结构在内存中的映像

归纳起来，数据的逻辑结构是面向用户的，而存储结构是面向计算机的，其基本目标是将数据及其逻辑关系存储到计算机的内存中。

下面通过一个示例说明数据的存储结构的设计过程。

【例 1.5】 对于表 1.1 所示的高等数学成绩表，设计多种存储结构，并讨论各种存储结构的特性。

解：这里设计高等数学成绩表的两种存储结构。

存储结构 1：用 Java 语言中的对象数组来存储高等数学成绩表。

设计学生类 Stud1 如下：

```
class Stud1                                          //学生类
{ int no;                                            //存放学号
  String name;                                       //存放姓名
  int score;                                         //存放分数
  public Stud1(int no1,String name1,int score1)      //构造方法
  {  no=no1; name=name1; score=score1; }
}
```

定义一个 Stud1 对象数组 st 用于存放高等数学成绩表：

```
Stud1[] st=new Stud1[7];                             //存放记录的数组
st[0]=new Stud1(2018001,"王华",90);
st[1]=new Stud1(2018010,"刘丽",62);
st[2]=new Stud1(2018006,"陈明",54);
st[3]=new Stud1(2018009,"张强",95);
st[4]=new Stud1(2018007,"许兵",76);
st[5]=new Stud1(2018012,"李萍",88);
st[6]=new Stud1(2018005,"李英",82);
```

这样的 st 数组便是高等数学成绩表的一种存储结构，其示意图如图 1.5 所示。该存储结构的特性是所有元素存放在一片地址连续的存储单元中，逻辑上相邻的元素在物理位置上也是相邻的，所以不需要额外空间表示元素之间的逻辑关系。这种存储结构称为**顺序存储结构**。

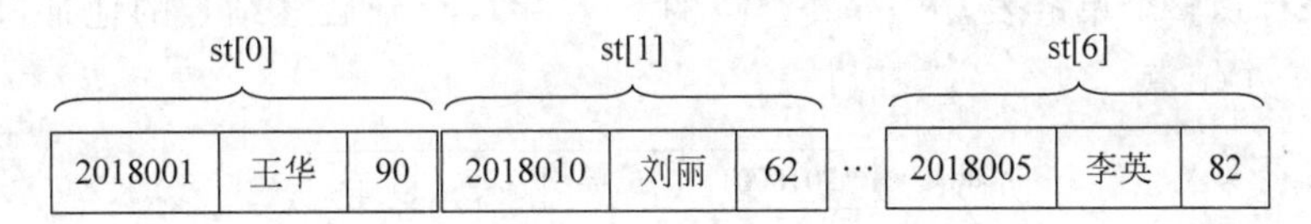

图 1.5　高等数学成绩表的顺序存储结构示意图

说明：尽管并非任何 Java 数组中的所有元素都存放在一片地址连续的存储单元中，但从存取操作角度可以这样理解。

存储结构 2：用 Java 语言中的单链表来存储高等数学成绩表。

设计存放高等数学成绩表的结点类 Stud2 如下：

```
class Stud2                                          //学生结点类
{ public int no;                                     //存放学号
  public String name;                                //存放姓名
  public int score;                                  //存放分数
  public Stud2 next;
}
```

建立一个用于存放高等数学成绩表的单链表(开始结点为 head)：

```
Stud2 head;                                          //学生单链表的开始结点
Stud2 p1,p2,p3,p4,p5,p6,p7;
p1=new Stud2();
p1.no=2018001; p1.name="王华"; p1.score=90;
p2=new Stud2();
```

```
p2.no=2018010; p2.name="刘丽"; p2.score=62;
p3=new Stud2();
p3.no=2018006; p3.name="陈明"; p3.score=54;
p4=new Stud2();
p4.no=2018009; p4.name="张强"; p4.score=95;
p5=new Stud2();
p5.no=2018007; p5.name="许兵"; p5.score=76;
p6=new Stud2();
p6.no=2018012; p6.name="李萍"; p6.score=88;
p7=new Stud2();
p7.no=2018005; p7.name="李英"; p7.score=82;
head=p1;                                    //开始结点用 head 标识
p1.next=p2;                                 //建立结点之间的关系
p2.next=p3;
p3.next=p4;
p4.next=p5;
p5.next=p6;
p6.next=p7;
p7.next=null;                               //尾结点的 next 属性设置为 null
```

其中每个学生成绩记录用一个结点存储,共建立 7 个结点(p1~p7),由于这些结点的地址不一定是连续的,所以采用 next 字段(或域)表示逻辑关系,即一个结点的 next 字段指向其逻辑上的后继结点,尾结点的 next 字段置为 null,从而构成一个链表(由于每个结点只有一个 next 指针字段,称其为单链表),其存储结构如图 1.6 所示。在该存储结构中,开始结点为 head,用它来标识整个单链表,由 head 结点的 next 字段得到后继结点的地址,以此类推可以找到任何一个结点。

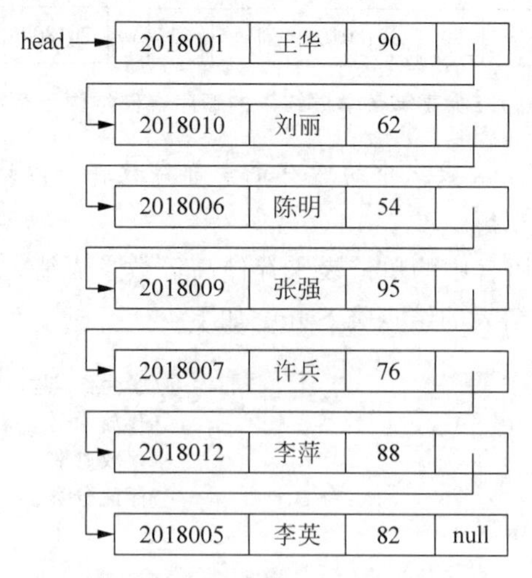

图 1.6　高等数学成绩表的链式存储结构

这种存储结构的特性是把数据元素存放在任意的存储单元中,这组存储单元可以是连续的,也可以是不连续的,通过指针域来反映数据元素的逻辑关系,称之为**链式存储结构**。

设计存储结构是非常灵活的,一个存储结构设计得是否合理(能否存储所有的数据元素及反映数据元素的逻辑关系)取决于该存储结构的运算实现是否方便和高效。

归纳起来有以下 4 种常用的存储结构类型。

1. 顺序存储结构

顺序存储结构是把逻辑上相邻的元素存储在物理位置上相邻的存储单元里，元素之间的逻辑关系由存储单元的邻接关系来体现(称为直接映射)。通常顺序存储结构是借助于计算机程序设计语言(例如 Java、C/C++语言等)的数组来实现。

顺序存储方法的主要优点是节省存储空间，因为分配给数据的存储单元全部用于存放元素值，元素之间的逻辑关系没有占用额外的存储空间。在采用这种方法时，可实现对结点的随机存取，即每个元素对应一个序号，由该序号可直接计算出元素的存储地址。顺序存储方法的主要缺点是初始空间大小难以确定，插入和删除操作需要移动较多的元素。

2. 链式存储结构

链式存储结构中每个逻辑元素用一个结点存储，不要求逻辑上相邻的元素在物理位置上也相邻，元素间的逻辑关系用附加的指针域来表示。由此得到的存储表示称为链式存储结构，它通常要借助于计算机程序设计语言的指针(或者引用)来实现。

链式存储方法的主要优点是便于进行插入和删除操作，实现这些操作仅需要修改相应结点的指针字段，不必移动结点。与顺序存储方法相比，链式存储方法的主要缺点是存储空间的利用率较低，因为分配给数据的存储单元有一部分被用来存储元素之间的逻辑关系。另外，由于逻辑上相邻的元素在存储空间中不一定相邻，所以链式存储方法不能对元素进行随机存取。

3. 索引存储结构

索引存储结构通常是在存储元素信息的同时还建立附加的索引表。索引表中的每一项称为索引项，索引项的一般形式是(关键字，地址)，关键字唯一标识一个元素，索引表按关键字有序排列，地址作为指向元素的指针。这种带有索引表的存储结构可以大大提高数据查找的速度。

线性结构采用索引存储方法后可以对元素进行随机访问，在进行插入、删除运算时只需移动存储在索引表中对应元素的存储地址，而不必移动存放在元素表中的数据，所以仍保持较高的数据修改运算效率。索引存储方法的缺点是增加了索引表，降低了存储空间的利用率。

4. 哈希(或散列)存储结构

哈希存储结构的基本思想是根据元素的关键字通过哈希函数直接计算出一个值，并将这个值作为该元素的存储地址。

哈希存储方法的优点是查找速度快，只要给出待查元素的关键字就可以立即计算出该元素的存储地址。与前 3 种存储方法不同的是，哈希存储方法只存储元素的数据，不存储元素之间的逻辑关系。哈希存储方法一般只适用于要求对数据能够进行快速查找和插入的场合。

在实际应用中上述 4 种基本存储结构既可以单独使用，也可以组合使用。同一种逻辑结构采用不同的存储方法可以得到不同的存储结构，也就是说同一种逻辑结构可能有多种存储结构，选择何种存储结构要视具体要求而定，主要考虑的因素是运算实现是否方便及算法的时空性能要求。

视频讲解

1.1.4 数据的运算

将数据存放在计算机中的目的是为了实现一种或多种运算。运算包括功能描述(或运算功能)和功能实现(或运算实现),前者是基于逻辑结构的,是用户定义的,是抽象的;后者是基于存储结构的,是程序员用计算机语言或伪码表示的,是详细的过程,其核心是设计实现某一运算功能的处理步骤,即算法设计。

例如,对于高等数学成绩表这种数据结构可以进行一系列的运算,如增加一个学生成绩记录,删除一个学生成绩记录,求所有学生的平均分,查找序号为 i 的学生的分数等。

同一运算在不同存储结构中的实现过程是不同的。例如查找序号为 i(i 表示序号而不是学号)的学生的分数,其本身就是运算的功能描述,它在顺序存储结构和链式存储结构中的实现过程是不同的。在顺序存储结构 st 中对应的代码如下:

```
public static int Findi(Stud1[] st,int i)                    //求序号为 i 的学生的分数
{  if (i<0 || i>st.length)                                   //i 错误时抛出异常
       throw new IllegalArgumentException("参数 i 错误");
   else                                                      //i 正确时返回分数
       return st[i].score;
}
```

在链式存储结构 head 中对应的代码如下:

```
public static int Findi(Stud2 head,int i)                    //求序号为 i 的学生的分数
{  int j=0;
   Stud2 p=head;                                             //p 指向第一个结点
   while (j<i && p!=null)
   {   j++;
       p=p.next;
   }
   if (i<=0 || p==null)                                      //i 错误时抛出异常
       throw new IllegalArgumentException("参数 i 错误");
   else                                                      //i 正确时返回分数
       return p.score;
}
```

从直观上看,“查找序号为 i 的学生的分数”运算在顺序存储结构上实现比在链式存储结构上实现要简单得多,也更加高效。

归纳起来,对于一种数据结构,其逻辑结构是唯一的(尽管逻辑结构的表示形式有多种),但它可能对应多种存储结构,并且在不同的存储结构中同一运算的实现过程可能不同。

1.1.5 数据结构和数据类型

数据类型是与数据结构密切相关的一个概念,容易引起混淆。本节介绍二者之间的差别和抽象数据类型的概念。

1. 数据类型

在用高级程序语言(例如 Java 语言)编写的程序中,通常需要对程序中出现的每个变量、常量或表达式明确地说明它们所属的数据类型。不同类型的变量,其所能取的值的范围

不同，所能进行的操作或运算也不同。数据类型是一组性质相同的值的集合和定义在此集合上的一组操作的总称。

例如在高级语言中已实现的或非高级语言直接支持的数据结构即为数据类型。在程序设计语言中，一个变量的数据类型不仅规定了这个变量的取值范围，而且定义了这个变量可用的运算，例如 Java 语言中定义变量 i 为 short 类型，则它的取值范围为 $-32\,768 \sim 32\,767$，可用的操作有 +、-、*、/ 和 % 等，如图 1.7 所示。

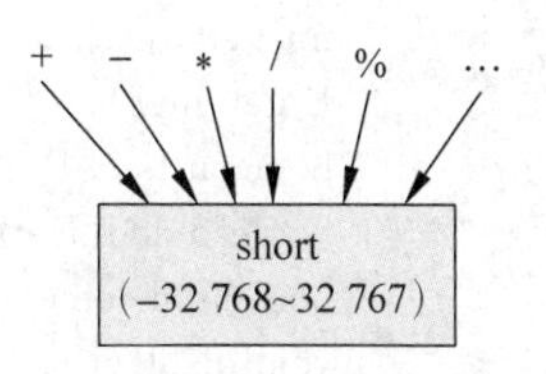

图 1.7　short 数据类型

总之，数据结构是指计算机处理的数据元素的组织形式和相互关系，而数据类型是某种程序设计语言中已实现的数据结构。在程序设计语言提供的数据类型的支持下，可以根据从问题中抽象出来的各种数据模型逐步构造出描述这些数据模型的各种新的数据结构。

2. 抽象数据类型

抽象数据类型(Abstract Data Type，ADT)指的是用户进行软件系统设计时从问题的数学模型中抽象出来的逻辑数据结构和逻辑数据结构上的运算，而不考虑计算机的具体存储结构和运算的具体实现算法。抽象数据类型中的数据对象和数据运算的声明与数据对象的表示和数据运算的实现相互分离，也称为抽象模型。

"抽象"意味着应该从与实现方法无关的角度研究数据结构，只关心数据结构做什么，而不是如何实现。但是在程序中使用数据结构之前必须提供实现方法，并且还要关心运算的执行效率。

一个具体问题的抽象数据类型的定义通常采用简洁、严谨的文字描述，一般包括数据对象(即数据元素的集合)、数据关系和基本运算 3 个方面的内容。抽象数据类型可用(D，S，P)三元组表示，其中 D 是数据对象，S 是 D 上的关系集，P 是 D 中数据运算的基本运算集。其基本格式如下：

```
ADT 抽象数据类型名
{  数据对象：数据对象的声明
   数据关系：数据关系的声明
   基本运算：基本运算的声明
}  ADT 抽象数据类型名
```

其中基本运算的声明格式如下：

```
基本运算名(参数表)：运算功能描述
```

【例 1.6】　构造集合 ADT Set，假设其中元素为 E 类型，遵循标准数学定义，基本运算包括求集合长度、求第 i 个元素、判断一个元素是否属于集合、向集合中添加一个元素、从集合中删除一个元素和输出集合中的所有元素。另外定义一个实现两个集合运算的 ADT TwoSet，成员包括 Union(集合并)、Intersection(集合交)和 Difference(集合差)。

解：抽象数据类型 Set 和 TwoSet 的定义如下。

```
ADT Set                                   //集合的抽象数据类型
{  数据对象：
      data={d_i | 0≤i≤n-1, d_i∈E};      //存放集合中的元素
```

```
        int size;                                //集合中元素的个数
    数据关系:
        无
    基本运算:
        int getsize();                           //返回集合的长度
        E get(int i);                            //返回集合的第 i 个元素
        boolean IsIn(E e);                       //判断 e 是否在集合中
        boolean add(E e);                        //将元素 e 添加到集合中
        boolean delete(E e);                     //从集合中删除元素 e
        void display();                          //输出集合中的元素
} ADT Set
/////////////////////////////////////////////////////////
ADT TwoSet                                       //两个集合运算的抽象数据类型
{ 数据对象:
        data={s_i | 1≤i≤n, s_i∈Set};             //以集合作为处理元素
    数据关系:
        无
    基本运算:
        Union(Set s1, Set s2);                   //求 s3=s1∪s2
        Intersection(Set s1, Set s2);            //求 s3=s1∩s2
        Difference(Set s1, Set s2);              //求 s3=s1-s2
}
```

抽象数据类型有两个重要特征,即数据抽象和数据封装。所谓数据抽象,是指用 ADT 描述程序处理的实体时强调的是其本质的特征、其所能完成的功能以及它和外部用户的接口(即外界使用它的方法)。所谓数据封装,是指将实体的外部特性和其内部实现细节分离,并且对外部用户隐藏其内部实现细节。抽象数据类型需要通过固有数据类型(高级编程语言中已实现的数据类型,例如 Java 中的类)来实现。

1.2 算法及其描述

本节先给出算法的定义和特性,然后讨论用 Java 语法描述算法的方法。

1.2.1 什么是算法

数据元素之间的关系有逻辑关系和物理关系,对应的运算有逻辑结构上的运算(抽象运算)和具体存储结构上的运算(运算实现)。算法是在具体存储结构上实现某个抽象运算。

确切地说,**算法**是对特定问题求解步骤的一种描述,它是指令的有限序列,其中每一条指令表示计算机的一个或多个操作。所谓算法设计,就是把逻辑层面设计的接口(抽象运算)映射到实现层面具体的实现方法(算法)。

算法具有以下 5 个重要的特性(如图 1.8 所示)。

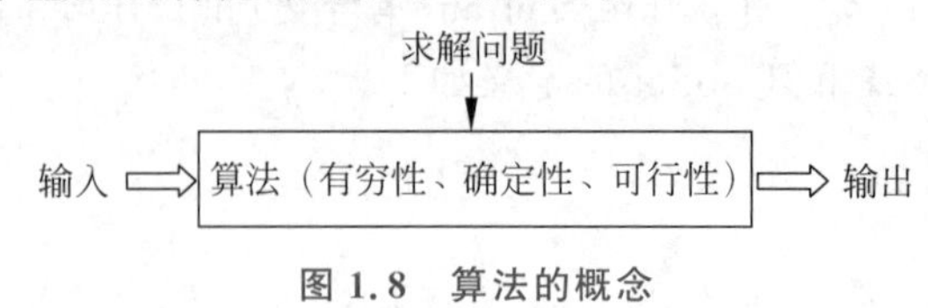

图 1.8 算法的概念

(1) 有穷性：指算法在执行有限的步骤之后自动结束而不会出现无限循环，并且每一个步骤在可接受的时间内完成。

(2) 确定性：对于每种情况下执行的操作在算法中都有确定的含义，不会出现二义性，并且在任何条件下算法都只有一条执行路径。

(3) 可行性：算法的每条指令都是可执行的，即便人借助纸和笔都可以完成。

(4) 输入性：算法有零个或多个输入。在大多数算法中输入参数是必要的，但对于较简单的算法，例如计算 1+2 的值，不需要任何输入参数，因此算法的输入可以是零个。

(5) 输出性：算法至少有一个或多个输出。算法用于某种数据处理，如果没有输出，这样的算法是没有意义的，算法的输出是和输入有着某些特定关系的量。

说明：算法和程序是有区别的，程序是指使用某种计算机语言对一个算法的具体实现，即具体要怎么做，而算法侧重于对解决问题的方法描述，即要做什么。算法必须满足有限性，而程序不一定满足有限性，例如 Windows 操作系统在用户没有退出、硬件不出现故障以及不断电的条件下理论上可以无限时运行。算法的有穷性意味着不是所有的计算机程序都是算法，所以严格上讲算法和程序是两个不同的概念。当然算法也可以直接用任何计算机程序来描述，这样算法和程序就是一回事了，本书就是采用这种方式。

【例 1.7】 考虑下列两段描述。

(1) 描述一：

```
void exam1()
{  int n=2;
   while (n%2==0)
      n=n+2;
   System.out.println(n);
}
```

(2) 描述二：

```
void exam2()
{  int x,y=0;
   x=5/y;
   System.out.println(x);
}
```

这两段描述均不能满足算法的特征，试问它们违反了哪些特性？

解：描述一中 while 循环语句是一个死循环，违反了算法的有穷性特性，所以它不是算法。

描述二中包含除零操作，违反了算法的可行性特性(因为任何计算机语言都无法实现除零操作，或者说除零操作是不可行的)，所以它不是算法。

1.2.2 算法描述

用户可以采用自然语言或某种计算机语言来描述算法，对于计算机专业的学生，最好掌握用计算机语言来描述算法。下面介绍 Java 语言中描述算法的相关基础，本书后面的算法设计中会经常用到这些内容，以后不再一一介绍。

1. Java 的基本数据类型及其输入与输出

1) Java 的 8 种基本数据类型

Java 的 8 种基本数据类型如下。

(1) 4 种整数类型(byte、short、int、long)：byte 为 8 位，用于表示最小数据单位。short 为 16 位，表示整数范围是 −32 768～32 767。int 为 32 位，表示整数范围是 $-2^{31}\sim2^{31}-1$

(大约为 21 亿)。long 为 64 位,表示整数范围是 $-2^{63} \sim 2^{63}-1$。整数有各种进制,例如十进制(如 10 对应十进制数 10)、八进制(如 010 对应十进制数 8)、十六进制(如 0x10 对应十进制数 16)。

(2) 两种浮点数类型(float、double):float 为 32 位,后缀为 F 或 f,其浮点表示形式是 1 位符号位、8 位指数和 23 位有效尾数。double 为 64 位,后缀为 D 或 d,其浮点表示形式是 1 位符号位、11 位指数和 52 位有效尾数。

(3) 一种字符类型(char):char 为 16 位,是整数类型,是用单引号括起来的一个字符(可以是一个中文字符),使用 Unicode 码代表字符。

(4) 一种布尔类型(boolean):布尔类型取值为 true(真)或者 false(假)。注意,Java 中的 true 不能用"非 0"代替,false 不能用"0"代替,例如以下程序段是错误的比较:

```
boolean f=true;
if(f==1)                                //不能将布尔变量与整数进行比较
  System.out.println("OK");
```

2) 基本数据类型之间的转换

上述 8 种基本数据类型之间的自动转换如图 1.9 所示,即数据表示范围小的数据类型可以自动转换成数据表示范围大的数据类型,也可以通过强制类型转换把一个数据类型转换为另外一种数据类型。

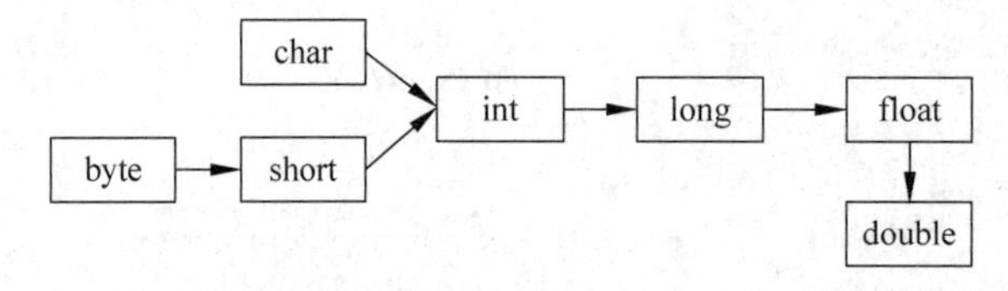

图 1.9 基本数据类型之间的自动转换

3) 基本数据类型的输入

由键盘输入的数据,不管是文字还是数字,Java 皆视为字符串,因此若是要由键盘输入数据,必须经过转换。为了简化输入操作,从 Java SE 5 版本开始在 java.util 类库中新增了一个专门用于输入操作的类 Scanner,可以使用该类输入一个对象。例如建立一个 Scanner 对象 fin:

```
Scanner fin=new Scanner(System.in);
```

这样就可以用 fin 对象调用相应方法读取用户在键盘上输入的相应类型的数据,这些方法有 nextByte()、nextDouble()、nextFloat()、nextInt()、nextLong()、nextShort()、next()和 nextLine()。其中,使用 next()和 nextLine()方法接收从键盘输入的字符串型数据,next()一定要读取到有效字符后才可以结束输入,对于输入有效字符之前遇到的空格键、Tab 键或 Enter 键等结束符,它将自动去掉,只有在输入有效字符之后该方法才将其后输入的这些符号视为分隔符。nextLine()的结束符为回车键,即返回回车之前的所有字符。

4) 基本数据类型的输出

Java 中的输出语句如下。

（1）System.out.println()：最常用的输出语句，会把括号里的内容转换成字符串输出到输出控制台并且换行，当输出的是一个基本数据类型时会自动转换成字符串，如果输出的是一个对象，则会自动调用对象的 toString()方法，将返回值输出到控制台。

（2）System.out.print()：与上一个语句很相似，区别就是上一个语句输出后会换行，而这个语句输出后并不换行。

（3）System.out.printf()：这个方法延续了 C 语言的输出方式，通过格式化文本和参数列表输出。

2. Java 的引用类型

在 Java 中类型可分为两大类，即值类型与引用类型。值类型就是前面介绍的 8 种基本数据类型，引用类型是指除了这些基本数据类型之外的所有类型（例如通过 class 定义的类类型和数组等都是引用数据类型）。

在 Java 中引用类型的变量与 C/C++的指针变量类似。引用类型变量称为引用变量，它指向一个对象（该类型的实例），这些变量在声明时指定为一个引用类型，例如某个类类型。Java 属于强类型语言，变量一旦声明后，其数据类型就不能改变了。所有引用类型的默认值都是 null（空）。一个引用变量可以用来引用任何与之兼容的类型。

所有类型变量在内存中都会分配一定的存储空间（形参在使用的时候也会分配存储空间，方法调用完成之后这块存储空间自动消失），基本数据类型的变量（非引用变量）只有一块存储空间，即在栈空间中分配，而引用类型有两块存储空间，引用变量在栈空间中分配，实例在堆空间中分配。

例如执行以下程序时，两个变量 a 和 b 都是值类型变量，它们在栈空间中分配，如图 1.10 所示。

```
public static void main(String[] args)
{ int a=1;
  double b=2.2;
}
```

又例如执行以下程序时，两个引用类型变量 a 和 b 的空间分配如图 1.11 所示。

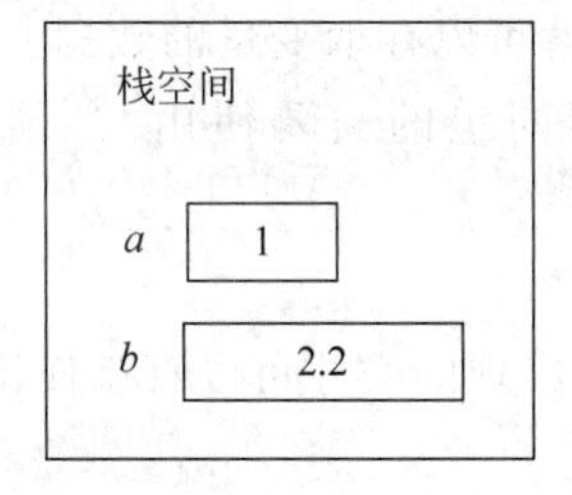

图 1.10　两个值类型变量 a 和 b 的分配空间

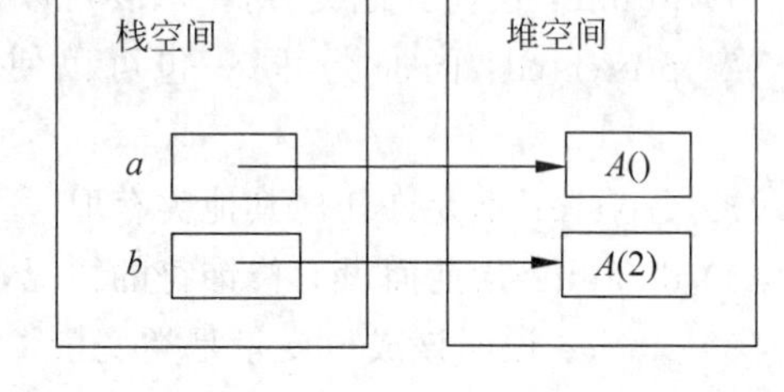

图 1.11　两个引用类型变量 a 和 b 的分配空间

```
class A
{ int n;
  public A(){}
  public A(int n1) { n=n1; }
}
```

```
public class tmp
{ public static void main(String[] args)
   {  A a=new A();
      A b=new A(2);
   }
}
```

其中引用变量 a 和 b 在栈空间中分配(与 C/C++ 中的指针变量一样),它们指向的实例在堆空间中分配(与 C/C++ 中的指针指向的数据一样)。从中可以看出 Java 中的引用与 C/C++ 中的指针在原理上是类似的,但记住 Java 没有指针的概念,只有引用。

3. Java 中的类设计

1) 创建类

Java 类作为一种数据封装机制,将相关的数据和操作组织在一起,并实现了信息的隐藏。在 Java 中可以用如下方式创建一个类:

```
[类修饰符] class 类名
{ 成员变量;
  成员方法;
}
```

类由成员变量和方法构成,类、成员变量和方法都通过修饰符限制如何使用。常用的类修饰符如下。

(1) public:共有类,可以被所有其他类访问和引用。

(2) abstract:抽象类,没有具体实现功能,只用于扩展子类。

(3) final:最终类,表示该类已经非常具体,没有子类可扩展。

2) 类成员变量的定义及修饰符

类成员变量的定义如下:

```
[变量修饰符] 变量数据类型 变量名 1,变量名 2[=变量初值] …;
```

变量数据类型可以是 Java 中任意的数据类型,包括基本数据类型、类、接口和数组。在一个类中的成员变量应该是唯一的。常用的变量修饰符如下。

(1) public:任何其他类、对象只要可以看到这个类就可以存取变量的数据。

(2) protected:同一类,同一包可以使用。如果不同包的类要使用,必须是该类的子类。

(3) private:不允许任何其他类存取。

(4) default:指前面没有修饰符的情况,在同一包中出现的类才可以直接使用。

(5) static:说明该成员变量是类变量。

(6) final:说明为常量使用。

3) 方法的声明与实现

在类中方法有 3 类,分别是构造方法、普通方法和主方法。主方法是程序的入口,其固定格式为 public static void main(String[] args)。这里仅讨论普通方法。

普通方法是类的动态属性,对象的行为是由其方法来实现。一个对象可通过调用另一个对象的方法来访问后者。与类一样,方法也有两个主要部分,即方法首部声明和方法体。

方法声明的基本形式如下：

```
[方法修饰符] 返回类型 方法名(形参表) [throws exceptionList]
{
    …                                          //方法体
}
```

方法修饰符与变量修饰符相同。形参表指定参数，参数的类型可以是简单数据类型，也可以是引用数据类型(数组、类或接口)，参数传递方式是值传递。

方法体是对方法的实现，它包括局部变量的声明以及所有合法的 Java 语句。局部变量的作用域只在该方法内部。

一个方法必须声明其返回类型，如果无返回值，则必须声明其返回类型为 void。当 return 语句带有返回值时，它与方法定义的返回类型的关系必须符合如下几种情况之一：

(1) 当方法声明的返回类型是基本数据类型时，返回值的数据类型必须与返回类型一致。

(2) 当方法声明的返回类型是一个类时，返回对象的数据类型必须是与方法声明的返回类相同的类或其子类。

(3) 当方法声明的返回类型是一个接口类型时，返回的对象所属的类必须实现这个接口。

Java 支持方法名重载，即多个方法可以共享一个名字。重载的方法不一定返回相同的数据类型，但参数必须有所区别：

(1) 参数的类型不同，例如 doubleIt(int x)和 doubleIt(String x)方法的两个版本的参数的类型不一样。

(2) 参数的顺序不同，这里是指一个方法有多个不同类型参数的情况，改变参数的顺序也算是一种区分方法。

(3) 参数的个数不同。

4) 构造方法

构造方法是类的一种特殊方法，它的特殊性主要体现在如下几个方面：

(1) 构造方法的方法名与类名相同。

(2) 构造方法没有返回类型。

(3) 构造方法的主要作用是完成对象的初始化工作。

(4) 构造方法不能像一般方法那样用“对象.”显式地直接调用，应该用 new 关键字调用构造方法为新对象初始化。

例如以下定义了一个类 A：

```
class A                                    //类 A
{ final int MAXN=5;                        //常量
  private int size;                        //私有成员变量
  private int[] a;                         //私有成员数组
  public A()                               //默认构造方法
  {   size=MAXN;
      a=new int[MAXN];
  }
```

```
    public A(int n)                    //重载构造方法
    {   size=n;
        a=new int[size];
    }
    public int getsize()               //方法
    {   return size;   }               //返回 size
}
```

4. 创建对象

有了类就可以利用它来创建对象。创建对象包括声明对象和实例化。声明对象与声明基本数据类型的变量一样,其一般形式如下:

```
类名 对象名;
```

声明的对象名是一个引用变量(相当于C/C++中的指针),需要实例化后才能使用该对象。实例化是分配对象的内存及初始化,其形式如下:

```
对象名=new 构造方法名([参数表]);
```

用new运算符开辟对象的内存之后,系统自动调用构造方法初始化该对象。若类中没有定义构造方法,系统会调用默认的构造方法。

用户也可以将对象的声明和实例化合并起来,其形式如下:

```
类名 对象名=new 构造方法名([参数表]);
```

通常将引用变量(对象名)和它指向的实例称为对象。对象的使用是通过对象名来实现的,需要指出使用对象的成员变量和方法,通过运算符"."实现对变量的访问和方法的调用。使用对象的基本形式如下:

```
对象名.成员变量名
对象名.方法名
```

例如:

```
A a=new A();                           //调用默认构造方法创建对象 a
A b=new A(10);                         //调用重载构造方法创建对象 b
System.out.println(a.getsize());       //输出 5
System.out.println(b.getsize());       //输出 10
```

Java具有垃圾回收功能,当一个对象不再需要时Java会自动回收其空间,所以用Java实现一个数据结构时不必像C/C++那样需要销毁该数据结构。

5. 类变量和类方法

在类中static成员变量称为类变量(静态变量),非static成员变量称为实例变量。类变量在各实例间共享,其生存期不依赖于对象的实例,其他类可以不通过对象实例访问它们,甚至可以在它的类的任何对象创建之前访问。

同样,在类中static方法称为类方法(静态方法),非static方法称为实例方法。在类方法中只能直接访问类变量和调用其他类方法,不能直接访问类的其他非类成员(但可以通过对象名访问对象的其他成员)。类方法的调用是通过类名而不是对象来调用的。

6. 方法的参数传递

在 Java 中设计一个类的方法通常带有参数，称为“形参”，调用该方法时的参数称为“实参”。调用方法时涉及参数传递，Java 不同于 C++ 中有值传递和引用传递两种方式，在 Java 中只有值传递，即实参到形参的单向值传递。

1）参数为基本数据类型的情况

在这种情况中参数传递过程采用值复制的方式，即将实参值直接复制给对应的形参，再执行被调用的方法，返回时不会改变实参值。例如有以下程序：

```
public class tmp
{ public static void Sum1(int n,int s)
  {  s=n*(n+1)/2; }
  public static void main(String[] args)
  {  int s1=0;
     int n1=5;
     Sum1(n1,s1);
     System.out.println(s1);                              //输出 0
  }
}
```

在 main()中调用 Sum1()方法时实参为 $n1$(初始值为 5)和 $s1$(初始值为 0)，调用 Sum1()方法相当于执行 $n=n1=5$，$s=s1=0$(实参到形参单向值传递)，方法的执行结果是 $s=15$，但不会将形参 s 回传给实参 $s1$，所以 main()中输出的 $s1$ 仍然为 0。如果想得到正确的结果，可以将程序改为通过返回值来回传计算结果：

```
public class tmp
{ public static int Sum2(int n)
  {  return n*(n+1)/2; }
  public static void main(String[] args)
  {  int s1=0;
     int n1=5;
     s1=Sum2(n1);
     System.out.println(s1);                              //输出 15
  }
}
```

一般方法的返回值只有一个，如果要回传多个值，可以采用返回一个数组的形式。例如以下程序实现实参 a 和 b 的交换：

```
public class tmp
{ public static int[] swap(int x,int y)                   //交换 x 和 y
  {  int[] tmp=new int[2];
     tmp[0]=y;
     tmp[1]=x;
     return tmp;
  }
  public static void main(String[] args)
  {  int a=1,b=2;
     int[] tmp=swap(a,b);
```

```
        a=tmp[0]; b=tmp[1];
        System.out.printf("a=%d,b=%d\n",a,b);          //输出 a=2,b=1
    }
}
```

一种更简单的方式是通过类的成员变量(在类的范围内相当于 C/C++的全局变量)回传结果,采用该方式实现上述交换功能的程序如下:

```
public class tmp
{   static int x1,y1;                                  //类成员变量
    public static void swap(int x,int y)               //交换 x 和 y
    {   x1=y;
        y1=x;
    }
    public static void main(String[] args)
    {   int a=1,b=2;
        swap(a,b);
        a=x1; b=y1;
        System.out.printf("a=%d,b=%d\n",a,b);          //输出 a=2,b=1
    }
}
```

2)参数为引用类型的情况

当参数为引用类型时,参数由对象名和实例构成,对象名中存放的是实例的地址,在调用方法时也是采用值传递,即将实参对象名中存放的地址复制给该形参,这样形参和实参指向相同的实例,通过形参改变该实例,那么实参指向的实例也改变了,相当于将实例的改变回传给实参了。例如有以下程序:

```
class B                                                //类 B
{   private int n;
    public B(int n1)                                   //重载构造方法
    {   n=n1;   }
    public void add()                                  //方法 add()
    {   n++;  }
    public int getn()                                  //方法 getn()
    {   return n;   }                                  //返回 n
}
public class tmp
{   public static void fun(B o)                        //改变 o.n
    {   o.add();  }
    public static void main(String[] args)
    {   B a=new B(1);
        System.out.printf("a.n=%d\n",a.getn());        //输出 a.n=1
        fun(a);
        System.out.printf("a.n=%d\n",a.getn());        //输出 a.n=2
    }
}
```

main()中的实参为对象 a,在调用 fun()方法时形参 o 和实参 a 指向相同的 B 类实例,如图 1.12 所示。在执行 fun()方法时修改实例的 n 成员变量为 2,那么实参 a 指向实例的

n 成员变量也为 2，所以返回后 $a.n=2$。

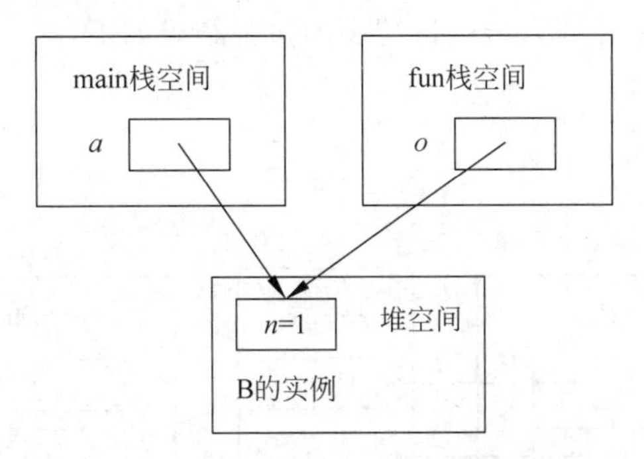

图 1.12　实参 a 和形参 o 指向相同的实例

那么是不是实参 a 和形参 o 是完全相同的呢？答案是否定的，实参 a 和形参 o 的地址是不同的，只是它们指向的实例相同。如果改为如下程序：

```
public class tmp
{  public static void fun(B o)                               //改变 o.n
   {  o=new B(1);                                            //为对象 o 重新分配指向的实例
      o.add();
   }
   public static void main(String[] args)
   {  B a=null;
      fun(a);
      System.out.printf("a.n=%d\n",a.getn());
   }
}
```

上述程序的执行出现错误。实参 a 为 null，在调用 fun()方法时形参 o 分配了空间，但是不会回传给实参 a，返回到 main()方法再执行输出时出错。

【例 1.8】 String 为字符串引用类型，分析以下程序的输出结果。

```
public class tmp
{  public static void swap(String x,String y)                  //交换 x 和 y
   {  String tmp=x;
      x=y;
      y=tmp;
      System.out.printf("x=%s,y=%s\n",x,y);
   }
   public static void main(String[] args)
   {  String a="Hello";
      String b="World";
      System.out.printf("a=%s,b=%s\n",a,b);            //输出 a=Hello,b=World
      swap(a,b);
      System.out.printf("a=%s,b=%s\n",a,b);            //输出 a=Hello,b=World
   }
}
```

解： 从表面上看，main()中的实参 a 和 b 为 String 类型，为引用变量，在调用 swap()后交换它们的值。实际上并非如此,在执行 swap(a,b)后结果如图 1.13 所示,但形参 x、y 的地址值并不能回传给实参 a 和 b,所以该程序的执行结果如下:

```
a=Hello, b=World
x=World, y=Hello
a=Hello, b=World
```

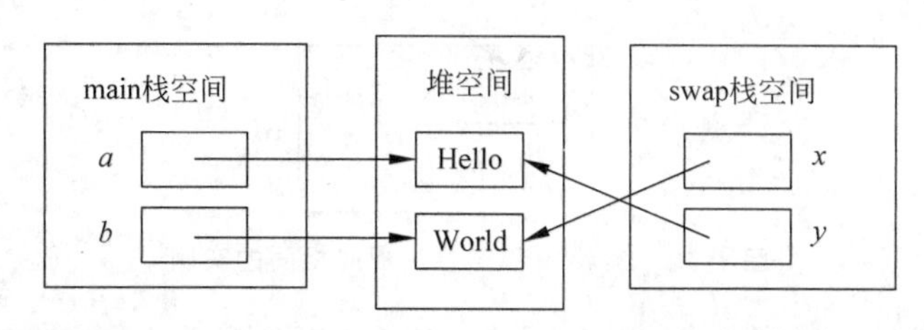

图 1.13　执行 swap()方法后的结果

在 Java 中每个对象都提供了 hashCode()方法,它返回由对象地址或者字符串、数字常量计算出的 int 类型的数值(可以简单地看成对象地址),通过使用 hashCode()方法,调用 swap()方法之前 a 对象的地址是 69609650,b 对象的地址是 83766130,调用 swap()时 x、y 的地址与 a、b 的相同,执行方法体的语句后 x 的地址变为 83766130,y 的地址变为 69609650,但 swap()方法返回到 main()后 a、b 对象的地址不变。

从以上可以看出,所有参数均按值传递,参数为基本数据类型时不会改变实参原来的值。参数为引用类型时形参对象的实例不变(或者仅仅改变该实例的成员变量),结果会回传给实参对象。若形参对象的实例发生改变,结果不会回传给实参对象。

7. Java 中的泛型设计

泛型的本质是参数化类型(在不创建新类型的情况下,通过泛型指定的不同类型来控制形参具体限制的类型),也就是说所操作的数据类型被指定为一个参数。这种参数类型可以用在类、接口和方法的创建中,分别称为泛型类、泛型接口和泛型方法。

Java 语言引入泛型的好处是在编译的时候检查类型安全,并且所有的强制转换都是自动和隐式的,从而提高代码的重用率。

Java 程序先经过编译期把.java 文件转变成.class(字节码)文件,再经过 JIT 编译器把字节码转变成机器码。在编译成.class 文件时会将.java 文件中的泛型作一些特殊处理,即将类的泛型参数 E 擦除,泛型参数 E 变成 Object,也就是说 Java 中的泛型只在编译阶段有效,泛型信息不会进入运行时阶段,所以 Java 的泛型称为"伪泛型"。

泛型参数可以有多个,但只能是类类型(包括自定义类),不能是基本数据类型(例如 int、double、char 等),如果泛型的数据类型为基本数据类型,需要使用相应的包装类,基本数据类型与其包装类的对应是 byte—Byte、short—Short、int—Integer、long—Long、float—Float、double—Double、char—Character、boolean—Boolean。Integer 与 int 的区别是,Integer 的默认值是 null,int 的默认值是 0。

同一种泛型可以对应多个版本(因为参数类型是不确定的),不同版本的泛型类实例是不兼容的。

例如以下程序定义了一个泛型类 Arr<E>,在 main()中创建整数数组 arr1 和字符串

数组 arr2,各自添加若干个元素并输出:

```
class Arr<E>                                          //定义数组泛型类
{ public E[] data;                                    //存放数组中的元素
  public int size;                                    //存放长度
  public Arr(int n)                                   //构造方法
  {  data = (E[])new Object[n];                       //强制转换为E类型数组
     size=0;
  }
  public void add(E e)                                //末尾添加一个元素
  {  data[size]=e;
     size++;
  }
  public void disp()                                  //输出所有元素
  {  for (int i=0;i<size;i++)
     {  if (i==0) System.out.print(data[i]);
        else System.out.print(" "+data[i]);
     }
     System.out.println();
  }
}
public class tmp
{ public static void main(String[] args)
  {  Arr<Integer> arr1=new Arr<Integer>(5);           //创建整数数组 arr1
     arr1.add(1);
     arr1.add(2);
     arr1.add(3);
     System.out.print("arr1: "); arr1.disp();
     Arr<String> arr2=new Arr<String>(3);             //创建字符串数组 arr2
     arr2.add("Mary");
     arr2.add("John");
     arr2.add("Smith");
     System.out.print("arr2: "); arr2.disp();
  }
}
```

在使用泛型时,只要编译器可以根据上下文确定或推断类型参数,就可以用一组空类型参数(<>)替换调用泛型类的构造方法所需的类型参数。例如在上面的程序中可以用以下语句创建 arr1 和 arr2:

```
Arr<Integer> arr1=new Arr<>(5);                       //创建整数数组 arr1
Arr<String> arr2=new Arr<>(3);                        //创建字符串数组 arr2
```

由于 Java 的泛型是"伪泛型"(不同于 C++中的真泛型),所以泛型设计有一些限制,例如泛型类中的静态方法和静态变量不可以使用泛型参数,不能定义泛型数组(除非采用通配符),不能对泛型参数变量使用不确定的操作和不明确的类型转换等。例如设计泛型类 A 如下:

```
class A<E>                                            //定义泛型类 A
{ public E n;                                         //数据成员 n 为E类型
```

```
    public void add(E m)                                    //add()方法
    {   n+=m;  }
    public void disp()                                      //输出所有元素
    {  System.out.println("n="+n);  }
}
```

实际上泛型类 A 是错误的,因为在编译时泛型参数 E 被替换为 Object,无法直接对 Object 变量 n 和 m 执行 $n+=m$ 操作。

尽管 Java 中的泛型有诸多限制,但程序员如果能充分掌握好泛型设计则可以大大提高编程能力。数据结构的实现常用泛型来描述,这是由于数据结构关注的是数据元素及其关系是如何保存的,以及基于这些关系的运算是如何实现的,而数据元素可以是任意类型,使用泛型来描述可以避免对于具体数据元素类型的依赖。

8. 继承

继承是 Java 面向对象编程技术的基石,允许用户创建分层次的类。继承就是子类继承父类的特征和行为,使得子类对象(实例)具有父类的成员变量,或子类从父类继承成员方法,使得子类具有与父类相同的行为。实际上,Java 中所有的类都有一个默认的父类——Object,即使没有显式地去继承这个类。

在继承关系中一般有两个角色,即父类和子类,其中父类也叫基类,子类也叫派生类。类继承的格式如下:

```
class 父类 { … }
class 子类 extends 父类 { … }
```

也就是说通过 extends 关键字声明一个类是从另外一个类继承。继承的特性是子类拥有父类非 private 的成员,子类可以拥有自己的成员,即子类可以对父类进行扩展,子类可以用自己的方式实现父类的方法。需要注意的是 Java 仅仅支持单继承,不支持多继承,单继承是指一个子类只能继承一个父类,多继承是指一个子类可以继承一个以上的父类,这是 Java 继承区别于 C++继承的一个特性。但它们都支持多重继承,多重继承就是 A 类继承 B 类,B 类继承 C 类,按照关系就是 C 类是 B 类的父类,B 类是 A 类的父类。

那么为什么需要继承呢?下面通过示例来说明这个需求。开发一个学校师生管理系统,主要包含教师和学生类,他们的属性和方法如下:

教师的属性有编号、姓名、性别、职称,方法有授课、科研、输出个人信息。

学生的属性有学号、姓名、性别、专业、分数,方法有上课、输出个人信息。

如果分别设计教师类和学生类,则两个类中都包含姓名和性别成员变量以及输出个人信息成员方法,可以先抽取出公共部分设计一个人员类,再从它继承得到教师类和学生类。例如,设计的代码如下:

```
class Person                                                //人员类
{  public String name;                                      //姓名
   public String gender;                                    //性别
   public void disp()                                       //输出个人信息
   {    System.out.print(", 姓名:"+name+", 性别:"+gender);  }
}
class Teacher extends Person                                //教师类从 Person 继承
```

```
{ public String no;                                  //编号
  public String job;                                 //职称
  public void Teaching()                             //授课方法
  {    System.out.println("给学生授课");   }
  public void research()                             //科研方法
  {    System.out.println("做科研");   }
  public void disp()                                 //输出教师信息,重写 Person 的 disp()方法
  {  System.out.println("输出一个教师信息");
     System.out.print("   编号:"+no);
     super.disp();                                   //调用父类的 disp()方法
     System.out.println(", 职称:"+job);
  }
}
class Student extends Person                         //学生类从 Person 继承
{ public String id;                                  //学号
  public String profession;                          //专业
  public double fraction;                            //分数
  public void Learning()                             //上课方法
  {    System.out.println("上课");   }
  public void disp()                                 //输出学生信息,重写 Person 的 disp()方法
  {  System.out.println("输出一个学生信息");
     System.out.print("   学号:"+id);
     super.disp();                                   //调用父类的 disp()方法
     System.out.println(", 专业:"+profession+", 分数:"+fraction);
  }
}
```

其中 super 是 Java 提供的一个关键字,用于限定对象调用它从父类继承得到的实例变量或方法。用户可以设计如下 main()方法创建 Teacher 类对象 t 和 Student 类对象 s:

```
public static void main(String[] args)
{ Teacher t=new Teacher();
  t.no="0020012"; t.name="王华";
  t.gender="女";t.job="副教授";
  t.disp();                                          //调用 Teacher 类的 disp()方法
  Student s=new Student();
  s.id="2019002"; s.name="陈晶";
  s.gender="男";s.profession="计算机";
  s.fraction=86.5;
  s.disp();                                          //调用 Student 类的 disp()方法
}
```

从中可以看出继承的好处是提高了代码的复用性和可维护性,但同时增加了类之间的耦合性(耦合性表示类之间的关联程度,好的软件设计要求尽可能降低类之间的耦合性)。

9. 接口

在 Java 语言中接口(interface)是一个抽象类型,是抽象方法(仅有方法声明,没有实现的方法为抽象方法)的集合,接口采用 interface 来声明。一个类通过继承接口的方式来继承接口的抽象方法。接口并不是类,编写接口的方式和类很相似,但是它们属于不同的概

念。类描述对象的属性和方法，接口则包含类要实现的方法。

接口与类的区别是接口不能用于实例化对象，接口没有构造方法，接口中所有的方法必须是抽象方法，接口不能包含成员变量(除了 static 和 final 变量以外)，接口不是被类继承了，而是要被类实现，接口之间可以多继承。

接口中的方法是不能在接口中实现的，只能由实现接口的类来实现接口中的方法。一个实现接口的类必须实现接口内所描述的所有方法，否则就必须声明为抽象类。

声明接口的格式如下：

```
interface 接口名称 [extends 其他的接口名]
{ //声明 static 或者 final 变量
  //抽象方法
}
```

一个类可以同时实现多个接口，实现接口的格式如下：

```
class 类 implements 接口名称[, 其他接口名称, …]
{
  …                                         //包含实现抽象方法的方法
}
```

例如，以下程序声明了一个 Area 接口，包含静态变量 PI 和求面积抽象方法 getarea()，定义了 4 个类分别实现 Area 接口的抽象方法。

```
interface Area                              //Area 接口
{ final double PI=3.142;                    //静态变量
  public void getarea();                    //求面积抽象方法
}
class square implements Area                //正方形类
{ public int x;                             //长度
  public void getarea()                     //求正方形面积
  {   double area=x * x;
      System.out.println("正方形面积: "+area);
  }
}
class rectangle implements Area             //长方形类
{ public int x;                             //长度
  public int y;                             //宽度
  public void getarea()                     //求长方形面积
  {   double area=x * y;
      System.out.println("长方形面积: "+area);
  }
}
class circle implements Area                //圆类
{ public int r;                             //半径
  public void getarea()                     //求圆面积
  {   double area=PI * r * r;
      System.out.println("圆面积: "+area);
  }
}
class others implements Area                //others 类
```

```
{ public void getarea()                         //求默认面积
  {  double area=1;
     System.out.println("默认面积："+area);
  }
}
public class Interface
{ public static void main(String[] args)
  {  square s=new square();
     s.x=2;
     s.getarea();                               //输出:4.0
     rectangle r=new rectangle();
     r.x=2;
     r.y=5;
     r.getarea();                               //输出:10.0
     circle c=new circle();
     c.r=3;
     c.getarea();                               //输出:28.278
     Area o=new others();                       //others 类中没有成员变量,可以这样定义对象 o
     o.getarea();                               //输出:1.0
  }
}
```

10. 迭代器

为了方便数据处理，在 Java 中提供了一组集合，其接口为 Collection <E>，该接口实现的类有 ArrayList、LinkedList、PriorityQueue、Stack、TreeMap 和 TreeSet 等。每个集合表示一组对象，这些对象也称为集合的元素，在这组集合中有些集合允许有重复的元素，而另一些不允许，有些集合是有序的，而另一些是无序的。

为了遍历集合中的元素（类似 C/C++中用指针实现遍历），Java 提供了迭代器（iterator）接口 Iterator <E>，命名空间是 java.util.Iterator。Iterator 提供的主要方法如下。

(1) boolean hasNext()：如果集合中仍有元素可以迭代，则返回 true，否则返回 false。换句话说，如果 next()返回了元素而不是抛出异常，则返回 true。

(2) E next()：返回集合中迭代的下一个元素（*E* 为泛型参数），没有元素可以迭代时抛出 NoSuchElementException 异常。

(3) void remove()：从迭代器指向的集合中移除迭代器返回的最后一个元素（可选操作）。注意，每次调用 next()只能调用一次此方法。

那么如何创建某个集合对象的迭代器呢？并非所有的集合都支持迭代，如果一个集合提供了 iterator()方法，那么才可以通过该方法的返回值建立对应的迭代器。

例如，TreeSet 是存放不同元素的集合，并且是有序的，它支持迭代，对应的一个应用 TreeSet 的程序如下：

```
public static void main(String[] args)
{ TreeSet<Integer> myset=new TreeSet<>();  //定义集合对象 myset
  myset.add(3);
  myset.add(1);
  myset.add(4);
  myset.add(2);
```

```
        myset.add(5);
        Iterator<Integer> it=myset.iterator();          //定义 myset 的迭代器
        while(it.hasNext())                             //顺序遍历
            System.out.print(it.next()+" ");            //输出:1 2 3 4 5
        System.out.println();
    }
```

TreeMap 集合中的元素是键值映射关系(即键值对),形如< K,V >类型,K 表示映射的键的类型,V 表示映射的值的类型,没有提供 iterator()方法,不支持迭代。有关 TreeMap/TreeSet 的应用将在第 9 章中进一步讨论。

1.3 算法分析

在一个算法设计好之后还需要对其进行分析,确定算法的优劣。本节讨论了算法设计的目标、算法效率和空间分析等。

1.3.1 算法设计的要求

算法设计应满足以下几个要求。

(1) 正确性:要求算法能够正确地执行预先规定的功能和性能要求,这是最重要也是最基本的标准。

(2) 可使用性:要求算法能够很方便地使用,这个特性也叫作用户友好性。

(3) 可读性:算法应该易于人们理解,也就是可读性好。为了达到这个要求,算法的逻辑必须是清晰的、简单的和结构化的。

(4) 健壮性:要求算法具有很好的容错性,即提供异常处理,能够对不合理的数据进行检查,不经常出现异常中断或死机现象。

(5) 高时间性能与低存储量需求:对于同一个问题,如果有多种算法可以求解,执行时间少的算法时间性能高。算法存储量指的是算法执行过程中所需的存储空间。算法的时间性能和存储量都与问题的规模有关。

视频讲解

1.3.2 算法的时间性能分析

求解同一问题可能有多种算法,例如求 $s=1+2+\cdots+n$,其中 n 为正整数,通常有图 1.14 所示的两种算法[Sum1(n)和 Sum2(n)],显然前者的时间性能不如后者。

```
int Sum1(int n)
{       int i,s=0;
        for (i=1;i<=n;i++)
            s+=i;
        return s;
}
```

```
int Sum2(int n)
{       int s;
        s=n*(n+1)/2;
        return s;
}
```

图 1.14　求 $1+2+\cdots+n$ 的两种算法

那么如何评价算法的时间性能呢?通常有两种方法,即事后统计法和事前估算分析法。事后统计法是编写出算法对应的程序,统计其执行时间,该方法存在两个缺点,一是必须执行程序,二是存在其他因素掩盖算法的本质。事前估算分析法是撇开与计算机硬件、软件有关的因素,仅考虑算法本身性能的高低,认为一个算法的"运行工作量"的大小只依赖于问题的规模,或者说算法的执行时间是问题规模的函数。后面主要采用事前估算分析法来分析算法的时间性能。

1. 分析算法的时间复杂度

一个算法是由控制结构(顺序、分支和循环 3 种)和原操作(指固有数据类型的操作等)构成的,算法的运行时间取决于两者的综合效果。例如,图 1.15 所示为某个类中定义的 solve()函数,其中形参 a 是一个 m 行 n 列的数组,当是一个方阵($m=n$)时求主对角线的所有元素之和,否则抛出异常。从中可以看到该算法由 4 个部分组成,包含两个顺序结构、一个分支结构和一个循环结构的语句。

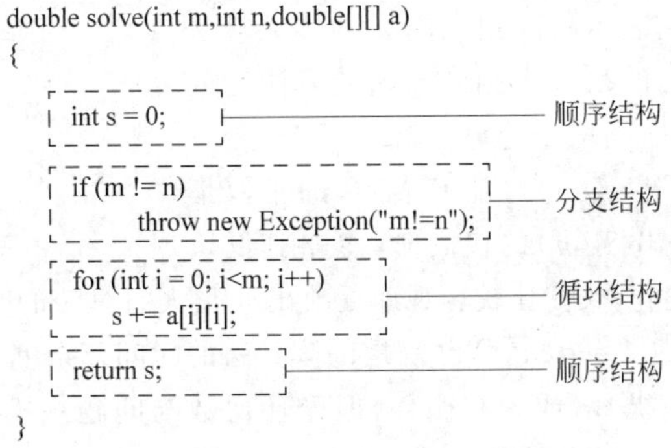

```
double solve(int m,int n,double[][] a)
{
    int s = 0;                                  —— 顺序结构
    if (m != n)
        throw new Exception("m!=n");            —— 分支结构
    for (int i = 0; i<m; i++)
        s += a[i][i];                           —— 循环结构
    return s;                                   —— 顺序结构
}
```

图 1.15　一个算法的组成

算法的执行时间取决于控制结构和原操作的综合效果,显然,在一个算法中执行原操作的次数越少,其执行时间也就相对越少;执行原操作的次数越多,其执行时间也就相对越多。算法中所有原操作的执行次数称为算法频度,这样一个算法的执行时间可以由算法频度来计量。

1) 计算算法频度

假设算法的问题规模为 n,问题规模是指算法输入数据量的大小,例如,对 10 个整数排序,问题规模 n 就是 10。算法频度是问题规模 n 的函数,用 $T(n)$表示。

算法的执行时间大致等于原操作所需的时间$\times T(n)$,也就是说 $T(n)$与算法的执行时间成正比,为此用 $T(n)$表示算法的执行时间。

【例 1.9】　求两个 n 阶方阵的相加($C=A+B$)的算法如下,求 $T(n)$。

```
void matrixadd(int[][] A,int[][] B,int[][] C,int n)
{  for (int i=0;i<n;i++)                    //语句①
       for (int j=0;j<n;j++)                //语句②
           C[i][j]=A[i][j]+B[i][j];         //语句③
}
```

解:该算法包括执行语句①、②和③。其中,语句①中的循环变量 i 要从 0 增加到 n,当测试到 $i=n$ 时才会终止,故它的执行次数是 $n+1$,但它的循环体却只能执行 n 次;语句②作为语句①循环体内的语句只执行 n 次,但语句②本身也要执行 $n+1$ 次,所以语句②的执

行次数是 $n(n+1)$；同理可得语句③的执行次数为 n^2，因此 $T(n)=n+1+n(n+1)+n^2=2n^2+2n+1$。

2）什么是算法时间复杂度

由于算法的执行时间不是绝对时间的统计，在求出 $T(n)$ 后通常进一步采用时间复杂度来表示。**算法时间复杂度**用 $T(n)$ 的数量级来表示，记作 $T(n)=O(f(n))$。

“O”读作“大 O”(Order 的简写，意指数量级)，含义是为 $T(n)$ 找到了一个上界 $f(n)$，其严格的数学定义是 $T(n)$ 的数量级表示为 $O(f(n))$，是指存在着正常量 c 和 n_0（为一个足够大的正整数），使得 $\lim\limits_{n\to n_0}\frac{|T(n)|}{|f(n)|}\leqslant c\neq 0$ 成立，如图 1.16 所示。其中 n_0 是最小的可能值，大于 n_0 的值均有效，所以算法时间复杂度也称为渐进时间复杂度，它表示随问题规模 n 的增大算法执行时间的增长率和 $f(n)$ 的增长率相同。因此算法时间复杂度分析实际上是一种时间增长趋势分析。

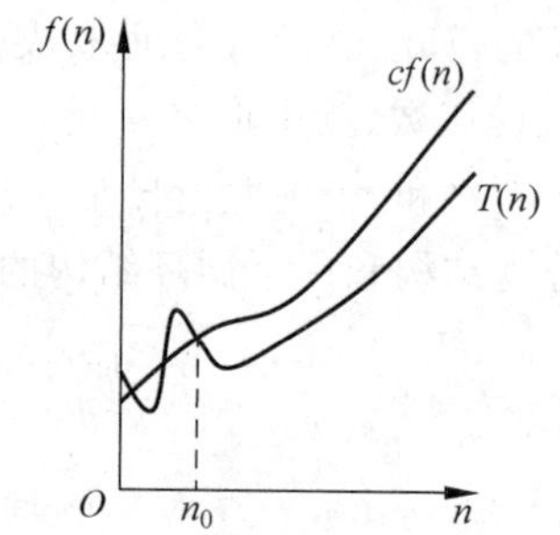

图 1.16　$T(n)=O(f(n))$ 的含义

实际上，$T(n)$ 的上界 $f(n)$ 可能有多个，通常取最紧凑的上界。也就是只求出 $T(n)$ 的最高阶，忽略其低阶项和常系数，这样既可以简化，又能比较客观地反映出 n 很大时算法的时间性能。例如，对于例 1.9 有 $T(n)=2n^2+2n+1=O(n^2)$，也就是说该算法的时间复杂度为 $O(n^2)$。

一般地，在一个没有循环(或者有循环，但循环次数与问题规模 n 无关)的算法中算法频度 $T(n)$ 与问题规模 n 无关，记作 $O(1)$，也称为常数阶。算法中的每个简单语句，例如定义变量语句、赋值语句和输入/输出语句，其执行时间都看成是 $O(1)$。

在一个只有一重循环的算法中算法频度 $T(n)$ 与问题规模 n 的增长呈线性增大关系，记作 $O(n)$，也称线性阶。

其余常用的时间复杂度还有平方阶 $O(n^2)$、立方阶 $O(n^3)$、对数阶 $O(\log_2 n)$、指数阶 $O(2^n)$ 等。各种不同的时间复杂度存在着如下关系：

$$O(1)<O(\log_2 n)<O(n)<O(n\log_2 n)<O(n^2)<O(n^3)<O(2^n)<O(n!)$$

对于图 1.14 中的两个算法，可以求出前者的 $T(n)=O(n)$，后者的 $T(n)=O(1)$，所以说后者好于前者。

3）简化的算法时间复杂度分析

另外一种简化的算法时间复杂度分析方法是仅考虑算法中的基本操作，所谓的基本操作是指算法中最深层循环内的原操作。由于算法的执行时间大致等于基本操作所需的时间×其运算次数，所以在算法分析中计算 $T(n)$ 时仅考虑基本操作的执行次数。

对于例 1.9，采用简化的算法时间复杂度分析方法，其中的基本操作是两重循环中最深层的语句③，它的执行次数为 n^2，即 $T(n)=n^2=O(n^2)$。从两种方法得出算法的时间复杂度均为 $O(n^2)$，而后者的计算过程简单得多，所以后面主要采用简化的算法时间复杂度分析方法。

【例 1.10】　分析算法的时间复杂度。

```
void fun(int n)
{ int s=0;
```

```
    for(int i=0;i<=n;i++)
        for(int j=0;j<=i;j++)
            for(int k=0;k<j;k++)
                s++;
    return s;
}
```

解：该算法的基本操作是 $s++$，则算法频度如下。

$$T(n)=\sum_{i=0}^{n}\sum_{j=0}^{i}\sum_{k=0}^{j-1}1=\sum_{i=0}^{n}\sum_{j=0}^{i}(j-1-0+1)=\sum_{i=0}^{n}\sum_{j=0}^{i}j$$

$$=\sum_{i=0}^{n}\frac{i(i+1)}{2}=\frac{1}{2}\left(\sum_{i=0}^{n}i^2+\sum_{i=0}^{n}i\right)=\frac{2n^3+6n^2+4n}{12}=O(n^3)$$

2. 算法的最好、最坏和平均时间复杂度

视频讲解

设一个算法的输入规模为 n，D_n 是所有输入(实例)的集合，任一输入 $I\in D_n$，$P(I)$是 I 出现的频率，有 $\sum_{I\in D_n}P(I)=1$，$T(I)$是算法在输入 I 下所执行的基本操作次数，则该算法的平均时间复杂度定义为：

$$A(n)=\sum_{I\in D_n}P(I)\times T(I)$$

算法的最好时间复杂度是指算法在最好情况下的时间复杂度，即 $B(n)=\underset{I\in D_n}{\mathrm{MIN}}\{T(n)\}$。算法的最坏时间复杂度是指算法在最坏情况下的时间复杂度，即 $W(n)=\underset{I\in D_n}{\mathrm{MAX}}\{T(n)\}$。算法的最好情况和最坏情况分析是寻找算法的极端实例，然后分析在该极端实例下算法的执行时间。

从中可以看出，计算平均时间复杂度时需要考虑所有的情况，而计算最好和最坏时间复杂度时主要考虑一种或几种特殊的情况。在分析算法的平均时间复杂度时通常默认等概率，即 $P(I)=1/n$。

【例 1.11】 以下算法用于在数组 $a[0..n-1]$中查找元素 k，假设 k 总是包含在 a 中，分析算法的最好、最坏和平均时间复杂度。

```
int fun(int[] a,int n,int k)
{   int i=0;                              //语句①
    while(i<n && a[i]!=k)                 //语句②
        i++;                              //语句③
    return i;                             //语句④
}
```

解：该算法的时间主要花费在元素的比较上，可以将元素比较看成基本操作。

(1) 算法在查找中总是从 $i=0$ 开始，如果 $a[0]=k$，则仅仅比较一次就成功找到 k，呈现最好情况，所以算法的最好时间复杂度为 $O(1)$。

(2) 如果 $a[n-1]=k$，则需要比较 n 次才能成功找到 k，呈现最坏情况，所以算法的最坏时间复杂度为 $O(n)$。

(3) 考虑平均情况：$a[0]=k$ 时比较 1 次，$a[1]=k$ 时比较 2 次，…，$a[n-1]=k$ 时比较 n 次，共 n 种情况，假设等概率，也就是说每种情况的概率为 $1/n$，则平均比较次数=(1+

视频讲解

$2+\cdots+n)/n=(n+1)/2=O(n)$,所以算法的平均时间复杂度为 $O(n)$。

1.3.3 算法的存储空间分析

一个算法的存储量包括形参所占空间和临时变量所占空间。在对算法进行存储空间分析时只考虑临时变量所占空间,如图 1.17 所示,其中临时空间为变量 i、maxi 占用的空间。所以,空间复杂度是对一个算法在运行过程中临时占用的存储空间大小的量度,一般也是问题规模 n 的函数,并以数量级形式给出,记作 $S(n)=O(g(n))$,其中"O"的含义与时间复杂度分析中的相同。若一个算法所需临时空间相对于问题规模来说是常数[或者说算法的空间复杂度为 $O(1)$],则称此算法为原地工作或就地工作。

```
int max(int[] a,int n)
{  int maxi=0;
   for (int i=1;i<n;i++)
      if (a[i]>a[maxi])
         maxi=i;
   return a[maxi];
}
```

方法体内分配的变量空间为临时空间,不计形参占用的空间,这里仅计i、maxi变量的空间

图 1.17　一个算法的临时空间

为什么算法空间分析只考虑临时空间,而不考虑形参空间呢?这是因为形参空间会在调用该算法的算法中考虑,例如以下 maxfun()算法调用图 1.17 中的 max()算法:

```
void maxfun()
{ int[] b={1,2,3,4,5},n=5;
  System.out.printf("Max=%d\n",max(b,n));
}
```

maxfun()算法中为 b 数组分配了相应的内存空间,其空间复杂度为 $O(n)$,如果在 max()算法中再考虑形参 a 的空间,这样就重复计算了占用的空间。实际上,在 Java 语言中 maxfun()调用 max()时,形参 a 只是一个引用,只分配一个地址大小的空间,并非另外分配 5 个整型单元的空间。

【例 1.12】 分析例 1.9~例 1.11 算法的空间复杂度。

解:在这 3 个例子的算法中都只定义了 1~3 个临时变量(不需考虑算法中形参占用的空间),其临时存储空间大小与问题规模 n 无关,所以空间复杂度均为 $O(1)$。

1.4 数据结构的目标

从数据结构的角度看,一个求解问题可以通过抽象数据类型的方法来描述,也就是说抽象数据类型对一个求解问题从逻辑上进行了准确的定义,所以抽象数据类型由数据的逻辑结构和抽象运算两部分组成。

接下来用计算机解决这个问题。首先要设计其存储结构,然后在存储结构上设计实现抽象运算的算法。一种数据的逻辑结构可以映射成多种存储结构,抽象运算在不同的存储结构上实现可以对应多种算法,而且在同一种存储结构上实现也可能有多种算法,同一问题的这么多算法哪一个更好呢?好的算法的评价标准是什么呢?

算法的评价标准就是算法占用计算机资源的多少，占用计算机资源越多的算法越坏，反之占用计算机资源越少的算法越好。这是通过算法的时间复杂度和空间复杂度分析来完成的，所以设计好算法的过程如图1.18所示。

视频讲解

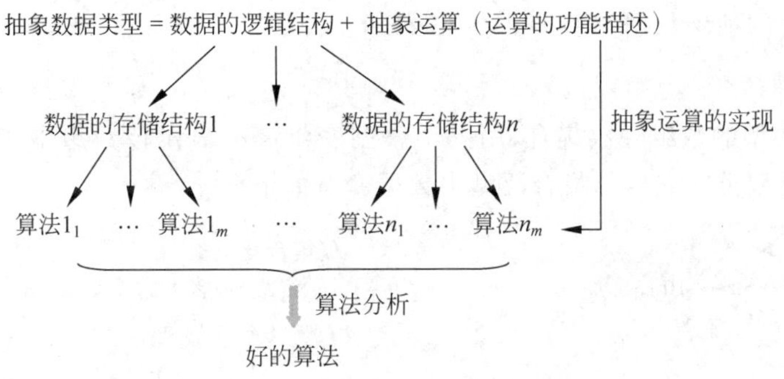

图1.18 设计好算法的过程

在采用Java面向对象的程序设计语言实现抽象数据类型时，通常将抽象数据类型设计成一个Java类，采用类的数据变量表示数据的存储结构，将抽象运算通过类的公有方法实现，如图1.19所示。

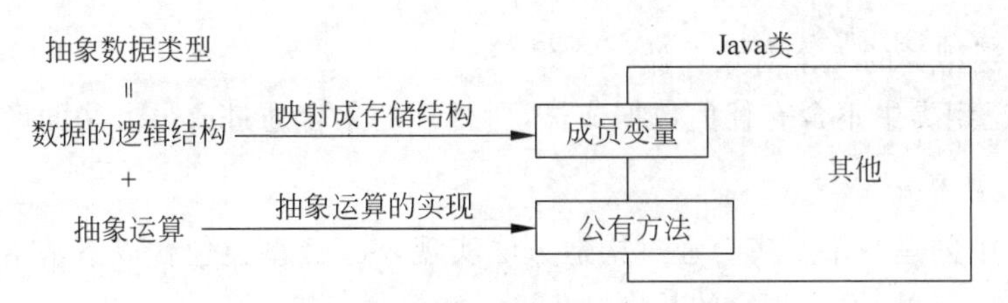

图1.19 用Java类实现抽象数据类型

从中看到算法设计分为3个步骤，即通过抽象数据类型进行问题定义，设计存储结构和设计算法。这3个步骤是不是独立的呢？结论为不是独立的，因为不可能设计出一大堆算法后再从中找出一个好的算法，也就是说必须以设计好算法为目标来设计存储结构。由于数据存储结构会影响算法的好坏，所以设计存储结构是关键的一步，在选择存储结构时需要考虑其对算法的影响。存储结构对算法的影响主要有以下两个方面。

(1) 存储结构的存储能力：如果存储结构的存储能力强、存储的信息多，算法将会方便设计，反之过于简单的存储结构可能要设计一套比较复杂的算法，往往存储能力是与所使用的空间大小成正比的。

(2) 存储结构应与所选择的算法相适应：存储结构是实现算法的基础，也会影响算法的设计，其选择要充分考虑算法的各种操作，应与算法的操作相适应。

除此之外，程序人员还需要具有基本的算法分析能力，能够熟练判别“好”算法和“坏”算法。

总之数据结构的目标就是针对求解问题设计好的算法。为了达到这一目标，程序人员不仅要具有较好的编程能力，还需要掌握各种常用的数据结构，例如线性表、栈和队列、二叉树和图等，这些是在后面各章中将要学习的内容。

【例1.13】 设计一个完整的程序实现例1.6的抽象数据类型，并用相关数据进行测试。

解：设计求解本例程序的过程如下。

❑ 问题描述

视频讲解

见例 1.6 中的抽象数据类型 Set 和 TwoSet。

❑ 设计存储结构

用一个 E 类型的数组存放集合，用一个整型变量 size 表示该数组中实际元素的个数，为此设计一个泛型类。这样的集合泛型中数据变量如下：

```
class Set<E>                                          //集合泛型类
{  final int MaxSize=100;                             //集合中最多元素个数
   E[] data;                                          //存放集合元素
   int size;
   public Set()                                       //构造方法
   {   data = (E[])new Object[MaxSize];               //强制转换为 E 类型数组
       size=0;
   }
   ...
}
```

这样 Set 泛型类的一个对象存储一个集合。

TwoSet 泛型类中不含有任何数据成员，所处理的集合通过成员方法的形参提供。

❑ 设计运算算法

在集合类中创建一个空集合通过构造方法实现，Set 泛型类包含以下基本运算方法。

- int getsize()：返回集合的长度。
- E get(int *i*)：返回集合的第 *i* 个元素。
- boolean IsIn(E *e*)：判断 *e* 是否在集合中。
- boolean add(E *e*)：将元素 *e* 添加到集合中。
- boolean delete(E *e*)：从集合中删除元素 *e*。
- void display()：输出集合中的元素。

这些成员方法的实现如下：

```
public int getsize()                                  //返回集合的长度
{  return size;  }
public E get(int i)                                   //返回集合的第 i 个元素
{  return (E)data[i]; }
public boolean IsIn(E e)                              //判断 e 是否在集合中
{  for (int i=0;i<size;i++)
       if (data[i]==e)
           return true;
   return false;
}
public boolean add(E e)                               //将元素 e 添加到集合中
{  if (IsIn(e)) return false;                         //元素已在集合中返回 false
   else                                               //否则插入末尾并返回 true
   {   data[size]=e;
```

```
        size++;
        return true;
    }
}
public boolean delete(E e)                          //从集合中删除元素 e
{ int i=0;
  while(i<size && data[i]!=e) i++;
  if(i>=size) return false;                         //未找到元素 e 返回 false
  for(int j=i+1;j<size;j++)
      data[j-1]=data[j];
  size--;
  return true;                                      //成功删除元素 e 返回 true
}
public void display()                               //输出集合中的元素
{ for(int i=0;i<size;i++)
  {   if(i==0) System.out.print(data[i]);
      else System.out.print(" "+data[i]);
  }
  System.out.println();
}
```

TwoSet 泛型类的基本运算方法如下。

- Union(Set<E> s1,Set<E> s2)：求 s3=s1∪s2。
- Intersection(Set<E> s1,Set<E> s2)：求 s3=s1∩s2。
- Difference(Set<E> s1,Set<E> s2)：求 s3=s1－s2。

这些成员方法的实现如下：

```
public Set<E> Union(Set<E> s1,Set<E> s2)            //求 s3=s1∪s2
{ Set<E> s3=new Set<E>();
  for(int i=0;i<s1.getsize();i++)                   //将集合 s1 中的所有元素复制到 s3 中
      s3.add(s1.get(i));
  for(int i=0;i<s2.getsize();i++)                   //将 s2 中不在 s1 中出现的元素复制到 s3 中
      if(!s1.IsIn(s2.get(i)))
          s3.add(s2.get(i));
  return s3;                                        //返回 s3
}
public Set<E> Intersection(Set<E> s1,Set<E> s2)     //求 s3=s1∩s2
{ Set<E> s3=new Set<E>();
  for(int i=0;i<s1.getsize();i++)                   //将 s1 中出现在 s2 中的元素复制到 s3 中
      if(s2.IsIn(s1.get(i)))
          s3.add(s1.get(i));
  return s3;                                        //返回 s3
}
public Set<E> Difference(Set<E> s1,Set<E> s2)       //求 s3=s1-s2
{ Set<E> s3=new Set<E>();
  for(int i=0;i<s1.getsize();i++)                   //将 s1 中不在 s2 中的元素复制到 s3 中
      if(!s2.IsIn(s1.get(i)))
          s3.add(s1.get(i));
  return s3;                                        //返回 s3
}
```

□ 设计主函数

在所有基本运算设计好之后,为了求两个集合{1,4,2,6,8}和{2,5,3,6}的并集、交集和差集,设计包含主函数的类如下:

```
public class Exam1_13
{ public static void main(String[] args)
  {  Set<Integer> s1,s2,s3,s4,s5;                          //建立 Set<Integer>的 5 个对象
     TwoSet<Integer> t=new TwoSet<Integer>();            //建立 TwoSet<Integer>的 1 个对象
     s1=new Set<Integer>();
     s1.add(1);
     s1.add(4);
     s1.add(2);
     s1.add(6);
     s1.add(8);
     System.out.print("集合 s1:"); s1.display();
     s2=new Set<Integer>();
     s2.add(2);
     s2.add(5);
     s2.add(3);
     s2.add(6);
     System.out.print("集合 s2:"); s2.display();
     System.out.println("集合 s1 和 s2 的并集->s3");
     s3=t.Union(s1,s2);
     System.out.print("集合 s3:"); s3.display();
     System.out.println("集合 s1 和 s2 的差集->s4");
     s4=t.Difference(s1,s2);
     System.out.print("集合 s4:"); s4.display();
     System.out.println("集合 s1 和 s2 的交集->s5");
     s5=t.Intersection(s1,s2);
     System.out.print("集合 s5:"); s5.display();
  }
}
```

□ 执行结果

上述程序的执行结果如下:

```
集合 s1:1 4 2 6 8
集合 s2:2 5 3 6
集合 s1 和 s2 的并集->s3
集合 s3:1 4 2 6 8 5 3
集合 s1 和 s2 的差集->s4
集合 s4:1 4 8
集合 s1 和 s2 的交集->s5
集合 s5:2 6
```

自测题

1.5 练习题

1.5.1 问答题

1. 什么是数据结构?有关数据结构的讨论涉及哪 3 个方面?

2. 简述逻辑结构与存储结构的关系。

3. 简述数据结构中运算描述和运算实现的异同。

4. 简述数据结构和数据类型两个概念之间的区别。

5. 什么是算法？算法的5个特性是什么？试根据这些特性解释算法与程序的区别。

6. 一个算法的执行频度为$(3n^2+2n\log_2 n+4n-7)/(10n)$，其时间复杂度是多少？

7. 某算法的时间复杂度为$O(n^3)$，当$n=5$时执行时间为50s，问当$n=15$时其执行时间大致是多少？

1.5.2 算法分析题

1. 分析以下算法的时间复杂度。

```
void fun(int n)
{ int x=n,y=100;
  while(y>0)
  {  if(x>100)
     {  x=x-10;
        y--;
     }
     else x++;
  }
}
```

2. 分析以下算法的时间复杂度。

```
void func(int n)
{ int i=1,k=100;
  while(i<=n)
  {  k++;
     i+=2;
  }
}
```

3. 分析以下算法的时间复杂度。

```
void fun(int n)
{ int i=1;
  while(i<=n)
     i=i*2;
}
```

4. 分析以下算法的时间复杂度。

```
void fun(int n)
{ int i,j,k;
  for(i=1;i<=n;i++)
     for(j=1;j<=n;j++)
     {  k=1;
        while(k<=n) k=5*k;
     }
}
```

1.6 实验题

1.6.1 上机实验题

1. 从“https://docs.oracle.com/”网站下载并安装 Java 1.8,访问该网站中的“javase/8/docs/”阅读相关技术文档。

2. 编写一个 Java 程序,求一元二次方程 $ax^2+bx+c=0$ 的根,并用相关数据测试。

3. 求 $1+(1+2)+(1+2+3)+\cdots+(1+2+3+\cdots+n)$ 有 3 种解法,解法 1 是采用两重迭代,依次求出 $(1+2+\cdots+i)$ 后累加;解法 2 是采用一重迭代,利用 $i(i+1)/2$ 求和后再累加;解法 3 是直接利用 $n(n+1)(n+2)/6$ 求和。

编写一个 Java 程序,利用上述解法求 $n=1000$ 的结果,并且给出各种解法的运行时间。

1.6.2 在线编程题

1. POJ1004——财务管理问题

时间限制:1000ms;空间限制:10 000KB。

问题描述:拉里今年毕业,终于找到了工作。他赚了很多钱,但似乎从来没有足够的钱,拉里决定抓住金融投资解决他的财务问题。拉里有自己的银行账户报表,他想看看自己有多少钱。请编写一个程序帮助拉里从过去 12 个月的每一月中取出他的期末余额并计算他的平均账户余额。

输入格式:输入为 12 行,每行包含特定月份的银行账户的期末余额,每个数字都是正数并到便士为止,不包括美元符号。

输出格式:输出一个数字,即 12 个月的期末余额的平均值,它将四舍五入到最近的便士,紧接着是美元符号,然后是行尾。在输出中不会有其他空格或字符。

输入样例:

```
100.00
489.12
12454.12
1234.10
823.05
109.20
5.27
1542.25
839.18
83.99
1295.01
1.75
```

输出样例:

```
$1581.42
```

2. HDU2012——素数判定问题

时间限制:2000ms;空间限制:65 536KB。

问题描述：对于表达式 n^2+n+41，当 n 在(x,y)范围内取整数值时(包括 x、y，$-39\leqslant x<y\leqslant 50$)判定该表达式的值是否都为素数。

输入格式：输入数据有多组，每组占一行，由两个整数 x、y 组成，当 $x=0$、$y=0$ 时表示输入结束，该行不做处理。

输出格式：对于每个给定范围内的取值，如果表达式的值都为素数，输出“OK”，否则输出“Sorry”，每组输出占一行。

输入样例：

```
0 1
0 0
```

输出样例：

```
OK
```

CHAPTER 2

第2章 线性表

线性表是一种典型的线性结构,也是最常用的一种数据结构。本章介绍线性表的抽象数据类型、线性表的顺序和链式两种存储结构、相关基本运算算法设计、Java 中的 ArrayList 和 LinkedList 集合、两种存储结构的比较以及线性表的应用。主要学习要点如下:

(1) 线性表的逻辑结构特点,线性表的抽象数据类型的描述方法。

(2) 线性表的两种存储结构设计方法以及各自的优缺点。

(3) 顺序表算法设计方法。

(4) 单链表、双链表和循环链表算法设计方法。

(5) Java 中的 ArrayList<E>和 LinkedList<E>集合及其使用。

(6) 综合运用线性表解决一些复杂的实际问题。

2.1 线性表的定义

在讨论线性表的存储结构之前首先分析其逻辑结构,本节给出了线性表的定义和抽象数据类型描述,在后面几节中分别采用顺序表和链表存储方式实现线性表数据类型描述。

2.1.1 什么是线性表

顾名思义,线性表就是数据元素排列像一条线一样的表。线性表严格的定义是具有相同特性的数据元素的一个有限序列。其特征有三,一是所有数据元素类型相同;二是线性表由有限个数据元素构成;三是线性表中的数据元素与位置相关,即每个数据元素有唯一的序号(或索引),这一点表明线性表不同于集合,在线性表中可以出现值相同的数据元素(它们的序号不同),而集合中不会出现值相同的数据元素。

线性表的逻辑结构一般表示为$(a_0, a_1, \cdots, a_i, a_{i+1}, \cdots, a_{n-1})$,用图形表示的逻辑结构如图 2.1 所示。

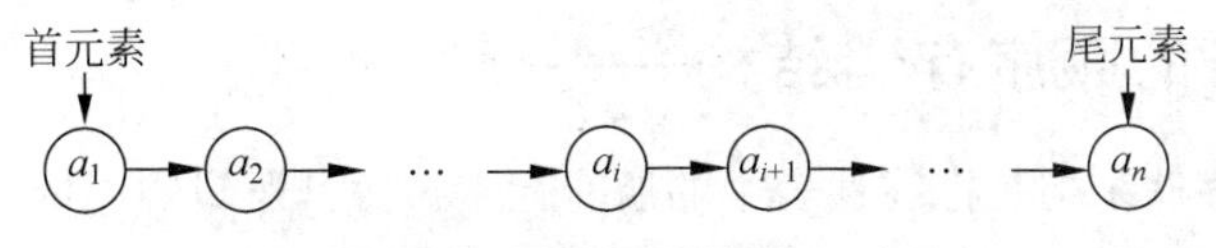

图 2.1 线性表的逻辑结构示意图

说明：线性表中每个元素 a_i 的唯一位置通过序号或者索引 i 表示，为了使算法设计方便，将逻辑序号和存储序号统一，均假设从 0 开始，这样含 n 个元素的线性表的元素序号 i 满足 $0 \leqslant i \leqslant n-1$。

其中，用 $n(n \geqslant 0)$ 表示线性表的长度(即线性表中数据元素的个数)。当 $n=0$ 时表示线性表是一个空表，不包含任何数据元素。

对于至少含有一个数据元素的线性表，除开始元素 a_0(也称为首元素)没有前驱元素外，其他每个元素 $a_i(1 \leqslant i \leqslant n-1)$有且仅有一个前驱元素 a_{i-1}；除终端元素 a_{n-1}(也称为尾元素)没有后继元素外，其他元素 $a_i(0 \leqslant i \leqslant n-2)$有且仅有一个后继元素 a_{i+1}。也就是说，在线性表中每个元素最多只有一个前驱元素、最多只有一个后继元素。这便是线性表的逻辑特征。

在日常生活中线性表比较常见，例如若干人排成一行或一列就构成一个人线性表，如图 2.2 所示；若干汽车排成一行或一列就构成一个汽车线性表。

图 2.2 由若干人构成的线性表

2.1.2 线性表的抽象数据类型描述

线性表的抽象数据类型描述如下：

ADT List
{
数据对象：
  $D=\{a_i \mid 0 \leqslant i \leqslant n-1, n \geqslant 0, a_i$ 为 E 类型$\}$ //E 是用户指定的类型
数据关系：
  $r=\{<a_i, a_{i+1}> \mid a_i, a_{i+1} \in D, i=0, \cdots, n-2\}$
基本运算：
  void CreateList(E[] a)：由 a 数组中的全部元素建立线性表的相应存储结构。
  void Add(E e)：将元素 e 添加到线性表末尾。
  int size()：求线性表的长度。
  void Setsize(int nlen)：设置线性表的长度为 nlen。
  E GetElem(int i)：求线性表中序号为 i 的元素。
  void SetElem(int i, E e)：设置线性表中序号为 i 的元素值为 e。
  int GetNo(E e)：求线性表中第一个值为 e 的元素的序号。
  void swap(int i, int j)：交换线性表中序号为 i 和序号为 j 的元素。
  void Insert(int i, E e)：在线性表中插入数据元素 e 作为第 i 个元素。
  void Delete(int i)：在线性表中删除第 i 个数据元素。
  String toString()：将线性表转换为字符串。
}

2.2 线性表的顺序存储结构

顺序存储是线性表最常用的存储方式，它直接将线性表的逻辑结构映射到存储结构上，所以既便于理解，又容易实现。本节讨论顺序存储结构及其基本运算的实现过程。

视频讲解

2.2.1 线性表的顺序存储结构——顺序表

线性表的顺序存储结构是把线性表中的所有元素按照其逻辑顺序依次存储到从计算机存储器中指定存储位置开始的一块连续的存储空间中。线性表的顺序存储结构称为**顺序表**。

这里采用 Java 语言中的一维数组 data 来实现顺序表,并设定该数组的容量(存放的最多元素个数)为 capacity,图 2.3 所示为将长度为 n 的线性表存放在 data 数组中。线性表的长度是线性表中实际的数据元素个数,用 size 表示,随着线性表的插入和删除操作,size 是变化的,但在任何时刻 size 都应该小于等于容量 capacity;否则应该扩大 data 数组的容量,通常按 size 的两倍来扩大 data 数组的容量。

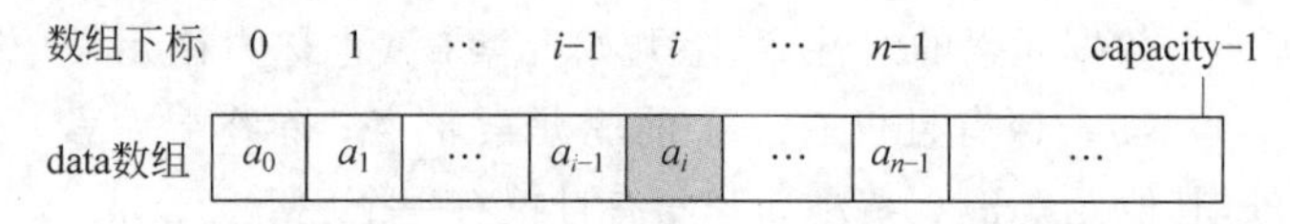

图 2.3 长度为 n 的线性表存放在顺序表中

假设线性表的元素类型为 E,设计顺序表泛型类为 SqListClass<E>,主要包含 data 动态泛型数组,size 成员变量表示实际的元素个数:

```
public class SqListClass<E>                          //顺序表泛型类
{ final int initcapacity=10;                         //顺序表的初始容量(常量)
  public E[] data;                                   //存放顺序表中的元素
  public int size;                                   //存放顺序表的长度
  private int capacity;                              //存放顺序表的容量
  public SqListClass()                               //构造方法,实现 data 和 length 的初始化
  {  data = (E[])new Object[initcapacity];           //强制转换为 E 类型数组
     capacity=initcapacity;
     size=0;
  }
  //线性表的基本运算算法
}
```

2.2.2 线性表的基本运算算法在顺序表中的实现

线性表一旦采用顺序表存储,就可以用 Java 语言实现线性表的各种基本运算。在动态分配顺序表的空间时将初始容量设置为 initcapacity,添加或者插入元素可能需要扩大容量,删除元素可能需要减少容量。为此设计如下私有方法将其容量更新为 newcapacity:

```
private void updatecapacity(int newcapacity)         //改变顺序表的容量为 newcapacity
{ E[] newdata = (E[])new Object[newcapacity];
  for(int i=0; i<size; i++)                          //复制原来的元素
     newdata[i]=data[i];
  capacity=newcapacity;                              //设置新容量
  data=newdata;                                      //仍由 data 标识数组
}
```

该算法是先新建一个容量为 newcapacity 的动态数组 newdata,再将 data 中的所有元素复制到 newdata 中,所有元素的序号和长度不变,最后将 data 指向 newdata。

1. 整体建立顺序表

该运算是由含若干个元素的数组 a 的全部元素整体创建顺序表，即依次将 a 中的元素添加到 data 数组的末尾，当出现上溢出时按实际元素个数 size 的两倍扩大容量。对应的算法如下：

```
public void CreateList(E[] a)                      //由 a 整体建立顺序表
{   size=0;
    for(int i=0;i<a.length;i++)
    {   if(size==capacity)                          //出现上溢出时
            updatecapacity(2 * size);               //扩大容量
        data[size]=a[i];
        size++;                                     //添加的元素个数增加 1
    }
}
```

本算法的时间复杂度为 $O(n)$，其中 n 表示顺序表中元素的个数。

视频讲解

2. 顺序表的基本运算算法

1) 将元素 e 添加到线性表的末尾：Add(e)

该运算在 data 数组的尾部插入元素 e，在插入中出现上溢出时按实际元素个数 size 的两倍扩大容量。对应的算法如下：

```
public void Add(E e)                               //在线性表的末尾添加一个元素 e
{ if(size==capacity)                               //当顺序表空间满时倍增容量
      updatecapacity(2 * size);
  data[size]=e;
  size++;                                          //长度增 1
}
```

本算法的平均时间复杂度为 $O(1)$[设顺序表的长度为 n，n 次 Add()操作中最多需要扩大一次 data 空间]。

2) 求线性表的长度：size()

该运算返回顺序表的长度，即其中实际元素的个数 size。对应的算法如下：

```
public int size()                                  //求线性表的长度
{ return size;  }
```

本算法的时间复杂度为 $O(1)$。

3) 设置线性表的长度：Setsize(nlen)

该运算主要用于缩小线性表的长度，当参数 nlen 正确时(0≤nlen≤size−1)置长度 size 为 nlen，否则抛出相应的异常。对应的算法如下：

```
public void Setsize(int nlen)                      //设置线性表的长度
{ if(nlen<0 || nlen>size)
      throw new IllegalArgumentException("设置长度:n 不在有效范围内");
  size=nlen;
}
```

本算法的时间复杂度为 $O(1)$。

4) 求线性表中序号为 i 的元素：GetElem(i)

该运算当序号 i 正确时($0 \leqslant i \leqslant size-1$)返回 data[$i$]，否则抛出相应的异常。对应的算法如下：

```
public E GetElem(int i)                              //返回线性表中序号为 i 的元素
{  if(i<0 || i>size-1)
      throw new IllegalArgumentException("查找:位置 i 不在有效范围内");
   return (E)data[i];
}
```

本算法的时间复杂度为 $O(1)$。

5) 设置线性表中序号为 i 的元素值：SetElem(i,e)

该运算当序号 i 正确时($0 \leqslant i \leqslant size-1$)将 data[$i$]设置为 e，否则抛出相应的异常。对应的算法如下：

```
public void SetElem(int i,E e)                       //设置序号为 i 的元素为 e
{  if(i<0 || i>size-1)
      throw new IllegalArgumentException("设置:位置 i 不在有效范围内");
   data[i]=e;
}
```

本算法的时间复杂度为 $O(1)$。

6) 求线性表中第一个值为 e 的元素的序号：GetNo(e)

该运算在 data 数组中从前向后顺序查找第一个值与 e 相等的元素的序号，若不存在这样的元素，则返回值为－1。对应的算法如下：

```
public int GetNo(E e)                                //查找第一个值为 e 的元素的序号
{  int i=0;
   while(i<size && !data[i].equals(e))
      i++;                                           //查找元素 e
   if(i>=size)                                       //未找到时返回-1
      return -1;
   else
      return i;                                      //找到后返回其序号
}
```

本算法的时间复杂度为 $O(n)$，其中 n 表示顺序表中元素的个数。

7) 将线性表中序号为 i 和序号为 j 的元素交换 swap(i,j)

通过 data 数组直接交换 data[i]和 data[j]元素。对应的算法如下：

```
public void swap(int i,int j)                        //交换 data[i]和 data[j]
{  E tmp=data[i];
   data[i]=data[j]; data[j]=tmp;
}
```

8) 在线性表中插入 e 作为第 i 个元素：Insert(i,e)

该运算在线性表中序号为 i 的位置上插入一个新元素 e，图 2.4 所示为在序号 2 的位置上插入新元素 x，由此看出在一个线性表中可以在任何位置或者尾元素的后一个位置上插入一个新元素。

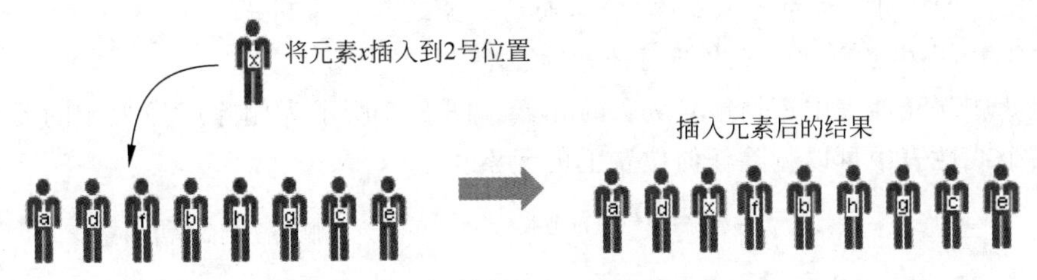

图 2.4　在线性表中插入元素示意图

在插入时若 i 值不正确($i<0$ 或者 $i>$size)，则抛出相应的异常；否则插入元素 e，其操作如图 2.5 所示，先将 data[$i..n-1$]的每个元素都后移一个位置(从 data[$n-1$]元素开始移动)，腾出一个空位置 data[i]插入新元素 e，最后将长度 size 增 1。在插入元素的过程中若出现上溢出，则按两倍 size 扩大容量。

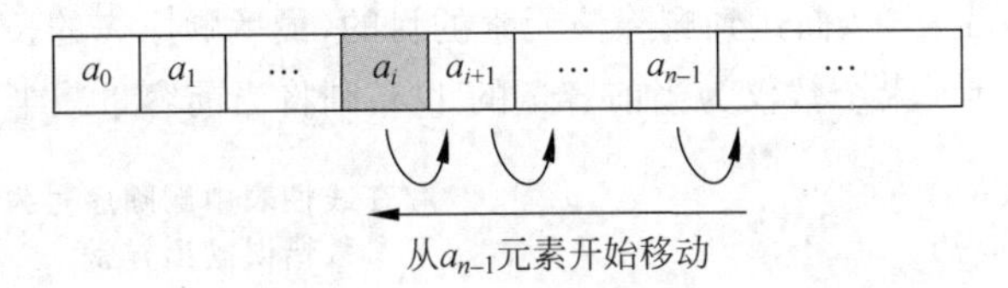

图 2.5　插入元素时移动元素的过程

对应的算法如下：

```
public void Insert(int i, E e)                    //在线性表中序号为 i 的位置上插入元素 e
{ if(i<0 || i>size)                              //参数错误抛出异常
      throw new IllegalArgumentException("插入:位置 i 不在有效范围内");
  if(size==capacity)                              //满时倍增容量
      updatecapacity(2 * size);
  for(int j=size; j>i; j--)                       //将 data[i]及后面的元素后移一个位置
      data[j]=data[j-1];
  data[i]=e;                                      //插入元素 e
  size++;                                         //顺序表的长度增 1
}
```

本算法的主要时间花在元素的移动上，元素移动的次数不仅与表长 n 有关，而且与插入位置 i 有关。有效插入位置 i 的取值是 $0\sim n$，共有 $n+1$ 个位置可以插入元素：

(1) 当 $i=0$ 时移动次数为 n，达到最大值。

(2) 当 $i=n$ 时移动次数为 0，达到最小值。

(3) 其他情况需要移动 data[$i..n-1$]的每个元素，移动次数为 $(n-1)-i+1=n-i$。

假设每个位置插入元素的概率相同，p_i 表示在第 i 个位置上插入一个元素的概率，则 $p_i=\frac{1}{n+1}$，这样在长度为 n 的线性表中插入一个元素时所需移动元素的平均次数为：

$$\sum_{i=0}^{n} p_i(n-i)=\frac{1}{n+1}\sum_{i=0}^{n}(n-i)=\frac{1}{n+1}\times\frac{n(n+1)}{2}=\frac{n}{2}$$

因此插入算法的平均时间复杂度为 $O(n)$。

说明：更新容量运算 updatecapacity()在 n 次插入中仅仅调用一次，其平摊时间为 $O(1)$，插入算法时间分析中可以忽略它，后面的删除运算中亦如此。

9) 在线性表中删除第 i 个数据元素：Delete(i)

该运算删除线性表中逻辑序号为 i 的元素。图 2.6 所示为删除序号为 4 的元素，由此看出在一个线性表中可以删除任何位置上的元素。

图 2.6 在线性表中删除元素示意图

在删除时若 i 值不正确($i<0$ 或者 $i>$size-1)，则抛出相应的异常，否则需要将 data[$i+1..n-1$]的元素都向前移动一个位置(从 data[$i+1$]元素开始移动)，如图 2.7 所示。这样覆盖了要删除的元素 data[i]，从而达到删除该元素的目的，最后顺序表的长度减 1。若当前容量大于初始容量并且实际元素个数仅为当前容量的 1/4，则将当前容量减半。对应的算法如下：

```
public void Delete(int i)                          //在线性表中删除序号为 i 的位置上的元素
{ if(i<0 || i>size-1)                              //参数错误抛出异常
      throw new IllegalArgumentException("删除:位置 i 不在有效范围内");
  for(int j=i; j<size-1;j++)                       //将 data[i]之后的元素前移一个位置
      data[j]=data[j+1];
  size--;                                          //顺序表的长度减 1
  if(capacity>initcapacity && size==capacity/4)//满足要求容量减半
      updatecapacity(capacity/2);
}
```

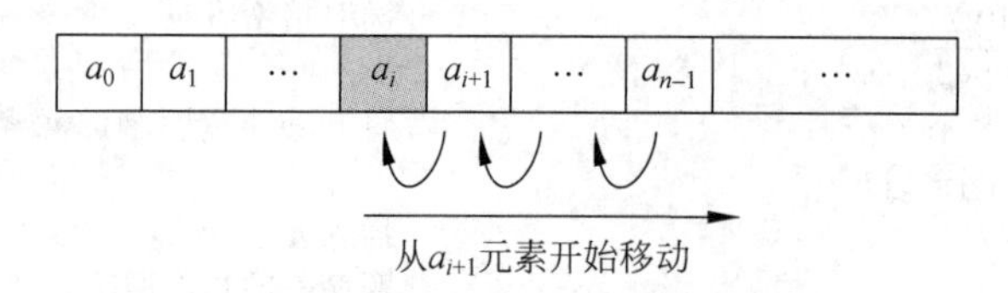

图 2.7 删除元素时移动元素的过程

本算法的主要时间花在元素的移动上，元素移动的次数也与表长 n 和删除元素的位置 i 有关，有效删除位置 i 的取值是 $0\sim n-1$，共有 n 个位置可以删除元素：

(1) 当 $i=0$ 时移动次数为 $n-1$，达到最大值。

(2) 当 $i=n-1$ 时移动次数为 0，达到最小值。

(3) 其他情况需要移动 data[$i+1..n-1$]的每个元素，移动次数为 $(n-1)-(i+1)+1=n-i-1$。

假设 p_i 表示删除第 i 个位置上元素的概率，则 $p_i=\dfrac{1}{n}$，所以在长度为 n 的线性表中删除一个元素时所需移动元素的平均次数为：

$$\sum_{i=0}^{n-1} p_i(n-i-1)=\frac{1}{n}\sum_{i=0}^{n-1}(n-i-1)=\frac{1}{n}\times\frac{n(n-1)}{2}=\frac{n-1}{2}$$

因此删除算法的平均时间复杂度为 $O(n)$。

10）将线性表转换为字符串：toString()

该运算是依次将顺序表中的各元素值连接起来构成一个字符串并返回。对应的算法如下：

```
public String toString()                    //将线性表转换为字符串
{  String ans="";
   for (int i=0;i<size;i++)
       ans+=data[i].toString()+" ";
   return ans;
}
```

本算法的时间复杂度为 $O(n)$，其中 n 表示顺序表中元素的个数。

2.2.3　顺序表的应用算法设计示例

本节的示例均采用顺序表的 SqListClass<E>对象 L 存储线性表，利用顺序表的基本运算算法设计满足示例需要的算法。

1. 基于顺序表基本操作的算法设计

在这类算法设计中主要包括顺序表元素的查找、插入和删除等基本操作。

【例 2.1】　对于含有 n 个整数元素的顺序表 L，设计一个算法将其中的所有元素逆置，例如 $L=(1,2,3,4,5)$，逆置后 $L=(5,4,3,2,1)$，并给出算法的时间复杂度和空间复杂度。

解：用 i 从前向后、用 j 从后向前遍历 L，当两者没有相遇时交换它们指向的元素，如图 2.8 所示，直到 $i=j$ 为止。

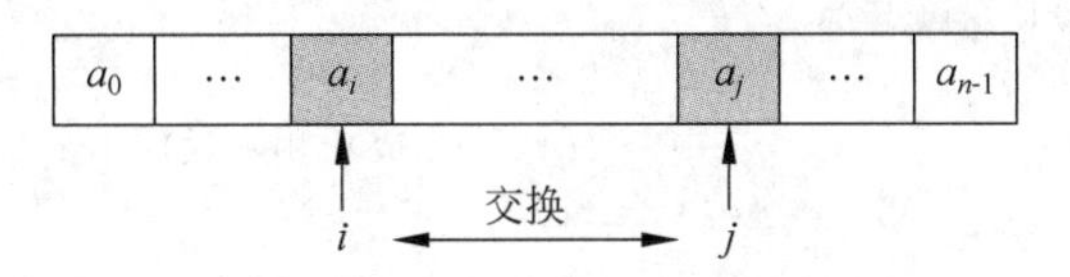

图 2.8　交换 i 和 j 所指向的元素

视频讲解

对应的算法如下：

```
public static void Reverse(SqListClass<Integer> L)
{  int i=0,j=L.size()-1;
   while(i<j)
   {  L.swap(i,j);
      i++; j--;
   }
}
```

本算法的时间复杂度为 $O(n)$、空间复杂度为 $O(1)$。

【例 2.2】　假设有一个整数顺序表 L，所有元素值均不相同，设计一个算法将最大值元素与最小值元素交换，例如 L=(1,2,3,4,5)，交换后 L=(5,2,3,4,1)。

解：对于顺序表 L，用 maxi 和 mini 记录 L 中最大元素和最小元素的下标，初始时 maxi=mini=0，i 从 1 开始扫描 L 中的所有元素，当 i 所指元素比 maxi 所指元素大时置 maxi=i，否则若 i 所指元素比 mini 所指元素小，置 mini=i。扫描完毕时，maxi 指向最大元素，mini

指向最小元素,再将对应的元素交换。对应的算法如下:

```
public static void Swapmaxmin(SqListClass<Integer> L)
{ int maxi, mini;
  maxi=mini=0;
  for(int i=1;i<L.size();i++)
    if(L.GetElem(i)>L.GetElem(maxi))
      maxi=i;
    else if(L.GetElem(i)<L.GetElem(mini))
      mini=i;
  L.swap(maxi, mini);
}
```

【例 2.3】 假设有一个字符顺序表 L,设计一个算法用于删除从序号 i 开始的 k 个元素,若成功删除返回 true,否则返回 false。例如 L=('a','b','c','d','e'),删除 $i=1$ 开始的 $k=2$ 个元素后 L=('a','d','e')。

解:设 $L=(a_0,\cdots,a_i,\cdots,a_{n-1})$,现要删除$(a_i,a_{i+1},\cdots,a_{i+k-1})$的 k 个元素,显然正确的参数是 $i\geqslant 0,k\geqslant 1$,删除的最后元素为 a_{i+k-1},其序号 $i+k-1$ 应该在 $0\sim n-1$ 范围内,则有 $1\leqslant i+k\leqslant n$。

解法 1:当参数正确时,让 j 从 i 到 $i+k-1$ 循环,每次循环调用 Delete()基本运算删除序号为 i 的元素。对应的算法如下:

```
public static boolean Deletek1(SqListClass<Character> L, int i, int k)
{ if(i<0 || k<1 || i+k<1 || i+k>L.size())
    return false;                              //i 和 k 参数不合法时返回 false
  for(int j=i;j<=i+k-1;j++)
    L.Delete(i);
  return true;                                 //成功删除返回 true
}
```

解法 2:当参数正确时,直接将 $a_{i+k}\sim a_{n-1}$ 的所有元素依次前移 k 个位置,如图 2.9 所示。对应的算法如下:

```
public static boolean Deletek2(SqListClass<Character> L, int i, int k)
{ if(i<0 || k<1 || i+k<1 || i+k>L.size())
    return false;                              //i 和 k 参数不合法时返回 false
  for(int j=i+k;j<L.size();j++)                //将元素前移 k 个位置
    L.SetElem(j-k, L.GetElem(j));
  L.Setsize(L.size()-k);                       //长度减 k
  return true;                                 //成功删除返回 true
}
```

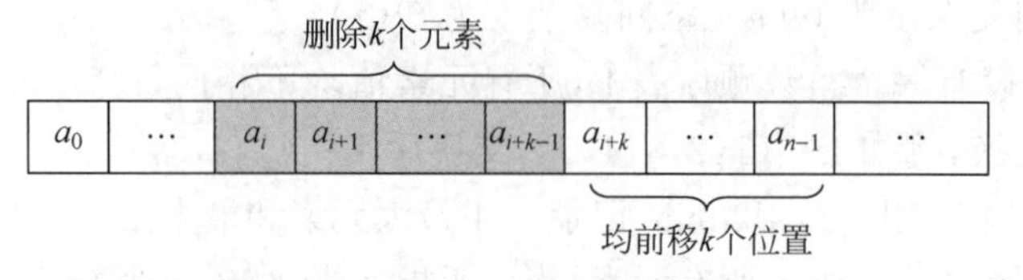

图 2.9 在顺序表中删除若干个元素

说明：解法 1 调用 Delete()基本运算算法 k 次删除从序号 i 开始的 k 个元素，对应的时间复杂度为 $O(n^2)$。解法 2 的时间复杂度为 $O(n)$，所以解法 2 更高效。其中 n 为顺序表中元素的个数。

2. 基于整体建立顺序表的算法设计

这类算法设计主要以整体建立顺序表思路为基础，由满足条件的元素建立一个结果顺序表，如果可能，将结果顺序表和原顺序表合二为一，以提高空间利用率。

【例 2.4】 对于含有 n 个整数元素的顺序表 L，设计一个算法用于删除其中所有值为 x 的元素，例如 $L=(1,2,1,5,1)$，若 $x=1$，删除后 $L=(2,5)$，并给出算法的时间复杂度和空间复杂度。

解法 1：对于整数顺序表 L，删除其中所有值为 x 的元素后得到的结果顺序表可以与原 L 共享，所以求解问题转化为新建结果顺序表。

采用整体创建顺序表的算法思路，用 k 记录结果顺序表中元素的个数(初始值为 0)，从头开始遍历 L，仅仅将不为 x 的元素重新插入 L 中(如图 2.10 所示)，每插入一个元素 k 增加 1，最后置长度为 k。对应的算法如下：

```
public static void Deletex1(SqListClass<Integer> L, Integer x)
{  int i, k=0;
   for(i=0;i<L.size();i++)
       if(L.GetElem(i)!=x)                          //将不为 x 的元素插入 data 中
       {   L.SetElem(k, L.GetElem(i));
           k++;
       }
   L.Setsize(k);                                     //重置长度
}
```

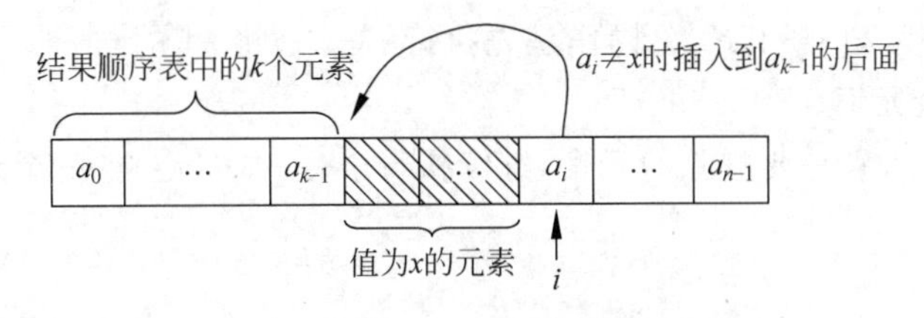

图 2.10　将值不为 x 的元素重新插入 L 中

解法 2：对于整数顺序表 L，从头开始遍历，用 k 累计当前值为 x 的元素的个数(初始值为 0)，处理当前序号为 i 的元素 a_i。

(1) 若 a_i 是不为 x 的元素(如图 2.11 所示)，此时前面有 k 个为 x 的元素，将 a_i 前移 k 个位置，继续处理下一个元素。

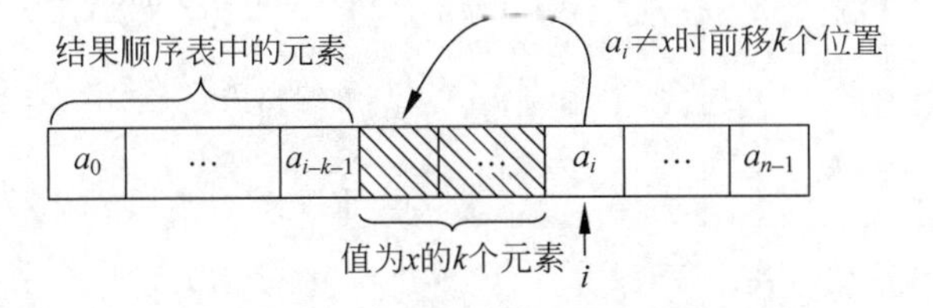

图 2.11　将值不为 x 的元素前移 k 个位置

(2) 若 a_i 是为 x 的元素,置 $k++$,继续处理下一个元素。

最后将 L 的长度减少 k。对应的算法如下:

```
public static void Deletex2(SqListClass<Integer> L,Integer x)
{ int i,k=0;
  for(i=0;i<L.size();i++)
    if(L.GetElem(i)!=x)                          //将不为 x 的元素前移 k 个位置
      L.SetElem(i-k,L.GetElem(i));
    else                                         //累计删除的元素个数 k
      k++;
  L.Setsize(L.size()-k);                         //重置长度
}
```

解法 3:由解法 2 延伸出区间划分法,不妨设 $L=(a_0,a_1,\cdots,a_{n-1})$,将 L 划分为两个区间,如图 2.12 所示。用 $a[0..i]$存放不为 x 的元素(称为"不为 x 元素区间"),初始时该区间为空,即 $i=-1$,用 j 从 0 开始遍历所有元素($j<n$),则 $a[i+1..j-1]$存放值为 x 的元素(称为"为 x 元素区间"),初始时该区间也为空(因为 $j=0$)。

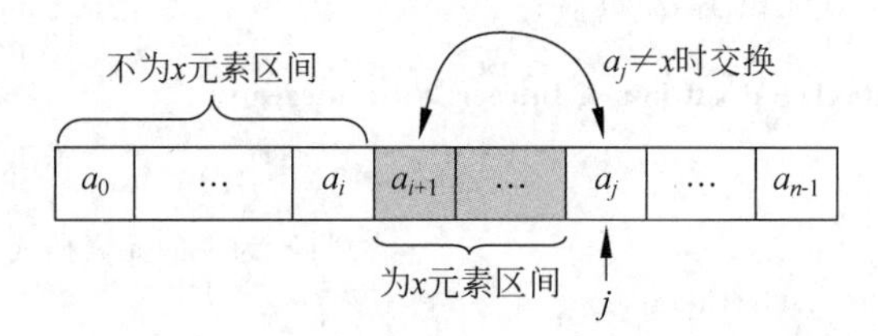

图 2.12 划分为"保留元素区间"和"删除元素区间"

(1) 若 $a[j]\neq x$,它是要保留的元素。此时"为 x 元素区间"的首元素 $a[i+1]$(其值为 x)紧靠着"不为 x 元素区间",将 $a[i+1]$与 $a[j]$交换,则"不为 x 元素区间"变为 $a[0..i+1]$,"为 x 元素区间"变为 $a[i+1..j]$。操作是先执行 $i++$,将 $a[j]$与 $a[i]$进行交换,再执行 $j++$继续遍历其余元素。

(2) 若 $a[j]=x$,它是要删除的元素,继续执行 $j++$(扩大了"删除元素区间")遍历其余元素。

对应的算法如下:

```
public static void Deletex3(SqListClass<Integer> L,Integer x)
{ int i=-1,j=0;
  while(j<L.size())                              //j 遍历所有元素
  { if(L.GetElem(j)!=x)                          //找到不为 x 的元素 a[j]
    { i++;                                       //扩大不为 x 的区间
      if(i!=j)
          L.swap(i,j);                           //将 data[i]与 data[j]交换
    }
    j++;                                         //继续扫描
  }
  L.Setsize(i+1);                                //重置长度
}
```

上述 3 个算法的时间复杂度均为 $O(n)$,空间复杂度均为 $O(1)$,都属于高效的算法。

说明：解法 3 将顺序表 L 中的元素分为保留元素和删除元素，并利用原顺序表 L 存放前者，在不同的问题中保留元素的条件可能不同。上述 3 种解法都具有通用性，有效地使用这些解法可以提高相关算法的性能。

【例 2.5】 对于含有 n 个整数元素的顺序表 L，设计一个尽可能高效的算法删除所有相邻重复的元素，即多个相邻重复的元素仅仅保留一个，例如 $L=(1,2,2,2,1)$，删除后 $L=(1,2,1)$，并给出算法的时间复杂度和空间复杂度。

解：采用例 2.4 中解法 1 的整体创建顺序表的算法思路，首先将序号为 0 的元素插入结果顺序表中，k 表示结果顺序表中元素的个数（初始时 $k=1$，因为开始元素一定是要保留的元素），其末尾元素的序号为 $k-1$。从 $i=1$ 开始扫描原 L，若当前元素值不等于结果顺序表中的末尾元素，则它不是相邻重复的元素，将其插入结果顺序表中。最后重新设置结果顺序表的长度。

对应的算法如下：

```
public static void Delsame(SqListClass<Integer> L)
{  int i,k=1;
   for(i=1;i<L.size();i++)
      if(L.GetElem(i)!=L.GetElem(k-1))         //将不是相邻重复的元素插入
      {  L.SetElem(k,L.GetElem(i));
         k++;
      }
   L.Setsize(k);                               //重置长度
}
```

上述算法的时间复杂度为 $O(n)$，空间复杂度均为 $O(1)$。

3. 有序顺序表的算法设计

视频讲解

有序表是指按元素值或者某成员变量值递增或递减排列的线性表，有序顺序表是有序表的顺序存储结构。对于有序表，可以利用其元素的有序性提高相关算法的效率，二路归并就是有序表的一种经典算法。

【例 2.6】 有两个按元素值递增有序的整数顺序表 A 和 B，设计一个算法将顺序表 A 和 B 的全部元素合并到一个递增有序顺序表 C 中，并给出算法的时间复杂度和空间复杂度。

解：由于 A 和 B 是两个递增有序的整数顺序表，用 i 遍历 A 的元素，用 j 遍历 B 的元素（i、j 均从 0 开始）。

（1）当两个表均未遍历完时，比较 i 和 j 所指向元素的大小，将较小者添加到结果有序顺序表 C 中，并后移较小者的指针。

（2）当两个有序表中有一个尚未遍历完时，其未遍历完的所有元素都是较大的，将它们依次添加到结果有序顺序表 C 中，其过程如图 2.13 所示。

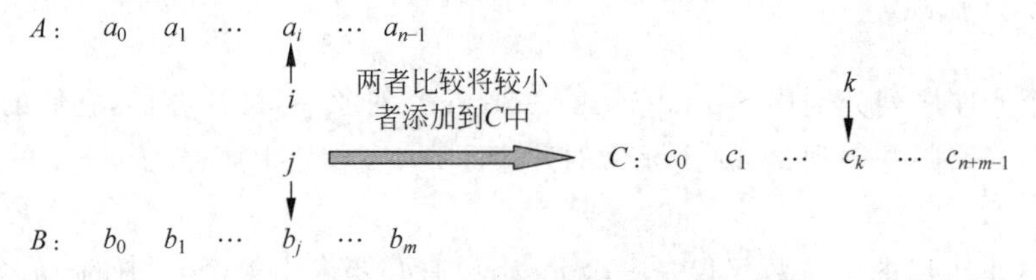

图 2.13　两个有序顺序表的二路归并过程

二路归并算法如下：

```
public static SqListClass<Integer> Merge2(SqListClass<Integer> A,SqListClass<Integer> B)
{  SqListClass<Integer> C=new SqListClass<Integer>();
   int i=0,j=0;                                    //i用于遍历A,j用于遍历B
   while(i<A.size() && j<B.size())                 //两个表均没有遍历完毕
   {  if(A.GetElem(i)<B.GetElem(j))
      {  C.Add(A.GetElem(i));                      //将较小的A中元素添加到C中
         i++;
      }
      else
      {  C.Add(B.GetElem(j));                      //将较小的B中元素添加到C中
         j++;
      }
   }
   while(i<A.size())                               //若A没有遍历完毕
   {  C.Add(A.GetElem(i));
      i++;
   }
   while(j<B.size())                               //若B没有遍历完毕
   {  C.Add(B.GetElem(j));
      j++;
   }
   return C;
}
```

在本算法中尽管有多个 while 循环语句,但恰好对顺序表 A、B 中的每个元素均访问一次,所以时间复杂度为 $O(n+m)$,其中 n、m 分别为顺序表 A、B 的长度。本算法中需要在临时顺序表 C 中添加 $n+m$ 个元素,所以算法的空间复杂度也是 $O(n+m)$。

说明：在二路归并中,若两个有序表的长度分别为 n、m,算法的主要时间花费在元素比较上,那么比较次数是多少呢？在最好的情况下,整个归并中仅仅是较长表的第一个元素与较短表的每个元素比较一次,此时元素的比较次数为 MIN(n,m)(为最少元素比较次数),例如 $A=(1,2,3)$,$B=(4,5,6,7,8)$,只需比较 3 次；在最坏的情况下,这 $n+m$ 个元素均两两比较一次,比较次数为 $n+m-1$(为最多元素比较次数),例如 $A=(1,3,5,7)$,$B=(2,4,6)$,需要比较 6 次。

【例 2.7】 一个长度为 $n(n\geqslant 1)$的升序序列 S,处在第$\lceil n/2 \rceil$个位置的数称为 S 的中位数。例如,若序列 $S_1=(11,13,15,17,19)$,则 S_1 的中位数是 15。两个序列的中位数是含它们所有元素的升序序列的中位数。例如,若 $S_2=(2,4,6,8,20)$,则 S_1 和 S_2 的中位数是 11。现有两个等长的升序序列 A 和 B,设计一个在时间和空间两方面都尽可能高效的算法,找出两个序列 A 和 B 的中位数。假设两个升序序列分别用顺序表 A 和 B 存储,所有元素为整数。

解：两个升序序列分别用 SqListClass<Integer>对象 A 和 B 存储,它们的元素个数均为 n。若采用二路归并得到含 $2n$ 个元素的升序序列 C,则其中序号为 $n-1$ 的元素就是两个序列的中位数。

实际上这里求出的中位数仅仅是一个元素,没有必要求出整个 C 中的 $2n$ 个元素,为此

用 k 累计归并元素的个数(初始为 0),当归并到第 n 个元素(此时 $k==n$)时,两个比较中较小的那个元素就是中位数。

对应的算法如下:

```
public static int Middle(SqListClass<Integer> A,SqListClass<Integer> B)
{ int i=0, j=0, k=0;
  while(i<A.size() && j<B.size())              //两个有序顺序表均没有扫描完
  {  k++;                                      //当前归并的元素个数增 1
     if(A.GetElem(i)<B.GetElem(j))             //归并 A 中较小的元素
     {  if (k==A.size())                       //若当前归并的元素是第 n 个元素
           return A.GetElem(i);                //返回 A 中的当前元素
        i++;
     }
     else                                      //归并 B 中较小的元素
     {  if(k==B.size())                        //若当前归并的元素是第 n 个元素
           return B.GetElem(j);                //返回 B 中的当前元素
        j++;
     }
  }
  return 0;
}
```

上述算法的时间复杂度为 $O(n)$,空间复杂度为 $O(1)$。

2.2.4　顺序表容器——ArrayList

在 Java 中提供了列表接口 List(其中元素为对象序列),它是 Collection 接口的子接口,List 有一个重要的实现类——ArrayList 类,它采用动态数组存储对象序列,可以看成是顺序存储结构的表在 Java 语言中的实现。在实际应用中可以用 ArrayList 类对象作为顺序表,使用其提供的各种方法完成更复杂问题的求解。

1. ArrayList 类的基本应用

视频讲解

ArrayList 类的构造方法如下。

(1) ArrayList():构造一个初始容量为 10 的空列表。

(2) ArrayList(int initialCapacity):构造一个具有指定初始容量的空列表。

(3) ArrayList(Collection <? extends E > *c*):构造一个包含指定集合的元素的列表。

ArrayList 类的主要方法如下。

(1) boolean isEmpty():如果列表中不包含元素,则返回 true。

(2) int size():返回此列表中的元素数。

(3) add(E *e*):向列表的尾部添加指定的元素。

(4) void add(int index, E element):在列表的指定位置插入指定元素。

(5) boolean contains(Object *o*):如果列表中包含指定的元素,则返回 true。

(6) E get(int index):返回列表中指定位置的元素。

(7) E set(int index, E element):用指定元素替换列表中指定位置的元素。

(8) int indexOf(Object *o*):返回此列表中第一次出现的指定元素的索引。如果此列表中不包含该元素,则返回−1。

(9) int lastIndexOf(Object o):返回此列表中最后出现的指定元素的索引。如果列表中不包含此元素,则返回-1。

(10) void clear():从列表中移除所有元素。

(11) E remove(int index):移除列表中指定位置的元素。

(12) boolean remove(Object o):从此列表中移除第一次出现的指定元素(如果存在)。

【例 2.8】 假设递增有序整数顺序表用 ArrayList <Integer>对象存放,设计一个算法将两个递增有序整数顺序表 A 和 B 的全部元素合并到一个递增有序整数顺序表 C 中,并采用相关数据测试。

解:采用与例 2.6 相同的二路归并算法思路,由于这里递增有序整数顺序表用 ArrayList <Integer>对象存放,所以算法中需要改为调用 ArrayList 类的相关方法。

对应的程序如下:

```
import java.util.*;
public class Exam2_8
{ public static ArrayList<Integer> Merge2(ArrayList<Integer> A, ArrayList<Integer> B)
  {                                                  //例 2.8 的算法
      ArrayList<Integer> C=new ArrayList<Integer>();
      int i=0,j=0;                                   //i 用于遍历 A,j 用于遍历 B
      while(i<A.size() && j<B.size())                //两个表均没有遍历完毕
      {  if(A.get(i)<B.get(j))
         {  C.add(A.get(i));                         //将较小的 A 中元素添加到 C 中
            i++;
         }
         else
         {  C.add(B.get(j));                         //将较小的 B 中元素添加到 C 中
            j++;
         }
      }
       while(i<A.size())                             //若 A 没有遍历完毕
       {  C.add(A.get(i));
          i++;
       }
       while(j<B.size())                             //若 B 没有遍历完毕
       {  C.add(B.get(j));
          j++;
       }
       return C;
  }
  public static void main(String[] args)
  {  Integer[] a={1,3,5,7};
      ArrayList<Integer> A=new ArrayList<Integer>(Arrays.asList(a));  //由数组 a 构造 A
      System.out.println("A: "+A);
      Integer[] b={1,2,5,7,9,10,20};
      ArrayList<Integer> B=new ArrayList<Integer>(Arrays.asList(b));  //由数组 b 构造 B
      System.out.println("B: "+B);
      System.out.println("二路归并");
      ArrayList<Integer> C;
      C=Merge2(A,B);
```

```
        System.out.println("C: "+C);
    }
}
```

上述程序的执行结果如下：

```
A: [1,3,5,7]
B: [1,2,5,7,9,10,20]
二路归并
C: [1,1,2,3,5,5,7,7,9,10,20]
```

2. ArrayList 类元素的排序

在许多应用中需要对顺序表元素排序，后面第 10 章专门讨论各种排序算法设计，这里从应用的角度介绍 ArrayList 类提供的几种排序方法。

若 ArrayList 对象中的元素属于 Java 基本数据类型，例如：

```
ArrayList<Integer> myarrlist=new ArrayList<Integer>();    //元素类型为整型
```

则排序方法如下。

(1) 按元素递增排序：Collections.sort(myarrlist)；

(2) 按元素递减排序：Collections.sort(myarrlist,Collections.reverseOrder())；

若 ArrayList 对象中的元素属于类类型，则需要指定按什么成员变量排序、按什么次序排序等，主要方式如下：

1) 设置 Comparable 排序接口

若一个类实现了 Comparable 接口，就意味着“该类支持排序”，为此重写 compareTo() 方法以定制排序方式。compareTo()方法的用法是“当前对象的属性.compareTo(比较对象的属性)”，若当前对象的值<比较对象的值，返回一个负整数；若当前对象的值=比较对象的值，返回 0；若当前对象的值>比较对象的值，返回一个正整数。然后调用 Collections.sort(ArrayList 对象)进行排序。

2) 设置 Comparator 比较器接口

若需要定制某个类对象的排序次序，而该类本身不支持排序(即没有实现 Comparable 排序接口)，可以建立一个“比较器”来进行排序。这个“比较器”只需要实现 Comparator 接口即可。其格式如下：

```
Collections.sort(ArrayList 对象, new Comparator<元素类>
{ @Override
    public int compare(元素类 o1,元素类 o2)
    {
        return o1.比较属性().compareTo(o2.比较属性());
    }
});
```

其中，compare(o1,o2)方法的用法是根据第一个参数小于、等于或大于第二个参数分别返回负整数、零或正整数。

3) 调用 ArrayList 类的 sort()方法

在 Java 8 中增加了使用 Comparator 的 comparing()进行排序，按照 ArrayList 类对象

中元素类的排序属性进行递增排序的格式如下:

```
ArrayList类对象.sort(Comparator.comparing(元素类::排序属性));
```

按照 ArrayList 类对象中元素类的排序属性进行递减排序的格式如下:

```
ArrayList类对象.sort(Comparator.comparing(元素类::排序属性).reversed());
```

如果是按多个成员变量值排序,还可以增加 thenComparing()等,例如 ArrayList 类对象 myarrlist 中的元素为 User 类对象,User 类有 3 个成员变量 $F1$、$F2$ 和 $F3$,对应的属性分别为 getF1()、getF2()和 getF3(),则以下语句依次按 $F1$、$F2$ 和 $F3$ 递增排序:

```
myarrlist.sort(comparing(User::getF1)
    .thenComparing(User::getF2)
    .thenComparing(User::getF3));
```

【例 2.9】 有若干个学生记录,每个记录包含姓名和年龄,用类 ArrayList 的对象存放,分别采用上述 3 种排序方法实现按年龄递增排序、按姓名递增排序和按姓名递减排序,并采用相关数据测试。

解:设计学生类 Stud,用 L 存放若干个 Stud 类对象。

(1) 采用方法 1 实现按年龄递增排序:在 Stud 类中实现 Comparable 接口的 compareTo()方法,最后调用 Collections 的静态方法 sort()实现该功能。

(2) 采用方法 2 实现按姓名递增排序:实现 Comparator 接口的 compare()方法,最后调用 Collections 的静态方法 sort()实现该功能。

(3) 采用方法 3 实现按姓名递减排序:调用 L 的 sort()方法,指定排序属性为 getname,通过 reversed 表示递减排序。

对应的程序如下:

```
import java.util.*;
class Stud implements Comparable<Stud>
{ private String name;                                //姓名
  private Integer age;                                //年龄
  public Stud(String na,int ag)                       //构造方法
  {  name=na;
     age=ag;
  }
  public String toString()
  {  String ans;
     ans="["+name+","+age+"]";
     return ans;
  }
  public String getname()                             //取name的属性
  {
     return name;
  }
  @Override
  public int compareTo(Stud o)                        //用于按age递增排序
  {
     return this.age.compareTo(o.age);
```

```
    }
}
public class Exam2_9
{ public static void main(String[] args)
   {  List<Stud> L = new ArrayList<Stud>();
      L.add(new Stud("John",18));
      L.add(new Stud("Mary",17));
      L.add(new Stud("Smith",20));
      L.add(new Stud("Tom",18));
      System.out.println("初始序列:\n  "+L);
      Collections.sort(L);                                    //排序方法 1
      System.out.println("按年龄递增排序:\n  "+L);
      Collections.sort(L, new Comparator<Stud>()              //排序方法 2
      {  @Override
         public int compare(Stud o1,Stud o2)                  //用于按姓名递增排序
         {
            return o1.getname().compareTo(o2.getname());
         }
      });
      System.out.println("按姓名递增排序:\n  "+L);
      L.sort(Comparator.comparing(Stud::getname).reversed()); //排序方法 3
      System.out.println("按姓名递减排序:\n  "+L);
   }
}
```

上述程序的执行结果如下：

```
初始序列:
  [[John,18], [Mary,17], [Smith,20], [Tom,18]]
按年龄递增排序:
  [[Mary,17], [John,18], [Tom,18], [Smith,20]]
按姓名递增排序:
  [[John,18], [Mary,17], [Smith,20], [Tom,18]]
按姓名递减排序:
  [[Tom,18], [Smith,20], [Mary,17], [John,18]]
```

2.3　线性表的链式存储结构

线性表中的每个元素最多只有一个前驱元素和一个后继元素，因此可以采用链式存储结构存储。本节讨论链式存储结构及其基本运算的实现过程。

2.3.1　线性表的链式存储结构——链表

视频讲解

线性表的链式存储结构称为链表。在链表中每个结点不仅包含有元素本身的信息(称之为数据成员)，而且包含有元素之间逻辑关系的信息，即一个结点中包含有后继结点的地址信息或者前驱结点的地址信息，称为**指针成员**，这样可以通过一个结点的指针成员方便地找到后继结点或者前驱结点。

说明：在 Java 中并不存在指针的概念，这里的指针成员实际上存放的是后继结点或者

前驱结点的引用，但为了表述方便仍然采用“指针”一词。

如果每个结点只设置一个指向其后继结点的指针成员，这样的链表称为线性单向链接表，简称**单链表**；如果每个结点中设置两个指针成员，分别用于指向其前驱结点和后继结点，这样的链表称为线性双向链接表，简称**双链表**。无前驱结点或者后继结点的相应指针成员用常量 null 表示。

在单链表中，当访问过一个结点后，只能接着访问它的后继结点，而无法访问它的前驱结点。在双链表中，当访问过一个结点后，既可以依次向后访问后继结点，也可以依次向前访问前驱结点。

为了便于在链表中插入和删除结点，通常链表带有一个头结点，并通过头结点指针唯一地标识该链表，因为从头指针所指的头结点出发，沿着结点的链可以访问到链表中的每个结点。图 2.14(a)是带头结点的单链表 head，图 2.14(b)是带头结点的双链表 dhead，分别称为 head 单链表和 dhead 双链表。

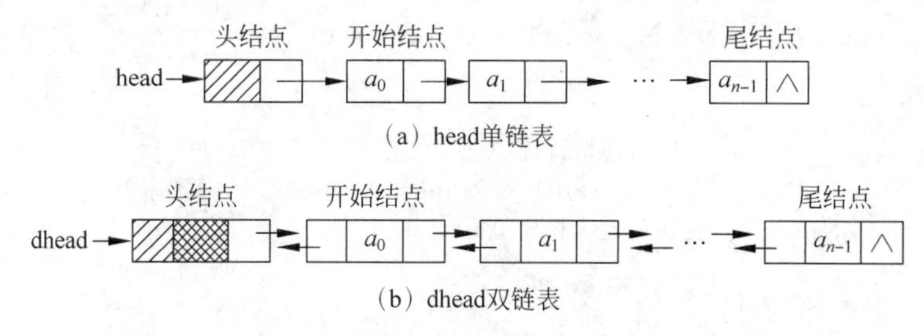

(a) head单链表

(b) dhead双链表

图 2.14　带头结点的单链表和双链表

通常将 p 指向的结点称为 p 结点或者结点 p，头结点为 head 的链表称为 head 链表，头结点中不存放任何数据元素(空表是仅包含头结点的链表)，存放序号为 0 的元素的结点称为开始结点或者首结点，存放终端元素的结点称为终端结点或者尾结点。一般链表的长度不计头结点，仅仅指其中数据结点的个数。

2.3.2　单链表

在单链表中，假定每个结点为 LinkNode < E >泛型类对象，它包括存储元素的数据成员，这里用 data 表示，并假设其数据类型为 E，还包括存储后继结点的指针成员，这里用 next 表示。LinkNode < E >泛型类的定义如下：

```
class LinkNode<E>                              //单链表结点泛型类
{  E data;
   LinkNode<E> next;
   public LinkNode()                           //构造方法
   {  next=null;  }
   public LinkNode(E d)                        //重载构造方法
   {  data=d;
      next=null;
   }
}
```

为了使算法设计简单、清晰，上述 LinkNode < E >泛型类中的 data 和 next 成员默认为

public 权限，如果设计为 private 权限，则需要增加相应的存取方法。

设计单链表泛型类 LinkListClass<E>，其中 head 为单链表的头结点，构造方法用于创建这个头结点，并且置 head 结点的 next 为空，所以满足 head. next==null 条件的单链表为一个空单链表：

```
public class LinkListClass<E>                    //单链表泛型类
{  LinkNode<E> head;                             //存放头结点
   public LinkListClass()                        //构造方法
   {  head=new LinkNode<E>();                    //创建头结点
      head.next=null;                            //头结点的 next 成员置为 null
   }
   //基本运算算法
}
```

有些教科书在泛型类 LinkListClass<E>中增加单链表长度 size 和尾结点指针 tail 成员，这样实现相关基本运算算法的效率更高，例如求长度运算 size()的时间复杂度为 $O(1)$（而上述设计中 size()的时间复杂度为 $O(n)$），但同时增加了维护 size 和 tail 的复杂性。这里采用非高效设计是为了方便读者更多体会单链表操作的细节。

说明：通过指定具体类型定义 LinkListClass<E>的一个对象 L 称为单链表对象 L，其中头结点为 head，它实际上是指 L. head(如图 2.15 所示)，读者要注意两者的意义。后面的双链表、循环链表、链栈、链队、链串等都采用相似的方式。

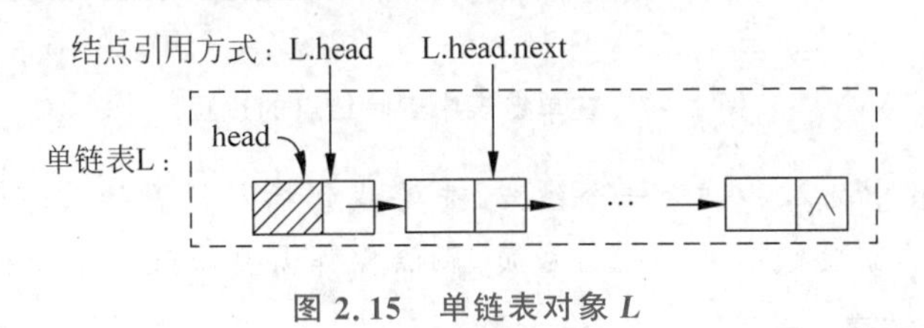

图 2.15　单链表对象 L

1. 插入和删除结点操作

在单链表中，插入和删除结点是最常用的操作，它是建立单链表和相关基本运算算法的基础。

1）插入结点操作

插入运算是将结点 s 插入单链表中 p 结点的后面。如图 2.16(a)所示，为了插入结点 s，需要修改结点 p 中的指针成员，令其指向结点 s，而结点 s 中的指针成员应指向 p 结点的后继结点，从而实现 3 个结点之间逻辑关系的变化，其过程如图 2.16 所示。

上述指针修改用 Java 语句描述如下：

```
s.next=p.next;   p.next=s;
```

注意：这两个语句的顺序不能颠倒，如果先执行 p. next=s 语句，会找不到指向值为 b 的结点，再执行 s. next=p. next 语句，相当于执行 s. next=s，这样插入操作错误。

2）删除结点操作

删除运算是删除单链表中 p 结点的后继结点，如图 2.17(a)所示，其操作是将 p 结点的 next 修改为其后继结点的后继结点，结果如图 2.17(b)所示。上述指针修改用 Java 语句描

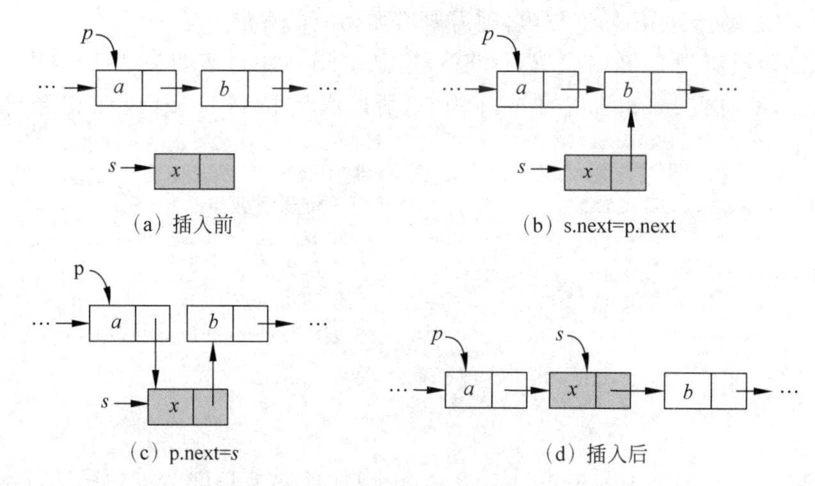

图 2.16 在单链表中插入结点 s 的过程

述如下:

```
p.next=p.next.next;
```

图 2.17 在单链表中删除结点的过程

说明:在单链表中插入和删除一个结点,先要找到插入位置的前驱结点和删除结点的前驱结点。插入操作需要修改两个指针成员,删除操作需要修改一个指针成员。

视频讲解

2. 整体建立单链表

所谓整体建立单链表就是一次性创建单链表的多个结点,这里是通过一个含有 n 个元素的 a 数组来建立单链表。建立单链表的常用方法有以下两种。

1) 用头插法建表

该方法从一个空表开始,依次读取数组 a 中的元素,生成新结点 s,将读取的数据存放到新结点的数据成员中,然后将新结点 s 插入当前链表的表头上,如图 2.18 所示。重复这一过程,直到 a 数组的所有元素读完为止。

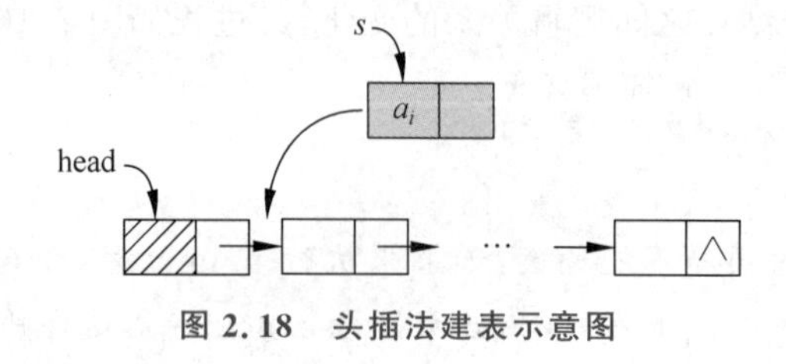

图 2.18 头插法建表示意图

采用头插法建表的算法如下:

```
public void CreateListF(E[] a)                    //头插法:由数组 a 整体建立单链表
```

```
{ LinkNode<E> s;
  for (int i=0;i<a.length;i++)                    //循环建立数据结点 s
  {  s=new LinkNode<E>(a[i]);                     //新建存放 a[i]元素的结点 s
     s.next=head.next;                            //将 s 结点插入开始结点之前、头结点之后
     head.next=s;
  }
}
```

本算法的时间复杂度为 $O(n)$，其中 n 为 a 数组中元素的个数。

若数组 a 中包含 4 个元素'a'、'b'、'c'和'd'，调用 CreateListF(a)建立的单链表如图 2.19 所示。从中看到，用头插法建立的单链表中数据结点的次序与 a 数组中的次序正好相反。

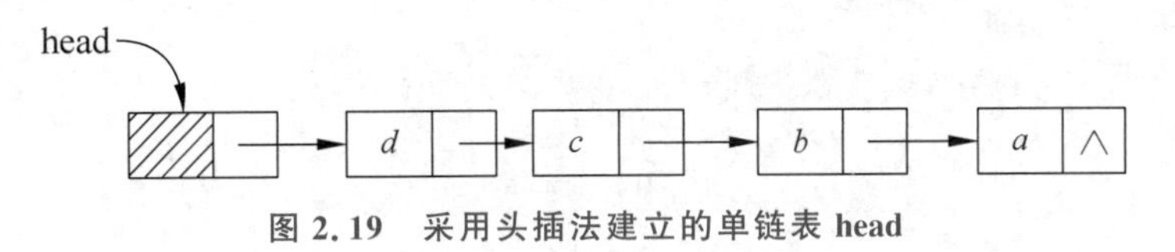

图 2.19　采用头插法建立的单链表 head

2) 用尾插法建表

用头插法建立链表虽然算法简单，但生成的链表中结点的次序和原数组中元素的顺序相反。若希望两者次序一致，可采用尾插法建立。该方法是将新结点 s 插入当前链表的表尾上，为此需要增加一个尾指针 t，使其始终指向当前链表的尾结点，如图 2.20 所示。

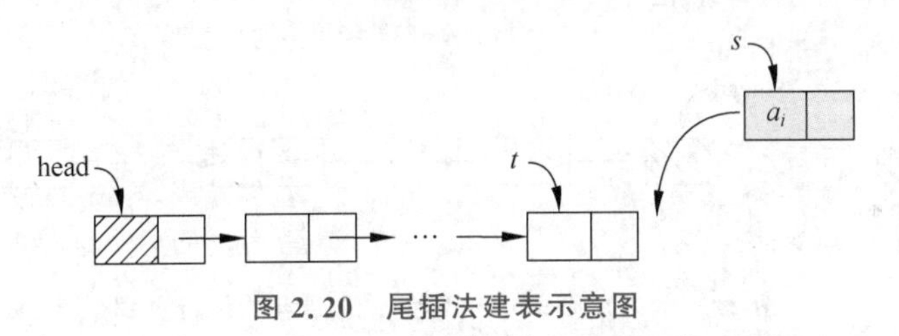

图 2.20　尾插法建表示意图

采用尾插法建表的算法如下：

```
public void CreateListR(E[] a)                    //尾插法：由数组 a 整体建立单链表
{ LinkNode<E> s,t;
  t=head;                                         //t 始终指向尾结点，开始时指向头结点
  for(int i=0;i<a.length;i++)                     //循环建立数据结点 s
  {  s=new LinkNode<E>(a[i]);                     //新建存放 a[i]元素的结点 s
     t.next=s;                                    //将 s 结点插入 t 结点之后
     t=s;
  }
  t.next=null;                                    //将尾结点的 next 成员置为 null
}
```

本算法的时间复杂度为 $O(n)$，其中 n 为 a 数组中元素的个数。

若数组 a 中包含 4 个元素'a'、'b'、'c'和'd'，调用 CreateListR(a)建立的单链表如图 2.21 所示。从中可以看到，用尾插法建立的单链表中数据结点的次序与 a 数组中的次序正好相同。

视频讲解

3. 线性表的基本运算在单链表中的实现

在多个基本运算算法中都需要在单链表中查找序号为 i($0\leqslant i\leqslant n-1$，$n$ 为单链表中数

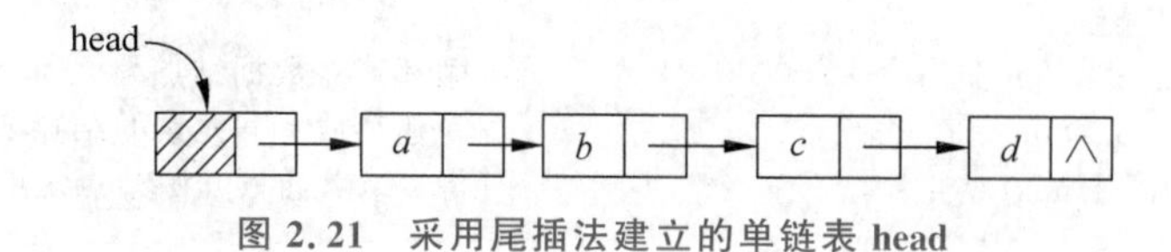

图 2.21　采用尾插法建立的单链表 head

据结点的个数)的结点,假设参数 i 正确,设计对应的私有方法如下:

```
private LinkNode<E> geti(int i)                    //返回序号为 i 的结点
{  LinkNode<E> p=head;
   int j=-1;
   while(j<i)
   {  j++;
      p=p.next;
   }
   return p;
}
```

本算法的执行过程如图 2.22 所示,算法的时间复杂度为 $O(n)$。

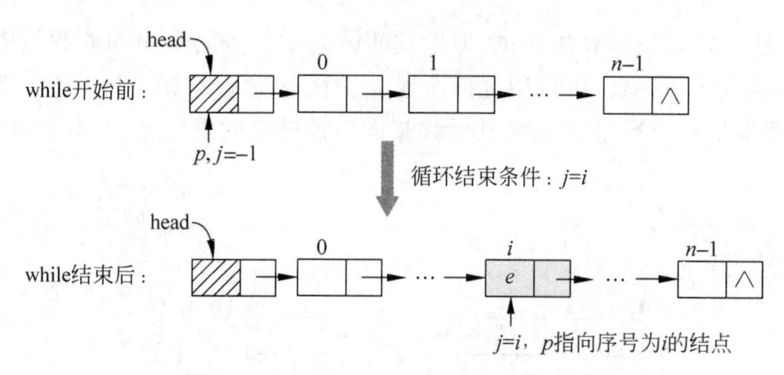

图 2.22　求单链表中序号为 i 的结点的执行过程

1) 将元素 e 添加到线性表的末尾:Add(e)

该运算先新建一个存放元素 e 的 s 结点,找到尾结点 p,在 p 结点之后插入 s 结点。对应的算法如下:

```
public void Add(E e)                               //在线性表的末尾添加一个元素 e
{  LinkNode<E> s=new LinkNode<E>(e);               //新建结点 s
   LinkNode<E> p=head;
   while(p.next!=null)                             //查找尾结点 p
      p=p.next;
   p.next=s;                                       //在尾结点之后插入结点 s
}
```

本算法的时间复杂度为 $O(n)$。

2) 求线性表的长度:size()

该运算返回单链表中数据结点的个数。对应的算法如下:

```
public int size()                                  //求线性表的长度
{  LinkNode<E> p=head;
   int cnt=0;
```

```
    while(p.next!=null)                          //找到尾结点为止
    {  cnt++;
       p=p.next;
    }
    return cnt;
}
```

本算法的执行过程如图 2.23 所示，算法的时间复杂度为 $O(n)$。

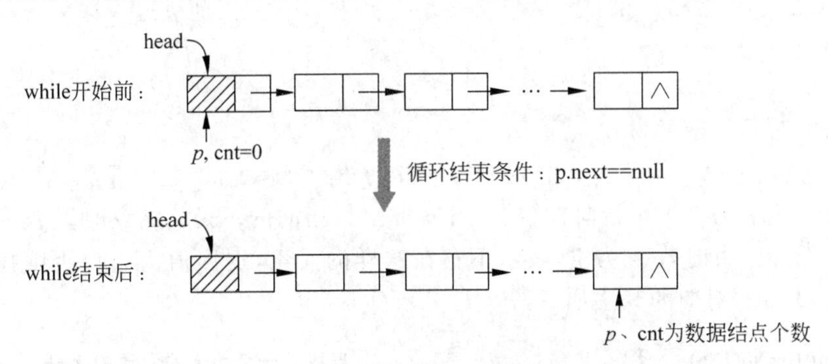

图 2.23　求单链表中数据结点个数的执行过程

3）设置线性表的长度：Setsize(nlen)

该运算主要用于缩小线性表的长度，当参数 nlen 错误时（nlen<0 或者 nlen<n）抛出相应的异常，若 nlen 等于原单链表长度，直接返回，否则找到序号为 nlen−1 的结点 p，将其置为尾结点，使新单链表的长度为 nlen。对应的算法如下：

```
public void Setsize(int nlen)                    //设置线性表的长度
{  int len=size();
   if(nlen<0 || nlen>len)
      throw new IllegalArgumentException("设置长度:n不在有效范围内");
   if(nlen==len) return;
   LinkNode<E> p=geti(nlen-1);                   //找到序号为 nlen-1 的结点 p
   p.next=null;                                  //将结点 p 置为尾结点
}
```

本算法的时间复杂度为 $O(n)$。

4）求线性表中序号为 i 的元素：GetElem(i)

该运算当序号 i 正确时（$0 \leqslant i \leqslant n-1$）先找到序号为 i 的结点 p，然后返回其 data 成员，否则抛出相应的异常。对应的算法如下：

```
public E GetElem(int i)                          //返回线性表中序号为 i 的元素
{  int len=size();
   if(i<0 || i>len-1)
      throw new IllegalArgumentException("查找:位置 i 不在有效范围内");
   LinkNode<E> p=geti(i);                        //找到序号为 i 的结点 p
   return (E)p.data;
}
```

本算法的时间复杂度为 $O(n)$。

5) 设置线性表中序号为 i 的元素：SetElem(i,e)

该运算当序号 i 正确时($0 \leqslant i \leqslant n-1$)先找到序号为 i 的结点 p，然后设其 data 成员为 e，否则抛出相应的异常。对应的算法如下：

```
public void SetElem(int i,E e)                          //设置序号为 i 的元素为 e
{  if(i<0 || i>size()-1)
       throw new IllegalArgumentException("设置:位置 i 不在有效范围内");
   LinkNode<E> p=geti(i);                               //找到序号为 i 的结点 p
   p.data=e;
}
```

本算法的时间复杂度为 $O(n)$。

6) 求线性表中第一个值为 e 的元素的逻辑序号：GetNo(e)

该运算先置 j 为 -1，p 指向首结点，当 p 非空且指向的不是 e 结点时置 j++、p 后移一个结点。循环结束时若 p 为空，表示不存在这样的元素，返回值为 -1，否则找到这样的结点，返回序号 j。对应的算法如下：

```
public int GetNo(E e)                                   //查找第一个为 e 的元素的序号
{  int j=0;
   LinkNode<E> p=head.next;
   while(p!=null && !p.data.equals(e))
   {  j++;                                              //查找元素 e
      p=p.next;
   }
   if(p==null) return -1;                               //未找到时返回-1
   else return j;                                       //找到后返回其序号
}
```

本算法的执行过程如图 2.24 所示，算法的时间复杂度为 $O(n)$。

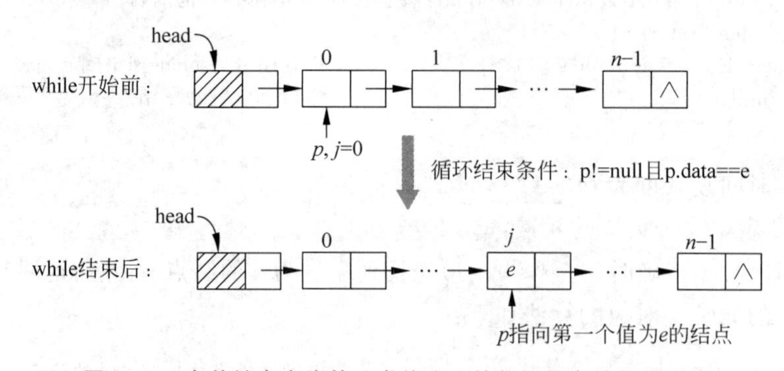

图 2.24　在单链表中找第一个值为 e 的数据结点的执行过程

7) 将线性表中序号为 i 和序号为 j 的元素交换：swap(i,j)

先找到序号为 i 的结点 p 和序号为 j 的结点 q，然后将两个结点的 data 值进行交换。对应的算法如下：

```
public void swap(int i,int j)                           //交换序号为 i 和序号为 j 的元素
{  LinkNode<E> p=geti(i);
   LinkNode<E> q=geti(j);
```

```
    E tmp=p.data;
    p.data=q.data;
    q.data=tmp;
}
```

8）在线性表中插入 e 作为第 i 个元素：Insert(i,e)

该运算在参数 i 错误时（$i<0$ 或者 $i>n$）抛出相应的异常，在参数 i 正确（$0\leqslant i\leqslant n$）时先新建存放元素 e 的结点 s，找到第 $i-1$ 个结点 p，然后在 p 结点之后插入 s 结点。对应的算法如下：

```
public void Insert(int i, E e)                    //在线性表中序号为 i 的位置上插入元素 e
{ if(i<0 || i>size())                             //参数错误抛出异常
      throw new IllegalArgumentException("插入:位置 i 不在有效范围内");
  LinkNode<E> s=new LinkNode<E>(e);               //建立新结点 s
  LinkNode<E> p=geti(i-1);                        //找到序号为 i-1 的结点 p
  s.next=p.next;                                  //在 p 结点后面插入 s 结点
  p.next=s;
}
```

本算法的时间复杂度为 $O(n)$。

9）在线性表中删除第 i 个数据元素：Delete(i)

该运算在参数 i 错误时（$i<0$ 或者 $i>n-1$）抛出相应的异常，在参数 i 正确（$0\leqslant i\leqslant n-1$）时先找到第 $i-1$ 个结点 p，再删除 p 结点的后继结点。对应的算法如下：

```
public void Delete(int i)                         //在线性表中删除序号为 i 的位置上的元素
{ if(i<0 || i>size()-1)                           //参数错误抛出异常
      throw new IllegalArgumentException("删除:位置 i 不在有效范围内");
  LinkNode<E> p=geti(i-1);                        //找到序号为 i-1 的结点 p
  p.next=p.next.next;                             //删除 p 结点的后继结点
}
```

本算法的时间复杂度为 $O(n)$。

10）将线性表转换为字符串：toString()

该运算是依次将单链表中各结点存放的元素值连接起来构成一个字符串并返回。对应的算法如下：

```
public String toString()                          //将线性表转换为字符串
{ String ans="";
  LinkNode<E> p=head.next;
  while(p!=null)
  {   ans+=p.data+" ";
      p=p.next;
  }
  return ans;
}
```

本算法的时间复杂度为 $O(n)$。

2.3.3　单链表的应用算法设计示例

本节的示例均采用单链表的 LinkListClass<E>对象 L 存储线性表，利用单链表的基本操作设计满足示例需要的算法。

视频讲解

1. 基于单链表基本操作的算法设计

在这类算法设计中主要包括单链表结点的查找、插入和删除等基本操作。

【例 2.10】 有一个长度大于 2 的整数单链表 L,设计一个算法查找 L 的中间位置的元素。例如,$L=(1,2,3)$,返回元素为 2；$L=(1,2,3,4)$,返回元素为 2。

解：针对长度大于 2 的整数单链表 L 求中间位置元素,下面给出两种解法。

计数法：计算出 L 的长度 n,假设首结点的编号为 1,则满足题目要求的结点的编号为 $(n-1)/2+1$(这里的除法为整除)。置 $j=1$,指针 p 指向首结点,让其后移 $(n-1)/2-1$ 个结点即可。对应的算法如下：

```
public static int Middle1(LinkListClass<Integer> L)
{ int j=1,n=L.size();
  LinkNode<Integer> p=L.head.next;              //p 指向首结点
  while(j<=(n-1)/2)                             //找中间位置的 p 结点
  {  j++;
     p=p.next;
  }
  return p.data;
}
```

快慢指针法：设置快指针 fast 和慢指针 slow,首先均指向首结点,当 fast 结点后面至少存在两个结点时,让慢指针 slow 每次后移一个结点,让快指针 fast 每次后移两个结点。否则 slow 指向的结点就是满足题目要求的结点。对应的算法如下：

```
public static int Middle2(LinkListClass<Integer> L)
{ LinkNode<Integer> slow=L.head.next;
  LinkNode<Integer> fast=L.head.next;                   //均指向首结点
  while(fast.next!=null && fast.next.next!=null)        //找中间位置的 p 结点
  {  slow=slow.next;                                    //慢指针每次后移一个结点
     fast=fast.next.next;                               //快指针每次后移两个结点
  }
  return slow.data;
}
```

尽管上述两个算法的时间复杂度都是 $O(n)$,但前一种解法遍历整个单链表 1.5 趟[调用 size()计一趟],而后一种解法遍历整个单链表一趟,后者效率更高。

【例 2.11】 有一个整数单链表 L,其中可能存在多个值相同的结点,设计一个算法查找 L 中最大值结点的个数。

解：先遍历单链表 L 的所有数据结点求出其中最大结点值 maxe,再遍历 L 的所有数据结点累计其中结点值为 maxe 的结点个数 cnt,最后返回 cnt。

该方法需要遍历 L 两趟,可以改为仅遍历一趟,先让 p 指向首结点,用 maxe 记录首结点值,将其看成是最大值结点,cnt 置为 1。按以下方式循环,直到 p 指向尾结点为止：

(1) 若 p.next.data > maxe,将 p.next 看成新的最大值结点,置 maxe=p.next.data,cnt=1。

(2) 若 p. next. data==maxe,maxe 仍为最大结点值,置 cnt++。

(3) p 后移一个结点。

最后返回的 cnt 即为最大值结点的个数。

对应的算法如下:

```
public static int Maxcount(LinkListClass<Integer> L)
{   int cnt=1;
    Integer maxe;
    LinkNode<Integer> p=L.head.next;              //p指向首结点
    maxe=p.data;                                  //maxe置为首结点值
    while(p.next!=null)                           //循环到p结点为尾结点
    {   if(p.next.data>maxe)                      //找到更大的结点
        {   maxe=p.next.data;
            cnt=1;
        }
        else if(p.next.data==maxe)                //p结点为当前最大值结点
            cnt++;
        p=p.next;
    }
    return cnt;
}
```

本算法的时间复杂度为 $O(n)$,空间复杂度为 $O(1)$。

【例 2.12】 有一个整数单链表 L,其中可能存在多个值相同的结点,设计一个算法删除 L 中所有最大值的结点。

解:先遍历 L 的所有结点,求出最大结点值 maxe,再遍历一次删除所有值为 maxe 的结点,在删除中通过(pre,p)一对指针指向相邻的两个结点,若 p. data==maxe,再通过 pre 结点删除 p 结点。

对应的算法如下:

```
public static void Delmaxnodes(LinkListClass<Integer> L)
{   Integer maxe;
    LinkNode<Integer> p=L.head.next,pre;          //p指向首结点
    maxe=p.data;                                  //maxe置为首结点值
    while(p.next!=null)                           //查找最大结点值maxe
    {   if(p.next.data>maxe)
            maxe=p.next.data;
        p=p.next;
    }
    pre=L.head;                                   //pre指向头结点
    p=pre.next;                                   //p指向pre的后继结点
    while(p!=null)                                //p遍历所有结点
    {   if(p.data==maxe)                          //p结点为最大值结点
        {   pre.next=p.next;                      //删除p结点
            p=pre.next;                           //让p指向pre的后继结点
        }
        else
        {   pre=pre.next;                         //pre后移一个结点
            p=pre.next;                           //让p指向pre的后继结点
```

```
        }
    }
}
```

说明：本例不能像例 2.10 那样遍历一趟单链表即可，因为仅遍历一趟单链表无法确定哪些结点是要删除的结点。

视频讲解

2. 基于整体建立单链表的算法设计

这类算法设计主要以整体建立单链表的两种方法为基础，根据求解问题的需要采用头插法或者尾插法。

【例 2.13】 有一个整数单链表 L，设计一个算法逆置 L 中的所有结点。例如 $L=(1,2,3,4,5)$，逆置后 $L=(5,4,3,2,1)$。

解：采用头插法建表的思路，先让 p 指向整数单链表 L 的首结点，置 L 为空单链表，然后遍历 L 的其余数据结点，将 p 结点插入单链表 L 的头部。

对应的算法如下：

```
public static void Reverse(LinkListClass<Integer> L)
{ LinkNode<Integer> p=L.head.next,q;              //p 指向首结点
  L.head.next=null;                               //将 L 设置为一个空表
  while(p!=null)
  {  q=p.next;                                    //q 临时保存 p 结点的后继结点
     p.next=L.head.next;                          //将 p 结点插入表头
     L.head.next=p;
     p=q;
  }
}
```

本算法的时间复杂度为 $O(n)$，空间复杂度为 $O(1)$。

【例 2.14】 有两个整数单链表 A 和 B，A 中数据元素为$(a_0,a_1,\cdots,a_{n-1})$，B 中数据元素为$(b_0,b_1,\cdots,b_{m-1})$，其中 m、n 均大于 0。设计一个算法将 A、B 的所有数据结点合并起来得到一个整数单链表 C，C 中数据元素的顺序如下：

$C=(a_0,b_0,\cdots,a_{n-1},b_{n-1}) \quad m=n$

$C=(a_0,b_0,\cdots,a_{m-1},b_{m-1},a_m,\cdots,a_{n-1}) \quad m<n$

$C=(a_0,b_0,\cdots,a_{n-1},b_{n-1},b_n,\cdots,b_{m-1}) \quad m>n$

并给出算法的时间和空间复杂度。

解：本题是通过 A、B 的所有数据结点新建单链表 C，根据 C 中结点的次序采用尾插法建立结果单链表 C，t 指向 C 的头结点。

用 p、q 分别遍历单链表 A 和 B 的数据结点，当两个表均未遍历完时，先将 p 结点链接到 t 结点后面，p 后移一个结点，再将 q 结点链接到 t 结点后面，q 后移一个结点；否则置 t 结点为尾结点，若有一个单链表遍历完，将另一个未遍历完的单链表中的所有其余结点链接到 t 结点后面，最后返回 C。

对应的算法如下：

```
public static LinkListClass<Integer> Comb(LinkListClass<Integer> A,LinkListClass<Integer> B)
{ LinkListClass<Integer> C=new LinkListClass<Integer>();
```

```
    LinkNode<Integer> p,q,t;
    p=A.head.next;                              //p指向A的首结点
    q=B.head.next;                              //q指向B的首结点
    t=C.head;                                   //t始终指向C的尾结点
    while(p!=null && q!=null)                   //当两个表均未遍历完时
    {   t.next=p; t=p;                          //将p结点插入C的末尾
        p=p.next;                               //p后移一个结点
        t.next=q; t=q;                          //将q结点插入C的末尾
        q=q.next;                               //q后移一个结点
    }
    t.next=null;                                //将尾结点的next设置为空
    if(p!=null) t.next=p;                       //A未遍历完,将余下结点链接到C的尾部
    if(q!=null) t.next=q;                       //B未遍历完,将余下结点链接到C的尾部
    return C;
}
```

本算法的时间复杂度为$O(n+m)$,空间复杂度为$O(1)$。

【例2.15】 有一个含$2n$个整数的单链表$L=(a_0,b_0,a_1,b_1,\cdots,a_{n-1},b_{n-1})$,设计一个算法将其拆分成两个带头结点的单链表$A$和$B$,其中$A=(a_0,a_1,\cdots,a_{n-1})$,$B=(b_{n-1},b_{n-2},\cdots,b_0)$。

解:本题利用原单链表L中的所有数据结点通过改变指针成员重组成两个单链表A和B。由于A中结点的相对顺序与L中的相同,所以采用尾插法建立单链表A;由于B中结点的相对顺序与L中的相反,所以采用头插法建立单链表B,如图2.25所示。

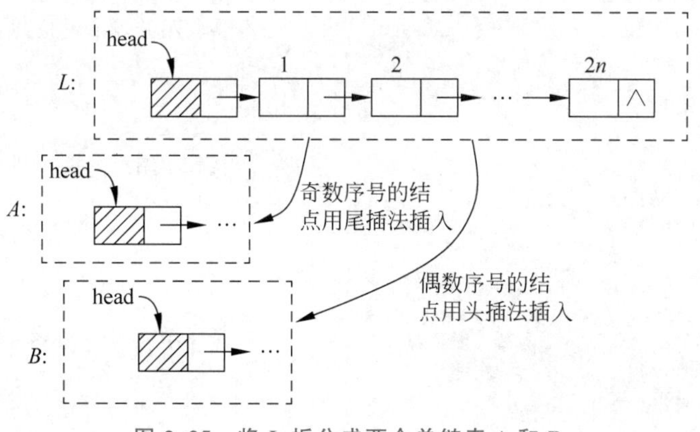

图2.25 将L拆分成两个单链表A和B

对应的算法如下:

```
static void Split(LinkListClass<Integer> L,LinkListClass<Integer> A,LinkListClass<Integer> B)
{   LinkNode<Integer> p=L.head.next;            //p指向L的首结点
    LinkNode<Integer> q=null,t;
    t=A.head;                                   //t始终指向A的尾结点
    while(p!=null)                              //遍历L的所有数据结点
    {   t.next=p; t=p;                          //用尾插法建立A
        p=p.next;                               //p后移一个结点
        if(p!=null)
        {   q=p.next;                           //临时保存p结点的后继结点
            p.next=B.head.next;                 //用头插法建立B
```

```
            B.head.next=p;
            p=q;                                        //p 指向 q 结点
        }
    }
    t.next=null;                                        //将尾结点的 next 设置为空
}
```

本算法的时间复杂度为 $O(n+m)$,空间复杂度为 $O(1)$。

视频讲解

3. 有序单链表的算法设计

有序单链表是有序表的单链表存储结构,同样可以利用二路归并方法提高相关算法的效率。

【例 2.16】 有两个递增有序整数单链表 A 和 B,设计一个算法采用二路归并方法将 A 和 B 的所有数据结点合并到递增有序单链表 C 中,要求算法的空间复杂度为 $O(1)$。

解:采用例 2.6 的二路归并思路,由于要求算法的空间复杂度为 $O(1)$,所以不能采用复制结点的方法,只能将 A 和 B 中的结点重组来建立单链表 C(这样算法执行后单链表 A 和 B 不复存在),而建立单链表 C 的过程采用尾插法。

二路归并算法如下:

```
public static LinkListClass<Integer> Merge2(LinkListClass<Integer> A,LinkListClass<Integer> B)
{   LinkNode<Integer> p=A.head.next;                    //p 指向 A 的首结点
    LinkNode<Integer> q=B.head.next;                    //q 指向 B 的首结点
    LinkListClass<Integer> C=new LinkListClass<Integer>();
    LinkNode<Integer> t=C.head;                         //t 为 C 的尾结点
    while(p!=null && q!=null)                           //两个单链表都没有遍历完
    {   if(p.data<q.data)                               //将较小结点 p 链接到 C 的末尾
        {   t.next=p; t=p;
            p=p.next;
        }
        else                                            //将较小结点 q 链接到 C 的末尾
        {   t.next=q; t=q;
            q=q.next;
        }
    }
    t.next=null;                                        //将尾结点的 next 设置为空
    if(p!=null) t.next=p;
    if(q!=null) t.next=q;
    return C;
}
```

本算法的时间复杂度为 $O(m+n)$,其中 m、n 分别为 A、B 单链表中数据结点的个数。

【例 2.17】 有两个递增有序整数单链表 A 和 B,假设每个单链表中没有值相同的结点,但两个单链表中存在相同值的结点,设计一个尽可能高效的算法建立一个新的递增有序整数单链表 C,其中包含 A 和 B 中值相同的结点,要求算法执行后不改变单链表 A 和 B。

解:采用二路归并+尾插法新建单链表 C 的思路,由于要求算法执行后不改变单链表 A 和 B,所以单链表 C 的每个结点都是通过复制新建的,如图 2.26 所示。

对应的算法如下:

```
static LinkListClass<Integer> Commnodes(LinkListClass<Integer> A,LinkListClass<Integer> B)
```

```
{  LinkNode<Integer> p=A.head.next;                  //p指向A的首结点
   LinkNode<Integer> q=B.head.next;                  //q指向B的首结点
   LinkListClass<Integer> C=new LinkListClass<Integer>();
   LinkNode<Integer> t=C.head,s;                     //t为C的尾结点
   while(p!=null && q!=null)                         //两个单链表都没有遍历完
   {  if(p.data<q.data)                              //跳过较小的p结点
         p=p.next;
      else if(q.data<p.data)                         //跳过较小的q结点
         q=q.next;
      else                                           //p结点和q结点值相同
      {  s=new LinkNode<Integer>(p.data);            //新建s结点
         t.next=s; t=s;                              //将s结点链接到C的末尾
         p=p.next;
         q=q.next;
      }
   }
   t.next=null;                                      //将尾结点的next设置为空
   return C;
}
```

A: head ∧
B: head ∧
二路归并，仅仅将值相同的
结点复制后链接到C的末尾
C: head t

图 2.26　建立新单链表 C 的过程

本算法的时间复杂度为 $O(m+n)$，空间复杂度为 $O(\mathrm{MIN}(m,n))$，其中 m、n 分别为 A、B 单链表中数据结点的个数，MIN()为取最小值函数，因为单链表 C 中最多只有 MIN(m,n)个结点。

2.3.4 双链表

对于双链表，采用类似于单链表的结点类型定义，双链表中每个结点的泛型类 DLinkNode<E>定义如下：

视频讲解

```
class DLinkNode<E>                                   //双链表结点泛型类
{  E data;                                           //结点元素值
   DLinkNode<E> prior;                               //前驱结点指针
   DLinkNode<E> next;                                //后继结点指针
   public DLinkNode()                                //构造方法
   {  prior=null;
```

```
        next=null;
    }
    public DLinkNode(E d)                                //重载构造方法
    {   data=d;
        prior=null;
        next=null;
    }
}
```

双链表泛型类 DLinkListClass<E>包含双链表的基本运算方法，其中 dhead 成员为双链表的头结点：

```
public class DLinkListClass<E>                          //双链表泛型类
{   DLinkNode<E> dhead;                                  //存放头结点
    public DLinkListClass()                              //构造方法
    {   dhead=new DLinkNode<E>();                        //创建头结点
        dhead.prior=null;
        dhead.next=null;
    }
    //线性表的基本运算算法
}
```

由于双链表中每个结点有两个指针成员，一个指向其后继结点，另一个指向其前驱结点，所以与单链表相比，在双链表中访问一个结点的前、后相邻结点更加方便。

和单链表一样，双链表也是由头结点 dhead 唯一标识的。

1. 插入和删除结点操作

在双链表中插入和删除结点是最基本的操作，这也是双链表算法设计的基础。

1) 插入结点操作

假设在双链表中的 p 结点之后插入一个 s 结点，插入过程如图 2.27 所示，共涉及 4 个指针成员的变化。其操作语句描述如下：

```
s.next=p.next;
p.next.prior=s;
s.prior=p;
p.next=s;
```

说明：在双链表中的 p 结点之后插入 s 结点时，p 结点是直接给定的，而 p 结点的后继结点是间接找到的，一般先做间接找到结点的相关操作，后做直接给定结点的相关操作，例如 p.next=s 总是放在前两个语句之后执行。

2) 删除结点操作

假设删除双链表中 p 结点的后继结点，删除过程如图 2.28 所示，共涉及两个指针成员的变化。其操作语句描述如下：

```
p.next.prior=p.prior;
p.prior.next=p.next;
```

2. 整体建立双链表

整体建立双链表是用一个数组的所有元素创建一个双链表，和整体建立单链表一样，也

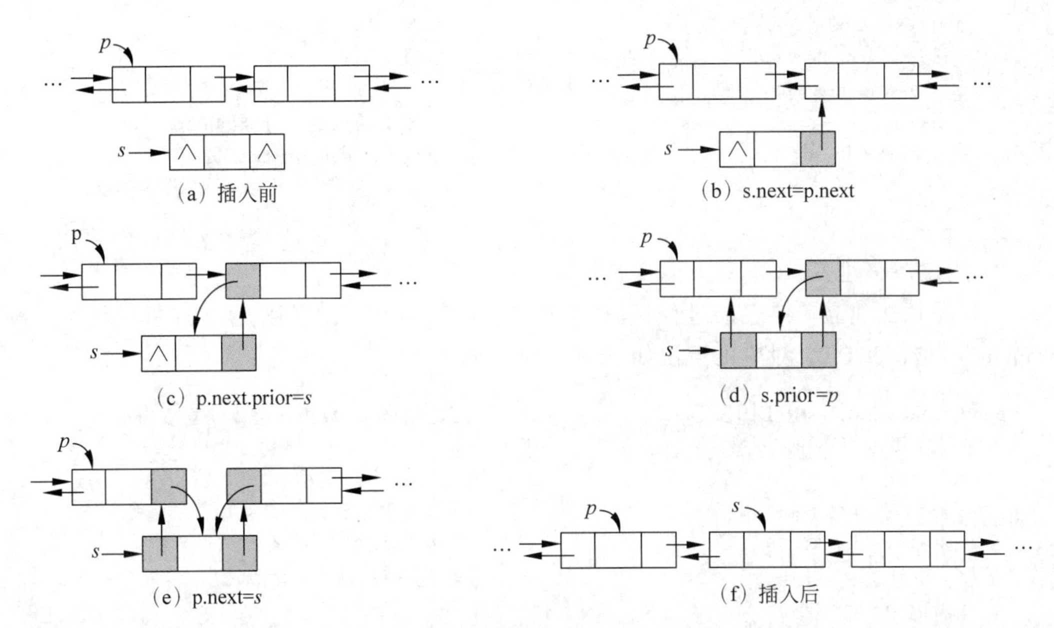

图 2.27　在双链表中插入结点的过程

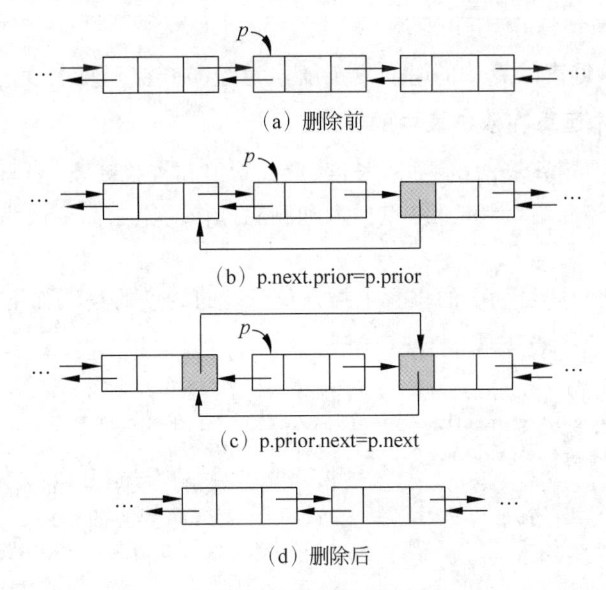

图 2.28　在双链表中删除结点的过程

有头插法和尾插法两种方法。

1）用头插法建表

与用头插法建立单链表的过程相似，每次都是将新结点 s 插入表头，这里仅仅改为按双链表方式插入结点。对应的算法如下：

```
public void CreateListF(E[] a)                  //头插法:用数组 a 整体建立双链表
{ DLinkNode<E> s;
  for (int i=0;i<a.length;i++)                  //循环建立数据结点 s
  {   s=new DLinkNode<E>(a[i]);                 //新建存放 a[i]元素的结点 s,将其插入表头
```

```
        s.next=dhead.next;                    //修改 s 结点的 next 成员
        if(dhead.next!=null)                  //修改头结点的非空后继结点的 prior 成员
            dhead.next.prior=s;
        dhead.next=s;                         //修改头结点的 next 成员
        s.prior=dhead;                        //修改 s 结点的 prior 成员
    }
}
```

2) 用尾插法建表

与用尾插法建立单链表的过程相似,每次都是将新结点 s 链接到表尾,这里仅仅改为按双链表方式插入结点。对应的算法如下:

```
public void CreateListR(E[] a)                //尾插法:由数组 a 整体建立双链表
{ DLinkNode<E> s,t;
  t=dhead;                                    //t 始终指向尾结点,开始时指向头结点
  for(int i=0;i<a.length;i++)                 //循环建立数据结点 s
  {  s=new DLinkNode<E>(a[i]);                //新建存放 a[i]元素的结点 s
     t.next=s;                                //将 s 结点插入 t 结点之后
     s.prior=t; t=s;
  }
  t.next=null;                                //将尾结点的 next 成员设置为 null
}
```

上述两个建立双链表的算法的时间复杂度均为 $O(n)$,空间复杂度均为 $O(n)$。

3. 线性表的基本运算在双链表中的实现

在双链表中,许多运算算法(例如求长度、取元素值和查找元素等)与单链表中的相应算法是相同的,这里不多介绍,但涉及结点插入和删除操作的算法需要改为按双链表的方式进行结点的插入和删除。

在双链表 dhead 中序号为 i 的位置上插入值为 e 的结点的算法如下:

```
public void Insert(int i, E e)                //在线性表中序号为 i 的位置上插入元素 e
{ if(i<0 || i>size())                         //参数错误抛出异常
     throw new IllegalArgumentException("插入:位置 i 不在有效范围内");
  DLinkNode<E> s=new DLinkNode<E>(e);         //建立新结点 s
  DLinkNode<E> p=geti(i-1);                   //找到序号为 i-1 的结点 p,在其后插入 s 结点
  s.next=p.next;                              //修改 s 结点的 next 成员
  if(p.next!=null)                            //修改 p 结点的非空后继结点的 prior 成员
     p.next.prior=s;
  p.next=s;                                   //修改 p 结点的 next 成员
  s.prior=p;                                  //修改 s 结点的 prior 成员
}
```

说明:上述算法是先建立新结点 s,在双链表中找到序号为 $i-1$ 的结点 p(找前驱结点),然后在 p 结点之后插入 s 结点(在前驱结点之后插入新结点)。当然也可以在双链表中找到序号为 i 的结点 p(找后继结点),然后在 p 结点之前插入 s 结点(后继仅仅之前插入新结点)。

在双链表 dhead 中删除序号为 i 的结点的算法如下:

```
public void Delete(int i)                          //在线性表中删除序号为 i 的位置上的元素
{ if(i<0 || i>size()-1)                            //参数错误抛出异常
      throw new IllegalArgumentException("删除:位置 i 不在有效范围内");
  DLinkNode<E> p=geti(i);                          //找到序号为 i 的结点 p,删除该结点
  if(p.next!=null)                                 //修改 p 结点的非空后继结点的 prior 成员
      p.next.prior=p.prior;
  p.prior.next=p.next;                             //修改 p 结点的前驱结点的 next 成员
}
```

说明：上述算法是先在双链表中找到序号为 i 的结点 p，再通过 p 结点前后结点删除 p 结点。也可以找到序号为 $i-1$ 的结点 p（找前驱结点），再删除其后继结点。

上述两个算法的时间复杂度均为 $O(n)$。

2.3.5　双链表的应用算法设计示例

本节的示例均采用双链表的 DLinkListClass<E>对象 L 存储线性表，利用双链表的基本操作设计满足示例需要的算法。

【例 2.18】　设计一个算法删除整数双链表 L 中第一个值为 x 的结点。

解：用 p 遍历双链表 L 的数据结点并查找第一个值为 x 的结点，若没有找到这样的结点，直接返回；若找到这样的结点 p，通过其前后结点删除 p 结点。

对应的算法如下：

视频讲解

```
public static void Delx(DLinkListClass<Integer> L, Integer x)
{ DLinkNode<Integer> p=L.dhead.next;              //p 指向首结点
  while (p!=null && p.data!=x)                     //查找第一个值为 x 的结点 p
      p=p.next;
  if(p!=null)                                      //找到值为 x 的结点 p
  {   if(p.next!=null)
          p.next.prior=p.prior;                    //删除 p 结点
      p.prior.next=p.next;
  }
}
```

说明：在单链表中删除一个结点需要找到其前驱结点，在双链表中删除结点不必找到其前驱结点，只需找到要删除的结点即可实施删除操作。

【例 2.19】　设有一个整数双链表 L，每个结点中除了有 prior、data 和 next 这 3 个成员外，还有一个访问频度成员 freq，在链表被起用之前，其值均初始化为 0，并且所有结点的 data 值不相同。每当进行 LocateElem(L,x)运算时，令元素值为 x 的结点中 freq 成员的值加 1，并调整表中结点的次序，使其按访问频度的递减顺序排列，以便使频繁访问的结点总是靠近表头。设计满足上述要求的 LocateElem()算法和完整的程序，并用相关数据进行测试。

解：修改前面的双链表结点类型为 DLinkNode1<E>，其中增加一个 freq 成员，同时修改双链表泛型类为 DLinkListClass1<E>，仅包含尾插法建表（每个结点的 freq 成员均置为 0）和所有结点值转换为字符串的基本算法。

设计静态 LocateElem(L,x)算法，先查找值为 x 的结点 p，若未找到，返回 false；否则将 p 结点的 freq 成员增 1，然后依次和前驱结点 pre 的 freq 成员比较，若 pre 的 freq 成员较

小，将 pre 结点和 p 结点的 data、freq 成员进行交换。完整的程序如下：

```
import java.util.*;
class DLinkNode1<E>                                    //双链表结点泛型类
{ E data;                                              //结点中的元素值
  int freq;                                            //结点访问频度
  DLinkNode1<E> prior;                                 //前驱结点指针
  DLinkNode1<E> next;                                  //后继结点指针
  public DLinkNode1()                                  //构造方法
  {  freq=0;
     prior=null;  next=null;
  }
  public DLinkNode1(E d)                               //重载构造方法
  {  freq=0; data=d;
     prior=null;  next=null;
  }
}
class DLinkListClass1<E>                               //双链表泛型类
{ DLinkNode1<E> dhead;                                 //存放头结点
  public DLinkListClass1()                             //构造方法
  {  dhead=new DLinkNode1<E>();                        //创建头结点
     dhead.prior=null;
     dhead.next=null;
  }
                                                       //线性表的基本运算算法
  public void CreateListR(E[] a)                       //尾插法:用数组 a 整体建立双链表
  {  DLinkNode1<E> s,t;
     t=dhead;                                          //t 始终指向尾结点,开始时指向头结点
     for(int i=0;i<a.length;i++)                       //循环建立数据结点 s
     {  s=new DLinkNode1<E>(a[i]);                     //新建存放 a[i]元素的结点 s
        t.next=s;                                      //将 s 结点插入 t 结点之后
        s.prior=t; t=s;
     }
     t.next=null;                                      //将尾结点的 next 成员设置为 null
  }
  public String toString()                             //将线性表转换为字符串
  {  String ans="";
     DLinkNode1<E> p=dhead.next;
     while(p!=null)
     {  ans+=p.data+"["+p.freq+"] ";
        p=p.next;
     }
     return ans;
  }
}
public class Exam2_19
{ private static void swap(DLinkNode1<Integer> p,DLinkNode1<Integer> q)  //交换 p 和 q 结点
                                                                        //的值
  {  int tmp=p.data;
     p.data=q.data; q.data=tmp;
     tmp=p.freq;
```

```
        p.freq=q.freq; q.freq=tmp;
    }
    public static boolean LocateElem(DLinkListClass1<Integer> L,Integer x)   //查找值为 x 的结点
    {   DLinkNode1<Integer> p,pre;
        p=L.dhead.next;                              //p 指向开始结点
        while(p!=null && !p.data.equals(x))
            p=p.next;
        if(p==null)
            return false;                            //未找到值为 x 的结点,返回 false
        p.freq++;                                    //找到值为 x 的结点 p
        pre=p.prior;
        while(pre!=L.dhead && pre.freq<p.freq)       //若 p 结点的 freq 比前驱大,两者的值交换
        {   swap(pre,p);
            p=pre; pre=p.prior;                      //p、pre 同步前移
        }
        return true;                                 //成功找到值为 x 的结点,则返回 true
    }
    public static void Find(DLinkListClass1<Integer> L,Integer x)   //测试结果输出算法
    {   System.out.println("查找值为"+x+"的结点");
        if(LocateElem(L,x))
            System.out.println("  查找成功,双链表 L: "+L.toString());
        else
            System.out.println("  查找失败");
    }
    public static void main(String[] args)
    {   Integer[] a={1,2,3,4,5};
        DLinkListClass1<Integer> L=new DLinkListClass1<Integer>();
        L.CreateListR(a);
        System.out.println("L: "+L.toString());
        Find(L,5);
        Find(L,1);
        Find(L,4);
        Find(L,5);
        Find(L,2);
        Find(L,4);
        Find(L,5);
    }
}
```

本程序的执行结果如下:

```
L: 1[0] 2[0] 3[0] 4[0] 5[0]
查找值为 5 的结点
  查找成功,双链表 L: 5[1] 1[0] 2[0] 3[0] 4[0]
查找值为 1 的结点
  查找成功,双链表 L: 5[1] 1[1] 2[0] 3[0] 4[0]
查找值为 4 的结点
  查找成功,双链表 L: 5[1] 1[1] 4[1] 2[0] 3[0]
查找值为 5 的结点
  查找成功,双链表 L: 5[2] 1[1] 4[1] 2[0] 3[0]
查找值为 2 的结点
```

```
    查找成功,双链表 L: 5[2] 1[1] 4[1] 2[1] 3[0]
查找值为 4 的结点
    查找成功,双链表 L: 5[2] 4[2] 1[1] 2[1] 3[0]
查找值为 5 的结点
    查找成功,双链表 L: 5[3] 4[2] 1[1] 2[1] 3[0]
```

2.3.6 循环链表

循环链表是另一种形式的链式存储结构,分为循环单链表和循环双链表两种形式,它们分别是从单链表和双链表变化而来的。

1. 循环单链表

带头结点 head 的循环单链表如图 2.29 所示,表中尾结点的 next 指针成员不再是空,而是指向头结点,从而整个链表形成一个首尾相接的环。

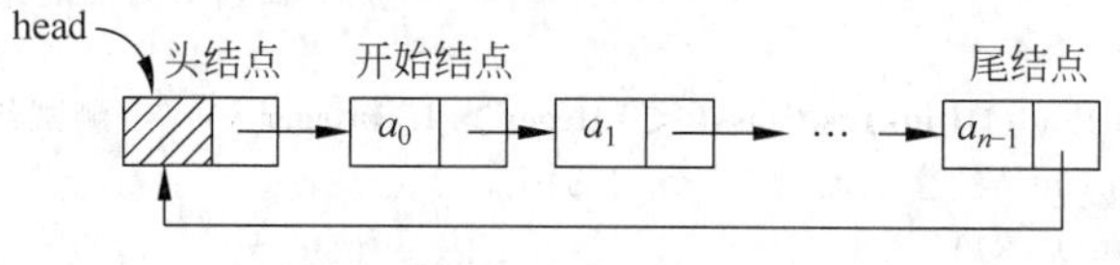

图 2.29 循环单链表 head

循环单链表的特点是从表中任一结点出发都可找到其他结点,与单链表相比,无须增加存储空间,仅对链接方式稍作修改,即可使得表处理更加方便、灵活。在默认情况下,循环单链表也是通过头结点 head 标识的。

循环单链表中的结点类型与非循环单链表中的结点类型相同,仍为 LinkNode<E>,循环单链表泛型类 CLinkListClass<E>定义如下:

```
public class CLinkListClass<E>                  //循环单链表泛型类
{ LinkNode<E> head;                             //存放头结点
  public CLinkListClass()                       //构造方法
  {  head=new LinkNode<E>();                    //创建头结点
     head.next=head;                            //置为空的循环单链表
  }
  //线性表的基本运算算法
}
```

循环单链表的插入和删除结点操作与非循环单链表的相同,所以两者的许多基本运算算法是相似的,主要区别如下:

(1) 初始只有头结点 head,在循环单链表的构造方法中需要通过 head.next=head 语句置为空表。

(2) 循环单链表中涉及查找操作时需要修改表尾判断的条件,例如用 p 遍历时,尾结点满足的条件是 p.next==head 而不是 p.next==null。

【例 2.20】 有一个整数循环单链表 L,设计一个算法求值为 x 的结点的个数。

解:用 p 遍历整个循环单链表 L 的数据结点,用 cnt 累计 data 成员值为 x 的结点的个数(初始为 0),最后返回 cnt。

对应的算法如下:

```
public static int Count(CLinkListClass<Integer> L, Integer x)
{  int cnt=0;                                    //cnt 置为 0
   LinkNode<Integer> p=L.head.next;              //p 指向首结点
   while(p!=L.head)                              //遍历循环单链表
   {  if(p.data==x)
         cnt++;                                  //找到一个值为 x 的结点 cnt 增 1
      p=p.next;                                  //p 后移一个结点
   }
   return cnt;
}
```

【例 2.21】 有两个循环单链表对象 A 和 B，其元素分别为(a_0，a_1，…，a_{n-1})和(b_0，b_1，…，b_{m-1})，其中 n、m 均大于 1。设计一个算法将 B 合并到 A 之后，即 A 变为(a_0，a_1，…，a_{n-1}，b_0，b_1，…，b_{m-1})，合并后 A 仍为循环单链表，并给出算法的时间复杂度。要求算法的空间复杂度为 $O(1)$。

解：通过遍历让 ta 指向单链表 A 的尾结点，将 ta 结点的后继结点改为 B 的首结点，tb 指向单链表 B 的尾结点，最后置 tb 的 next 成员指向 A 的头结点，将其构成一个循环单链表。

对应的算法如下：

```
static CLinkListClass<Integer> Comb(CLinkListClass<Integer> A, CLinkListClass<Integer> B)
{  LinkNode<Integer> ta=A.head, tb=B.head;
   while(ta.next!=A.head)                        //ta 指向 A 的尾结点
      ta=ta.next;
   ta.next=B.head.next;                          //A 和 B 尾首相连
   while(tb.next!=B.head)                        //tb 指向 B 的尾结点
      tb=tb.next;
   tb.next=A.head;                               //ta 的 next 指向 A 的头结点
   return A;
}
```

本算法有两个 while 循环，正好访问两个循环单链表中的所有数据结点一次，所以算法的时间复杂度为 $O(n+m)$。

【例 2.22】 编写一个程序求解 Joseph(约瑟夫)问题。有 n 个小孩围成一圈，给他们从 1 开始依次编号，并从编号为 1 的小孩开始报数，数到 m 的小孩出列，然后从出列的下一个小孩重新开始报数，数到 m 的小孩又出列，如此反复，直到所有的小孩全部出列为止，求整个出列序列。例如当 $n=6$、$m=5$ 时出列序列是 5，4，6，2，3，1。

视频讲解

解：本题的求解过程如下。

□ 设计存储结构

采用循环单链表存放小孩圈，其结点类型如下：

```
class Child                                      //小孩结点类型
{  int no;                                       //小孩编号
   Child next;                                   //指向下一个结点指针
   public Child(int no1)                         //重载构造方法
   {  no=no1;
      next=null;
   }
}
```

依本题操作,小孩圈循环单链表不带头结点。例如,$n=6$ 时的初始循环单链表如图 2.30 所示,first 指向开始报数的小孩结点,初始时指向首结点。

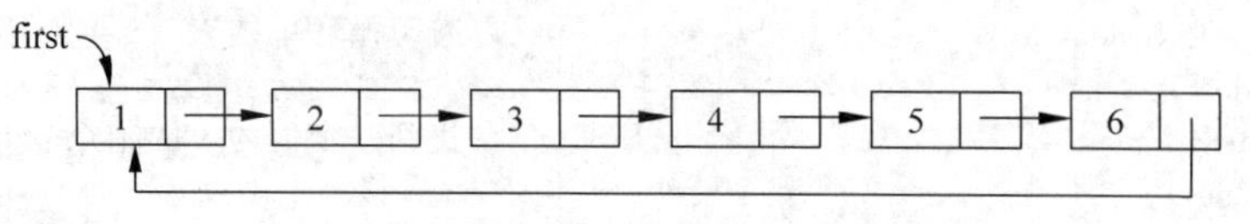

图 2.30 $n=6$ 时的初始循环单链表

❑ 设计运算算法

设计一个求解约瑟夫问题的 Joseph 类,其中包含 n、m 整型成员和首结点的 first 指针成员。构造方法用于建立有 n 个结点的不带头结点的循环单链表 first,Jsequence()方法用于产生 Joseph 序列的字符串。Joseph 类的完整代码如下:

```
class Joseph                                    //求解 Joseph 问题类
{  int n,m;
   Child first;                                 //首结点指针
   public Joseph(int n1,int m1)                 //构造方法建立 n1 个结点的循环单链表
   {  Child p,t;                                //t 指向新建循环单链表的尾结点
      n=n1; m=m1;                               //设置数据成员值
      first=new Child(1);                       //先建立 no 为 1 的首结点
      t=first;
      for(int i=2;i<=n;i++)
      {  p=new Child(i);                        //建立一个编号为 i 的新结点 p
         t.next=p; t=p;                         //将 p 结点链接到末尾
      }
      t.next=first;                             //构成一个首结点为 first 的循环单链表
   }
   public String Jsequence()                    //求解 Joseph 序列
   {  String ans="";
      int i,j;
      Child p,q;
      for(i=1;i<=n;i++)                         //共 n 个小孩出列
      {  p=first;
         j=1;
         while(j<m-1)                           //从 first 结点开始报数,报到第 m-1 个结点
         {  j++;                                //报数递增
            p=p.next;                           //移到下一个结点
         }
         q=p.next;                              //q 指向第 m 个结点
         ans+=q.no+" ";                         //该结点的小孩出列
         p.next=q.next;                         //删除 q 结点
         first=p.next;                          //从下一个结点重新开始
      }
      return ans;
   }
}
```

❑ 设计主函数

设计如下主函数求解两个 Joseph 序列。

```
public class Exam2_22
{ public static void main(String[] args) throws FileNotFoundException
  {  System.out.println(" ******** 测试 1 ************ ");
     int n=6,m=3;
     Joseph L=new Joseph(n,m);
     System.out.println("n="+n+",m="+m+"的 Joseph 序列");
     System.out.println(L.Jsequence());
     System.out.println(" ******** 测试 2 ************ ");
     n=8; m=4;
     L=new Joseph(n,m);
     System.out.println("n="+n+",m="+m+"的 Joseph 序列");
     System.out.println(L.Jsequence());
  }
}
```

❑ 执行结果

本程序的执行结果如下：

```
******** 测试 1 ************
n=6,m=3 的 Joseph 序列
3 6 4 2 5 1
******** 测试 2 ************
n=8,m=4 的 Joseph 序列
4 8 5 2 1 3 7 6
```

2. 循环双链表

循环双链表如图 2.31 所示，尾结点的 next 指针成员指向头结点，头结点的 prior 指针成员指向尾结点。其特点是整个链表形成两个环，由此从表中任意一个结点出发均可找到其他结点，最突出的优点是通过头结点在 $O(1)$时间内找到尾结点。在默认情况下，循环双链表也是通过头结点 dhead 标识的。

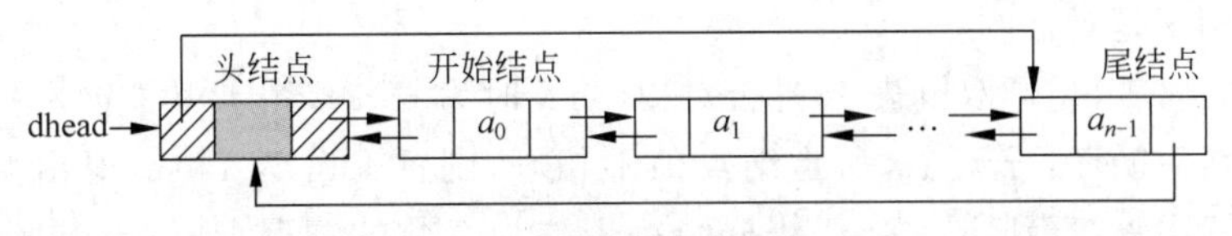

图 2.31　循环双链表 dhead

循环双链表中的结点类型与非循环双链表中的结点类型相同，仍为 DLinkNode<E>，循环双链表泛型类 CDLinkListClass<E>定义如下：

```
public class CDLinkListClass<E>              //循环双链表泛型类
{  DLinkNode<E> dhead;                       //存放头结点
   public CDLinkListClass()                  //构造方法
   {  dhead=new DLinkNode<E>();              //创建头结点
      dhead.prior=dhead;                     //构成空的循环双链表
      dhead.next=dhead;
   }
   //线性表的基本运算算法
}
```

循环双链表的插入和删除结点操作与非循环双链表的相同,所以两者的许多基本运算算法是相似的,主要区别如下:

(1) 初始只有头结点 dhead,在循环双链表的构造方法中需要通过 dhead.prior=dhead 和 dhead.next=dhead 两个语句置为空表。

(2) 循环双链表中涉及查找操作时需要修改表尾判断的条件,例如用 p 遍历时,尾结点满足的条件是 p.next==head 而不是 p.next==null。

【例 2.23】 有两个循环双链表 A 和 B,其元素分别为($a_0,a_1,\cdots,a_{n-1}$)和($b_0,b_1,\cdots,b_{m-1}$),其中 n、m 均大于 1。设计一个算法将 B 合并到 A,即 A 变为($a_0,a_1,\cdots,a_{n-1},b_0,b_1,\cdots,b_{m-1}$),合并后 A 仍为循环双链表,并分析算法的时间复杂度。

解:用 ta 指向 A 的尾结点,tb 指向 B 的尾结点,将 ta 结点的后继结点改为 B 的首结点,最后通过 tb 结点将其改为循环双链表。

对应的算法如下:

```
public static CDLinkListClass<Integer>
  Comb(CDLinkListClass<Integer> A,CDLinkListClass<Integer> B)
{ DLinkNode<Integer> ta=A.dhead.prior;        //ta 指向 A 的尾结点
  DLinkNode<Integer> tb=B.dhead.prior;        //tb 指向 B 的尾结点
  ta.next=B.dhead.next;                       //尾首相连
  B.dhead.next.prior=ta;
  tb.next=A.dhead;
  A.dhead.prior=tb;
  return A;
}
```

本算法的时间复杂度为 $O(1)$。将本例算法和例 2.21 的算法进行比较,可以看出循环双链表的优点。

【例 2.24】 有一个带头结点的循环双链表 L,其结点的 data 成员值为整数,设计一个算法判断其所有元素是否对称。如果从前向后读和从后向前读得到的数据序列相同,表示是对称的,否则不是对称的。

解:用 flag 表示循环双链表 L 是否对称(初始时为 true),用 p 从左向右扫描 L,q 从右向左扫描 L,然后循环:若 p、q 所指结点值不相等,则置 flag 为 false,退出循环并且返回 flag;否则继续比较,直到 $p==q$[数据结点个数为奇数的情况,如图 2.32(a)所示]或者 $p==$q.prior[数据结点个数为偶数的情况,如图 2.32(b)所示]为止,此时会返回 true。

视频讲解

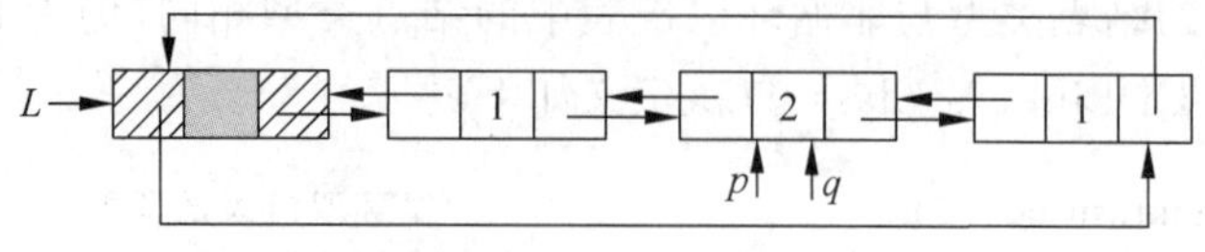

(a) 结点个数为奇数,结束条件为$p==q$

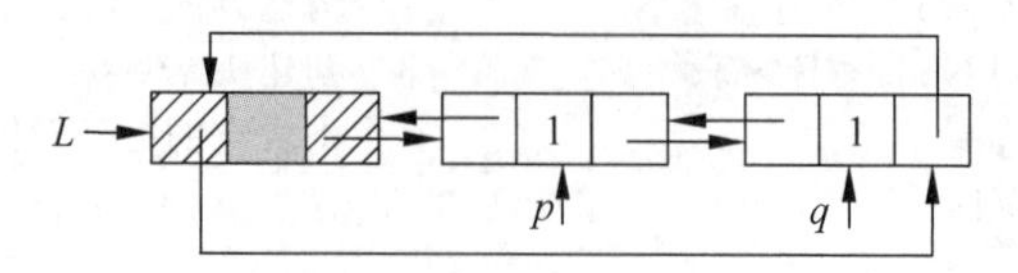

(b) 结点个数为偶数,结束条件为$p==$q.prior或者p.next$==q$

图 2.32 判断循环双链表是否对称

对应的算法如下：

```
public static boolean Symm(CDLinkListClass< Integer > L)
{ boolean flag=true;                              //flag 表示 L 是否对称,初始时为真
  DLinkNode< Integer > p=L.dhead.next;            //p 指向首结点
  DLinkNode< Integer > q=L.dhead.prior;           //q 指向尾结点
  while(flag)
  {  if(p.data!=q.data)                           //对应结点值不相同,置 flag 为 false
        flag=false;
     else
     {  if(p==q || p==q.prior) break;
        q=q.prior;                                //q 前移一个结点
        p=p.next;                                 //p 后移一个结点
     }
  }
  return flag;
}
```

该算法利用循环双链表 L 的特点，即通过头结点可以直接找到尾结点，然后进行结点值的比较来判断 L 的对称性。如果改为非循环双链表，需要通过遍历找到尾结点，显然不如循环双链表的性能好。

除了顺序表和各种链表以外，线性表还可以采用静态链表存储结构，即采用数组表示链表，每个数据元素增加一个类似于链表指针的伪指针，它实际上是一个整数，指向下一个元素的下标，在操作上具有链表的特点，而整个空间的分配又是静态的。有关静态链表的具体算法这里不再详细介绍。

2.3.7　链表容器——LinkedList

视频讲解

在 Java 中 List 接口还有另外一个重要的实现类——LinkedList 类，它采用循环双链表存储对象序列，可以看成是链式存储结构的表在 Java 语言中的实现。类 LinkedList 的使用方法与类 ArrayList 几乎相同，这里不详述。

LinkedList 类对象和 ArrayList 类对象可以转换，例如有如下程序：

```
import java.util.*;
public class trans
{ public static void main(String[] args)
  {  ArrayList< String > myarrlist=new ArrayList< String >();
     myarrlist.add("A");
     myarrlist.add("B");
     myarrlist.add("C");
     myarrlist.add("D");
     System.out.println("ArrayList:   "+myarrlist);
     System.out.println("ArrayList-> LinkedList");
     LinkedList< String > mylinklist=new LinkedList< String >(myarrlist);
     System.out.println("LinkedList: "+mylinklist);
     System.out.println("清空 LinkedList 并添加 1,2,3");
     mylinklist.clear();
     mylinklist.add("1");
     mylinklist.add("2");
```

```
        mylinklist.add("3");
        System.out.println("LinkedList: "+mylinklist);
        myarrlist=new ArrayList<String>(mylinklist);
        System.out.println("LinkedList-> ArrayList");
        System.out.println("ArrayList:  "+myarrlist);
    }
}
```

该程序先建立类 ArrayList 的对象 myarrlist,添加 4 个字符串,输出所有元素,由它生成类 LinkedList 对象 mylinklist,再输出 mylinklist 的所有元素,看出两者的输出相同。接着清空 mylinklist 并且添加 3 个整数串,输出所有元素,由它生成类 ArrayList 对象 myarrlist,再输出 myarrlist 的所有元素,看出两者的输出相同。

程序的输出结果如下:

```
ArrayList:  [A, B, C, D]
ArrayList-> LinkedList
LinkedList: [A, B, C, D]
清空 LinkedList 并添加 1,2,3
LinkedList: [1, 2, 3]
LinkedList-> ArrayList
ArrayList:  [1, 2, 3]
```

在实际应用中尽管类 ArrayList 和类 LinkedList 都可以存放线性表,通过使用它们的方法完成问题求解,但相对而言,由于前者具有随机存取特性,所以类 ArrayList 比类 LinkedList 使用得更多一些。

视频讲解

2.4 顺序表和链表的比较

前面介绍了线性表的两种存储结构——顺序表和链表,它们各有所长,那么在实际应用中究竟应该选择哪一种存储结构呢?这需要根据具体问题的要求和性质来决定,通常考虑空间和时间两个方面。

1. 基于空间的考虑

对于一种存储结构,通常用一个结点存储一个逻辑元素,其中数据量占用的存储量与整个结点的存储量之比称为存储密度,即:

$$存储密度=\frac{结点中数据本身占用的存储量}{整个结点占用的存储量}$$

一般情况下,存储密度越大,存储空间的利用率就越高。显然,顺序表的存储密度为 1,而链表的存储密度小于 1。例如,若单链表的结点值为整数,指针成员所占的空间和整数相同,则单链表的存储密度为 50%。仅从存储密度看,顺序表的存储空间利用率高。

另外,顺序表需要预先分配空间,所以数据占用一整片地址连续的内存空间,如果分配的空间过小,易出现上溢出,需要扩展空间,导致大量元素移动而降低效率;如果分配的空间过大,会导致空间空闲而浪费。链表的存储空间是动态分配的,只要内存有空闲,就不会出现上溢出。

所以,当线性表的长度变化不大,易于事先确定的情况下,为了节省存储空间,宜采用顺序表作为存储结构；当线性表的长度变化较大，难以估计其存储大小时，为了节省存储空间，宜采用链表作为存储结构。

2. 基于时间的考虑

顺序表具有随机存取特性，给定序号查找对应的元素值的时间为 $O(1)$，而链表不具有随机存取特性，只能顺序访问，给定序号查找对应的元素值的时间为 $O(n)$。

在顺序表中进行插入和删除操作时，通常需要平均移动半个表的元素，而在链表中进行插入和删除操作时仅仅需要修改相关结点的指针成员，不必移动结点。

所以，若线性表的运算主要是查找，很少做插入和删除操作，宜采用顺序表作为存储结构；若频繁地做插入和删除操作，宜采用链表作为存储结构。

2.5 线性表的应用

本节通过实现求解两个多项式相加问题的示例介绍线性表的应用。

2.5.1 求解两个多项式相加问题的描述

视频讲解

假设一个多项式的形式为 $p(x)=c_1x^{e_1}+c_2x^{e_2}+\cdots+c_mx^{e_m}$，其中 $e_i(1\leqslant i\leqslant m)$ 为整数类型的指数，并且没有相同指数的多项式项，$c_i(1\leqslant i\leqslant m)$ 为实数类型的系数，编写求两个多项式相加的程序。

一个多项式由多个 $c_ix^{e_i}(1\leqslant i\leqslant m)$ 多项式项组成，这些多项式项之间构成一种线性关系，所以一个多项式可以看成是由多个多项式项元素构成的线性表。

例如，两个多项式分别为 $p(x)=2x^3+3.2x^5-6x+10$、$q(x)=6x+1.8x^5-2x^3+x^2-2.5x^4-5$，则相加后的结果为 $r(x)=p(x)+q(x)=5x^5-2.5x^4+x^2+5$。

在本问题中多项式是最基本的数据结构，假设多项式项的数据类型为 PolyElem，定义多项式抽象数据类型 PolyClass 如下：

```
ADT PolyClass                                    //多项式抽象数据类型
{ 数据对象：
      PolyElem={(c_i, e_i) | 1≤i≤n, c_i∈double, e_i∈int}；
  数据关系：
      r={<x_i, y_i> | x_i, y_i∈PolyElem, i=1,…,n-1}
  基本运算：
      void Add(PolyElem p)：将多项式项 p 添加到末尾。
      void CreatePoly(double[] a, int[] b, int n)：由数组 a 和 b 创建多项式顺序表。
      void Sort()：对多项式顺序表按指数递减排序。
      void DispPoly()：输出多项式顺序表。
}//ADT PolyClass
```

在 PolyClass 的基础上实现以下求两个多项式 L1 和 L2 相加的运算算法：

```
PolyClass Add(PolyClass L1, PolyClass L2)；      //两个多项式相加的运算算法
```

2.5.2 采用顺序存储结构求解

这里采用 ArrayList 类对象存放多项式顺序表。

1. 设计顺序存储结构

在多项式顺序表中,每个多项式项作为多项式顺序表的一个元素,其类型 PolyElem 定义如下:

```
class PolyElem                                   //多项式顺序表元素类型
{  double coef;                                  //系数
   int exp;                                      //指数
   PolyElem(double c,int e)                      //构造方法
   {  coef=c;
      exp=e;
   }
   public int getexp()                           //返回 exp
   {  return exp;  }
}
```

多项式顺序表 PolyClass 类的定义如下:

```
class PolyClass                                  //多项式顺序表类
{  ArrayList<PolyElem> poly;                     //存放多项式顺序表
   public PolyClass()                            //构造方法
   {  poly=new ArrayList<PolyElem>();  }         //分配顺序表的 data 空间
   //包含 Add()、CreatePoly()、Sort()和 DispPoly()方法
}
```

例如,一个多项式 $p(x)=2x^3+3.2x^5-6x+10$ 的顺序表存储结构如图 2.33 所示。

poly

coef	2.0	3.2	-6.0	10.0	…	…
exp	3	5	1	0	…	…

图 2.33　一个多项式的顺序表存储结构

2. 设计 PolyClass 的基本运算算法

1) 在顺序表末尾添加元素: Add(p)

使用 ArrayList 类的 add()方法将多项式元素 p 添加到 poly 中,对应的算法如下:

```
public void Add(PolyElem p)                      //末尾添加一个多项式项
{  poly.add(p);  }
```

2) 创建多项式顺序表: CreatePoly(a,b,n)

由 $a[0..n-1]$(系数数组)和 $b[0..n-1]$(指数数组)创建多项式顺序表 poly,遍历 a、b 的元素来创建多项式项,使用类 ArrayList 的 add()方法将每个多项式项添加到 poly 中。对应的算法如下:

```
public void CreatePoly(double[] a,int[] b,int n)     //建立多项式顺序表
{  for(int i=0;i<n;i++)
      poly.add(new PolyElem(a[i],b[i]));
}
```

3）按 exp 成员递减排序：Sort()

采用 ArrayList 类的 sort()方法按排序属性 getexp()的反序来排序。对应的算法如下：

```
public void Sort()                                          //对多项式顺序表按 exp 成员递减排序
{  poly.sort(Comparator.comparing(PolyElem::getexp).reversed());  }
```

4）输出多项式顺序表：DispPoly()

按多项式的数学表示形式输出一个多项式顺序表。对应的算法如下：

```
public void DispPoly()                                      //输出多项式顺序表
{ boolean first=true;                                       //first 为 true 表示是第一项
  int i=0;
  while(i<poly.size())
  {  PolyElem p=(PolyElem)poly.get(i);
     if(first) first=false;
     else if(p.coef>0) System.out.print("+");
     if(p.exp==0)                                           //指数为 0 时不输出"x"
        System.out.print(p.coef);
     else if(p.exp==1)                                      //指数为 1 时不输出指数
        System.out.print(p.coef+"x");
     else
        System.out.print(p.coef+"x^"+p.exp);
     i++;
  }
  System.out.println();
}
```

3. 设计主要运算算法

Add(*L*1,*L*2)用于实现两个有序多项式顺序表 *L*1 和 *L*2 的相加运算，并且返回相加的结果多项式顺序表。所谓有序多项式，是指按指数递减排序，并且所有多项式项的指数不重复。例如，前面的 $p(x)$多项式对应的有序多项式顺序表如图 2.34 所示。

poly

coef	3.2	2.0	-6.0	10.0	…	…
exp	5	3	1	0	…	…

图 2.34 按 exp 递减排序后的有序多项式顺序表

Add 算法采用二路归并方法。用 i、j 分别遍历 *L*1 和 *L*2 的元素，先建立一个空多项式顺序表 *L*3，在 i、j 都没有遍历完时循环：

(1) 若 i 指向的元素的指数较人，由该元素的系数和指数新建 个元素并添加到 *L*3 中，i++。

(2) 若 j 指向的元素的指数较大，由该元素的系数和指数新建一个元素并添加到 *L*3 中，j++。

(3) 若 i、j 指向的元素的指数相同，求出系数和 c，如果 $c \neq 0$，由 c 和该指数新建一个元素并添加到 *L*3 中；否则不新建元素。i++，j++。

上述循环过程结束后，若有一个多项式顺序表没有遍历完，说明余下的多项式项都是指数较小的多项式项，将它们复制并且添加到 $L3$ 中，最后返回 $L3$。对应的算法如下：

```
public static PolyClass Add(PolyClass L1,PolyClass L2)                    //两个多项式相加运算
{ int i=0,j=0;
  double c;
  PolyClass L3=new PolyClass();
  while(i<L1.poly.size() && j<L2.poly.size())
  {  if(L1.poly.get(i).exp>L2.poly.get(j).exp)                           //L1 的元素的指数较大
     {  L3.Add(new PolyElem(L1.poly.get(i).coef,L1.poly.get(i).exp));   //新建 L3 的元素
        i++;
     }
     else if(L1.poly.get(i).exp<L2.poly.get(j).exp)                      //L2 的元素的指数较大
     {  L3.Add(new PolyElem(L2.poly.get(j).coef,L2.poly.get(j).exp));   //新建 L3 的元素
        j++;
     }
     else                                                                 //两元素的指数相等
     {  c=L1.poly.get(i).coef+L2.poly.get(j).coef;                       //求系数和 c
        if(c!=0)                                                          //系数和 c 不为 0 时
           L3.Add(new PolyElem(c,L1.poly.get(i).exp));                   //新建 L3 的元素
        i++; j++;
     }
  }
  while(i<L1.poly.size())                                                 //复制 L1 余下的元素
  {  L3.Add(new PolyElem(L1.poly.get(i).coef,L1.poly.get(i).exp));      //新建 L3 的元素
     i++;
  }
  while(j<L2.poly.size())                                                 //复制 L2 余下的元素
  {  L3.Add(new PolyElem(L2.poly.get(j).coef,L2.poly.get(j).exp));      //新建 L3 的元素
     j++;
  }
  return L3;
}
```

4. 设计主函数

在主函数中首先将输入重定向为 abc.in 文件，将输出重定向为 abc.out 文件，之后其执行步骤如下：

(1) 读取 $L1$ 的数据，包含项数 n、系数和指数序列；调用 CreatePoly(a,b,n)创建多项式顺序表 $L1$；输出 $L1$，调用 Sort()对 $L1$ 按指数递减排序，并且输出 $L1$ 排序后的结果。

(2) 读取 $L2$ 的数据，包含项数 n、系数和指数序列；调用 CreatePoly(a,b,n)创建多项式顺序表 $L2$；输出 $L2$，调用 Sort()对 $L2$ 按指数递减排序，并且输出 $L2$ 排序后的结果。

(3) 调用 Add($L1$,$L2$)产生相加后的多项式 $L3$，输出 $L3$。

对应的主函数如下：

```
public static void main(String[] args) throws FileNotFoundException
{ System.setIn(new FileInputStream("abc.in"));          //将标准输入流重定向至 abc.in
  Scanner fin=new Scanner(System.in);
  System.setOut(new PrintStream("abc.out"));            //将标准输出流重定向至 abc.out
```

```
    PolyClass L1=new PolyClass();                          //建立两个多项式顺序表对象 L1 和 L2
    PolyClass L2=new PolyClass();
    PolyClass L3;
    double[] a=new double[100];
    int[] b=new int[100];
    int n;
    n = fin.nextInt();                                     //输入 n
    for(int i=0;i<n;i++)                                   //输入 a
        a[i]=fin.nextDouble();
    for(int i=0;i<n;i++)                                   //输入 b
        b[i]=fin.nextInt();
    L1.CreatePoly(a,b,n);                                  //创建第 1 个多项式顺序表 L1
    System.out.print("第 1 个多项式:  "); L1.DispPoly();
    L1.Sort();                                             //排序
    System.out.print("排序后结果:    "); L1.DispPoly();
    n = fin.nextInt();                                     //输入 n
    for(int i=0;i<n;i++)                                   //输入 a
        a[i]=fin.nextDouble();
    for(int i=0;i<n;i++)                                   //输入 b
        b[i]=fin.nextInt();
    L2.CreatePoly(a,b,n);                                  //创建第 2 个多项式顺序表 L2
    System.out.print("第 2 个多项式:  "); L2.DispPoly();
    L2.Sort();                                             //排序
    System.out.print("排序后结果:    "); L2.DispPoly();
    L3=Add(L1,L2);                                         //两个多项式相加
    System.out.print("相加后多项式:"); L3.DispPoly();
}
```

5. 程序执行结果

输入文件 abc.in 如下：

```
4
2  3.2  -6  10
3  5    1   0
6
6  1.8  -2  1  -2.5  -5
1  5    3   2  4     0
```

执行本程序后产生的输出文件 abc.out 如下：

```
第 1 个多项式: 2.0x^3+3.2x^5-6.0x+10.0
排序后结果:    3.2x^5+2.0x^3-6.0x+10.0
第 2 个多项式: 6.0x+1.8x^5-2.0x^3+1.0x^2-2.5x^4-5.0
排序后结果:    1.8x^5-2.5x^4-2.0x^3+1.0x^2+6.0x-5.0
相加后多项式: 5.0x^5-2.5x^4+1.0x^2+5.0
```

2.5.3 采用链式存储结构求解

视频讲解

1. 设计链式存储结构

这里没有采用 LinkedList 类，而是设计单链表来存储多项式，每个多项式项采用如

图 2.35 所示的结点存储。

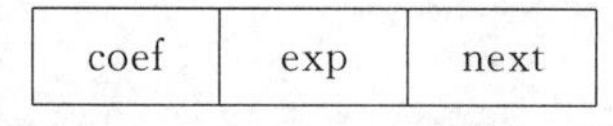

图 2.35　一个多项式对应的结点

其中，coef 成员存放系数 c_i；exp 成员存放指数 e_i；next 为指针成员，指向下一个结点。由此，一个多项式可以表示成由这些结点链接起来的单链表。这样的多项式单链表结点类定义如下：

```
class PolyNode                                  //单链表结点类型
{  public double coef;                          //系数
   public int exp;                              //指数
   public PolyNode next;                        //指针成员
   PolyNode()                                   //构造方法
   {   next=null;   }
   PolyNode(double c, int e)                    //重载构造方法
   {   coef=c;
       exp=e;
       next=null;
   }
}
```

多项式单链表 PolyClass 类的定义如下：

```
class PolyClass                                 //多项式单链表类
{  PolyNode head;                               //存放多项式单链表头结点
   public PolyClass()                           //构造方法
   {
       head=new PolyNode();                     //建立头结点 head
   }
                                                //包含 CreatePoly()、Sort()和 DispPoly()方法
}
```

例如，一个多项式 $p(x)=2x^3+3.2x^5-6x+10$ 的存储结构如图 2.36 所示。

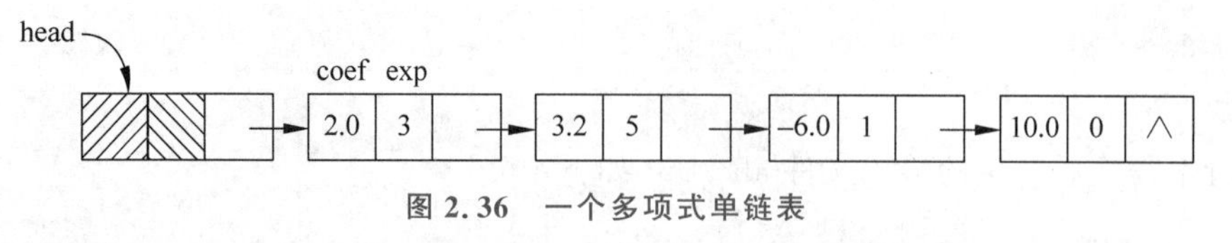

图 2.36　一个多项式单链表

2. 设计 PolyClass 的基本运算算法

1) 创建多项式单链表：CreatePoly(a,b,n)

由 $a[0..n-1]$(系数数组)和 $b[0..n-1]$(指数数组)创建多项式单链表 head，遍历 a、b 的元素来创建多项式单链表结点 s，采用尾插法将结点 s 链接到 head 的末尾。对应的算法如下：

```
public void CreatePoly(double[] a, int[] b, int n)    //采用尾插法建立多项式单链表
{  PolyNode s,t;
   t=head;                                            //t 始终指向尾结点，开始时指向头结点
   for (int i=0;i<n;i++)
```

```
{   s=new PolyNode(a[i],b[i]);                //创建新结点 s
    t.next=s;                                 //在 t 结点之后插入 s 结点
    t=s;
}
t.next=null;                                  //尾结点的 next 成员置为 null
}
```

2）按 exp 成员递减排序：Sort()

该运算用于使多项式单链表 head 按 exp 成员递减排序。例如，前面的 $p(x)$ 多项式单链表调用 Sort()方法的结果如图 2.37 所示。

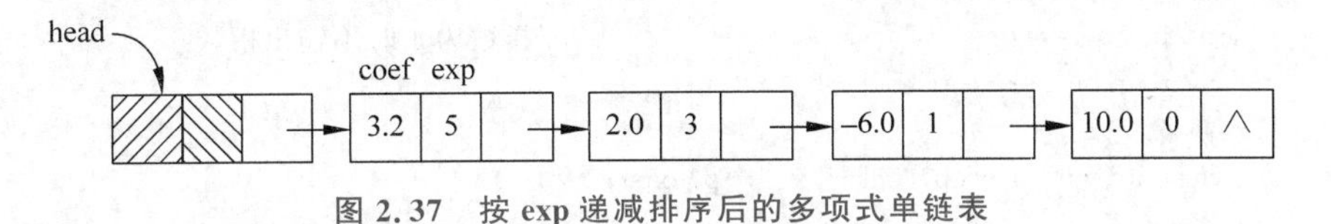

图 2.37　按 exp 递减排序后的多项式单链表

含一个以上数据结点的多项式单链表 head 的排序过程如下：

(1) 让 p 指向首结点的后继结点（第 2 个数据结点），置首结点的 next 成员为 null，将 head 看成仅含一个数据结点的有序单链表，例如图 2.36 单链表执行该步后如图 2.38 所示。

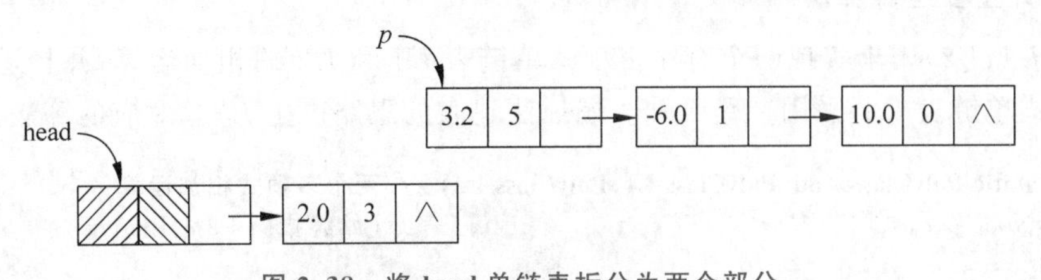

图 2.38　将 head 单链表拆分为两个部分

(2) 用 p 遍历其余的数据结点，在有序单链表中从 head 开始查找插入结点 p 的前驱结点 pre（即 pre 的后继结点的 exp 刚好≥p.exp），将 p 结点插入 pre 结点之后。p 遍历完后得到整个按 exp 递减有序的单链表。

对应的算法如下：

```
public void Sort()                            //对多项式单链表按 exp 成员递减排序
{ PolyNode p,pre,q;
  q=head.next;                                //q 指向开始结点
  if(q==null) return;                         //原单链表为空返回
  p=head.next.next;                           //p 指向 q 结点的后继结点
  if(p==null) return;                         //原单链表只有一个数据结点返回
  q.next=null;                                //构造只含一个数据结点的有序单链表
  while(p!=null)
  {   q=p.next;                               //q 用于临时保存 p 结点的后继结点
      pre=head;                               //pre 从头结点开头
      while(pre.next!=null && pre.next.exp>p.exp)
          pre=pre.next;                       //在有序表中查找插入结点 p 的前驱结点 pre
      p.next=pre.next;                        //在 pre 结点之后插入 p 结点
      pre.next=p;
      p=q;                                    //扫描原单链表余下的结点
  }
}
```

3）输出多项式单链表：DispPoly()

按多项式的数学表示形式输出一个多项式单链表。对应的算法如下：

```
public void DispPoly()                              //输出多项式单链表
{  boolean first=true;                              //first 为 true 表示是第一项
   PolyNode p=head.next;
   while(p!=null)
   {  if(first) first=false;
      else if(p.coef>0) System.out.print("+");
      if(p.exp==0)                                  //指数为 0 时不输出"x"
         System.out.print(p.coef);
      else if(p.exp==1)                             //指数为 1 时不输出指数
         System.out.print(p.coef+"x");
      else
         System.out.print(p.coef+"x^"+p.exp);
      p=p.next;
   }
   System.out.println();
}
```

3. 设计主要运算算法

Add($L1$,$L2$)用于实现两个有序多项式单链表 $L1$ 和 $L2$ 的相加运算，并且返回相加的结果多项式单链表 $L3$，采用二路归并＋尾插法建表的思路产生 $L3$。对应的算法如下：

```
public static PolyClass Add(PolyClass L1,PolyClass L2)  //两个多项式相加运算
{  PolyNode p,q,s,t;                                    //t 始终指向 L3 的尾结点
   double c;
   PolyClass L3=new PolyClass();                        //创建空多项式单链表 L3
   t=L3.head;                                           //t 为 L3 的尾结点
   p=L1.head.next;
   q=L2.head.next;
   while(p!=null && q!=null)                            //p、q 均没有遍历完
   {  if(p.exp>q.exp)                                   //L1 的结点的指数较大
      {  s=new PolyNode(p.coef,p.exp);                  //复制 L1 的 p 结点得到结点 s
         t.next=s; t=s;                                 //将 s 结点插入 L3 的末尾
         p=p.next;                                      //后移 p 结点
      }
      else if(p.exp<q.exp)                              //L2 的结点的指数较大
      {  s=new PolyNode(q.coef,q.exp);                  //复制 L2 的 q 结点得到结点 s
         t.next=s; t=s;                                 //将 s 结点插入 L3 的末尾
         q=q.next;                                      //后移 p 结点
      }
      else                                              //两结点的指数相等
      {  c=p.coef+q.coef;                               //求两指数相等的结点的系数和 c
         if(c!=0)                                       //系数和 c 不为 0 时
         {  s=new PolyNode(c,p.exp);                    //由(c,p.exp)新建结点 s
            t.next=s; t=s;                              //将 s 结点插入 L3 的末尾
         }
         p=p.next; q=q.next;                            //后移 p 结点和 q 结点
      }
```

```
    }
    t.next=null;                                //尾结点的 next 置为 null
    if (p!=null) t.next=p;                      //若 p 没有遍历完,余下结点链接到 L3 末尾
    if (q!=null) t.next=q;                      //若 q 没有遍历完,余下结点链接到 L3 末尾
    return L3;
}
```

其他部分(例如设计主函数和程序执行结果)与 2.5.2 节的相同。这里介绍求解同一问题的两种不同存储结构的方法,读者在实际求解问题的过程中选择一种方法即可。

自测题

2.6 练习题

2.6.1 问答题

1. 简述顺序表和链表存储方式的主要优缺点。

2. 对单链表设置一个头结点的作用是什么?

3. 假设均带头结点 h,给出单链表、双链表、循环单链表和循环双链表中 p 所指结点为尾结点的条件。

4. 假设某个含有 $n(n>0)$个元素的线性表有如下运算:

Ⅰ. 查找序号为 $i(0\leqslant i\leqslant n-1)$的元素　　Ⅱ. 查找第一个值为 x 的元素的序号

Ⅲ. 插入第一个元素　　Ⅳ. 插入最后一个元素

Ⅴ. 插入第 $i(0\leqslant i\leqslant n-1)$个元素　　Ⅵ. 删除第一个元素

Ⅶ. 删除最后一个元素　　Ⅷ. 删除第 $i(0\leqslant i\leqslant n-1)$个元素

现设计该线性表的如下存储结构:

① 顺序表　　② 带头结点的单链表

③ 带头结点的循环单链表　　④ 不带头结点仅有尾结点的循环单链表

⑤ 带头结点的双链表　　⑥ 带头结点的循环双链表

给出各种运算在各种存储结构中实现算法的时间复杂度。

5. 在单链表、双链表和循环单链表中,若仅知道指针 p 指向某结点,不知道头结点,能否不通过结点值复制操作将 p 结点从相应的链表中删去?若可以,其时间复杂度各为多少?

6. 已知一个单链表 L 存放 n 个元素,其中结点类型为(data,next),p 结点是其中的任意一个数据结点。请设计一个平均时间复杂度为 $O(1)$的算法删除 p 结点,并且说明为什么该算法的平均时间复杂度为 $O(1)$。

7. 带头结点的双链表和循环双链表相比有什么不同?在何时使用循环双链表?

2.6.2 算法设计题

1. 有一个整数顺序表 L,设计一个算法找最后一个值最小的元素的序号,并给出算法的时间和空间复杂度。例如 $L=(1,5,1,1,3,2,4)$,返回结果是 3。

2. 有一个整数顺序表 L,设计一个尽可能高效的算法删除其中所有值为负整数的元素(假设 L 中值为负整数的元素可能有多个),删除后元素的相对次序不改变,并给出算法的

时间和空间复杂度。例如,$L=(1,2,-1,-2,3,-3)$,删除后 $L=(1,2,3)$。

3. 有一个整数顺序表 L,设计一个尽可能高效的算法删除表中值大于或等于 x 且小于或等于 y 的所有元素($x \leqslant y$),删除后元素的相对次序不改变,并给出算法的时间和空间复杂度。例如,$L=(4,2,1,5,3,6,4)$,$x=2$,$y=4$,删除后 $L=(1,5,6)$。

4. 有一个整数顺序表 L,设计一个尽可能高效的算法将所有负整数的元素移到其他元素的前面,并给出算法的时间和空间复杂度。例如,$L=(1,2,-1,-2,3,-3,4)$,移动后 $L=(-1,-2,-3,2,3,1,4)$。

5. 有一个整数顺序表 L,假设其中 n 个元素的编号是 $1 \sim n$,设计一个尽可能高效的算法将所有编号为奇数的元素移到所有编号为偶数的元素的前面,并给出算法的时间和空间复杂度。例如,$L=(1,2,3,4,5,6,7)$,移动后 $L=(1,3,5,7,2,6,4)$。

6. 有一个递增有序的整数顺序表 L,设计一个算法将整数 x 插入适当位置,以保持该表的有序性,并给出算法的时间和空间复杂度。例如,$L=(1,3,5,7)$,插入 $x=6$ 后 $L=(1,3,5,6,7)$。

7. 有一个递增有序的整数顺序表 L,设计一个尽可能高效的算法删除表中值大于或等于 x 且小于等于 y 的所有元素($x \leqslant y$),删除后元素的相对次序不改变,并给出算法的时间和空间复杂度。例如,$L=(1,2,4,5,7,9)$,$x=2$,$y=5$,删除后 $L=(1,7,9)$。

8. 有两个集合采用整数顺序表 A、B 存储,设计一个算法求两个集合的并集 C,C 仍然用顺序表存储,并给出算法的时间和空间复杂度。例如 $A=(1,3,2)$,$B=(5,1,4,2)$,并集 $C=(1,3,2,5,4)$。

9. 有两个集合采用递增有序的整数顺序表 A、B 存储,设计一个在时间上尽可能高效的算法求两个集合的并集 C,C 仍然用顺序表存储,并给出算法的时间和空间复杂度。例如 $A=(1,3,5,7)$,$B=(1,2,4,5,7)$,并集 $C=(1,2,3,4,5,7)$。

10. 有两个集合采用整数顺序表 A、B 存储,设计一个算法求两个集合的差集 C,C 仍然用顺序表存储,并给出算法的时间和空间复杂度。例如 $A=(1,3,2)$,$B=(5,1,4,2)$,并集 $C=(3)$。

11. 有两个集合采用递增有序的整数顺序表 A、B 存储,设计一个在时间上尽可能高效的算法求两个集合的差集 C,C 仍然用顺序表存储,并给出算法的时间和空间复杂度。例如 $A=(1,3,5,7)$,$B=(1,2,4,5,9)$,差集 $C=(3,7)$。

12. 有两个集合采用整数顺序表 A、B 存储,设计一个算法求两个集合的交集 C,C 仍然用顺序表存储,并给出算法的时间和空间复杂度。例如 $A=(1,3,2)$,$B=(5,1,4,2)$,交集 $C=(1,2)$。

13. 有两个集合采用递增有序的整数顺序表 A、B 存储,设计一个在时间上尽可能高效的算法求两个集合的交集 C,C 仍然用顺序表存储,并给出算法的时间和空间复杂度。例如 $A=(1,3,5,7)$,$B=(1,2,4,5,7)$,交集 $C=(1,5,7)$。

14. 有一个整数单链表 L,设计一个算法删除其中所有值为 x 的结点,并给出算法的时间和空间复杂度。例如 $L=(1,2,2,3,1)$,$x=2$,删除后 $L=(1,3,1)$。

15. 有一个单链表 L,设计一个算法在第 i 个结点之前插入一个元素 x,若参数错误返回 false,否则插入后返回 true,并给出算法的时间和空间复杂度。例如 $L=(1,2,3,4,5)$,$i=0$,$x=6$,插入后 $L=(6,1,2,3,4,5)$。

16. 有一个整数单链表 L，设计一个尽可能高效的算法将所有负整数的元素移到其他元素的前面。例如，$L=(1,2,-1,-2,3,-3,4)$，移动后 $L=(-1,-2,-3,1,2,3,4)$。

17. 有两个集合采用整数单链表 A、B 存储，设计一个算法求两个集合的并集 C，C 仍然用单链表存储，并给出算法的时间和空间复杂度。例如 $A=(1,3,2)$，$B=(5,1,4,2)$，并集 $C=(1,3,2,5,4)$。

18. 有两个集合采用递增有序的整数单链表 A、B 存储，设计一个在时间上尽可能高效的算法求两个集合的并集 C，C 仍然用单链表存储，并给出算法的时间和空间复杂度。例如 $A=(1,3,5,7)$，$B=(1,2,4,5,7)$，并集 $C=(1,2,3,4,5,7)$。

19. 有两个集合采用整数单链表 A、B 存储，设计一个算法求两个集合的差集 C，C 仍然用单链表存储，并给出算法的时间和空间复杂度。例如 $A=(1,3,2)$，$B=(5,1,4,2)$，并集 $C=(3)$。

20. 有两个集合采用递增有序的整数单链表 A、B 存储，设计一个在时间上尽可能高效的算法求两个集合的差集 C，C 仍然用单链表存储，并给出算法的时间和空间复杂度。例如 $A=(1,3,5,7)$，$B=(1,2,4,5,9)$，差集 $C=(3,7)$。

21. 有两个集合采用整数单链表 A、B 存储，设计一个算法求两个集合的交集 C，C 仍然用单链表存储，并给出算法的时间和空间复杂度。例如 $A=(1,3,2)$，$B=(5,1,4,2)$，交集 $C=(1,2)$。

22. 有两个集合采用递增有序的整数单链表 A、B 存储，设计一个在时间上尽可能高效的算法求两个集合的交集 C，C 仍然用单链表存储，并给出算法的时间和空间复杂度。例如 $A=(1,3,5,7)$，$B=(1,2,4,5,7)$，交集 $C=(1,5,7)$。

23. 有两个递增有序的整数单链表 A、B，分别含 m 和 n 个元素，设计一个在时间上尽可能高效的算法将这 $m+n$ 个元素合并到单链表 C 中，使得 C 中的所有整数递减排列，并给出算法的时间和空间复杂度。例如 $A=(1,3,5,7)$，$B=(1,2,8)$，合并后 $C=(8,7,5,3,2,1,1)$。

24. 有一个整数双链表 L，设计一个算法将所有结点逆置。

25. 有一个递增有序的整数双链表 L，其中至少有两个结点，设计一个算法就地删除 L 中所有值重复的结点，即多个值相同的结点仅保留一个。例如，$L=(1,2,2,2,3,5,5)$，删除后 $L=(1,2,3,5)$。

26. 有两个递增有序的整数双链表 A 和 B，分别含有 m 和 n 个整数元素，假设这 $m+n$ 个元素均不相同，设计一个算法求这 $m+n$ 个元素中第 $k(1\leqslant k\leqslant m+n)$ 小的元素值。例如，$A=(1,3)$，$B=(2,4,6,8,10)$，$k=2$ 时返回 2，$k=6$ 时返回 8。

27. 有一个整数循环单链表 L，设计一个算法判断其元素是否为递增有序的。例如，$L=(1,2,2)$ 时返回 true，$L=(1,3,2)$ 时返回 false。

28. 有一个整数循环单链表 L，设计一个算法将其中的第一个最小结点移到表头。例如，$L=(2,3,1,1)$，移动后 $L=(1,2,3,1)$。

29. 有一个整数循环双链表 A，设计一个算法由 A 复制建立一个相同的循环双链表 B，并给出算法的时间和空间复杂度。例如，$A=(1,2,3)$，复制后 $B=(1,2,3)$。

30. 有两个递增有序的整数循环双链表 A 和 B，分别含有 m 和 n 个整数元素，假设这 $m+n$ 个元素均不相同，设计一个算法求这 $m+n$ 个元素中第 $k(1\leqslant k\leqslant m+n)$ 大的元素值。

例如,$A=(1,3)$,$B=(2,4,6,8,10)$,$k=2$ 时返回 8,$k=6$ 时返回 2。

2.7 实验题

2.7.1 上机实验题

1. 编写一个简单学生成绩管理程序,每个学生记录包含学号、姓名、课程和分数成员,采用顺序表存储,完成以下功能:

(1) 屏幕显示所有学生记录。

(2) 输入一个学生记录。

(3) 按学号和课程删除一个学生记录。

(4) 按学号排序并输出所有学生记录。

(5) 按课程排序,一门课程学生按分数递减排序。

2. 在 2.5 节求解两个多项式相加运算的基础上编写一个实验程序,采用单链表存放多项式,实现两个多项式相乘运算,通过相关数据进行测试。

3. 重新排列一个单链表的结点顺序。给定一个单链表 L 为 $L_0 \rightarrow L_1 \rightarrow \cdots \rightarrow L_{n-1} \rightarrow L_n$,将 L 排列成 $L_0 \rightarrow L_n \rightarrow L_1 \rightarrow L_{n-1} \rightarrow L_2 \rightarrow L_{n-2} \rightarrow \cdots$,不能够修改结点值。例如,给定 L 为(1,2,3,4),重新排列后为(1,4,2,3)。

定义单链表的结点类型如下:

```
class ListNode
{   int val;
    ListNode next;
    ListNode(int x)
    {   val = x;
        next = null;
    }
}
```

实现的方法如下:

```
public class Solution
{
  public void reorderList(ListNode head)
  {
    ...
  }
}
```

2.7.2 在线编程题

1. HDU2019——数列有序问题

时间限制:2000ms;空间限制:65 536KB。

问题描述:有 $n(n \leqslant 100)$ 个整数,已经按照从小到大的顺序排列好,现在另外给一个整数 m,请将该数插入序列中,并使新的序列仍然有序。

输入格式：输入数据包含多个测试实例，每组数据由两行组成，第一行是 n 和 m，第二行是已经有序的 n 个数的数列。n 和 m 同时为 0 表示输入数据的结束，本行不做处理。

输出格式：对于每个测试实例，输出插入新的元素后的数列。

输入样例：

```
3 3
1 2 4
0 0
```

输出样例：

```
1 2 3 4
```

2. HDU1443——约瑟夫问题

时间限制：2000ms；空间限制：65 536KB。

问题描述：约瑟夫问题是众所周知的。有 n 个人，编号为 1，2，…，n，站在一个圆圈中，每隔 m 个人就杀一个人，最后仅剩下一个人。约瑟夫很聪明，可以选择最后一个人的位置，从而挽救他的生命。例如，当 $n=6$ 且 $m=5$ 时，按顺序出列的人员是 5，4，6，2，3，1，那么 1 会活下来。

假设在圈子里前面恰好有 k 个好人，后面恰好有 k 个坏人，则必须确定所有坏人都在第一个好人前面被杀的最小 m。

输入格式：输入文件中包含若干行，每行一个 k，最后一行为 0，可以假设 $0<k<14$。

输出格式：输出文件中每行给出输入文件中的 k 对应的最小 m。

输入样例：

```
3
4
0
```

输出样例：

```
5
30
```

3. POJ2389——公牛数学问题

时间限制：1000ms；空间限制：65 536KB。

问题描述：公牛在数学上比奶牛好多了，它们可以将巨大的整数相乘，得到完全精确的答案。农夫约翰想知道它们的答案是否正确，请帮助他检查公牛队的答案。读入两个正整数(每个不超过 40 位)并计算其结果，以常规方式输出(没有额外的前导零)。约翰要求不要使用特殊的库函数进行乘法。

输入格式：输入两行，每行包含一个十进制数。

输出格式：输出一行表示乘积。

输入样例：

```
11111111111111
1111111111
```

输出样例：

```
12345679011110987654321
```

CHAPTER 3

第3章 栈和队列

栈和队列是两种常用的数据结构，它们的数据元素的逻辑关系也是线性关系，但在运算上不同于线性表。

本章主要学习要点如下：

(1) 栈、队列和线性表的异同，栈和队列抽象数据类型的描述方法。

(2) 顺序栈的基本运算算法设计。

(3) 链栈的基本运算算法设计。

(4) 顺序队的基本运算算法设计。

(5) 链队的基本运算算法设计。

(6) 双端队列和优先队列的应用。

(7) Java 中的 Stack <E>、Queue <E>、Deque <E>和 PriorityQueue <E>集合及其使用。

(8) 综合运用栈和各种类型的队列解决一些复杂的实际问题。

3.1 栈

本节先介绍栈的定义，然后讨论栈的存储结构和基本运算算法设计，最后通过两个综合实例说明栈的应用。

3.1.1 栈的定义

先看一个示例，假设有一个老鼠洞，口径只能容纳一只老鼠，有若干只老鼠依次进洞(如图 3.1 所示)，当到达洞底时，这些老鼠只能一只一只地按与原来进洞时相反的次序出洞，如图 3.2 所示。在这个例了中，老鼠洞就是一个栈，由于其进出洞口只能容纳一只老鼠，所以不论洞中有多少只老鼠，它们只能是一只一只地排列，从而构成一种线性关系。再看老鼠洞的主要操作，显然有进洞和出洞，进洞只能从洞口进，出洞也只能从洞口出。

抽象起来，栈是一种只能在一端进行插入或删除操作的线性表。在表中允许进行插入、删除操作的一端称为**栈顶**。栈顶的当前位置是动态的，由一个称为栈顶指针的位置指示器来指示。表的另一端称为**栈底**。当栈中没有数据元素时称为**空栈**。栈的插入操作通常称为**进栈**或**入栈**,栈的删除操作通常称为**退栈**或**出栈**。

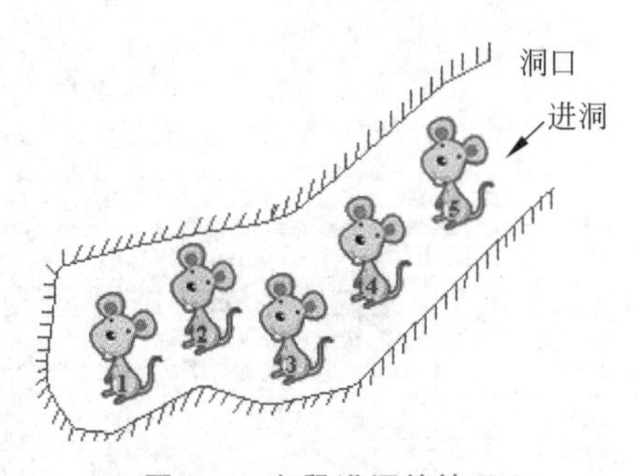

图 3.1 老鼠进洞的情况

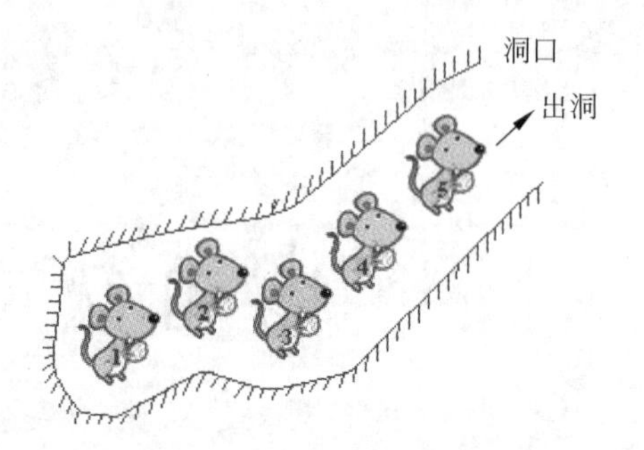

图 3.2 老鼠出洞的情况

说明:对于线性表,可以在中间和两端的任何地方插入和删除元素,而栈只能在同一端插入和删除元素。

栈的主要特点是“后进先出”,即后进栈的元素先出栈。每次进栈的元素都放在原当前栈顶元素之前成为新的栈顶元素,每次出栈的元素都是原当前栈顶元素。栈也称为**后进先出表**。

抽象数据类型栈的定义如下:

```
ADT Stack
{
数据对象:
  D={a_i | 0≤i≤n-1,n≥0,元素 a_i 为 E 类型}
数据关系:
  R={r}
  r={<a_i,a_{i+1}> | a_i,a_{i+1}∈D,i=0,…,n-2}
基本运算:
  boolean empty():判断栈是否为空,若栈空返回真,否则返回假。
  void push(E e):进栈操作,将元素 e 插入栈中作为栈顶元素。
  E pop():出栈操作,返回栈顶元素。
  E peek():取栈顶操作,返回当前的栈顶元素。
}
```

视频讲解

【例 3.1】 若元素进栈的顺序为 1234,能否得到 3142 的出栈序列?

解:为了让 3 作为第一个出栈元素,1、2 先进栈,第一次出栈 3,接着要么 2 出栈,要么 4 进栈后出栈,第二次出栈的元素不可能是 1,所以得不到 3142 的出栈序列。

【例 3.2】 用 S 表示进栈操作,X 表示出栈操作,若元素进栈的顺序为 1234,为了得到 1342 的出栈顺序,给出相应的 S 和 X 操作串。

解:为了得到 1342 的出栈顺序,其操作过程是 1 进栈,1 出栈,2 进栈,3 进栈,3 出栈,4 进栈,4 出栈,2 出栈,因此相应的 S 和 X 操作串为 SXSSXSXX。

【例 3.3】 设 n 个元素的进栈序列是 $1,2,3,\cdots,n$,通过一个栈得到的出栈序列是 p_1, $p_2,p_3,\cdots,p_n$,若 $p_1=n$,则 $p_i(2\leqslant i\leqslant n)$的值是什么?

解:当 $p_1=n$ 时,说明进栈序列的最后一个元素最先出栈,此时出栈序列只有一种——$n,n-1,\cdots,2,1$,即 $p_1=n,p_2=n-1,\cdots,p_{n-1}=2,p_n=1$,也就是说 $p_i+i=n+1$,推出

$p_i = n - i + 1$。

3.1.2　栈的顺序存储结构及其基本运算算法的实现

由于栈中元素的逻辑关系与线性表的相同，所以可以借鉴线性表的两种存储结构来存储栈。

当采用顺序存储时，分配一块连续的存储空间，用data<E>数组来存放栈中元素，并用一个整型变量top(栈顶指针)指向当前的栈顶，以反映栈中元素的变化。采用顺序存储的栈称为**顺序栈**。

顺序栈的存储结构如图3.3所示，capacity为data数组的容量，由于将data[0]端作为栈底，所以top+1恰好表示栈中实际元素的个数。

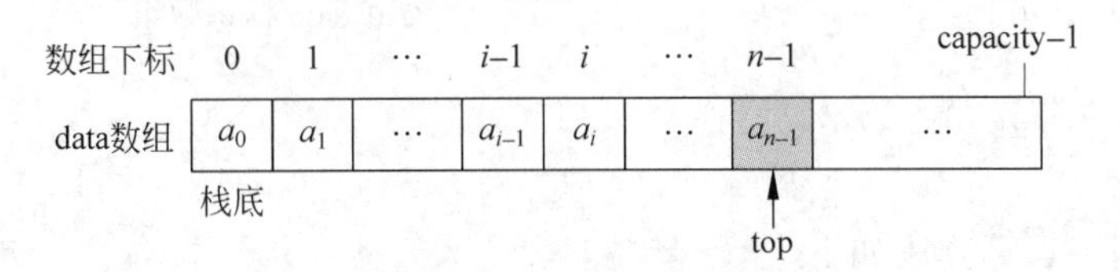

图3.3　顺序栈的示意图

图3.4是一个栈的动态示意图，图3.4(a)表示一个空栈，top=−1；图3.4(b)表示元素a进栈以后的状态；图3.4(c)表示元素b、c、d进栈以后的状态；图3.4(d)表示出栈元素d以后的状态。

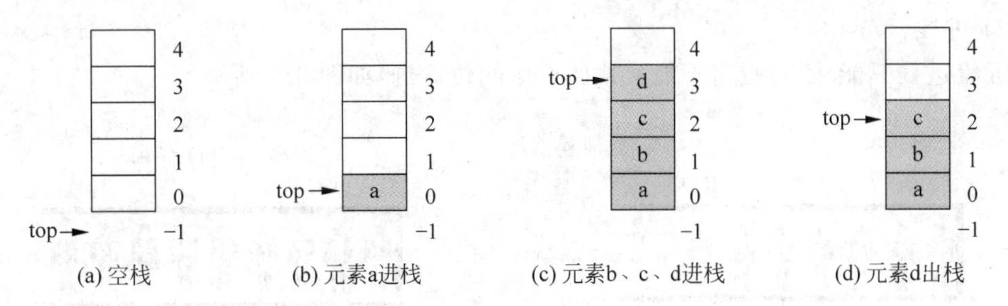

图3.4　栈操作示意图

从中看到，初始时置栈顶指针top=−1。顺序栈的四要素如下：

(1) 栈空的条件为top==−1。

(2) 栈满(栈上溢出)的条件为top==capacity−1，这里采用动态扩展容量的方式，即栈满时将data数组的容量扩大两倍。

(3) 元素e进栈操作是先将栈顶指针top增1，然后将元素e放在栈顶指针处。

(4) 出栈操作是先将栈顶指针top处的元素取出，然后将栈顶指针减1。

说明：在进栈操作中，栈中元素始终是向一端伸展的。在采用data数组存放栈元素时，既可以将data[0]端作为栈底，也可以将data[capacity−1]端作为栈底，但不能将data数组的中间位置作为栈底，这里的顺序栈设计采用前一种方式。

顺序栈泛型类SqStackClass<E>设计如下：

```
public class SqStackClass<E>                    //顺序栈泛型类
{ final int initcapacity=10;                    //顺序栈的初始容量(常量)
```

```
    private int capacity;                              //存放顺序栈的容量
    private E[] data;                                  //存放顺序栈中的元素
    private int top;                                   //存放栈顶指针
    public SqStackClass()                              //构造方法,实现 data 和 top 的初始化
    {   data = (E[])new Object[initcapacity];          //强制转换为 E 类型数组
        capacity=initcapacity;
        top=-1;
    }
    private void updatecapacity(int newcapacity)       //改变顺序栈的容量为 newcapacity
    {   E[] newdata = (E[])new Object[newcapacity];
        for(int i=0;i<=top;i++)                        //复制原来的元素
            newdata[i]=data[i];
        capacity=newcapacity;                          //设置新容量
        data=newdata;                                  //仍由 data 标识数组
    }
    //栈的基本运算算法
}
```

顺序栈的基本运算算法如下。

1) 判断栈是否为空：empty()

若栈顶指针 top 为 -1,表示空栈。对应的算法如下：

```
public boolean empty()                                 //判断栈是否为空
{ return top==-1; }
```

2) 进栈：push(e)

元素进栈只能从栈顶进,不能从栈底或中间位置进,如图 3.5 所示。

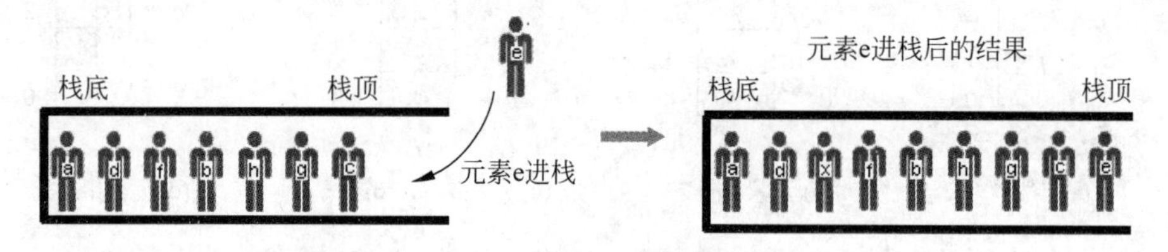

图 3.5 元素进栈示意图

在进栈中,当栈满时倍增容量,再将栈顶指针 top 增 1,然后在该位置上插入元素 e。对应的算法如下：

```
public void push(E e)                                  //元素 e 进栈
{ if(top==capacity-1)                                  //顺序栈空间满时倍增容量
      updatecapacity(2 * (top+1));
  top++;                                               //栈顶指针增 1
  data[top]=e;
}
```

3) 出栈：pop()

元素出栈只能从栈顶出,不能从栈底或中间位置出,如图 3.6 所示。

在出栈中,当栈空时抛出异常,否则先将栈顶元素赋给 e,然后将栈顶指针 top 减 1,若栈容量大于初始容量并且实际元素个数仅为当前容量的 1/4,则当前容量减半,最后返回 e。

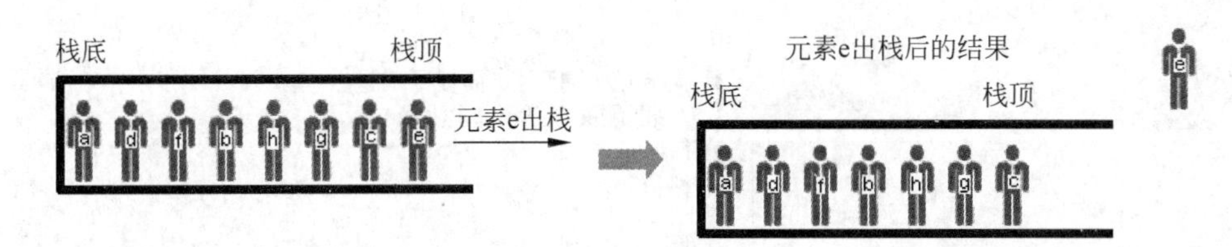

图 3.6　元素出栈示意图

对应的算法如下：

```
public E pop()                                        //出栈操作
{ if(empty())
      throw new IllegalArgumentException("栈空");
  E e=(E)data[top];
  top--;
  if(capacity>initcapacity && top+1==capacity/4)     //满足要求则容量减半
      updatecapacity(capacity/2);
  return e;
}
```

4）取栈顶元素：peek()

在栈不为空的条件下将栈顶元素赋给 e，不移动栈顶指针。对应的算法如下：

视频讲解

```
public E peek()                                       //取栈顶元素操作
{ if(empty())
      throw new IllegalArgumentException("栈空");
  return (E)data[top];
}
```

从以上看出，栈的各种基本运算算法的时间复杂度均为 $O(1)$。

3.1.3　顺序栈的应用算法设计示例

【例 3.4】　设计一个算法，利用顺序栈检查用户输入的表达式中的括号是否配对（假设表达式中可能含有小括号、中括号和大括号），并用相关数据进行测试。

解：因为各种括号匹配过程遵循任何一个右括号与前面最靠近的同类左括号匹配的原则，所以采用一个栈来实现匹配过程。

用 str 存放含有各种括号的表达式，建立一个字符顺序栈 st，用 i 遍历 str，当遇到各种类型的左括号时进栈，当遇到右括号时，若栈空或者栈顶元素不是匹配的左括号，则操作失败，返回 false（如图 3.7 所示），否则退栈一次。当 str 遍历完毕，若栈 st 为空，返回 true，否则返回 false。

对应的完整程序如下：

视频讲解

```
public class Exam3_4
{ public static boolean isMatch(String str)                  //判断算法
  {  int i=0;
     char e,x;
     SqStackClass<Character> st=new SqStackClass<Character>();  //建立一个顺序栈
     while(i<str.length())
```

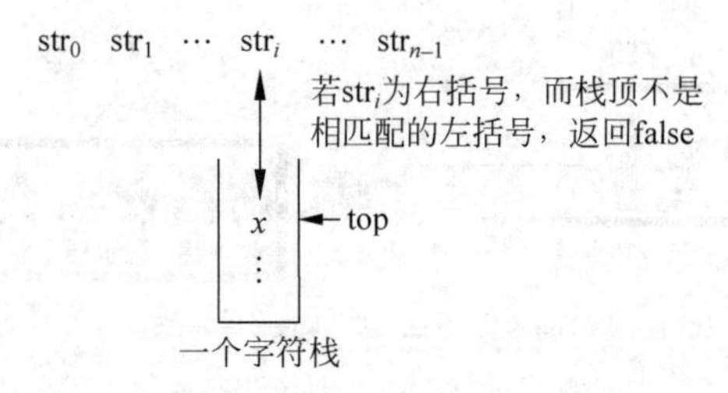

图 3.7　用一个栈判断 str 中的括号是否匹配

```
        {   e=str.charAt(i);
            if(e=='(' || e=='[' || e=='{')
                st.push(e);                              //将左括号进栈
            else
            {   if(e==')')
                {   if(st.empty()) return false;        //栈空则返回 false
                    if(st.peek()!='(') return false;    //栈顶不是匹配的'('则返回 false
                    st.pop();
                }
                if(e==']')
                {   if(st.empty()) return false;        //栈空则返回 false
                    if(st.peek()!='[') return false;    //栈顶不是匹配的'['则返回 false
                    st.pop();
                }
                if(e=='}')
                {   if(st.empty()) return false;        //栈空则返回 false
                    if(st.peek()!='{') return false;    //栈顶不是匹配的'{'则返回 false
                    st.pop();
                }
            }
            i++;                                         //继续遍历 str
        }
        if(st.empty()) return true;                      //栈空则返回 true
        else return false;                               //栈不空则返回 false
    }
    public static void main(String[] args)
    {   System.out.println("测试 1");
        String str="([)]";
        if(isMatch(str))   System.out.println(str+"中括号是匹配的");
        else System.out.println(str+"中括号不匹配");
        System.out.println("测试 2");
        str="([])";
        if(isMatch(str))   System.out.println(str+"中括号是匹配的");
        else System.out.println(str+"中括号不匹配");
    }
}
```

上述程序的执行结果如下：

```
测试 1
([)]中括号不匹配
```

测试 2
([])中括号是匹配的

【例 3.5】 设计一个算法，利用顺序栈判断用户输入的字符串表达式是否为回文，并用相关数据进行测试。

解：用 str 存放表达式，其中含 n 个字符，建立一个字符型顺序栈 st，可以将 str 中的 n 个字符 $str_0, str_1, \cdots, str_{n-1}$ 依次进栈再连续出栈，得到反向序列 $str_{n-1}, \cdots, str_1, str_0$，若 str 与该反向序列相同，则是回文，否则不是回文。当然可以改为更高效的方法，若 str 的前半部分的反向序列与 str 的后半部分相同，则是回文，否则不是回文。判断过程如下：

(1) 用 i 从头开始遍历 str，将前半部分字符依次进栈。

(2) 若 n 为奇数，i 跳过中间的字符，i 继续遍历其他后半部分字符，每访问一个字符，则出栈一个字符，两者进行比较(如图 3.8 所示)，若不相等返回 false，当 str 遍历完毕时返回 true。

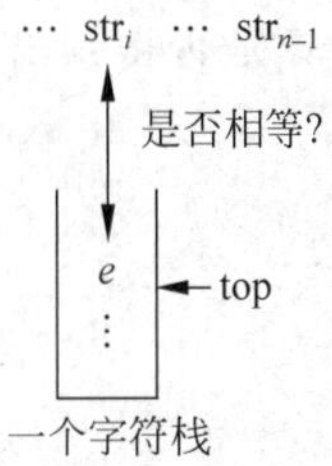

图 3.8　用一个栈判断 str 是否为回文

对应的完整程序如下：

```
public class Exam3_5
{ public static boolean isPalindrome(String str)                    //例 3.5 的算法
  {  SqStackClass<Character> st=new SqStackClass(); //建立一个顺序栈
     int n=str.length();
     int i=0;
     while(i<n/2)                                                  //使 str 的前半部分字符进栈
     {  st.push(str.charAt(i));
        i++;                                                       //继续遍历 str
     }
     if(n%2==1)                                                    //n 为奇数时
        i++;                                                       //跳过中间的字符
     while(i<n)                                                    //遍历 str 的后半部分字符
     {  if(st.pop()!=str.charAt(i))
           return false;                                           //若 str[i]不等于出栈字符,则返回 false
        i++;
     }
     return true;                                                  //是回文则返回 true
  }
  public static void main(String[] args)
  {  System.out.println("测试 1");
     String str="abcba";
     if(isPalindrome(str))   System.out.println(str+"是回文");
     else System.out.println(str+"不是回文");
     System.out.println("测试 2");
     str="1221";
     if(isPalindrome(str))   System.out.println(str+"是回文");
     else System.out.println(str+"不是回文");
  }
}
```

上述程序的结果如下：

测试 1
abcba 是回文
测试 2
1221 是回文

【例 3.6】 有 1～n 的 n 个元素,通过一个栈可以产生多种出栈序列,设计一个算法判断序列 b 是否为一个合法的出栈序列,并给出操作过程,要求用相关数据进行测试。

解:先建立一个整型顺序栈 st,将进栈序列 1～n 存放到数组 a 中,判断 a 序列通过一个栈算是否得到出栈序列 b,如图 3.9 所示。

视频讲解

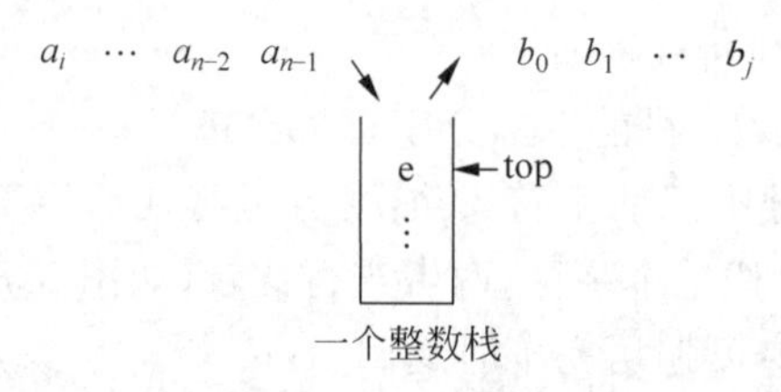

图 3.9 用一个栈判断 str 是否为合适的出栈序列

令 i、j 分别遍历 a、b 数组(初始值均为 0),反复执行以下操作,直到 a 或者 b 数组遍历完为止:

(1) 若栈空,$a[i]$进栈,i++。

(2) 若栈不空,如果栈顶元素$\neq b[j]$,将 $a[i]$进栈,i++。

(3) 否则出栈一个元素,j++。

上述过程简单地说就是当栈顶元素=b 序列的当前元素时出栈一次,否则将 a 序列的当前元素进栈。

当该过程结束,再将栈中与 b 序列相同的元素依次出栈。由于 a 序列的每个元素最多进栈一次、出栈一次,而只有出栈时 j 才后移,所以如果 b 序列遍历完(j==n),说明 b 序列是合法的出栈序列,返回 true,否则不是合法的出栈序列,返回 false。其中用字符串 op 记录所有的栈操作。

当上述过程返回 true 时输出 op,否则输出提示信息。对应的完整程序如下:

```
import java.util.*;
public class Exam3_6
{ static String op="";
  static int cnt;
  public static boolean isSerial(int[] b)
  {   int i,j,n=b.length;
      Integer e;
      int[] a=new int[n];
      SqStackClass<Integer> st=new SqStackClass<Integer>();
      for (i=0;i<n;i++)
          a[i]=i+1;                                  //将 1～n 放入数组 a 中
      i=0; j=0;
      while (i<n && j<n)                             //a 和 b 均没有遍历完
      {  if (st.empty() || (st.peek()!=b[j]))        //栈空或者栈顶元素不是 b[j]
         {  st.push(a[i]);                           //a[i]进栈
            op+="   元素"+a[i]+"进栈\n";
```

```
            i++;
        }
        else                                            //否则出栈
        {   e=st.pop();
            op+="   元素"+e+"出栈\n";
            j++;
        }
    }
    while (!st.empty() && st.peek()==b[j])              //使栈中与 b 序列相同的元素出栈
    {   e=st.pop();
        j++;
    }
    if (j==n) return true;                              //是出栈序列时则返回 true
    else return false;                                  //不是出栈序列时则返回 false
  }
  public static void solve(int[] b)                     //求解算法
  {   for (int i=0;i<b.length;i++)
          System.out.print(" "+b[i]);
      if (isSerial1(b))
      {   System.out.println("是合法的出栈序列");
          System.out.println(op);
      }
      else System.out.println("不是合法的出栈序列");
  }
  public static void main(String[] args)
  {   System.out.println("测试 1");
      int[] b={1,3,2,4};
      solve(b);
      System.out.println("测试 2");
      int[] c={4,3,1,2};
      solve(c);
  }
}
```

本程序的执行结果如下：

```
测试 1
 1 3 2 4 是合法的出栈序列
  元素 1 进栈
  元素 1 出栈
  元素 2 进栈
  元素 3 进栈
  元素 3 出栈
  元素 2 出栈
  元素 4 进栈
  元素 4 出栈
测试 2
 4 3 1 2 不是合法的出栈序列
```

上述过程可以进一步简化，同样用 i、j 分别遍历 a、b 数组（初始值均为 0），在 a 数组没有遍历完时：

(1) 将 $a[i]$进栈,$i++$。

(2) 栈不空并且栈顶元素与 $b[j]$相同时循环,即出栈元素 e,$j++$(改为连续判断)。

在上述过程结束后,如果栈空,返回 true,否则返回 false。

对应的简化算法如下:

```
public static boolean isSerial1(int[] b)                    //简化的算法
{ int i,j,n=b.length;
  Integer e;
  int[] a=new int[n];
  SqStackClass<Integer> st=new SqStackClass<Integer>();
  for (i=0;i<n;i++)
      a[i]=i+1;                                              //将1~n放入数组a中
  i=0; j=0;
  while (i<n)                                                //a没有遍历完
  {  st.push(a[i]);
     op+="  元素"+a[i]+"进栈\n";
     i++;
     while (!st.empty() && st.peek()==b[j])                  //b[j]与栈顶匹配的情况
     {  e=st.pop();
        op+="  元素"+e+"出栈\n";
        j++;
     }
  }
  return st.empty();                                         //栈空返回true,否则返回false
}
```

说明:上述两个算法中可以不使用 a 数组,直接将 $a[i]$的地方用$(i+1)$代替,但使用 a 数组时稍微修改一下,可以判断任何进栈序列 a 是否可以得到合法的出栈序列 b。

【例 3.7】 设有两个栈 S1 和 S2,它们都采用顺序栈存储,并且共享一个固定容量的存储区 $s[0..M-1]$,为了尽量利用空间,减少溢出的可能,请设计这两个栈的存储方式。

解:为了尽量利用空间,减少溢出的可能,可以采用栈顶相向、进栈元素迎面增长的存储方式,如图 3.10 所示。

视频讲解

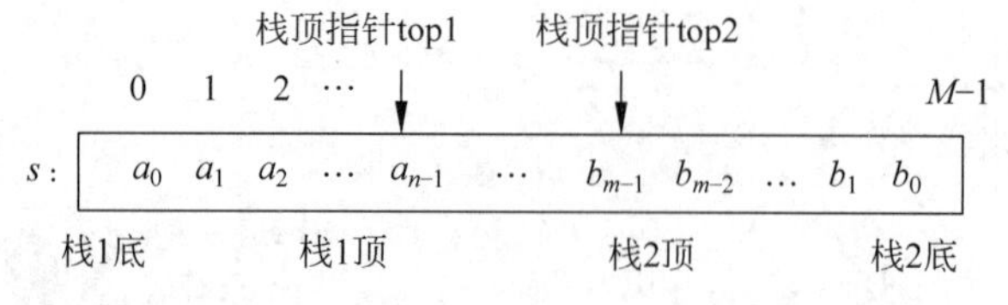

图 3.10 两个顺序栈的存储结构

两个栈的栈顶指针分别为 top1 和 top2。

栈 S1 空的条件是 top1=-1;栈 S1 满的条件是 top1=top2-1;元素 e 进栈 S1(栈不满时)的操作是 top1++;s[top1]=e;元素 e 出栈 S1(栈不空时)的操作是 e=s[top1];top1--。

视频讲解

栈 S2 空的条件是 top2=M;栈 S2 满的条件是 top2=top1+1;元素 e 进栈 S2(栈不满时)的操作是 top2--;s[top2]=e;元素 e 出栈 S2(栈不空时)的操作是 e=s[top2];top2++。

3.1.4 栈的链式存储结构及其基本运算算法的实现

采用链式存储的栈称为链栈，这里采用单链表实现。链栈的优点是不需要考虑栈满上溢出的情况。用带头结点的单链表 head 表示的链栈如图 3.11 所示，首结点是栈顶结点，尾结点是栈底结点，栈中元素自栈顶到栈底依次是 a_0、a_1、……、a_{n-1}。

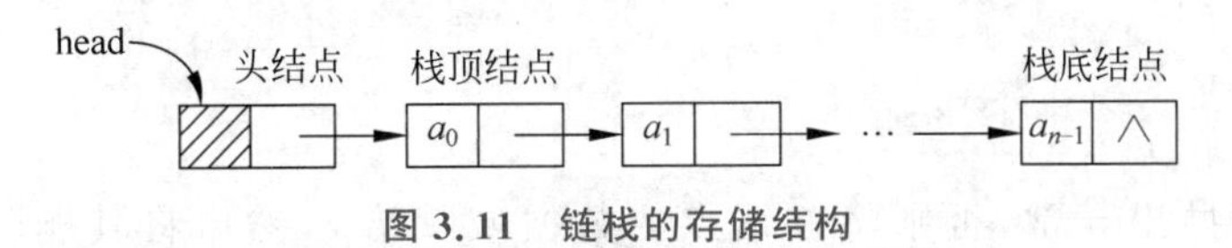

图 3.11　链栈的存储结构

从该链栈的存储结构看到，初始时只含有一个头结点 head 并置 head.next 为 null。链栈的四要素如下：

(1) 栈空的条件为 head.next==null。

(2) 由于只有在内存溢出才会出现栈满，通常不考虑这种情况。

(3) 元素 e 进栈操作是将包含该元素的结点 s 插入作为首结点。

(4) 出栈操作返回首结点值并且删除该结点。

和单链表一样，链栈中每个结点的类型 LinkNode<E>定义如下：

```
class LinkNode<E>                                //链栈结点泛型类
{ E data;
  LinkNode<E> next;
  public LinkNode()                              //构造方法
  {  next=null;  }
  public LinkNode(E d)                           //重载构造方法
  {  data=d;
     next=null;
  }
}
```

链栈类模板 LinkStackClass<E>的设计如下：

```
public class LinkStackClass<E>                   //链栈泛型类
{ LinkNode<E> head;                              //存放头结点
  public LinkStackClass()                        //构造方法
  {  head=new LinkNode<E>();                     //创建头结点
     head.next=null;                             //设置为空栈
  }
                                                 //栈的基本运算算法
}
```

在链栈中实现栈的基本运算的算法如下。

1) 判断栈是否为空：empty()

若 head.next 为 null 表示空栈，即单链表中没有任何数据结点。对应的算法如下：

```
public boolean empty()                           //判断栈是否为空
{ return head.next==null;  }
```

2) 进栈：push(e)

新建包含数据元素 e 的结点 p，将 p 结点插入头结点之后。对应的算法如下：

```
public void push(E e)                                  //元素 e 进栈
{ LinkNode<E> s=new LinkNode<E>(e);                    //新建结点 s
  s.next=head.next;                                    //将结点 s 插入表头
  head.next=s;
}
```

3) 出栈：pop()

在链栈空时抛出异常，否则将首结点的数据域赋给 e，然后将其删除。对应的算法如下：

```
public E pop()                                         //出栈操作
{ if (empty())
      throw new IllegalArgumentException("栈空");
  E e=(E)head.next.data;                               //取首结点值
  head.next=head.next.next;                            //删除原首结点
  return e;
}
```

4) 取栈顶元素：peek()

在链栈空时抛出异常，否则将首结点的数据域赋给 e，但不删除该结点。对应的算法如下：

视频讲解

```
public E peek()                                        //取栈顶元素操作
{ if (empty())
      throw new IllegalArgumentException("栈空");
  E e=(E)head.next.data;                               //取首结点值
  return e;
}
```

3.1.5 链栈的应用算法设计示例

【例 3.8】 设计一个算法，利用栈的基本运算将一个整数链栈中的所有元素逆置。例如链栈 st 中的元素从栈底到栈顶为(1,2,3,4)，逆置后为(4,3,2,1)。

解：这里要求利用栈的基本运算来设计算法，所以不能直接采用单链表逆置方法。先出栈 st 中的所有元素并保存到一个数组 a 中，再将数组 a 中的所有元素依次进栈。对应的算法如下：

视频讲解

```
public static LinkStackClass<Integer> Reverse(LinkStackClass<Integer> st)
{ int[] a=new int[MaxSize];
  int i=0;
  while (!st.empty())                                  //将出栈的元素放到数组 a 中
  {  a[i]=st.pop();
     i++;
  }
  for (int j=0;j<i;j++)                                //将数组 a 的所有元素进栈
     st.push(a[j]);
```

```
    return st;
}
```

【例3.9】 假设用不带头结点的单链表作为链栈,请设计栈的4个基本运算算法。

解:设计原理与带头结点的单链表作为链栈相同,结点类LinkNode<E>不改变。对应的链栈泛型类LinkStackClass1<E>如下:

```
class LinkStackClass1<E>                              //链栈泛型类
{  LinkNode<E> head;                                  //存放首结点
   public LinkStackClass1()                           //构造方法
   {   head=null;   }                                 //初始时将head设置为null表示链栈
                                                      //栈的基本运算算法
   public boolean empty()                             //判断栈是否为空
   {   return head==null;   }
   public void push(E e)                              //元素e进栈
   {   LinkNode<E> s=new LinkNode<E>(e);              //新建结点s
       s.next=head;                                   //将结点s插入表头
       head=s;
   }
   public E pop()                                     //出栈操作
   {   if (empty())
           throw new IllegalArgumentException("栈空");
       E e=(E)head.data;                              //取首结点值
       head=head.next;                                //删除原首结点
       return e;
   }
   public E peek()                                    //取栈顶元素操作
   {   if (empty())
           throw new IllegalArgumentException("栈空");
       E e=(E)head.data;                              //取首结点值
       return e;
   }
}
```

3.1.6 Java中的栈容器——Stack<E>

Java语言中提供了栈容器Stack<E>,它是从Vector<E>继承的,除了继承的许多方法外,作为栈的主要方法如下。

(1) boolean empty():判断栈是否为空。

(2) int size():返回栈中元素的个数。

视频讲解

(3) E push(E item):把对象压入栈顶,即进栈操作。

(4) E pop():移除栈顶对象,并作为此函数的值返回该对象,即出栈操作。

(5) E peek():查看栈顶对象,但不从栈中移除它,即返回栈顶元素操作。

(6) int search(Object o):返回元素o在栈中的位置,该位置从栈顶开始往下算,栈顶为1。

(7) boolean contains(Object o):如果栈中包含指定的元素o,返回true,否则返回false。

例如,以下程序说明了 Stack<E>的基本使用方法。

```
import java.util.*;
public class Stackapp
{ public static void main(String[] args)
  {  Stack<String> st=new Stack<String>();                          //建立 String 栈对象 st
     st.push("a");                                                   //进栈顺序: a,b,c,d,e
     st.push("b");
     st.push("c");
     st.push("d");
     st.push("e");
     System.out.println("empty():" + st.empty());                    //输出:false
     System.out.println("peek():" + st.peek());                      //输出:e
     System.out.println("search(Object o):" + st.search("a"));       //输出:5
     System.out.println("search(Object o):" + st.search("e"));       //输出:1
     System.out.println("search(Object o):" + st.search("no"));      //输出:-1
     while(!st.isEmpty())                                            //出栈顺序: e,d,c,b,a
         System.out.println(st.pop() + " ");
     System.out.println("empty():" + st.empty());                    //输出:true
  }
}
```

3.1.7 栈的综合应用

本节通过用栈求解简单表达式求值问题和用栈求解迷宫问题两个示例来说明栈的应用。

视频讲解

1. 用栈求解简单表达式求值问题

1) 问题描述

这里限定的简单表达式求值问题是,用户输入一个仅包含+、-、*、/、正整数和小括号的合法数学表达式,计算该表达式的运算结果。

2) 数据组织

简单算术表达式采用字符数组 exp 表示,其中只含有+、-、*、/、正整数和小括号。为了方便,假设该表达式是合法的数学表达式,例如 exp="1+2*(4+12)"。在设计相关算法时用到两个栈——一个运算符栈 opor 和一个运算数栈 opand,均采用 Java 的 Stack 容量,这两个栈对象定义如下:

```
Stack<Character> opor;                                               //运算符栈
Stack<Double> opand;                                                 //运算数栈
```

3) 设计运算算法

在简单算术表达式中,运算符位于两个运算数中间的表达式称为**中缀表达式**,例如 1+2*3 就是一个中缀表达式,中缀表达式是最常用的一种表达式方式。对中缀表达式的运算一般遵循"从左到右计算,先乘除,后加减,有括号时先括号内,后括号外"的规则。因此中缀表达式不仅要依赖运算符的优先级,而且要处理括号。

所谓**后缀表达式**,就是运算符在运算数的后面,例如 1+2*3 的后缀表达式为 123*+。后缀表达式有这样的特点:已经考虑了运算符的优先级,不包含括号,只含运算数和运算符。对后缀表达式求值的过程是从左到右遍历后缀表达式,若遇到一个运算数,就将它进运算数栈；若遇到一个运算符 op，就从运算数栈中连续出栈两个运算数，假设为 a 和 b，计算 b op a 之值，并将计算结果进运算数栈；对整个后缀表达式遍历结束后，栈顶元素就是计算结果。

假设给定的简单表达式 exp 是正确的，其求值过程分为两步，即先将表达式 exp 转换成后缀表达式 postexp，然后对该后缀表达式求值。

(1) 中缀表达式转换成后缀表达式。

中缀表达式 exp 和后缀表达式 postexp 均用 String 对象存放。设计求表达式值的类 ExpressClass 如下：

```
class ExpressClass                                  //求表达式值的类
{  String exp;                                      //存放中缀表达式
   String postexp="";                               //存放后缀表达式
   public void Setexp(String str)                   //设置 exp
   {    exp=str;  }
   public String getpostexp()                       //取 postexp
   {  return postexp;  }
   public void Trans()                              //将 exp 转换成后缀表达式
   public double getValue()                         //计算 postexp 的值
   { …}
}
```

将表达式 exp 转换成后缀表达式 postexp 用到运算符栈 opor，转换过程是遍历 exp，遇到数字符，将其直接放到 postexp 中；遇到'('，将其进栈到 opor；遇到')'，退栈 opor 运算符并放到 postexp 中，直到退栈的是'('为止（该左括号不放到 postexp 中）；遇到运算符 op_2，将其跟栈顶运算符 op_1 的优先级进行比较，只有当 op_2 的优先级高于 op_1 的优先级时才将 op_2 进栈，否则将栈中'('（如果有）以前的优先级等于或大于 op_2 的运算符均退栈并放到 postexp 中（如图 3.12 所示），再将 op_2 进栈。其转换过程可以简化如下：

```
while (若 exp 未读完)
{ 从 exp 读取字符 ch;
  ch 为数字:将后续的所有数字依次存放到 postexp 中,并以字符'#'标识数值串结束;
  ch 为左括号'(':将'('进栈到 opor;
  ch 为右括号')':将 opor 栈中'('以前的运算符依次出栈并存放到 postexp 中,再将'('退栈;
  若 ch 的优先级高于栈顶运算符的优先级,则将 ch 进栈;否则退栈并存入 postexp 中,直到遇到'('
或者 ch 的优先级高于栈顶运算符优先级,再将 ch 进栈;
}
若字符串 exp 扫描完毕,则退栈 opor 的所有运算符并存放到 postexp 中。
```

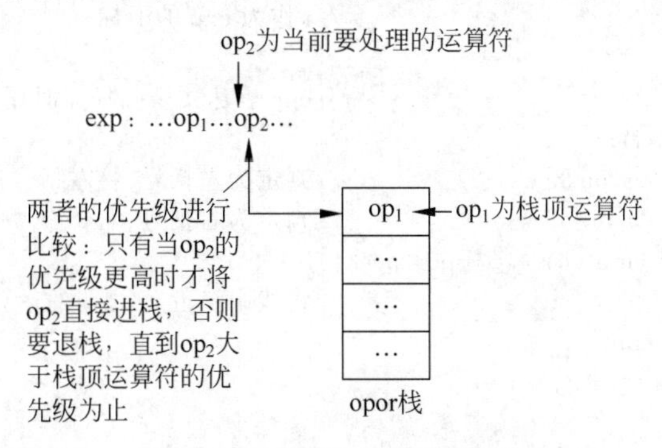

图 3.12　当前运算符的操作

在简单算术表达式中,只有'*'和'/'运算符的优先级高于'+'和'-'运算符的优先级,所以上述过程进一步简化为:

```
while (若 exp 未读完)
{ 从 exp 读取字符 ch;
  ch 为数字:将后续的所有数字依次存放到 postexp 中,并以字符'#'标志运算数串结束;
  ch 为左括号'(':将'('进栈到 opor;
  ch 为右括号')':将 opor 栈中'('以前的运算符依次出栈并存放到 postexp 中,再将'('退栈;
  ch 为'+'或'-':将 opor 栈中'('以前的所有运算符出栈并存放到 postexp 中,再将'+'或'-'进栈;
  ch 为'*'或'/':将 opor 栈中'('以前的'*'或'/'运算符出栈并存放到 postexp 中,再将'*'或'/'进栈;
}
若字符串 exp 扫描完毕,则退栈 opor 的所有运算符并存放到 postexp 中。
```

对于算术表达式"(56-20)/(4+2)",其转换成后缀表达式的过程如表 3.1 所示。

表 3.1 表达式"(56-20)/(4+2)"转换成后缀表达式的过程

ch	操 作	postexp	opor 栈
(	将'('进 opor 栈		(
56	将 56 存入 postexp 中,并插入一个字符'#'	56#	(
-	由于 opor 中'('以前没有字符,则直接将'-'进 opor 栈	56#	(-
20	将 20#存入 postexp 中	56#20#	(-
)	将 opor 栈中'('以前的运算符依次出栈并存入 postexp,然后将'('出栈	56#20#-	
/	将'/'进 opor 栈	56#20#-	/
(	将'('进 opor 栈	56#20#-	/(
4	将 4#存入 postexp	56#20#-4#	/(
+	由于 opor 中'('以前没有运算符,则直接将'+'进 opor 栈	56#20#-4#	/(+
2	将 2#存入 postexp	56#20#-4#2#	/(+
)	将 opor 栈中'('以前的运算符依次出栈并存入 postexp,然后将'('出栈	56#20#-4#2#+	/
	exp 扫描完毕,将 opor 栈中的所有运算符依次出栈并存入 postexp,得到最后的后缀表达式	56#20#-4#2#+/	

根据上述原理得到的中缀表达式转后缀表达式的算法如下:

```
public void Trans()                          //将算术表达式 exp 转换成后缀表达式 postexp
{ Stack<Character> opor=new Stack<Character>();
  int i=0;                                   //i 作为 exp 的下标
  char ch,e;
  while(i<exp.length())                      //exp 表达式未扫描完时循环
  {  ch=exp.charAt(i);;
     if(ch=='(') opor.push(ch);              //判定为左括号,将左括号进栈
     else if(ch==')')                        //判定为右括号
     {  while(!opor.empty() && opor.peek()!='(')
        {                                    //将栈中最近'('之前的运算符退栈并存入 postexp
           e=opor.pop();
           postexp+=e;
        }
```

```
            opor.pop();                         //将'('退栈
        }
        else if(ch=='+' || ch=='-')             //判定为加号或减号
        {   while(!opor.empty() && opor.peek()!='(')
            {                                   //将栈中不低于 ch 的所有运算符退栈并存入 postexp
                e=opor.pop();
                postexp+=e;
            }
            opor.push(ch);                      //再将'+'或'-'进栈
        }
        else if(ch=='*' || ch=='/')             //判定为'*'或'/'
        {   while(!opor.empty() && opor.peek()!='(' && (opor.peek()=='*' || opor.peek()=='/'))
            {                                   //将栈中不低于 ch 的所有运算符退栈并存入 postexp
                e=opor.pop();
                postexp+=e;
            }
            opor.push(ch);                      //再将'*'或'/'进栈
        }
        else                                    //处理数字字符
        {   while(ch>='0' && ch<='9')           //判定为数字
            {   postexp+=ch;
                i++;                            //将连续的数字放入 postexp
                if (i<exp.length())
                    ch=exp.charAt(i);
                else
                    break;
            }
            i--;                                //退一个字符
            postexp+='#';                       //用#标识一个数值串结束
        }
        i++;                                    //继续处理其他字符
    }
    while (!opor.empty())                       //此时 exp 扫描完毕,栈不空时循环
    {   e=opor.pop();                           //将栈中的所有运算符退栈并放入 postexp
        postexp+=e;
    }
}
```

(2) 后缀表达式求值。

在后缀表达式求值算法中用到运算数栈 opand,后缀表达式求值的过程如下:

```
while (若 postexp 未读完)
{ 从 postexp 读取字符 ch;
  ch 为'+':从 opand 栈出栈两个运算数 a 和 b,计算 c=b+a;将 c 进栈 opand;
  ch 为'-':从 opand 栈出栈两个运算数 a 和 b,计算 c=b-a;将 c 进栈 opand;
  ch 为'*':从 opand 栈出栈两个运算数 a 和 b,计算 c=b*a;将 c 进栈 opand;
  ch 为'/':从 opand 栈出栈两个运算数 a 和 b,若 a 不为零,计算 c=b/a;将 c 进栈 opand;
  ch 为数字字符:将连续的数字串转换成运算数 d,将 d 进栈 opand;
}
opand 栈中唯一的运算数即为表达式值。
```

后缀表达式“56#20#-4#2#+/”的求值过程如表 3.2 所示。

表 3.2 后缀表达式“56#20#-4#2#+/”的求值过程

ch 序列	说　明	st 栈
56#	遇到 56#,将 56 进栈	56
20#	遇到 20#,将 20 进栈	56,20
-	遇到'-',出栈两次,将 56-20=36 进栈	36
4#	遇到 4#,将 4 进栈	36,4
2#	遇到 2#,将 2 进栈	36,4,2
+	遇到'+',出栈两次,将 4+2=6 进栈	36,6
/	遇到'/',出栈两次,将 36/6=6 进栈	6
	postexp 扫描完毕,算法结束,栈顶运算数 6 即为所求	

根据上述原理得到的计算后缀表达式值的算法如下:

```
public double getValue()                    //计算后缀表达式 postexp 的值
{ Stack<Double> opand=new Stack<Double>();
  double a,b,c,d;
  int i=0;
  char ch;
  while (i<postexp.length())                //遍历 postexp 串
  {  ch=postexp.charAt(i);                  //从后缀表达式中取一个字符 ch
     switch (ch)
     {
     case '+':                              //判定为'+'
         a=opand.pop();                     //退栈得到运算数 a
         b=opand.pop();                     //退栈得到运算数 b
         c=b+a;                             //计算 c
         opand.push(c);                     //将计算结果进栈
         break;
     case '-':                              //判定为'-'
         a=opand.pop();                     //退栈得到运算数 a
         b=opand.pop();                     //退栈得到运算数 b
         c=b-a;                             //计算 c
         opand.push(c);                     //将计算结果进栈
         break;
     case '*':                              //判定为'*'
         a=opand.pop();                     //退栈得到运算数 a
         b=opand.pop();                     //退栈得到运算数 b
         c=b*a;                             //计算 c
         opand.push(c);                     //将计算结果进栈
         break;
     case '/':                              //判定为'/'
         a=opand.pop();                     //退栈得到运算数 a
         b=opand.pop();                     //退栈得到运算数 b
         if (a!=0)
         {  c=b/a;                          //计算 c
            opand.push(c);                  //将计算结果进栈
         }
```

```
            else
                throw new ArithmeticException("运算错误:除零");
            break;
        default:                                //处理数字字符
            d=0;                                //将连续的数字字符转换成运算数存放到d中
            while(ch>='0' && ch<='9')           //判定为数字字符
            {   d=10*d+(ch-'0');
                i++;
                ch=postexp.charAt(i);
            }
            opand.push(d);                      //将数值d进栈
            break;
        }
        i++;                                    //继续处理其他字符
    }
    return opand.peek();                        //栈顶元素即为求值结果
}
```

4）设计主函数

设计以下包含主函数的类 Express 求简单算术表达式“(56－20)/(4＋2)”的值：

```
public class Express
{ public static void main(String[] args)
  {   double v;
      ExpressClass obj=new ExpressClass();
      String str="(56-20)/(4+2)";
      obj.Setexp(str);
      System.out.println("中缀表达式: "+str);
      obj.Trans();
      System.out.println("后缀表达式: "+obj.getpostexp());
      System.out.println("求值结果:     "+obj.getValue());
  }
}
```

5）运行结果

本程序的执行结果如下：

```
中缀表达式:(56-20)/(4+2)
后缀表达式:56#20#-4#2#+/
求值结果:   6.0
```

上述简单表达式求值是先转换为后缀表达式，再对后缀表达式求值，也可以将两步合并起来，同样需要设置运算符栈 opor 和运算数栈 opand，合并后扫描表达式 exp：

(1)遇到数字字符将后续的所有数字字符合起来转换为运算数，进栈到 opand。
(2)遇到左括号，进栈到 opor。
(3)遇到右括号，将 opor 栈中'('以前的运算符 op 出栈并执行 op 计算，再将'('退栈。
(4)遇到运算符，只有优先级高于 opor 栈顶运算符才直接进栈 opor，否则出栈 op 并执行 op 计算。
若简单表达式扫描完毕，退栈 opor 的所有运算符并执行 op 计算。

其中执行 op 计算的过程是出栈 opand 两次得到运算数 a 和 b，执行 $c=b$ op a，然后 c 进栈

opand。最后 opand 栈的栈顶运算数就是简单表达式值。

视频讲解

2. 用栈求解迷宫问题

1）问题描述

给定一个 $M\times N$ 的迷宫图，求一条从指定入口到出口的路径。假设迷宫图如图 3.13 所示(其中 $M=6$，$N=6$，含外围加上的一圈不可走的方块，这样做的目的是避免在查找时出界)，迷宫由方块构成，空白方块表示可以走的通道，带阴影方块表示不可走的障碍物。要求所求路径必须是简单路径，即在求得的路径上不能重复出现同一空白方块，而且从每个方块出发只能走向上、下、左、右 4 个相邻的空白方块。

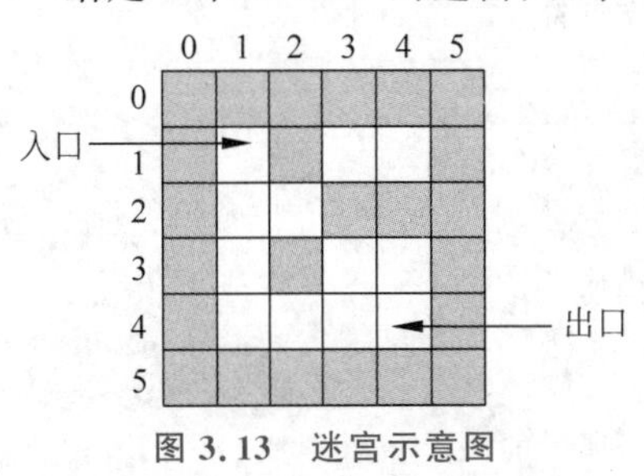

图 3.13　迷宫示意图

2）数据组织

为了表示迷宫，设置一个数组 mg，其中每个元素表示一个方块的状态，为 0 时表示对应方块是通道，为 1 时表示对应方块不可走。为了使算法方便，在迷宫外围加了围墙。图 3.13 所示的迷宫对应的迷宫数组 mg(由于迷宫四周加了围墙，故数组 mg 的外围元素均为 1)如下：

```
int[][]mg= { {1,1,1,1,1,1},{1,0,1,0,0,1}, {1,0,0,1,1,1},
             {1,0,1,0,0,1}, {1,0,0,0,0,1},{1,1,1,1,1,1} };
```

另外，在算法中用到的栈 st 采用 Java 中的 Stack 容器表示，需要将搜索中的方块进栈，每个方块的 Box 类定义如下：

```
class Box                                  //方块类
{  int i;                                  //方块的行号
   int j;                                  //方块的列号
   int di;                                 //di 是下一个可走相邻方位的方位号
   public Box(int i1,int j1,int di1)       //构造方法
   {  i=i1;
      j=j1;
      di=di1;
   }
}
```

3）设计运算算法

求迷宫问题就是在一个指定的迷宫中求出从入口到出口的路径。在求解时通常用的是“穷举求解”的方法，即从入口出发，顺某一方向向前试探，若能走通，则继续往前走；否则进入死胡同，沿原路退回，换一个方位再继续试探，直到所有可能的通路都试探完为止。

为了保证在任何位置上都能沿原路退回(称为回溯)，需要用一个后进先出的栈来保存从入口到当前位置的路径。

对于迷宫中的每个方块，有上、下、左、右 4 个方块相邻，如图 3.14 所示。第 i 行第 j 列的方块的位置记为 (i,j)，规

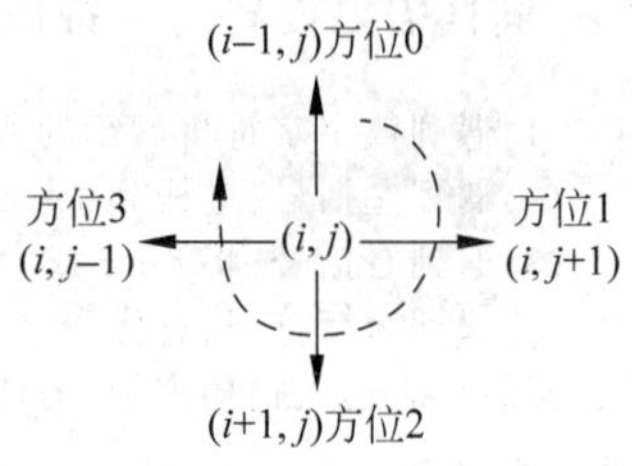

图 3.14　方位图

定上方方块为方位0,并按顺时针方向递增编号。在试探过程中,假设按从方位0到方位3的方向查找下一个可走的方块,即从上方位开始按顺时针方向试探。为了便于回溯,对于可走的方块都要进栈,并试探它的下一个可走的方位,将这个可走的方位保存到栈中。

求解迷宫中从(xi,yi)到(xe,ye)路径的过程是先将入口进栈(其初始方位设置为-1),在栈不空时循环,也就是取栈顶方块(不退栈),若该方块是出口,则输出栈中所有方块,即为一条迷宫路径;否则找下一个可走的相邻方块,若不存在这样的方块,说明当前路径不可能走通(进入死胡同),原路回退(回溯),也就是恢复当前方块后退栈。若存在这样的方块,则将其方位保存到栈顶元素中,并将这个可走的相邻方块进栈(其初始方位设置为-1)。

求迷宫路径的回溯过程如图3.15所示,从前一方块找到一个可走相邻方块(即当前方块)后,再从当前方块找可走相邻方块,若没有这样的方块,说明当前方块不可能是从入口到出口路径上的一个方块,则从当前方块回溯到前一方块,继续从前一方块找另一个可走的相邻方块。

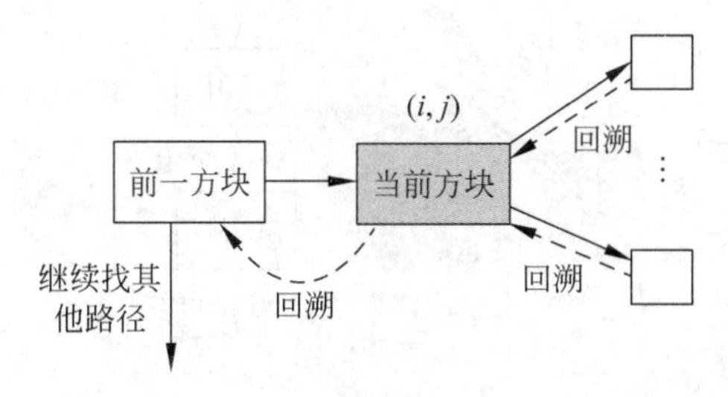

图3.15 求迷宫路径的回溯过程

为了保证试探的可走相邻方块不是已走路径上的方块,如(i,j)已进栈,在试探$(i+1,j)$的下一个可走方块时又试探到(i,j),这样可能会引起死循环,为此在一个方块进栈后将对应的mg数组元素值改为-1(变为不可走的相邻方块),当退栈时(表示该栈顶方块没有可走相邻方块),将其恢复为0。求图3.13中入口(1,1)到出口(4,4)迷宫路径的搜索过程如图3.16所示,图3.16中带"×"的方块是死胡同方块,走到这样的方块后需要回溯,找到出口后,栈中方块对应迷宫路径。

求解迷宫问题的MazeClass类定义如下:

```
class MazeClass                                   //用栈求解一条迷宫路径类
{  final int MaxSize=20;
   int[][] mg;                                    //迷宫数组
   int m,n;                                       //迷宫行/列数
   public MazeClass(int m1,int n1)                //构造方法
   {   m=m1;
       n=n1;
       mg=new int[MaxSize][MaxSize];
   }
   public void Setmg(int[][] a)                   //设置迷宫数组
   {   for(int i=0;i<m;i++)
          for(int j=0;j<n;j++)
             mg[i][j]=a[i][j];
   }
   boolean mgpath(int xi,int yi,int xe,int ye)    //求一条从(xi,yi)到(xe,ye)的迷宫路径
```

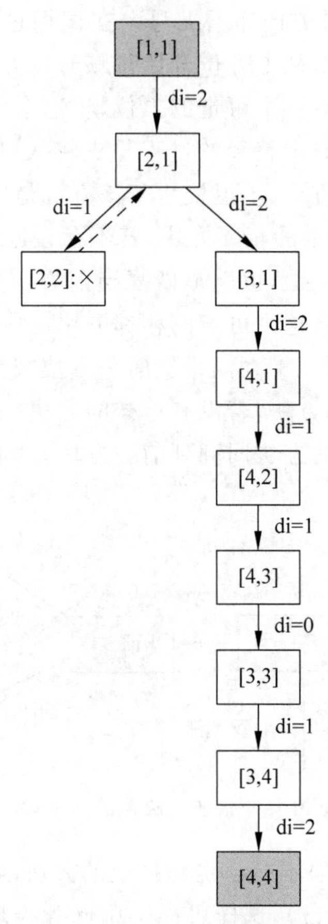

图 3.16 用栈求(1,1)到(4,4)迷宫路径的搜索过程

```
{ int i,j,di,i1=0,j1=0;
  boolean find;
  Box box,e;
  Stack<Box> st=new Stack<Box>(); //建立一个空栈
  st.push(new Box(xi,yi,-1));         //入口方块进栈
  mg[xi][yi]=-1;                      //为避免来回找相邻方块,将进栈的方块置为-1
  while(!st.empty())                  //栈不空时循环
  { box=st.peek();                    //取栈顶方块,称为当前方块
    i=box.i; j=box.j; di=box.di;
    if(i==xe && j==ye)                //找到了出口,输出栈中所有方块构成一条路径
    { int cnt=1;
      while(!st.empty())
      { e=st.pop();
        System.out.print("["+e.i+","+e.j+"]  ");
        if(cnt%5==0)                  //每行输出 5 个方块
          System.out.println();
        cnt++;
      }
      System.out.println();
      return true;                    //找到一条路径后返回 true
    }
```

```
            find=false;                         //否则继续找路径
            while(di<3 && !find)                //找下一个相邻可走方块
            {   di++;                           //找下一个方位的相邻方块
                switch(di)
                {
                case 0:i1=i-1; j1=j; break;
                case 1:i1=i; j1=j+1; break;
                case 2:i1=i+1; j1=j; break;
                case 3:i1=i; j1=j-1; break;
                }
                if(mg[i1][j1]==0)
                    find=true;                  //找到下一个可走相邻方块(i1,j1)
            }
            if(find)                            //找到了下一个可走方块
            {   e=st.pop();
                e.di=di;
                st.push(e);                     //修改栈顶元素的 di 成员为 di
                st.push(new Box(i1,j1,-1));     //下一个可走方块进栈
                mg[i1][j1]=-1;                  //为避免来回找相邻方块,将进栈的方块置为-1
            }
            else                                //没有路径可走,则退栈
            {   mg[i][j]=0;                     //恢复当前方块的迷宫值
                st.pop();                       //将栈顶方块退栈
            }
        }
        return false;                           //没有找到迷宫路径,返回 false
    }
}
```

其中 mgpath(int xi,int yi,int xe,int ye)方法用于求一条从入口(xi,yi)到出口(xe,ye)的迷宫路径,当成功找到出口后,栈 st 中从栈顶到栈底恰好是一条从出口到入口的迷宫逆路径,输出该迷宫逆路径,并返回 true,否则说明找不到迷宫路径,返回 false。

说明:从图 3.16 的过程看出,当找到一个出口后,可以进一步回溯找到从入口到出口的其他迷宫路径。如果只找一条迷宫路径,当栈顶方块(i,j)回退出栈时可以不置 mg[i][j]为 0,但如果找多条迷宫路径就必须置 mg[i][j]为 0 以恢复其迷宫值。

4) 设计主函数

设计以下包含主函数的 Maze 类,求如图 3.13 所示的迷宫图中从(1,1)到(4,4)的一条迷宫路径:

```
public class Maze
{ public static void main(String[] args)
  {   int[][] a= { {1,1,1,1,1,1},{1,0,1,0,0,1},
                   {1,0,0,1,1,1},{1,0,1,0,0,1},
                   {1,0,0,0,0,1},{1,1,1,1,1,1} };
      MazeClass mz=new MazeClass(6,6);      //M=6,N=6
      mz.Setmg(a);
      if (!mz.mgpath(1,1,4,4))              //(1,1)->(4,4)
          System.out.println("不存在迷宫路径");
  }
}
```

5) 运行结果

本程序的执行结果如下：

```
[4,4]  [3,4]  [3,3]  [4,3]  [4,2]
[4,1]  [3,1]  [2,1]  [1,1]
```

这里的迷宫路径是按从栈顶到栈底的顺序输出的，是一条迷宫逆路径，很容易转换为正向路径。该路径如图 3.17 所示(迷宫路径方块上的箭头指示路径上下一个方块的方位)，显然这个解不是最优解，即不是最短路径。在使用队列求解时可以找出最短路径，这将在后面介绍。

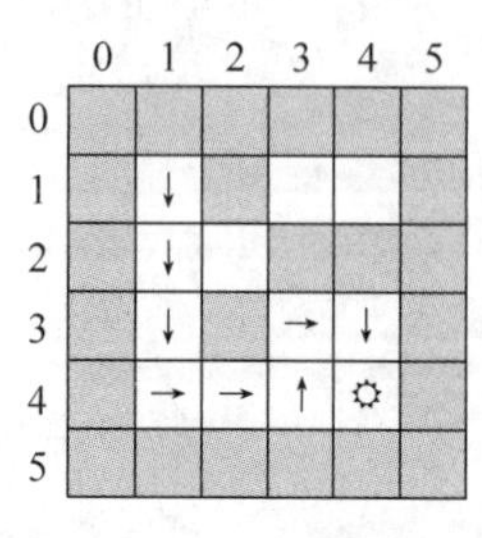

图 3.17 用栈找到的一条迷宫路径

3.2 队列

本节先介绍队列的定义，然后讨论队列存储结构和基本运算算法设计，最后通过迷宫问题的求解说明队列的应用。

3.2.1 队列的定义

同样先看一个示例，假设有一座独木桥，桥右侧有一群小兔子要过桥到桥左侧去，桥宽只能容纳一只兔子，那么这群小兔子怎么过桥呢？结论是只能一只接一只地过桥，如图 3.18 所示。在这个例子中，独木桥就是一个队列，由于其宽度只能容纳一只兔子，所以不论有多少只兔子，它们只能是一只一只地排列着过桥，从而构成一种线性关系。再看看独木桥的主要操作，显然有上桥和下桥两种，上桥表示从桥右侧走到桥上，下桥表示离开桥。

图 3.18 一群小兔子过独木桥

归纳起来，队列(简称为队)是一种操作受限的线性表，其限制为仅允许在表的一端进行插入，而在表的另一端进行删除。通常把进行插入的一端称为**队尾**(rear)，把进行删除的一端称为**队头**或**队首**(front)。向队列中插入新元素称为**进队**或**入队**，新元素进队后就成为新的队尾元素；从队列中删除元素称为**出队**或**离队**，元素出队后，其直接后继元素就成为队首元素。

由于队列的插入和删除操作分别是在表的一端进行的，每个元素必然按照进入的次序出队，所以又把队列称为**先进先出表**。

抽象数据类型队列的定义如下：

```
ADT Queue
{
数据对象:
```

$D=\{a_i \mid 0\leqslant i\leqslant n-1, n\geqslant 0, a_i$ 为 E 类型$\}$

数据关系：

$R=\{r\}$

$r=\{<a_i, a_{i+1}> \mid a_i, a_{i+1}\in D,\ i=0,\cdots,n-2\}$

基本运算：

boolean empty()：判断队列是否为空，若队列为空，返回真，否则返回假。

void push(E e)：进队，将元素 e 进队作为队尾元素。

E pop()：出队，从队头出队一个元素。

E peek()：取队头，返回队头元素值而不出队。

}

【例 3.10】 若元素进队的顺序为 1234，能否得到 3142 的出队序列？

解：进队顺序为 1234，则出队顺序只能是 1234(先进先出)，所以不能得到 3142 的出队序列。

3.2.2 队列的顺序存储结构及其基本运算算法的实现

由于队列中元素的逻辑关系与线性表的相同，所以用户可以借鉴线性表的两种存储结构来存储队列。

当队列采用顺序存储结构存储时，分配一块连续的存储空间，用 data<E>数组来存放队列中的元素，另外设置两个指针，队头指针为 front(实际上是队头元素的前一个位置)，队尾指针为 rear(正好是队尾元素的位置)。

为了简单，这里使用固定容量的数组 data(容量为常量 MaxSize)，如图 3.19 所示，队列中从队头到队尾为 a_0、a_1、……、a_{n-1}。采用顺序存储结构的队列称为顺序队。

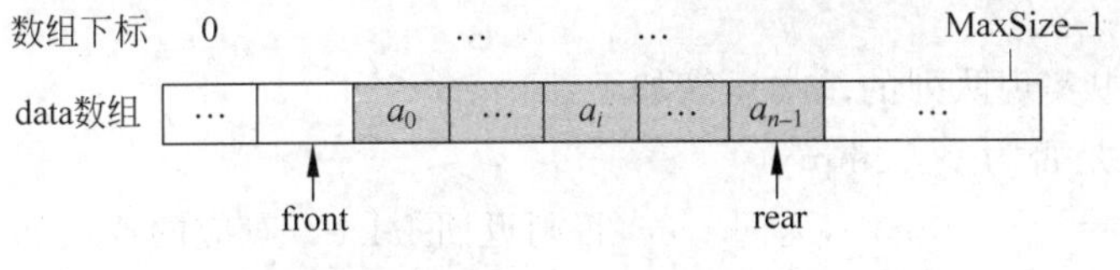

图 3.19　顺序队示意图

顺序队分为非循环队列和循环队列两种方式，这里先讨论非循环队列，并通过说明该类型队列的缺点引出循环队列。

1. 非循环队列

图 3.20 是一个非循环队列的动态变化示意图(MaxSize＝5)。图 3.20(a)表示一个空队；图 3.20(b)表示进队 5 个元素后的状态；图 3.20(c)表示出队一次后的状态；图 3.20(d)表示再出队 4 次后的状态。

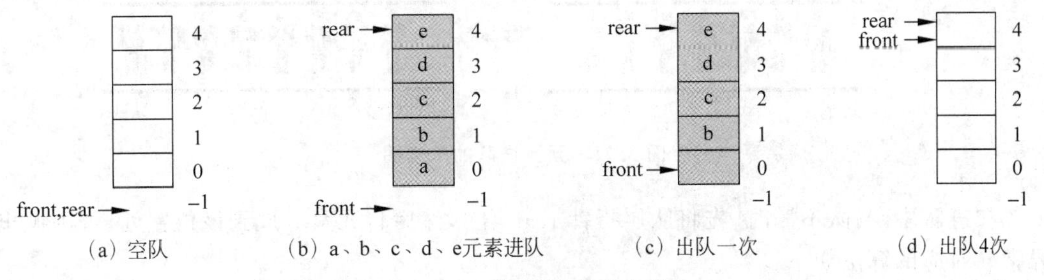

图 3.20　队列操作的示意图

从中可以看到，初始时置 front 和 rear 均为-1(front==rear)。非循环队列的四要素如下：

(1) 队空的条件为 front==rear，图 3.20(a)和(d)满足该条件。

(2) 队满(队上溢出)的条件为 rear==MaxSize-1(因为每个元素进队都让 rear 增 1，当 rear 到达最大下标时不能再增加)，图 3.20(d)满足该条件。

(3) 元素 e 进队的操作是先将队尾指针 rear 增 1，然后将元素 e 放在该位置(进队的元素总是在尾部插入的)。

(4) 出队操作是先将队头指针 front 增 1，然后取出该位置的元素(出队的元素总是从头部出来的)。

说明：为什么让 front 指向队列中当前队头元素的前一个位置呢？因为在 front 增 1 后，该位置的元素已经出队(被删除)了。

非循环队列的泛型类 SqQueueClass<E>定义如下：

```
class SqQueueClass<E>                    //非循环队列的泛型类
{  final int MaxSize=100;                //假设容量为 100
   private E[] data;                     //存放队列中的元素
   private int front, rear;              //队头、队尾指针
   public SqQueueClass()                 //构造方法
   {  data = (E[])new Object[MaxSize];
      front=-1;
      rear=-1;
   }
   //队列的基本运算算法
}
```

非循环队列中实现队列的基本运算如下。

1) 判断队列是否为空：empty()

若满足 front==rear 条件，返回 true，否则返回 false。对应的算法如下：

```
public boolean empty()                   //判断队列是否为空
{  return front==rear;  }
```

2) 进队运算：push(e)

元素 e 进队只能从队尾插入，不能从队头或中间位置进队，仅仅改变队尾指针，如图 3.21 所示。

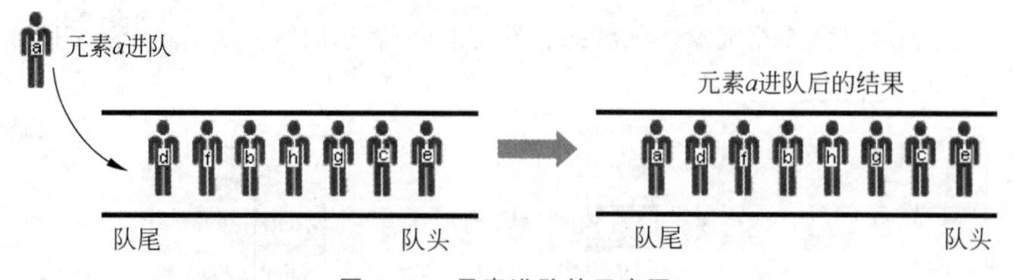

图 3.21　元素进队的示意图

在进队中，当队不满时，先将队尾指针 rear 增 1，然后将元素 e 放到该位置处，否则抛出异常。对应的算法如下：

```
public void push(E e)                    //元素e进队
{ if(rear==MaxSize-1)                    //队满
      throw new IllegalArgumentException("队满");
  rear++;
  data[rear]=e;
}
```

3）出队：pop()

元素出队只能从队头删除，不能从队尾或中间位置出队，仅仅改变队头指针，如图3.22所示。

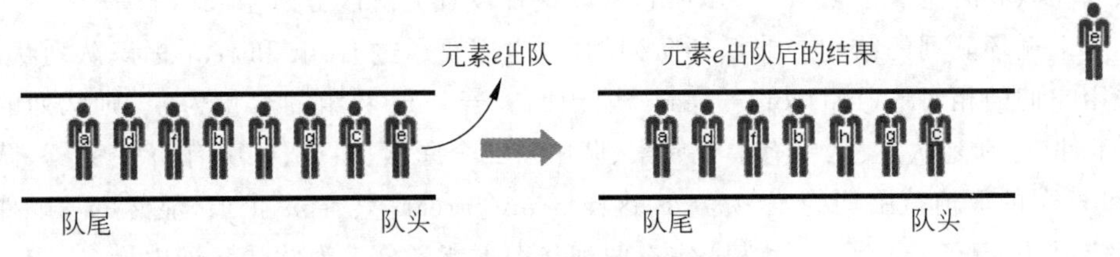

图3.22　元素出队的示意图

在出队中，当队列不空时，将队头指针front增1，并返回该位置的元素值，否则抛出异常。对应的算法如下：

```
public E pop()                           //出队元素
{ if(empty())                            //队空
      throw new IllegalArgumentException("队空");
  front++;
  return (E)data[front];
}
```

4）取队头元素：peek()

与出队类似，但不需要移动队头指针front。对应的算法如下：

```
public E peek()                          //取队头元素
{ if(empty())                            //队空
      throw new IllegalArgumentException("队空");
  return (E)data[front+1];
}
```

上述算法的时间复杂度均为$O(1)$。

在上述非循环队列中，元素进队时队尾指针rear增1，元素出队时队头指针front增1，当进队MaxSize个元素后，满足设置的队满条件，即rear==MaxSize-1成立，此时即使出队若干元素，队满条件仍然成立（实际上队列中有空位置），这种队列中有空位置但仍然满足队满条件的上溢出称为**假溢出**。也就是说，非循环队列存在假溢出现象。

2. 循环队列

视频讲解

为了克服非循环队列的假溢出，充分使用数组中的存储空间，可以把data数组的前端和后端连接起来，形成一个循环数组，即把存储队列元素的表从逻辑上看成一个环，称为**循环队列**（也称为**环形队列**）。

循环队列首尾相连，当队尾指针 rear＝MaxSize－1 时再前进一个位置就应该到达 0 位置，这可以利用数学上的求余运算(％)实现。

(1) 队首指针循环进 1：front＝(front＋1)％MaxSize

(2) 队尾指针循环进 1：rear＝(rear＋1)％MaxSize

循环队列的队头指针和队尾指针初始化时都置 0，即 front＝rear＝0。在进队元素和出队元素时，队头和队尾指针都循环前进一个位置。

那么循环队列的队满和队空的判断条件是什么呢？若设置队空条件是 rear＝＝front，如果进队元素的速度快于出队元素的速度，队尾指针很快就赶上了队头指针，此时可以看出循环队列在队满时也满足 rear＝＝front，所以这种设置无法区分队空和队满。

实际上循环队列的结构与非循环队列相同，也需要通过 front 和 rear 标识队列状态，一般是采用它们的相对值(即|front－rear|)实现的。若 data 数组的容量为 m，则队列的状态有 $m+1$ 种，分别是队空、队中有 1 个元素、队中有 2 个元素、……、队中有 m 个元素(队满)。front 和 rear 的取值范围均为 0～$m-1$，这样|front－rear|只有 m 个值，显然 $m+1$ 种状态不能直接用|front－rear|区分，因为必定有两种状态不能区分。为此让队列中最多只有 $m-1$ 个元素，这样队列恰好只有 m 种状态，就可以通过 front 和 rear 的相对值区分所有状态了。

在规定队列中最多只有 $m-1$ 个元素时，设置队空条件仍然是 rear＝＝front。当队列有 $m-1$ 个元素时一定满足(rear＋1)％MaxSize＝＝front。

这样循环队列在初始时置 front＝rear＝0，其四要素如下：

(1) 队空条件为 rear＝＝front。

(2) 队满条件为(rear＋1)％MaxSize＝＝front(相当于试探进队一次，若 rear 达到 front，则认为队满了)。

(3) 元素 e 进队时，rear＝(rear＋1)％MaxSize，将元素 e 放置在该位置。

(4) 元素出队时，front＝(front＋1)％MaxSize，取出该位置的元素。

图 3.23 说明了循环队列的几种状态，这里假设 MaxSize 等于 5。图 3.23(a)为空队，此时 front＝rear＝0；图 3.23(b)中有 3 个元素，当进队元素 d 后队中有 4 个元素，此时满足队满的条件。

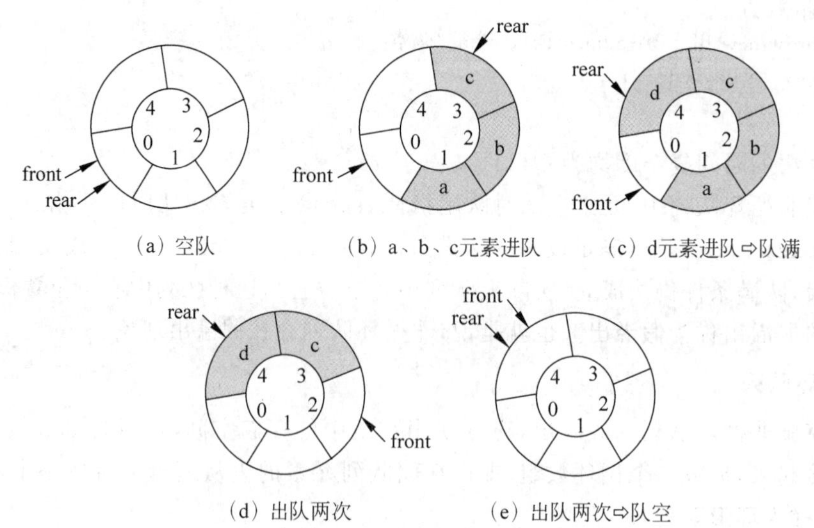

图 3.23　循环队列进队和出队操作示意图

循环队列的泛型类 CSqQueueClass<E>定义如下：

```
class CSqQueueClass<E>                          //循环队列的泛型类
{ final int MaxSize=100;                        //假设容量为100
  private E[] data;                             //存放队列中的元素
  private int front,rear;                       //队头、队尾指针
  public CSqQueueClass()                        //构造方法
  {   data = (E[])new Object[MaxSize];
      front=0;
      rear=0;
  }
  //队列的基本运算算法
}
```

在这样的循环队列中，实现队列的基本运算算法如下。

1）判断队列是否为空：empty()

若满足 front==rear 条件，返回 true，否则返回 false。对应的算法如下：

```
public boolean empty()                          //判断队列是否为空
{ return front==rear;   }
```

2）进队：push(e)

在队列不满时，先将队尾指针 rear 循环增 1，然后将元素 e 放到该位置处，否则抛出异常。对应的算法如下：

```
public void push(E e)                           //元素e进队
{ if((rear+1)%MaxSize==front)                   //队满
      throw new IllegalArgumentException("队满");
  rear=(rear+1)%MaxSize;
  data[rear]=e;
}
```

3）出队：pop()

在队列不为空的条件下，将队头指针 front 循环增 1，并返回该位置的元素值，否则抛出异常。对应的算法如下：

```
public E pop()                                  //出队元素
{ if(empty())                                   //队空
      throw new IllegalArgumentException("队空");
  front=(front+1)%MaxSize;
  return (E)data[front];
}
```

4）取队头元素：peek()

与出队类似，但不需要移动队头指针 front。对应的算法如下：

```
public E peek()                                 //取队头元素
{ if(empty())                                   //队空
      throw new IllegalArgumentException("队空");
  return (E)data[(front+1)%MaxSize];
}
```

上述算法的时间复杂度均为 $O(1)$。

3.2.3 循环队列的应用算法设计示例

【例 3.11】 在循环队列泛型类 CSqQueueClass＜E＞中增加一个求元素个数的算法 size()。对于一个整数循环队列 qu,利用队列基本运算和 size()算法设计进队和出队第 k($k\geqslant 1$,队头元素的序号为 1)个元素的算法。

解:对于前面的循环队列,队头指针 front 指向队中队头元素的前一个位置,队尾指针 rear 指向队中的队尾元素,可以求出队中元素个数=(rear−front+MaxSize)%MaxSize。为此在循环队列泛型类 CSqQueueClass＜E＞中增加 size()算法如下:

视频讲解

```
public int size()                                   //返回队中元素个数
{  return((rear-front+MaxSize)%MaxSize);  }
```

在队列中并没有直接取 k($k\geqslant 1$)个元素的基本运算,进队第 k 个元素 e 的算法思路是出队前 $k-1$ 个元素,边出边进,再将元素 e 进队,将剩下的元素边出边进。该算法如下:

```
public static boolean pushk(CSqQueueClass<Integer> qu, int k, Integer e) //进队第 k 个元素 e
{  Integer x;
   int n=qu.size();
   if(k<1 || k>n+1)
      return false;                             //参数 k 错误,返回 false
   if(k<=n)
   {  for(int i=1;i<=n;i++)                     //循环处理队中的所有元素
      {  if(i==k)
            qu.push(e);                         //将 e 元素进队到第 k 个位置
         x=qu.pop();                            //出队元素 x
         qu.push(x);                            //进队元素 x
      }
   }
   else qu.push(e);                             //k=n+1 时直接进队 e
   return true;
}
```

出队第 k($k\geqslant 1$)个元素 e 的算法思路是出队前 $k-1$ 个元素,边出边进,出队第 k 个元素 e,e 不进队,将剩下的元素边出边进。该算法如下:

```
public static Integer popk(CSqQueueClass<Integer> qu, int k)   //出队第 k 个元素
{  Integer x,e=0;
   int n=qu.size();
   if(k<1 || k>n)                               //参数 k 错误
      throw new IllegalArgumentException("参数错误");
   for(int i=1;i<=n;i++)                        //循环处理队中的所有元素
   {  x=qu.pop();                               //出队元素 x
      if(i!=k)
         qu.push(x);                            //将非第 k 个元素进队
      else e=x;                                 //取第 k 个出队的元素
   }
   return e;
}
```

【例 3.12】 对于循环队列来说，如果知道队头指针和队中元素个数，则可以计算出队尾指针，也就是说可以用队中元素个数代替队尾指针。设计出这种循环队列的判队空、进队、出队和取队头元素的算法。

解：本例的循环队列包含 data 数组、队头指针 front 和队中元素个数 count。初始时 front 和 count 均置为 0。队空条件为 count==0；队满的条件为 count==MaxSize；元素 e 进队的操作是先根据队头指针和元素个数求出队尾指针 rear1，将 rear1 循环增 1，然后将元素 e 放置在 rear1 处；出队操作是先将队头指针循环增 1，然后取出该位置的元素。设计对应的循环队列泛型类 CSqQueueClass1<E>如下：

视频讲解

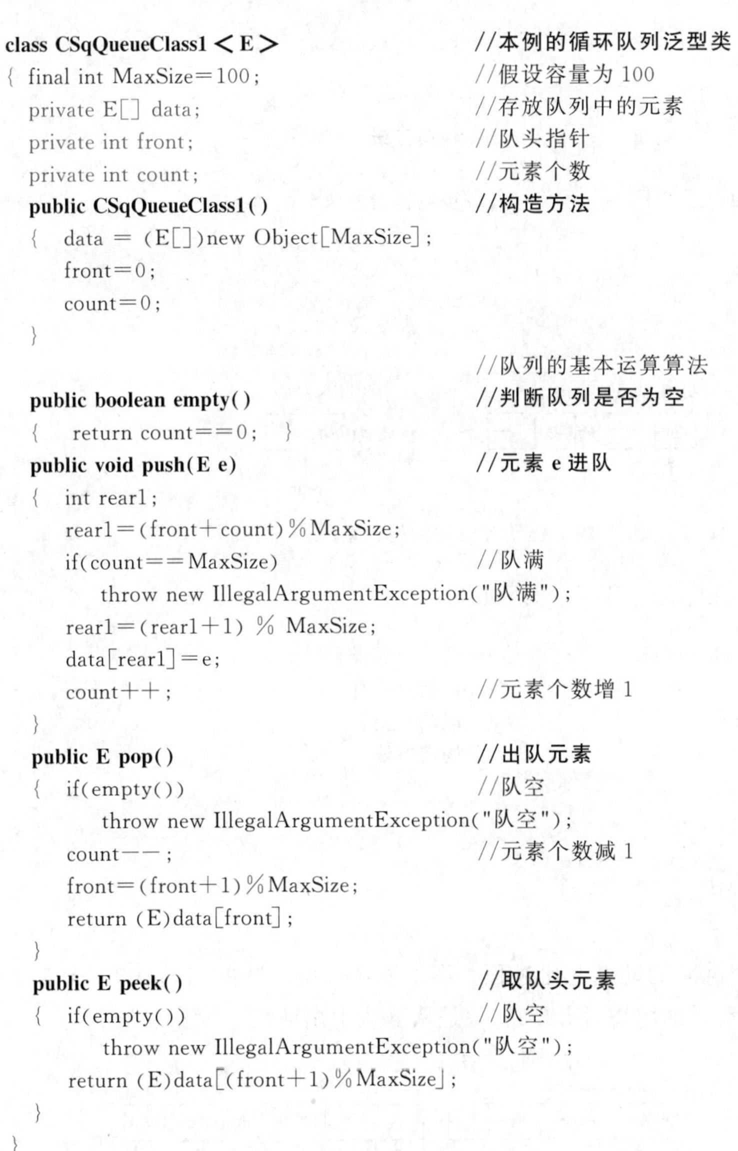

```
class CSqQueueClass1<E>                         //本例的循环队列泛型类
{  final int MaxSize=100;                        //假设容量为 100
   private E[] data;                             //存放队列中的元素
   private int front;                            //队头指针
   private int count;                            //元素个数
   public CSqQueueClass1()                       //构造方法
   {   data = (E[])new Object[MaxSize];
       front=0;
       count=0;
   }
                                                 //队列的基本运算算法
   public boolean empty()                        //判断队列是否为空
   {    return count==0;   }
   public void push(E e)                         //元素 e 进队
   {   int rear1;
       rear1=(front+count)%MaxSize;
       if(count==MaxSize)                        //队满
           throw new IllegalArgumentException("队满");
       rear1=(rear1+1) % MaxSize;
       data[rear1]=e;
       count++;                                  //元素个数增 1
   }
   public E pop()                                //出队元素
   {   if(empty())                               //队空
           throw new IllegalArgumentException("队空");
       count--;                                  //元素个数减 1
       front=(front+1)%MaxSize;
       return (E)data[front];
   }
   public E peek()                               //取队头元素
   {   if(empty())                               //队空
           throw new IllegalArgumentException("队空");
       return (E)data[(front+1)%MaxSize];
   }
}
```

说明：本例设计的循环队列中最多可保存 MaxSize 个元素。

从上述循环队列的设计看出，如果将 data 数组的容量改为可以扩展的，新建更大容量的数组 newdata 后，不能像顺序表、顺序栈那样简单地将 data 中的元素复制到 newdata 中，需要按队列操作,将 data 中的所有元素出队后进队到 newdata 中,这里不再详述。

3.2.4 队列的链式存储结构及其基本运算算法的实现

队列的链式存储结构也是通过由结点构成的单链表实现的,此时只允许在单链表的表首进行删除操作和在单链表的表尾进行插入操作,这里的单链表是不带头结点的,需要使用两个指针(即队首指针 front 和队尾指针 rear)来标识,front 指向队首结点,rear 指向队尾结点。用于存储队列的单链表简称为**链队**。

视频讲解

链队存储结构如图 3.24 所示,链队中存放元素的结点类型 LinkNode<E>定义如下:

```
class LinkNode<E>                          //链队结点泛型类
{  E data;
   LinkNode<E> next;
   public LinkNode()                       //构造方法
   {   next=null;   }
   public LinkNode(E d)                    //重载构造方法
   {   data=d;
       next=null;
   }
}
```

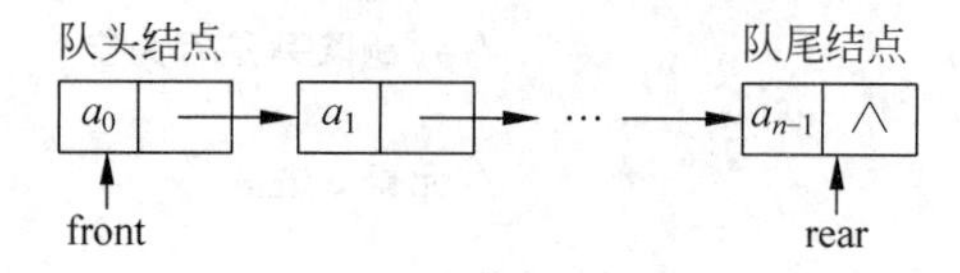

图 3.24 链队存储结构的示意图

设计链队泛型类 LinkQueueClass<E>如下:

```
public class LinkQueueClass<E>             //链队泛型类
{  LinkNode<E> front;                      //首结点指针
   LinkNode<E> rear;                       //尾结点指针
   public LinkQueueClass()                 //构造方法
   {   front=null;
       rear=null;
   }
   //队列的基本运算算法
}
```

图 3.25 说明了一个链队的动态变化过程。图 3.25(a)是链队的初始状态,图 3.25(b)是在链队中进队 3 个元素后的状态,图 3.25(c)是从链队中出队两个元素后的状态。

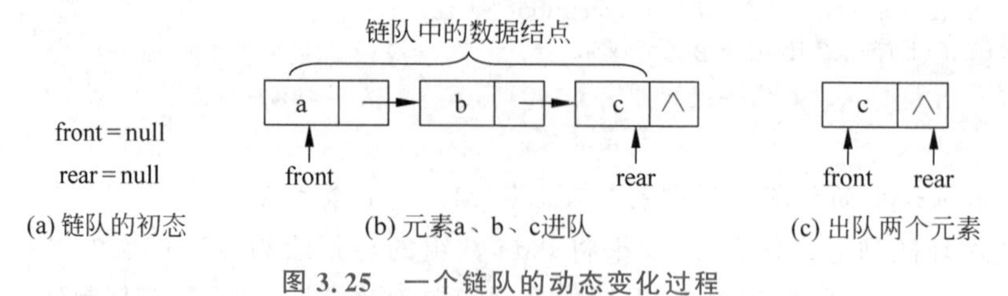

图 3.25 一个链队的动态变化过程

从图 3.25 可以看到,初始时置 front=rear=null。链队的四要素如下:

(1) 队空的条件为 fronr=rear==null,用户不妨仅以 front==null 作为队空条件。

(2) 由于只有在内存溢出时才出现队满,通常不考虑这样的情况。

(3) 元素 e 进队的操作是在单链表尾部插入存放 e 的 s 结点,并让队尾指针指向它。

(4) 出队操作是取出队首结点的 data 值,并将其从链队中删除。

对应队列的基本运算算法如下。

1) 判断队列是否为空:empty()

若链队结点的 rear 域值为 null,表示队列为空,返回 true,否则返回 false。对应的算法如下:

```
public boolean empty()                          //判断队是否为空
{    return front==null;  }
```

2) 进队:push(e)

创建存放 e 的结点 s。若原队列为空,则将 front 和 rear 指向 s 结点,否则将 s 结点链到单链表的末尾,并让 rear 指向它。对应的算法如下:

```
public void push(E e)                           //元素 e 进队
{ LinkNode<E> s=new LinkNode<E>(e);             //新建结点 s
  if(empty())                                   //原链队为空
      front=rear=s;
  else                                          //原链队不空
  {   rear.next=s;                              //将 s 结点链接到 rear 结点的后面
      rear=s;
  }
}
```

3) 出队:pop()

若原队为空,抛出异常;若队中只有一个结点(此时 front 和 rear 都指向该结点),取首结点的 data 值赋给 e,并删除之,即置 front=rear=null;否则说明有多个结点,取首结点的 data 值赋给 e,并删除之。最后返回 e。对应的算法如下:

```
public E pop()                                  //出队操作
{ E e;
  if(empty())                                   //原链队不空
      throw new IllegalArgumentException("队空");
  if(front==rear)                               //原链队只有一个结点
  {   e=(E)front.data;                          //取首结点值
      front=rear=null;                          //置为空
  }
  else                                          //原链队有多个结点
  {   e=(E)front.data;                          //取首结点值
      front=front.next;                         //front 指向下一个结点
  }
  return e;
}
```

4) 取队头元素:peek()

与出队类似,但不需要删除首结点。对应的算法如下:

```
public E peek()                                   //取队头元素操作
{ if(empty())
      throw new IllegalArgumentException("队空");
  E e=(E)front.data;                              //取首结点值
  return e;
}
```

上述算法的时间复杂度均为 $O(1)$。

3.2.5 链队的应用算法设计示例

【例 3.13】 采用一个不带头结点只有一个尾结点指针 rear 的循环单链表存储队列,设计出这种链队的进队、出队、判队空和求队中元素个数的算法。

解:如图 3.26 所示,用只有尾结点指针 rear 的循环单链表作为队列存储结构,其中每个结点的类型为 LinkNode<E>(为 3.2.4 节的链队数据结点类型)。

视频讲解

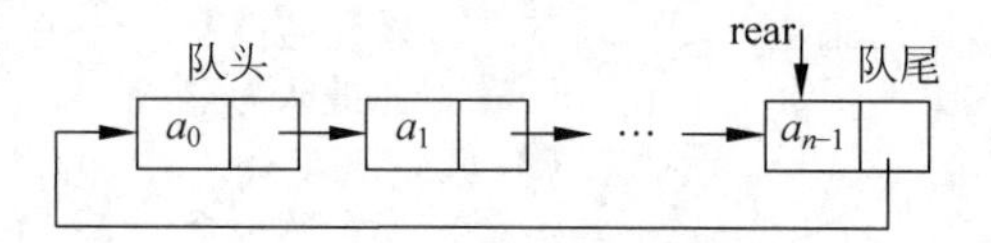

图 3.26 用只有尾结点指针的循环单链表作为队列存储结构

在这样的链队中,没有结点时队列为空,即 rear=null,进队在链表的表尾进行,出队在链表的表头进行。本例包含各种运算的链队类模板 LinkQueueClass1<E>定义如下:

```
public class LinkQueueClass1<E>                   //本例链队泛型类
{ LinkNode<E> rear;                               //尾结点指针
  public LinkQueueClass1()                        //构造方法
  {  rear=null;  }
                                                  //队列的基本运算算法
  public boolean empty()                          //判断队是否为空
  {  return rear==null;  }
  public void push(E e)                           //元素 e 进队
  {  LinkNode<E> s=new LinkNode(e);               //创建新结点 s
     if(rear==null)                               //原链队为空
     {  s.next=s;                                 //构成循环单链表
        rear=s;
     }
     else
     {  s.next=rear.next;                         //将 s 结点插入 rear 结点之后
        rear.next=s;
        rear=s;                                   //让 rear 指向 s 结点
     }
```

```
    }
    public E pop()                          //出队操作
    {   E e;
        if(empty())                         //原链队不空
            throw new IllegalArgumentException("队空");
        if(rear.next==rear)                 //原链队只有一个结点
        {   e=(E)rear.data;                 //取该结点值
            rear=null;                      //置为空队
        }
        else                                //原链队有多个结点
        {   e=(E)rear.next.data;            //取队头结点值
            rear.next=rear.next.next;       //删除队头结点
        }
        return e;
    }
    public E peek()                         //取队头元素操作
    {   E e;
        if(empty())                         //原链队不空
            throw new IllegalArgumentException("队空");
        if(rear.next==rear)                 //原链队只有一个结点
            e=(E)rear.data;                 //取该结点值
        else                                //原链队有多个结点
            e=(E)rear.next.data;            //取队头结点值
        return e;
    }
}
```

3.2.6 Java 中的队列接口——Queue<E>

在 Java 语言中提供了队列接口 Queue<E>,提供了队列的修改运算,但不同于 Stack<E>,由于它是接口,所以在创建时需要指定元素类型,例如 LinkedList<E>。Queue<E>接口的主要方法如下。

视频讲解

(1) boolean isEmpty():返回队列是否为空。

(2) int size():队列中元素的个数。

(3) boolean add(E e):将元素 e 进队(如果立即可行且不会违反容量限制),在成功时返回 true,如果当前没有可用的空间,则抛出异常。

(4) boolean offer(E e):将元素 e 进队(如果立即可行且不会违反容量限制),当使用有容量限制的队列时,此方法通常要优于 add(E c),后者可能无法插入元素,而只是抛出一个异常。

(5) E peek():取队头元素,如果队列为空,则返回 null。

(6) E element():取队头元素,它对 peek()方法进行简单封装,如果队头元素存在,则取出但并不删除,如果不存在则抛出异常。

(7) E poll():出队,如果队列为空,则返回 null。

(8) E remove():出队,直接删除队头的元素。

在 Queue<E>的使用中,主要操作是进队方法 offer()、出队方法 poll()、取队头元素方法 peek(),它们的时间复杂度均为 $O(1)$。

例如,以下程序说明了 Queue<E>的基本使用方法。

```
public class tmp
{ public static void main(String[] args)
  { Queue<Integer> qu=new LinkedList<Integer>();
    qu.offer(1);
    qu.offer(2);
    qu.offer(3);
    while(!qu.isEmpty())
        System.out.print(qu.poll()+" ");       //输出:1 2 3
    System.out.println();
  }
}
```

3.2.7 队列的综合应用

本节通过用队列求解迷宫问题来讨论队列的应用。

视频讲解

1. 问题描述

参见 3.1.7 节。

2. 数据组织

用队列解决求迷宫路径问题,使用 Queue<Box>接口对象作为队列 qu,qu 队列中存放搜索的方块,其 Box 类型如下:

```
class Box                                  //队列中的方块类
{ int i;                                   //方块的行号
  int j;                                   //方块的列号
  Box pre;                                 //前驱方块
  public Box(int i1,int j1)                //构造方法
  {  i=i1;
     j=j1;
     pre=null;
  }
}
```

在设计相关算法时用到一个队列 qu,其定义如下:

```
Queue<Box>  qu;
```

3. 设计运算算法

在求迷宫路径中,从入口开始试探,将所有试探的方块均进队,如图 3.27 所示。假设当

前方块为(i,j)，对应的队列元素(Box对象)为b，然后找它所有的相邻方块，假设有4个相邻方块可走(实际上最多3个)，则这4个相邻可走的方块均进队，它们对应的队列元素分别为b_1～b_4，将方块(i,j)称为它们的前驱方块，它们称为方块(i,j)的后继方块，需要设置这样的关系，也就是置每个b_i的pre成员(即前驱方块)为b，对应b_i.pre=b。

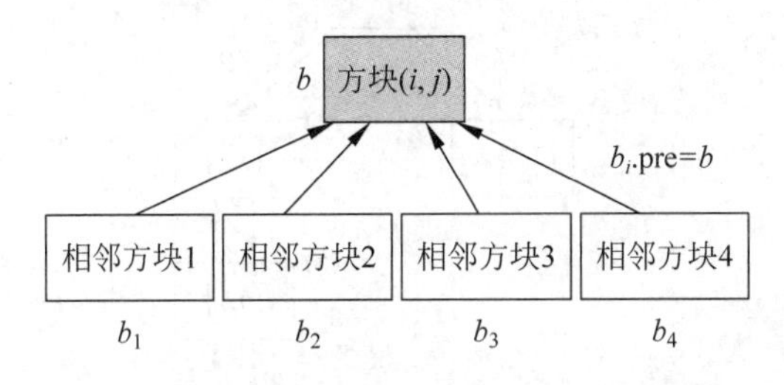

图3.27 当前方块b和相邻方块

当找到出口后，此时队列qu中的方块可能有很多，不像用栈求解迷宫问题，此时栈中恰好保存一条迷宫路径上的所有方块。假设出口方块对应的队列元素为b，通过b.pre向前查找前驱方块，直到入口方块为止，这些方块构成一条迷宫逆路径。

查找从(xi,yi)到(xe,ye)的路径的过程是首先建立(xi,yi)的Box对象b，将b进队，在队列qu不为空时循环：出队一次，称该出队的方块b为当前方块。

(1) 如果b是出口，则从b出发查找一条迷宫逆路径，输出该路径后结束。

(2) 否则按顺时针方向一次性查找方块b的4个方位中的相邻可走方块，每个相邻可走方块均建立一个Box对象b_1，置b_1.pre=b，将b_1进qu队列。与用栈求解一样，一个方块进队后，其迷宫值置为-1，以避免回过来重复搜索。

如此操作，如果队列为空都没有找到出口，表示不存在迷宫路径，返回false。

在图3.13所示的迷宫图中求入口(1,1)到出口(4,4)迷宫路径的搜索过程如图3.28所示，图3.28中带“×”的方块表示没有相邻可走方块，每个方块旁的数字表示搜索顺序，找到出口后，通过虚线(即pre)找到一条迷宫逆路径。

用队列求解迷宫问题的MazeClass类定义如下：

```
class MazeClass                                 //用队列求解一条迷宫路径类
{ final int MaxSize=20;
  int[][] mg;                                   //迷宫数组
  int m,n;                                      //迷宫行/列数
  Queue<Box> qu;                                //队列
  public MazeClass(int m1,int n1)               //构造方法
  {  m=m1;
     n=n1;
     mg=new int[MaxSize][MaxSize];
     qu=new LinkedList<Box>();                  //创建一个空队qu
  }
  public void Setmg(int[][] a)                  //设置迷宫数组
  {  for(int i=0;i<m;i++)
       for(int j=0;j<n;j++)
```

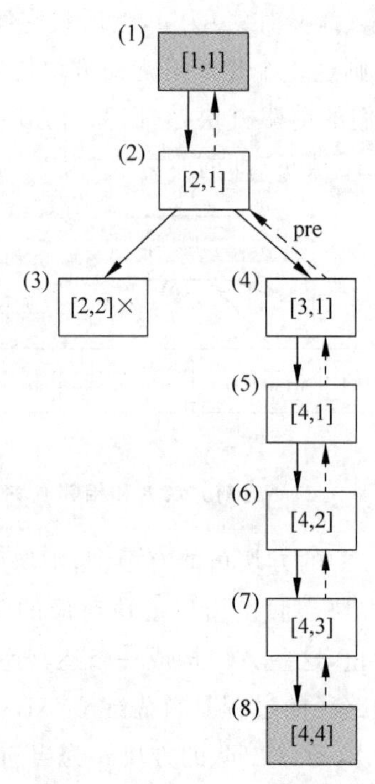

图 3.28 用队列求(1,1)到(4,4)迷宫路径的搜索过程

```
            mg[i][j]=a[i][j];
    }
    public void disppath(Box p)                    //从 p 出发找一条迷宫路径
    {   int cnt=1;
        while(p!=null)                             //找到入口为止
        {   System.out.print("["+p.i+","+p.j+"]  ");
            if(cnt%5==0)                           //每行输出 5 个方块
                System.out.println();
            cnt++;
            p=p.pre;
        }
        System.out.println();
    }
    boolean mgpath(int xi,int yi,int xe,int ye)    //求(xi,yi)到(xe,ye)的一条迷宫路径
    {   int i,j,i1=0,j1=0;
        Box b,b1;
        b=new Box(xi,yi);                          //建立入口结点 b
        qu.offer(b);                               //结点 b 进队
        mg[xi][yi]=-1;                             //进队方块的 mg 值置为-1
        while(!qu.isEmpty())                       //队不空时循环
        {   b=qu.poll();                           //出队一个方块 b
            if(b.i==xe && b.j==ye)                 //找到了出口,输出路径
            {   disppath(b);                       //从 b 出发回推导出迷宫路径并输出
                return true;                       //找到一条路径时返回 true
```

```
            }
            i=b.i; j=b.j;
            for(int di=0;di<4;di++)                //循环扫描每个方位,把每个可走的方块进队
            {   switch(di)
                {
                case 0:i1=i-1; j1=j;     break;
                case 1:i1=i;     j1=j+1; break;
                case 2:i1=i+1; j1=j;     break;
                case 3:i1=i;     j1=j-1; break;
                }
                if(mg[i1][j1]==0)                  //找相邻可走方块
                {   b1=new Box(i1,j1);             //建立后继方块结点 b1
                    b1.pre=b;                      //设置其前驱方块为 b
                    qu.offer(b1);                  //b1 进队
                    mg[i1][j1]=-1;                 //将进队的方块置为-1
                }
            }
        }
        return false;                              //未找到任何路径时返回 false
    }
}
```

4. 设计主函数

设计以下包含主函数的 Maze 类,用于求图 3.13 所示的迷宫图中从(1,1)到(4,4)的一条迷宫路径:

```
public class Maze
{ public static void main(String[] args)
  {   int[][] a= { {1,1,1,1,1,1},{1,0,1,0,0,1},
               {1,0,0,1,1,1},{1,0,1,0,0,1},
               {1,0,0,0,0,1},{1,1,1,1,1,1} };
      MazeClass mz=new MazeClass(6,6);
      mz.Setmg(a);
      if(!mz.mgpath(1,1,4,4))
          System.out.println("不存在迷宫路径");
  }
}
```

5. 运行结果

本程序的执行结果如下:

```
[4,4]  [4,3]  [4,2]  [4,1]  [3,1]
[2,1]  [1,1]
```

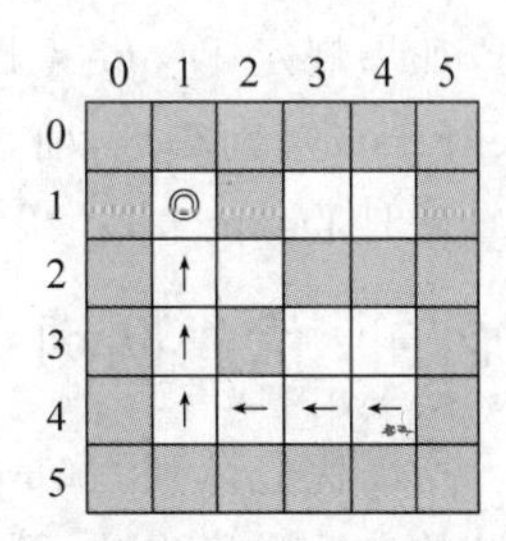

图 3.29 用队列求出的一条迷宫路径

该路径如图 3.29 所示,迷宫路径上方块的箭头表示其前驱方块的方位。显然这个解是最优解,也就是最短路径。至于为什么用栈求出的迷宫路径不一定是最短路径,而用队列求出的迷宫

路径一定是最短路径,这个问题会在第 8 章中说明。

*3.2.8 双端队列

视频讲解

双端队列是在队列的基础上扩展而来的,其示意图如图 3.30 所示。双端队列与队列一样,元素的逻辑关系也是线性关系,但队列只能在一端进队,在另外一端出队,而双端队列可以在两端进行进队和出队操作,因此双端队列的使用更加灵活。

前端（头部First） 后端（尾部Last）
前端进 后端进
前端出 后端出

图 3.30 双端队列示意图

在 Java 中提供了双端队列接口 Deque<E>,它继承自 Queue<E>。Deque<E>接口的主要方法如下。

(1) boolean offer(E e):将元素 e 插入双端队列的尾部(与队列进队操作相同)。如果成功,返回 true,如果当前没有可用的空间,则返回 false。

(2) boolean offerFirst(E e):将元素 e 插入双端队列的开头。如果成功,返回 true,如果当前没有可用的空间,则返回 false。

(3) boolean offerLast(E e):将元素 e 插入双端队列的尾部(与队列进队操作相同)。如果成功,返回 true,如果当前没有可用的空间,则返回 false。与 offer(E e)相同。

(4) E poll():从双端队列中出队队头元素(与队列出队操作相同)。如果双端队列为空,则返回 null。

(5) E pollFirst():从双端队列中出队队头元素(与队列出队操作相同)。如果双端队列为空,则返回 null。与 poll()相同。

(6) E pollLast():从双端队列中出队队尾元素。如果双端队列为空,则返回 null。

(7) E peek():取双端队列的队头元素(与队列取队头元素操作相同)。如果双端队列为空,则返回 null。

(8) E peekFirst():取双端队列的队头元素(与队列取队头元素操作相同)。如果双端队列为空,则返回 null。用 peek()相同。

(9) E peekLast():取双端队列的队尾元素。如果双端队列为空,则返回 null。

从中可以看出,如果规定 Deque<E>只在一端进队,另外一端出队列,即只使用 offer(E e)/offerLast(E e)、poll()/pollFirst()、peek()/peekFirst()(后端进,前端出),或者 offerLast(E e)、pollFirst()、peekFirst()(前端进,后端出),此时 Deque<E>相当于队列。

如果规定 Deque<E>只在同端进队和出队,即只使用 offerFirst(E e)、pollFirst()、peekFirst()(前端进,前端出),或者 offerLast(E e)、pollLast()、peekLast()(后端进,后端出),此时 Deque<E>相当于栈。

3.2.9 优先队列

视频讲解

所谓优先队列,就是指定队列中元素的优先级,优先级越大越优先出队。普通队列中按进队的先后顺序出队,可以看成进队越早越优先。优先队列按照根的大小分为大根堆和小根堆,大根堆的元素越大越优先出队(即元素越大优先级也越大),小根堆的元素越小越优先出队(即元素越小优先级越大)。

在 Java 中提供了优先队列类 PriorityQueue<E>,已实现的接口有 Queue<E>。创建优先队列的主要方式如下。

1）默认方式

```
public PriorityQueue()
```

使用默认的初始容量(11)创建一个 PriorityQueue,并根据其自然顺序(例如整数按从小到大排列)对元素进行排序。

2）指定优先队列的初始容量

```
public PriorityQueue(int initialCapacity)
```

使用指定的初始容量创建一个 PriorityQueue,并根据其自然顺序对元素进行排序。参数 initialCapacity 指定此优先队列的初始容量,如果 initialCapacity 小于 1,则会抛出 IllegalArgumentException 异常。

3）指定比较器

```
public PriorityQueue(int initialCapacity, Comparator<? super E> comparator)
```

使用指定的初始容量创建一个 PriorityQueue,并根据指定的比较器对元素进行排序。参数 initialCapacity 指定此优先队列的初始容量,comparator 是用于对此优先队列进行排序的比较器,如果该参数为 null,则将使用元素的自然顺序排列。

PriorityQueue<E>类的主要方法如下。

(1) isEmpty():返回优先队列是否为空。

(2) int size():返回此优先队列中的元素数。

(3) void clear():从此优先队列中移除所有元素。

(4) boolean add(E e):将指定的元素插入此优先队列。

(5) boolean offer(E e):将指定的元素插入此优先队列。

(6) E poll():获取并移除此队列的头,如果此队列为空,则返回 null。

(7) E peek():获取但不移除此队列的头,如果此队列为空,则返回 null。

(8) boolean contains(Object o):如果此优先队列包含指定的元素,则返回 true。

说明:优先队列的最大优点是进队和出队运算的时间复杂度均为 $O(\log_2 n)$。

【例 3.14】 以下程序创建了 4 个优先队列,每个队列插入若干元素并出队所有元素。给出程序的执行结果。

```
import java.util.Comparator;
import java.util.PriorityQueue;
import java.util.Queue;
class Stud                                          //学生类
{  private int id;                                  //学号
   private String name;                             //姓名
   public Stud(int id1,String na1)                  //构造方法
   {  id=id1;
      name=na1;
   }
```

```
    public int getid()                                          //id 属性
    {   return id;   }
    public String getname()                                     //name 属性
    {   return name;   }
}
public class Exam3_14
{   public static Comparator<Stud> idComparator                 //定义 idComparator
    = new Comparator<Stud>()
    {   public int compare(Stud o1, Stud o2)                    //用于创建 id 小根堆
        {
            return (int)(o1.getid()-o2.getid());
        }
    };
    public static Comparator<Stud> nameComparator               //定义 nameComparator
    = new Comparator<Stud>()
    {   public int compare(Stud o1, Stud o2)                    //用于创建 name 大根堆
        {
            return (int)(o2.getname().compareTo(o1.getname()));
        }
    };
    public static void main(String[] args)
    {   System.out.println("(1)创建 intminqu 队");
        PriorityQueue<Integer> intminqu = new PriorityQueue<>(7);
        System.out.println("    向 intminqu 队中依次插入 3,1,2,5,4");
        intminqu.offer(3);
        intminqu.offer(1);
        intminqu.offer(2);
        intminqu.offer(5);
        intminqu.offer(4);
        System.out.print("    intminqu 出队顺序: ");
        while(!intminqu.isEmpty())
            System.out.print(intminqu.poll()+" ");
        System.out.println();
        //****************************************************************
        System.out.println("(2)创建 intmaxqu 队");
        PriorityQueue<Integer> intmaxqu
        = new PriorityQueue<Integer>(10, new Comparator<Integer>()
        {   public int compare(Integer o1, Integer o2)
            {
                return o2-o1;
            }
        });
        System.out.println("    向 intmaxqu 队中依次插入 3,1,2,5,4");
        intmaxqu.offer(3);
        intmaxqu.offer(1);
        intmaxqu.offer(2);
        intmaxqu.offer(5);
        intmaxqu.offer(4);
        System.out.print("    intmaxqu 出队顺序: ");
        while(!intmaxqu.isEmpty())
            System.out.print(intmaxqu.poll()+" ");
```

```
        System.out.println();
        //*****************************************************
        System.out.println("(3)创建 stidminqu 队");
        PriorityQueue<Stud> stidminqu=new PriorityQueue<Stud>(10, idComparator);
        System.out.println("    向 stidminqu 队中依次插入 4 个对象");
        stidminqu.offer(new Stud(3,"Mary"));
        stidminqu.offer(new Stud(1,"David"));
        stidminqu.offer(new Stud(4,"Johm"));
        stidminqu.offer(new Stud(2,"Smith"));
        System.out.print("    stidminqu 出队顺序: ");
        Stud e;
        while(!stidminqu.isEmpty())
        {   e=stidminqu.poll();
            System.out.print("["+e.getid()+","+e.getname()+"]  ");
        }
        System.out.println();
        //*****************************************************
        System.out.println("(4)创建 stnamaxqu 队");
        PriorityQueue<Stud> stnamaxqu=new PriorityQueue<Stud>(10, nameComparator);
        System.out.println("    向 stnamaxqu 队中依次插入 4 个对象");
        stnamaxqu.offer(new Stud(3,"Mary"));
        stnamaxqu.offer(new Stud(1,"David"));
        stnamaxqu.offer(new Stud(4,"Johm"));
        stnamaxqu.offer(new Stud(2,"Smith"));
        System.out.print("    stnamaxqu 出队顺序: ");
        while(!stnamaxqu.isEmpty())
        {   e=stnamaxqu.poll();
            System.out.print("["+e.getid()+","+e.getname()+"]  ");
        }
        System.out.println();
    }
}
```

解：intminqu 和 intmaxqu 两个优先队列中的元素都是基本数据类型 int，intminqu 采用整数自然顺序，即小根堆，而 intmaxqu 为大根堆，需要重写 Integer 包装类的 Comparator 比较器。stidminqu 和 stnamaxqu 两个优先队列中的元素都是 Stud 类型，前者按 id 越小越优先出队(按 id 的小根堆)，后者按 name 越大越优先出队(按 name 的大根堆)。上述程序的执行结果如下：

```
(1)创建 intminqu 队
    向 intminqu 队中依次插入 3,1,2,5,4
    intminqu 出队顺序: 1 2 3 4 5
(2)创建 intmaxqu 队
    向 intmaxqu 队中依次插入 3,1,2,5,4
    intmaxqu 出队顺序: 5 4 3 2 1
(3)创建 stidminqu 队
    向 stidminqu 队中依次插入 4 个对象
    stidminqu 出队顺序: [1,David]  [2,Smith]  [3,Mary]  [4,John]
(4)创建 stnamaxqu 队
    向 stnamaxqu 队中依次插入 4 个对象
    stnamaxqu 出队顺序: [2,Smith]  [3,Mary]  [4,John]  [1,David]
```

自测题

3.3 练习题

3.3.1 问答题

1. 简述线性表、栈和队列的异同。

2. 有 5 个元素,其进栈次序为 a、b、c、d、e,在各种可能的出栈次序中,以元素 c、d 最先出栈(即 c 第一个出栈且 d 第二个出栈)的次序有哪几个?

3. 一个栈用固定容量的数组 data 存放栈中元素,假设该容量为 n,则最多只能进栈 n 次,这句话正确吗?

4. 假设以 I 和 O 分别表示进栈和出栈操作,则初态和终态为栈空的进栈和出栈的操作序列可以表示为仅由 I 和 O 组成的序列,称可以实现的栈操作序列为合法序列(例如 IIOO 为合法序列,IOOI 为非法序列)。试给出区分给定序列为合法序列或非法序列的一般准则。

5. 若采用数组 data[1..m]存放栈元素,回答以下问题:

(1) 只能以 data[1]端作为栈底吗?

(2) 为什么不能以 data 数组的中间位置作为栈底?

6. 解决顺序队列的"假溢出"现象有哪些方法?

7. 假设循环队列的元素存储空间为 data[0..$m-1$],队头指针 f 指向队头元素,队尾指针 r 指向队尾元素的下一个位置(例如 data[0..5],队头元素为 data[2],则 front=2,队尾元素为 data[3],则 rear=4),则在少用一个元素空间的前提下表示队空和队满的条件各是什么?

8. 在算法设计中有时需要保存一系列临时数据元素,如果先保存的后处理,应该采用什么数据结构存放这些元素?如果先保存的先处理,应该采用什么数据结构存放这些元素?

9. 栈和队列的特性正好相反,栈先进后出,队列先进先出,所以任何一个问题的求解要么采用栈,要么采用队列,不可能用两种数据结构来求解同一个问题。这句话正确吗?

10. 简述普通队列和优先队列的差别。

3.3.2 算法设计题

1. 假设以 I 和 O 分别表示进栈和出栈操作,栈的初态和终栈均为空,进栈和出栈的操作序列 str 可表示为仅由 I 和 O 组成的字符串。设计一个算法判定 str 是否合法。

2. 给定一个字符串 str,设计一个算法采用顺序栈判断 str 是否为形如"序列 1@序列 2"的合法字符串,其中序列 2 是序列 1 的逆序,在 str 中恰好只有一个@字符。

3. 设计一个算法,利用一个整数栈将一个整数队列中的所有元素倒过来,队头变队尾,队尾变队头。

4. 有一个整数数组 a,设计一个算法将所有偶数位的元素移动到所有奇数位的元素的前面,要求它们的相对次序不改变。例如,$a=\{1,2,3,4,5,6,7,8\}$,移动后 $a=\{2,4,6,8,1,3,5,7\}$。

5. 设计一个循环队列,用 data[0..MaxSize-1]存放队列元素,用 front 和 rear 分别作为队头和队尾指针,另外用一个标志 tag 标识队列可能空(false)或可能满(true),这样加上

front==rear可以作为队空或队满的条件。要求设计队列的相关基本运算算法。

6. 用两个整数栈实现一个整数队列。

7. 用两个整数队列实现一个整数栈。

3.4 实验题

3.4.1 上机实验题

1. 编写一个程序求 n 个不同元素通过一个栈的出栈序列的个数,输出 n 为1~7的结果。

2. 用一个一维数组 S(设固定容量MaxSize为5,元素类型为int)作为两个栈的共享空间。编写一个程序,采用例3.7的共享栈方法设计其判栈空运算empty(i)、栈满运算full()、进栈运算push(i,x)和出栈运算pop(i),其中 i 为1或2,用于表示栈号,x 为进栈元素。采用相关数据进行测试。

3. 改进3.1.7节中的用栈求解迷宫问题的算法,累计图3.13所示的迷宫的路径条数,并输出所有迷宫路径。

4. 用循环队列求解约瑟夫问题:设有 n 个人站成一圈,其编号为从1到 n。从编号为1的人开始按顺时针方向1,2,…循环报数,数到 m 的人出列,然后从出列者的下一个人重新开始报数,数到 m 的人又出列,如此重复进行,直到 n 个人都出列为止。要求输出这 n 个人的出列顺序,并用相关数据进行测试。

3.4.2 在线编程题

1. HDU1237——简单计算器

时间限制:2000ms;空间限制:65 536KB。

问题描述:读入一个只包含+、-、*、/的非负整数运算的表达式,计算该表达式的值。

输入格式:测试输入包含若干测试用例,每个测试用例占一行,每行不超过200个字符,整数和运算符之间用一个空格分隔;没有非法表达式;当一行中只有0时输入结束,相应的结果不要输出。

输出格式:对每个测试用例输出一行,即该表达式的值,精确到小数点后两位。

输入样例:

```
1 + 2
4 + 2 * 5 - 7 / 11
0
```

输出样例:

```
3.00
13.36
```

2. POJ1363——铁轨问题

时间限制:1000ms;空间限制:65 536KB。

问题描述：A 市有一个著名的火车站，那里的山非常多。该站建于 20 世纪，不幸的是该火车站是一个死胡同，并且只有一条铁轨，如图 3.31 所示。

当地的传统是从 A 方向到达的每列火车都继续沿 B 方向行驶，需要以某种方式进行车厢重组。假设从 A 方向到达的火车有 $n(n \leqslant 1000)$ 个车厢，按照递增的顺序 1, 2, …, n 编号。火车站负责人必须知道是否可以通过重组得到 B 方向的车厢序列。

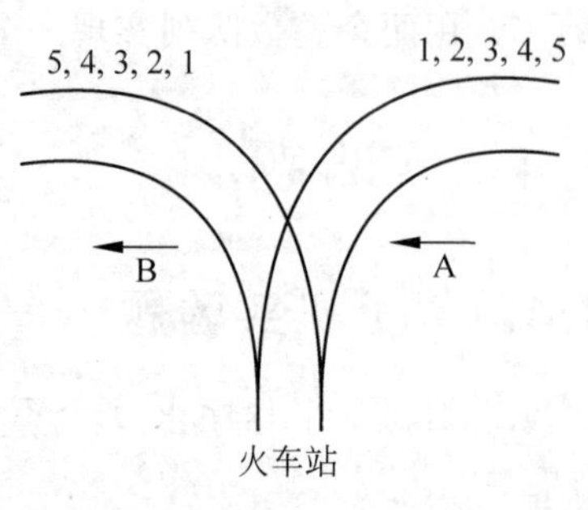

图 3.31　铁轨问题示意图

输入格式：输入由若干行块组成；除了最后一个之外，每个块描述了一个列车以及可能更多的车厢重组要求；在每个块的第一行中为上述的整数 n，下一行是 1, 2, …, n 的车厢重组序列；每个块的最后一行仅包含 0；最后一个块只包含一行 0。

输出格式：输出包含与输入中具有车厢重组序列对应的行。如果可以得到车厢对应的重组序列，输出一行"Yes"，否则输出一行"No"。此外，在输入的每个块之后有一个空行。

输入样例：

```
5
1 2 3 4 5
5 4 1 2 3
0
6
6 5 4 3 2 1
0
0
```

输出样例：

```
Yes
No

Yes
```

3. HDU1702——ACboy 请求帮助问题

时间限制：1000ms；空间限制：32 768KB。

问题描述：ACboy 被怪物绑架了！他非常想念母亲并且十分恐慌。ACboy 呆的房间非常黑暗，他非常可怜。作为一个聪明的 ACMer，你想让 ACboy 从怪物的迷宫中走出来。但是当你到达迷宫的大门时，怪物说："我听说你很聪明，但如果不能解决我的问题，你会和 ACboy 一起死。"

墙上显示了怪物的问题：每个问题的第一行是一个整数 N（命令数）和一个单词"FIFO"或"FILO"（你很高兴，因为你知道"FIFO"代表"先进先出"，"FILO"的意思是"先进后出"）。以下 N 行，每行是"IN M"或"OUT"（M 代表一个整数）。问题的答案是门的密码，所以如果你想拯救 ACboy，请仔细回答问题。

输入格式：输入包含多个测试用例。第一行有一个整数，表示测试用例的数量，并且每个子问题的输入像前面描述的方式。

输出格式：对于每个命令“OUT”，应根据单词是“FIFO”还是“FILO”输出一个整数，如果没有任何整数，则输出单词“None”。

输入样例：

```
4
4 FIFO
IN 1
IN 2
OUT
OUT
4 FILO
IN 1
IN 2
OUT
OUT
5 FIFO
IN 1
IN 2
OUT
OUT
OUT
5 FILO
IN 1
IN 2
OUT
IN 3
OUT
```

输出样例：

```
1
2
2
1
1
2
None
2
3
```

4．POJ2259——团队队列问题

时间限制：2000ms；空间限制：65 536KB。

问题描述：队列和优先队列是大多数计算机科学家都知道的数据结构，然而团队队列(Team Queue)并不那么出名，尽管它经常出现在人们的日常生活中。在团队队列中，每个队员都属于一个团队，如果一个队员进入队列，他首先从头到尾搜索队列，以检查其队友(同一团队的队员)是否已经在队列中，如果在，他就会进到该队列的后面；如果不在，他进入当前尾部的队列并成为该队列的一个队员(运气不好)。和在普通队列中一样,队员按照他们在队列中出现的顺序从头到尾进行处理。

请编写一个模拟此团队队列的程序。

输入格式:输入将包含一个或多个测试用例。每个测试用例以团队数量 t($1 \leqslant t \leqslant 1000$)开始,然后是团队描述,每个团队描述由该团队的队员数和队员本身组成,每个队员是一个 0~999 999 的整数,一个团队最多可包含 1000 个队员,最后是一个命令列表,有以下 3 种不同的命令。

(1) ENQUEUE x:将队员 x 进入团队队列。

(2) DEQUEUE:处理第一个元素并将其从队列中删除。

(3) STOP:测试用例结束。

当输入的 t 为 0 时终止。注意,测试用例最多可包含 200 000(20 万)个命令,因此团队队列的实现应该是高效的,即队员进队和出队应该只占常量时间。

输出格式:对于每个测试用例,首先输出一行"Scenario #k",其中 k 是测试用例的编号,然后对于每个 DEQUEUE 命令,输出一行指出出队的队员。在每个测试用例后输出一个空行,包括最后一个测试用例。

输入样例:

```
2
3 101 102 103
3 201 202 203
ENQUEUE 101
ENQUEUE 201
ENQUEUE 102
ENQUEUE 202
ENQUEUE 103
ENQUEUE 203
DEQUEUE
DEQUEUE
DEQUEUE
DEQUEUE
DEQUEUE
DEQUEUE
STOP
2
5 259001 259002 259003 259004 259005
6 260001 260002 260003 260004 260005 260006
ENQUEUE 259001
ENQUEUE 260001
ENQUEUE 259002
ENQUEUE 259003
ENQUEUE 259004
ENQUEUE 259005
DEQUEUE
DEQUEUE
ENQUEUE 260002
ENQUEUE 260003
```

```
DEQUEUE
DEQUEUE
DEQUEUE
DEQUEUE
STOP
0
```

输出样例：

```
Scenario #1
101
102
103
201
202
203

Scenario #2
259001
259002
259003
259004
259005
260001
```

5. POJ3984——迷宫问题

时间限制：1000ms；空间限制：65 536KB。

问题描述：定义一个二维数组如下。

```
int maze[5][5] = {
  0, 1, 0, 0, 0,
  0, 1, 0, 1, 0,
  0, 0, 0, 0, 0,
  0, 1, 1, 1, 0,
  0, 0, 0, 1, 0,
}
```

它表示一个迷宫，其中的1表示墙壁，0表示可以走的路，注意只能横着走或竖着走，不能斜着走，要求编程找出从左上角到右下角的最短路线。

输入格式：一个5×5的二维数组，表示一个迷宫。数据保证有唯一解。

输出格式：从左上角到右下角的最短路径，格式如样例所示。

输入样例：

```
0 1 0 0 0
0 1 0 1 0
0 0 0 0 0
0 1 1 1 0
0 0 0 1 0
```

输出样例:

```
(0, 0)
(1, 0)
(2, 0)
(2, 1)
(2, 2)
(2, 3)
(2, 4)
(3, 4)
(4, 4)
```

6. POJ1028——Web 导航

时间限制：1000ms；空间限制：10 000KB。

问题描述：标准 Web 浏览器包含有在最近访问过的页面之间前后移动的功能。实现此功能的一种方法是使用两个栈来跟踪可以通过前后移动到达的页面。在此问题中，系统会要求编程实现此功能。

程序需要支持以下命令。

(1) BACK：将当前页面进入前向栈作为栈顶，从后向栈中出栈栈顶的页面，使其成为新的当前页面。如果后向栈为空，则忽略该命令。

(2) FORWARD：将当前页面进入后向栈作为栈顶，从前向栈中出栈栈顶的页面，使其成为新的当前页面。如果前向栈为空，则忽略该命令。

(3) VISIT：将当前页面进入后向栈作为栈顶，并将 URL 指定为新的当前页面。清空前向栈。

(4) QUIT：退出浏览器。

假设浏览器最初加载的页面的 URL 为“http://www.acm.org/”。

输入格式：输入是一系列命令；命令关键字 BACK、FORWARD、VISIT 和 QUIT 都是大写的；URL 中没有空格，最多包含 70 个字符；可以假设任何实例在任何时候每个栈中的元素不会超过 100；由 QUIT 命令指示输入结束。

输出格式：对于除 QUIT 之外的每个命令，如果不忽略该命令，则在执行命令后打印当前页面的 URL，否则打印“Ignored”。每个命令输出一行，QUIT 命令没有任何输出。

输入样例：

```
VISIT http://acm.ashland.edu/
VISIT http://acm.baylor.edu/acmicpc/
BACK
BACK
BACK
FORWARD
VISIT http://www.ibm.com/
BACK
BACK
FORWARD
FORWARD
```

```
FORWARD
QUIT
```

输出样例：

```
http://acm.ashland.edu/
http://acm.baylor.edu/acmicpc/
http://acm.ashland.edu/
http://www.acm.org/
Ignored
http://acm.ashland.edu/
http://www.ibm.com/
http://acm.ashland.edu/
http://www.acm.org/
http://acm.ashland.edu/
http://www.ibm.com/
Ignored
```

7. HDU1873——看病要排队

时间限制：3000ms；空间限制：32 768KB。（HDU1509 与之类似）

问题描述：看病要排队是地球人都知道的常识，不过细心的 0068 经过观察，他发现医院里的排队还是有讲究的。0068 所去的医院有 3 个医生同时在看病，而看病的人病情有轻重，不能根据简单的先来先服务的原则，所以医院对每种病情规定了 10 种不同的优先级，级别为 10 的优先权最高，级别为 1 的优先权最低。医生在看病时，会在他的病人里面选择一个优先权最高的进行诊治，如果遇到两个优先权一样的病人，则选择最早来排队的病人。

请编程帮助医院模拟这个看病过程。

输入格式：输入数据包含多组测试，请处理到文件结束。每组数据的第一行有一个正整数 $n(0<n<2000)$，表示发生事件的数目，接下来有 n 行，分别表示发生的事件。一共有以下两种事件。

(1) IN A B：表示有一个拥有优先级 B 的病人要求医生 A 诊治($0<A\leqslant 3,0<B\leqslant 10$)。

(2) OUT A：表示医生 A 进行了一次诊治，诊治完毕后病人出院($0<A\leqslant 3$)。

输出格式：对于每个"OUT A"事件，请在一行里面输出被诊治人的编号 ID。如果该事件中无病人需要诊治，则输出"EMPTY"。诊治人的编号 ID 的定义为：在一组测试中，"IN A B"事件发生第 k 次时进来的病人的 ID 即为 k。ID 从 1 开始编号。

输入样例：

```
7
IN 1 1
IN 1 2
OUT 1
OUT 2
IN 2 1
OUT 2
OUT 1
```

```
2
IN 1 1
OUT 1
```

输出样例：

```
2
EMPTY
3
1
1
```

CHAPTER 4

第4章 串

串是字符串的简称，串属于一种线性结构，但其元素均为字符，在实际生活中串的应用十分广泛。本章主要学习要点如下：

（1）串的相关概念，串与线性表之间的异同。

（2）顺序串和链串中的基本运算算法设计。

（3）Java 中的 String 类及其使用。

（4）模式匹配中 BF 算法和 KMP 算法的设计及应用。

（5）灵活运用串数据结构解决一些综合应用问题。

4.1 串的基本概念

串在计算机非数值处理中占有重要的地位，例如信息检索系统、文字编辑等都是以串数据作为处理对象。本节介绍串的定义和串的抽象数据类型。

4.1.1 什么是串

串是由零个或多个字符组成的有限序列，记作 str="$a_1a_2\cdots a_n$"($n\geqslant 0$)，其中 str 是串名，用双引号括起来的字符序列为串值，引号是界限符，a_i($1\leqslant i\leqslant n$)是一个任意字符（字母、数字或其他字符），它称为串的元素，是构成串的基本单位，串中所包含的字符个数 n 称为**串的长度**，当 $n=0$ 时称为**空串**。

将串值括起来的双引号本身不属于串，它的作用是避免串与常数或标识符混淆。例如 A="123"是数字字符串，长度为 3，它不同于常整数 123。通常将仅由一个或多个空格组成的串称为空白串。注意空串和空白串不同，例如" "（含一个空格）和""（不含任何字符）分别表示长度为 1 的空白串和长度为零的空串。

一个串中任意连续的字符组成的子序列称为该串的**子串**，例如"a"、"ab"、"abc"和"abcd"等都是"abcde"的子串。包含子串的串相应地称为**主串**。通常称字符在序列中的序号为该字符在串中的位置，例如字符元素 a_i($1\leqslant i\leqslant n$)的序

号为 i。子串在主串中的位置则以子串的第一个字符首次出现在主串中的位置来表示。例如,设有两个字符串 s 和 t:

```
s="This is a string."
t="is"
```

则它们的长度分别为 17 和 2,t 是 s 的子串,s 为主串。t 在 s 中出现了两次,其中首次出现所对应的主串位置是 3,因此称 t 在 s 中的序号(或位置)为 3。

若两个串的长度相等且对应字符都相等,则称**两个串相等**。当两个串不相等时,可按"词典顺序"区分大小。

【例 4.1】 设 s 是一个长度为 n 的串,其中的字符各不相同,则 s 中的所有子串个数是多少?

解:对于这样的串 s,空串是其子串,计 1 个;每个字符构成的串是其子串,计 n 个;每两个连续的字符构成的串是其子串,计 $n-1$ 个;每 3 个连续的字符构成的串是其子串,计 $n-2$ 个;…;每 $n-1$ 个连续的字符构成的串是其子串,计 2 个。s 是其自身的子串,计 1 个。

所有子串个数$=1+n+(n-1)+\cdots+2+1=n(n+1)/2+1$。例如,$s=$"software"的子串个数$=(8\times9)/2+1=37$。

4.1.2 串的抽象数据类型

抽象数据类型串的定义如下:

ADT String
{
数据对象:
  $D=\{a_i \mid 0\leqslant i\leqslant n-1, n\geqslant 0, a_i$ 为 char 类型$\}$
数据关系:
  $R=\{r\}$
  $r=\{<a_i, a_{i+1}> \mid a_i, a_{i+1}\in D, i=0,\cdots,n-2\}$
基本运算:
  void StrAssign(cstr):由字符串常量 cstr 创建一个串,即生成其值等于 cstr 的串。
  char geti(int i):返回序号为 i 的字符。
  void seti(int i, char x):设置序号为 i 的字符为 x。
  String StrCopy():串复制,返回由当前串复制产生的一个串。
  int size():求串长,返回当前串中字符的个数。
  String Concat(t):串连接,返回一个当前串和串 t 连接后的结果。
  String SubStr(i, j):求子串,返回当前串中从第 i 个字符开始的 j 个连续字符组成的子串。
  String InsStr(i, t):串插入,返回串 t 插入当前串的第 i 个位置后的子串。
  String DelStr(i, j):串删除,返回当前串中删去从第 i 个字符开始的 j 个字符后的结果。
  String RepStr(i, j, t):串替换,返回用串 t 替换当前串中从第 i 个字符开始的 j 个字符后的结果。
  String toString():将串转换为字符串。
}

4.2 串的存储结构

同线性表一样,串也有顺序存储结构和链式存储结构两种。前者简称为顺序串,后者简称为链串。

4.2.1 串的顺序存储结构——顺序串

视频讲解

在顺序串中，串中的字符被依次存放在一组连续的存储单元里。一般来说，一个字节(8 位)可以表示一个字符(即该字符的 ASCII 码)。和顺序表一样，用一个 data 数组和一个整型变量 size 来表示一个顺序串，size 表示 data 数组中实际字符的个数。为了简单，data 数组采用固定容量 MaxSize(读者可以模仿顺序表改为动态容量方式)。设计顺序串类 SqStringClass 如下：

```
public class SqStringClass                         //顺序串类
{  final int MaxSize=100;
   char[] data;                                    //存放串中的字符
   int size;                                       //串中字符的个数
   public SqStringClass()                          //构造方法
   {  data=new char[MaxSize];
      size=0;
   }
   //串的基本运算算法
}
```

顺序串上的基本运算算法设计与顺序表类似，这里仅以求子串为例进行说明。对于一个顺序串，在求从序号 i 开始长度为 j 的子串时，先创建一个空串 s，当参数正确时，s 子串的字符序列为 data[i..$i+j-1$]，共 j 个字符，当 i 和 $i+j-1$ 不在有效序号范围 0～size−1 内时，参数错误，此时返回空串。对应的算法如下：

```
public SqStringClass SubStr(int i,int j)           //求子串
{  SqStringClass s=new SqStringClass();            //新建一个空串
   if(i<0 || i>=size || j<0 || i+j>size)
      return s;                                    //参数不正确时返回空串
   for(int k=i;k<i+j;k++)                          //data[i..i+j-1]→s
      s.data[k-i]=data[k];
   s.size=j;
   return s;                                       //返回新建的顺序串
}
```

例如，由顺序串 s 产生子串 t 的结果如图 4.1 所示，其中 s="abcd123"，执行 t=s.SubStr(2,4)，返回 s 中从序号 2 开始的由 4 个字符构成的子串 t，即 t="cd12"。

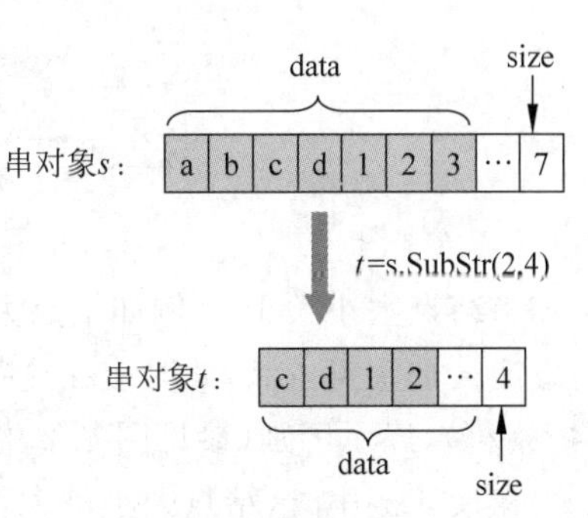

图 4.1 求子串示意图

【例 4.2】 设计一个算法 Strcmp(s,t)，以字典顺序比较两个英文字母串 s 和 t 的大小，假设两个串均以顺序串存储。

解：本例算法的思路如下。

(1) 比较 s 和 t 两个串共同长度范围内的对应字符：

① 若 s 的字符大于 t 的字符，返回 1；

② 若 s 的字符小于 t 的字符，返回 −1；

③ 若 s 的字符等于 t 的字符，按上述规则继续比较。

(2) 当(1)中的对应字符均相同时,比较 s 和 t 的长度:

① 两者相等时,返回 0;

② s 的长度>t 的长度,返回 1;

③ s 的长度<t 的长度,返回-1。

对应的算法如下:

```
public static int Strcmp(SqStringClass s,SqStringClass t)
{ int comlen;
  if(s.size()<t.size())
     comlen=s.size();                          //求 s 和 t 的共同长度
  else
     comlen=t.size();
  for(int i=0;i<comlen;i++)                    //在共同长度内逐个字符比较
     if(s.data[i]>t.data[i])
        return 1;
     else if(s.data[i]<t.data[i])
        return -1;
  if(s.size()==t.size())                       //s==t
     return 0;
  else if(s.size()>t.size())                   //s>t
     return 1;
  else return -1;                              //s<t
}
```

视频讲解

4.2.2 串的链式存储结构——链串

链串的组织形式与一般的链表类似,主要区别在于链串中的一个结点可以存储多个字符。通常将链串中的每个结点所存储的字符个数称为结点大小。图 4.2 和图 4.3 分别表示了同一个串"ABCDEFGHIJKLMN"的结点大小为 4(存储密度大)和 1(存储密度小)的链式存储结构。

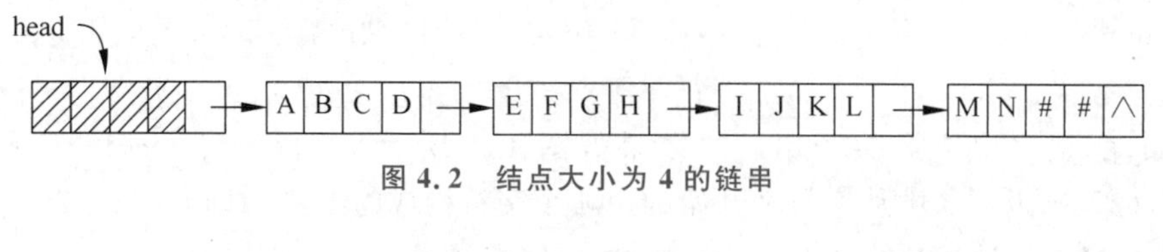

图 4.2 结点大小为 4 的链串

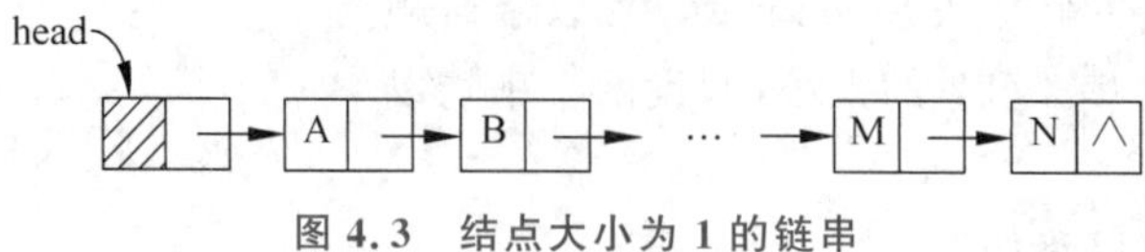

图 4.3 结点大小为 1 的链串

当结点大小大于 1(例如结点大小或等于 4)时,链串的最后一个结点的各个数据域不一定总能全被字符占满,此时应在这些未占用的数据域里补上不属于字符集的特殊符号(例如'#'字符),以示区别(参见图 4.2 中的最后一个结点)。

在设计链串时,结点大小越大,则存储密度越大。当链串的结点大小大于 1 时,一些操作(例如插入、删除、替换等)有所不便,可能引起大量字符移动,因此它适合在串基本保持静态使用方式时采用。为简便起见,这里规定链串的结点大小均为 1。

链串的结点类型 LinkNode 的定义如下:

```
class LinkNode                                  //链串结点类型
{  char data;                                   //存放一个字符
   LinkNode next;                               //指向下一个结点的指针
   public LinkNode()                            //构造方法
   {  next=null;  }
   public LinkNode(char ch)                     //重载构造方法
   {  data=ch;
      next=null;
   }
}
```

一个链串用一个头结点 head 来唯一标识,设计链串类 LinkStringClass 如下:

```
public class LinkStringClass                    //链串类
{  LinkNode head;
   int size;                                    //串中字符的个数
   public LinkStringClass()                     //构造方法
   {  head=new LinkNode();                      //建立头结点
      size=0;
   }
   //串的基本运算算法
}
```

链串上的基本运算算法设计与单链表类似,这里仅以串插入算法为例进行说明。对于一个链串,当在序号 i 位置上插入串 t 时,先创建一个空串 s,当参数正确时,采用尾插法建立结果串 s 并返回 s:

(1) 将当前链串的前 i 个结点复制到 s 中。

(2) 将 t 中所有结点复制到 s 中。

(3) 将当前串余下的结点复制到 s 中。

如果参数错误,返回空串。对应的算法如下:

```
public LinkStringClass InsStr(int i,LinkStringClass t) //串插入
{  LinkStringClass s=new LinkStringClass();     //新建一个空串
   if(i<0 || i>size)                            //参数不正确时返回空串
      return s;
   LinkNode p=head.next,p1=t.head.next,q,r;
   r=s.head;                                    //r 指向新建链表的尾结点
   for(int k=0; k<i; k++)                       //将当前链串的前 i 个结点复制到 s
   {  q=new LinkNode(p.data);
      r.next=q; r=q;                            //将 q 结点插入尾部
      p=p.next;
   }
   while(p1!=null)                              //将 t 中的所有结点复制到 s
   {  q=new LinkNode(p1.data);
      r.next=q; r=q;                            //将 q 结点插入尾部
      p1=p1.next;
   }
```

```
    while(p!=null)                          //将 p 及其后的结点复制到 s
    {   q=new LinkNode(p.data);
        r.next=q; r=q;                      //将 q 结点插入尾部
        p=p.next;
    }
    s.size=size+t.size;
    r.next=null;                            //将尾结点的 next 设置为空
    return s;                               //返回新建的链串
}
```

例如,将串对象 *s* 插入串对象 *t* 中产生对象 t1 的结果如图 4.4 所示,其中 *s*="abcd",*t*="123",执行 t1=s.InsStr(2,*t*),在 *s* 中序号为 2 的位置上插入 *t*,得到 t1="ab123cd"。

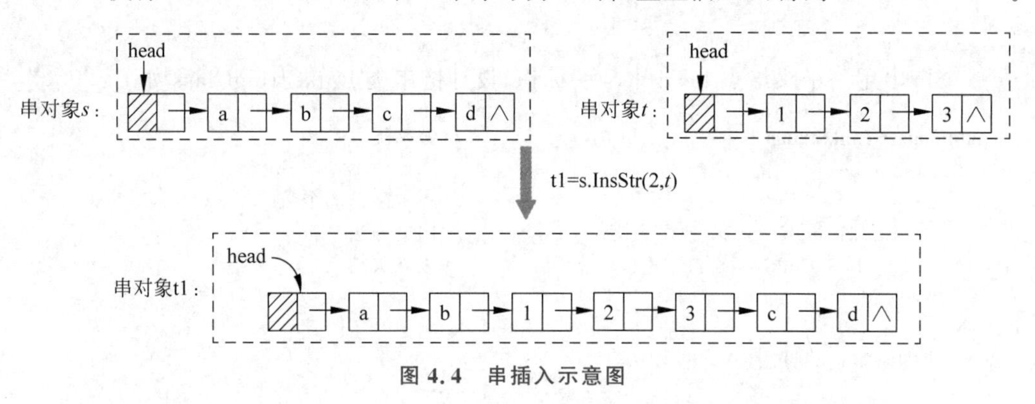

图 4.4 串插入示意图

【例 4.3】 设计一个算法 StrEqueal(*s*,*t*)比较两个链串 *s*、*t* 是否相等。

解:两个串 *s*、*t* 相等的条件是它们的长度相等且所有对应位置上的字符均相同。对应的算法如下:

```
public static boolean StrEqueal(LinkStringClass s, LinkStringClass t)
{  if (s.size()!=t.size())
       return false;
   LinkNode p=s.head.next;
   LinkNode q=t.head.next;
   while(p!=null && q!=null)
   {   if(p.data!=q.data)
           return false;
       p=p.next;
       q=q.next;
   }
   return true;
}
```

【例 4.4】 以链串为串的存储结构,设计一个算法把一个链串 *s* 中最先出现的子串"ab"改为"xyz",找到并成功替换返回 true;否则返回 false。

解:在串 *s* 中找到最先出现的子串"ab",在找到这样的子串时,*p* 指向 data 域值为'a'的结点,其后继结点为 data 域值为'b'的结点,将它们的 data 域值分别改为'x'和'z',再创建一个 data 域值为'y'的 *q* 结点,将其插入 *p* 结点之后。对应的算法如下:

```
public static boolean Replace(LinkStringClass s)
{ LinkNode p=s.head.next,q;
  boolean find=false;
  while(p.next!=null && !find)                    //查找"ab"子串
  {   if(p.data=='a' && p.next.data=='b')          //找到了"ab"子串
      {   p.data='x';p.next.data='z';             //替换为"xyz"
          q=new LinkNode('y');                     //新建一个存放字符'y'的结点 q
          q.next=p.next; p.next=q;
          find=true;
      }
      else p=p.next;
  }
  return find;
}
```

4.3 Java 中的字符串

视频讲解

4.3.1 String

在 Java 中提供了 String 字符串类(位于 java.lang 命名空间中),所有字符串字面值(例如"abc")都作为此类的实例实现。

String 类包括的方法可用于检查序列的单个字符、比较字符串、搜索字符串、提取子串、创建字符串副本并将所有字符全部转换为大写或小写等。另外,Java 语言还提供对字符串串联符号("+")以及将其他对象转换为字符串的特殊支持。

String 类的主要方法如下。

(1) char charAt(int index):返回指定索引处的 char 值。

(2) int compareTo(String anotherString):按字典顺序比较两个字符串。

(3) int compareToIgnoreCase(String str):按字典顺序比较两个字符串,不考虑大小写。

(4) String concat(String str):将指定字符串连接到此字符串的结尾。

(5) boolean endsWith(String suffix):测试此字符串是否以指定的后缀结束。

(6) boolean equals(Object anObject):将此字符串与指定的对象比较。

(7) boolean equalsIgnoreCase(String anotherString):将此 String 与另一个 String 比较,不考虑大小写。

(8) static String format(String format,Object…args):使用指定的格式字符串和参数返回一个格式化字符串。

(9) int indexOf(int ch):返回指定字符在此字符串中第一次出现处的索引。

(10) int indexOf(int ch,int fromIndex):返回在此字符串中第一次出现指定字符处的索引,从指定的索引开始搜索。

(11) int indexOf(String str):返回指定子字符串在此字符串中第一次出现处的索引。

(12) int indexOf(String str,int fromIndex):返回指定子字符串在此字符串中第一次出现处的索引,从指定的索引开始。

(13) boolean isEmpty():当且仅当 length()为 0 时返回 true。

(14) int lastIndexOf(int ch):返回指定字符在此字符串中最后一次出现处的索引。

(15) int lastIndexOf(int ch,int fromIndex):返回指定字符在此字符串中最后一次出现处的索引,从指定的索引处开始进行反向搜索。

(16) int lastIndexOf(String str):返回指定子字符串在此字符串中最右边出现处的索引。

(17) int lastIndexOf(String str,int fromIndex):返回指定子字符串在此字符串中最后一次出现处的索引,从指定的索引开始反向搜索。

(18) int length():返回此字符串的长度。

(19) String replace(char oldChar,char newChar):返回一个新的字符串,它是通过用 newChar 替换此字符串中出现的所有 oldChar 得到的。

(20) String replaceAll(String regex,String replacement):使用给定的 replacement 替换此字符串所有匹配给定的正则表达式的子字符串。

(21) String replaceFirst(String regex,String replacement):使用给定的 replacement 替换此字符串匹配给定的正则表达式的第一个子字符串。

(22) String[] split(String regex):根据给定正则表达式的匹配拆分此字符串。

(23) String[] split(String regex,int limit):根据匹配给定的正则表达式来拆分此字符串。

(24) boolean startsWith(String prefix):测试此字符串是否以指定的前缀开始。

(25) boolean startsWith(String prefix,int toffset):测试此字符串从指定索引开始的子字符串是否以指定前缀开始。

(26) String substring(int beginIndex):返回一个新的字符串,它是此字符串的一个子字符串。

(27) String substring(int beginIndex,int endIndex):返回一个新字符串,它是此字符串的一个子字符串。

(28) char[] toCharArray():将此字符串转换为一个新的字符数组。

(29) String toLowerCase():使用默认语言环境的规则将此 String 中的所有字符都转换为小写。

(30) String toUpperCase():使用默认语言环境的规则将此 String 中的所有字符都转换为大写。

读者需要注意字符串比较中"=="操作符和 equals()方法的区别。"=="可以用于基本数据类型的比较,当用于引用对象比较时是判断引用是否指向堆内存的同一块地址;而 equals()方法的作用是用于判断两个变量是否为同一个对象的引用,即堆中的内容是否相同,返回值为布尔类型。

(1) 对象不同、内容相同时,"=="返回 false,equals()方法返回 true。例如:

```
String s1 = new String("java");
String s2 = new String("java");
System.out.println(s1==s2);                    //false
System.out.println(s1.equals(s2));             //true
```

(2) 同一对象,"=="和 equals()方法的结果相同。例如:

```
String s1 = new String("java");
String s2 = s1;
System.out.println(s1==s2);                    //true
System.out.println(s1.equals(s2));             //true
```

(3) String 作为一个基本类型使用时,如果值相同对象就相同,如果值不相同对象就不相同,所以"=="和 equals()方法的结果一样。例如:

```
String s1 = "java";
String s2 = "java";
System.out.println(s1==s2);                    //true
System.out.println(s1.equals(s2));             //true
```

4.3.2 StringBuffer

String 字符串是常量,其值在创建之后不能更改,为此 Java 中提供了 StringBuffer 字符串缓冲区支持可变的字符串。StringBuffer 每次都对对象本身进行操作,而不是生成新的对象,所以在字符串内容不断改变的情况下建议使用 StringBuffer。

StringBuffer 类的主要方法如下。

(1) StringBuffer append(String str):将指定的字符串添加到此字符序列的末尾。

(2) char charAt(int index):返回此序列中指定索引处的 char 值。

(3) StringBuffer delete(int start, int end):移除此序列的子字符串中的字符。

(4) StringBuffer deleteCharAt(int index):移除此序列指定位置的 char。

(5) StringBuffer insert(int offset, String str):将字符串插入此字符序列中。

(6) StringBuffer replace(int start, int end, String str):使用给定 String 中的字符替换此序列的子字符串中的字符。

(7) StringBuffer reverse():将此字符序列用其反转形式取代。

(8) String substring(int start):返回一个新的 String,它包含此字符序列当前所包含的字符子序列。

(9) String substring(int start, int end):返回一个新的 String,它包含此序列当前所包含的字符子序列。

例如有以下程序及其执行结果:

```
import java.lang.*;
public class tmp
{ public static void main(String[] args)
  { String s1="abc";
    String s2=s1;
    s1+="123";
    System.out.println(s1==s2);               //false
    System.out.println("s1: "+s1);            //s1:abc123
    System.out.println("s2: "+s2);            //s2:abc
    StringBuffer s3=new StringBuffer("abc");
```

```
        StringBuffer s4=s3;
        s3.append("123");
        System.out.println(s3==s4);                //返回 true
        System.out.println("s3: "+s3);             //s3:abc123
        System.out.println("s4: "+s4);             //s4:abc123
    }
}
```

在上述程序中,String 对象 s1 是常量,它是不可更改的,当执行 s1+="123"后会建立一个新对象存放"abc123",每次修改都是如此;而 StringBuffer 对象是在原来对象的基础上修改的,并不新建对象。

4.4 串的模式匹配

设有两个串 s 和 t,串 t 定位操作就是在串 s 中查找与子串 t 相等的子串。通常把串 s 称为**目标串**,把串 t 称为**模式串**,因此定位也称为模式匹配。模式匹配成功是指在目标串 s 中找到一个模式串 t,不成功则指目标串 s 中不存在模式串 t。

模式匹配是一个比较复杂的串操作,许多人对它提出了多种性能不同的算法。在此介绍两种算法,并设串均采用 String 对象存储。

视频讲解

4.4.1 Brute-Force 算法

Brute-Force 简称为 BF 算法,也称简单匹配算法,其基本思路是从目标串 s="$s_0s_1\cdots s_{n-1}$"的 s_0 字符开始和模式串 t="$t_0t_1\cdots t_{m-1}$"中的 t_0 字符比较,若相等,则继续逐个比较后续字符;否则从目标串 s 的 s_1 字符开始重新与模式串 t 的 t_0 字符进行比较。以此类推,若从目标串 s 的 s_i 字符开始,每个字符依次和模式串 t 中的对应字符相等,则匹配成功,该算法返回 i;若从目标串 s 的每个字符开始的匹配均不成功,则表示匹配失败,算法返回-1。

例如,设目标串 s="aaaaab",模式串 t="aaab",s 的长度为 $n(n=6)$,t 的长度为 $m(m=4)$,用整型变量 i 遍历目标串 s,模式匹配过程如图 4.5 所示,其采用的是穷举思路,基本过程如下:

(1) 第 1 趟匹配,$i=0$,从 s_0/t_0 开始比较,若对应的字符相同,继续比较各自的下一个字符,如果对应的字符全部相同,t 的字符比较完,说明 t 是 s 的子串,返回 t 在 s 中的起始位置,表示匹配成功;如果对应的字符不相同,说明第 1 趟匹配失败。

(2) 第 2 趟匹配,$i=1$,从 s_1/t_0 开始比较,若对应的字符相同,继续比较各自的下一个字符,如果对应的字符全部相同,t 的字符比较完,说明 t 是 s 的子串,返回 t 在 s 中的起始位置,表示匹配成功;如果对应的字符不相同,说明第 2 趟匹配失败。

(3) 以此类推,只要有一趟匹配成功,则说明 t 是 s 的子串。如果 i 超界都没有匹配成功,说明 t 不是 s 的子串,返回-1。

在用 i 遍历目标串 s 的同时用 j 遍历模式串 t(i、j 均从 0 开始),假设当前一趟是从 s_{i-j}/t_0 比较开始的:

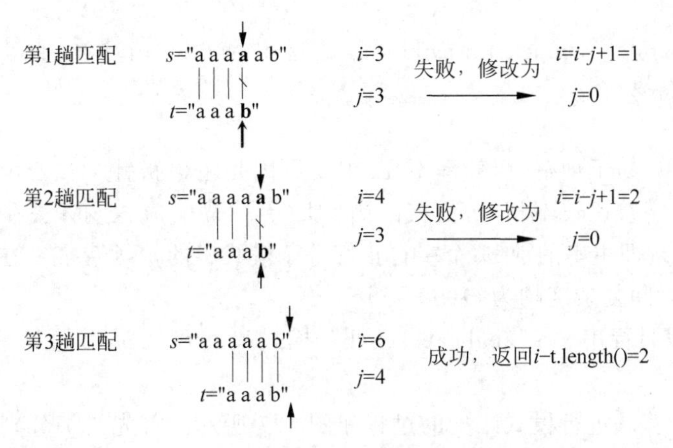

图 4.5 BF 算法的模式匹配过程

(1) 若对应字符相同，即 $s_i=t_j$，则继续比较各自的下一个字符，即 $i++$，$j++$（从 s_{i-j}/t_0 比较开始，i 和 j 递增的次数相同）。

(2) 若 $s_i\neq t_j$（该位置称为失配处），表示这一趟匹配失败，下一趟应该从 s_{i-j+1}/t_0 开始比较继续匹配，即执行 $i=i-j+1$（回退到 s 的上一趟首字符的下一个字符，称为回溯），$j=0$。

BF 算法的模式匹配的一般过程，如图 4.6 所示。

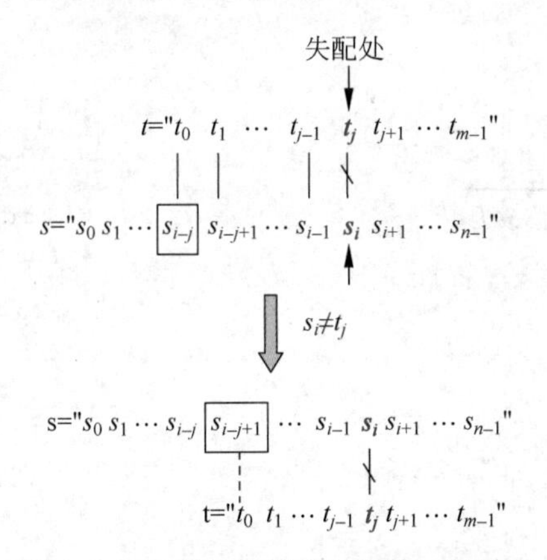

图 4.6 BF 算法的模式匹配的一般过程

对应的 BF 算法如下：

```
public static int Index(String s,String t)
{ int i=0, j=0;
  while(i<s.length() && j<t.length())        //两串未遍历完时循环
  {  if(s.charAt(i)==t.charAt(j))             //继续匹配下一个字符
     {  i++;                                  //目标串和模式串依次匹配下一个字符
        j++;
     }
     else                                     //目标串、模式串指针回溯,重新开始下一次匹配
     {  i=i-j+1;                              //目标串从下一个位置开始匹配
        j=0;                                  //模式串从头开始匹配
     }
```

```
    }
    if(j>=t.length()) return(i-t.length());    //返回匹配的第一个字符的序号
    else return(-1);                           //模式匹配不成功
}
```

这个算法简单,易于理解,但效率不高,主要原因是主串指针 i 在若干个字符序列比较相等后,若有一个字符比较不相等,仍需回溯(即 $i=i-j+1$)。该算法在最好情况下的时间复杂度为 $O(m)$,即主串的前 m 个字符正好等于模式串的 m 个字符;在最坏情况下的时间复杂度和平均时间复杂度均为 $O(n\times m)$。

【例 4.5】 设目标串 s="ababcabcacbab"、模式串 t="abcac",给出采用 BF 算法进行模式匹配的过程。

解:采用 BF 算法进行模式匹配的过程如图 4.7 所示。首先 i、j 分别扫描主串和模式串,$i=0/j=0$,当前字符相同时均增 1,比较到 $i=2/j=2$ 失败为止,修改 $i=i-j+1=1$(回溯到前面),$j=0$,…,继续这一过程直到 $i=4/j=0$,这时所有字符均相同,i、j 递增到模式串扫描完毕,此时 $i=10/j=5$,返回 $i-$t.length=5,表示 t 是 s 的子串,对应序号为 5。

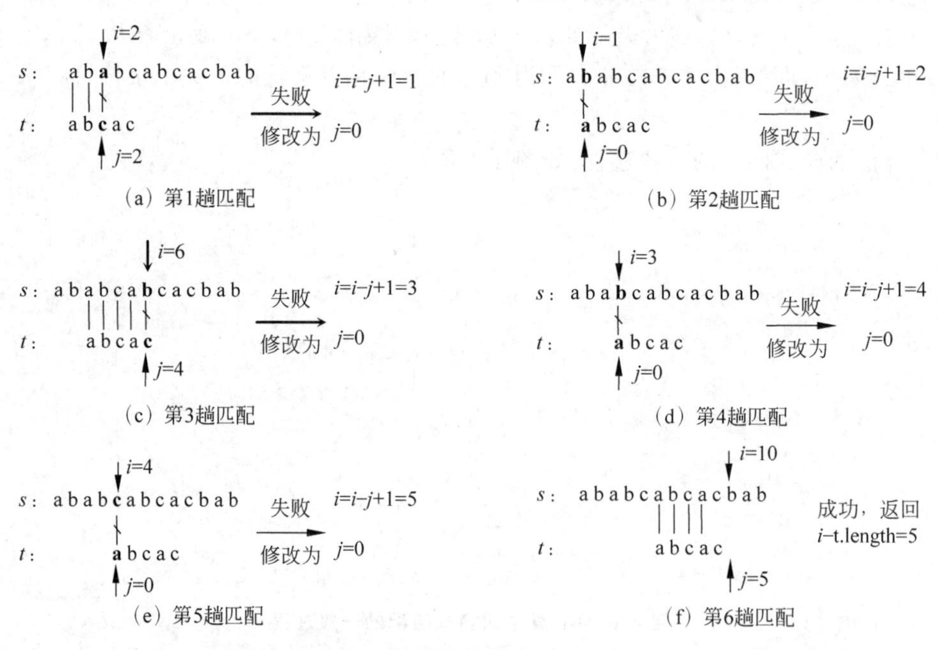

图 4.7 BF 算法的模式匹配的过程

【例 4.6】 假设串采用链串存储,设计相应的 BF 算法。

解:初始时,p 指向 s 串的首结点,i 置为 0,让 $p1$ 指向 p 结点,q 指向 t 串的首结点,$p1$ 和 q 结点的字符相等时同步后移,若 q 为 null 表示 t 串比较完毕,说明 t 串是 s 串的子串,返回序号 i,否则 p 移向 s 串的下一个结点,i 增 1,继续上述过程。如果 p 为 null 即 s 串比较完毕,表示 t 串不是 s 串的子串,则返回 -1。对应的算法如下:

```
public static int Index1(LinkStringClass s,LinkStringClass t)
{   LinkNode p=s.head.next,p1;                 //p 指向 s 串的首结点
    LinkNode q;
    int i=0;                                   //i 为 p 指的首结点的序号,置为 0
```

```
    while(p!=null)
    {   p1=p;
        q=t.head.next;                          //q指向t串的首结点
        while(p1!=null && q!=null && p1.data==q.data)
        {   p1=p1.next;                         //比较p1结点和q结点的字符,相等时同步后移
            q=q.next;
        }
        if(q==null) return i;                   //t串比较完毕,返回i
        p=p.next;                               //p移到s串的下一个结点
        i++;
    }
    return -1;                                  //t串不是s串的子串时返回-1
}
```

4.4.2 KMP 算法

Knuth-Morris-Pratt 算法(简称 KMP)是由高德纳(Donald Ervin Knuth)和沃恩·普拉特在 1974 年构思的,同年詹姆斯·H. 莫里斯独立地设计出该算法,最终 3 人于 1977 年联合发表。该算法与 BF 算法相比有较大改进,主要是消除了目标串指针的回溯,从而使算法效率有了某种程度的提高。

视频讲解

1. 求模式串的 next 数组

那么如何消除了目标串指针的回溯呢?先看一个示例,假设目标串 s="aaaaab",模式串 t="aaab",看其匹配过程:

(1) 当进行第 1 趟匹配时,失配处为 $i=3/j=3$。尽管本趟匹配失败了,但得到这样的启发信息,s 的前 3 个字符"$s_0s_1s_2$"与 t 的前 3 个字符"$t_0t_1t_2$"相同,显然"s_1s_2"="t_1t_2"是成立的。

(2) 从 t 中观察到"t_0t_1"="t_1t_2",这样就有"s_1s_2"="t_1t_2"="t_0t_1"。按照 BF 算法下一趟匹配应该从 s_1/t_0 比较开始,而此时已有"s_1s_2"="t_0t_1",没有必要再做重复比较,下一步只需将 s_3 与 t_2 开始比较(即做 s_3/t_2 的比较),如图 4.8 所示。

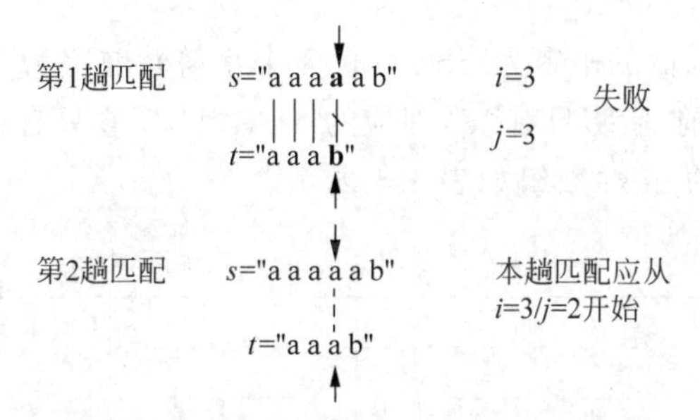

图 4.8 利用启发信息进行的匹配

这种"观察信息"就是失配处为 s_i/t_j 时,需要找出 t_j 前面有多少个字符与 t 开头的字符相同。采用一个 next 数组表示,即 next[j]=k 表示有"$t_0t_1\cdots t_{k-1}$"="$t_{j-k}t_{j-k+1}\cdots t_{j-1}$"成立,那么如何求 next[$j$]呢?

考虑失配处模式串 t 中的字符 t_j 前面的子串"$t_0t_1\cdots t_{j-1}$",定义其前缀(真前缀更加准确些)为除了自身以外的全部头部组合,即以首字符 t_0 开头的除了自身以外的子串;定义其后缀(真后缀更加准确些)为除了自身以外的全部尾部组合,即以尾字符 t_{j-1} 结尾的除了

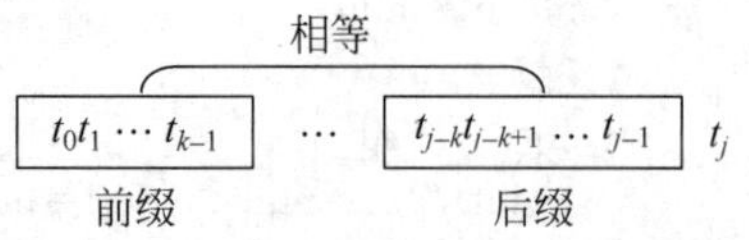

自身以外的子串；定义其中最长的相同前、后缀为 M 串，则 next[j]就是该 M 串的长度。next[j]$=k$ 的含义如图 4.9 所示，其中前缀和后缀可以部分重叠。

相等

$t_0t_1 \cdots t_{k-1}$ … $t_{j-k}t_{j-k+1} \cdots t_{j-1}$ t_j

前缀 后缀

图 4.9 next[j]$=k$ 的含义

例如 $t=$"abcdabd"，求 next[6]的过程是，$t_6=$'d'，t 中它前面的串是"abcdab"(恰好含 6 个字符)，其前缀有"a"、"ab"、"abc"、"abcd"、"abcda"(注意前缀不包含自身"abcdab")，其后缀有"b"、"ab"、"dab、"cdab"、"bcdab"(注意后缀不包含自身"abcdab")，前、后缀中相同的只有"ab"，它就是 t_6 的 M 串，含两个字符，所以 next[6]$=2$。

在求模式串 t 中 t_j 的 M 串时需要注意以下几点：

(1) M 串最多从 t_1 开始，也就是说 $j-k\geqslant 1$，或者 $k<j$。

(2) M 串与 t 中字符的位置相关，除了 t_0 以外，每个位置都有一个 M 串(M 串可以为空，此时 $k=0$)。

(3) 如果 t_j 有多个相同的前、后缀，应该取最大长度的相同前、后缀作为 M 串。

(4) next[j]$=k$ 中的 k 表示 M 串中字符的个数。

归纳起来，求模式串 t 的 next[j]($0\leqslant j\leqslant m-1$)数组的公式如下：

$$\text{next}[j]=\begin{cases}\text{MAX}\{k \mid 0<k<j \text{ 且 "}t_0t_1\cdots t_{k-1}\text{"}=k_{j-k}t_{j-k+1}\cdots t_{j-1}\} & \text{M 串非空}\\ -1 & j=0\\ 0 & \text{其他}\end{cases}$$

对于模式串 $t=$"abcac"，求其 next 数组的过程如下：

(1) 对于序号 0，规定 next[0]$=-1$。

(2) 对于序号 1，置 next[1]$=0$，实际上 next[1]总是为 0。

(3) 对于序号 2，t_2 前面的子串为"ab"(含两个字符)，前缀为"a"，后缀为"b"，对应的 M 串为空，置 next[2]$=0$。

(4) 对于序号 3，t_3 前面的子串为"abc"(含 3 个字符)，前缀为"a"和"ab"，后缀为"c"和"bc"，对应的 M 串为空，置 next[3]$=0$。

(5) 对于序号 4，t_4 前面的子串为"abca"(含 4 个字符)，前缀为"a"、"ab"和"abc"，后缀为"a"、"ca"和"bca"，相同的前、后缀只有"a"，对应的 M 串为"a"，它只有一个字符，置 next[4]$=1$。

这样模式串 t 对应的 next 数组如表 4.1 所示。

表 4.1 模式串 t 的 next 数组的值

j	0	1	2	3	4
$t[j]$	a	b	c	a	c
next[j]	-1	0	0	0	1

求模式串 t 的 next 数组的算法如下：

```
public static void GetNext(String t,int next[])          //由模式串 t 求出 next 数组的值
{ int j=0,k=-1;
  next[0]=-1;
  while(j<t.length()-1)
  {  if(k==-1 || t.charAt(j)==t.charAt(k))       //j 遍历后缀,k 遍历前缀
     {  j++;k++;
```

```
            next[j]=k;
        }
        else k=next[k];                         //k置为next[k]
    }
}
```

*2. GetNext()算法的说明

Get Next()算法的思路是先置 next[0]=-1(为了区分 j 的不同取值,取值为-1表示 $j=0$ 的特殊情况),再由 next[j]求 next[$j+1$]($1\leqslant j\leqslant m-1$),初始时将 k 置为-1(表示从 $j=0$ 开始求 next[]的其他元素值)。

假设 next[j]=k,即有"$t_0t_1\cdots t_{k-1}$"="$t_{j-k}t_{j-k+1}\cdots t_{j-1}$"成立:

(1) 若 $t_j=t_k$,可以推出"$t_0t_1\cdots t_{k-1}t_k$"="$t_{j-k}t_{j-k+1}\cdots t_{j-1}t_j$"(共 $k+1$ 个字符)成立,说明字符 t_{j+1} 的M串的长度为 $k+1$,所以置 j++,k++,next[j]=k,如图4.10所示。

图 4.10 $t_j=t_k$ 的情况

(2) 若 $t_j\neq t_k$,则说明 t_{j1} 之前不存在长度为 next[j]+1(或者 $k+1$)的和从 t_0 起匹配的子串。那么是不是必须从 $k=0$ 开始试探来求 next[$j+1$]呢?

可以这样来提高效率,如果 next[k]=k'($k'<k$),说明字符 t_k 有一个长度为 k'的M前缀,若 $t_j=t_{k'}$,那么就有 next[$j+1$]=next[k']+1,推导过程如图4.11所示。当然,若 $t_j\neq t_{k'}$,需要置 k'=next[k']继续做下去,最多到 $k'=-1$ 为止,这时的结果是 next[$j+1$]=$k'+1=0$。

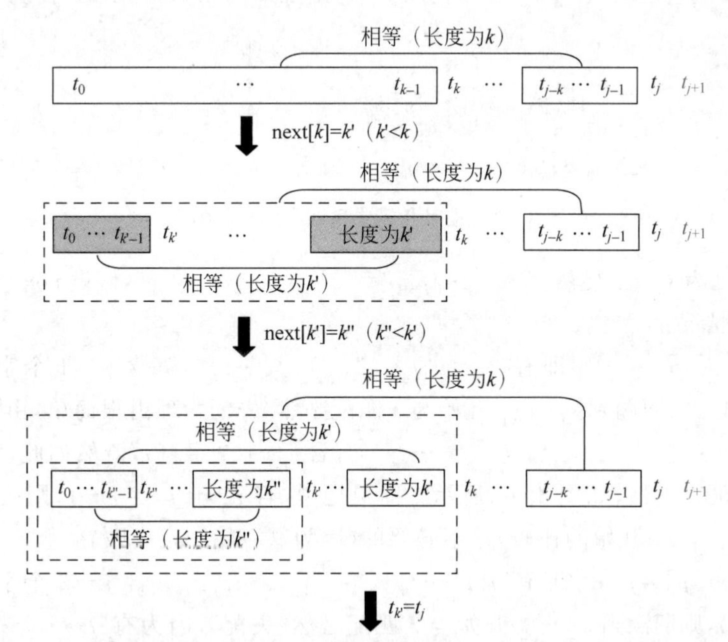

图 4.11 $t_j\neq t_k$ 的情况

由这两种情况分析可知,求每个 next[j]的时间大约为常量,所以 GetNext()算法的时间复杂度为 $O(m)$,m 为 t 的长度。

例如,t="aaaabaaaaabc",按照 GetNext()算法求出 next[0..9]如表 4.2 所示,现在由 next[9]求 next[10]。此时 next[9]=4,j=9,k=4,由于 $t[9] \neq t[4]$,置 k=next[k]=3,而 $t[9]=t[3]$成立,所以执行 j++,k++,next[10]=next[4]+1=4,如图 4.12 所示。从中看出不需要从 k=0 开始,而是从 k=next[k]的位置开始比较效率更高。

表 4.2 模式串的 next 数组的部分值

j	0	1	2	3	4	5	6	7	8	9	10	11
$t[j]$	a	a	a	a	b	a	a	a	a	a	b	c
next[j]	−1	0	1	2	3	0	1	2	3	4		

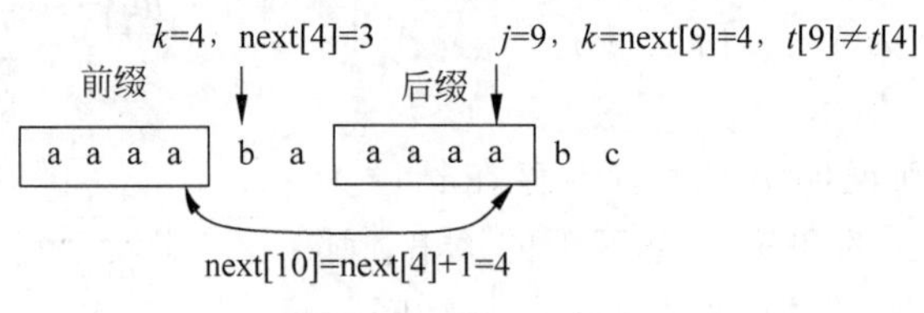

图 4.12 求 next[10]

3. 基本的 KMP 算法

讨论 KMP 算法的一般情形,设目标串 s="$s_0 s_1 \cdots s_{n-1}$",模式串 t="$t_0 t_1 \cdots t_{m-1}$",在进行一趟匹配(该趟是从 s_{i-j}/t_0 开始比较的)时出现如图 4.13 所示的情况。

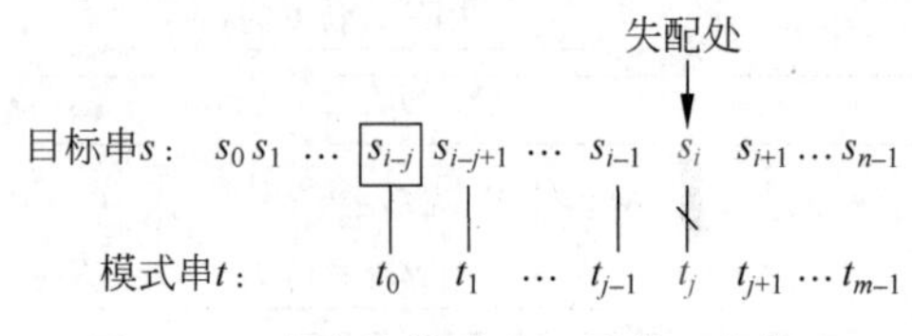

图 4.13 主串和模式串匹配的一般情况

此时失配处为 s_i/t_j,显然有"$t_0 t_1 \cdots t_{j-1}$"="$s_{i-j} s_{i-j+1} \cdots s_{i-1}$",假设 next[$j$]=$k$($k<j$),考虑 k 的各种情况:

(1) 若 next[j]$\neq j-1$,即有"$t_0 t_1 \cdots t_{j-2}$"≠"$t_1 t_2 \cdots t_{j-1}$"(含 $j-1$ 个字符,若相等则 next[j]=$j-1$),则回溯到 s_{i-j+1} 开始与 t 匹配必然"失配",理由很简单,由这两个式子可知一定有"$t_0 t_1 \cdots t_{j-2}$"≠"$s_{i-j+1} s_{i-j+2} \cdots s_{i-1}$"(含 $j-1$ 个字符),既然如此,回溯到 s_{i-j+1} 开始与 t 匹配可以不做,如图 4.14 所示。简单地说,若 next[j]$\neq j-1$,则按 BF 算法做下一趟(即从 s_{i-j+1}/t_0 开始的比较)是不必要的(因为这一趟一定失败)。

(2) 若 next[j]$\neq j-2$,即有"$t_0 t_1 \cdots t_{j-3}$"≠"$t_2 t_3 \cdots t_{j-1}$"(含 $j-2$ 个字符,若相等则 next[j]=$j-2$),则回溯到 s_{i-j+2} 开始与 t 匹配必然"失配",因为有"$t_2 \cdots t_{j-1}$"="$s_{i-j+2} \cdots s_{i-1}$",很容易推出"$t_0 t_1 \cdots t_{j-3}$"≠"$s_{i-j+2} \cdots s_{i-1}$"。简单地说,若 next[j]$\neq j-2$,则按 BF 算法做再下一趟(即从 s_{i-j+2}/t_0 开始比较的这一趟)是不必要的。

(3) 以此类推,直到对于某一个值 k,有 next[j]=k 成立,也就是说有"$t_0 t_1 \cdots t_{k-1}$"=

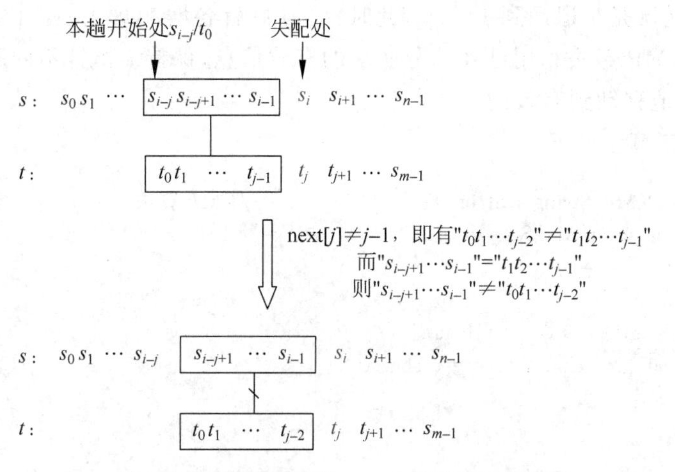

图 4.14 说明回溯到 s_{i-j+1} 是没有必要的

视频讲解

"$t_{j-k}t_{j-k+1}\cdots t_{j-1}$"(含 k 个字符,当多于 k 个字符时不成立),这样有"$t_{j-k}t_{j-k+1}\cdots t_{j-1}$"="$s_{i-k}s_{i-k+1}\cdots s_{i-1}$"="$t_0t_1\cdots t_{k-1}$",说明下一次可直接比较 s_i 和 t_k,这样可以直接把当前趟匹配"失配"时的模式串 t 从当前位置直接右滑 $j-k$ 位。这里的 k 即为 next[j],如图 4.15 所示。然后继续做下去。

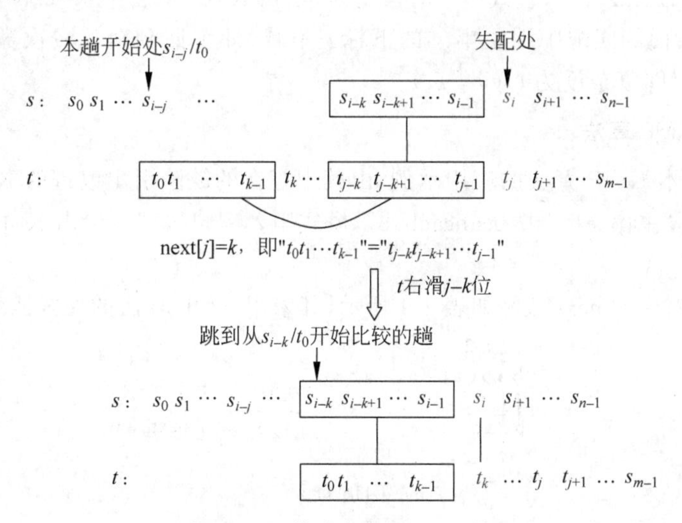

图 4.15 模式串右滑 $j-k$ 位

从中可以看出,与 BF 算法相比 KMP 算法不仅减少了一趟中字符比较的次数,还可能会减少匹配的趟数。如果说 BF 算法是 $i=0,1,2,\cdots$ 连续匹配的,那么 KMP 算法是跳跃匹配的,上述过程证明这些跳过的趟是不必要的匹配。

综上所述,KMP 算法的过程是设 s 为目标串、t 为模式串,并设 i 指针和 j 指针分别指向目标串和模式串中正待比较的字符(i 和 j 均从 0 开始)。

(1) 若有 $s_i=t_j$,则 i 和 j 分别增 1。

(2) 否则,失配处为 s_i/t_j,i 不变,j 退回到 $j=$next[j]的位置(即模式串右滑),再比较 s_i 和 t_j,若相等,则 i、j 各增 1,否则 j 再次退回到下一个 $j=$next[j]的位置,以此类推,直到出现下列两种情况之一:一种情况是 j 退回到某个 $j=$next[j]位置时有 $s_i=t_j$,则指针各增 1 后继续匹配；另一种情况是 j 退回到 $j=-1$，此时令 i、j 指针各增 1，即下一次比较 s_{i+1} 和 t_0。

简单地说，KMP 算法利用已经部分匹配的有效信息，保持 i 指针不回溯，通过修改 j 指针让模式串尽量地移动到有效的位置。

对应的 KMP 算法如下：

```
public static int KMP(String s,String t)                    //KMP 算法
{ int[] next=new int[MaxSize];
  int i=0,j=0;
  GetNext(t,next);                                          //求 next 数组
  while(i<s.length() && j<t.length())
  { if(j==-1 || s.charAt(i)==t.charAt(j))
    { i++;
      j++;                                                  //i、j 各增 1
    }
    else j=next[j];                                         //i 不变,j 回退
  }
  if(j>=t.length()) return(i-t.length());                   //返回起始序号
  else return(-1);                                          //返回-1
}
```

设目标串 s 的长度为 n，模式串 t 的长度为 m，在 KMP 算法中求 next 数组的时间复杂度为 $O(m)$，在后面的匹配中因主串 s 的下标 i 不减（即不回溯），比较次数可记为 n，所以 KMP 算法总的时间复杂度为 $O(n+m)$。

视频讲解

4. 改进的 KMP 算法

先看一个基本 KMP 算法的应用示例，由其中存在的缺陷引出改进的 KMP 算法。

【例 4.7】 设主串 $s=$"ababcabcacbab"，模式串 $t=$"abcac"。给出 KMP 进行模式匹配的过程。

解：模式串对应的 next 数组如表 4.1 所示，其采用 KMP 算法的模式匹配过程如图 4.16

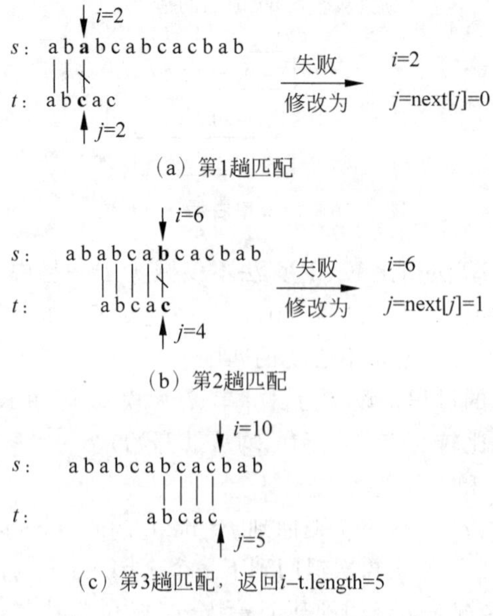

图 4.16 KMP 算法的模式匹配过程 1

所示。首先 $i=0$，$j=0$，匹配到 $i=2/j=2$ 失败为止。i 值不变（不回溯到前面），修改 $j=\text{next}[j]=0$，匹配到 $i=6/j=1$ 失败为止。i 值不变（不回溯到前面），修改 $j=\text{next}[j]=1$，匹配到 $i=10/j=5$（t 的字符比较完），返回 $i-$t.length$=5$，表示 t 是 s 的子串，且位置为 5。

上述 next 数组在某些情况下尚有缺陷。例如，设主串 $s=$"aaabaaaab"，模式串 $t=$"aaaab"，t 对应的 next 数组如表 4.3 所示。

表 4.3　模式串 t 的 next 数组的值

j	0	1	2	3	4
$t[j]$	a	a	a	a	b
next$[j]$	−1	0	1	2	3

两串匹配的过程如图 4.17 所示，从中看到当 $i=3/j=3$ 时 $s_3 \neq t_3$，由 next$[j]$的指示还需进行 $i=3/j=2$、$i=3/j=1$、$i=3/j=0$ 等 3 次比较。实际上，因为模式串中的第 1、2、3 个字符和第 4 个字符都相等，所以不需要再和主串中的第 4 个字符相比较，而可以将模式串一次向右滑动 4 个字符的位置直接进行 $i=4/j=0$ 时的字符比较。

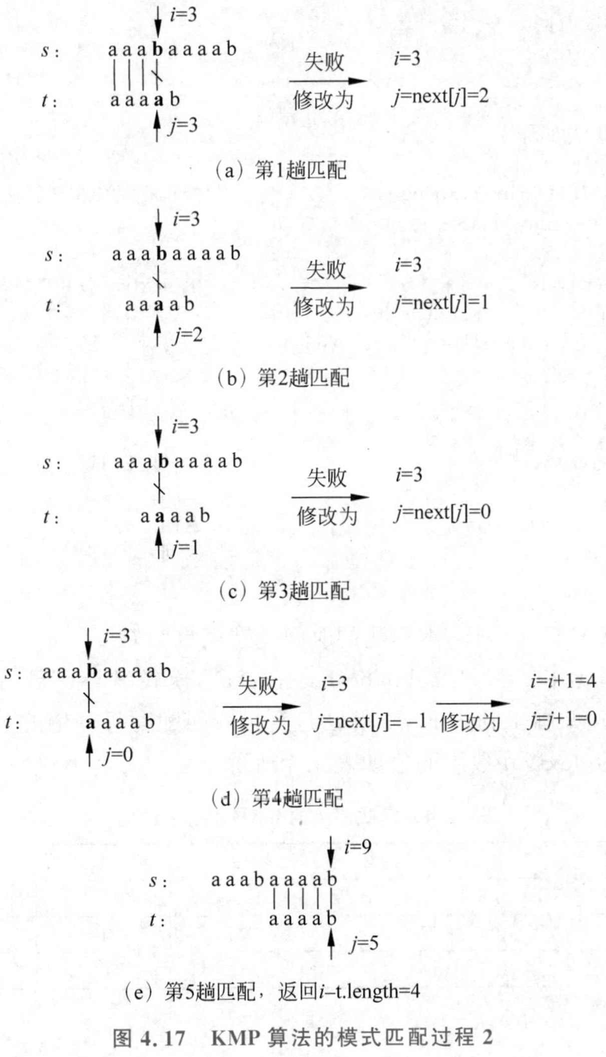

i=3
s: aaabaaaab
t: aaaab
j=3
失败 修改为 i=3 j=next[j]=2

（a）第1趟匹配

i=3
s: aaabaaaab
t: aaaab
j=2
失败 修改为 i=3 j=next[j]=1

（b）第2趟匹配

i=3
s: aaabaaaab
t: aaaab
j=1
失败 修改为 i=3 j=next[j]=0

（c）第3趟匹配

i=3
s: aaabaaaab
t: aaaab
j=0
失败 修改为 i=3 j=next[j]= −1 修改为 i=i+1=4 j=j+1=0

（d）第4趟匹配

i=9
s: aaabaaaab
t: aaaab
j=5

（e）第5趟匹配，返回i−t.length=4

图 4.17　KMP 算法的模式匹配过程 2

上述示例中存在的问题可以通过改进 next 数组得到解决,将 next 数组改为 nextval 数组,与 next[0]一样,先置 nextval[0]=-1。假设求出 next[j]=k,现在失配处为 s_i/t_j,即 $s_i \neq t_j$:

(1) 如果有 $t_j = t_k$ 成立,可以直接推出 $s_i \neq t_k$ 成立,没有必要再做 s_i/t_k 的比较,直接置 nextval[j]=nextval[k](nextval[next[j]]),即下一步做 $s_i/t_{\text{nextval}[j]}$ 的比较。

(2) 如果有 $t_j \neq t_k$,没有可改进的,直接置 nextval[j]=next[j]。

改进的求 nextval 数组的算法如下:

```
public static void GetNextval(String t,int[] nextval)    //由模式串 t 求出 nextval 数组的值
{ int j=0,k=-1;
  nextval[0]=-1;
  while(j<t.length()-1)
  {  if(k==-1 || t.charAt(j)==t.charAt(k))
     {  j++;k++;
        if(t.charAt(j)!=t.charAt(k))
           nextval[j]=k;
        else
           nextval[j]=nextval[k];
     }
     else k=nextval[k];
  }
}
```

改进的 KMP 算法如下:

```
public static int KMP1(String s,String t)                //修正后的 KMP 算法
{ int[] nextval=new int[MaxSize];
  int i=0,j=0;
  GetNextval(t,nextval);                                  //求 nextval 数组
  while(i<s.length() && j<t.length())
  {  if(j==-1 || s.charAt(i)==t.charAt(j))
     {  i++;
        j++;                                              //i、j 各增 1
     }
      else j=nextval[j];                                  //i 不变,j 回退
  }
  if(j>=t.length()) return(i-t.length());                 //返回起始序号
  else return(-1);                                        //返回-1
}
```

与改进前的 KMP 算法一样,本算法的时间复杂度也为 $O(n+m)$。

【例 4.8】 设目标串 s="abcaabbabcabaacbacba",模式串 t="abcabaa",计算模式串 t 的 nextval 数组的值,并画出利用 KMP 算法进行模式匹配时每一趟的匹配过程。

视频讲解

解:模式串 t 的 nextval 数组的值如表 4.4 所示。

表 4.4 模式串 t 的 nextval 数组的值

j	0	1	2	3	4	5	6
$t[j]$	a	b	c	a	b	a	a
next[j]	-1	0	0	0	1	2	1
nextval[j]	-1	0	0	-1	0	2	1

利用KMP算法进行模式匹配的匹配过程如图4.18所示,从中看到匹配效率得到进一步提高。

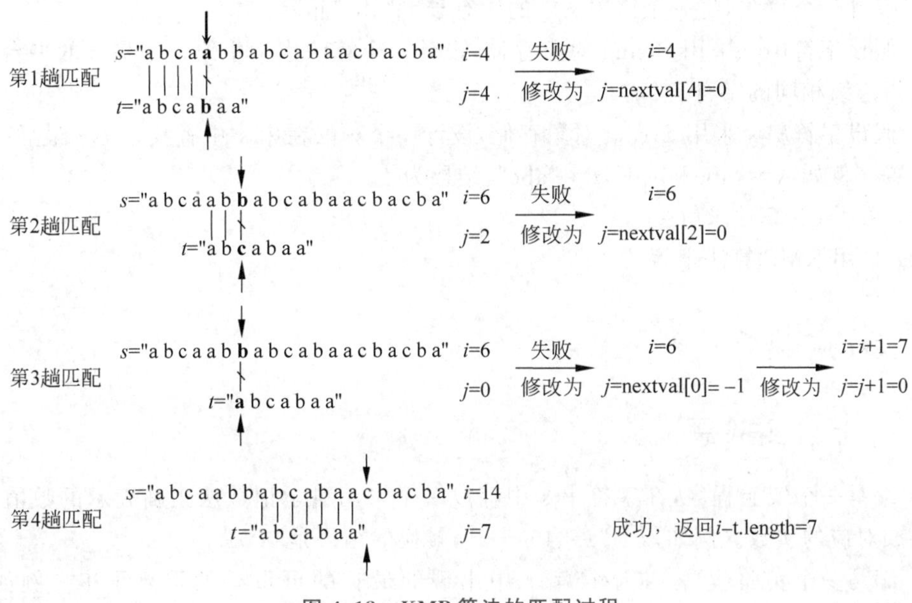

图4.18 KMP算法的匹配过程

4.5 练习题

自测题

4.5.1 问答题

1. 若s_1和s_2为串,给出使$s_1//s_2=s_2//s_1$成立的所有可能的条件(其中"//"表示两个串连接的运算符)。

2. 设s为一个长度为n的串,其中的字符各不相同,则s中的互异非平凡子串(非空且不同于s本身)的个数是多少?

3. 在KMP算法中,计算模式串的next数组的值,当$j=0$时为什么要取next[0]=−1?

4. 在串的模式匹配中,KMP算法是一种高效的算法,请回答以下问题:

(1) KMP算法的基本思想是什么?

(2) 对于模式串$t(t=t_0t_1\cdots t_{m-1})$,说明求next[$j$]($0\leqslant j\leqslant m-1$)的过程。

5. KMP算法是BF算法的改进,是不是说在任何情况下KMP算法的性能都比BF算法好?

6. 设目标串为s="abcaabbcaaabababaabca",模式串为t="babab"。

(1) 计算模式串t的nextval数组的值。

(2) 不写算法,只画出利用KMP算法进行模式匹配时每一趟的匹配过程。

4.5.2 算法设计题

1. 设计一个算法,计算一个顺序串s中最大字符出现的次数。

2. 设有一个顺序串s,其字符仅由数字和小写字母组成。设计一个算法,将s中所有的数字字符放在前半部分,所有的小写字母字符放在后半部分,并给出所设计算法的时间和空间复杂度。

3. 设计一个算法,将一个链串 s 中的所有子串"abc"删除。

4. 假设字符串 s 采用 String 对象存储,设计一个算法求 s 中第一个最长的平台,所谓平台是指连续相同的字符。

5. 假设字符串 s 采用 String 对象存储,设计一个算法在串 s 中查找子串 t 最后一次出现的位置。例如,s="abcdabcd",t="abc",结果为 4。

(1) 采用 BF 算法求解。

(2) 采用 KMP 算法求解。

4.6 实验题

4.6.1 上机实验题

1. 编写一个实验程序,在字符串 s 中存放一个采用科学记数法正确表示的数值串,将其转换成对应的实数。例如,s="1.345e-2",转换的结果是 0.01345。

2. 编写一个实验程序,求字符串 s 中出现的最长的可重叠的重复子串。例如,s="abababababa",输出结果为"abababa"。

3. 编写一个实验程序,求字符串 s 中出现的最长的不重叠的重复子串。例如,s="abababababa",输出结果为"abab"。

4. 编写一个实验程序,给定两个字符串 s 和 t,求串 t 在串 s 中不重叠出现的次数,如果不是子串则返回 0。例如,s="aaaab",t="aa",则 t 在 s 中出现两次。

4.6.2 在线编程题

1. HDU1020——编码问题

时间限制:2000ms;空间限制:65 536KB。

问题描述:给定一个只包含 A~Z 的字符串,使用以下方法对其进行编码。

(1) 每个包含 k 个相同字符的子串应编码为“kX”,其中“X”是该子串中唯一的字符。

(2) 如果子串的长度为 1,则应忽略“1”。

输入格式:第一行包含整数 $T(1\leqslant T\leqslant 100)$,表示测试用例的个数,接下来的 T 行包含 T 个字符串,每个字符串仅包含 A~Z,长度小于 10 000。

输出格式:对于每个测试用例,输出一行包含对应的编码字符串。

输入样例:

```
2
ABC
ABBCCC
```

输出样例:

```
ABC
A2B3C
```

2. HUD1711——数字序列问题

时间限制：10 000ms；空间限制：32 768KB。

问题描述：给定两个整数序列 $a[1],a[2],\cdots,a[n]$ 和 $b[1],b[2],\cdots,b[m]$($1\leqslant m\leqslant 10\,000,1\leqslant n\leqslant 1\,000\,000$)，请找到一个整数 k 使得 $a[k]=b[1],a[k+1]=b[2],\cdots,a[k+m-1]=b[m]$。如果有多个这样的 k 存在，输出最小的。

输入格式：第一行为测试用例个数 t。对于每个测试用例，第一行为两个整数 n 和 m，第二行为 n 个整数 $a[1]$、$a[2]$、……、$a[n]$，第3行为 m 个整数 $b[1]$、$b[2]$、……、$b[m]$，所有整数在[$-1\,000\,000,1\,000\,000$]范围内。

输出格式：对于每个测试用例，输出一个满足上述条件的整数 k，若不存在这样的 k，输出-1。

输入样例：

```
2
13 5
1 2 1 2 3 1 2 3 1 3 2 1 2
1 2 3 1 3
13 5
1 2 1 2 3 1 2 3 1 3 2 1 2
1 2 3 2 1
```

输出样例：

```
6
-1
```

3. HDU2087——剪花布条问题

时间限制：10 000ms；空间限制：32 768KB。

问题描述：一块花布条，里面有一些图案，另有一块直接可用的小饰条，里面也有一些图案。对于给定的花布条和小饰条，计算一下能从花布条中尽可能剪出几块小饰条？

输入格式：输入中含有一些数据，分别是成对出现的花布条和小饰条，其布条都是用可见的ASCII码字符表示的，可见的ASCII码字符有多少个，布条的花纹就有多少种花样。注意，花纹条和小饰条不会超过1000个字符长。如果遇见＃字符，则不再进行工作。

输出格式：输出能从花布条中剪出的最多小饰条个数，如果一块也没有，那就输出0，每个结果之间换行。

输入样例：

```
abcde a3
aaaaaa   aa
#
```

输出样例：

```
0
3
```

4. POJ3461——Oulipo 问题

时间限制：1000ms；空间限制：65 536KB。

问题描述：给出字母表{'A','B','C',…,'Z'}和该字母表上的两个有限字符串，即单词 W 和文本 T，计算 T 中 W 出现的次数，注意 W 的所有连续字符必须与 T 的连续字符完全匹配，字符可能重叠。

输入格式：输入文件的第一行包含测试用例个数 t。每个测试用例都具有以下格式：一行单词 W 和一行文本 T，所有字符均在{'A','B','C',…,'Z'}中，$1 \leqslant |W| \leqslant 10\,000$（$|W|$ 表示 W 的长度），$|W| \leqslant |T| \leqslant 1\,000\,000$。

输出格式：每个测试用例对应一行，表示单词 W 在文本 T 中出现的次数。

输入样例：

```
3
BAPC
BAPC
AZA
AZAZAZA
VERDI
AVERDXIVYERDIAN
```

输出样例：

```
1
3
0
```

CHAPTER 5

第5章 递　归

在算法设计中经常需要用递归方法求解，特别是在后面的树和二叉树、图、查找及排序等章节中会大量地遇到递归算法。递归是计算机科学中的一个重要的工具，很多程序设计语言(例如 Java)都支持递归程序设计。本章介绍递归的定义和递归算法设计的方法等，为后面的学习打下基础。主要学习要点如下：

(1) 递归的定义和递归模型。

(2) 递归算法设计的一般方法。

(3) 灵活运用递归算法解决一些较复杂的应用问题。

视频讲解

5.1 什么是递归

5.1.1 递归的定义

在定义一个过程或函数时有时会出现调用本过程或本函数的成分，称之为递归。若调用自身，称之为直接递归。若过程或函数 $A()$调用过程或函数 $B()$，而 $B()$又调用 $A()$，称之为间接递归。在算法设计中，任何间接递归算法都可以转换为直接递归算法来实现，所以后面主要讨论直接递归。

递归不仅是数学中的一个重要概念，也是计算技术中重要的概念之一。在计算技术中，与递归有关的概念有递归数列、递归过程、递归算法、递归程序和递归方法等。

如果一个递归过程或递归函数中的递归调用语句是最后一条执行语句，则称这种递归调用为尾递归。

【例 5.1】 以下是求 $n!$ (n 为正整数)的递归函数，它属于什么类型的递归？

```
int fun(int n)
{  if(n==1)                          //语句 1
      return(1);                     //语句 2
```

```
    else                                            //语句 3
        return(fun(n-1) * n);                       //语句 4
}
```

解：在函数 fun(n)求解过程中调用 fun($n-1$)(语句 4)，它是一个直接递归函数。由于递归调用是最后一条语句，所以它又属于尾递归。

递归算法通常把一个大的复杂问题层层转化为一个或多个与原问题相似的规模较小的问题来求解，递归策略只需少量的代码就可以描述出解题过程中所需要的多次重复计算，大大减少了算法的代码量。

一般来说，能够用递归解决的问题应该满足以下 3 个条件：

(1) 需要解决的问题可以转化为一个或多个子问题来求解，而这些子问题的求解方法与原问题完全相同，只是在数量规模上不同。

(2) 递归调用的次数必须是有限的。

(3) 必须有结束递归的条件来终止递归。

递归算法的优点是结构简单、清晰，易于阅读，方便其正确性的证明；缺点是算法执行中占用的内存空间较多，执行效率低，不容易优化。

视频讲解

5.1.2　何时使用递归

在以下 3 种情况下经常要用到递归方法。

1. 定义是递归的

有许多数学公式、数列等的定义是递归的，例如求 n! 和 Fibonacci(斐波那契)数列等。对于这些问题的求解，可以将其递归定义直接转化为对应的递归算法，例如求 n! 可以转化为例 5.1 的递归算法。求 Fibonacci 数列的递归算法如下：

```
int Fib(int n)                                  //求 Fibonacci 数列的第 n 项
{  if(n==1 || n==2)
        return 1;
    else
        return Fib(n-1)+Fib(n-2);
}
```

2. 数据结构是递归的

有些数据结构是递归的，例如第 2 章中介绍过的单链表就是一种递归数据结构，其结点类定义如下：

```
class LinkNode<E>                               //单链表结点泛型类
{  E data;
    LinkNode<E> next;                           //下一个结点的指针
    public LinkNode()                           //构造方法
    {   next=null;  }
    public LinkNode(E d)                        //重载构造方法
    {   data=d;
        next=null;
    }
}
```

其中，指针成员 next 是一种指向自身类型结点的指针，所以它是一种递归数据结构。

对于递归数据结构，采用递归的方法编写算法既方便又有效。例如，求一个不带头结点的单链表 p 中的所有 data 成员（假设为 int 型）之和的递归算法如下：

```
public static int Sum(LinkNode<Integer> p)
{  if(p==null) return 0;
   else return(p.data+Sum(p.next));
}
```

说明：对于第 2 章讨论的单链表对象 L，L.head 为头结点，将 L.head.next 看成不带头结点的单链表。

3. 问题的求解方法是递归的

有些问题的解法是递归的，典型的有 Hanoi（汉诺）塔问题的求解，该问题是设有 3 个分别命名为 X、Y 和 Z 的塔座，在塔座 X 上有 n 个直径各不相同的盘片，从小到大依次编号为 1、2、……、n，现要求将 X 塔座上的 n 个盘片移到塔座 Z 上并按同样的顺序叠放，在移动盘片时必须遵守以下规则：每次只能移动一个盘片；盘片可以插在 X、Y 和 Z 中的任一塔座上；任何时候都不能将一个较大的盘片放在较小的盘片上。图 5.1 所示为 $n=4$ 的 Hanoi 问题，设计求解该问题的算法。

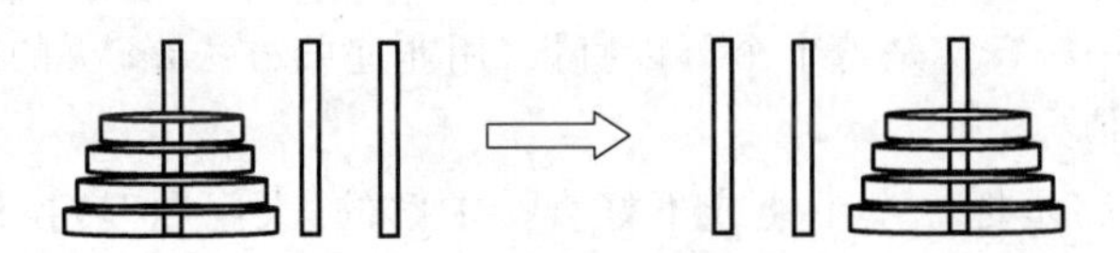

图 5.1　Hanoi 塔问题（$n=4$）

Hanoi 塔问题特别适合采用递归方法来求解。设 Hanoi(n，X，Y，Z) 表示将 n 个盘片从 X 塔座借助 Y 塔座移动到 Z 塔座上，递归分解的过程是：

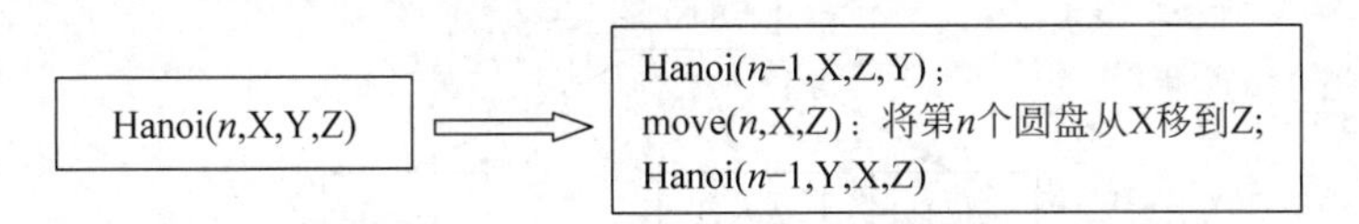

其含义是首先将 X 塔座上的 $n-1$ 个盘片借助 Z 塔座移动到 Y 塔座上，此时 X 塔座上只有一个盘片，将其直接移动到 Z 塔座上，再将 Y 塔座上的 $n-1$ 个盘片借助 X 塔座移动到 Z 塔座上。由此得到 Hanoi 递归算法如下：

```
public static void Hanoi(int n, char X, char Y, char Z)
{  if(n==1)                                    //只有一个盘片的情况
      System.out.printf("将第%d 个盘片从%c 移动到%c\n", n, X, Z);
   else                                        //有两个或多个盘片的情况
   {  Hanoi(n-1, X, Z, Y);
      System.out.printf("将第%d 个盘片从%c 移动到%c\n", n, X, Z);
      Hanoi(n-1, Y, X, Z);
   }
}
```

视频讲解

5.1.3 递归模型

递归模型是递归算法的抽象,它反映一个递归问题的递归结构。例如,例 5.1 的递归算法对应的递归模型如下:

$$f(n)=1 \qquad n=1$$
$$f(n)=n*f(n-1) \qquad n>1$$

其中,第一个式子给出了递归的终止条件,第二个式子给出了 $f(n)$的值与 $f(n-1)$的值之间的关系,把第一个式子称为递归出口,把第二个式子称为递归体。

一般地,一个递归模型由递归出口和递归体两部分组成。**递归出口**确定递归到何时结束,即指出明确的递归结束条件。**递归体**确定递归求解时的递推关系。

递归出口的一般格式如下:

$f(s_1)=m_1$

这里的 s_1 与 m_1 均为常量。有些递归问题可能有几个递归出口。递归体的一般格式如下:

$$f(s_n)=g(f(s_i),f(s_{i+1}),\cdots,f(s_{n-1}),c_j,c_{j+1},\cdots,c_m)$$

其中,n、i、j、m 均为正整数。这里的 s_n 是一个递归“大问题”,s_i、s_{i+1}、……、s_{n-1} 为递归“小问题”,c_j、c_{j+1}、……、c_m 是若干个可以直接(用非递归方法)解决的问题,g 是一个非递归函数,可以直接求值。

实际上,递归思路是把一个不能或不好直接求解的“大问题”转换成一个或几个“小问题”来解决(如图 5.2 所示),再把这些“小问题”进一步分解成更小的“小问题”来解决,如此分解,直至每个“小问题”都可以直接解决(此时分解到递归出口)。但递归分解不是随意的分解,递归分解要保证“大问题”与“小问题”相似,即求解过程与环境都相似。

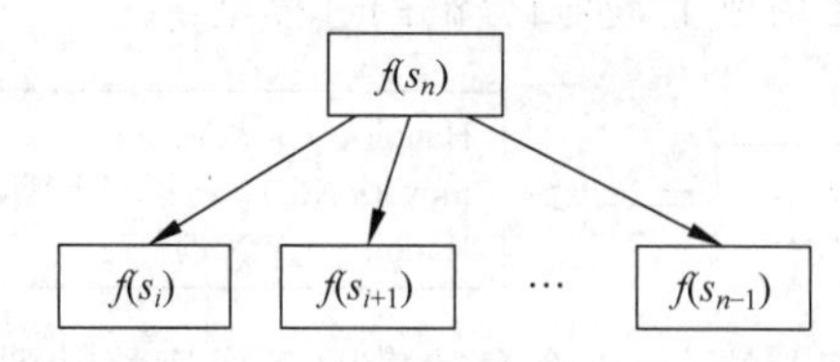

图 5.2 把大问题 $f(s_n)$转换成几个小问题来解决

视频讲解

5.1.4 递归与数学归纳法

数学归纳法是一种数学证明方法,通常被用于证明某个给定命题在整个(或者局部)自然数范围内成立。先看一个简单示例,采用数学归纳法证明下式:

$$1+2+\cdots+n=n(n+1)/2$$

其证明过程如下:

(1) 当 $n=1$ 时,左式$=1$,右式$=(1\times2)/2=1$,左、右两式相等,等式成立。

(2) 假设当 $n=k-1$ 时等式成立,有 $1+2+\cdots+(k-1)=k(k-1)/2$。

(3) 当 $n=k$ 时,左式$=1+2+\cdots+k=[1+2+\cdots+(k-1)]+k=k(k-1)/2+k=k(k+1)/2=$右式。

等式成立，即证。

数学归纳法证明问题的过程分为两个步骤，先考虑特殊情况，然后假设 $n=k-1$ 成立（第二数学归纳法是假设 $n\leqslant k-1$ 成立），再证明 $n=k$ 时成立，即假设“小问题”成立，再推导出“大问题”成立。

递归模型中的递归体就是表示“大问题”和“小问题”解之间的关系，如果已知 s_i、s_{i+1}、……、s_{n-1} 这些“小问题”的解，就可以计算出 s_n“大问题”的解。从数学归纳法的角度来看，这相当于数学归纳法的归纳步骤，只不过数学归纳法是一种论证方法，而递归是算法和程序设计的一种实现技术，数学归纳法是递归求解问题的理论基础。

5.1.5 递归的执行过程

为了讨论方便，将前面的一般化的递归模型简化如下（即将一个“大问题”分解为一个“小问题”）：

$f(s_1)=m_1$

$f(s_n)=g(f(s_{n-1}),c_{n-1})$

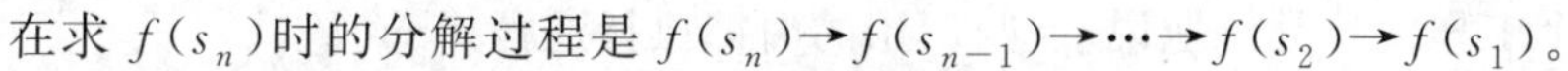

在求 $f(s_n)$时的分解过程是 $f(s_n)\rightarrow f(s_{n-1})\rightarrow\cdots\rightarrow f(s_2)\rightarrow f(s_1)$。

一旦遇到递归出口，分解过程结束，开始求值过程，所以分解过程是“量变”过程，即原来的“大问题”在慢慢变小，但尚未解决，遇到递归出口后便发生了“质变”，即原递归问题便转化成直接问题。

其求值过程是 $f(s_1)=m_1\rightarrow f(s_2)=g(f(s_1),c_1)\rightarrow f(s_3)=g(f(s_2),c_2)\rightarrow\cdots\rightarrow f(s_n)=g(f(s_{n-1}),c_{n-1})$。

这样 $f(s_n)$便计算出来了。因此递归的执行过程由分解和求值两部分构成，分解部分就是用递归体将“大问题”分解成“小问题”，直到递归出口为止，然后进行求值过程，即已知“小问题”，计算“大问题”。例如 fun(5)的求值过程如图 5.3 所示。

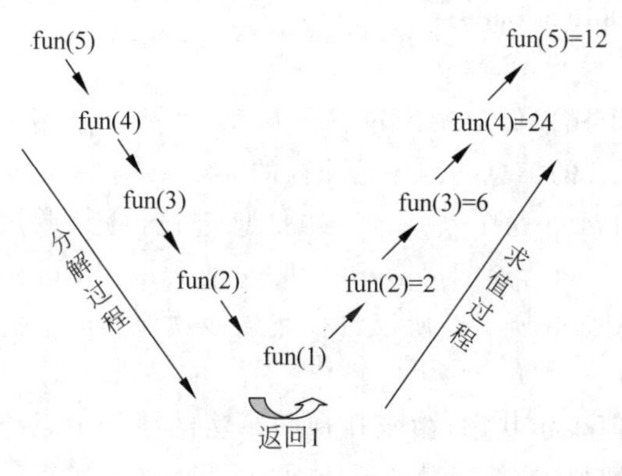

图 5.3 fun(5)求值过程

在递归算法的执行中最长的递归调用的链长称为该算法的**递归调用深度**。例如，求 n！对应的递归算法在求 fun(5)时递归调用深度是 5。

对于复杂的递归算法，其执行过程中可能需要循环反复地分解和求值才能获得最终解。例如，对于前面求 Fibonacci 数列的 Fib 算法，求 Fib(6)的过程构成的递归树如图 5.4 所示，向下的实箭头表示分解，向上的虚箭头表示求值，每个方框旁边的数字是该方框的求值结果,最后求得 Fib(6)为 8。该递归树的高度为 5,所以递归调用深度也是 5。

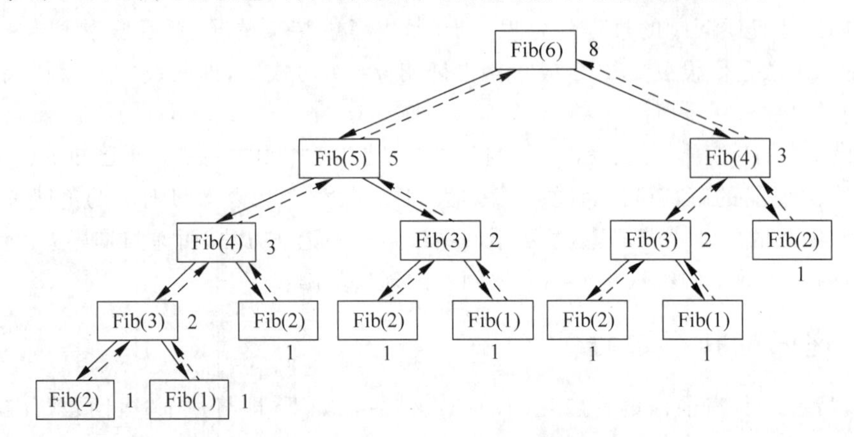

图 5.4　求 Fib(6)对应的递归树

那么在系统内部如何执行递归算法呢?实际上一个递归函数的调用过程类似于多个函数的嵌套调用,只不过调用函数和被调用函数是同一个函数。为了保证递归函数的正确执行,系统需设立一个工作栈。具体地说,递归调用的内部执行过程如下:

(1) 执行开始时,首先为递归调用建立一个工作栈,其结构包括参数、局部变量和返回地址。

(2) 每次执行递归调用之前,把递归函数的参数值和局部变量的当前值以及调用后的返回地址进栈。

(3) 每次递归调用结束后,将栈顶元素出栈,使相应的参数值和局部变量值恢复为调用前的值,然后转向返回地址指定的位置继续执行。

例如有以下程序段:

```
public static int S(int n)
{ return (n<=0) ? 0: S(n-1)+n; }
public static void main(String[] args)
{ System.out.printf("%d\n",S(1)); }
```

程序执行时使用一个栈来保存调用过程的信息,这些信息用 main()、S(0)和 S(1)表示,那么自栈底到栈顶保存的信息的顺序是怎样的呢?

首先从 main()开始执行程序,将 main()信息进栈,遇到调用 S(1),将 S(1)信息进栈,在执行递归函数 S(1)时又遇到调用 S(0),再将 S(0)信息进栈(如图 5.5 所示),所以自栈底到栈顶保存的信息的顺序是 main()→S(1)→S(0)。

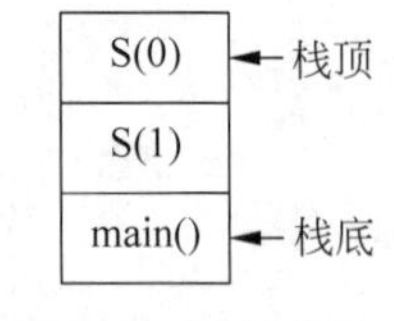

图 5.5　系统栈状态

用递归算法的参数值表示状态,由于在递归算法的执行中系统栈保存了递归调用的参数值、局部变量和返回地址,所以在递归算法中一次递归调用后会自动恢复该次递归调用前的状态。例如有以下递归算法,其状态为参数 n 的值:

```
public static void f(int n)
{ if(n==0)                                    //递归出口
      return;
  else                                        //递归体
```

```
    {   System.out.println("Pre:   n="+n);
        System.out.printf("执行 f(%d)\n",n-1);
        f(n-1);
        System.out.println("Post: n="+n);
    }
}
```

执行 $f(4)$的结果如下：

```
Pre: n=4
执行 f(3)                                //递归调用 f(3)
Pre: n=3
执行 f(2)                                //递归调用 f(2)
Pre: n=2
执行 f(1)                                //递归调用 f(1)
Pre: n=1
执行 f(0)                                //递归调用 f(0)
Post:n=1                                 //恢复 f(0)调用前的 n 值
Post:n=2                                 //恢复 f(1)调用前的 n 值
Post:n=3                                 //恢复 f(2)调用前的 n 值
Post:n=4                                 //恢复 f(3)调用前的 n 值
```

从中看出，参数 n 的值在每次递归调用后都自动恢复了，大家所说的递归算法参数可以自动回退（回溯）就是这个意思。但全局变量并不能自动恢复，因为在系统栈中并不保存全局变量值。

5.1.6　递归算法的时空分析

从前面递归算法的执行过程看到，递归算法的执行过程不同于非递归算法，所以其时空分析也不同于非递归算法。如果非递归算法分析是定长时空分析，递归算法分析就是变长时空分析。

视频讲解

1. 递归算法的时间分析

在递归算法的时间分析中，首先给出执行时间对应的递推式，然后求解递推式得出算法的执行时间 $T(n)$，再由 $T(n)$得到时间复杂度。

例如，对于前面求解 Hanoi 问题的递归算法，求问题规模为 n 时的时间复杂度。求解过程是设大问题 Hanoi(n,X,Y,Z)的执行时间为 $T(n)$，则小问题 Hanoi($n-1$,X,Y,Z)的执行时间为 $T(n-1)$。当 $n>1$ 时，大问题分解为两个小问题和一步移动操作，大问题的执行时间为两个小问题的执行时间+1，对应的递推式如下：

$$
\begin{aligned}
&T(n)=1 && n=1 \\
&T(n)=2T(n-1)+1 && n>1
\end{aligned}
$$

求解递推式的过程如下：

$$
\begin{aligned}
T(n)&=2T(n-1)+1=2(2T(n-2)+1)+1 \\
&=2^2T(n-2)+2+1=2^2(2T(n-3)+1)+2+1 \\
&=2^3T(n-3)+2^2+2+1 \\
&=\cdots \\
&=2^{n-1}T(1)+2^{n-2}+\cdots+2^2+2+1
\end{aligned}
$$

$$=2^n-1=O(2^n)$$

所以问题规模为 n 时的时间复杂度是 $O(2^n)$。

2. 递归算法的空间分析

对于递归算法,为了实现递归过程用到一个递归栈,所以需要根据递归深度得到算法的空间复杂度。

例如,对于前面求解 Hanoi 塔问题的递归算法,求问题规模为 n 时的空间复杂度。求解过程是设大问题 Hanoi(n,X,Y,Z)的临时空间为 $S(n)$,则小问题 Hanoi($n-1$,X,Y,Z)的临时空间为 $S(n-1)$。当 $n>1$ 时,大问题分解为两个小问题和一步移动操作,但第一个小问题执行后会释放其空间,释放的空间被第二个小问题使用,所以大问题的临时空间为一个小问题的临时空间$+1$,对应的递推式如下:

$$S(n)=1 \qquad n=1$$
$$S(n)=S(n-1)+1 \qquad n>1$$

求解递推式的过程如下:

$$\begin{aligned}S(n)&=S(n-1)+1\\&=S(n-2)+1+1=S(n-2)+2\\&=\cdots\\&=S(1)+(n-1)=1+(n-1)\\&=n=O(n)\end{aligned}$$

所以问题规模为 n 时的空间复杂度是 $O(n)$。

5.2 递归算法的设计

视频讲解

5.2.1 递归算法设计的步骤

递归算法设计的基本步骤是先确定求解问题的递归模型,再转换成对应的 Java 语言方法。由于递归模型反映递归问题的"本质",所以前一步是关键,也是讨论的重点。

递归算法的求解过程是先将整个问题划分为若干个子问题,然后分别求解子问题,最后获得整个问题的解。这是一种分而治之的思路,通常由整个问题划分的若干子问题的求解是独立的,所以求解过程对应一棵递归树。如果在设计算法时就考虑递归树中的每一个分解/求值部分,会使问题复杂化,不妨只考虑递归树中第 1 层和第 2 层之间的关系,即"大问题"和"小问题"的关系,其他关系与之相似。

由此得出构造求解问题的递归模型(简化递归模型)的步骤如下:

(1) 对原问题 $f(s_n)$进行分析,假设出合理的"小问题"$f(s_{n-1})$。

(2) 假设小问题 $f(s_{n-1})$是可解的,在此基础上确定大问题 $f(s_n)$的解,即给出 $f(s_n)$与 $f(s_{n-1})$之间的关系,也就是确定递归体(与数学归纳法中假设 $i=n-1$ 时等式成立,再求证 $i=n$ 时等式成立的过程相似)。

(3) 确定一个特定情况[例如 $f(1)$或 $f(0)$]的解,由此作为递归出口(与数学归纳法中求证 $i=1$ 或 $i=0$ 时等式成立相似)。

【例 5.2】 采用递归算法求整数数组 $a[0..n-1]$中的最小值。

解:假设 $f(a,i)$,求数组元素 $a[0..i]$(共 $i+1$ 个元素)中的最小值。当 $i=0$ 时有

$f(a,i)=a[0]$；假设 $f(a,i-1)$ 已求出，显然有 $f(a,i)=\mathrm{Min}(f(a,i-1),a[i])$，其中 Min() 为求两个值中较小值的函数。因此得到如下递归模型：

$$f(a,i)=a[0] \qquad i=0$$
$$f(a,i)=\mathrm{Min}(f(a,i-1),a[i]) \qquad \text{其他}$$

由此得到如下递归求解算法：

```
public static int Min(int[] a,int i)
{ if(i==0)                                  //递归出口
      return a[0];
  else                                      //递归体
  {  int min=Min(a,i-1);
     if(min > a[i]) return(a[i]);
     else return min;
  }
}
```

例如，若一个数组 int[] $a=\{3,2,1,5,4\}$，调用 Min(a,4)返回最小元素 1。

5.2.2　基于递归数据结构的递归算法设计

视频讲解

具有递归特性的数据结构称为**递归数据结构**。递归数据结构通常是采用递归方式定义的。在一个递归数据结构中总会包含一个或者多个递归运算。

例如，正整数的定义为 1 是正整数，若 n 是正整数($n\geqslant1$)，则 $n+1$ 也是正整数。从中看出，正整数就是一种递归数据结构。显然，若 n 是正整数($n>1$)，$m=n-1$ 也是正整数，也就是说对于大于 1 的正整数 n，$n-1$ 是一种递归运算。

所以在求 $n!$ 的算法中，递归体 $f(n)=n*f(n-1)$ 是可行的，因为对于大于 1 的 n，n 和 $n-1$ 都是正整数。

一般地，对于如下递归数据结构：

$$\mathrm{RD}=(D,\mathrm{Op})$$

$D=\{d_i\}$($1\leqslant i\leqslant n$，共 n 个元素)为构成该数据结构的所有元素的集合，Op 是递归运算的集合，$\mathrm{Op}=\{\mathrm{op}_j\}$($1\leqslant j\leqslant m$，共 m 个运算)，对于 $\forall d_i\in D$，不妨设 op_j 为一元运算符，则有 $\mathrm{op}_j(d_i)\in D$，也就是说递归运算具有封闭性。

在上述正整数的定义中，D 是正整数的集合，$\mathrm{Op}=\{\mathrm{op}_1,\mathrm{op}_2\}$ 由两个基本递归运算符构成，op_1 的定义为 $\mathrm{op}_1(n)=n-1(n>1)$；$\mathrm{op}_2$ 的定义为 $\mathrm{op}_2(n)=n+1(n\geqslant1)$。

对于不带头结点的单链表 head(head 结点为首结点)，其结点类型为 LinkNode，每个结点的 next 成员为 LinkNode 类型的指针。这样的单链表通过首结点指针来标识。采用递归数据结构的定义如下：

$$\mathrm{SL}=(D,\mathrm{Op})$$

其中，D 是由部分或全部结点构成的单链表的集合(含空单链表)，$\mathrm{Op}=\{\mathrm{op}\}$，op 的定义如下：

```
op(head)=head.next                          //head 为含一个或以上结点的单链表
```

显然这个递归运算符是一元运算符，且具有封闭性。也就是说，若 head 为不带头结点的非空单链表,则 head. next 也是一个不带头结点的单链表。

实际上,构造递归模型中的第 2 步是用于确定递归体。在假设原问题 $f(s_n)$合理的"小问题"$f(s_{n-1})$时,需要考虑递归数据结构的递归运算。例如,在设计不带头结点的单链表的递归算法时,通常设 s_n 为以 head 为首结点的整个单链表,s_{n-1} 为除首结点外余下结点构成的单链表(由 head. next 标识,其中的'. next'运算为递归运算)。

【例 5.3】 假设有一个不带头结点的单链表 p,完成以下两个算法设计:

(1) 设计一个算法正向输出所有结点值。

(2) 设计一个算法反向输出所有结点值。

解:(1) 设 $f(p)$的功能是正向输出单链表 p 的所有结点值,即输出 $a_1 \sim a_n$,为大问题。小问题 f(p. next)的功能是输出 $a_2 \sim a_n$,如图 5.6 所示。对应的递归模型如下:

$f(p)$≡不做任何事件　　　　　　p=null

$f(p)$≡输出 p 结点值;f(p. next)　其他

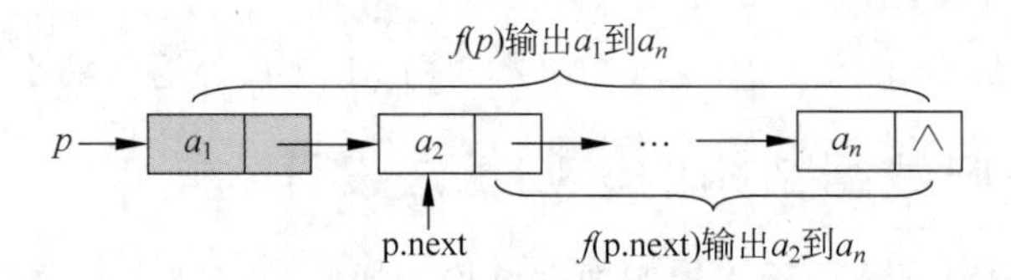

图 5.6　正向输出 head 的所有结点值

其中,"≡"表示功能等价关系。对应的递归算法如下:

```
public static void Positive(LinkNode<Integer> p)
{ if(p==null) return;
  else
  {  System.out.print(p.data+" ");
     Positive(p.next);
  }
}
```

(2) 设 $f(p)$的功能是反向输出 p 的所有结点值,即输出 $a_n \sim a_1$,为大问题。小问题 f(p. next)的功能是输出 $a_n \sim a_2$,如图 5.7 所示。对应的递归模型如下:

$f(p)$≡不做任何事件　　　　　　p=null

$f(p)$≡$f(p.next)$;输出 p 结点值　其他

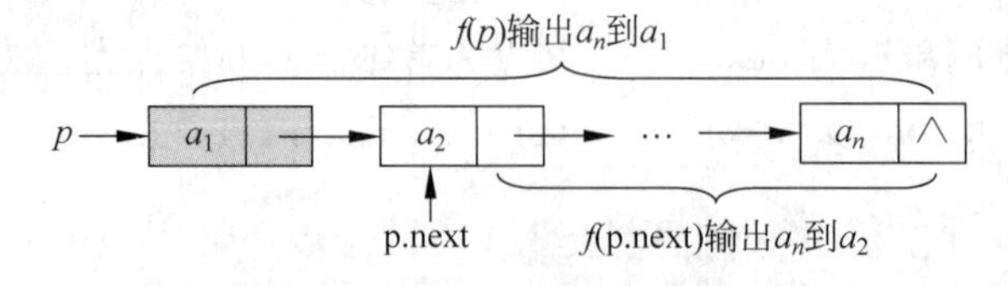

图 5.7　一个不带头结点的单链表

对应的递归算法如下:

```
public static void Reverse(LinkNode<Integer> p)
{ if(p==null) return;
```

```
  else
  {  Reverse(p.next);
     System.out.print(p.data+" ");
  }
}
```

从中可以看出，两个算法的功能完全相反，但在算法设计上仅仅是两行语句的顺序不同，而且两个算法的时间复杂度和空间复杂度完全相同。如果采用第 2 章的遍历方法，这两个算法在设计上有较大的差异。

说明：在设计单链表的递归算法时通常采用不带头结点的单链表，这是因为小问题处理的单链表不可能带头结点，大问题处理的单链表需要在结构上相同，所以整个单链表也不应该带头结点。实际上，若单链表对象 L 是带头结点的，则 L.head.next 就看成是一个不带头结点的单链表。

所以在对采用递归数据结构存储的数据设计递归算法时，通常先对该数据结构及其递归运算进行分析，从而设计出正确的递归体，再假设一种特殊情况，得到对应的递归出口。

5.2.3 基于归纳方法的递归算法设计

基于归纳方法的递归算法设计是指通过对求解问题的分析归纳来转换成递归方法求解(例如皇后问题等)。

例如，有一个位数为 n 的十进制正整数 x，求所有数位的和，如果 $x=123$，结果为 $1+2+3=6$。

不妨将 x 表示为 $x=x_{n-1}x_{n-2}\cdots x_1x_0$，设大问题 $f(x)=x_{n-1}+x_{n-2}+\cdots+x_1+x_0(n\geqslant 1)$，由于 $y=x/10=x_{n-1}x_{n-2}\cdots x_1$，$x\%10=x_0$，所以对应的小问题为 $f(y)=x_{n-1}+x_{n-2}+\cdots+x_1$。假设小问题是可求的，则 $f(x)=f(x/10)+x\%10$。特殊情况是 x 的位数为 1，此时结果就是 x。对应的递归模型如下：

$$
\begin{aligned}
&f(x)=x && x\text{ 为一位整数}\\
&f(x)=f(x/10)+x\%10 && \text{其他}
\end{aligned}
$$

对应的递归算法如下：

```
public static int Sum(int x)
{  if (x>=0 && x<=9) return x;
   else return Sum(x/10)+x%10;
}
```

从中可以看出，在采用递归方法求解时关键是对问题本身进行分析，确定大、小问题解之间的关系，构造出合理的递归体，而其中最重要的又是假设出“合理”的小问题。对于上一个问题，如果假设小问题 $f(y)=x_{n-2}+x_{n-3}+\cdots+x_0$，就不如假设小问题 $f(y)=x_{n-1}+x_{n-2}+\cdots+x_1$ 简单。

*【例 5.4】 若算法 pow(x,n)用于计算 x^n(n 为大于 1 的整数)，完成以下任务：

(1) 采用递归方法设计 pow(x,n)算法。

(2) 问执行 pow(x,5)发生几次递归调用？求 pow(x,n)对应的算法复杂度是多少？

(3) 设计相应的非递归算法 pow1(x,n)。

视频讲解

解：(1) 设 $f(x,n)$用于计算 x^n，则有以下递归模型。

$f(x,n)=1$　　　　　　　　　　　　　　$n=0$

$f(x,n)=x*f(x,n/2)*f(x,n/2)$　　n 为奇数

$f(x,n)=f(x,n/2)*f(x,n/2)$　　　　n 为偶数

对应的递归算法如下：

```
public static double pow(double x,int n)
{ if(n==0) return 1;
  double p=pow(x,n/2);
  if(n%2==1) return x*p*p;                //n 为奇数
  else return p*p;                        //n 为偶数
}
```

(2) 执行 pow(x,5)的递归调用顺序是 pow(x,5)→pow(x,2)→pow(x,1)→pow(x,0)，共发生 4 次递归调用。求 pow(x,n)对应的算法复杂度是 $O(\log_2 n)$。

(3) 为了计算 x^n，可以将 n 拆成二进制数，该二进制数的第 i 位的权为 2^{i-1}，例如当 $n=11$ 时，其二进制数是$[1011]_2$，即 $11=2^3\times1+2^2\times0+2^1\times1+2^0\times1$，因此可以将 x^{11} 转化为计算 $x^{2\wedge0}\times x^{2\wedge1}\times x^{2\wedge3}$，也就是 $x^{11}=x^1\times x^2\times x^8$。

用 ans 存放计算结果，先置 ans=1，base=x，当 $n>0$ 时循环：取 n 的末尾二进制数，若为 0 则跳过，若为 1 则执行 ans *=base，再执行 base *=base，并且将 n 右移一位。最后返回 ans。简单地说，base 为权，按 x、x^2、x^4……递增，当对应二进制位为 1 时，ans 乘上相应的 base。该算法称为快速幂算法。

对应的非递归算法如下：

```
public static double pow1(double x,int n)
{ double ans=1.0,base=x;
  while(n!=0)
  {  if((n&1)==1)                          //遇到二进制位 1
        ans *=base;                        //求 ans
     base *=base;                          //权递增
     n >>= 1;                              //n 右移 1 位
  }
  return ans;
}
```

视频讲解

【例 5.5】 创建一个 n 阶螺旋矩阵并输出。例如，$n=4$ 时的螺旋矩阵如下：

```
1   2   3   4
12  13  14  5
11  16  15  6
10  9   8   7
```

解：设 $f(x,y,\text{start},n)$用于创建左上角为(x,y)、起始元素值为 start 的 n 阶螺旋矩阵，如图 5.8 所示，共 n 行 n 列，它是大问题。$f(x+1,y+1,\text{start},n-2)$用于创建左上角为$(x+1,y+1)$、起始元素值为 start 的 $n-2$ 阶螺旋矩阵，共 $n-2$ 行 $n-2$ 列，它是小问题。例如，如果 4 阶螺旋矩阵为大问题，那么 2 阶螺旋矩阵就是一个小问题，如图 5.9 所示。

对应的递归模型(大问题的 start 从 1 开始)如下：

$f(x,y,\text{start},n) \equiv$ 不做任何事情　　　　　　　$n \leqslant 0$

$f(x,y,\text{start},n) \equiv$ 产生只有一个元素的螺旋矩阵　$n=1$

$f(x,y,\text{start},n) \equiv$ 产生(x,y)的那一圈　　　　　$n>1$

$\qquad f(x+1,y+1,\text{start},n-2)$

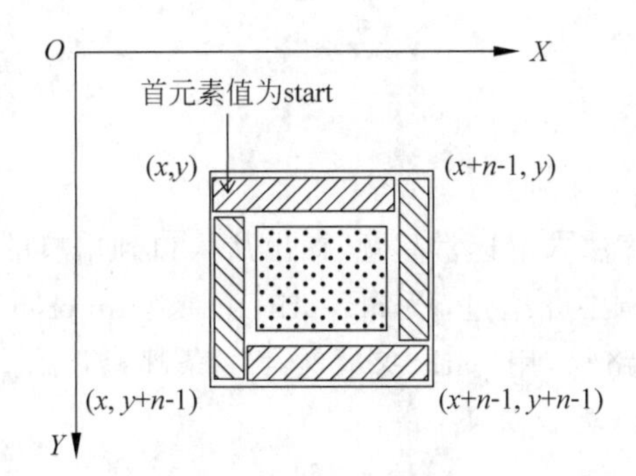

图 5.8　n 阶螺旋矩阵

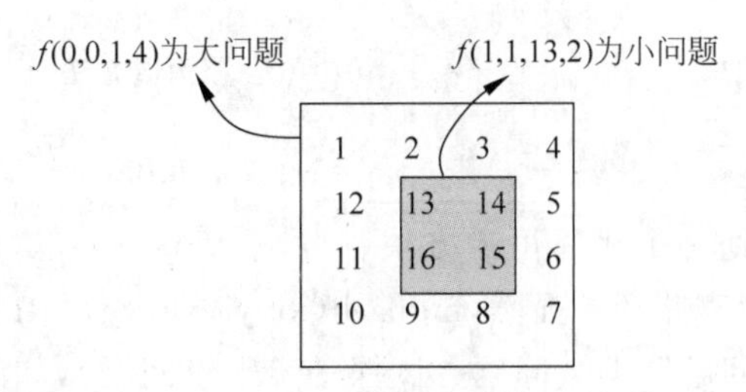

图 5.9　n=4 时的大问题和小问题

对应的完整程序如下：

```
public class Exam5_5
{ static int N=15;
  static int[][] s=new int[N][N];
  static int n;
  public static void Spiral(int x,int y,int start,int n)      //递归创建螺旋矩阵
  {  if(n<=0) return;                                       //递归结束条件
     if(n==1)                                               //矩阵大小为 1 时
     {  s[x][y]=start;
        return;
     }
     for(int j=x;j<x+n-1;j++)                               //上一行
        s[y][j]=start++;
     for(int i=y;i<y+n-1;i++)                               //右一列
        s[i][x+n-1]=start++;
     for(int j=x+n-1;j>x;j--)                               //下一行
        s[y+n-1][j]= start++;
     for(int i=y+n-1;i>y; i--)                              //左一列
        s[i][x]=start++;
     Spiral(x+1,y+1,start,n-2);                             //递归调用
  }
  public static void Display()                              //输出螺旋矩阵
  {  for(int i=0;i<n;i++)
     {  for(int j=0;j<n;j++)
```

```
                System.out.printf("%4d",s[i][j]);
            System.out.println("");
        }
    }
    public static void main(String[] args)
    {   n=5;
        Spiral(0,0,1,n);
        Display();
    }
}
```

*【例 5.6】 采用递归算法求解迷宫问题，输出从入口到出口的所有迷宫路径。

解：迷宫问题在第 3 章中介绍过，设 mgpath(int xi,int yi,int xe,int ye,path)是求从(xi,yi)到(xe,ye)的迷宫路径，用 path 变量保存一条迷宫路径，它是元素为 Box 类型的 ArrayList 对象，其中类 Box 定义如下：

视频讲解

```
class Box                                   //方块类
{  int i;                                   //方块的行号
   int j;                                   //方块的列号
   public Box(int i1,int j1)                //构造方法
   {   i=i1; j=j1; }
}
```

当从(xi,yi)方块找到一个相邻可走方块(*i*,*j*)后，mgpath(*i*,*j*,xe,ye,path)表示求从(*i*,*j*)到出口(xe,ye)的迷宫路径。显然，mgpath(xi,yi,xe,ye,path)是"大问题"，而 mgpath(*i*,*j*,xe,ye,path)是"小问题"(即大问题=试探一步+小问题)，如图 5.10 所示。求解上述迷宫问题的递归模型如下：

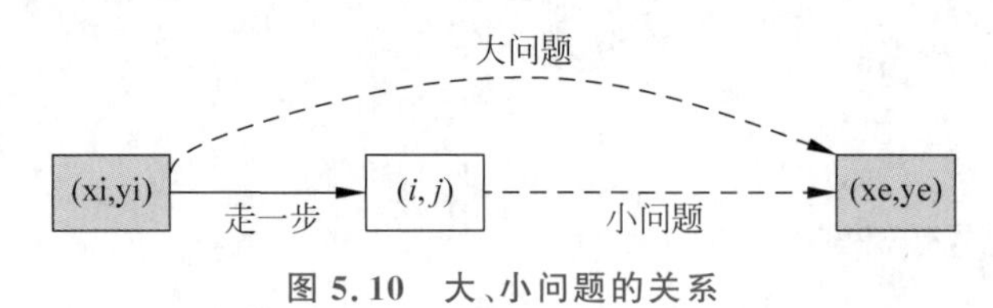

图 5.10 大、小问题的关系

mgpath(xi,yi,xe,ye,path) ≡将(xi,yi)添加到 path 中；　　　若(xi,yi)=(xe,ye)，即找到出口
　　置 mg[xi][yi]=−1；
　　输出 path 中的迷宫路径；
　　恢复出口迷宫值为 0，即置 mg[xe][ye]=0

mgpath(xi,yi,xe,ye,path) ≡ 将(xi,yi)添加到 path 中；　　　若(xi,yi)不是出口
　　置 mg[xi][yi]=−1；
　　对于(xi,yi)的每个相邻可走方块(i,j)，调用 mg(i,j,xe,ye,path)；
　　path 回退一步并置 mg[xi][yi]=0；

在上述递归模型中，对于方块(xi,yi)，先添加到 path 末尾(所有 path 中的方块都是通道，所以初始调用时入口必须是通道)，对于它的每一个相邻可走方块(*i*,*j*)都执行"小问题" mgpath(*i*,*j*,xe,ye,path)，之后需要从(xi,yi)方块回退(删除 path 中的末尾方块)并置 mg[xi][yi]为 0，其目的是恢复前面求迷宫路径而改变的环境，以便找出所有的迷宫路径。

以第 3 章中图 3.13 所示的迷宫为例，求从入口(1,1)到出口(4,4)的所有迷宫路径的完整程序如下：

```
import java.lang.*;
import java.util.*;
class Box                                              //方块类
{  int i;                                              //方块的行号
   int j;                                              //方块的列号
   public Box(int i1,int j1)                           //构造方法
   {  i=i1; j=j1; }
}
class MazeClass                                        //求解迷宫路径类
{  final int MaxSize=20;
   int[][] mg;                                         //迷宫数组
   int m,n;                                            //迷宫的行列数
   int cnt=0;                                          //累计迷宫路径数
   public MazeClass(int m1,int n1)                     //构造方法
   {  m=m1;
      n=n1;
      mg=new int[MaxSize][MaxSize];
   }
   public void Setmg(int[][] a)                        //设置迷宫数组
   {  for(int i=0;i<m;i++)
         for(int j=0;j<n;j++)
            mg[i][j]=a[i][j];
   }
   void mgpath(int xi,int yi,int xe,int ye,ArrayList<Box> path)//求解迷宫路径为(xi,yi)->(xe,ye)
   {  Box b;
      int di,i=0,j=0;
      b=new Box(xi,yi);
      path.add(b);                                     //将(xi,yi)添加到 path 中
      mg[xi][yi]=-1;                                   //mg[xi][yi]=-1
      if(xi==xe && yi==ye)                             //找到了出口,输出一个迷宫路径
      {  System.out.printf("迷宫路径%d:",++cnt);//输出 path 中的迷宫路径
         for(int k=0;k<path.size();k++)
            System.out.printf("  (%d,%d)",path.get(k).i,path.get(k).j);
         System.out.println();
         mg[xi][yi]=0;                                 //恢复为 0,否则其他路径找不到出口
      }
      else                                             //(xi,yi)不是出口
      {  di=0;
         while(di<4)                                   //处理(xi,yi)四周的每个相邻方块(i,j)
         {  switch(di)
            {
            case 0:i=xi-1;  j=yi;    break;
            case 1:i=xi;    j=yi+1;  break;
            case 2:i=xi+1;  j=yi;    break;
            case 3:i=xi;    j=yi-1;  break;
            }
            if(mg[i][j]==0)                            //(i,j)可走时
               mgpath(i,j,xe,ye,path);                 //从(i,j)出发查找迷宫路径
            di++;                                      //继续处理(xi,yi)的下一个相邻方块
         }
      }
      path.remove(path.size()-1);                      //删除 path 中的末尾方块(回退一个方块)
```

```
            mg[xi][yi]=0;
        }
    }
    public class Exam5_6
    {   public static void main(String[] args)
        {   int[][] a={ {1,1,1,1,1,1},{1,0,1,0,0,1},
                        {1,0,0,1,1,1},{1,0,1,0,0,1},
                        {1,0,0,0,0,1},{1,1,1,1,1,1} };
            MazeClass mz=new MazeClass(6,6);
            ArrayList<Box> path=new ArrayList<Box>();
            mz.Setmg(a);
            mz.mgpath(1,1,4,4,path);
        }
    }
```

上述程序的执行结果如下:

```
迷宫路径1: (1,1)  (2,1)  (3,1)  (4,1)  (4,2)  (4,3)  (3,3)  (3,4)  (4,4)
迷宫路径2: (1,1)  (2,1)  (3,1)  (4,1)  (4,2)  (4,3)  (4,4)
```

本例求出了所有的迷宫路径,可以通过路径长度的比较求出最短迷宫路径(可能存在多条最短迷宫路径)。

自测题

5.3 练习题

5.3.1 问答题

1. 两个非负整数 a 和 b 相加时,若 b 为0,则结果为 a,利用Java语言中的"++"和"--"运算符给出其递归定义。

2. 求两个正整数的最大公约数(gcd)的欧几里得定理是对于两个正整数 a 和 b,当 $a>b$ 并且 $a\%b=0$ 时最大公约数为 b,否则最大公约数等于其中较小的那个数和两数相除余数的最大公约数。请给出对应的递归模型。

3. 有以下递归函数:

```
public static void fun(int n)
{   if(n==1)
        System.out.printf("a:%d\n",n);
    else
    {   System.out.printf("b:%d\n",n);
        fun(n-1);
        System.out.printf("c:%d\n",n);
    }
}
```

分析调用fun(5)的输出结果。

4. 有如下递归函数fact(n),求问题规模为 n 时的时间复杂度和空间复杂度。

```
int fact(int n)
{   if(n<=1)
        return 1;
```

```
    else
        return n * fact(n-1);
}
```

5.3.2 算法设计题

1. 角谷定理。输入一个自然数,若为偶数,则把它除以 2,若为奇数,则把它乘以 3 加 1。经过如此有限次运算后,总可以得到自然数值 1。设计一个递归算法求经过多少次可得到自然数 1。例如输入 22,输出 STEP=16,即自然数 22 经过 16 次可得到自然数 1。

2. 对于含 n 个整数的数组 $a[0..n-1]$,可以这样求最大元素值:

(1) 若 $n=1$,则返回 $a[0]$。

(2) 否则取中间位置 mid,求出前半部分中的最大元素值 max1,求出后半部分中的最大元素值 max2,返回 max(max1,max2)。

给出实现上述过程的递归算法。

3. 设有一个不带表头结点的整数单链表 p,设计一个递归算法 getno(p,x)查找第一个值为 x 的结点的序号(假设首结点的序号为 0),没有找到时返回-1。

4. 设有一个不带表头结点的整数单链表 p,设计两个递归算法,maxnode(p)返回单链表 p 中的最大结点值,minnode(p)返回单链表 p 中的最小结点值。

5. 设有一个不带表头结点的整数单链表 p,设计一个递归算法 replace(p,x,y)将单链表 p 中所有值为 x 的结点替换为 y。

6. 设有一个不带表头结点的整数单链表 p,设计两个递归算法,delx(p,x)删除单链表 p 中第一个值为 x 的结点,delxall(p,x)删除单链表 p 中所有值为 x 的结点。

5.4 实验题

5.4.1 上机实验题

1. Fibonacci 数列递归算法的改进。5.1.2 节中求 Fibonacci 数列的递归算法 Fib1(n)是低效的,包含大量重复的计算,请仍然采用递归改进该算法,并且输出 $n=40$ 时两个算法的执行时间。

2. 求楼梯走法数问题。一个楼梯有 n 个台阶,上楼可以一步上一个台阶,也可以一步上两个台阶,编写一个实验程序求上楼梯共有多少种不同的走法。

3. 求解皇后问题。在 $n\times n$ 的方格棋盘上放置 n 个皇后,要求每个皇后不同行、不同列、不同左右对角线,编写一个实验程序求 n 皇后的所有解。

5.4.2 在线编程题

1. POJ1664——放苹果

时间限制:1000ms;空间限制:10 000KB。

问题描述:把 m 个同样的苹果放在 n 个同样的盘子里,允许有的盘子空着不放,问共有多少种不同的分法(用 k 表示)? 注意 5,1,1 和 1,5,1 是同一种分法。

输入格式：第一行是测试数据的数目 $t(0\leqslant t\leqslant 20)$，以下每行均包含两个整数 m 和 n，以空格分开，$1\leqslant m,n\leqslant 10$。

输出格式：对于输入的每组数据 m 和 n，用一行输出相应的 k。

输入样例：

```
1
7 3
```

输出样例：

```
8
```

2. POJ2083——分形问题

时间限制：1000ms；空间限制：30 000KB。

问题描述：分形是从某种技术意义上在所有尺度上以自相似方式显示的物体或数值。物体不需要在所有尺度上都具有完全相同的结构，但在所有尺度上必须具有相同的结构"类型"。盒子分形的定义如下：

1 级盒子分形是简单的：

```
X
```

2 级盒子分形是：

```
X X
 X
X X
```

如果用 B($n-1$)表示 $n-1$ 级盒子分形，那么递归地定义 n 级盒子分形如下：

```
B(n-1)        B(n-1)
       B(n-1)
B(n-1)        B(n-1)
```

请画出 n 级盒子分形。

输入格式：输入包含几个测试用例。输入的每一行包含一个不大于 7 的正整数 n，输入的最后一行是负整数－1，表示输入结束。

输出格式：对于每个测试用例，使用 X 表示法输出框分形。注意 X 是一个大写字母。在每个测试用例后打印一行，该行只有一个短画线。

输入样例：

```
1
2
3
4
-1
```

输出样例：输出结果如图 5.11 所示。

3. HDU2021——发工资问题

时间限制：2000ms；空间限制：65 536KB。

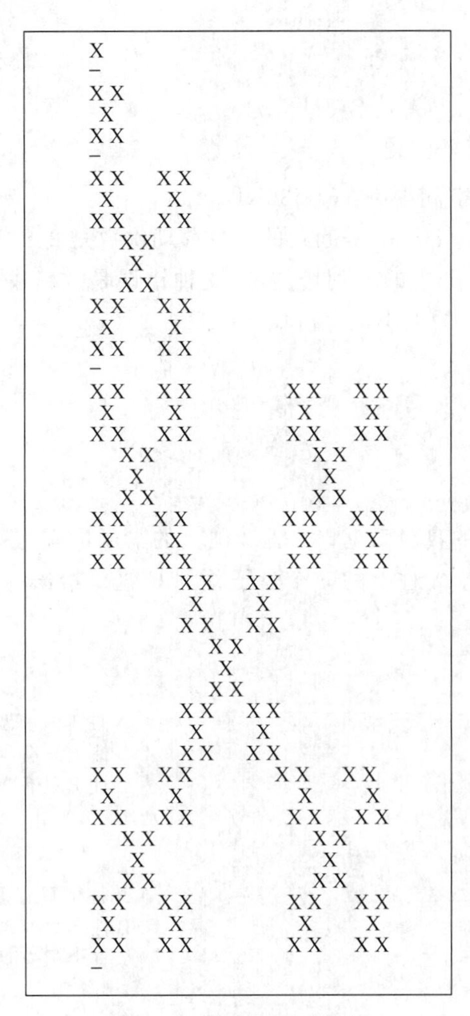

图 5.11　样例的输出结果

问题描述：作为学校的老师，最盼望的日子就是每月的 8 号了，但是对于学校财务处的工作人员来说，这一天则是很忙碌的一天。财务处的小胡老师最近在考虑一个问题：如果知道每个老师的工资额，最少需要准备多少张人民币才能在给每位老师发工资的时候不用老师找零呢？这里假设老师的工资都是正整数，单位为元，人民币一共有 100 元、50 元、10 元、5 元、2 元和 1 元 6 种。

输入格式：输入数据包含多个测试用例，每个测试用例的第一行是一个整数 n（$n<100$），表示老师的人数，然后是 n 个老师的工资。$n=0$ 表示输入结束，不做处理。

输出格式：对于每个测试用例输出一个整数 x，表示最少需要准备的人民币张数。每个输出占一行。

输入样例：

```
3
1 2 3
0
```

输出样例:

```
4
```

4. HDU1997——汉诺塔问题

时间限制:2000ms;空间限制:65 536KB。

问题描述:n 个盘子的 Hanoi 塔问题的最少移动次数是 2^n-1,即在移动过程中会产生 2^n 个系列。由于发生错移产生的系列增加了,这种错误是放错了柱子,并不会把大盘放到小盘上,即各柱子从下往上的大小仍保持如下关系:

$$n=m+p+q$$
$$a_1>a_2>\cdots>a_m$$
$$b_1>b_2>\cdots>b_p$$
$$c_1>c_2>\cdots>c_q$$

其中 a_i 是 A 柱上的盘子的盘号系列,b_i 是 B 柱上的盘子的盘号系列,c_i 是 C 柱上的盘子的盘号系列,最初目标是将 A 柱上的 n 个盘子移到 C 盘。给出一个系列,判断它是否为在正确移动中产生的系列。

例 1,$n=3$

```
3                                                   //A 柱上只有盘号为 3 的盘子
2                                                   //B 柱上只有盘号为 2 的盘子
1                                                   //C 柱上只有盘号为 1 的盘子
```

是正确的。而例 2,$n=3$

```
3                                                   //A 柱上只有盘号为 3 的盘子
1                                                   //B 柱上只有盘号为 1 的盘子
2                                                   //C 柱上只有盘号为 2 的盘子
```

是不正确的。

注意:对于例 2,如果目标是将 A 柱上的 n 个盘子移到 B 盘,则是正确的。

输入格式:包含多组数据,首先输入 t,表示有 t 组数据,每组数据 4 行,第一行 n 是盘子的数目,$n\leqslant 64$,后 3 行如下:

$$m\ a_1\ a_2\cdots\ a_m$$
$$p\ b_1\ b_2\cdots\ b_p$$
$$q\ c_1\ c_2\cdots\ c_q$$

其中,$n=m+p+q$,$0\leqslant m\leqslant n$,$0\leqslant p\leqslant n$,$0\leqslant q\leqslant n$。

输出格式:对于每组数据,判断它是否为在正确移动中产生的系列,正确时输出 true,否则输出 false。

输入样例:

```
6
3
1 3
1 2
1 1
```

```
3
1 3
1 1
1 2
6
3 6 5 4
1 1
2 3 2
6
3 6 5 4
2 3 2
1 1
3
1 3
1 2
1 1
20
2 20 17
2 19 18
16 16 15 14 13 12 11 10 9 8 7 6 5 4 3 2 1
```

输出样例：

```
true
false
false
false
true
true
```

5. HDU2013——蟠桃记问题

时间限制：2000ms；空间限制：65 536KB。

问题描述：喜欢《西游记》的同学肯定都知道悟空偷吃蟠桃的故事，读者一定觉得这猴子太闹腾了，其实读者是有所不知，悟空是在研究一个数学问题！什么问题？他研究的问题是蟠桃一共有多少个。不过，到最后他还是没能解决这个难题。当时的情况是这样的：第一天悟空吃掉桃子总数的一半多一个，第二天又将剩下的桃子吃掉一半多一个，以后每天吃掉前一天剩下的一半多一个，到第 n 天准备吃的时候只剩下一个桃子。请帮悟空算一下，他第一天开始吃的时候桃子一共有多少个？

输入格式：输入数据有多组，每组占一行，包含一个正整数 $n(1<n<30)$，表示只剩下一个桃子的时候是在第 n 天发生的。

输出格式：对于每组输入数据，输出第一天开始吃的时候桃子的总数，每个测试用例占一行。

输入样例：

```
2
4
```

输出样例：

```
4
22
```

6. POJ1979——红与黑问题

时间限制：1000ms；空间限制：30 000KB。

问题描述：一间长方形客房铺有方形瓷砖，每块瓷砖为红色或黑色。一个男人站在黑色瓷砖上，他可以移动到 4 个相邻瓷砖中的一个，但他不能在红色瓷砖上移动，只能在黑色瓷砖上移动。编写一个程序，通过重复上述动作来计算他可以到达的黑色瓷砖的数量。

输入格式：输入由多个数据集组成。数据集以包含两个正整数 W 和 H 的行开始，W 和 H 分别是 x 和 y 方向上的瓷砖数量，W 和 H 不超过 20，数据集中还有 H 行，每行包含 W 个字符。每个字符代表的内容如下：

(1) '.'代表黑色瓷砖。

(2) '#'代表红色瓷砖。

(3) '@'代表黑色瓷砖上的男人(在一个数据集中只出现一次)。

输入的结尾由两个 0 组成的行表示。

输出格式：对于每个数据集，编写的程序应输出一行，其中包含该男人可以从初始瓷砖(包括其自身)到达的瓷砖的数量。

输入样例：

```
6 9
....#.
.....#
......
......
......
......
......
#@...#
.#..#.
11 9
.#.........
.#.#######.
.#.#.....#.
.#.#.###.#.
.#.#..@#.#.
.#.#####.#.
.#.......#.
.#########.
...........
11 6
..#..#..#..
..#..#..#..
..#..#..###
..#..#..#@.
..#..#..#..
..#..#..#..
```

```
7 7
..#.#..
..#.#..
###.###
...@...
###.###
..#.#..
..#.#..
0 0
```

输出样例：

```
45
59
6
13
```

7. POJ3752——字母旋转游戏

时间限制：1000ms；空间限制：65 536KB。

问题描述：给定两个整数 m、n，生成一个 $m\times n$ 的矩阵，矩阵中元素的取值为 A～Z 的 26 个字母中的一个，A 在左上角，其余各数按顺时针方向旋转前进，依次递增放置，当超过 26 时又从 A 开始填充。例如，当 $m=5$、$n=8$ 时矩阵中的内容如图 5.12 所示。

```
A B C D E F G H
V W X Y Z A B I
U J K L M N C J
T I H G F E D K
S R Q P O N M L
```

图 5.12　$m=5$、$n=8$ 时的矩阵

输入格式：m 为行数，n 为列数，其中 m、n 都为大于 0 的整数。

输出格式：分行输出相应的结果。

输入样例：

```
4 9
```

输出样例：

```
A B C D E F G H I
V W X Y Z A B C J
U J I H G F E D K
T S R Q P O N M L
```

CHAPTER 6

第6章　数组和稀疏矩阵

数组可以看成是线性表的推广，稀疏矩阵是特殊的二维数组。本章主要学习要点如下：

(1) 数组和一般线性表之间的差异。

(2) 数组的存储结构和元素地址的计算方法。

(3) 数组的应用算法设计。

(4) Java 中的数组类 Arrays 及其使用。

(5) 各种特殊矩阵(例如对称矩阵、上/下三角矩阵和对角矩阵)的压缩存储方法。

(6) 稀疏矩阵的各种存储结构以及基本运算实现算法。

(7) 灵活运用数组和稀疏矩阵解决一些较复杂的应用问题。

6.1　数组

本节介绍数组的定义、数组的存储结构和几种特殊矩阵的压缩存储等。

6.1.1　数组的基本概念

几乎所有的计算机语言都提供了数组类型，但直接将数组看成“连续的存储单元集合”是片面的，数组也分为逻辑结构和存储结构，尽管在计算机语言中实现数组通常是采用连续的存储单元集合，但并不能说数组只能这样实现。

从逻辑结构上看，数组是一个二元组(idx，value)的集合，对于每个 idx，都有一个 value 值与之对应。idx 称为下标，可以由一个整数、两个整数或多个整数构成，下标含有 $d(d\geqslant 1)$个整数时称数组的维数是 d。数组按维数分为一维、二维和多维数组。

一维数组 A 是 $n(n>1)$个相同类型的元素 a_0、a_1、……、a_{n-1} 构成的有限序列，其逻辑表示为 $A=(a_0,a_1,\cdots,a_{n-1})$，其中，A 是数组名，$a_i(0\leqslant i\leqslant n-1)$是数组 A 中序号为 i 的元素。

一个二维数组可以看作每个数据元素都是相同类型的一维数组的一维

数组。以此类推,多维数组可以看作一个这样的线性表,其中的每个元素又是一个线性表。

大家也可以这样看,一个 d 维数组中含有 $b_1 \times b_2 \times \cdots \times b_d$(假设第 i 维的大小为 b_i)个元素,每个元素受到 d 个关系的约束,且这 d 个关系都是线性关系。当 $d=1$ 时,数组就退化为定长的线性表,当 $d>1$ 时,d 维数组可以看成是线性表的推广。例如,图 6.1 所示的二维数组的逻辑关系用二元组表示如下:

$$\begin{bmatrix} 1 & 2 & 3 & 4 \\ 5 & 6 & 7 & 8 \\ 9 & 10 & 11 & 12 \end{bmatrix}$$

图 6.1　一个二维数组

$B=(D,R)$
$R=\{r_1,r_2\}$
$r_1=\{<1,2>,<2,3>,<3,4>,<5,6>,<6,7>,<7,8>,<9,10>,<10,11>,<11,12>\}$
$r_2=\{<1,5>,<5,9>,<2,6>,<6,10>,<3,7>,<7,11>,<4,8>,<8,12>\}$

其中,D 含有 12 个元素,这些元素之间有两种关系,r_1 表示行关系,r_2 表示列关系,r_1 和 r_2 均为线性关系。

数组具有以下特点:

(1) 数组中的各元素具有统一的数据类型。

(2) $d(d \geqslant 1)$维数组中的非边界元素有 d 个前驱元素和 d 个后继元素。

(3) 在数组维数确定后,数据元素个数和元素之间的关系不再发生改变,特别适合于顺序存储。

(4) 每个有意义的下标都存在一个与其相对应的数组元素值。

d 维数组抽象数据类型的定义如下:

```
ADT Array
{
数据对象:
  D={ 数组中的所有元素 }
数据关系:
  R={r1,r2,…,rd}
  ri={元素之间第 i 维的线性关系 | i=1,…,d}
基本运算:
  Value(A,i1,i2,…,id):A 是已存在的 d 维数组,其运算结果是返回 A[i1,i2,…,id]值。
  Assign(A,e,i1,i2,…,id):A 是已存在的 d 维数组,其运算结果是置 A[i1,i2,…,id]=e。
  …
}
```

6.1.2　数组的存储结构

视频讲解

数组的主要操作是存取元素值,没有插入和删除操作,所以数组通常采用顺序存储方式来实现。

1. 一维数组

一维数组的所有元素按逻辑次序存放在一片连续的内存存储单元中,其起始地址为元素 a_0 的地址,即 LOC(a_0)。假设每个数据元素占用 k 个存储单元,则任一数据元素 a_i 的存储地址 LOC(a_i)就可以由以下公式求出:

$$\text{LOC}(a_i)=\text{LOC}(a_0)+i \times k \quad (1 \leqslant i < n)$$

该式说明一维数组中任一元素的存储地址可直接计算得到,即一维数组中的任一元素可直接存取,正因为如此,一维数组具有随机存储特性。

2. d 维数组

对于 $d(d\geqslant 2)$ 维数组,必须约定其元素的存放次序(存储方案),这是因为存储单元是一维的(计算机的存储结构是线性的),而数组是 d 维的。通常 d 维数组的存储方案有按行优先和按列优先两种。

下面以 m 行 n 列的二维数组 $\mathbf{A}_{m\times n}=(a_{i,j})$ 为例进行讨论(二维数组也称为矩阵)。

A 按行优先存储的形式如图 6.2 所示,假设每个元素占 k 个存储单元,$\mathrm{LOC}(a_{0,0})$ 表示 $a_{0,0}$ 元素的存储地址,对于元素 $a_{i,j}$,其存储地址为:

$\mathrm{LOC}(a_{i,j})=\mathrm{LOC}(a_{0,0})+(i\times n+j)\times k$ ← 每个元素占 k 个存储单元

在第 i 行中,$a_{i,j}$ 前面 j 个元素

$a_{i,j}$ 前面有 0～i-1 共 i 行,每行 n 个元素,共有 $i\times n$ 个元素

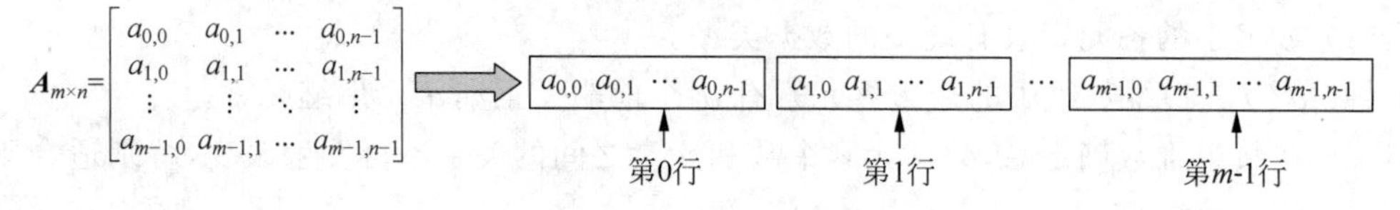

图 6.2　按行优先存储

A 按列优先存储的形式如图 6.3 所示,对于元素 $a_{i,j}$,其存储地址为:

$\mathrm{LOC}(a_{i,j})=\mathrm{LOC}(a_{0,0})+(j\times m+i)\times k$ ← 每个元素占 k 个存储单元

在第 j 列中,$a_{i,j}$ 前面 i 个元素

$a_{i,j}$ 前面有 0～j-1 共 j 列,每列 m 个元素,共有 $j\times m$ 个元素

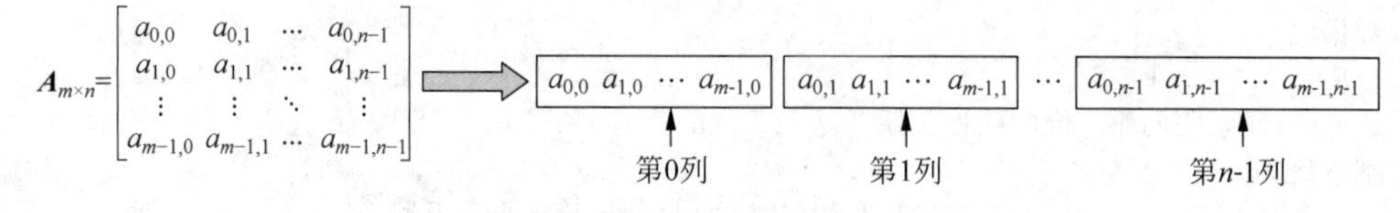

图 6.3　按列优先存储

前面均假设二维数组的行、列下界为 0。更一般的情况是二维数组的行下界是 c_1、行上界是 d_1,列下界是 c_2、列上界是 d_2,即为数组 $A[c_1..d_1,c_2..d_2]$[①],则该数组按行优先存储时有:

$$\mathrm{LOC}(a_{i,j})=\mathrm{LOC}(a_{c1,c2})+[(i-c_1)\times(d_2-c_2+1)+(j-c_2)]\times k$$

按列优先存储时有:

$$\mathrm{LOC}(a_{i,j})=\mathrm{LOC}(a_{c1,c2})+[(j-c_2)\times(d_1-c_1+1)+(i-c_1)]\times k$$

综上所述,从二维数组的元素地址计算公式 $\mathrm{LOC}(a_{i,j})$ 看出,一旦数组元素的下标和元素类型确定,对应元素的存储地址就可以直接计算出来,也就是说与一维数组相同,二维数

① $A[c_1..d_1,c_2..d_2]$表示数组 A 的行号从 c_1 到 c_2、列号从 d_1 到 d_2,例如,由于在 Java 语言中规定数组下标从 0 开始,所以 $A[m]$数组可以表示为 $A[0..m-1]$,$A[m][n]$或 $A[m,n]$数组可以表示为 $A[0..m-1,0..n-1]$。

组也具有随机存储特性。这样的推导公式和结论可推广至三维甚至更高维数组中。

【例 6.1】 设有二维数组 a[1..50,1..80]，其 a[1][1]元素的地址为 2000，每个元素占两个存储单元，若按行优先存储，则元素 a[45][68]的存储地址为多少？若按列优先存储，则元素 a[45][68]的存储地址为多少？

解：在按行优先存储时，元素 a[45][68]前面有 1～44 行，每行 80 个元素，计 44×80 个元素，在第 45 行中，元素 a[45][68]前面有 a[45][1..67]计 67 个元素，这样元素 a[45][68]前面存储的元素的个数＝44×80＋67，所以 LOC(a[45][68])＝2000＋(44×80＋67)×2＝9174。

在按列优先存储时，元素 a[45][68]前面有 1～67 列，每列 50 个元素，计 67×50 个元素，在第 68 列中，元素 a[45][68]前面有 a[1..44][68]计 44 个元素，这样元素 a[45][68]前面存储的元素的个数＝67×50＋44，所以 LOC(a[45][68])＝2000＋(67×50＋44)×2＝8788。

6.1.3 Java 中的数组

1. 一维数组

Java 声明一维数组的语法有两种，两者在形式上稍有差异，但使用效果完全一样：

```
int[] a;                              //第一种
int a[];                              //第二种
```

与 C/C++不同，Java 中的数组是一种引用类型的变量，数组变量并不是数组本身，它只是指向堆内存中的数组对象，因此在[]中无须指定数组元素的个数，即数组长度，所以必须在分配内存空间后才能访问数组中的元素。为数组分配内存空间的方式如下：

```
int[] a;                              //定义一个 int 数组变量 a
a=new int[3];                         //为 int 数组变量 a 指定数组元素个数为 3,此时分配内存空间
```

也可以这样写：

```
int[] a=new int[3];                   //相当于在定义 int 数组变量的时候为其分配内存空间
```

Java 数组的初始化有两种方式，一种是静态初始化，即初始化时由程序员显式指定每个数组元素的初始值，由系统确定数组长度；另外一种是动态初始化，即初始化时程序员只指定数组长度，由系统为数组元素分配初始值。例如：

```
int[] a=new int[]{1,2,3};             //静态初始化
String[] b=new String[3];             //动态初始化
b[0]="Hello";
b[1]="World";
b[2]="Hello World";
```

不管采用哪种方式初始化 Java 数组，一旦初始化完成，该数组的长度就不可以改变。在 Java 中通过数组的 length 属性来获取数组的长度。

Java 数组在内存中存储时一般需要 24 字节的头信息（占用 24 字节）再加上保存值所需的内存。例如，int[] c=new int[N]定义的一维数组 c 的内存空间如图 6.4 所示，总共占用

24＋4N 字节。

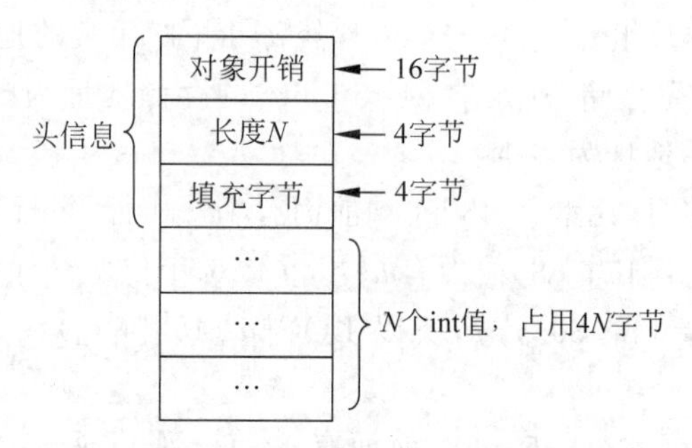

图 6.4　一维数组的内存空间

用户可以通过下标来访问数组元素，与 C/C++不同，Java 在引用数组元素时要进行越界检查，以确保程序的安全性，如果出现数组的下标越界的情况，就会自动抛出数组越界异常(java.lang.ArrayIndexOutOfBoundsException)。

数组遍历的最基本的方式是使用 for 循环，例如：

```
int[] a={1,2,3,4,5};
for(int i=0;i<a.length;i++)
   System.out.printf("%3d",a[i]);
System.out.println();
```

Java 提供了增强版的 for 循环(foreach 格式)，专门用来遍历数组，例如：

```
for(int e:a)                              //变量 e 遍历数组 a 中的所有元素
   System.out.printf("%3d",e);
System.out.println();
```

2. 二维数组

二维数组的声明、初始化和访问元素与一维数组相似，例如：

```
int[][] a={{1,2},{2,3},{4,5}}; //静态初始化
int[][] b=new int[2][3];
b[0][0]=1;                                //动态初始化
b[0][1]=2;
//…
b[1][2]=6;
```

在 Java 语言中把二维数组看作是一维数组的数组，数组空间不是连续分配的，所以不要求二维数组中每一维的大小相同。例如：

```
int[][] a=new int[2][];
a[0]=new int[3];
a[1]=new int[5];
System.out.printf("数组 a 的大小:%d\n",a.length);        //输出:2
System.out.printf("a[0]的大小:%d\n",a[0].length);       //输出:3
System.out.printf("a[1]的大小:%d\n",a[1].length);       //输出:5
```

以 double[][] c=new double[M][N]为例，c 是一个 M 行 N 列的二维数组，在内存中

存储时，c 的每个元素又是一个一维数组，存放的是对应一维数组的引用，其内存空间如图 6.5 所示。这里每个对象引用地址为 8 字节，总共占用 $24+8M+M(24+8N)=24+32M+8MN$ 字节。

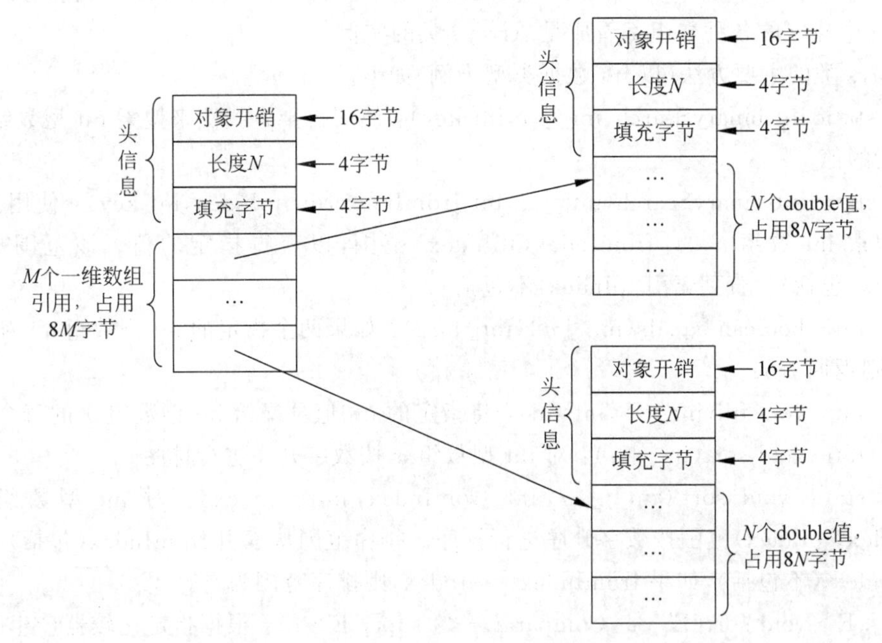

图 6.5　二维数组的内存空间

有关 Java 数组的几点说明如下：

(1) Java 数组都是静态数组，一旦被声明其容量就固定了，不能改变，所以在声明数组时一定要考虑数组的最大容量，防止出现容量不够的现象。

(2) 如果希望在执行程序时动态地改变容量，可以使用 Java 集合中的 ArrayList 或者 Vector 容器。

(3) 由于 Java 中的数组(非基本类型的一维数组或者二维及二维以上的数组)并不像 C/C++ 中的数组那样占用一片连续空间，所以 C/C++ 数组的一些优化操作并不适合 Java 数组。例如，在 C/C++ 中定义二维数组：

```
int a[500][1000];
```

有以下两个程序段：

```
for(int i=0;i<500;i++)              //程序段 1
  for(int j=0;j<1000;j++)
      a[i][j]=i+j;

for(int j=0;j<1000;j++)             //程序段 2
  for(int i=0;i<500;i++)
      a[i][j]=i+j;
```

程序段 1 的性能明显好于程序段 2，这是因为 C/C++ 数组按行优先存储，而程序段 1 的访问顺序恰好也是按行优先访问的。但在 Java 中性能的提升并不明显，这是因为 Java 中二维数组的所有元素并非占用一片连续空间,需要寻址访问元素。

视频讲解

3. Java 中的数组类 Arrays

在 Java 中提供了 Arrays 类可以方便地操作数组,它提供的所有方法都是静态的,实际上在 Java 中建立的各种数组都看成是 Arrays 类的实例。

Arrays 类的主要方法(以 int 数据类型为例)如下。

(1) static int binarySearch(int[] *a*,int key):使用折半查找法来搜索 int 型数组 *a*,以获得指定的值。

(2) static int binarySearch(int[] *a*,int fromIndex,int toIndex,int key):使用折半查找法来搜索 int 数组 *a* 的[fromIndex,toIndex)范围,以获得指定的值。该范围从索引 fromIndex(包括)一直到索引 toIndex(不包括)。

(3) static boolean equals(int[] *a*1,int[] *a*2):如果两个指定的 int 型数组 *a*1 和 *a*2 彼此相等,则返回 true。

(4) static void fill(int[] *a*,int val):将指定的 int 值分配给 int 型数组 *a* 的每个元素。

(5) static void sort(int[] *a*):对 int 型数组 *a* 按数字升序进行排序。

(6) static void sort(int[] *a*, int fromIndex, int toIndex):对 int 型数组 *a* 的[fromIndex,toIndex)范围按数字升序进行排序。排序范围从索引 fromIndex(包括)一直到索引 toIndex (不包括),如果 fromIndex=toIndex,则排序范围为空。

(7) <E> void sort(E[] *a*,Comparator<? super E> c):根据指定比较器产生的顺序对对象数组 *a* 进行排序。

(8) <E> void sort(E[] *a*,int fromIndex,int toIndex,Comparator<? super E> c):根据指定比较器产生的顺序对指定对象数组 *a* 从索引 fromIndex(包括)一直到索引 toIndex(不包括)范围内的元素进行排序。

(9) static String toString(int[] *a*):返回 int 型数组 *a* 的内容的字符串表示形式。

【例 6.2】 有一个整数数组为(6,2,1,9,5,7,4,3,8),采用 Arrays 类的 sort()方法实现以下方式的排序:

(1) 全部元素递增排序。

(2) 全部元素递减排序。

(3) 将[2..6)范围内的元素递增排序。

解:采用 3 个数组存放(6,2,1,9,5,7,4,3,8),分别实现例中要求的排序。对应的程序如下:

```
import java.util.*;
public class Exam6_2
{  public static void main(String[] args)
   {  int[] a={6,2,1,9,5,7,4,3,8};
      System.out.print("增序排序: ");
      Arrays.sort(a);
      for(int i=0;i<a.length;i++)                    //输出:1 2 3 4 5 6 7 8 9
         System.out.print(a[i]+" ");
      System.out.print("\n 减序排序: ");              //需要使用包装类型而不是基本类型
      Integer[] b={6,2,1,9,5,7,4,3,8};
```

```
        Arrays.sort(b, new Comparator<Integer>()
        {  public int compare(Integer o1, Integer o2)    //返回值>0 时进行交换
           {  return o2-o1; }
        });
        for(Integer x:b)                                 //输出:9 8 7 6 5 4 3 2 1
            System.out.print(x+" ");
        System.out.print("\n 部分排序: ");
        int[] c={6,2,1,9,5,7,4,3,8};                     //对数组的[2,6)区间进行排序
        Arrays.sort(c,2,6);
        for(int i=0;i<c.length;i++)                      //输出:6 2 1 5 7 9 4 3 8
            System.out.print(c[i]+" ");
    }
}
```

6.1.4 数组的应用

本节通过几个示例讨论数组的应用。

【例 6.3】 有一个 n 阶二维整数数组 a,设计一个算法将所有元素转置。

解:对于 n 阶二维整数数组 a,转置运算就是将上三角部分的元素 $a[i][j]$($0\leqslant i\leqslant n-1$, $0\leqslant j<i$)与下三角部分的元素 $a[j][i]$交换。对应的算法如下:

```
public static void Trans(int[][]a)                      //转置算法
{ int tmp;
  for(int i=0;i<a.length;i++)
     for(int j=0;j<i;j++)
     {  tmp=a[i][j];
        a[i][j]=a[j][i];
        a[j][i]=tmp;
     }
}
```

*【例 6.4】 有一个 n 阶二维整数数组 a,设计一个算法求 a^k(k 为大于 1 的整数),结果矩阵元素值取模 111 的结果。例如,$\begin{bmatrix}1 & 2 & 1\\0 & 2 & 3\\1 & 0 & 1\end{bmatrix}^5=\begin{bmatrix}13 & 69 & 58\\3 & 65 & 48\\52 & 76 & 13\end{bmatrix}$。

解:如果直接求 $a^k=a\times\cdots\times a$,需要做 $k-1$ 次矩阵乘法运算,由于一次乘法运算的时间为 $O(n^3)$,所以这样做的算法时间复杂度为($k\times n^3$),当 k 较大时算法的性能低下。

可以借鉴第 5 章中例 5.4 的快速幂算法。置 MOD=111,由于这里是矩阵阶乘,需要将原来 ans 初始设置为 1 改成设置为 n 阶单元矩阵(左上—右下对角线元素为 1,其他元素为 0),将 base 置为 a。对应的算法如下:

```
public static int[][] mult(int[][] a,int[][] b)        //返回矩阵 a 和矩阵 b 相乘的矩阵
{ int n=a.length;
  int[][] c=new int[n][n];
  for(int i=0;i<n;i++)
     for(int j=0;j<n;j++)
     {  for(int k=0;k<n;k++)
            c[i][j] += (a[i][k] * b[k][j]) % MOD;
```

```
            c[i][j] %= MOD;
        }
    return c;
}
public static int[][] pow(int[][] a,int k)              //返回 a^k 的矩阵
{ int n=a.length;
  int[][] ans=new int[n][n];                             //建立 ans 矩阵
  for(int i=0;i<n;i++)                                   //置 ans 为单位矩阵
      ans[i][i]=1;
  int[][] base=new int[n][n];                            //建立 base 矩阵
  for(int i=0;i<n;i++)                                   //置 base=a
      for(int j=0;j<n;j++)
          base[i][j]=a[i][j];
  while(k!=0)
  {   if((k&1)==1)                                       //遇到二进制位 1
          ans=mult(ans,base);
      base=mult(base,base);                              //倍乘
      k >>= 1;                                           //右移一位
  }
  return ans;
}
```

上述算法的时间复杂度为 $O(\log_2 k \times n^3)$。

【例 6.5】 有一个含 n 个整数的一维数组 a，设计一个算法求任意两个元素差的绝对值的最小值。

解：将数组 a 的所有元素递增排序，求两两元素差的绝对值，比较求出最小的差绝对值。对应的算法如下：

```
public static int mind(int[] a)
{ int n=a.length;
  Arrays.sort(a);                                        //递增排序
  int d=a[n-1]-a[0];                                     //置最大差绝对值
  for(int i=1;i<n;i++)
      if(a[i]-a[i-1]<d)
          d=a[i]-a[i-1];
  return d;
}
```

数组 a 中 n 个元素排序的时间为 $O(n\log_2 n)$，上述算法的时间复杂度为 $O(n\log_2 n)$。

6.2 特殊矩阵的压缩存储

二维数组也称为矩阵。对于一个 m 行 n 列的矩阵，当 $m=n$ 时称为方阵，方阵的元素可以分为 3 个部分，即上三角部分、主对角线部分和下三角部分，如图 6.6 所示。

所谓特殊矩阵是指非零元素或常量元素的分布有一定规律的矩阵，为了节省存储空间，可以利用特殊矩阵的规律对它们进行压缩存储，例如让多个相同值的元素共享同一个存储单元等。这里主要讨论对称矩阵、三角矩阵和对角矩阵，它们都是方阵。

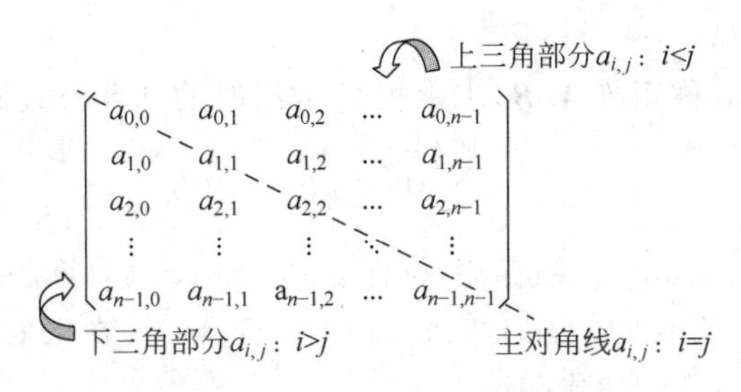

图 6.6　一个方阵的 3 个部分

1. 对称矩阵的压缩存储

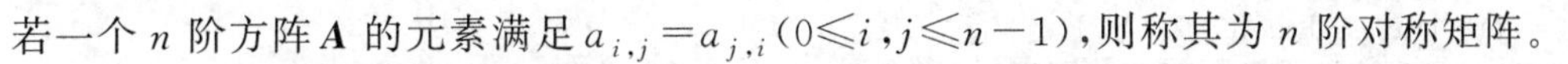

若一个 n 阶方阵 $\mathbf{A}$ 的元素满足 $a_{i,j}=a_{j,i}(0\leqslant i,j\leqslant n-1)$，则称其为 n 阶对称矩阵。

如果直接采用二维数组来存储对称矩阵，占用的内存空间为 n^2 个元素大小。由于对称矩阵的元素关于主对角线对称，因此在存储时可只存储其上三角和主对角线部分的元素，或者下三角和主对角线部分的元素，使得对称的元素共享同一存储空间，这样就可以将 n^2 个元素压缩存储到 $n(n+1)/2$ 个元素的空间中。不失一般性，按行优先存储时仅存储其下三角和主对角线部分的元素，如图 6.7 所示。

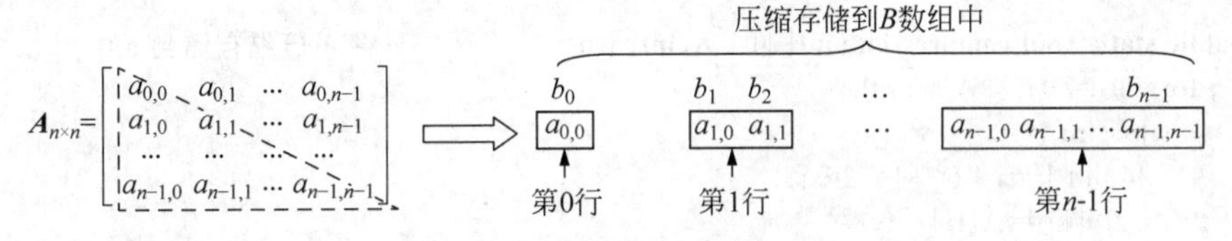

图 6.7　对称矩阵的压缩存储

采用一维数组 $B=\{b_k\}$ 作为 n 阶对称矩阵 $\mathbf{A}$ 的压缩存储结构，在 B 中只存储对称矩阵 $\mathbf{A}$ 的下三角和主对角线部分的元素 $a_{i,j}(i\geqslant j)$，这样 B 中的元素个数为 $n(n+1)/2$。

(1) 将 $\mathbf{A}$ 中下三角和主对角线部分的元素 $a_{i,j}(i\geqslant j)$ 存储在 B 数组的 b_k 元素中。那么 k 和 i、j 之间是什么关系呢?

对于这样的元素 $a_{i,j}$，求出它前面共存储的元素的个数。不包括第 i 行，它前面共有 i 行(行下标为 $0\sim i-1$，第 0 行有 1 个元素，第 1 行有 2 个元素，…，第 $i-1$ 行有 i 个元素)，则这 i 行有 $1+2+\cdots+i=i(i+1)/2$ 个元素。在第 i 行中，元素 $a_{i,j}$ 的前面也有 j 个元素，则元素 $a_{i,j}$ 之前共有 $i(i+1)/2+j$ 个元素，所以有 $k=i(i+1)/2+j$。

(2) 对于 $\mathbf{A}$ 中上三角部分的元素 $a_{i,j}(i<j)$，其值等于 $a_{j,i}$，而 $a_{j,i}$ 元素在 B 中的存储位置 $k=j(j+1)/2+i$。

归纳起来，$\mathbf{A}$ 中任一元素 $a_{i,j}$ 和 B 中的元素 b_k 之间存在着如下对应关系：

$$k=\begin{cases}i(i+1)/2+j & i\geqslant j\\ j(j+1)/2+i & i<j\end{cases}$$

【例 6.6】 有两个 n 阶整型对称矩阵 $\mathbf{A}$、$\mathbf{B}$，编写一个程序完成以下功能：

(1) 将 $\mathbf{A}$、$\mathbf{B}$ 均采用按行优先顺序存放其下三角和主对角线元素的压缩存储方式，$\mathbf{A}$、$\mathbf{B}$ 的压缩结果存放在一维数组 a 和 b 中。

(2) 通过 a 和 b 实现求 $\mathbf{A}$、$\mathbf{B}$ 的乘积运算，结果存放在二维数组 C 中。

并通过相关数据进行测试。

解：对于两个 n 阶对称矩阵 $\boldsymbol{A}$、$\boldsymbol{B}$，求乘积 C 数组时的计算公式如下。

$$C[i][j]=\sum_{k=0}^{n-1}A[i][k]\times B[k][j]$$

由于矩阵 $\boldsymbol{A}$、$\boldsymbol{B}$ 均采用 a、b 压缩存储，设计 getk(int i,int j)算法由 i、j 求压缩存储中的下标 k。在矩阵乘法中，求出 k1=getk(i,k)，k2=getk(k,j)，在求 $C[i][j]$时，$A[i][k]$用 a[k1]替代、$B[k][j]$用 b[k2]替代即可。

对应的程序如下：

```
import java.util.*;
public class Exam6_6
{  public static void disp(int[][] A)                          //输出二维数组 A
   {  int n=A.length;
      for(int i=0;i<n;i++)
      {  for(int j=0;j<n;j++)
            System.out.printf("%4d",A[i][j]);
         System.out.println();
      }
   }
   public static void compression(int[][] A,int[] a)           //将 A 压缩存储到 a 中
   {  for(int i=0;i<A.length;i++)
         for(int j=0;j<=i;j++)
         {  int k=i*(i+1)/2+j;
            a[k]=A[i][j];
         }
   }
   public static int getk(int i,int j)                         //由 i、j 求压缩存储中的 k 下标
   {  if(i>=j) return (i*(i+1)/2+j);
      else return(j*(j+1)/2+i);
   }
   public static void Mult(int[] a,int[] b,int[][] C,int n)    //矩阵乘法
   {  for(int i=0;i<n;i++)
         for(int j=0;j<n;j++)
         {  int s=0;
            for(int k=0;k<n;k++)
            {  int k1=getk(i,k);
               int k2=getk(k,j);
               s+=a[k1]*b[k2];
            }
            C[i][j]=s;
         }
   }
   public static void main(String[] args)
   {  int n=3;
      int m=n*(n+1)/2;
      int[][] A={{1,2,3},{2,4,5},{3,5,6}};
      int[][] B={{2,1,3},{1,5,2},{3,2,4}};
      int[][] C=new int[n][n];
      int[] a=new int[m];
```

```
        int[] b=new int[m];
        System.out.println("A:"); disp(A);
        System.out.println("A 压缩存储到 a 中");
        compression(A,a);
        System.out.print("a:");
        for(int i=0;i<m;i++)
            System.out.printf(" %d",a[i]);
        System.out.println();
        System.out.println("B:"); disp(B);
        System.out.println("B 压缩存储到 b 中");
        compression(B,b);
        System.out.print("b:");
        for(int i=0;i<m;i++)
            System.out.printf(" %d",b[i]);
        System.out.println();
        System.out.println("C=A*B");
        Mult(a,b,C,n);
        System.out.println("C:"); disp(C);
    }
}
```

上述程序的执行结果如下：

```
A:
  1  2  3
  2  4  5
  3  5  6
A 压缩存储到 a 中
a: 1 2 4 3 5 6
B:
  2  1  3
  1  5  2
  3  2  4
B 压缩存储到 b 中
b: 2 1 5 3 2 4
C=A*B
C:
  13  17  19
  23  32  34
  29  40  43
```

视频讲解

2. 三角矩阵的压缩存储

有些非对称的矩阵也可借用上述方法存储，例如 n 阶下(上)三角矩阵。所谓 ***n* 阶下(上)三角矩阵**，是指矩阵的上(下)三角部分(不包括主对角线)中的元素均为常数 c 的 n 阶方阵。

采用一维数组 $B=\{b_k\}$ 作为 n 阶三角矩阵 $\mathbf{A}$ 的存储结构，B 中的元素个数为 $n(n+1)/2+1$(其中常数 c 占用一个元素空间)，则 $\mathbf{A}$ 中任一元素 $a_{i,j}$ 和 B 中的元素 b_k 之间存在着如下对应关系。

上三角矩阵：

$$k=\begin{cases}i(2n-i+1)/2+j-i & i\leqslant j\\ n(n+1)/2 & i>j\end{cases}$$

下三角矩阵：

$$k=\begin{cases}i(i+1)/2+j & i\geqslant j\\ n(n+1)/2 & i>j\end{cases}$$

其中，B 的最后元素 $b_{n(n+1)/2}$ 中存放常数 c。

3. 对角矩阵的压缩存储

若一个 n 阶方阵 $\mathbf{A}$ 的所有非零元素都集中在以主对角线为中心的带状区域中，其他元素均为 0，则称其为 ***n* 阶对角矩阵**。其主对角线的上、下方各有 b 条次对角线，称 b 为矩阵的半带宽、$(2b+1)$为矩阵的带宽。对于半带宽为 $b(0\leqslant b\leqslant(n-1)/2)$的对角矩阵，其$|i-j|\leqslant b$ 的元素 $a_{i,j}$ 不为零，其余元素为零。图 6.8 所示为半带宽为 b 的对角矩阵示意图。

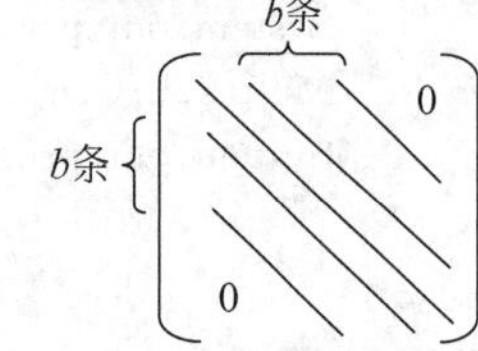

图 6.8 半带宽为 b 的对角矩阵

对于 $b=1$ 的对角矩阵 $\mathbf{A}$，只存储其非零元素，并按行优先存储到一维数组 B 中，将 $\mathbf{A}$ 的非零元素 $a_{i,j}$ 存储到 B 的元素 b_k 中，k 的计算过程如下：

(1) 当 $i=0$ 时为第 0 行，共两个元素。

(2) 当 $i>0$ 时，第 0 行～第 $i-1$ 行共 $2+3(i-1)$个元素。

(3) 对于非零元素 $a_{i,j}$，第 i 行最多 3 个元素，该行的首个非零元素为 $a_{i,i-1}$(另外两个元素是 $a_{i,i}$ 和 $a_{i,i+1}$)，即该行中元素 $a_{i,j}$ 前面存储的非零元素的个数为 $j-(i-1)=j-i+1$。

所以非零元素 $a_{i,j}$ 前面压缩存储的元素的总个数$=2+3(i-1)+j-i+1=2i+j$，即 $k=2i+j$。

以上讨论的对称矩阵、三角矩阵、对角矩阵的压缩存储方法是把有一定分布规律的值相同的元素(包括 0)压缩存储到一个存储空间中，这样的压缩存储只需在算法中按公式做一映射即可实现矩阵元素的随机存取。

6.3 稀疏矩阵

当一个阶数较大的矩阵中的非零元素个数 s 相对于矩阵元素的总个数 t 十分小时，即 $s\ll t$ 时，称该矩阵为**稀疏矩阵**。例如一个 100×100 的矩阵，若其中只有 100 个非零元素，就可称其为稀疏矩阵。

抽象数据类型稀疏矩阵与抽象数据类型 $d(d=2)$维数组的定义相似，这里不再介绍。

视频讲解

6.3.1 稀疏矩阵的三元组表示

由于稀疏矩阵中非零元素的个数很少，显然其压缩存储方法就是只存储非零元素。但不同于前面介绍的各种特殊矩阵，稀疏矩阵中非零元素的分布没有规律(或者说随机分布)，所以在存储非零元素时除了元素值以外还需存储对应的行、列下标。这样稀疏矩阵中的每一个非零元素需由一个三元组$(i,j,a_{i,j})$来表示，稀疏矩阵中的所有非零元素构成一个三元组线性表。

图 6.9 所示为一个 6×7 阶稀疏矩阵 **A**(为图示方便,所取的行、列数都很小)及其对应的三元组表示。从中看到,这里的稀疏矩阵三元组表示是一种顺序存储结构。

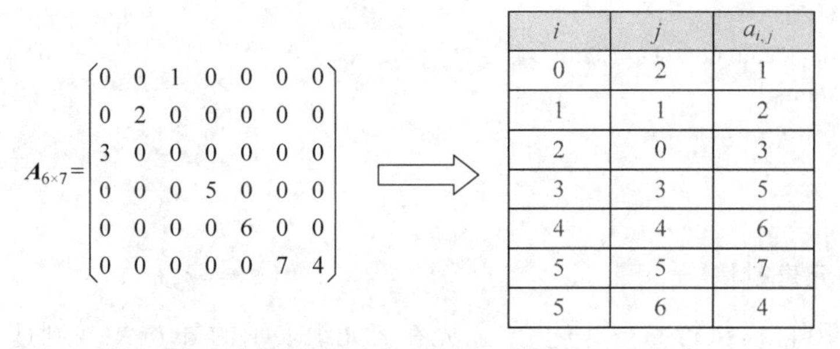

图 6.9　一个稀疏矩阵 A 及其对应的三元组表示

三元组表示中每个元素的类定义如下:

```
class TupElem<E>                                   //三元组元素类
{ int r;                                           //行号
  int c;                                           //列号
  int d;                                           //元素值
  public TupElem(int r1,int c1,int d1)             //构造方法
  {  r=r1;
     c=c1;
     d=d1;
  }
}
```

设计稀疏矩阵三元组存储结构类 TupClass 如下:

```
public class TupClass                              //三元组表示类
{ int rows;                                        //行数
  int cols;                                        //列数
  int nums;                                        //非零元素个数
  ArrayList<TupElem> data;                         //稀疏矩阵对应的三元组顺序表
  public TupClass()                                //构造方法
  {  data=new ArrayList<TupElem>();
     nums=0;
  }
  public void CreateTup(int[][] A,int m,int n)     //创建三元组表示
  public boolean SetValue(int i,int j,int x)       //三元组元素赋值 A[i][j]=x
  public int GetValue(int i,int j)                 //执行 x=A[i][j]
  public void DispTup()                            //输出三元组表示
}
```

其中,data 为 ArrayList 对象,用于存放稀疏矩阵中所有的非零元素,通常按行优先顺序排列。这种有序结构可简化大多数稀疏矩阵运算算法。

1. 从一个稀疏矩阵创建其三元组表示

按行优先方式遍历稀疏矩阵 **A**,将其非零元素添加到三元组的 data 中。对应的算法如下:

```
public void CreateTup(int[][] A, int m, int n)                //创建三元组表示
{  rows=m; cols=n;
   for(int i=0;i<m;i++)
   {  for(int j=0;j<n;j++)
         if(A[i][j]!=0)                                       //只存储非零元素
         {  data.add(new TupElem(i,j,A[i][j]));
            nums++;
         }
   }
}
```

2. 三元组元素赋值

对于稀疏矩阵 **A**,执行 $A[i][j]=x$。先在三元组表示的 data 中找到适当的位置 k,若找到了这样的元素,将其 d 值置为 x,否则将新非零元素 x 插入 data[k]中。当位置错误时返回 false。对应的算法如下:

```
public boolean SetValue(int i,int j,int x)                    //三元组元素赋值 A[i][j]=x
{  int k=0;
   if(i<0 || i>=rows || j<0 || j>=cols)
      return false;                                           //下标错误时返回 false
   while(k<nums && i>data.get(k).r)
      k++;                                                    //找到第 i 行
   while(k<nums && i==data.get(k).r && j>data.get(k).c)
      k++;                                                    //在第 i 行中找到第 j 列
   if(data.get(k).r==i && data.get(k).c==j)                   //若存在这样的非零元素
      data.set(k,new TupElem(i,j,x));                         //修改 k 下标元素值
   else                                                       //不存在这样的元素时插入一个元素
   {  data.add(k,new TupElem(i,j,x));                         //在下标 k 位置插入新元素
      nums++;
   }
   return true;                                               //赋值成功时返回 true
}
```

3. 将指定位置的元素值赋给变量

对于稀疏矩阵 **A**,执行 $x=A[i][j]$。先在三元组表示的 data 中找到指定的位置,将该处的元素值赋给 x,当参数错误或者没有时返回 0。对应的算法如下:

```
public int GetValue(int i,int j)                              //执行 x=A[i][j]
{  int k=0;
   if(i<0 || i>=rows || j<0 || j>=cols)
      return 0;                                               //下标错误时返回 0
   while(k<nums && data.get(k).r<i)
      k++;                                                    //找到第 i 行
   while(k<nums && data.get(k).r==i && data.get(k).c<j)
      k++;                                                    //在第 i 行中找到第 j 列
   if(data.get(k).r==i && data.get(k).c==j)                   //找到了这样的非零元素
      return data.get(k).d;                                   //返回非零元素值
   return 0;                                                  //没有找到返回 0
}
```

4. 输出三元组

从头到尾扫描三元组表示的 data 并输出所有元素值及其位置。对应的算法如下：

```
public void DispTup()                                  //输出三元组表示
{ if(nums<=0) return;                                   //没有非零元素时返回
  System.out.printf("行数=%d,列数=%d,非零元素个数=%d\n",rows,cols,nums);
  for(int i=0;i<nums;i++)
     System.out.printf("%5d%5d%5d\n",data.get(i).r,data.get(i).c,data.get(i).d);
}
```

【例 6.7】 有一个稀疏矩阵的三元组表示 a，设计一个算法生成其转置矩阵的三元组表示 b。

解：对于一个 $m\times n$ 的稀疏矩阵 $a_{m\times n}$，其转置矩阵是一个 $n\times m$ 的矩阵 $b_{n\times m}$，满足 $b_{j,i}=a_{i,j}$，其中 $0\leqslant i\leqslant m-1$，$0\leqslant j\leqslant n-1$。按列号 v(0 到 a.cols)优先查找非零元素并添加到 b 中。对应的算法如下：

```
public static TupClass Transpose(TupClass a)           //矩阵转置
{ TupClass b=new TupClass();                           //新建空三元组表示 b
  if(a.nums==0) return b;
  b.rows=a.cols;
  b.cols=a.rows;
  b.nums=a.nums;
  for(int v=0;v<a.cols;v++)                            //按列号 v 查找
     for(int k=0;k<a.nums;k++)                         //遍历 data
        if(a.data.get(k).c==v)                         //找到 v 列号的非零元素
        {  TupElem p=new TupElem(a.data.get(k).c,a.data.get(k).r,a.data.get(k).d);
           b.data.add(p);                              //新元素添加到 b 中
        }
  return b;
}
```

说明：从上述算法设计看到，若稀疏矩阵采用一个二维数组存储，此时具有随机存取功能，若稀疏矩阵采用一个三元组顺序表存储，此时不再具有随机存取功能。

6.3.2 稀疏矩阵的十字链表表示

视频讲解

十字链表是稀疏矩阵的一种链式存储结构。

对于一个 $m\times n$ 的稀疏矩阵，每个非零元素用一个结点表示，该结点中存放该非零元素的行号、列号和元素值。同一行中的所有非零元素结点链接成一个带行头结点的行循环单链表，将同一列的所有非零元素结点链接成一个带列头结点的列循环单链表。之所以采用循环单链表，是因为矩阵运算中常常是一行(列)操作完后进行下一行(列)操作，最后一行(列)操作完后进行首行(列)操作。

这样对稀疏矩阵的每个非零元素结点来说，它既是某个行链表中的一个结点，同时又是某个列链表中的一个结点，每个非零元素就好比在一个十字路口，由此称为**十字链表**。

每个非零元素结点的类型设计成如图 6.10(a)所示的结构，其中 i、j、value 分别代表非零元素所在的行号、列号和相应的元素值；down 和 right 分别称为向下指针和向右指针，分

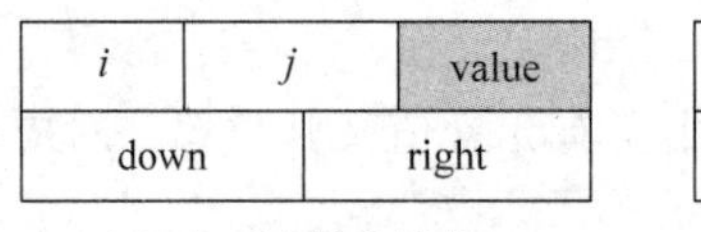

(a) 元素结点结构

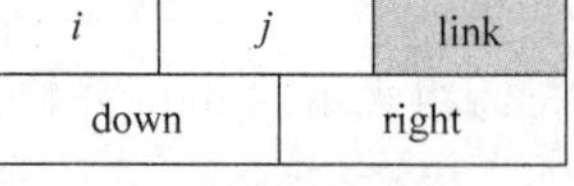

(b) 头结点结构

图 6.10 十字链表结点结构

别用来链接同列中和同行中的下一个非零元素结点。

这样行循环单链表个数为 m(每一行对应一个行循环单链表),列循环单链表个数为 n(每一列对应一个列循环单链表),那么行、列头结点的个数就是 $m+n$。实际上,行头结点与列头结点是共享的,即 $h[i]$表示第 i 行循环单链表的头结点,同时也是第 i 列循环单链表的头结点,这里 $0 \leqslant i < \mathrm{MAX}\{m,n\}$,即行、列头结点的个数是 $\mathrm{MAX}\{m,n\}$,所有行、列头结点的类型与非零元素结点的类型相同。

另外,将所有行、列头结点再链接起来构成一个带头结点的循环单链表,这个头结点称为总头结点,即 hm,通过 hm 来标识整个十字链表。

总头结点的类型设计成如图 6.10(b)所示的结构(之所以这样设计,是为了与非零元素结点的类型一致,这样在整个十字链表中采用指针遍历所有结点时更方便),它的 link 域指向第一个行、列头结点,其 i、j 域分别存放稀疏矩阵的行数 m 和列数 n,而 down 和 right 域没有作用。

从中看出,在 $m \times n$ 的稀疏矩阵的十字链表存储结构中有 m 个行循环单链表,n 个列循环单链表,另外一个行、列头结点构成的循环单链表,总的循环单链表个数是 $m+n+1$,总的头结点个数是 $\mathrm{MAX}\{m,n\}+1$。

设稀疏矩阵如下:

$$\boldsymbol{B}_{3\times4}=\begin{bmatrix}1 & 0 & 0 & 2\\0 & 0 & 3 & 0\\0 & 0 & 0 & 4\end{bmatrix}$$

对应的十字链表如图 6.11 所示。为图示清楚,把每个行列头结点分别画成两个,实际上行列值相同的头结点只有一个。

十字链表元素结点和头结点合起来声明的结点类型如下:

```
class CNode                                 //十字链表结点类
{  int i;                                   //行号
   int j;                                   //列号
   CNode right, down;                       //向右和向下的指针
   boolean tag;                             //tag 为 true 表示头结点,为 false 表示非零元素结点
   int value;                               //存放非零元素值
   CNode link;                              //头结点指针
   public CNode(int i1, int j1, boolean tag1)
   {  i=i1;
      j=j1;
      tag=tag1;
      right=down=link=null;
   }
}
```

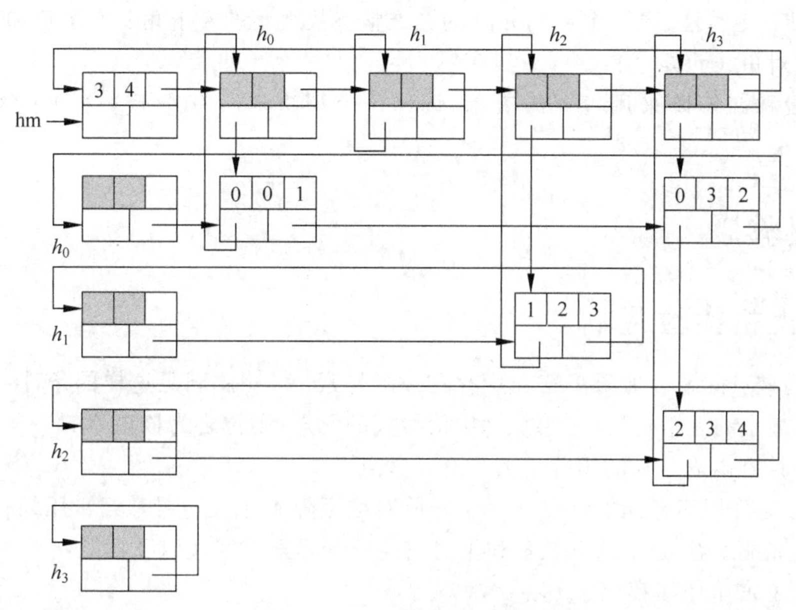

图 6.11　一个稀疏矩阵的十字链表

稀疏矩阵采用十字链表表示时的相关运算算法与三元组表示时的类似,但更复杂,这里不再讨论。

6.4　练习题

自测题

6.4.1　问答题

1. 为什么说数组是线性表的推广或扩展,而不说数组就是一种线性表呢?

2. 为什么数组一般不使用链式结构存储?

3. 如果某个一维数组 A 的元素个数 n 很大,存在大量重复的元素,且所有元素值相同的元素紧跟在一起,请设计一种压缩存储方式使得存储空间更节省。

4. 一个 n 阶对称矩阵存入内存,在采用压缩存储和采用非压缩存储时占用的内存空间分别是多少?

5. 设 n 阶下三角矩阵 $\mathbf{A}[0..n-1,0..n-1]$已压缩到一维数组 $B[1..m]$中,若按行为主序存储,则 $\mathbf{A}[i][j](i\geqslant j)$对应的 B 中存储位置为多少?给出推导过程。

6. 用十字链表表示一个含 k 个非零元素的 $m\times n$ 的稀疏矩阵,其总的结点数为多少?

6.4.2　算法设计题

1. 求一个含有 n 个整数元素的数组 $a[0..n-1]$中的最大元素,有这样一种思路:先比较第一个元素,再比较最后一个元素,比较过程向中间靠近。请按这种思路设计相应的算法。

2. 设计一个算法,将含有 n 个整数元素的数组 $a[0..n-1]$循环右移 m 位,要求算法的空间复杂度为 $O(1)$。

3. 设计一个算法,求一个 n 行 n 列的二维整型数组 a 的左上角－右下角和右上角－左下角两条主对角线元素之和。

4. 假设稀疏矩阵采用三元组表示,设计一个算法求所有左上－右下的对角线元素之和。

6.5 实验题

6.5.1 上机实验题

1. 求马鞍点问题。如果矩阵 a 中存在一个元素 $a[i][j]$满足这样的条件：$a[i][j]$是第 i 行中值最小的元素,且又是第 j 列中值最大的元素,则称之为该矩阵的一个马鞍点。设计一个程序计算出 $m\times n$ 的矩阵 a 的所有马鞍点。

2. 对称矩阵压缩存储的恢复。一个 n 阶对称矩阵 $\boldsymbol{A}$ 采用一维数组 a 压缩存储,压缩方式是按行优先顺序存放 $\boldsymbol{A}$ 的下三角和主对角线的各元素。完成以下功能：

(1) 由 $\boldsymbol{A}$ 产生压缩存储 a。

(2) 由 b 来恢复对称矩阵 $\boldsymbol{C}$。

并通过相关数据进行测试。

3. 稀疏矩阵乘法。编写一个程序,给定两个大小为 $n\times n$ 的矩阵 $\boldsymbol{A}$ 和 $\boldsymbol{B}$,求它们的乘积,只要求输出模 3 的结果。输入来自文件 abc.in,输出结果存放在 abc.out 文件中。例如,abc.in 文件如下：

```
3
1 2 3
3 1 2
9 3 1
5 2 1
4 6 2
7 8 9
```

结果文件 abc.out 如下：

```
1 2 2
0 1 2
1 2 0
```

6.5.2 在线编程题

1. POJ3213——矩阵乘法问题

时间限制：5000ms；空间限制：131 072KB。

问题描述：USTC 最近开发了并行矩阵乘法机器 PM3,用于非常大的矩阵乘法运算。给定两个矩阵 $\boldsymbol{A}$ 和 $\boldsymbol{B}$,其中 $\boldsymbol{A}$ 是 $n\times p$ 矩阵,$\boldsymbol{B}$ 是 $p\times m$ 矩阵,PM3 可以在 $O(p(n+p+m))$时间内计算矩阵 $\boldsymbol{C}=\boldsymbol{A}\times\boldsymbol{B}$。然而,PM3 的开发人员很快发现了一个小问题：PM3 可能出错,而且每当出现错误时结果矩阵 $\boldsymbol{C}$ 只包含一个不正确的元素。

开发人员在 PM3 给出矩阵 $\boldsymbol{C}$ 之后检查并纠正它。他们认为这是一项简单的任务,因为最多会有一个不正确的元素。请编写一个程序来检查和纠正 PM3 计算的结果。

输入格式：输入的第一行是 3 个整数 n、p 和 m（$0<n,p,m\leqslant 1000$），它们表示 **A** 和 **B** 的维数。然后跟随 n 行，每行有 p 个整数，以行序优先给出 **A** 的元素。之后是 **B** 和 **C** 的元素，以相同的方式给出。

A 和 **B** 的元素以 1000 的绝对值为界，**C** 的界限是 2 000 000 000。

输出格式：如果 **C** 不包含不正确的元素，请打印"Yes"，否则打印"No"后跟另外两行，第一行上有两个整数 r 和 c，第二行上有另一个整数 v，表示 **C** 中 r 行 c 列的元素应该校正为 v。

输入样例：

```
2 3 2
1 2 -1
3 -1 0
-1 0
0 2
1 3
-2 -1
-3 -2
```

输出样例：

```
No
1 2
1
```

2. POJ3233——矩阵幂序列问题

时间限制：3000ms；空间限制：131 072KB。

问题描述：给定一个 $n\times n$ 的矩阵 **A** 和一个正整数 k，求 $\boldsymbol{S}=\boldsymbol{A}+\boldsymbol{A}^2+\boldsymbol{A}^3+\cdots+\boldsymbol{A}^k$。

输入格式：输入只包含一个测试用例。第一行输入包含 3 个正整数 $n(n\leqslant 30)$、$k(k\leqslant 10^9)$和 $m(m<10^4)$。然后跟随 n 行，每行包含 n 个小于 32 768 的非负整数，以行序优先给出 **A** 的元素。

输出格式：以 **A** 的方式输出 **S**，每个元素模 m。

输入样例：

```
2 2 4
0 1
1 1
```

输出样例：

```
1 2
2 3
```

CHAPTER 7

第7章 树和二叉树

在前面介绍了几种常用的线性结构，本章讨论树形结构。树形结构属非线性结构，常用的树形结构有树和二叉树。在树形结构中，一个结点可以与多个结点相对应，因此能够表示元素或结点之间的一对多关系。本章主要学习要点如下：

(1) 树的相关概念、树的性质和树的各种存储结构。

(2) 二叉树的概念和二叉树的性质。

(3) 二叉树的存储结构，包括二叉树顺序存储结构和链式存储结构。

(4) 二叉树的基本运算和各种遍历算法的实现。

(5) 线索二叉树的概念和相关算法的实现。

(6) 哈夫曼树的定义、哈夫曼树的构造过程和哈夫曼编码产生的方法。

(7) 树和二叉树的转换与还原过程。

(8) 树算法设计和并查集。

(9) 灵活运用树和二叉树数据结构解决一些综合应用问题。

7.1 树

树是一种最典型的树形结构，如图7.1所示就是一棵现实生活中的树，它由树根、树枝和树叶等组成。本节介绍树的定义、逻辑结构表示、树的性质、树的基本运算和存储结构等。

图7.1 一棵树

7.1.1 树的定义

树是由 $n(n\geqslant 0)$个结点组成的有限集合(记为 T)。如果 $n=0$,它是一棵空树,这是树的特例;如果 $n>0$,这 n 个结点中存在(有且仅存在)一个结点作为树的根结点(root),其余结点可分为 $m(m\geqslant 0)$个互不相交的有限集(T_1、T_2、……、T_m),其中每个子集本身又是一棵符合本定义的树,称为根结点的子树。

树的定义是递归的,因为在树的定义中又用到树的定义。它刻画了树的固有特性,即一棵树由若干棵互不相交的子树构成,而子树又由更小的若干棵子树构成。

树是一种非线性数据结构,具有以下特点:它的每一结点可以有零个或多个后继结点,但有且只有一个前驱结点(根结点除外);这些数据结点按分支关系组织起来,清晰地反映了数据元素之间的层次关系。可以看出,数据元素之间存在的关系是一对多的关系。

抽象数据类型树的定义如下:

ADT Tree
{
数据对象:
  $D=\{a_i \mid 0\leqslant i\leqslant n-1, n\geqslant 0, a_i$ 为 E 类型$\}$
数据关系:
  $R=\{r\}$
  $r=\{<a_i, a_j> \mid a_i, a_j\in D, 0\leqslant i, j\leqslant n-1$,其中每个结点最多只有一个前驱结点、
    可以有零个或多个后继结点,有且仅有一个结点(即根结点)没有前驱结点$\}$
基本运算:
  bool CreateTree():由树的逻辑结构表示建立其存储结构。
  String toString():返回由树转换的括号表示串。
  E GetParent(int i):求编号为 i 的结点的双亲结点值。
  …
}

7.1.2 树的逻辑结构表示方法

树的逻辑结构表示方法有多种,但不管用户采用哪种表示方法,都应该能够正确地表达出树中数据元素之间的层次关系。下面是几种常见的树的逻辑结构表示方法。

(1) 树形表示法:用一个圆圈表示一个结点,圆圈内的符号代表该结点的数据信息,结点之间的关系通过连线表示。虽然每条连线上都不带有箭头(即方向),但它仍然是有向的,其方向隐含着从上向下,即连线的上方结点是下方结点的前驱结点,下方结点是上方结点的后继结点。它的直观形象是一棵倒置的树(树根在上,树叶在下),如图 7.2(a)所示。

(2) 文氏图表示法:每棵树对应一个圆圈,圆圈内包含根结点和子树的圆圈,同一个根结点下的各子树对应的圆圈是不能相交的。在用这种方法表示的树中,结点之间的关系是通过圆圈的包含来表示的。图 7.2(a)所示的树对应的文氏图表示法如图 7.2(b)所示。

(3) 凹入表示法:每棵树的根对应着一个条形,子树的根对应着一个较短的条形,且树根在上,子树的根在下,同一个根下的各子树的根对应的条形长度是相同的。图 7.2(a)所示的树对应的凹入表示法如图 7.2(c)所示。

(4) 括号表示法:每棵树对应一个由根作为名字的表,表名放在表的左边,表是由在一

个括号里的各子树对应的子表组成的,子表之间用逗号分开。在用这种方法表示的树中,结点之间的关系是通过括号的嵌套表示的。图 7.2(a)所示的树对应的括号表示法如图 7.2(d)所示。

视频讲解

7.1.3 树的基本术语

下面介绍树的基本术语。

(1) 结点的度与树的度:树中某个结点的子树的个数称为该**结点的度**。树中各结点的度的最大值称为**树的度**,通常将度为 m 的树称为 m 次树。例如,图 7.2(a)是一棵 3 次树。

(2) 分支结点与叶子结点:度不为零的结点称为非终端结点,又叫**分支结点**。度为零的结点称为**终端结点**或**叶子结点**。在分支结点中,每个结点的分支数就是该结点的度。例如对于度为 1 的结点,其分支数为 1,被称为单分支结点;对于度为 2 的结点,其分支数为 2,被称为双分支结点,其余类推。例如,在图 7.2(a)所示的树中,B、C 和 D 等是分支结点,而 E、F 和 J 等是叶子结点。

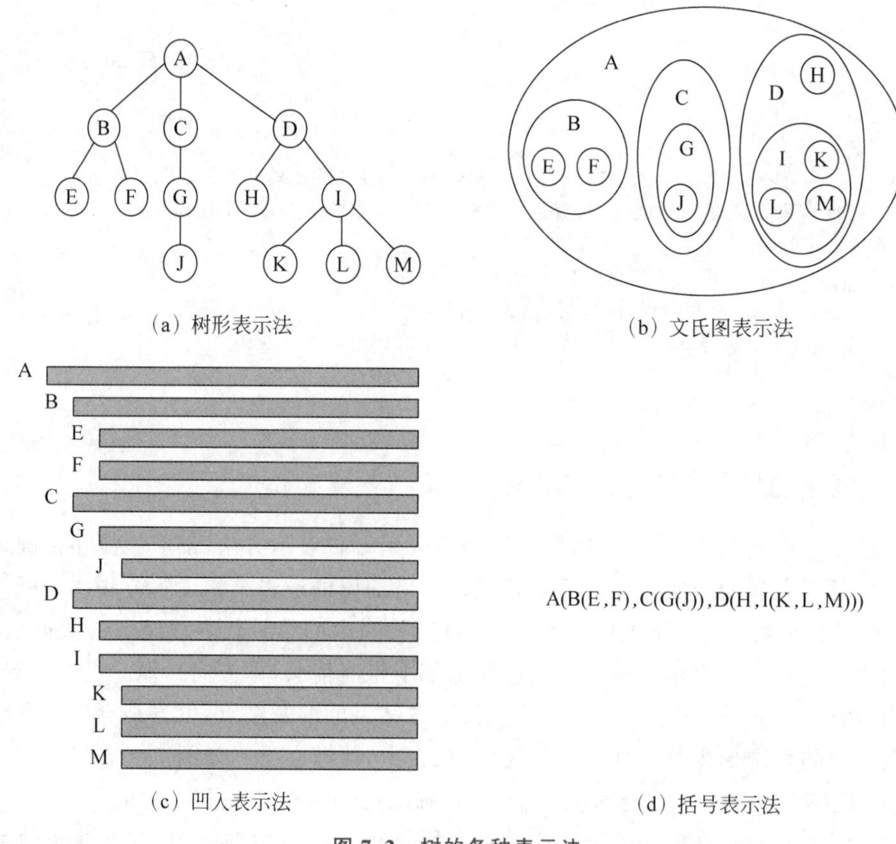

(a) 树形表示法　(b) 文氏图表示法　(c) 凹入表示法　(d) 括号表示法

图 7.2 树的各种表示法

(3) 路径与路径长度:对于任意两个结点 k_i 和 k_j,若树中存在一个结点序列 $k_i, k_{i1}, k_{i2}, \cdots, k_j$,使得序列中除 k_i 以外的任一结点都是其在序列中前一个结点的后继结点,则称该结点序列为由 k_i 到 k_j 的一条**路径**,用路径所通过的结点序列($k_i, k_{i1}, k_{i2}, \cdots, k_j$)表示这条路径。**路径长度**等于路径所通过的结点个数减 1(即路径上的分支数目)。可见,路径

就是从 k_i 出发"自上而下"到达 k_j 所通过的树中结点的序列。显然,从树的根结点到树中的其余结点均存在一条路径。例如,在图 7.2(a)所示的树中,从结点 A 到结点 K 的路径为 A→D→I→K,其长度为 3。

(4) 孩子结点、双亲结点和兄弟结点:在一棵树中,每个结点的后继结点被称作该结点的**孩子结点**(或**子女结点**)。相应地,该结点被称作孩子结点的**双亲结点**(或**父母结点**)。具有同一双亲的孩子结点互为**兄弟结点**。进一步推广这些关系,可以把每个结点的所有子树中的结点称为该结点的**子孙结点**,从树根结点到达该结点的路径上经过的所有结点(除自身外)被称作该结点的**祖先结点**。例如,在图 7.2(a)所示的树中,结点 B、C 互为兄弟结点;结点 D 的子孙结点有 H、I、K、L 和 M;结点 I 的祖先结点有 A、D。

(5) 结点的层次和树的高度:树中的每个结点都处在一定的层次上。结点的层次从树根开始定义,根结点为第一层,它的孩子结点为第二层,以此类推,一个结点所在的层次为其双亲结点所在的层次加 1。树中结点的最大层次称为**树的高度**(或**树的深度**)。

(6) 有序树和无序树:若树中各结点的子树是按照一定的次序从左向右安排的,且相对次序是不能随意变换的,则称之为**有序树**,否则称为**无序树**。默认为有序树。

(7) 森林:$n(n>0)$个互不相交的树的集合称为森林。森林的概念与树的概念十分相近,因为只要把树的根结点删去就成了**森林**。反之,只要给 n 棵独立的树加上一个结点,并把这 n 棵树作为该结点的子树,则森林就变成了树。

7.1.4 树的性质

视频讲解

性质 1 树中的结点数等于所有结点的度之和加 1。

证明:根据树的定义,在一棵树中除树根结点外,每个结点有且仅有一个前驱结点。也就是说,每个结点与指向它的一个分支一一对应(只有根结点没有这样的分支),这样结点数等于分支数之和加 1,而所有分支数之和等于所有结点的度之和,所以树中的结点数等于所有结点的度之和加 1。

性质 2 度为 m 的树中第 i 层上最多有 m^{i-1} 个结点$(i \geqslant 1)$。

证明:采用数学归纳法证明。对于第一层,因为树中的第一层上只有一个结点,即整个树的根结点,而将 $i=1$ 代入 m^{i-1},得 $m^{i-1}=m^{1-1}=1$,显然结论成立。

假设对于第 $i-1$ 层$(i>1)$命题成立,即度为 m 的树中第 $i-1$ 层上最多有 m^{i-2} 个结点,则根据树的度的定义,度为 m 的树中每个结点最多有 m 个孩子结点,所以第 i 层上的结点数最多为第 $i-1$ 层上结点数的 m 倍,即最多为 $m^{i-2}\times m=m^{i-1}$ 个,这与命题相同,故命题成立。

推广:当一棵 m 次树的第 i 层上有 m^{i-1} 个结点$(i \geqslant 1)$时,称该层是满的,若一棵 m 次树的所有叶子结点在同一层并且所有层都是满的,称为**满 m 次树**。显然,满 m 次树是所有相同高度的 m 次树中结点总数最多的树。也可以说,对于 n 个结点,构造的 m 次树为满 m 次树或者接近满 m 次树,此时树的高度最小。

性质 3 高度为 h 的 m 次树最多有$\frac{m^h-1}{m-1}$个结点。

证明:由树的性质 2 可知,第 i 层上结点数最多为 $m^{i-1}(i=1,2,\cdots,h)$。显然当高度为 h 的 m 次树(即度为 m 的树)为满 m 次树时,整棵 m 次树具有最多结点数,因此有:

整个树的最多结点数＝每一层的最多结点数之和＝$m^0+m^1+m^2+\cdots+m^{h-1}=\frac{m^h-1}{m-1}$。

所以满 m 次树的另一种定义为：当一棵高度为 h 的 m 次树上的结点数等于$\frac{m^h-1}{m-1}$时，则称该树为满 m 次树。例如，对于一棵高度为 5 的满 2 次树，结点数为$(2^5-1)/(2-1)=31$；对于一棵高度为 5 的满 3 次树，结点数为$(3^5-1)/(3-1)=121$。

性质 4 具有 n 个结点的 m 次树的最小高度为$\lceil \log_m(n(m-1)+1) \rceil$[①]。

证明：设具有 n 个结点的 m 次树的最小高度为 h，这样的树中前 $h-1$ 层都是满的，即每一层的结点数都等于 m^{i-1} 个$(1\leqslant i\leqslant h-1)$，第 h 层(即最后一层)的结点数可能满，也可能不满，但至少有一个结点。

根据树的性质 3 可得：$\frac{m^{h-1}-1}{m-1}<n\leqslant\frac{m^h-1}{m-1}$

乘$(m-1)$后得：$m^{h-1}<n(m-1)+1\leqslant m^h$

以 m 为底取对数后得：$h-1<\log_m(n(m-1)+1)\leqslant h$

即 $\log_m(n(m-1)+1)\leqslant h<\log_m(n(m-1)+1)+1$

因 h 只能取整数，所以 $h=\lceil \log_m(n(m-1)+1) \rceil$，结论得证。

例如，对于 2 次树，求最小高度的计算公式为$\lceil \log_2(n+1) \rceil$，若 $n=20$，则最小高度为 5；对于 3 次树，求最小高度的计算公式为$\lceil \log_3(2n+1) \rceil$，若 $n=20$，则最小高度为 4。

【例 7.1】 若一棵 3 次树中度为 3 的结点为两个、度为 2 的结点为一个、度为 1 的结点为两个，则该 3 次树中总的结点个数和叶子结点个数分别是多少？

解：设该 3 次树中总的结点个数、度为 0 的结点个数、度为 1 的结点个数、度为 2 的结点个数和度为 3 的结点个数分别为 n、n_0、n_1、n_2 和 n_3。显然，每个度为 i 的结点在所有结点的度之和中贡献 i 个度。依题意有 $n_1=2$，$n_2=1$，$n_3=2$。由树的性质 1 可知：

$n=$所有结点的度之和$+1=0\times n_0+1\times n_1+2\times n_2+3\times n_3+1=1\times2+2\times1+3\times2+1=11$

又因为 $n=n_0+n_1+n_2+n_3$，即 $n_0=n-n_1-n_2-n_3=11-2-1-2=6$

所以该 3 次树中总的结点个数和叶子结点个数分别是 11 和 6。

说明：在 m 次树中计算结点时常用的关系式有：①树中所有结点的度之和＝分支数＝$n-1$；②所有结点的度之和$=n_1+2n_2+\cdots+m\times n_m$；③$n=n_0+n_1+\cdots+n_m$。

7.1.5 树的基本运算

由于树属于非线性结构，结点之间的关系比线性结构复杂，所以树的运算比以前讨论过的各种线性数据结构的运算要复杂许多。

树的运算主要分为以下三大类：

(1) 查找满足某种特定关系的结点，例如查找当前结点的双亲结点等。

(2) 插入或删除某个结点，例如在树的当前结点上插入一个新结点或删除当前结点的第 i 个孩子结点等。

(3) 遍历树中的每个结点。

树的遍历运算是指按某种方式访问树中的每一个结点且每一个结点只被访问一次。树

---

① $\lceil x \rceil$表示大于等于 x 的最小整数，例如$\lceil 2.4 \rceil=3$；$\lfloor x \rfloor$表示小于等于 x 的最大整数，例如$\lfloor 2.8 \rfloor=2$。

的遍历运算主要有先根遍历、后根遍历和层次遍历3种。注意下面的先根遍历和后根遍历过程都是递归的。

视频讲解

1. 先根遍历

先根遍历的过程如下：

(1) 访问根结点。

(2) 按照从左到右的次序先根遍历根结点的每一棵子树。

例如，对于图7.2(a)所示的树，采用先根遍历得到的结点序列为ABEFCGJDHIKLM。

2. 后根遍历

后根遍历的过程如下：

(1) 按照从左到右的次序后根遍历根结点的每一棵子树。

(2) 访问根结点。

例如，对于图7.2(a)所示的树，采用后根遍历得到的结点序列为EFBJGCHKLMIDA。

3. 层次遍历

层次遍历的过程为从根结点开始，按照从上到下、从左到右的次序访问树中的每一个结点。例如，对于图7.2(a)所示的树，采用层次遍历得到的结点序列为ABCDEFGHIJKLM。

7.1.6 树的存储结构

树的存储要求既要存储结点的数据元素本身，又要存储结点之间的逻辑关系。有关树的存储结构有多种，下面介绍3种常用的存储结构，即双亲存储结构、孩子链存储结构和孩子兄弟链存储结构。

视频讲解

1. 双亲存储结构

这种存储结构是一种顺序存储结构，用一组连续空间存储树的所有结点，同时在每个结点中附设一个伪指针指示其双亲结点的位置。双亲存储结构中结点类PTree的定义如下：

```
class PTree<E>                          //双亲存储结构的结点类
{  E data;                              //存放结点的值
   int parent;                          //存放双亲的位置
}
PTree<E>[] t;                           //双亲存储结构 t
```

例如，图7.3(a)所示的树对应的双亲存储结构如图7.3(b)所示，其中根结点A的伪指针为−1，其孩子结点B、C和D的双亲伪指针均为0，E、F和G的双亲伪指针均为2。

该存储结构利用了每个结点(根结点除外)只有唯一双亲的性质。在这种存储结构中，求某个结点的双亲结点十分容易，但在求某个结点的孩子结点时需要遍历整个结构。

2. 孩子链存储结构

在这种存储结构中，每个结点不仅包含数据值，还包括指向所有孩子结点的指针。由于树中每个结点的子树个数(即结点的度)不同，如果按各个结点的度设计变长结构，则每个结点的孩子结点的指针域个数可能不同，使算法实现非常麻烦。为此孩子链存储结构中按树的度(即树中所有结点的度的最大值)设计结点的孩子结点指针域个数。

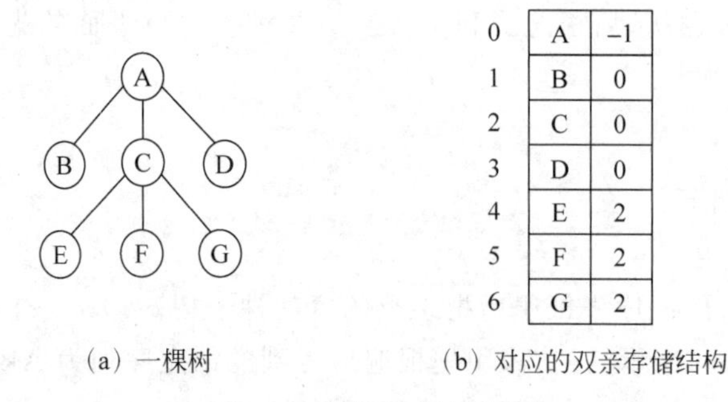

(a) 一棵树　　(b) 对应的双亲存储结构

图 7.3　树的双亲存储结构

孩子链存储结构的结点类 TSonNode 定义如下：

```
class TSonNode<E>                              //孩子链存储结构的结点类
{ E data;                                      //结点的值
  TSonNode<E>[] sons;                          //指向孩子结点
}
```

其中，sons 数组的大小为 MaxSons，即为最多的孩子结点个数或该树的度。

例如图 7.4(a)所示的一棵树，其度为 3，所以在设计其孩子链存储结构时每个结点的指针域个数应为 3，对应的孩子链存储结构如图 7.4(b)所示。

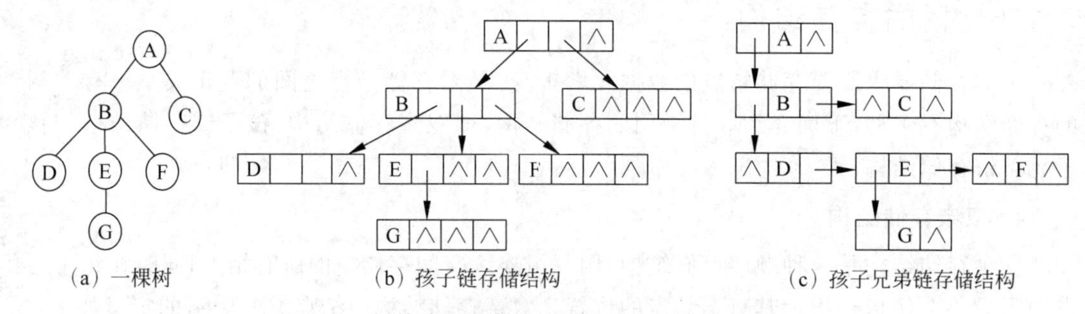

(a) 一棵树　　(b) 孩子链存储结构　　(c) 孩子兄弟链存储结构

图 7.4　树的孩子链存储结构和孩子兄弟链存储结构

孩子链存储结构的优点是查找某结点的孩子结点十分方便，其缺点是查找某结点的双亲结点比较费时，另外，当树的度较大时存在较多的空指针域，可以证明含有 n 个结点的 m 次树采用孩子链存储结构时有 $mn-n+1$ 个空指针域。

3. 孩子兄弟链存储结构

孩子兄弟链存储结构是为每个结点固定设计 3 个域，即一个数据元素域、一个指向该结点的第一个孩子结点的指针域、一个指向该结点的下一个兄弟结点的指针域。

孩子兄弟链存储结构中的结点类 TSBNode 定义如下：

```
class TSBNode<E>                               //孩子兄弟链存储结构中的结点类
{ E data;                                      //结点的值
  TSBNode<E> hp;                               //指向兄弟
  TSBNode<E> vp;                               //指向孩子结点
}
```

例如，图 7.4(a)所示的树的孩子兄弟链存储结构如图 7.4(c)所示。

由于在树的孩子兄弟链存储结构中每个结点固定只有两个指针域，并且这两个指针是有序的(即兄弟域和孩子域不能混淆),所以孩子兄弟链存储结构实际上是把该树转换为二叉树的存储结构。这在后面将会讨论到,把树转换为二叉树所对应的结构恰好就是这种孩子兄弟链存储结构,所以孩子兄弟链存储结构的最大优点是可以方便地实现树和二叉树的相互转换。孩子兄弟链存储结构的缺点和孩子链存储结构的缺点一样,即从当前结点查找双亲结点比较麻烦,需要从树的根结点开始逐个结点比较查找。

7.2　二叉树

二叉树和树一样都属于树形结构,但属于两种不同的树形结构。本节讨论二叉树的定义、二叉树的性质、二叉树的存储结构、二叉树遍历等运算算法设计和线索二叉树等。

7.2.1　二叉树的概念

视频讲解

1. 二叉树的定义

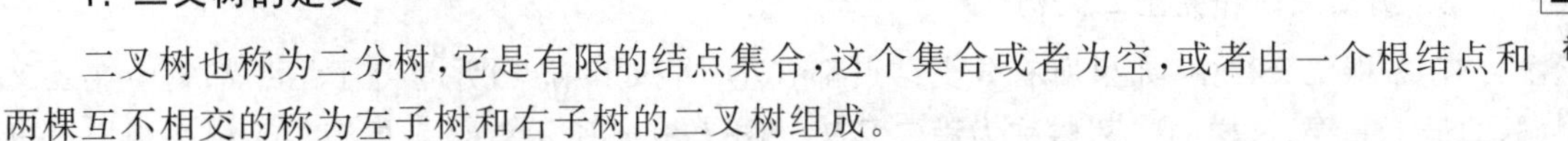

二叉树也称为二分树,它是有限的结点集合,这个集合或者为空,或者由一个根结点和两棵互不相交的称为左子树和右子树的二叉树组成。

显然,和树的定义一样,二叉树的定义也是一个递归定义。二叉树的结构简单,存储效率高,其运算算法实现也相对简单。因此,二叉树在树形结构中具有很重要的地位。

二叉树中的许多概念(例如结点的度、孩子结点、双亲结点、结点层次、子孙结点和祖先结点等)与树中的概念相同。在含 n 个结点的二叉树中,所有结点的度小于等于 2,通常用 n_0 表示叶子结点个数、n_1 表示单分支结点个数、n_2 表示双分支结点个数。

需要注意二叉树和树是两种不同的树形结构,不能认为二叉树就是度为 2 的树(2 次树),实际上二叉树和度为 2 的树(2 次树)是不同的,其差别如下:

(1) 度为 2 的树中至少有一个结点的度为 2,也就是说,度为 2 的树中至少有 3 个结点,而二叉树没有这种要求,二叉树可以为空。

(2) 度为 2 的树中一个度为 1 的结点不区分左、右子树,而二叉树中一个度为 1 的结点是严格区分左、右子树的。

二叉树有 5 种基本形态,如图 7.5 所示,任何复杂的二叉树都是这 5 种基本形态的组合。其中图 7.5(a)是空二叉树,图 7.5(b)是单结点的二叉树,图 7.5(c)是右子树为空的二叉树,图 7.5(d)是左子树为空的二叉树,图 7.5(e)是左、右子树都不空的二叉树。

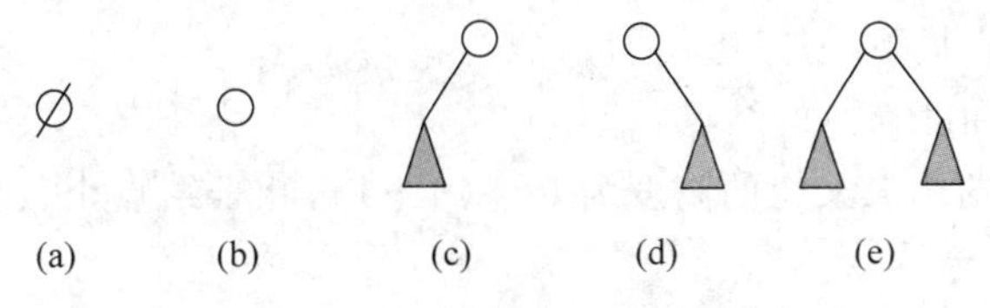

图 7.5　二叉树的 5 种基本形态

二叉树的逻辑表示法与树的逻辑表示法类似,有树形表示法、文氏图表示法、凹入表示法和括号表示法等。另外,7.1 节中介绍的树的所有术语对于二叉树都适用。

2. 二叉树的抽象数据类型

二叉树的抽象数据类型的描述如下:

ADT BTree
{
数据对象:
　$D=\{a_i \mid 0 \leqslant i \leqslant n-1, n \geqslant 0, a_i$ 为 E 类型$\}$　　//为了简单,除了特别说明外假设 E 为 char
数据关系:
　$R=\{r\}$
　$r=\{<a_i, a_j> \mid a_i, a_j \in D, 0 \leqslant i, j \leqslant n-1$,当 $n=0$ 时称为空二叉树,否则其中有一个根结点,
　　其他结点构成根结点的互不相交的左、右子树,该左、右两棵子树也是二叉树$\}$
基本运算:
　void CreateBTree(string str):根据二叉树的括号表示串建立其存储结构。
　String toString():返回由二叉树转换的括号表示串。
　BTNode FindNode(x):在二叉树中查找值为 x 的结点。
　int Height():求二叉树的高度。
　…
}

视频讲解

3. 满二叉树和完全二叉树

在一棵二叉树中,如果所有分支结点都有左、右孩子结点,并且叶子结点都集中在二叉树的最下一层,这样的二叉树称为**满二叉树**。图 7.6(a)所示就是一棵满二叉树。用户可以对满二叉树的结点进行层序编号,约定编号从树根为 1 开始,按照层数从小到大、同一层从左到右的次序进行,图中每个结点旁的数字为对该结点的编号。满二叉树也可以从结点个数和树高度之间的关系来定义,即一棵高度为 h 且有 2^h-1 个结点的二叉树称为**满二叉树**。

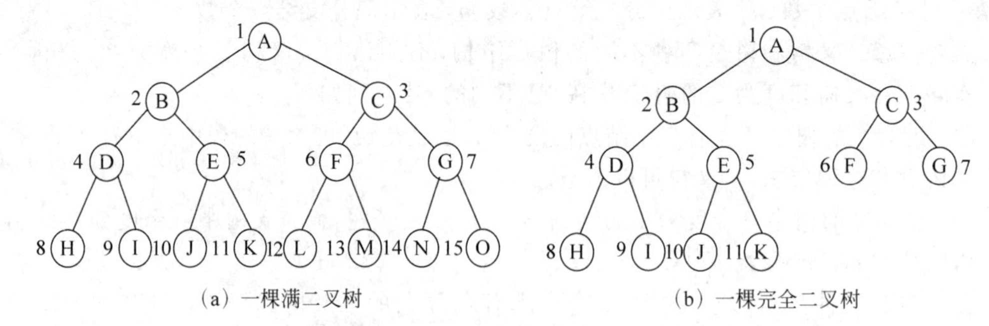

(a) 一棵满二叉树　　(b) 一棵完全二叉树

图 7.6　满二叉树和完全二叉树

满二叉树的特点如下:

(1) 叶子结点都在最下一层。

(2) 只有度为 0 和度为 2 的结点。

(3) 含 n 个结点的满二叉树的高度为 $\log_2(n+1)$,叶子结点个数为 $\lfloor n/2 \rfloor+1$,度为 2 的结点个数为 $\lfloor n/2 \rfloor$。

若二叉树中最多只有最下面两层的结点的度可以小于 2,并且最下面一层的叶子结点都依次排列在该层最左边的位置上,则这样的二叉树称为**完全二叉树**,图 7.6(b)所示为一棵完全二叉树。同样可以对完全二叉树中的每个结点进行层序编号,编号的方法与满二叉树相同,图中每个结点旁的数字为对该结点的编号。

不难看出，满二叉树是完全二叉树的一种特例，并且完全二叉树与同高度的满二叉树对应结点的层序编号相同。图 7.6(b)所示的完全二叉树与等高度的满二叉树相比，它在最后一层的右边缺少了 4 个结点。

完全二叉树的特点如下：

(1) 叶子结点只可能出现在最下面两层中。

(2) 最下一层中的叶子结点都依次排列在该层最左边的位置上。

(3) 如果有度为 1 的结点，只可能有一个，且该结点最多只有左孩子而无右孩子。

(4) 按层序编号后，一旦出现某结点(其编号为 i)为叶子结点或只有左孩子，则编号大于 i 的结点均为叶子结点。

7.2.2　二叉树的性质

视频讲解

性质 1　非空二叉树上叶子结点数等于双分支结点数加 1。

证明：在一棵二叉树中，总结点数 $n=n_0+n_1+n_2$，所有结点的分支数(即所有结点的度之和)应等于单分支结点数加上双分支结点数的两倍，即总的分支数 $=n_1+2n_2$。

因为二叉树中除根结点以外，每个结点都有唯一的双亲，每个这样的父子关系对应一个分支，所以二叉树中总的分支数＝总结点数－1。

由上述 3 个等式可得 $n_1+2n_2=n_0+n_1+n_2-1$，即 $n_0=n_2+1$。

说明：在二叉树中计算结点时常用的关系式有①所有结点的度之和＝分支数 $=n-1$；②所有结点的度之和 $=n_1+2n_2$；③$n=n_0+n_1+n_2$。

性质 2　非空二叉树的第 i 层上最多有 2^{i-1} 个结点($i\geqslant1$)。

由树的性质 2 可推出。

性质 3　高度为 h 的二叉树最多有 2^h-1 个结点($h\geqslant1$)。

由树的性质 3 可推出。

性质 4　对完全二叉树中层序编号为 i 的结点($1\leqslant i\leqslant n$，$n\geqslant1$，n 为结点总数)有：

(1) 若 $i\leqslant\lfloor n/2\rfloor$，即 $2i\leqslant n$，则编号为 i 的结点为分支结点，否则为叶子结点。

(2) 若 n 为奇数，则 $n_1=0$，这样每个分支结点都是双分支结点[例如图 7.6(b)所示的完全二叉树就是这种情况，其中 $n=11$，分支结点 1～5 都是双分支结点，其他为叶子结点]；若 n 为偶数，则 $n_1=1$，只有一个单分支结点，该单分支结点是编号最大的分支结点(编号为 $\lfloor n/2\rfloor$)。

(3) 若编号为 i 的结点有左孩子结点，则左孩子结点的编号为 $2i$；若编号为 i 的结点有右孩子结点，则右孩子结点的编号为 $2i+1$。

(4) 若编号为 i 的结点有双亲结点，其双亲结点的编号为 $\lfloor i/2\rfloor$。

上述性质均可采用归纳法证明，请读者自己完成。

性质 5　具有 n 个($n>0$)结点的完全二叉树的高度为 $\lceil\log_2(n+1)\rceil$ 或 $\lfloor\log_2 n\rfloor+1$。

由完全二叉树的定义和树的性质 3 可推出。

说明：在一棵完全二叉树中，由结点总数 n 可以确定其树形，n_1 只能是 0 或 1，当 n 为偶数时，$n_1=1$，当 n 为奇数时，$n_1=0$。层序编号为 i 的结点的层次恰好为 $\lceil\log_2(i+1)\rceil$ 或者$\lfloor \log_2 i \rfloor+1$。

【例 7.2】 一棵含有 882 个结点的二叉树中有 365 个叶子结点，求度为 1 的结点个数和度为 2 的结点个数。

解：这里 $n=882$，$n_0=365$，由二叉树的性质 1 可知 $n_2=n_0-1=364$，而 $n=n_0+n_1+n_2$，即 $n_1=n-n_0-n_2=882-365-364=153$，所以该二叉树中度为 1 的结点个数和度为 2 的结点个数分别是 153 和 364。

【例 7.3】 若用 $f(n)$表示结点个数为 n 的不同形态的二叉树个数(假设所有结点值不同)，试推导出 $f(n)$的循环公式。

解：一棵非空二叉树包括树根 N、左子树 L 和右子树 R。设 n 为该二叉树的结点个数，n_L 为左子树的结点个数，n_R 为右子树的结点个数，则 $n=1+n_L+n_R$。对于(n_L,n_R)，共有 n 种不同的可能，即$(0,n-1)$、$(1,n-2)$、……、$(n-1,0)$。

对于$(0,n-1)$的情况，L 是空子树，R 为有 $n-1$ 个结点的子树，这种情况共有 $f(0)\times f(n-1)$种不同的二叉树。

对于$(1,n-2)$的情况，共有 $f(1)\times f(n-2)$种不同的二叉树。

…………

对于$(n-1,0)$的情况，共有 $f(n-1)\times f(0)$种不同的二叉树。因此有：

$$f(n)=f(0)\times f(n-1)+f(1)\times f(n-2)+\cdots+f(n-1)\times f(0)$$

$$=\sum_{i=1}^{n} f(i-1)\times f(n-i)$$

其中，$f(0)=1$(不含任何结点的二叉树个数为 1)，$f(1)=1$(含一个结点的二叉树个数为 1)。可以推出 $f(n)=\frac{1}{n+1}C_{2n}^{n}$。

例如，由 3 个不同的结点可以构造出$\frac{1}{3+1}C_6^3=5$ 种不同形态的二叉树。

【例 7.4】 一棵完全二叉树中有 501 个叶子结点，则最少有多少个结点？

解：该二叉树中有 $n_0=501$，由二叉树的性质 1 可知 $n_0=n_2+1$，所以 $n_2=n_0-1=500$，则 $n=n_0+n_1+n_2=1001+n_1$。由于完全二叉树中 $n_1=0$ 或 $n_1=1$，则 $n_1=0$ 时结点个数最少，此时 $n=1001$，即最少有 1001 个结点。

***【例 7.5】** 整数 1,2,3,…组成了一棵特殊二叉树，如图 7.7 所示。已知这个二叉树的最后一个结点是 n。设计一个算法输入 m 和 n，求结点 m 所在的子树(简称结点 m 的子树)中一共包括多少个结点(假设 n、m 均为正整数，$m<n$)？例如 $n=12$，$m=3$，那么该树中的结点 13、14、15 以及后面的结点都是不存在的，结点 m 所在的子树中包括的结点有 3、6、7、12，因此结点 m 所在的子树中共有 4 个结点。

解：给定的含 n 个结点的特殊二叉树是一棵完全二叉树，这里的结点编号就是层序编号，最后一个结点的编号为 n。结点 m 的深度(或层次)dep1 为$\lfloor \log_2 m \rceil+1$，$n$ 结点的深度 dep2=$\lceil \log_2(n+1) \rceil$(该完全二叉树的高度也是 dep2)，1～dep2－1 层是满的。两者的差 d=dep2－dep1。注意完全二叉树的任意子树也是一棵完全二叉树。

结点 m 的子树至少是一棵高度为 d 的满二叉树，如图 7.8 中的带阴影部分，求出它的结点个数 ans($=2^d-1$)；至多是一棵高度为 $d+1$ 的满二叉树，其中第 $d+1$ 层(最下一层)

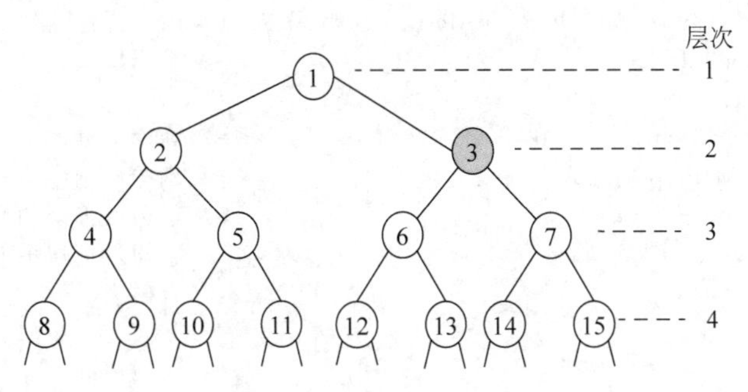

图 7.7　一棵特殊的二叉树

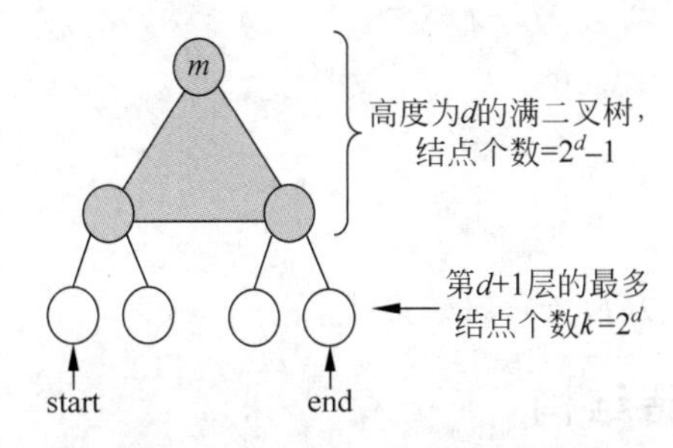

图 7.8　高度为 $d+1$ 的满二叉树

的结点个数为 $k(=2^d)$，子树中该层的起始结点编号 start$=m\times k$，子树中该层的终止结点编号 end=start$+k$。

(1) 若 end$\leqslant n$，表示该子树恰好是一棵高度为 $d+1$ 的满二叉树，结点个数为 ans$+k$。例如 $n=12$，$m=2$，求出 $d=2$，ans=3，$k=4$，start=8，end=11，有 end$\leqslant n$ 成立，则 2 结点子树的结点个数=ans$+k=7$。

(2) 若 $n<$end，如果 start$\leqslant n$，表示该子树是一棵高度为 $d+1$ 的完全二叉树，最下一层的结点个数为 $n-$start-1，总结点个数=ans$+(n-$start$+1)$。例如 $n=12$，$m=3$，求出 $d=2$，ans=3，$k=4$，start=12，end=15，有 $n<$end 成立，则 3 结点子树的结点个数=ans+$(n-$start$+1)=4$。

(3) 否则即有 $n<$start，说明该子树的高度是 d 而不是 $d+1$，它一定是一棵高度为 d 的满二叉树，其结点个数为 ans。例如 $n=11$，$m=3$，求出 $d=2$，ans$=2^2-1=3$，则 3 结点子树的结点个数=ans=3。

对应的算法如下：

```
import java.util.Scanner;
public class Exam7_5
{ public static void main(String[] args)
  {  int m, n;
     Scanner fin=new Scanner(System.in);
     while (fin.hasNext())
     {  m=fin.nextInt();
        n=fin.nextInt();
        if(m==0 && n==0) break;
        int dep1=(int)(Math.log(m)/Math.log(2))+1;   //m 结点的层次
```

```
        int dep2=(int)(Math.log(n)/Math.log(2))+1;      //n结点的层次
        int d=dep2-dep1;                                //求出层次差
        int ans,k;
        ans=(int)Math.pow(2.0,d)-1;                     //高度为d的满二叉树的结点个数
        k=(int)Math.pow(2.0,d);                         //满二叉树中第d+1层的结点个数
        int start=m*k;                                  //子树最下层的起始结点编号
        int end=start+k;                                //子树最下层可能的终止结点编号
        if(end<=n)                                      //子树为d+1层的满二叉树
            ans+=k;
        else                                            //其他情况
        {   if(start<=n)                                //子树的高度为d+1层
                ans+=(n-start+1);
        }                                               //其他为高度为d的满二叉树
        System.out.println(ans);
    }
  }
}
```

上述算法的时间复杂度为 $O(1)$,属于最优算法。

视频讲解

7.2.3 二叉树的存储结构

二叉树主要有顺序存储结构和链式存储结构两种,本节分别予以介绍。

1. 二叉树的顺序存储结构

在顺序存储一棵二叉树时,就是用一组连续的存储单元存放二叉树中的结点。由二叉树的性质4可知,对于完全二叉树和满二叉树,树中结点的层序可以唯一地反映出结点之间的逻辑关系,所以可以用一维数组按层序顺序存储树中所有的结点值,通过数组元素的下标关系反映完全二叉树或满二叉树中结点之间的逻辑关系。

例如,图7.6(b)所示的完全二叉树对应的顺序存储结构 sb 如图7.9所示,编号为 i 的结点值存放在数组下标为 i 的元素中。由于 Java 语言中数组的下标从0开始,这里为了保持一致性而没有使用下标为0的数组元素。

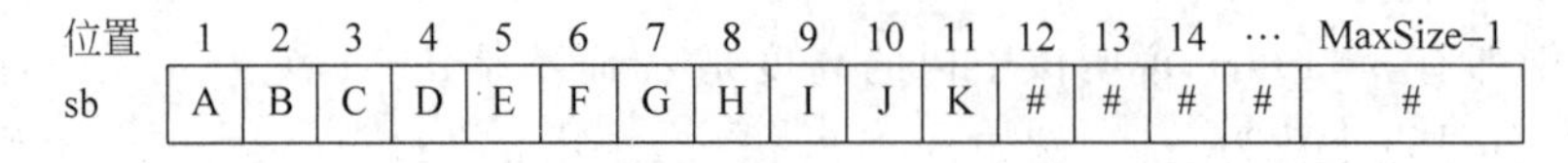

位置	1	2	3	4	5	6	7	8	9	10	11	12	13	14	…	MaxSize-1
sb	A	B	C	D	E	F	G	H	I	J	K	#	#	#	#	#

图7.9 一棵完全二叉树的顺序存储结构

然而对于一般的二叉树,如果仍按照从上到下和从左到右的顺序将树中的结点顺序存储在一维数组中,则数组元素的下标关系不能够反映二叉树中结点之间的逻辑关系,这时可将一般二叉树进行改造,增添一些并不存在的空结点,使之成为一棵完全二叉树的形式[例如对于图7.10(a)所示的一般二叉树,添加空结点使其成为一棵完全二叉树,结果如图7.10(b)所示],并对所有结点进行层序编号,再把各结点值按编号存储到一维数组中[空结点在数组中用特殊值(例如'#')表示],如图7.11所示。也就是说,一般二叉树采用顺序存储结构后,各结点的编号与等高度的完全二叉树中相应位置上结点的编号相同。

二叉树的顺序存储结构采用字符串(或者字符数组)存放:

```
String sb;                                  //二叉树的顺序存储结构用sb字符串存储
```

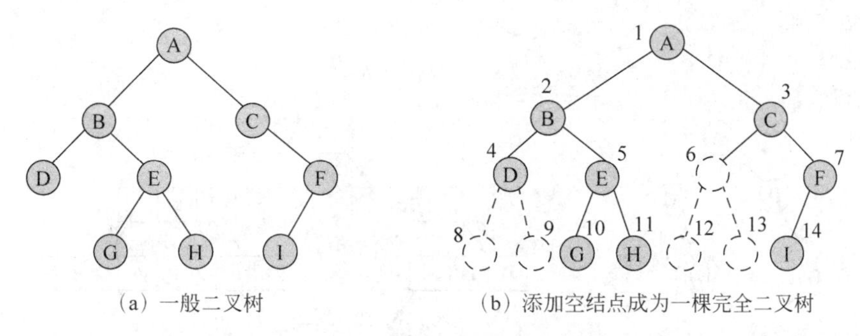

(a) 一般二叉树　　(b) 添加空结点成为一棵完全二叉树

图 7.10　一般二叉树按完全二叉树结点编号

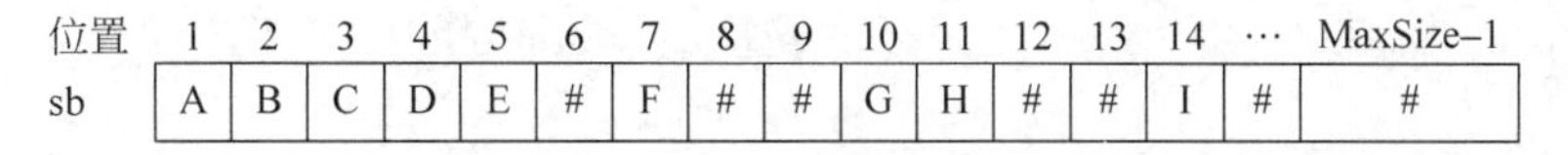

位置	1	2	3	4	5	6	7	8	9	10	11	12	13	14	…	MaxSize-1
sb	A	B	C	D	E	#	F	#	#	G	H	#	#	I	#	#

图 7.11　一棵二叉树的顺序存储结构

显然,完全二叉树或满二叉树采用顺序存储结构比较合适,既能够最大可能地节省存储空间,又可以利用数组元素的下标确定结点在二叉树中的位置以及结点之间的关系。对于一般二叉树,如果它接近于完全二叉树形态,需要增加的空结点个数不多,也可采用顺序存储结构。如果需要增加很多空结点才能将一棵二叉树改造成为一棵完全二叉树,采用顺序存储结构会造成空间的大量浪费,这时不宜用顺序存储结构。最坏情况是右单支树(除叶子结点外每个结点只有一个右孩子),一棵高度为 h 的右单支树只有 h 个结点,却需要分配 2^h-1 个存储单元。

在顺序存储结构中,查找一个结点的孩子、双亲结点都很方便,编号(下标)为 i 的结点的层次为 $\lfloor \log_2(i+1) \rfloor$。

2. 二叉树的链式存储结构

二叉树的链式存储结构是指用一个链表来存储一棵二叉树,二叉树中的每一个结点用链表中的一个链结点来存储。在二叉树中,标准存储方式的结点结构为(lchild ,data, rchild),其中,data 为值成员变量,用于存储对应的数据元素,lchild 和 rchild 分别为左、右指针变量,用于分别存储左孩子和右孩子结点(即左、右子树的根结点)的地址。这种链式存储结构通常简称为**二叉链**。

对应 Java 语言的二叉链结点类 BTNode<E>定义如下:

```
class BTNode<E>                                   //二叉链中的结点类
{  E data;                                        //存放数据元素
   BTNode lchild;                                 //指向左孩子结点
   BTNode rchild;                                 //指向右孩子结点
   public BTNode()                                //默认构造方法
   {   lchild=rchild=null;   }
   public BTNode(E d)                             //重载构造方法
   {   data=d;
       lchild=rchild=null;
   }
}
```

例如图 7.12(a)所示的二叉树对应的二叉链存储结构如图 7.12(b)所示,整棵二叉树通

过根结点 b 来唯一标识。

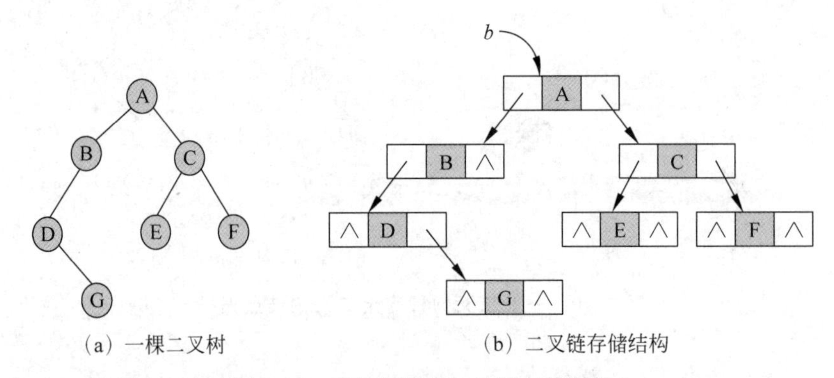

(a) 一棵二叉树　　(b) 二叉链存储结构

图 7.12　二叉树及其二叉链存储结构

7.2.4　二叉树的递归算法设计

在递归数据结构中,通常有一个或一组基本递归运算。设递归数据结构 $A=(D,\mathrm{Op})$,其中,D 是数据元素的集合,Op 为基本递归运算的集合。递归运算具有封闭性,如 $\mathrm{op}_i\in\mathrm{Op}$,且为一元运算,则 $\forall d\in D,\mathrm{op}_i(d)\in D$。

对于二叉树,以二叉链为存储结构,其基本递归运算就是求一个结点 p 的左子树(p. lchild)和右子树(p. rchild),而 p. lchild 和 p. rchild 一定是一棵二叉树(这是二叉树的定义中空树也是二叉树的原因)。

一般地,二叉树的递归结构如图 7.13 所示,对于二叉树 b,设 $f(b)$是求解的"大问题",则 f(b. lchild)和 f(b. rchild)为"小问题",假设 f(b. lchild)和 f(b. rchild)是可求的,在此基础上得出 $f(b)$ 和 f(b. lchild)、f(b. rchild)之间的关系,从而得到递归体,再考虑 b=null 或只有一个结点的特殊情况,从而得到递归出口。

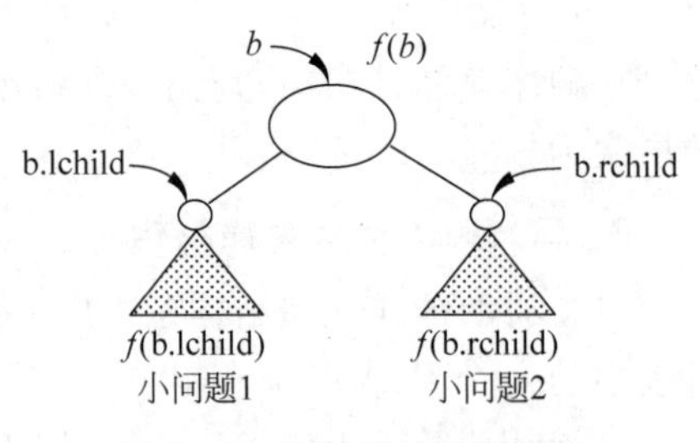

图 7.13　二叉树的递归结构

例如,假设二叉树中的所有结点值为整数,采用二叉链存储结构,求该二叉树 b 中的所有结点值之和。

设 $f(b)$为二叉树 b 中的所有结点值之和,则 f(b. lchild)和 f(b. rchild)分别求根结点 b 的左、右子树的所有结点值之和,显然有 $f(b)$=b. data+f(b. lchild)+f(b. rchild)。当 b=null 时 f(b)=0,从而得到以下递归模型:

$$f(b)=0 \qquad b=\mathrm{null}$$
$$f(b)=\mathrm{b.data}+f(\mathrm{b.lchild})+f(\mathrm{b.rchild}) \qquad \text{其他}$$

对应的递归算法如下:

```
int fun(BTNode<Character> b)
{  if (b==null) return 0;
   else return b.data+fun(b.lchild)+fun(b.rchild);
}
```

7.2.5　二叉树的基本运算及其实现

为了简单，本节讨论的二叉树中的所有结点值为单个字符，逻辑结构采用括号表示串，存储结构采用二叉链。

1. 二叉树类的设计

在二叉链中通过根结点 b 来唯一标识二叉树，对应的二叉树类设计如下：

```
public class BTreeClass                                //二叉树类
{  BTNode<Character> b;                                //根结点
   String bstr;                                        //二叉树的括号表示串
   public BTreeClass()                                 //构造方法
   {    b=null;   }
   //二叉树基本运算算法
}
```

视频讲解

2. 二叉树基本运算算法的实现

下面讨论二叉树基本运算算法的实现。

1) 创建二叉树：CreateBTree(str)

假设采用括号表示串 str 表示的二叉树是正确的（本算法不对 str 的正确性进行检测，若 str 表示错误将得不到正确的结果），且每个结点的值是单个字符。用 ch 扫描 str，其中只有 4 类字符，各类字符的处理方式如下。

(1) ch='('：表示前面刚创建的 p 结点存在着孩子结点，需将其进栈，以便建立它和其孩子结点的关系（如果一个结点刚创建完毕，其后的一个字符不是'('，表示该结点是叶子结点，不需要进栈）。然后开始处理该结点的左孩子，因此置 flag=true，表示其后创建的结点将作为这个结点（栈顶结点）的左孩子结点。

(2) ch=')'：表示以栈顶结点为根结点的子树创建完毕，将其退栈。

(3) ch=','：表示开始处理栈顶结点的右孩子结点，置 flag=false。

(4) 其他情况：只能是单个字符，表示要创建一个新结点 p，根据 flag 值建立 p 结点与栈顶结点之间的联系，当 flag=true 时表示 p 结点作为栈顶结点的左孩子结点，当 flag=false 时表示 p 结点作为栈顶结点的右孩子结点。

如此循环直到 str 处理完毕。对应的算法如下：

```
public void CreateBTree(String str)                    //创建以 b 为根结点的二叉链存储结构
{  Stack<BTNode> st=new Stack<BTNode>();               //建立一个栈 st
   BTNode<Character> p=null;
   boolean flag=true;
   char ch;
   int i=0;
   while(i<str.length())                               //循环扫描 str 中的每个字符
   {   ch=str.charAt(i);
       switch(ch)
       {
       case '(':
           st.push(p);                                 //刚刚新建的结点有孩子，将其进栈
```

```
            flag=true;
            break;
        case ')':
            st.pop();                                  //栈顶结点的子树处理完,出栈
            break;
        case ',':
            flag=false;                                //开始处理栈顶结点的右孩子
            break;
        default:
            p=new BTNode<Character>(ch);               //用 ch 值新建一个结点
            if(b==null)
                b=p;                                   //若尚未建立根结点,p 作为根结点
            else                                       //已建立二叉树的根结点
            {   if(flag)                               //新结点 p 作为栈顶结点的左孩子
                {   if(!st.empty())
                        st.peek().lchild=p;
                }
                else                                   //新结点 p 作为栈顶结点的右孩子
                {   if (!st.empty())
                        st.peek().rchild=p;
                }
            }
            break;
        }
        i++;                                           //继续遍历
    }
}
```

例如,对于括号表示串"A(B(D(,G)),C(E,F))",建立二叉树链式存储结构如图 7.12(b)所示。

视频讲解

2) 返回二叉链的括号表示串: toString()

其过程是对于非空二叉树 t(t 为根结点),先输出 t 结点的值,当 t 结点存在左孩子或右孩子时,输出一个"("符号,然后递归处理左子树;当存在右孩子时,输出一个","符号,递归处理右子树,最后输出一个")"符号。对应的递归算法如下:

```
public String toString()                               //返回二叉链的括号表示串
{ bstr="";
  toString1(b);
  return bstr;
}
private void toString1(BTNode<Character> t)            //被 toString()方法调用
{ if(t!=null)
  {   bstr+=t.data;                                    //输出根结点值
      if(t.lchild!=null || t.rchild!=null)
      {   bstr+="(";                                   //有孩子结点时输出"("
          toString1(t.lchild);                         //递归输出左子树
          if(t.rchild!=null)
              bstr+=",";                               //有右孩子结点时输出","
          toString1(t.rchild);                         //递归输出右子树
          bstr+=")";                                   //输出")"
```

```
        }
    }
}
```

例如，调用 CreateBTNode("A(B(D(,G)),C(E,F))")构造一棵二叉链，再调用 toString()并输出其结果，输出为 A(B(D(,G)),C(E,F))。

3) 查找值为 x 的结点：FindNode(x)

采用递归算法 $f(t,x)$在以 t 为根结点的二叉树中查找值为 x 的结点，找到后返回其地址，否则返回 null。其递归模型如下：

$f(t,x)=\text{null}$　　　　$t=\text{null}$

$f(t,x)=t$　　　　t. data$=x$

$f(t,x)=p$　　　　在左子树中找到了，即 $p=f(\text{t.lchild},x)$且 $p!=\text{null}$

$f(t,x)=f(\text{t.rchild},x)$　　其他

对应的递归算法如下：

```
public BTNode<Character> FindNode(char x)            //查找值为 x 的结点的算法
{ return FindNode1(b,x); }
private BTNode<Character> FindNode1(BTNode<Character> t,char x)//被 FindNode()方法调用
{ BTNode<Character> p;
  if(t==null)
      return null;                                   //t 为空时返回 null
  else if(t.data==x)
      return t;                                      //t 所指结点值为 x 时返回 t
  else
  {   p=FindNode1(t.lchild,x);                       //在左子树中查找
      if(p!=null)
          return p;                                  //在左子树中找到 p 结点，返回 p
      else
          return FindNode1(t.rchild,x);              //返回在右子树中的查找结果
  }
}
```

4) 求高度：Height()

设以 t 为根结点的二叉树的高度为 $f(t)$，空树的高度为 0，非空树的高度为左、右子树中较大的高度加 1。对应的递归模型如下：

$f(t)=0$　　　　若 $t=\text{null}$

$f(t)=\text{MAX}\{f(\text{t.lchild}),f(\text{t.rchild})\}+1$　　其他情况

对应的递归算法如下：

```
public int Height()                                  //求二叉树高度的算法
{ return Height1(b); }
private int Height1(BTNode<Character> t)            //被 Height()方法调用
{ int lchildh,rchildh;
  if(t==null)
      return 0;                                      //空树的高度为 0
  else
  {   lchildh=Height1(t.lchild);                     //求左子树的高度 lchildh
```

```
        rchildh=Height1(t.rchild);                    //求右子树的高度 rchildh
        return Math.max(lchildh,rchildh)+1;
    }
}
```

7.3 二叉树的先序、中序和后序遍历

7.3.1 二叉树遍历的概念

二叉树遍历是指按照一定的次序访问二叉树中的每个结点,并且每个结点仅被访问一次的过程。通过遍历得到二叉树中某种结点的线性序列,即将非线性结构线性化,这里"访问"的含义可以很多,例如输出结点值或对结点值实施某种运算等。二叉树遍历是最基本的运算,是二叉树中所有其他运算的基础。

在二叉树中左子树和右子树是有严格区别的,在遍历一棵非空二叉树时,根据访问根结点、遍历左子树和遍历右子树之间的先后关系可以组合成 6 种遍历方法(假设 N 为根结点,L、R 分别为左、右子树,这 6 种遍历方法是 NLR、LNR、LRN、NRL、RNL、RLN),若再规定先遍历左子树,后遍历右子树,则对于非空二叉树,可得到如下 3 种递归的遍历方法(即 NLR、LNR 和 LRN)。

1. 先序遍历

先序遍历二叉树的过程如下:

(1) 访问根结点。

(2) 先序遍历左子树。

(3) 先序遍历右子树。

例如,图 7.12(a)所示的二叉树的先序序列为 ABDGCEF。显然,在一棵二叉树的先序序列中,第一个元素即为根结点对应的结点值。

2. 中序遍历

中序遍历二叉树的过程如下:

(1) 中序遍历左子树。

(2) 访问根结点。

(3) 中序遍历右子树。

例如,图 7.12(a)所示的二叉树的中序序列为 DGBAECF。显然,在一棵二叉树的中序序列中,根结点值将其序列分为前、后两部分,前部分为左子树的中序序列,后部分为右子树的中序序列。

3. 后序遍历

后序遍历二叉树的过程如下:

(1) 后序遍历左子树。

(2) 后序遍历右子树。

(3) 访问根结点。

例如,图 7.12(a)所示的二叉树的后序序列为 GDBEFCA。显然,在一棵二叉树的后序

序列中，最后一个元素即为根结点对应的结点值。

7.3.2 先序、中序和后序遍历递归算法

假设二叉树采用二叉链存储结构，由二叉树的先序、中序和后序 3 种遍历过程直接得到相应的递归算法。

1. 先序遍历的递归算法

从根结点 t 出发进行先序遍历的递归算法 PreOrder11(t)如下，它被 PreOrder1()方法调用以输出先序遍历序列。对应的递归算法如下：

```
public void PreOrder1(BTreeClass bt)                //先序遍历的递归算法
{  PreOrder11(bt.b);  }
private void PreOrder11(BTNode<Character> t)       //被 PreOrder1()方法调用
{  if(t!=null)
   {  System.out.print(t.data+ " ");               //访问根结点
      PreOrder11(t.lchild);                         //先序遍历左子树
      PreOrder11(t.rchild);                         //先序遍历右子树
   }
}
```

在上述先序遍历 PreOrder11(t)的方法中，又通过递归调用 PreOrder11(t.lchild)和 PreOrder11(t.rchild)来遍历左、右子树，整个遍历过程从根结点 t 出发，最后回到根结点 t。例如，对于图 7.12(a)所示的二叉树，其先序遍历过程如图 7.14(a)所示，图中虚线表示这种遍历过程，在每个结点的左边画一条线与虚线相交，该相交点表示访问点，然后按虚线遍历次序列出相交点得到先序遍历序列，即 ABDGCEF。

说明：在遍历过程中当到达某个结点时，称为"访问"该结点，通常是为了在这个结点处执行某种操作，例如查看结点值或输出结点值等，上述递归算法中的访问是输出结点值。

2. 中序遍历的递归算法

从根结点 t 出发进行中序遍历的递归算法 InOrder11(t)如下，它被 InOrder1()方法调用以输出中序遍历序列。对应的递归算法如下：

```
public void InOrder1(BTreeClass bt)                 //中序遍历的递归算法
{  InOrder11(bt.b);  }
private void InOrder11(BTNode<Character> t)        //被 InOrder1()方法调用
{  if(t!=null)
   {  InOrder11(t.lchild);                          //中序遍历左子树
      System.out.print(t.data+ " ");               //访问根结点
      InOrder11(t.rchild);                          //中序遍历右子树
   }
}
```

对于图 7.12(a)所示的二叉树，其中序遍历过程如图 7.14(b)所示，在每个结点的底部画一条线与虚线相交，该相交点表示访问点，然后按虚线遍历次序列出相交点得到中序遍历序列，即 DGBAECF。

3. 后序遍历的递归算法

从根结点 t 出发进行后序遍历的递归算法 PostOrder11(t)如下，它被 PostOrder1()方

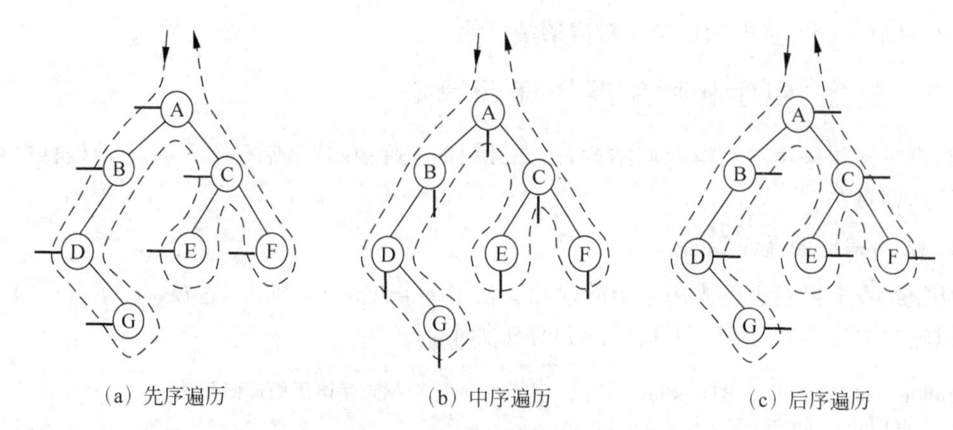

图 7.14　二叉树的 3 种递归遍历过程

法调用以输出后序遍历序列。对应的递归算法如下：

```
public void PostOrder1(BTreeClass bt)                  //后序遍历的递归算法
{  PostOrder11(bt.b);  }
private void PostOrder11(BTNode<Character> t)          //被 PostOrder1()方法调用
{  if(t!=null)
   {  PostOrder11(t.lchild);                           //后序遍历左子树
      PostOrder11(t.rchild);                           //后序遍历右子树
      System.out.print(t.data+" ");                    //访问根结点
   }
}
```

对于图 7.12(a)所示的二叉树，其后序遍历过程如图 7.14(c)所示，在每个结点的右边画一条线与虚线相交，该相交点表示访问点，然后按虚线遍历次序列出相交点得到后序遍历序列，即 GDBEFCA。

7.3.3　递归遍历算法的应用

本节通过几个示例说明递归遍历算法的应用。

【例 7.6】　假设二叉树采用二叉链存储结构存储，设计一个算法求一棵给定二叉树中结点的个数。

解：求一棵二叉树中结点的个数是以遍历算法为基础的，任何一种遍历算法都可以求出一棵二叉树中结点的个数，以下给出了以先序、中序和后序遍历为基础的算法。

视频讲解

```
public static int NodeCount1(BTreeClass bt)            //基于先序遍历求结点的个数
{  return NodeCount11(bt.b);  }
private static int NodeCount11(BTNode<Character> t)
{  int m,n,k;
   if(t==null)                                          //空树的结点个数为 0
      return 0;
   k=1;                                                 //根结点计数 1，相当于访问根结点
   m=NodeCount11(t.lchild);                             //遍历求左子树的结点个数
   n=NodeCount11(t.rchild);                             //遍历求右子树的结点个数
   return k+m+n;
}
```

```
public static int NodeCount2(BTreeClass bt)            //基于中序遍历求结点的个数
{  return NodeCount21(bt.b);  }
private static int NodeCount21(BTNode<Character> t)
{  int m,n,k;
   if(t==null)                                          //空树的结点个数为 0
      return 0;
   m=NodeCount21(t.lchild);                             //遍历求左子树的结点个数
   k=1;                                                 //根结点计数 1,相当于访问根结点
   n=NodeCount21(t.rchild);                             //遍历求右子树的结点个数
   return k+m+n;
}
public static int NodeCount3(BTreeClass bt)            //基于后序遍历求结点的个数
{  return NodeCount31(bt.b);  }
private static int NodeCount31(BTNode<Character> t)
{  int m,n,k;
   if(t==null)                                          //空树的结点个数为 0
      return 0;
   m=NodeCount31(t.lchild);                             //遍历求左子树的结点个数
   n=NodeCount31(t.rchild);                             //遍历求右子树的结点个数
   k=1;                                                 //根结点计数 1,相当于访问根结点
   return k+m+n;
}
```

实际上也可以从递归算法设计的角度来求解。设 $f(b)$求二叉树 b 中所有结点的个数,它是“大问题”,f(b. lchild)和 f(b. rchild)分别求左、右子树的结点个数,它们是“小问题”,如图 7.13 所示。对应的递归模型 $f(b)$如下:

$$f(b)=0 \qquad b=\text{null}$$
$$f(b)=f(\text{b.lchild})+f(\text{b.rchild})+1 \qquad \text{其他}$$

对应的递归算法如下:

```
public static int NodeCount4(BTreeClass bt)            //递归求解
{  return NodeCount41(bt.b);  }
private static int NodeCount41(BTNode<Character> t)
{  if(t==null)
      return 0;                                         //空树的结点个数为 0
   else
      return(NodeCount41(t.lchild)+NodeCount41(t.rchild)+1);
}
```

从递归遍历的角度看,其中“+1”相当于访问结点,放在不同位置体现不同的递归遍历思路(在前 3 种递归遍历算法中对应 $R=1$);NodeCount41()方法将“+1”放在最后,体现出后序遍历的算法思路。

【例 7.7】 假设二叉树采用二叉链存储结构存储,设计一个算法按从左到右的顺序输出一棵二叉树中所有的叶子结点。

解:由于先序、中序和后序递归遍历算法都是按从左到右的顺序访问叶子结点的,所以本题可以基于这 3 种递归遍历算法求解。对应的算法如下:

```
public static void displeaf1(BTreeClass bt)            //基于先序遍历输出叶子结点
```

```
{ displeaf11(bt.b); }
private static void displeaf11(BTNode<Character> t)
{ if(t!=null)
  {  if(t.lchild==null && t.rchild==null)
        System.out.print(t.data+" ");                //输出叶子结点
     displeaf11(t.lchild);                           //遍历左子树
     displeaf11(t.rchild);                           //遍历右子树
  }
}
public static void displeaf2(BTreeClass bt)          //基于中序遍历输出叶子结点
{ displeaf21(bt.b); }
private static void displeaf21(BTNode<Character> t)
{ if(t!=null)
  {  displeaf11(t.lchild);                           //遍历左子树
     if(t.lchild==null && t.rchild==null)
        System.out.print(t.data+" ");                //输出叶子结点
     displeaf11(t.rchild);                           //遍历右子树
  }
}
public static void displeaf3(BTreeClass bt)          //基于后序遍历输出叶子结点
{ displeaf31(bt.b); }
private static void displeaf31(BTNode<Character> t)
{ if(t!=null)
  {  displeaf11(t.lchild);                           //遍历左子树
     displeaf11(t.rchild);                           //遍历右子树
     if(t.lchild==null && t.rchild==null)
        System.out.print(t.data+" ");                //输出叶子结点
  }
}
```

当然也可以直接采用递归算法设计方法求解。设 $f(b)$ 的功能是从左到右输出以 b 为根结点的二叉树的所有叶子结点，为“大问题”，显然 f(b. lchild)和 f(b. rchild)是两个“小问题”。当 b 不是叶子结点时，先调用 f(b. lchild)再调用 f(b. rchild)。对应的递归模型 $f(b)$ 如下：

$f(b)$ ≡不做任何事件　　　　b=null

$f(b)$ ≡输出 b 结点　　　　b 为叶子结点

$f(b)$ ≡ f(b. lchild)；f(b. rchild)　　其他

对应的递归算法如下：

```
public static void displeaf4(BTreeClass bt)               //基于递归算法思路
{ displeaf41(bt.b); }
private static void displeaf41(BTNode<Character> t)
{ if(t!=null)
  {  if(t.lchild==null && t.rchild==null)
        System.out.print(t.data+" ");                     //输出叶子结点
     else
     {  displeaf41(t.lchild);                             //遍历左子树
        displeaf41(t.rchild);                             //遍历右子树
     }
  }
}
```

displeaf41()算法是基于先序遍历思路。从上述两例看出，基于递归遍历思路和直接采用递归算法设计方法完全相同。实际上，当求解问题较复杂时，直接采用递归算法设计方法更加简单、方便。

若仅从递归遍历角度看，上述两例基于 3 种递归遍历思路中的任意一种都是可行的，但有些情况并非如此。一般地，二叉树由根和左、右子树 3 部分构成，但可以看成两类，即根和子树，如果需要先处理根再处理子树，可以采用先序遍历思路，如果需要先处理子树再处理根，可以采用后序遍历思路。

【例 7.8】 假设二叉树采用二叉链存储结构存储，设计一个算法将二叉树 bt1 复制到二叉树 bt2。

视频讲解

解：采用直接递归算法设计方法。设 f(t1,t2)是由二叉链 t1 复制产生 t2，这是“大问题”。f(t1.lchild,t2.lchild)和 f(t1.rchild,t2.rchild)分别复制左子树和右子树，它们是“小问题”。假设小问题可解，也就是说左、右子树都可复制，则只需复制根结点，如图 7.15 所示。对应的递归模型如下：

f(t1,t2) ≡ t2=null　　　　　　　　　　　　t1=null
f(t1,t2) ≡ 由 t1 根结点复制产生 t2 根结点；　t1≠null
　　　　f(t1.lchild,t2.lchild)；
　　　　f(t1.rchild,t2.rchild)；

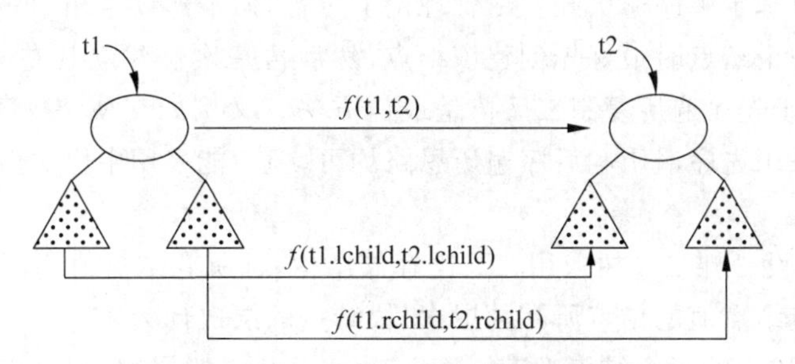

图 7.15　由二叉树 t1 复制产生二叉树 t2

对应的递归算法如下(复制产生的 t2 作为方法的返回值)：

```
public static BTreeClass CopyBTree1(BTreeClass bt1)                    //基于先序遍历复制二叉树
{ BTreeClass bt2=new BTreeClass();
  bt2.b=CopyBTree11(bt1.b);
  return bt2;
}
private static BTNode<Character> CopyBTree11(BTNode<Character> t1)   //由 t1 复制产生 t2
{ if(t1!=null)
  {  BTNode<Character> t2=new BTNode<Character>(t1.data); //复制根结点
     t2.lchild=CopyBTree11(t1.lchild);                     //递归复制左子树
     t2.rchild=CopyBTree11(t1.rchild);                     //递归复制右子树
     return t2;
  }
  return null;                                              //t1 为空时返回 null
}
```

显然上述算法是基于先序遍历的，因为先复制根结点，相当于二叉树先序遍历算法中的访问根结点语句，然后分别复制二叉树的左子树和右子树，这相当于二叉树先序遍历算法中的遍历左子树和右子树。实际上也可以采用基于后序遍历的思路，对应的求解算法如下：

```
public static BTreeClass CopyBTree2(BTreeClass bt1)                //基于后序遍历复制二叉树
{ BTreeClass bt2=new BTreeClass();
  bt2.b=CopyBTree21(bt1.b);
  return bt2;
}
private static BTNode<Character> CopyBTree21(BTNode<Character> t1)  //由 t1 复制产生 t2
{ if(t1!=null)
  { BTNode<Character> l;
    BTNode<Character> r;
    l=CopyBTree21(t1.lchild);                                     //递归复制左子树
    r=CopyBTree21(t1.rchild);                                     //递归复制右子树
    BTNode<Character> t2=new BTNode<Character>(t1.data);          //复制根结点
    t2.lchild=l;
    t2.rchild=r;
    return t2;
  }
  return null;                                                    //t1 为空时返回 null
}
```

那么是否可以基于中序遍历呢？尽管理论上可行，但不建议采用中序遍历思路求解，因为在复制中处理一个结点时最好先创建该结点，然后再一次性建立其左、右子树，这样思路更加清晰，所以基于先序遍历复制二叉树是最佳方法。又例如交换一棵二叉树中的所有结点的左、右子树，采用先序遍历和后序遍历思路均可，但不能采用中序遍历思路，并且后序遍历思路最佳。

【例 7.9】 假设一棵二叉树采用二叉链存储结构，且所有结点值均不相同，设计一个算法求二叉树中指定结点值的结点所在的层次(根结点的层次计为 1)。

解法 1：二叉树中的每个结点都有一个相对于根结点的层次，根结点的层次为 1，那么如何指定这种情况呢？可以采用递归算法参数赋初值的方法，即设 $f(b,x,h)$为"大问题"，增加的第 3 个参数 h 表示第一个参数 b 指向结点的层次，在初始调用时 b 指向根结点，h 对应的实参为 1，从而指定了根结点的层次为 1 的情况。

大问题 $f(b,x,h)$的功能是在以 b 结点(层次为 h)为根的子树中查找值为 x 的结点层次，若找到返回其层次，若找不到返回 0(因为只要找到 x 结点，其层次至少为 1)。对应的递归模型如下：

视频讲解

$f(b,x,h)=0$　　　　$b=\text{null}$

$f(b,x,h)=h$　　　　$\text{b.data}=x$

$f(b,x,h)=l$　　　　$l=f(\text{b.child},x,h+1)$，且 $l\neq 0$(在左子树中找到了)

$f(b,x,h)=f(\text{b.rchild},x,h+1)$　　　　其他

对应的递归算法如下：

```
public static int Level1(BTreeClass bt, char x)
{ return Level11(bt.b, x, 1);   }
private static int Level11(BTNode<Character> t, char x, int h)
```

```
{ if(t==null)
      return 0;                                   //空树不能找到该结点
  else if(t.data==x)
      return h;                                   //根结点即为所找,返回其层次
  else
  {   int l=Level11(t.lchild,x,h+1);              //在左子树中查找
      if(l!=0)
          return l;                               //在左子树中找到了,返回其层次
      else
          return(Level11(t.rchild,x,h+1));        //在左子树中未找到,再在右子树中查找
  }
}
```

解法2：前面的解法是直接求 x 结点在整个二叉树 b 中的层次(称为绝对层次),实际上对于任何一棵包含 x 结点的子树,相对于该子树的 x 结点有一个层次(称为相对层次),不同的子树中 x 结点的相对层次是不同的。

对于二叉树 b 中的子树 t,若 $t=$null,则不可能在子树 t 中找到 x 结点,返回 0；若 t.data$=x$,则 x 结点在自己的子树中的相对层次为 1,返回 1；否则递归,在 t 的左、右子树中求出相对于左、右孩子的相对层次 leftl 和 rightl,那么 x 结点相对于子树 t 的相对层次应该为max(lefti,righti)+1。当子树 t 为二叉树 b 时,求出的结果就是 x 结点在整个二叉树中的层次。对应的算法如下：

```
public static int Level2(BTreeClass bt, char x)
{ return Level21(bt.b, x);  }
private static int Level21(BTNode<Character> t, char x)
{ if(t==null)                                     //空树不能找到该结点
      return 0;
  if(t.data==x)                                   //根结点值为 x
      return 1;                                   //x 结点在自己的子树中的相对层次为 1
  int leftl=(t.lchild==null ? 0 : Level21(t.lchild, x));
  int rightl=(t.rchild==null ? 0 : Level21(t.rchild, x));
  if(leftl<1 && rightl<1)                         //左、右子树都没有找到,返回 0
      return 0;
  return Math.max(leftl, rightl)+1;               //返回左、右子树中的最大层次+1
}
```

在上述两种解法中,解法1是假设二叉树中结点的层次是固定的,思路更清晰,但涉及递归算法的参数赋初值问题；解法2采用相对层次,较难理解,不涉及递归算法的参数赋初值问题。

【例7.10】 假设一棵二叉树采用顺序存储结构,设计一个算法建立对应的二叉链存储结构。

解：二叉树的顺序存储结构采用字符串数组 sb 存放,现在由 sb 转换产生二叉链存储结构 bt。对于 sb,用 sb[i]表示编号为 i 的结点的子树,显然由 sb[1]创建整个二叉链 b。设 f(sb,i)返回编号为 i 的结点的子树(该子树的根结点),对应的递归模型如下：

f(sb,i) =null　　　　　　　　　　$i\geq$sb.length()或 sb[i]='#'

f(sb,i) =建立 t 结点；置 t.data =sb[i]；　其他

　　　　t.lchild=f(sb,2 * i)；

　　　　t.rchild=f(sb,2 * i+1)；

对应的递归算法如下：

```
public static BTreeClass Trans(String sb)
{ BTreeClass bt=new BTreeClass();
  bt.b=Trans1(sb,1);                                  //以 sb[1]为根创建二叉链
  return bt;
}
private static BTNode<Character> Trans1(String sb,int i)   //被 Trans()方法调用
{ if(i<sb.length())
  {  if(sb.charAt(i)!='#')
     {  BTNode<Character> t=new BTNode<Character>(sb.charAt(i));   //建立根结点
        t.lchild=Trans1(sb,2*i);                       //递归转换左子树
        t.rchild=Trans1(sb,2*i+1);                     //递归转换右子树
        return t;
     }
     else return null;                                 //#结点返回空
  }
  else return null;                                    //无效结点返回空
}
```

上述调用 Trans1(sb,1)相当于递归算法参数赋初值。例如,如图 7.11 所示的二叉树的顺序存储结构 sb="#ABCDE#F##GH##I######",可以通过执行 bt=Trans(sb)语句创建该二叉树的二叉链存储结构。

【例 7.11】 假设二叉树采用二叉链存储结构,且所有结点值均不相同,设计一个算法输出值为 x 的结点的所有祖先。

解法 1：根据二叉树中祖先的定义可知,若一个结点的左孩子或右孩子值为 x,则该结点是 x 结点的祖先结点；若一个结点的左孩子或右孩子为 x 结点的祖先结点,则该结点也为 x 结点的祖先结点。设 $f(t,x)$表示 t 结点是否为 x 结点的祖先结点,对应的递归模型 $f(t,x)$如下：

视频讲解

$f(b,x)$ = false	b==null
$f(b,x)$ = true,并输出 b 结点	b 结点有值为 x 的左孩子结点
$f(b,x)$ = true,并输出 b 结点	b 结点有值为 x 的右孩子结点
$f(b,x)$ = true,并输出 b 结点	f(b.lchild,x)为 true 或 f(b.rchild,x)为 true
$f(b,x)$ = false	其他

对应的求解类如下：

```
public class Exam7_11
{ static String ans;                                          //存放 x 结点的所有祖先结点
  public static String Ancestor1(BTreeClass bt,char x)        //返回 x 结点的祖先
  {  ans="";
     Ancestor11(bt.b,x);
     return ans;
  }
  private static boolean Ancestor11(BTNode<Character> t,Character x)
  {  if(t==null)
        return false;
     if(t.lchild!=null)
```

```
        {   if(t.lchild.data==x)
            {   ans+=t.data +" ";                                //t结点是x结点的祖先
                return true;
            }
        }
        if(t.rchild!=null)
        {   if(t.rchild.data==x)
            {   ans+=t.data +" ";                                //t结点是x结点的祖先
                return true;
            }
        }
        if(Ancestor11(t.lchild, x) || Ancestor11(t.rchild, x))
        {   ans+=t.data +" ";                                    //祖先的祖先是祖先
            return true;
        }
        return false;                                            //其他情况返回false
    }
}
```

对于图 7.12(a)所示的二叉树 bt，调用 Ancestor1(bt.b,'G')求出 G 结点的所有祖先是 D B A(离 G 结点越近越先输出)。

解法 2：二叉树中 x 结点的祖先恰好是根结点到 x 结点的路径上除了 x 结点外的所有结点，为此该问题转换为求根结点到 x 结点的路径。采用先序遍历的思路，用一个 ArrayList 容器 path 存放路径，当找到 x 结点时将 path 中的 x 结点(最后添加的结点)删除，再将 path 复制到 ans 中。对应的求解类如下：

```
public class Exam7_11
{ static String ans;                                             //存放x结点的所有祖先结点
  public static String Ancestor2(BTreeClass bt, char x)          //返回x结点的祖先
  {   ArrayList<Character> path=new ArrayList<Character>(); //存放根结点到x结点的路径
      ans="";
      Ancestor21(bt.b, x, path);
      return ans;
  }
  private static void Ancestor21(BTNode<Character> t, Character x, ArrayList<Character> path)
  {   if(t==null) return;
      path.add(t.data);
      if(t.data==x)
      {   path.remove(path.size()-1);                            //删除x结点
          ans=path.toString();
          return;
      }
      Ancestor21(t.lchild, x, path);                             //遍历左子树
      Ancestor21(t.rchild, x, path);                             //遍历右子树
      path.remove(path.size()-1);                                //从path中删除t结点,回退
  }
}
```

需要注意的是，在方法 Ancestor21(t, x, path)中 path 为 ArrayList 对象，当执行该方法的 path.add(t.data)语句后将当前访问的 t 结点值添加到 path 中，这样在找到 x 结点时

path 是一个查找轨迹(包含所有遍历中访问的结点)。

对于图 7.12(a)所示的二叉树,当 x='F'时,上述先序遍历中访问到 F 结点时的轨迹为 ABDGCE,而不是根结点到 F 结点的路径(如图 7.16 所示),显然本题不是找轨迹而是找路径。为此在遍历一个结点的左、右子树后在没有找到 x 结点时执行 path.remove(path.size()−1)将该结点从 path 中删除,也就是回退,这样 x='F'时输出的正确结果为 A C(从根结点开始输出)。

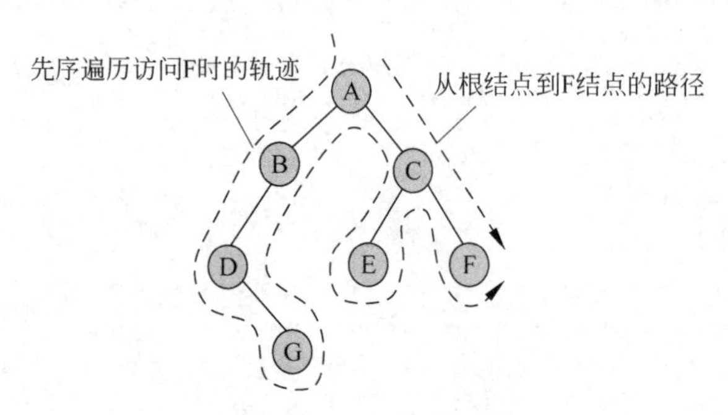

图 7.16　轨迹和路径

归纳起来,方法中的引用参数相当于 C/C++ 中的全局变量,没有自动回退的能力,需要增加回退的语句,而只有非引用参数(方法中的基本数据类型的参数)才具有自动回退的能力,不需要增加回退的语句。例如将上述算法中的 ArrayList 容器改为数组 path,用 path[0..d]存放根结点到 x 结点的路径(path[0..$d-1$]为 x 结点的所有祖先),采用 int 类型,在 Ancestor31(t,x,path,d)方法中 d 作为非引用参数(尽管 path 数组也是引用参数,但这里是通过 d 来表示求解结果的),这样就不需要回退,当找到 x 结点时将 path[0..$d-1$]复制到 ans 中。对应的求解类如下:

```
public class Exam7_11
{  static String ans;                                          //存放 x 结点的所有祖先结点
   public static String Ancestor3(BTreeClass bt, char x)  //返回 x 结点的祖先
   {  char[] path=new char[100];
      int d=-1;                                                //path[0..d]存放根结点到 x 结点的路径
      ans="";
      Ancestor31(bt.b, x, path, d);
      return ans;
   }
   private static void Ancestor31(BTNode<Character> t,Character x,char[] path,int d)
   {  if(t==null) return;
      d++; path[d]=t.data;
      if(t.data==x)
      {  for(int i=0;i<d;i++)                                //将 path[0..d-1]存放到 ans 中
            ans+=String.valueOf(path[i])+" ";
         return;
      }
      Ancestor31(t.lchild, x, path, d);                       //遍历左子树
      Ancestor31(t.rchild, x, path, d);                       //遍历右子树
   }
}
```

【例 7.12】　假设二叉树采用二叉链存储结构,且所有结点值均不相同,设计一个算法

求二叉树的宽度(二叉树中结点个数最多的那一层的结点个数)。

解：设置一个数组 w，$w[i]$表示第 i(1≤i≤最大层次)层的结点个数(初始所有元素为 0)，采用先序遍历求 w(通过递归算法参数赋初值的方式指定根结点的层次为 1)，w 中的最大元素就是该二叉树的宽度。对应的求解类如下：

视频讲解

```
public class Exam7_12
{  final static int MaxLevel=100;                         //最大层次
   static int[] w=new int[MaxLevel];                      //存放每一层的结点个数
   public static int Width(BTreeClass bt)                 //求二叉树的宽度
   {  Width1(bt.b,1);
      int ans=0;
      for(int i=1;i<MaxLevel;i++)                         //求 w 中的最大元素
         if(ans<w[i])
            ans=w[i];
      return ans;
   }
   private static void Width1(BTNode<Character> t,int h)  //被 Width()方法调用
   {  if(t==null) return;
      w[h]++;                                             //第 h 层的结点个数增 1
      Width1(t.lchild,h+1);                               //遍历左子树
      Width1(t.rchild,h+1);                               //遍历右子树
   }
}
```

【例 7.13】 假设二叉树采用二叉链存储结构，且所有结点值均不相同，设计一个算法求二叉树中第 k(1≤k≤二叉树的高度)层的结点个数。

解：采用先序遍历思路，设计 KCount11(BTNode<Character> t，int h，int k)递归算法在根结点 t 的二叉树中求第 k 层的结点个数 cnt，其中 h 表示 t 指向结点的层次(采用参数赋初值的方法，t 为根结点时 h 对应的实参数为 1)。对应的求解类如下：

```
public class Exam7_13
{  static int cnt;                                        //累计第 k 层的结点个数
   public static int KCount1(BTreeClass bt,int k)         //求二叉树的第 k 层的结点个数
   {  cnt=0;
      KCount11(bt.b,1,k);
      return cnt;
   }
   private static void KCount11(BTNode<Character> t,int h,int k)
   {  if(t==null)                                         //空树返回
         return;
      if(h==k)                                            //当前层的结点在第 k 层,cnt 增 1
         cnt++;
      if(h<k)                                             //当前结点层小于 k,递归处理左、右子树
      {  KCount11(t.lchild,h+1,k);
         KCount11(t.rchild,h+1,k);
      }
   }
}
```

在 Exam7_13 类中增加如下主方法：

```
public static void main(String[] args)
```

```
{ String s="A(B(D(,G)),C(E,F))";
  BTreeClass bt=new BTreeClass();
  bt.CreateBTree(s);
  System.out.println("bt: "+bt.toString());
  for(int i=0;i<=5;i++)
      System.out.printf("第%d层结点个数: %d\n",i,KCount1(bt,i));
}
```

该方法针对图7.12(a)所示的二叉树bt,求出第0层到第5层的结点个数分别为0、1、2、3、1和0。

*7.3.4 先序、中序和后序遍历非递归算法

视频讲解

本节介绍前面先序、中序和后序3种递归遍历算法的非递归实现算法。

1. 先序遍历的非递归算法

先序遍历的非递归算法主要有两种设计方法。

设计1：将先序遍历整棵二叉树的过程(大任务)转换为访问根结点(可直接求解任务)和先序遍历左、右子树两个子过程(两个小任务),将所有任务(每个遍历任务通过对应的子树的根结点标识)保存在栈中。

由于栈的特点是先进后出,而在先序遍历中先遍历左子树,再遍历右子树,所以当遇到一个非直接求解任务时,在访问根结点后应先将其右孩子(对应右子树遍历小任务)进栈,再将其左孩子(对应左子树遍历小任务)进栈。对应的非递归过程如下：

```
将根结点t进栈;
while(栈不空)
{ 出栈p结点并访问之;
  若p结点有右孩子,将其右孩子进栈;
  若p结点有左孩子,将其左孩子进栈;
}
```

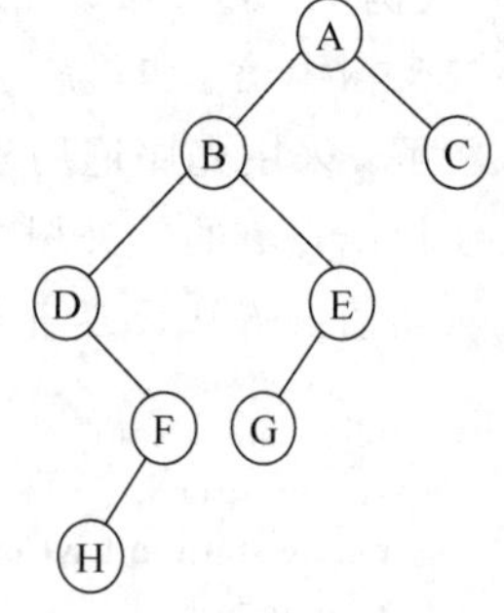

图7.17 一棵二叉树

例如,对于图7.17所示的一棵二叉树,在采用二叉链存储后,首先t指向根结点(即A结点),其先序遍历的非递归算法1的执行过程如表7.1所示(栈中A表示A结点的引用)。

表7.1 先序遍历非递归算法1的执行过程

执行的操作	访问结点	p 值	st(栈底⇨栈顶)
A结点进栈			A
出栈A结点,访问之	A	p指向A结点	
p有右孩子C结点,将其进栈		—	C
p有左孩子B结点,将其进栈		—	CB
出栈B结点,访问之	B	p指向B结点	C
p有右孩子E结点,将其进栈		—	CE
p有左孩子D结点,将其进栈		—	CED
出栈D结点,访问之	D	p指向D结点	CE
p只有右孩子F结点,将其进栈		—	CEF
出栈F结点,访问之	F	p指向F结点	CE

续表

执行的操作	访问结点	*p* 值	st(栈底⇨栈顶)
p 只有左孩子 H 结点,将其进栈		—	CEH
出栈 H 结点,访问之	H	*p* 指向 H 结点(没有孩子)	CE
出栈 E 结点,访问之	E	*p* 指向 E 结点	C
p 只有左孩子 G 结点,将其进栈		—	CG
出栈 G 结点,访问之	G	*p* 指向 G 结点(没有孩子)	C
出栈 C 结点,访问之	C	*p* 指向 C 结点(没有孩子)	

对应的先序遍历非递归算法 1 如下：

```
public void PreOrder2(BTreeClass bt)                    //先序遍历的非递归算法 1
{  PreOrder21(bt.b);  }
private void PreOrder21(BTNode<Character> t)            //被 PreOrder2()方法调用
{  Stack<BTNode> st=new Stack<BTNode>();                //定义一个栈
   BTNode<Character> p;
   st.push(t);                                          //根结点 t 进栈
   while(!st.empty())                                   //栈不为空时循环
   {  p=st.pop();                                       //出栈 p 结点
      System.out.print(p.data+" ");                     //访问 p 结点
      if(p.rchild!=null)                                //p 结点有右孩子时将右孩子进栈
         st.push(p.rchild);
      if(p.lchild!=null)                                //p 结点有左孩子时将左孩子进栈
         st.push(p.lchild);
   }
}
```

设计 2：由于先序遍历的顺序是根结点→左子树→右子树，所以对一棵根结点为 p 的二叉树(或子树)，先访问 p 结点及其所有左下结点，由于二叉链中无法由孩子结点找到其双亲结点，所以需将这些访问过的结点进栈保存起来(栈中结点均已访问)。

再考虑栈顶 p 结点，它要么没有左子树，要么左子树已遍历过，所以转向它的右子树做相同的操作。由于先置 $p=t$，初始时栈为空，因此循环结束条件是栈空并且 $p=$null(或者说栈不空或 $p!=$null 时循环)。对应的非递归过程如下：

```
p=t;
while(栈不空或者 p!=null)
{ ┌─────────────────────┐
  │while(p 不空)         │                              //访问 p 结点及其所有左下结点并进栈
  │{  访问 p 结点;将 p 进栈;│──── I 部分
  │   p=p.lchild         │
  │}                     │
  └─────────────────────┘
  //此时栈顶结点要么没有左子树,要么左子树已遍历过
  ┌─────────────────────┐
  │if(栈不空)            │
  │{  出栈 p;            │──── II 部分
  │   p=p.rchild;        │
  │}                     │
  └─────────────────────┘
}
```

例如，对于图 7.17 所示的一棵二叉树，在采用二叉链存储后，首先 p 指向根结点(即 A 结点)，其先序遍历非递归算法 2 的执行过程如表 7.2 所示，也可以用图 7.18 来描述，其中

实线箭头表示转向当前结点的孩子结点,虚线箭头表示转向外 while 循环语句的开头,结点旁的数字表示访问该结点的次序。

表 7.2 先序遍历非递归算法 2 的执行过程

Ⅰ/Ⅱ部分	执行的操作	访问结点	修改后的 p 值	st(栈底⇨栈顶)
Ⅰ	A 结点进栈并访问之,p=p. lchild	A	p 指向 B 结点	A
	B 结点进栈并访问之,p=p. lchild	B	p 指向 D 结点	AB
	D 结点进栈并访问之,p=p. lchild	D	p=null	ABD
Ⅱ	出栈 D 结点		p 指向 D 结点	AB
	p=p. rchild(转向 D 的右子树)		p 指向 F 结点	AB
Ⅰ	F 结点进栈并访问之,p=p. lchild	F	p 指向 H 结点	ABF
	H 结点进栈并访问之,p=p. lchild	H	p=null	ABFH
Ⅱ	出栈 H 结点		p 指向 H 结点	ABF
	p=p. rchild(转向 H 的右子树)		p=null	ABF
Ⅰ	因 p=null,Ⅰ部分不执行			ABF
Ⅱ	出栈 F 结点		p 指向 F 结点	AB
	p=p. rchild(转向 F 的右子树)		p=null	AB
Ⅰ	因 p=null,Ⅰ部分不执行			AB
Ⅱ	出栈 B 结点		p 指向 B 结点	A
	p=p. rchild(转向 B 的右子树)		p 指向 E 结点	A
Ⅰ	E 结点进栈并访问之,p=p. lchild	E	p 指向 G 结点	AE
	G 结点进栈并访问之,p=p. lchild	G	p=null	AEG
Ⅱ	出栈 G 结点		p 指向 G 结点	AE
	p=p. rchild(转向 G 的右子树)		p=null	AE
Ⅰ	因 p=null,Ⅰ部分不执行			AE
Ⅱ	出栈 E 结点		p 指向 E 结点	A
	p=p. rchild(转向 E 的右子树)		p=null	A
Ⅰ	因 p=null,Ⅰ部分不执行			A
Ⅱ	出栈 A 结点		p 指向 A 结点	A
	p=p. rchild(转向 A 的右子树)		p 指向 C 结点	A
Ⅰ	C 结点进栈并访问之,p=p. lchild	C	p=null	C
Ⅱ	出栈 C 结点		p 指向 C 结点	
	p=p. rchild(转向 C 的右子树)		p=null	
	栈空且 p=null,算法结束			

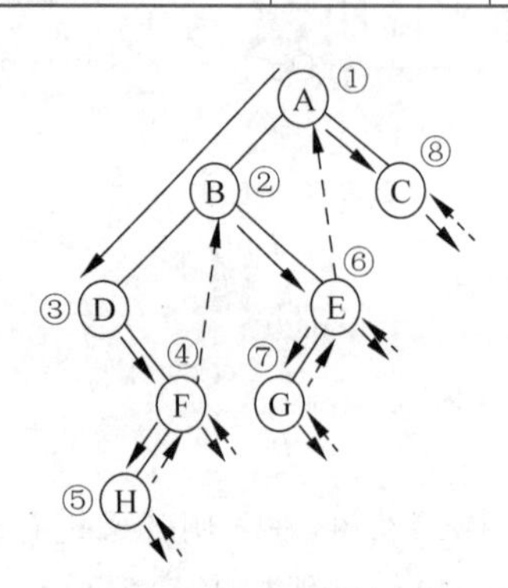

图 7.18 先序遍历非递归算法 2 的执行过程

对应的先序遍历非递归算法 2 如下：

```
public void PreOrder3(BTreeClass bt)                        //先序遍历的非递归算法 2
{ PreOrder31(bt.b);  }
private void PreOrder31(BTNode<Character> t)                //被 PreOder3()方法调用
{ Stack<BTNode> st=new Stack<BTNode>();                     //定义一个栈
  BTNode<Character> p=t;
  while(!st.empty() || p!=null)                             //栈不空或者 p 不空时循环
  {   while(p!=null)                                        //访问根结点及其所有左下结点并进栈
      {  System.out.print(p.data+" ");                      //访问 p 结点
         st.push(p);
         p=p.lchild;
      }
      if(!st.empty())                                       //若栈不空
      {  p=st.pop();                                        //出栈 p 结点
         p=p.rchild;                                        //转向处理其右子树
      }
  }
}
```

本算法通过 p 从根结点 t 开始，对根结点 t 及其左下结点边访问边进栈，当 p 指向根结点的最左下结点时（如图 7.19 所示），p 结点（值为 a_m 的结点）在栈顶，它本身已访问且没有左子树，所以转向遍历它的右子树，当其右子树处理完毕时，栈顶变为 a_{m-1} 结点，它本身已访问且左子树已处理完毕，又可以转向遍历它的右子树了，重复这一过程直到所有结点都遍历完毕。

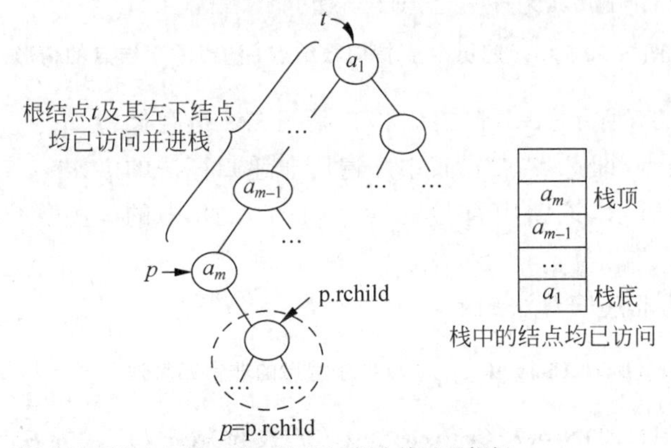

图 7.19　先序遍历中 p 指向根结点 t 的最左下结点的情形

2. 中序遍历的非递归算法

中序遍历非递归算法是在先序遍历非递归算法 2 的基础上修改而来的。中序遍历的顺序是左子树→根结点→右子树，所以需将根结点 t 及其左下结点依次进栈，但此时还不能访问，因为它们的左子树没有遍历。

例如，当 p 指向根结点 t 的最左下结点时（如图 7.20 所示），p 结点（值为 a_m 的结点）在栈顶，它本身没有左子树，可以访问它，然后转向遍历它的右子树，而遍历其右子树的过程与遍历整棵二叉树是相似的。

中序遍历的非递归过程如下：

```
p=t;
```

```
while(栈不空或者 p!=null)
{ while(p 不空)                        //p 结点及其所有左下结点进栈
  {  将 p 进栈;
     p=p.lchild;
  }                                    //Ⅰ部分
  if(栈不空)
  {  出栈 p 并访问之;                    //此时栈顶结点没有左子树或左子树已遍历过
     p=p.rchild;
  }                                    //Ⅱ部分
}
```

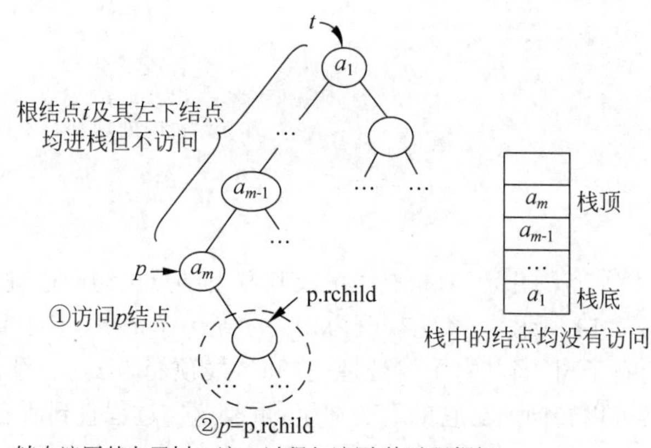

图 7.20　中序遍历中 p 指向根结点 t 的最左下结点的情形

例如,对于图 7.17 所示的一棵二叉树,在采用二叉链存储后,首先 p 指向根结点(即 A 结点),其中序遍历非递归算法的执行过程如图 7.21 所示,该图中符号的含义与图 7.18 中的相同。

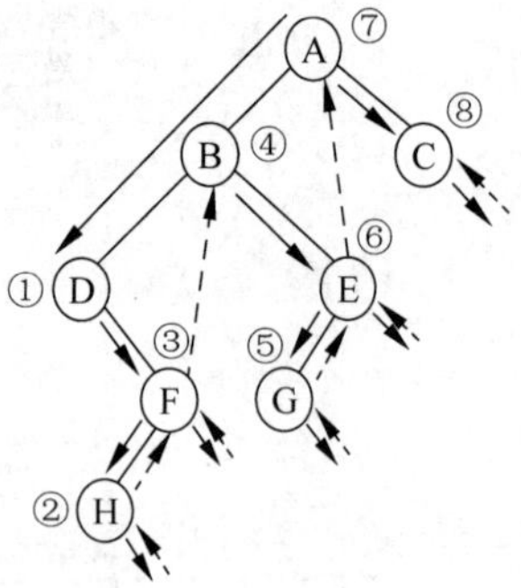

图 7.21　中序遍历非递归算法的执行过程

对应的中序遍历非递归算法如下:

```
public void InOrder2(BTreeClass bt)          //中序遍历的非递归算法
{ InOrder21(bt.b); }
private void InOrder21(BTNode<Character> t)  //被 InOrder2()
                                             //方法调用
{ Stack<BTNode> st=new Stack<BTNode>();      //定义一个栈
  BTNode<Character> p=t;
  while(!st.empty() || p!=null)              //栈不空或者 p 不空时循环
  {  while(p!=null)                          //p 及其所有左下结点进栈
     {  st.push(p);
        p=p.lchild;
     }
     if(!st.empty())                         //若栈不空
     {  p=st.pop();                          //出栈 p 结点
        System.out.print(p.data+" ");        //访问 p 结点
        p=p.rchild;                          //转向处理右子树
     }
  }
}
```

3. 后序遍历的非递归算法

后序遍历非递归算法是在前面中序遍历非递归算法的基础上修改而来的。后序遍历的顺序是左子树→右子树→根结点，所以将根结点 t 及其左下结点依次进栈，在考虑栈顶结点 p 时，其左子树已遍历或为空，但此时还不能访问 p 结点，因为它们的右子树没有遍历，只有在 p 结点的右子树已遍历的情况下才能访问 p 结点。

例如，当 p 指向根结点 t 的最左下结点时(如图 7.22 所示)，p 结点(值为 a_m 的结点)在栈顶，它本身没有左子树，如果可以确定 p 结点的右子树已遍历，则可以访问它，然后转向遍历它的右子树，而遍历其右子树的过程与遍历整棵二叉树是相似的。

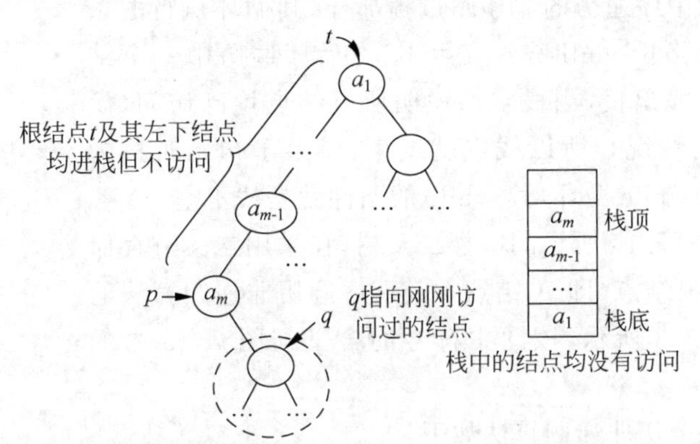

图 7.22　后序遍历中 p 指向根结点 t 的最左下结点的情形

后序遍历的非递归过程如下：

```
p=t;
do
{ while(p 不空)
  {  将 p 进栈;
     p=p.lchild;
  }                                        //Ⅰ部分
  while(栈不空且 p 结点的左子树已遍历或为空)
  {  取栈顶结点 p;
     if(p 的右子树已遍历)
     {  访问 p 结点;
        退栈;
     }
     else p=p.rchild;                      //转向处理右子树
  }                                        //Ⅱ部分
} while(栈不空);
```

现在的主要难点是如何判断一个结点 p 的右子树已遍历过。在后序遍历中，一棵二叉树或者子树的根结点是最后访问的，或者说如果一棵二叉树或者子树的根结点已经访问，则可以确定该二叉树或者子树已遍历。为此设置一个变量 q(初始为空)，考虑栈顶结点 p(与中序遍历的非递归过程相同，结点 p 的左子树已遍历或者没有左子树)：

(1) 如果 q=null 并且 p. rchild=q，说明结点 p 没有右子树，此时可以访问结点 p，然

后出栈结点 p 并且置 $q=p$(让 q 指向刚访问过的结点)。

(2) 如果 $q \neq$ null 并且 p. rchild $=q$,说明结点 p 的右子树刚刚遍历过,此时也可以访问结点 p,然后出栈结点 p 并且置 $q=p$。

这里要注意的是,在出栈结点 p 后栈顶发生改变,而且刚刚访问过的结点 q 也发生了改变,此时需要连续判断新栈顶结点是不是也可以访问。

为此设置一个布尔变量 flag,先置 flag=true 表示在处理栈顶结点,若可以访问则保持 flag 不变,继续处理新栈顶结点。一旦栈顶结点 p 不能访问,则置 flag=false 结束这样的连续判断过程,让 $p=$p. rchild 转向遍历它的右子树。

为什么不像中序遍历的非递归过程那样,其循环执行的条件是栈不空或者 p!=null 呢?实际上,在后序遍历中一个结点只有在访问后才出栈,当栈空后说明所有结点均已访问(没有必要考虑 p 的情况),所以栈空就结束,但由于初始时栈为空,所以采用 do-while 循环,其 while 的条件就是栈不空。

例如,对于图 7.17 所示的一棵二叉树,在采用二叉链存储后,首先 p 指向根结点(即 A 结点),其后序遍历非递归算法的执行过程如图 7.23 所示,该图中符号的含义与图 7.18 中的相同。

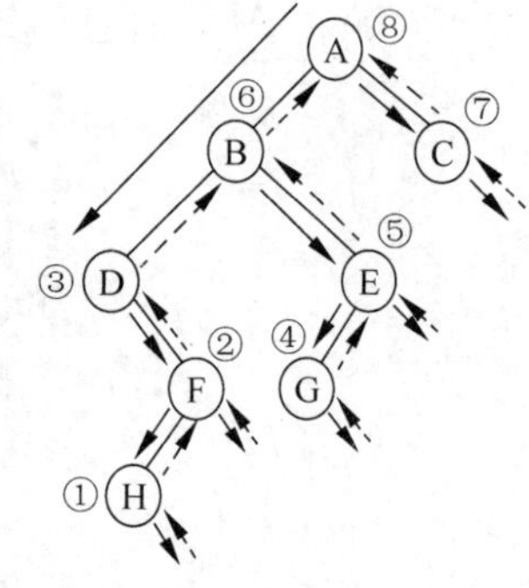

图 7.23 后序遍历非递归算法的执行过程

对应的后序遍历非递归算法如下:

```
public void PostOrder2(BTreeClass bt)              //后序遍历的非递归算法
{ PostOrder21(bt.b); }
private void PostOrder21(BTNode<Character> t)      //被 PostOrder2()方法调用
{ Stack<BTNode> st=new Stack<BTNode>();            //定义一个栈
  BTNode<Character> p=t,q;
  boolean flag;
  do
  {  while(p!=null)                                //p 及其所有左下结点进栈
     {  st.push(p);
        p=p.lchild;
     }
     q=null;                                       //q 指向前一个刚刚访问的结点或为空
     flag=true;                                    //表示在处理栈顶结点
     while(!st.empty() && flag)
     {  p=st.peek();                               //取当前栈顶结点
        if(p.rchild==q)                            //若 p 结点的右子树已访问或为空
        {  System.out.print(p.data+" ");           //访问 p 结点
           st.pop();                               //结点访问后退栈
           q=p;                                    //让 q 指向刚被访问的结点
        }
        else                                       //若 p 结点的右子树没有遍历
        {  p=p.rchild;                             //转向处理其右子树
           flag=false;                             //退出栈顶结点的处理,转向 p 结点的右子树
        }
     }
  } while(!st.empty());                            //栈空结束
}
```

说明：以上后序遍历非递归算法的特点是当访问某个结点时栈中保存的恰好是该结点的所有祖先结点。有些复杂的算法是利用这个特点求解的。

【例 7.14】 采用后序遍历非递归方法设计例 7.11 的算法，即输出值为 x 的结点的所有祖先。

解：修改前面的后序遍历非递归算法，当要访问某个结点 p 时，判断其 data 是否为 x，若是，只需要将栈中的结点出栈并存放到 ans 中（不含栈顶的 x 结点）。对应的求解类如下：

```
public class Exam7_14
{ static String ans;                              //存放x结点的所有祖先结点
  public static String Ancestor4(BTreeClass bt, char x)
  {  ans="";
     Ancestor41(bt.b, x);
     return ans;
  }
  private static void Ancestor41(BTNode<Character> t, Character x)
  {  Stack<BTNode> st=new Stack<BTNode>();  //定义一个栈
     BTNode<Character> p=t, q;
     boolean flag;
     do
     {  while(p!=null)                            //p及其所有左下结点进栈
        {  st.push(p);
           p=p.lchild;
        }
        q=null;                                   //q指向前一个刚刚访问的结点或为空
        flag=true;                                //表示在处理栈顶结点
        while(!st.empty() && flag)
        {  p=st.peek();                           //取当前栈顶结点
           if(p.rchild==q)                        //若p结点的右子树已访问或为空
           {  if(p.data==x)                       //当前访问的结点的值为x
              {  st.pop();                        //出栈x结点
                 while(!st.empty())               //出栈其他所有祖先并存放到ans中
                    ans+=String.valueOf(st.pop().data)+" ";
                 return;                          //结束
              }
              else                                //当前访问的结点的值不为x
              {  st.pop();                        //结点访问后退栈
                 q=p;                             //让q指向刚被访问的结点
              }
           }
           else                                   //若p结点的右子树没有遍历
           {  p=p.rchild;                         //转向处理其右子树
              flag=false;                         //退出栈顶结点的处理,转向p结点的右子树
           }
        }
     } while(!st.empty());                        //栈空结束
  }
}
```

对于图 7.12(a)所示的二叉树，当 x='F'时，上述算法的输出结果为 C A。

7.4 二叉树的层次遍历

7.4.1 层次遍历过程

视频讲解

若二叉树非空(假设其高度为 h),则层次遍历的过程如下:

(1) 访问根结点(第 1 层)。

(2) 从左到右访问第 2 层的所有结点。

(3) 从左到右访问第 3 层的所有结点,…,第 h 层的所有结点。

例如,图 7.12(a)所示的二叉树的层次遍历序列为 ABCDEFG。

7.4.2 层次遍历算法设计

在二叉树的层次遍历中,对一层的结点访问完后,再按照它们的访问次序对各个结点的左、右孩子顺序访问,这样一层一层进行,即先访问结点的左、右孩子也先访问,这样与队列的先进先出的特点吻合,因此层次遍历算法采用一个队列 qu 来实现。

先将根结点 b 进队,在队不空时循环:从队列中出队一个结点 p,访问它;若它有左孩子结点,将左孩子结点进队;若它有右孩子结点,将右孩子结点进队。如此操作直到队空为止。对应的算法如下:

```
public void LevelOrder(BTreeClass bt)                    //层次遍历的算法
{ BTNode<Character> p;
  Queue<BTNode> qu=new LinkedList<BTNode>();             //定义一个队列 qu
  qu.offer(bt.b);                                        //根结点进队
  while(!qu.isEmpty())                                   //队不空时循环
  {   p=qu.poll();                                       //出队一个结点
      System.out.print(p.data+" ");                      //访问 p 结点
      if(p.lchild!=null)                                 //有左孩子时将其进队
          qu.offer(p.lchild);
      if(p.rchild!=null)                                 //有右孩子时将其进队
          qu.offer(p.rchild);
  }
}
```

说明:*层次遍历算法和先序遍历非递归算法 1 十分相似,只是一个使用队列,另一个使用栈来暂存中间数据,得到不同的结果,这正好体现了队列和栈的不同特点。*

例如,对于图 7.17 所示的一棵二叉树,在采用二叉链存储后,首先 r 指向根结点(即 A 结点),其层次遍历算法的执行过程如表 7.3 所示。

表 7.3 层次遍历算法的执行过程

执行的操作	访 问 结 点	qu(队头⇨队尾)
A 结点进队		A
出队 A 结点并访问之	A	
将 A 结点的孩子 B、C 进队		BC

续表

执行的操作	访 问 结 点	qu(队头⇨队尾)
出队 B 结点并访问之	B	C
将 B 结点的孩子 D、E 进队		CDE
出队 C 结点并访问之	C	DE
C 结点没有孩子		
出队 D 结点并访问之	D	E
将 D 结点的孩子 F 进队		EF
出队 E 结点并访问之	E	F
将 E 结点的孩子 G 进队		FG
出队 F 结点并访问之	F	G
将 F 结点的孩子 H 进队		GH
出队 G 结点并访问之	G	H
G 结点没有孩子		H
出队 H 结点并访问之	H	
H 结点没有孩子		
队空,算法结束		

7.4.3　层次遍历算法的应用

本节通过几个示例说明层次遍历算法的应用。

【例 7.15】　采用层次遍历方法设计例 7.13 的算法,即求二叉树中第 k($1\leqslant k\leqslant$二叉树的高度)层的结点个数。

视频讲解

解法 1:用 cnt 变量计第 k 层的结点个数(初始为 0)。设计队列中元素的类型为 QNode 类,包含当前结点层次 lno 和结点引用 node 两个成员变量。先将根结点进队(根结点的层次为 1),在层次遍历中出队一个结点 p:

(1) 若结点 p 的层次大于 k,返回 cnt(继续层次遍历不可能再找到第 k 层的结点)。

(2) 若结点 p 是第 k 层的结点(p.lno=k),cnt 增 1。

(3) 若结点 p 的层次小于 k,将其孩子结点进队,孩子结点的层次为双亲结点的层次加 1。

最后返回 cnt。对应的算法如下:

```
public static int KCount2(BTreeClass bt,int k)              //解法 1:求二叉树中第 k 层的结点个数
{  int cnt=0;                                               //累计第 k 层的结点个数
   class QNode                                              //队列元素类(内部类)
   {  int lno;                                              //结点的层次
      BTNode<Character> node;                               //结点的引用
      public QNode(int l,BTNode<Character> no)              //构造方法
      {  lno=l;
         node=no;
      }
   }
   Queue<QNode> qu=new LinkedList<QNode>();                 //定义一个队列 qu
   QNode p;
```

```
    qu.offer(new QNode(1,bt.b));                          //根结点(层次为1)进队
    while(!qu.isEmpty())                                  //队不空循环
    {   p=qu.poll();                                      //出队一个结点
        if(p.lno>k)                                       //当前结点的层次大于k,返回
            return cnt;
        if(p.lno==k)
            cnt++;                                        //当前结点是第k层的结点,cnt增1
        else                                              //当前结点的层次小于k
        {   if(p.node.lchild!=null)                       //有左孩子时将其进队
                qu.offer(new QNode(p.lno+1,p.node.lchild));
            if(p.node.rchild!=null)                       //有右孩子时将其进队
                qu.offer(new QNode(p.lno+1,p.node.rchild));
        }
    }
    return cnt;
}
```

解法 2:用 cnt 变量计第 k 层的结点个数(初始为 0)。设计队列仅保存结点引用,置当前层次 curl=1,用 last 变量指示当前层次的最右结点,第一层只有一个结点(即根结点),它就是第一层的最右结点,所以置 last 为根结点。根结点进队,队不空循环:

(1) 若 curl>k,返回 cnt(继续层次遍历不可能再找到第 k 层的结点)。

(2) 否则出队结点 p,若 curl=k,表示结点 p 是第 k 层的结点,cnt 增 1。

(3) 若结点 p 有左孩子 q,将结点 q 进队,若有右孩子 q,将结点 q 进队(总是用 q 表示进队的结点)。

(4) 若结点 p 是当前层的最右结点(p=last),说明当前层处理完毕,而此时的 q 就是下一层的最右结点,置 last=q,curl++,进入下一层处理。

说明:*该方法遵循的是迭代思路,第一层的最右结点 last 就是根结点(在遍历第一层之前就可以确定),而遍历一层后又可以找到下一层的最右结点,以此类推。每一层通过最右结点可以判断该层是否遍历完毕。*

最后返回 cnt。对应的算法如下:

```
public static int KCount3(BTreeClass bt, int k)           //解法2:求二叉树中第k层的结点个数
{ int cnt=0;                                              //累计第k层的结点个数
  Queue<BTNode> qu=new LinkedList<BTNode>();              //定义一个队列qu
  BTNode<Character> p,q=null;
  int curl=1;                                             //当前层次,从1开始
  BTNode<Character> last;                                 //当前层中的最右结点
  last=bt.b;                                              //第一层的最右结点
  qu.offer(bt.b);                                         //根结点进队
  while (!qu.isEmpty())                                   //队不空循环
  {   if(curl>k)                                          //当层号大于k时返回cnt,不再继续
          return cnt;
      p=qu.poll();                                        //出队一个结点
      if(curl==k)
          cnt++;                                          //当前结点是第k层的结点,cnt增1
      if(p.lchild!=null)                                  //有左孩子时将其进队
      {   q=p.lchild;
```

```
            qu.offer(q);
        }
        if(p.rchild!=null)                                   //有右孩子时将其进队
        {   q=p.rchild;
            qu.offer(q);
        }
        if(p==last)                                          //当前层的所有结点处理完毕
        {   last=q;                                          //让 last 指向下一层的最右结点
            curl++;
        }
    }
    return cnt;
}
```

解法3：层次遍历是从第一层开始，在访问一层的全部结点后（此时该层的全部结点已出队）再访问下一层的结点，为此修改基本层次遍历过程改为一层一层地遍历，上一层遍历完毕，队中恰好是下一层的全部结点。若 $k<1$，返回 0；否则将根结点进队，当前层次 curl=1。队不空循环：

（1）若 curl=k，队中恰好包含该层的全部结点，直接返回队中的元素个数（即第 k 层的结点个数）。

（2）否则求出队中的元素个数 n（当前层 curl 的全部结点个数），循环出队 n 次，每次出队一个结点时将其孩子结点进队。

（3）置 curl++，进入下一层处理。

最后返回 0（$k>$二叉树高度的情况）。对应的算法如下：

```
public static int KCount4(BTreeClass bt, int k)          //解法3:求二叉树中第 k 层的结点个数
{ if(k<1)                                                //k<1 返回 0
      return 0;
  Queue<BTNode> qu=new LinkedList<BTNode>();             //定义一个队列 qu
  BTNode<Character> p,q=null;
  int curl=1;                                            //当前层次,从 1 开始
  qu.offer(bt.b);                                        //根结点进队
  while(!qu.isEmpty())                                   //队不空循环
  {   if(curl==k)                                        //当前层为第 k 层,返回队中的元素个数
          return qu.size();
      int n=qu.size();                                   //求出当前层的结点个数
      for(int i=1;i<=n;i++)                              //出队当前层的 n 个结点
      {   p=qu.poll();                                   //出队一个结点
          if(p.lchild!=null)                             //有左孩子时将其进队
              qu.offer(p.lchild);
          if(p.rchild!=null)                             //有右孩子时将其进队
              qu.offer(p.rchild);
      }
      curl++;                                            //转向下一层
  }
  return 0;
}
```

说明：上述算法中执行 n=qu.size()，再循环 n 次出队当前层的全部结点，不能改为从

1 到 qu. size()循环,因为循环中有结点进队列,qu. size()会发生改变。

【例 7.16】 采用层次遍历方法设计例 7.11 的算法,即输出值为 x 的结点的所有祖先。

解:采用例 7.15 的解法 1,设计队列中元素的类型为 QNode 类,包含当前结点引用 node 和双亲队列元素 pre 两个成员变量。先将根结点进队(根结点的双亲为 null)。在层次遍历中出队一个结点 p(为队列元素类型而不是二叉树结点类型):

(1) 若结点 p 为 x 结点(p. node. data=x),从结点 p 出发通过队列元素回推求出所有祖先结点 ans(类似用队列求解迷宫路径),返回 ans。

(2) 否则将结点 p 的孩子结点进队,注意二叉树中孩子结点 p. node. lchild 和 p. node . rchild 的双亲结点为结点 p。

对应的求解类如下:

```
public class Exam7_16
{  static String ans;                                          //存放 x 结点的所有祖先结点
   public static String Ancestor4(BTreeClass bt, char x)      //返回 x 结点的祖先
   {  ans="";
      class QNode                                              //队列元素类(内部类)
      {  BTNode<Character> node;                               //当前结点
         QNode pre;                                            //当前结点的双亲结点
         public QNode(BTNode<Character> no, QNode p)           //构造方法
         {  node=no;
            pre=p;
         }
      }
      Queue<QNode> qu=new LinkedList<QNode>();                 //定义一个队列 qu
      QNode p;
      qu.offer(new QNode(bt.b, null));                         //根结点(双亲为 null)进队
      while(!qu.isEmpty())                                     //队不空循环
      {  p=qu.poll();                                          //出队一个结点
         if(p.node.data==x)                                    //当前结点 p 为 x 结点
         {  QNode q=p.pre;                                     //q 为双亲
            while(q!=null)                                     //找到根结点为止
            {  ans+=q.node.data+" ";
               q=q.pre;
            }
            return ans;
         }
         if(p.node.lchild!=null)                               //有左孩子时将其进队
            qu.offer(new QNode(p.node.lchild, p));             //置其双亲为 p
         if(p.node.rchild!=null)                               //有右孩子时将其进队
            qu.offer(new QNode(p.node.rchild, p));             //置其双亲为 p
      }
      return ans;
   }
}
```

7.5　二叉树的构造

7.5.1　由先序/中序序列或后序/中序序列构造二叉树

假设二叉树中每个结点的值均不相同，同一棵二叉树具有唯一的先序序列、中序序列和后序序列，但不同的二叉树可能具有相同的先序序列、中序序列和后序序列。例如，如图 7.24 所示的 5 棵二叉树，先序序列都为 ABC；如图 7.25 所示的 5 棵二叉树，中序序列都为 ACB；如图 7.26 所示的 5 棵二叉树，后序序列都为 CBA。

视频讲解

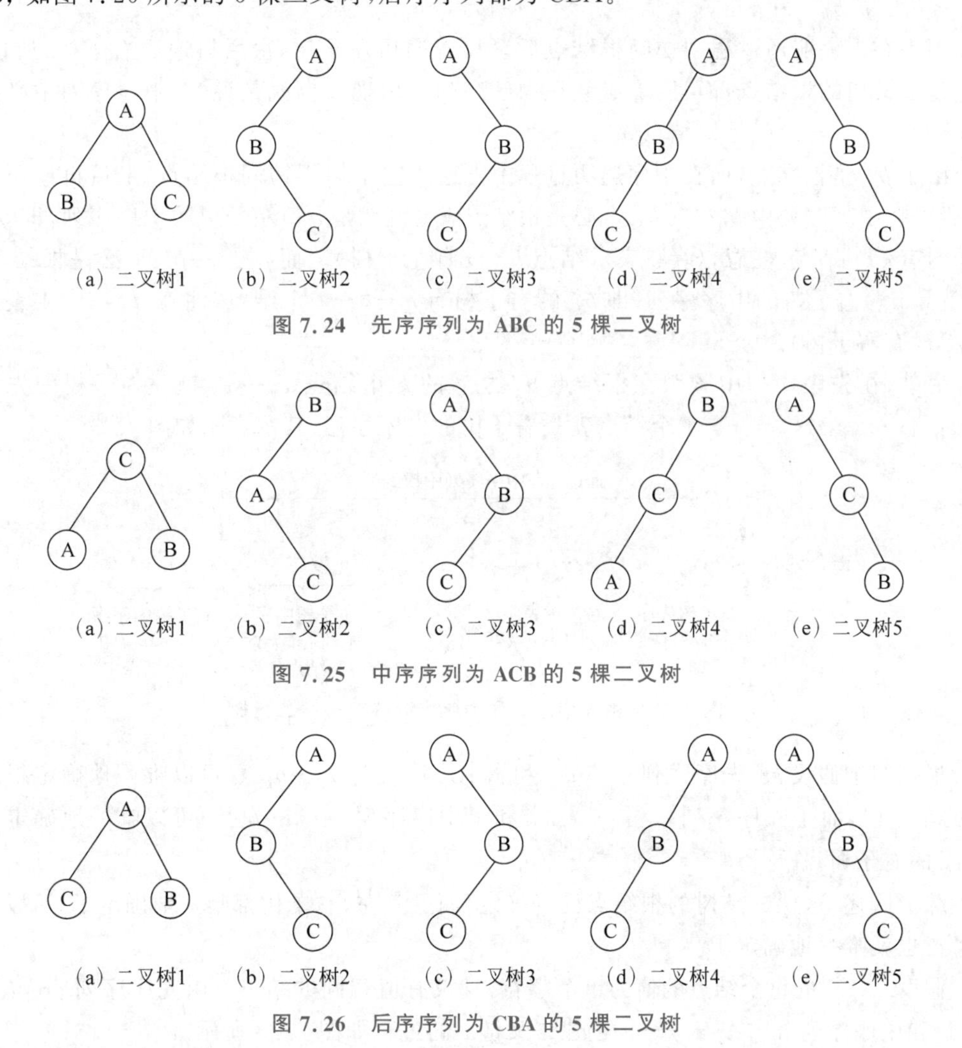

图 7.24　先序序列为 ABC 的 5 棵二叉树

图 7.25　中序序列为 ACB 的 5 棵二叉树

图 7.26　后序序列为 CBA 的 5 棵二叉树

显然，仅由先序序列、中序序列和后序序列中的任何一种无法确定这棵二叉树的树形。但是，如果同时知道一棵二叉树的先序序列和中序序列，或者同时知道中序序列和后序序列，就能确定这棵二叉树。

例如，先序序列是 ABC、中序序列是 ACB 的二叉树必定如图 7.24(c)所示。

类似地，中序序列是 ACB、后序序列是 CBA 的二叉树必定如图 7.25(c)所示。

但是,同时知道先序序列和后序序列仍不能确定二叉树的树形,例如图 7.24 和图 7.26 中除第一棵以外的 4 棵二叉树的先序序列都是 ABC,后序序列都是 CBA。

定理 7.1:任何 $n(n\geqslant 0)$个不同结点的二叉树都可由它的中序序列和先序序列唯一地确定。

视频讲解

证明:采用数学归纳法证明。

当 $n=0$ 时二叉树为空,结论正确。

假设结点数小于 n 的任何二叉树都可以由其先序序列和中序序列唯一地确定。

若某棵二叉树具有 $n(n>0)$个不同结点,其先序序列是 $a_0a_1\cdots a_{n-1}$,中序序列是 $b_0b_1\cdots b_{k-1}b_kb_{k+1}\cdots b_{n-1}$。

因为在先序遍历过程中访问根结点后紧接着遍历左子树,最后再遍历右子树,所以 a_0 必定是二叉树的根结点,而且 a_0 必然在中序序列中出现。也就是说,在中序序列中必有某个 $b_k(0\leqslant k\leqslant n-1)$就是根结点 a_0。

由于 b_k 是根结点,而在中序遍历过程中先遍历左子树再访问根结点,最后再遍历右子树,所以在中序序列中 $b_0b_1\cdots b_{k-1}$ 必是根结点 b_k(也就是 a_0)左子树的中序序列,即 b_k 的左子树有 k 个结点(注意,$k=0$ 表示结点 b_k 没有左子树)。而 $b_{k+1}\cdots b_{n-1}$ 必是根结点 b_k(也就是 a_0)右子树的中序序列,即 b_k 的右子树有 $n-k-1$ 个结点(注意,$k=n-1$ 表示结点 b_k 没有右子树)。

另外,在先序序列中紧跟在根结点 a_0 之后的 k 个结点 $a_1\cdots a_k$ 就是左子树的先序序列,$a_{k+1}\cdots a_{n-1}$ 这 $n-k-1$ 个结点就是右子树的先序序列,其示意图如图 7.27 所示。

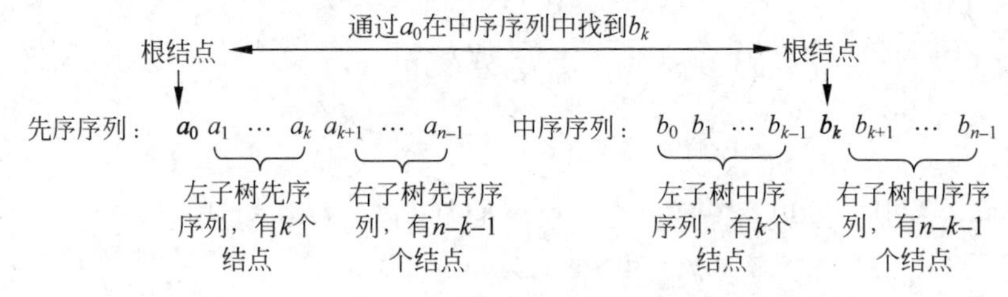

图 7.27 由先序序列和中序序列确定一棵二叉树

根据归纳假设,子先序序列 $a_1\cdots a_k$ 和子中序序列 $b_0b_1\cdots b_{k-1}$ 可以唯一地确定根结点 a_0 的左子树,而子先序序列 $a_{k+1}\cdots a_{n-1}$ 和子中序序列 $b_{k+1}\cdots b_{n-1}$ 可以唯一地确定根结点 a_0 的右子树。

综上所述,这棵二叉树的根结点已经确定,而且其左、右子树都唯一地确定了,所以整个二叉树也就唯一地确定了。

假设二叉树的每个结点的值为单个字符,且没有值相同的结点。由先序序列 pre[$i..i+n-1$]和中序序列 in[$j..j+n-1$]创建二叉链 t 的过程如图 7.28 所示。

对应的构造算法如下:

```
public static BTreeClass CreateBT1(String pre,String in)//由先序序列 pre 和中序序列 in 构造二叉链
{ BTreeClass bt=new BTreeClass();
  bt.b=CreateBT11(pre,0,in,0,pre.length());
  return bt;
}
```

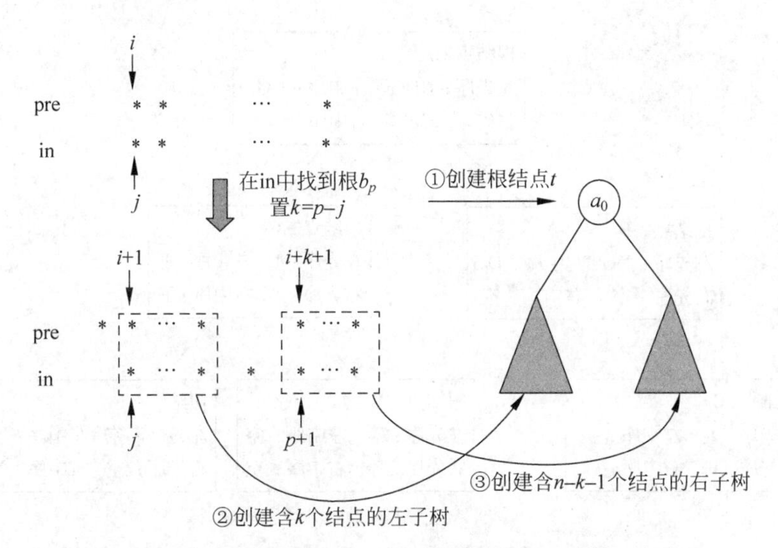

图 7.28 由先序序列 pre 和中序序列 in 创建二叉链 t 的过程

```
private static BTNode<Character> CreateBT11(String pre, int i, String in, int j, int n)
{ BTNode<Character> t;
  char ch;
  int p, k;
  if(n<=0) return null;
  ch=pre.charAt(i);
  t=new BTNode<Character>(ch);                    //创建根结点(结点值为 ch)
  p=j;                                            //p 指中序序列的开始元素
  while(p<j+n)                                    //在中序序列中找等于 ch 的位置 p
  {  if(in.charAt(p)==ch)
        break;                                    //在 in 中找到根后退出循环
     p++;
  }
  k=p-j;                                          //确定左子树中的结点个数 k
  t.lchild=CreateBT11(pre, i+1, in, j, k);        //递归构造左子树
  t.rchild=CreateBT11(pre, i+k+1, in, p+1, n-k-1); //递归构造右子树
  return t;
}
```

例如,已知先序序列为 ABDGCEF、中序序列为 DGBAECF,则构造二叉树的过程如图 7.29 所示。

定理 7.2:任何 $n(n\geqslant 0)$个不同结点的二叉树都可由它的中序序列和后序序列唯一地确定。

证明:同样采用数学归纳法证明。

视频讲解

当 $n=0$ 时二叉树为空,结论正确。

假设结点数小于 n 的任何二叉树都可以由其中序序列和后序序列唯一地确定。

若某棵二叉树具有 $n(n>0)$个不同结点,其中序序列是 $b_0b_1\cdots b_{n-1}$,后序序列是 $a_0a_1\cdots a_{n-1}$。

因为在后序遍历过程中先遍历左子树再遍历右子树,最后访问根结点,所以 a_{n-1} 必定

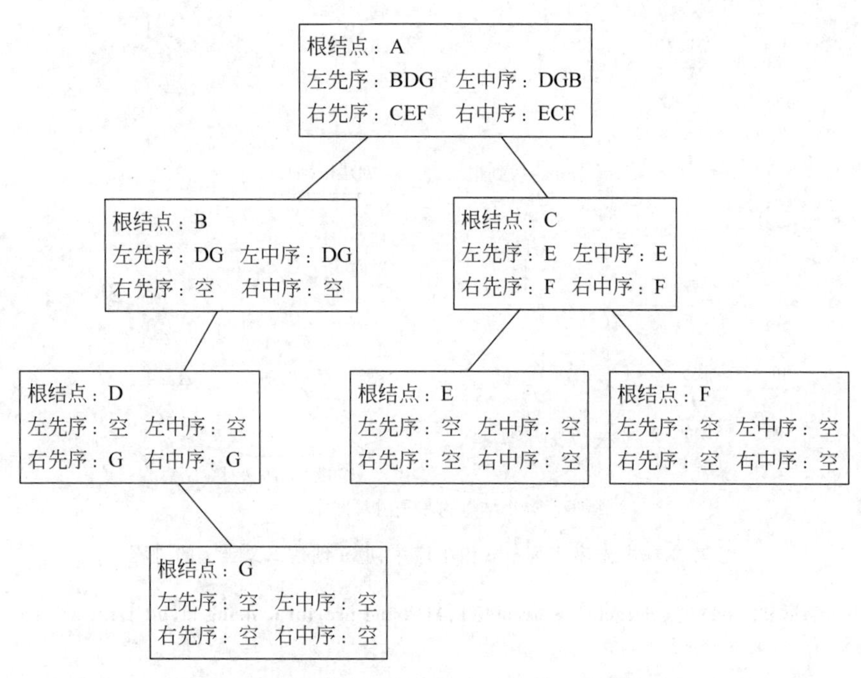

图 7.29 由先序序列和中序序列构造二叉树的过程

是二叉树的根结点，而且 a_{n-1} 必然在中序序列中出现。也就是说，在中序序列中必有某个 $b_k(0 \leqslant k \leqslant n-1)$ 就是根结点 a_{n-1}。

由于 b_k 是根结点，而在中序遍历过程中先遍历左子树再访问根结点，最后再遍历右子树，所以在中序序列中 $b_0 \cdots b_{k-1}$ 必是根结点 b_k(也就是 a_{n-1})左子树的中序序列，即 b_k 的左子树有 k 个结点(注意，$k=0$ 表示结点 b_k 没有左子树)。而 $b_{k+1} \cdots b_{n-1}$ 必是根结点 b_k(也就是 a_{n-1})右子树的中序序列，即 b_k 的右子树有 $n-k-1$ 个结点(注意，$k=n-1$ 表示结点 b_k 没有右子树)。

另外，在后序序列中，在根结点 a_{n-1} 之前的 $n-k-1$ 个结点 $a_k \cdots a_{n-2}$ 就是右子树的后序序列，$a_0 \cdots a_{k-1}$ 这 k 个结点就是左子树的后序序列，其示意图如图 7.30 所示。

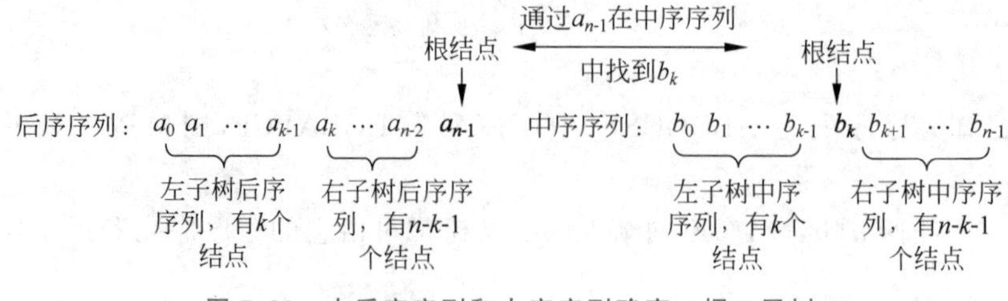

图 7.30 由后序序列和中序序列确定一棵二叉树

根据归纳假设，由于子中序序列 $b_0 \cdots b_{k-1}$ 和子后序序列 $a_0 \cdots a_{k-1}$ 可以唯一地确定根结点 b_k(也就是 a_{n-1})的左子树，而子中序序列 $b_{k+1} \cdots b_{n-1}$ 和子后序序列 $a_k \cdots a_{n-2}$ 可以唯一地确定根结点 b_k 的右子树。

综上所述，这棵二叉树的根结点已经确定，而且其左、右子树都唯一地确定了，所以整个二叉树也就唯一地确定了。

假设二叉树的每个结点的值为单个字符，且没有值相同的结点。由后序序列 post[$i..i+n-1$]和中序序列 in[$j..j+n-1$]创建二叉链 t 的算法如下：

```
public static BTreeClass CreateBT2(String post,String in)//由后序序列 post 和中序序列 in 构造二叉链
{ BTreeClass bt=new BTreeClass();
  bt.b=CreateBT22(post,0,in,0,post.length());
  return bt;
}
private static BTNode<Character> CreateBT22(String post,int i,String in,int j,int n)
{ BTNode<Character> t;
  char ch;
  int p,k;
  if(n<=0) return null;
  ch=post.charAt(i+n-1);                          //取后序序列的尾元素
  t=new BTNode<Character>(ch);                     //创建根结点(结点值为 ch)
  p=j;                                             //p 指中序序列的开始元素
  while(p<j+n)                                     //在中序序列中找根位置 p
  {  if(in.charAt(p)==ch)
         break;                                    //在 in 中找到根后退出循环
     p++;
  }
  k=p-j;                                           //确定左子树中的结点个数 k
  t.lchild=CreateBT22(post,i,in,j,k);             //递归构造左子树
  t.rchild=CreateBT22(post,i+k,in,p+1,n-k-1);     //递归构造右子树
  return t;
}
```

例如，已知中序序列为 DGBAECF、后序序列为 GDBEFCA，则构造二叉树的过程如图 7.31 所示。

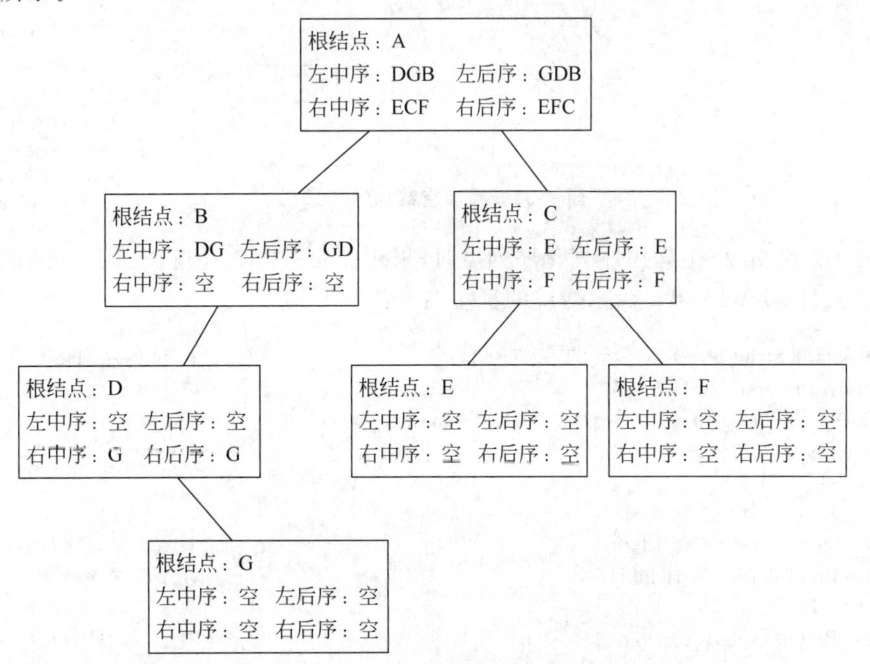

图 7.31　由后序序列和中序序列构造二叉树的过程

说明：上述两个算法都是假设二叉树中所有的结点值不相同，当存在相同结点值时算法的执行可能不正确。如果存在结点值相同的情况，可以采用结点的唯一编号来区分。

【例 7.17】 若某非空二叉树的先序序列和后序序列正好相同，则该二叉树的形态是什么？

解：用 N 表示根结点，L、R 分别表示根结点的左、右子树，二叉树的先序序列是 NLR，后序序列是 LRN。如果要使 NLR=LRN 成立，则 L 和 R 均为空。所以满足条件的二叉树只有一个根结点。

【例 7.18】 若某非空二叉树的先序序列和中序序列正好相反，则该二叉树的形态是什么？

解：二叉树的先序序列是 NLR，中序序列是 LNR。如果要使 NLR=RNL(中序序列的反序)成立，则 R 必须为空。所以满足条件的二叉树的形态是所有结点没有右子树。

*7.5.2 序列化和反序列化

视频讲解

序列化和反序列化是针对单种遍历方式的，这里以先序遍历方式为例。

所谓序列化就是对二叉树进行先序遍历产生一个字符序列的过程，与一般先序遍历不同的是，这里还要记录空结点。假设二叉树中的结点值为单个字符，并且不含'#'字符，用'#'字符表示对应空结点，如图 7.12(a)所示的二叉树增加所有空结点后的结果如图 7.32 所示，称之为扩展二叉树。按先序遍历方式遍历扩展二叉树(含空结点的访问)，得到的序列为 ABD#G###CE##F##，称为序列化序列。

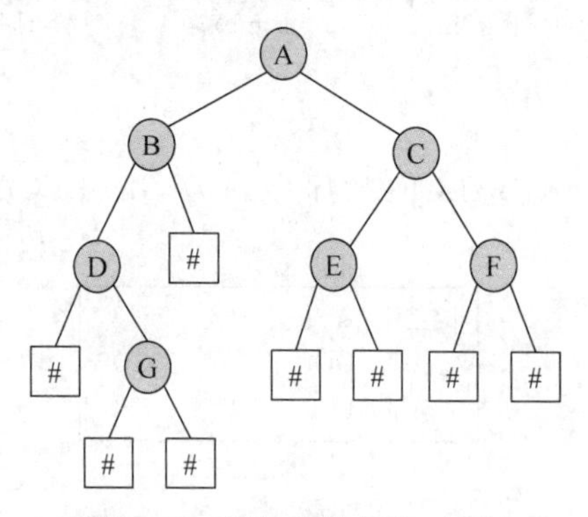

图 7.32 添加空结点的二叉树

在由二叉链 bt 产生先序序列化序列 s 时，采用的是基本先序遍历过程，只是在遇到空结点(null)时需要返回'#'字符，对应的算法如下：

```
public static String PreOrderSeq(BTreeClass bt)                 //二叉树 bt 的序列化
{ return PreOrderSeq1(bt.b); }
private static String PreOrderSeq1(BTNode<Character> t)
{ String s="",s1,s2;
  if(t==null)
      return "#";
  s+=String.valueOf(t.data);                                    //构造只有根结点字符的串 s
  s1=PreOrderSeq1(t.lchild);                                    //产生左子树的序列化序列 s1
  s+=s1;
  s2=PreOrderSeq1(t.rchild);                                    //产生右子树的序列化序列 s2
  s+=s2;                                                        //合并
```

```
    return s;
}
```

前面介绍过只有先序遍历序列不能唯一构造出二叉树，但由序列化序列可以唯一构造出二叉树。利用序列化序列 s 构造对应的二叉树称为反序列化，其过程是用 i 从头到尾扫描 s 串，采用先序遍历过程：

(1) 当 i 超界时返回 null。

(2) 当遇到'#'字符时返回 null。

(3) 当遇到其他字符时创建根结点 t，然后递归构造它的左、右子树。

对应的反序列化算法如下：

```
static int i;                                        //类变量
public static BTreeClass CreateBT3(String s)         //由序列化序列 s 创建二叉链:反序列化
{ BTreeClass bt=new BTreeClass();
  i=0;
  bt.b=CreateBT31(s);
  return bt;
}
private static BTNode<Character> CreateBT31(String s)
{ BTNode<Character> t;
  char ch;
  if(i>=s.length())                                  //i 超界返回空
      return null;
  ch=s.charAt(i);i++;                                //从 s 中取出一个字符 ch
  if(ch=='#')                                        //若 ch 为'#',返回空
      return null;
  t=new BTNode<Character>(ch);                       //创建根结点(结点值为 ch)
  t.lchild=CreateBT31(s);                            //递归构造左子树
  t.rchild=CreateBT31(s);                            //递归构造右子树
  return t;                                          //返回根结点
}
```

由于在反序列化构造二叉树的过程中不像先序/中序和后序/中序那样需要比较根结点的值，所以适合构造含相同结点值的二叉树。

7.6 线索二叉树

视频讲解

7.6.1 线索二叉树的定义

对于含 n 个结点的二叉树，在采用二叉链存储结构时每个结点有两个指针成员，总共有 $2n$ 个指针成员，又由于只有 $n-1$ 个结点被有效指针所指向（n 个结点中只有根结点没有被有效指针所指向），则共有 $2n-(n-1)=n+1$ 个空指针。

遍历二叉树的结果是一个结点的线性序列。用户可以利用这些空指针存放相应的前驱结点和后继结点的地址，这样的指向该线性序列中的“前驱结点”和“后继结点”的指针称作**线索**。

由于遍历方式不同，产生的遍历线性序列也不同，做如下规定：当某结点的左指针为空时，让该指针指向对应遍历序列的前驱结点；当某结点的右指针为空时，让该指针指向对应

遍历序列的后继结点。但如何区分左指针指向的结点是左孩子还是前驱结点,右指针指向的结点是右孩子还是后继结点呢?为此在结点的存储结构上增加两个标识位来区分这两种情况,左、右标识的取值如下:

$$\text{左标识 ltag} = \begin{cases} 0 & \text{表示 lchild 指向左孩子结点} \\ 1 & \text{表示 lchild 指向前驱结点的线索} \end{cases}$$

$$\text{右标识 rtag} = \begin{cases} 0 & \text{表示 rchild 指向右孩子结点} \\ 1 & \text{表示 rchild 指向后继结点的线索} \end{cases}$$

这样每个结点的存储结构如图 7.33 所示。

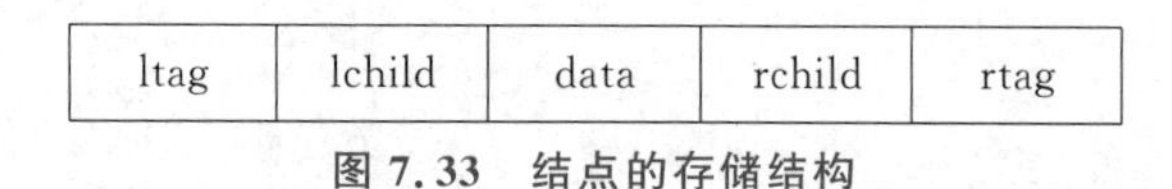

ltag	lchild	data	rchild	rtag

图 7.33 结点的存储结构

按上述方法在每个结点上添加线索的二叉树称作**线索二叉树**。对二叉树以某种方式遍历使其变为线索二叉树的过程称为线索化。

为了使算法设计方便,在线索二叉树中再增加一个头结点。头结点的 data 成员为空,lchild 指向二叉树的根结点,ltag 为 0,rchild 指向遍历序列的尾结点,rtag 为 1。图 7.34 为图 7.12(a)所示二叉树的线索二叉树。其中,图 7.34(a)是中序线索二叉树(中序序列为 DGBAECF),图 7.34(b)是先序线索二叉树(先序序列为 ABDGCEF),图 7.34(c)是后序线索二叉树(后序序列为 GDBEFCA)。图中实线表示二叉树原来指针所指的结点,虚线表示线索二叉树所添加的线索。

注意:在中序、先序和后序线索二叉树中所有的实线均相同,即线索化之前的二叉树相同,所有结点的标识位的取值也完全相同,只是当标识位取 1 时不同的线索二叉树将用不同的虚线表示,即不同的线索树中线索指向的前驱结点和后继结点不同。

视频讲解

7.6.2 线索化二叉树

从 7.6.1 节的讨论得知,对同一棵二叉树的遍历方式不同,所得到的线索树也不同,二叉树有先序、中序和后序 3 种遍历方式,所以线索树也有先序线索二叉树、中序线索二叉树和后序线索二叉树 3 种。这里以中序线索二叉树为例讨论建立线索二叉树的算法。

建立线索二叉树,或者说对二叉树线索化,实质上就是遍历一棵二叉树,在遍历的过程中检查当前结点的左、右指针域是否为空,如果为空,将它们改为指向前驱结点或后继结点的线索。另外,在对一棵二叉树添加线索时创建一个头结点,并建立头结点与二叉树的根结点的线索。在对二叉树线索化后还需建立尾结点与头结点之间的线索。

为了实现线索化二叉树,将前面二叉链结点的类型的定义修改如下:

```
class ThNode                                    //线索二叉树的结点类型
{  char data;                                   //存放结点值
   ThNode lchild, rchild;                       //左、右孩子或线索的指针
   int ltag, rtag;                              //左、右标识
   public ThNode()                              //默认构造方法
   {  lchild=rchild=null;
      ltag=rtag=0;
   }
```

```
public ThNode(char d)                                      //重载构造方法
{   data=d;
    lchild=rchild=null;
    ltag=rtag=0;
}
}
```

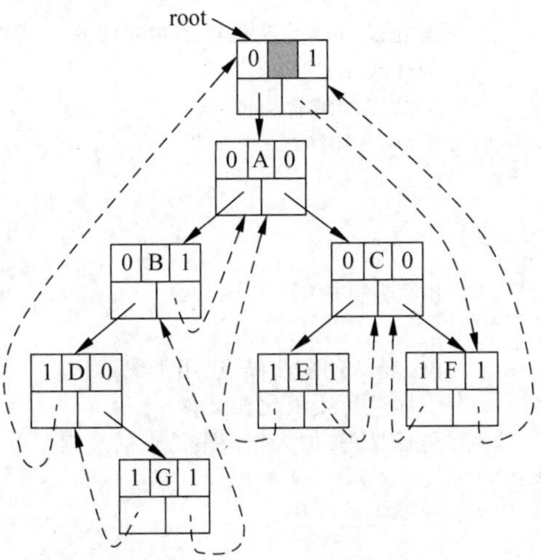

(a) 中序线索树

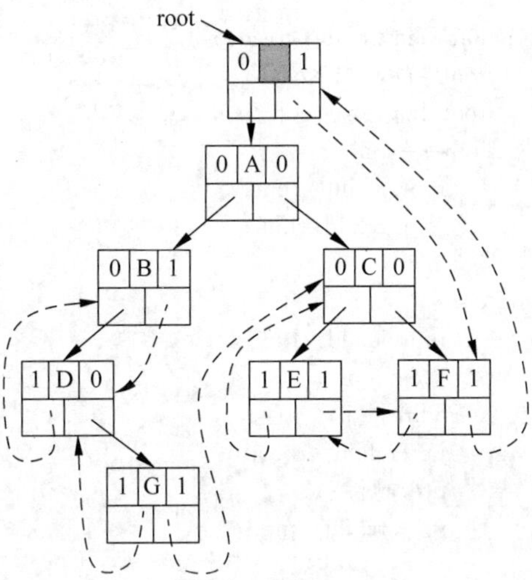

(b) 先序线索树

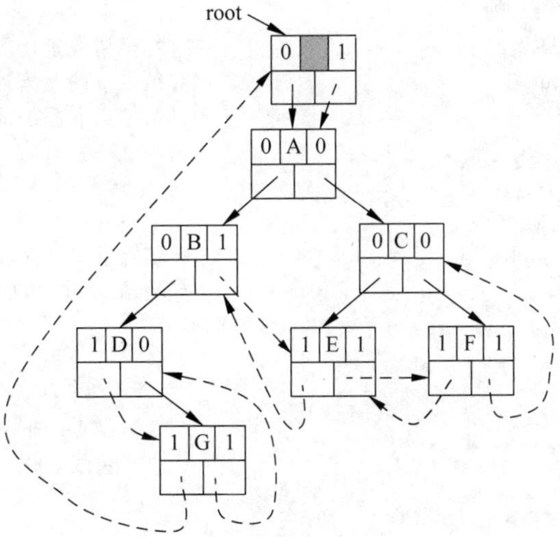

(c) 后序线索树

图 7.34　3 种线索二叉树

本节仅讨论二叉树的中序线索化，设计中序线索化二叉树类 ThreadClass 如下：

```
public class ThreadClass
{  ThNode b;                                                //二叉树的根结点
   ThNode root;                                             //线索二叉树的头结点
   ThNode pre;                                              //用于中序线索化,指向中序前驱结点
```

```
    String bstr;
    public ThreadClass()
    {    root=null;    }
    //中序线索二叉树的基本运算
}
```

中序线索二叉树的算法如下:

```
public void CreateThread()                  //建立以 root 为头结点的中序线索二叉树
{  root=new ThNode();                       //创建头结点 root
   root.ltag=0; root.rtag=1;                //头结点的域置初值
   if(b==null)                              //b 为空树时
   {  root.lchild=root;
      root.rchild=null;
   }
   else                                     //b 不为空树时
   {  root.lchild=b;
      pre=root;                             //pre 是 p 的前驱结点,用于线索化
      Thread(b);                            //中序遍历线索化二叉树
      pre.rchild=root;                      //最后处理,加入指向根结点的线索
      pre.rtag=1;
      root.rchild=pre;                      //根结点右线索化
   }
}
private void Thread(ThNode p)               //对以 p 为根结点的二叉树进行中序线索化
{  if(p!=null)
   {  Thread(p.lchild);                     //左子树线索化
      if(p.lchild==null)                    //结点 p 的左指针为空
      {  p.lchild=pre;                      //给结点 p 添加前驱线索
         p.ltag=1;
      }
      else p.ltag=0;
      if(pre.rchild==null)                  //结点 pre 的右指针为空
      {  pre.rchild=p;                      //给结点 pre 添加后继线索
         pre.rtag=1;
      }
      else pre.rtag=0;
      pre=p;                                //置 p 结点为下一个访问结点的前驱结点
      Thread(p.rchild);                     //右子树线索化
   }
}
```

CreateThread()算法是将以二叉链存储的二叉树 b(b 指向二叉链的根结点)进行中序线索化,并返回线索化后的头结点 root。其算法思路是先创建头结点 root,其 lchild 为链指针,rchild 为线索。如果二叉树 b 为空,则将其 lchild 指向自身;如果二叉树 b 不为空,则将 root 的 lchild 指向 b 结点。

首先 p 指向 b 结点,pre 指向 root 结点(pre 作为类成员变量),然后调用 Thread(p)对整个二叉树线索化。最后加入指向头结点的线索,并将头结点的 rchild 指针域线索化为指向尾结点(由于线索化直到 p 等于 null 为止,所以线索化结束后尾结点为 pre 结点)。

Thread(p)算法采用中序递归遍历对以 p 为根结点的二叉树中序线索化。在整个算法中 p 总是指向当前访问的结点,pre 指向其前驱结点。

(1) 若 p 结点没有左孩子结点,置其 lchild 指针为线索,指向前驱结点 pre,ltag 为 1,如图 7.35(a)所示;否则表示 lchild 指向其左孩子结点,置其 ltag 为 0。

(2) 若 pre 结点的 rchild 指针为 null,置其 rchild 指针为线索,指向其后继结点 p,rtag 为 1,如图 7.35(b)所示;否则表示 rchild 指向其右孩子结点,置其 rtag 为 0。再将 pre 替换成 p 作为中序遍历下一个访问结点的前驱结点。

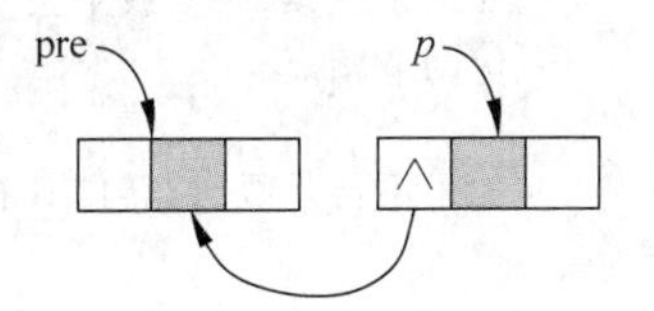

(a) 将结点p的左空指针改为线索

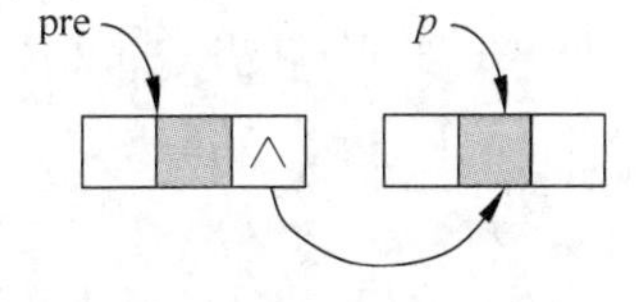

(b) 将结点pre的右空指针改为线索

图 7.35 设置线索的过程

7.6.3 遍历线索二叉树

视频讲解

遍历某种次序的线索二叉树的过程分为两个步骤,一是找到该次序下的开始结点,访问该结点;二是从刚访问的结点出发,反复找到该结点在该次序下的后继结点并访问之,直到尾结点为止。

在先序线索二叉树中查找一个结点的先序后继结点很简单,而查找先序前驱结点必须知道该结点的双亲结点。同样,在后序线索二叉树中查找一个结点的后序前驱结点也很简单,而查找后序后继结点也必须知道该结点的双亲结点。由于二叉链中没有存放双亲的指针,所以在实际应用中先序线索二叉树和后序线索二叉树较少用到,这里主要讨论中序线索二叉树的中序遍历。

在中序线索二叉树中,尾结点的 rchild 指针被线索化为指向头结点 root,在其中实现中序遍历的两个步骤如下。

(1) 求中序序列的开始结点:实际上该结点就是根结点的最左下结点,如图 7.36 所示。

(2) 对于一个结点 p,求其后继结点的过程如下。

① 如果 p 结点的 rchild 指针为线索,则 rchild 所指为其后继结点。

② 否则 p 结点的后继结点是其右孩子 q 的最左下后继结点,如图 7.37 所示。

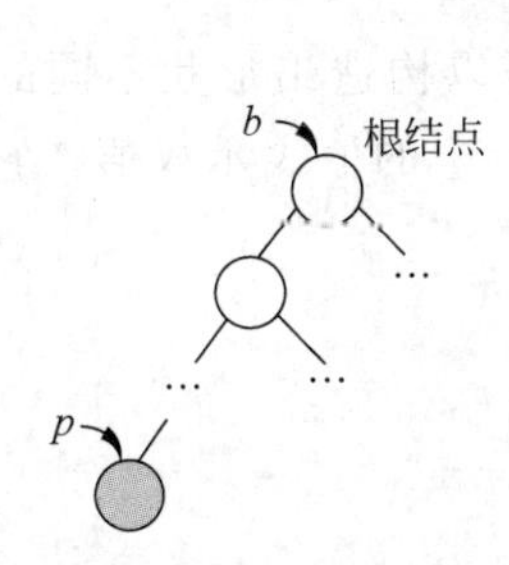

图 7.36 p 结点为中序序列的开始结点

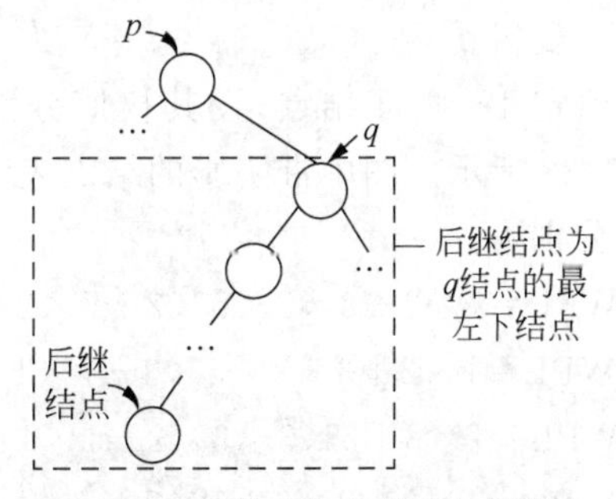

图 7.37 p 结点的非线索后继结点

这样得到中序线索二叉树中实现中序遍历的算法如下：

```
public void ThInOrder()                                  //中序线索二叉树的中序遍历
{ ThNode p=root.lchild;                                  //p 指向根结点
  while(p!=root)
  {  while(p!=root && p.ltag==0)                         //找中序开始结点
        p=p.lchild;
     System.out.print(p.data+" ");                       //访问 p 结点
     while(p.rtag==1 && p.rchild!=root)
     {  p=p.rchild;                                      //如果是线索,一直找下去
        System.out.print(p.data+" ");                    //访问 p 结点
     }
     p=p.rchild;                                         //如果不再是线索,转向其右子树
  }
}
```

显然该算法是一个非递归算法，算法的时间复杂度为 $O(n)$，空间复杂度为 $O(1)$，相比递归和非递归中序遍历算法的时间和空间复杂度均为 $O(n)$，其空间性能得到改善。

7.7 哈夫曼树

哈夫曼树是二叉树的应用之一，本节介绍哈夫曼树的定义、构造哈夫曼树和产生哈夫曼编码的算法设计。

视频讲解

7.7.1 哈夫曼树的定义

在许多应用中经常将树中的结点赋上一个有着某种意义的数值，称此数值为该结点的权。从树根结点到某个结点之间的路径长度与该结点上权的乘积称为结点的带权路径长度。一棵二叉树中所有叶子结点的带权路径长度之和称为该树的带权路径长度，通常记为：

$$\mathrm{WPL}=\sum_{i=0}^{n_0-1} w_i \times l_i$$

其中，n_0 表示叶子结点个数；w_i 和 $l_i(0\leqslant i\leqslant n_0-1)$分别表示叶子结点 k_i 的权值和根到 k_i 之间的路径长度(即从根到达该叶子结点的路径上的分支数)。

在 n_0 个带权叶子结点构成的所有二叉树中，带权路径长度最小的二叉树称为**哈夫曼树**(或最优二叉树)。因为构造这种树的算法最早是由哈夫曼于 1952 年提出的，所以这种树被称为哈夫曼树。

例如给定 4 个叶子结点，设其权值分别为 1、3、5、7，可以构造出形状不同的 4 棵二叉树，如图 7.38 所示。图中带阴影的结点表示叶子结点，结点中的值表示权值。它们的带权路径长度分别为：

(a) $\mathrm{WPL}=1\times2+3\times2+5\times2+7\times2=32$

(b) $\mathrm{WPL}=1\times2+3\times3+5\times3+7\times1=33$

(c) $\mathrm{WPL}=7\times3+5\times3+3\times2+1\times1=43$

(d) $\mathrm{WPL}=1\times3+3\times3+5\times2+7\times1=29$

由此可见，对于一组具有确定权值的叶子结点可以构造出多个具有不同带权路径长度

的二叉树,把其中最小带权路径长度的二叉树称作哈夫曼树,又称最优二叉树。可以证明,图 7.38(d)所示的二叉树是一棵哈夫曼树。

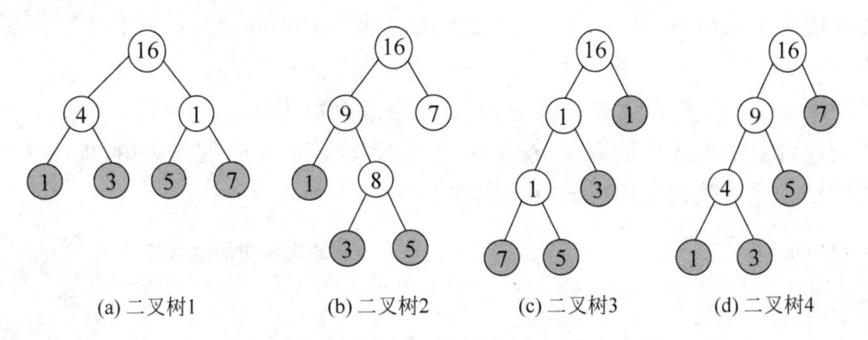

(a) 二叉树1　(b) 二叉树2　(c) 二叉树3　(d) 二叉树4

图 7.38　由 4 个叶子结点构成不同带权路径长度的二叉树

7.7.2　哈夫曼树的构造算法

给定 n_0 个权值,如何构造一棵含有 n_0 个带有给定权值的叶子结点的二叉树,使其带权路径长度最小呢?哈夫曼最早给出了一个带有一般规律的算法,称为哈夫曼算法。哈夫曼算法如下:

(1) 根据给定的 n_0 个权值 $W=(w_0,w_1,\cdots,w_{n_0-1})$,对应结点构成 n_0 棵二叉树的森林 $T=(T_0,T_1,\cdots,T_{n_0-1})$,其中每棵二叉树 $T_i(0\leqslant i\leqslant n_0-1)$中都只有一个权值为 w_i 的根结点,其左、右子树均为空。

(2) 在森林 T 中选取两棵结点的权值最小的子树作为左、右子树构造一棵新的二叉树,并且置新的二叉树的根结点的权值为其左、右子树上根的权值之和。这称为合并,每合并一次 T 中减少一棵二叉树。

(3) 重复(2)直到 T 中只含一棵树为止,这棵树便是哈夫曼树。

例如,假定仍采用 7.7.1 节给定的权值 $W=(1,3,5,7)$来构造一棵哈夫曼树,按照上述算法,图 7.39 给出了一棵哈夫曼树的构造过程,其中图 7.39(d)就是最后生成的哈夫曼树,它的带权路径长度为 29。

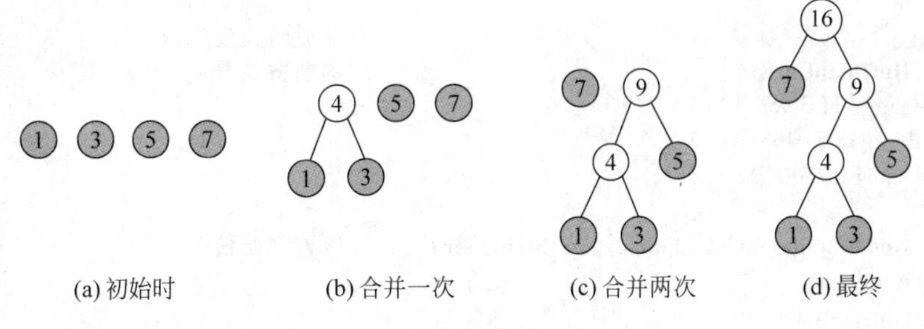

(a) 初始时　(b) 合并一次　(c) 合并两次　(d) 最终

图 7.39　构造哈夫曼树的过程

说明:在构造哈夫曼树的过程中,每次合并都是取两个权值最小的二叉树合并,并添加一个根结点,这两棵二叉树作为根结点的左、右子树是任意的,这样构造的哈夫曼树可能不相同,但 WPL 一定是相同的。如图 7.38(d)和图 7.39(d)所示的哈夫曼树都是由{1,3,5,7}构造的,尽管树形不同,但它们的 WPL 都是 29。

定理 7.3：具有 n_0 个叶子结点的哈夫曼树共有 $2n_0-1$ 个结点。

证明：从哈夫曼树的构造过程看出，每次合并都是将两棵二叉树合并为一个，所以哈夫曼树不存在度为 1 的结点，即 $n_1=0$。由二叉树的性质 1 可知 $n_0=n_2+1$，即 $n_2=n_0-1$，则结点总数 $n=n_0+n_1+n_2=n_0+n_2=n_0+n_0-1=2n_0-1$。

对于图 7.39(d)所示的哈夫曼树，$n_0=4$，总结点个数为 $2n_0-1=7$。

为了设计构造哈夫曼树的算法，这里采用静态数组 ht 存储哈夫曼树，即每个数组元素存放一个结点。设计哈夫曼树中的结点类如下：

```
class HTNode                                    //哈夫曼树的结点类
{ char data;                                    //结点值,假设为单个字符
  double weight;                                //权值
  public HTNode parent;                         //双亲结点
  HTNode lchild;                                //左孩子结点
  HTNode rchild;                                //右孩子结点
  boolean flag;                                 //标识是双亲的左或者右孩子
  public HTNode()                               //构造方法
  {   parent=null;
      lchild=null;
      rchild=null;
  }
  public double getw()                          //取结点权值的方法
  {   return weight; }
}
```

若有 n_0 个叶子结点，哈夫曼树中总共有 $2n_0-1$ 个结点，所有叶子结点集中放在 ht[0..n_0-1]部分，并且用 hcd 字符串数组存放哈夫曼编码(在 7.7.3 节介绍)，ht[n_0..$2n_0-2$]存放其他需要构造的非叶子结点。设计哈夫曼树类 HuffmanClass 如下：

```
public class HuffmanClass                       //哈夫曼树类
{ final int MAXN=100;                           //最多结点个数
  double[] w;                                   //权值数组
  String str;                                   //存放字符串
  int n0;                                       //权值个数
  HTNode[] ht;                                  //存放哈夫曼树
  String[] hcd;                                 //存放哈夫曼编码
  public HuffmanClass()                         //构造方法
  {   ht=new HTNode[MAXN];
      hcd=new String[MAXN];
      w=new double[MAXN];
  }
  public void Setdata(int n0,double[] w,String str)   //设置初始值
  {   this.n0=n0;
      for(int i=0;i<n0;i++)
          this.w[i]=w[i];
      this.str=str;
  }
  public void CreateHT() { … }                  //构造哈夫曼树
  public void CreateHCode() { … }               //根据哈夫曼树求哈夫曼编码
  public void DispHuffman() { … }               //输出哈夫曼编码
}
```

由于构造哈夫曼树中的合并操作是取两个根结点权值最小的二叉树进行合并，为此设计一个优先队列(按结点 weight 越小越优先)pq，其初始为空。构造哈夫曼树就是建立 ht[n_0..$2n_0-2$]的结点，其过程如下：

(1) 建立 ht[0..n_0-1]的叶子结点(设置结点的 data 和 weight，并将 parent 置为空)，将它们进入 pq。

(2) i 从 n_0 到 $2n_0-2$ 循环(执行 n_0-1 次合并操作)，每次出队两个结点 p1 和 p2，建立 ht[i]结点，设置 p1 和 p2 的双亲为 ht[i]，求权值和(ht[i]. weight = p1. weight + p2. weight)，p1 作为双亲 ht[i]的左孩子(p1. flag = true)，p2 作为双亲 ht[i]的右孩子(p2. flag = false)，并将 ht[i]进入 pq。

循环结束后就构造好了哈夫曼树，对应的算法如下：

```
public void CreateHT()                                          //构造哈夫曼树
{ Comparator<HTNode> priComparator                              //定义 priComparator
  = new Comparator<HTNode>()
  {  public int compare(HTNode o1, HTNode o2)                   //用于创建小根堆
     {  return (int)(o1.getw()-o2.getw());  }                   //按 weight 越小越优先
  };
  PriorityQueue<HTNode> pq=new PriorityQueue<>(MAXN, priComparator);//定义优先队列
  for(int i=0;i<n0;i++)                                         //建立 n0 个叶子结点并进队
  {  ht[i]=new HTNode();                                        //建立 ht[i]结点
     ht[i].parent=null;                                         //双亲设置为空
     ht[i].data=str.charAt(i);
     ht[i].weight=w[i];
     pq.offer(ht[i]);                                           //进队
  }
  for(int i=n0;i<(2*n0-1);i++)                                  //n0-1 次合并操作
  {  HTNode p1=pq.poll();                                       //出队两个权值最小的结点 p1 和 p2
     HTNode p2=pq.poll();
     ht[i]=new HTNode();                                        //建立 ht[i]结点
     p1.parent=ht[i];                                           //设置 p1 和 p2 的双亲为 ht[i]
     p2.parent=ht[i];
     ht[i].weight=p1.weight+p2.weight;                          //求权值和
     ht[i].lchild=p1;                                           //p1 作为双亲 ht[i]的左孩子
     p1.flag=true;
     ht[i].rchild=p2;                                           //p2 作为双亲 ht[i]的右孩子
     p2.flag=false;
     pq.offer(ht[i]);                                           //ht[i]结点进队
  }
}
```

7.7.3 哈夫曼编码

视频讲解

在数据通信中经常需要将传送的文字转换为由二进制字符 0 和 1 组成的二进制字符串，称这个过程为编码。显然，我们希望电文编码的代码长度最短。哈夫曼树可用于构造使电文编码的代码长度最短的编码方案。

其具体构造方法如下：设需要编码的字符集合为$\{d_0, d_1, \cdots, d_{n_0-1}\}$，各个字符在电文

中出现的次数集合为$\{w_0,w_1,\cdots,w_{n_0-1}\}$,以$d_0$、$d_1$、……、$d_{n_0-1}$作为叶子结点,以$w_0$、$w_1$、……、$w_{n_0-1}$作为各根结点到每个叶子结点的权值构造一棵哈夫曼树,规定哈夫曼树中的左分支为0,右分支为1,则从根结点到每个叶子结点所经过的分支对应的0和1组成的序列便为该结点对应字符的编码。这样的编码称为**哈夫曼编码**。

哈夫曼编码的实质就是使用频率越高的采用越短的编码。注意,只有ht[0..n_0-1]的叶子结点才对应哈夫曼编码,用hcd[i]($0\leqslant i\leqslant n_0-1$)表示ht[$i$]叶子结点的哈夫曼编码。

当构造好哈夫曼树ht后,i从0到n_0-1循环,从ht[i]结点向根结点查找路径并产生逆向的哈夫曼编号hcd[i],将hcd[i]逆置得到正向的哈夫曼编码。对应的算法如下:

```
private String reverse(String s)                    //逆置字符串 s
{ String t="";
  for(int i=s.length()-1;i>=0;i--)
      t+=s.charAt(i);
  return t;
}
public void CreateHCode()                           //根据哈夫曼树求哈夫曼编码
{ for(int i=0;i<n0;i++)                             //遍历下标从 0 到 n0-1 的叶子结点
  {  hcd[i]="";
     HTNode p=ht[i];                                //从 ht[i]开始找双亲结点
     while(p.parent!=null)
     {  if(p.flag)                                  //p 结点是双亲的左孩子
           hcd[i]+='0';
        else                                        //p 结点是双亲的右孩子
           hcd[i]+='1';
        p=p.parent;
     }
     System.out.println("hcd:"+hcd[i]);
     hcd[i]=reverse(hcd[i]);                        //逆置得到正向的哈夫曼编码
  }
}
```

输出所有叶子结点的哈夫曼编码的算法如下:

```
public void DispHuffman()                           //输出哈夫曼编码
{ for(int i=0;i<n0;i++)
      System.out.println(ht[i].data+" "+hcd[i]);
}
```

说明:在一组字符的哈夫曼编码中,任一字符的哈夫曼编码不可能是另一字符的哈夫曼编码的前缀。

【例 7.19】 假定用于通信的电文仅由a、b、c、d、e、f、g、h共8个字母组成($n_0=8$),字母在电文中出现的频率分别为0.07、0.19、0.02、0.06、0.32、0.03、0.21和0.10。试为这些字母设计哈夫曼编码。

解:构造哈夫曼树的过程如下。

第1步由8个字符构造8个结点(编号分别为0~7),结点的权值如上所给;

第2步选择频率最低的c和f结点合并成一棵二叉树,其根结点的频率为0.05,记为结点8;

第3步选择频率低的8和d结点合并成一棵二叉树，其根结点的频率为0.11，记为结点9；

第4步选择频率低的a和h结点合并成一棵二叉树，其根结点的频率为0.17，记为结点10；

第5步选择频率低的9和10结点合并成一棵二叉树，其根结点的频率为0.28，记为结点11；

第6步选择频率低的b和g结点合并成一棵二叉树，其根结点的频率为0.4，记为结点12；

第7步选择频率低的11和e结点合并成一棵二叉树，其根结点的频率为0.6，记为结点13；

第8步选择频率低的12和13结点合并成一棵二叉树，其根结点的频率为1.0，记为结点14。

最后构造的哈夫曼树如图7.40所示(树中结点的数字表示频率，结点旁的数字为结点的编号)，给所有的左分支加上0、所有的右分支加上1，得到各字母的哈夫曼编码如下。

a：1010　　b：00　　c：10000　　d：1001

e：11　　f：10001　　g：01　　h：1011

这样，在求出每个叶子结点的哈夫曼编码后，求得该哈夫曼树的带权路径长度WPL＝4×0.07＋2×0.19＋5×0.02＋4×0.06＋2×0.32＋5×0.03＋2×0.21＋4×0.1＝2.61。

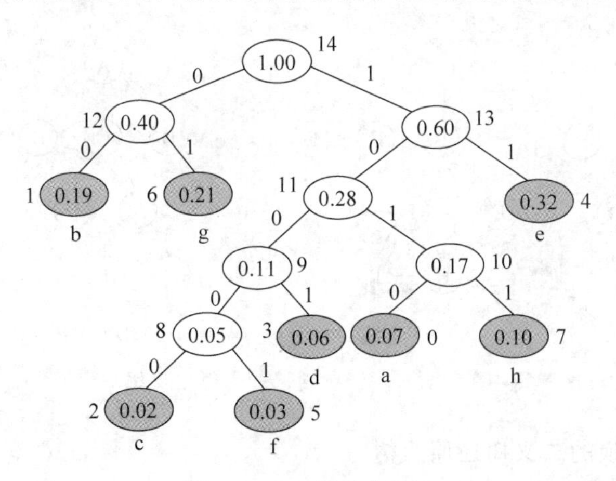

图7.40　一棵哈夫曼树

7.8　二叉树与树、森林之间的转换

树、森林与二叉树之间有一个自然的对应关系，它们之间可以互相进行转换，即任何一个森林或一棵树都可以唯一地对应一棵二叉树，而任何一棵二叉树也能唯一地对应到一个森林或一棵树上。正是由于有这样的一一对应关系，可以把树的处理中的问题对应到二叉树中进行处理，从而把问题简单化，因此二叉树在树的应用中显得特别重要。下面将介绍森林、树与二叉树相互转换的方法。

视频讲解

7.8.1 树到二叉树的转换及还原

1. 树到二叉树的转换

对于任意的一棵树,可以按照以下规则转换为二叉树。

(1) 加线:在各兄弟结点之间加一连线,将其隐含的"兄-弟"关系以"双亲-右孩子"关系显示出来。

(2) 抹线:对于任意结点,除了其最左子树之外,抹掉该结点与其他子树之间的"双亲-孩子"关系。

(3) 调整:以树的根结点作为二叉树的根结点,将树根与其最左子树之间的"双亲-孩子"关系改为"双亲-左孩子"关系,且将各结点按层次排列,形成二叉树。

经过这种方法转换所对应的二叉树是唯一的,并具有以下特点:

(1) 此二叉树的根结点只有左子树没有右子树。

(2) 转换生成的二叉树中各结点的左孩子是它原来树中的最左孩子(左分支不变),右孩子是它在原来树中的下一个兄弟(兄弟变成右分支)。

【例 7.20】 将如图 7.41(a)所示的一棵树转换为对应的二叉树。

解:其转换过程如图 7.41(b)~图 7.41(d)所示,图 7.41(d)为最终转换成的二叉树。

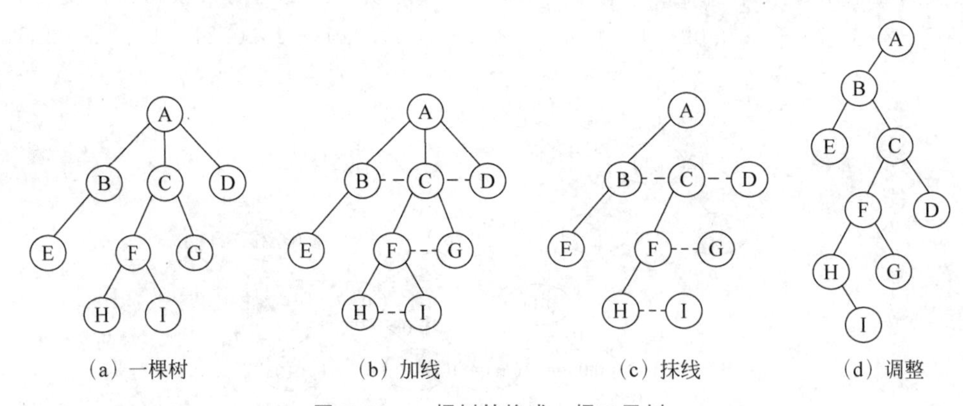

图 7.41 一棵树转换成一棵二叉树

2. 一棵由树转换的二叉树还原为树

这样的二叉树的根结点没有右子树,可以按照以下规则还原其相应的一棵树。

(1) 加线:在各结点的双亲与该结点右链上的每个结点之间加一连线,以"双亲-孩子"关系显示出来。

(2) 抹线:抹掉二叉树中所有双亲结点与其右孩子之间的"双亲-右孩子"关系。

(3) 调整:以二叉树的根结点作为树的根结点,将各结点按层次排列,形成树。

【例 7.21】 将如图 7.42(a)所示的二叉树还原成树。

解:其转换过程如图 7.42(b)~图 7.42(d)所示,图 7.42(d)为最终由一棵二叉树还原成的树。

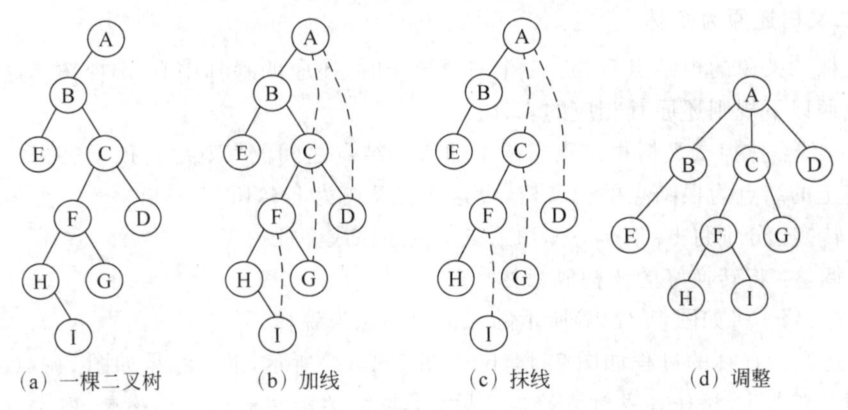

图 7.42　一棵二叉树还原成一棵树

7.8.2　森林到二叉树的转换及还原

视频讲解

从树与二叉树的转换可知，一棵树转换之后的二叉树的根结点没有右子树，如果把森林中的第二棵树的根结点看成是第一棵树的根结点的兄弟，则同样可以导出森林和二叉树的对应关系。

1. 森林转换为二叉树

对于含有两棵或两棵以上的树的森林可以按照以下规则转换为二叉树。

(1) 转换：将森林中的每一棵树转换成二叉树，设转换成的二叉树为 $bt_1, bt_2, \cdots, bt_m$。

(2) 连接：将各棵转换后的二叉树的根结点相连。

(3) 调整：以 bt_1 的根结点作为整个二叉树的根结点，将 bt_2 的根结点作为 bt_1 的根结点的右孩子，将 bt_3 的根结点作为 bt_2 的根结点的右孩子，…，这样得到一棵二叉树，即为该森林转换得到的二叉树。

【例 7.22】 将如图 7.43(a)所示的森林(由 3 棵树组成)转换成二叉树。

解：转换为二叉树的过程如图 7.43(b)～图 7.43(e)所示，最终结果如图 7.43(e)所示。

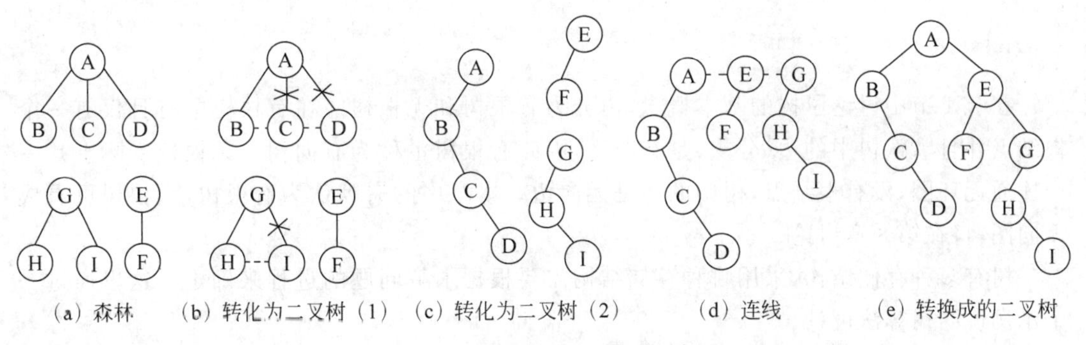

图 7.43　森林转换成二叉树

说明：从上述转换过程看到，当有 m 棵树的森林转化为二叉树时，除第一棵树外，其余各棵树均变成二叉树中根结点的右子树中的结点。图 7.43 中的森林有 3 棵树，转换成二叉树后，根结点 A 有两个右下孩子。

2. 二叉树还原为森林

当一棵二叉树的根结点有 $m-1$ 个右下孩子时，还原的森林中有 m 棵树。这样的二叉树可以按照以下规则还原其相应的森林。

(1) 抹线：抹掉二叉树根结点右链上的所有结点之间的“双亲-右孩子”关系，分成若干个以右链上的结点为根结点的二叉树，设这些二叉树为 $bt_1, bt_2, \cdots, bt_m$。

(2) 转换：分别将 $bt_1, bt_2, \cdots, bt_m$ 二叉树还原成一棵树。

(3) 调整：将转换好的树构成森林。

【例 7.23】 将如图 7.44(a)所示的二叉树还原为森林。

解：还原为森林的过程如图 7.44(b)～图 7.44(e)所示，最终结果如图 7.44(e)所示。

注意：*当森林、树转换成对应的二叉树后，其左、右子树的概念已改变，即左链是原来的孩子关系，右链是原来的兄弟关系。*

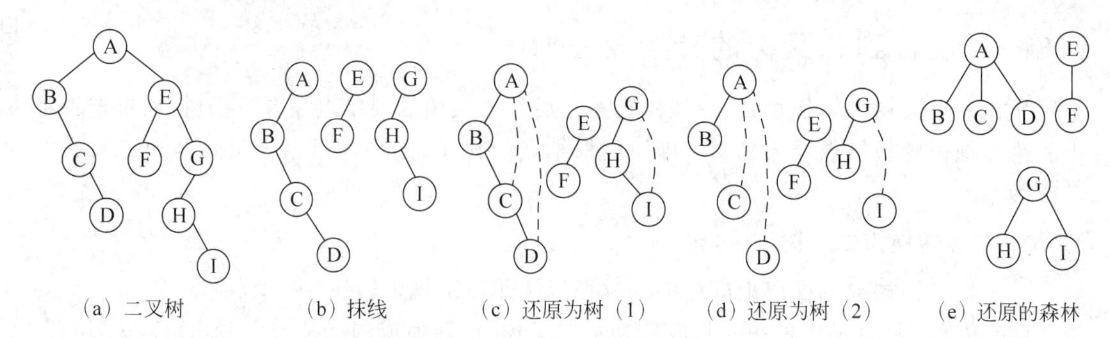

(a) 二叉树　(b) 抹线　(c) 还原为树 (1)　(d) 还原为树 (2)　(e) 还原的森林

图 7.44　二叉树还原成森林

*7.9　树算法设计和并查集

在线编程中许多算法涉及树和并查集，本节简要讨论这两方面，并通过两个在线编程实例加以说明。

视频讲解

7.9.1　树算法设计

在 7.1 节中讨论了树的基本概念，树分为有根树和无根树。在有根树中有且仅有一个根结点并且默认树中的边(分支)是有向边，因此有根树也称为有向树。无根树实际上是一个连通无环图，没有根结点，树中的边是无向边。本章中的树默认为有根树，无根树可看成无向图，将在第 8 章讨论。

树有多种存储结构，采用哪种存储结构需要根据求解问题的过程来确定。这里通过一个示例说明树算法设计。

【例 7.24】 POJ1330——求树中两个结点的最近公共祖先(LCA)。

问题描述：有根树是计算机科学和工程中众所周知的数据结构，图 7.45 所示为一棵有根树。在该图中每个结点标有 1～16 的整数，结点 8 是树的根。如果结点 x 位于根结点到结点 y 之间的路径中，则结点 x 是结点 y 的祖先。例如，结点 4 是结点 16 的祖先，结点 10 也是结点 16 的祖先，实际上结点 8、4、10 和 16 都是结点 16 的祖先(注意这里规定一个结点也是自己的祖先,如结点 7 的祖先有结点 8、4、6 和 7)。如果结点 x 是结点 y 和结点 z 的祖先,则结点 x 称为两个不同结点 y 和 z 的公共祖先,因此结点 8 和 4 是结点 16 和 7 的公共祖先。如果 x 是 y 和 z 的共同祖先并且在所有共同祖先中最接近 y 和 z,则结点 x 被称为结点 y 和 z 的最近公共祖先。因此,结点 16 和 7 的最近公共祖先是结点 4,因为结点 4 比结点 8 更靠近结点 16 和 7。其他示例有结点 2 和 3 的最近公共祖先是结点 10,结点 6 和 13 的最近公共祖先是结点 8,并且结点 4 和 12 的最近公共祖先是结点 4。在最后一个示例中,如果 y 是 z 的祖先,那么 y 和 z 的最近公共祖先是 y。编写一个程序,找到树中两个不同结点的最近公共祖先。

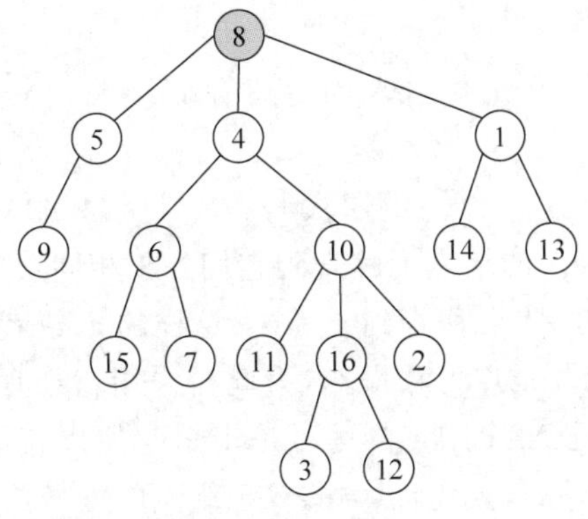

图 7.45 一棵树

输入格式:输入由 T 个测试用例组成。测试用例个数(T)在输入文件的第一行中给出。每个测试用例以整数 N 的行开始,整数 N 是树中的结点数,$2 \leqslant N \leqslant 10\,000$。结点用整数 $1 \sim N$ 标识。接下来的 $N-1$ 行中的每一行包含一对表示边的整数,第一个整数是第二个整数的父结点。注意,具有 N 个结点的树恰好具有 $N-1$ 个边。每个测试用例的最后一行包含两个不同的整数,需要计算它们的最近公共祖先。

输出格式:为每个测试用例输出一行,该行应包含最近公共祖先结点的编号。

输入样例:

```
2               //表示有两个测试用例
16              //测试用例 1 的数据
1 14
8 5
10 16
5 9
4 6
8 4
4 10
1 13
6 15
10 11
6 7
10 2
16 3
8 1
16 12
```

```
16 7          //求结点16和7的LCA
5             //测试用例2的数据
2 3
3 4
3 1
1 5
3 5           //求结点3和5的LCA
```

输出样例:

```
4
3
```

解:这里的树是有根树,首先由输入创建树存储结构,再对于给定的 x 和 y 结点求LCA,过程如下。

(1) 求出 x 结点的层次 lx、y 结点的层次 ly。

(2) 若 lx≠ly,将较高层次的结点上移直到它们处于相同层次。

(3) 若 $x \neq y$,再将它们同步上移直到 $x=y$。这样的 x 或者 y 结点就是LCA。

从上述过程看出主要涉及结点上移操作,为此树采用双亲存储结构较合适。由于结点是通过编号唯一标识的,并且 N 个结点的编号是 $1 \sim N$,所以直接采用int类型的parent数组作为双亲存储结构,parent[i]表示结点 i 的双亲结点的编号。

那么如何确定根结点呢?任何一个结点 i 有双亲,则parent[i]一定是 $1 \sim N$ 的整数,为此将parent数组中的所有元素初始化为−1。如果一个结点 i 的双亲parent[i]为−1,则结点 i 就是根结点。

对应的AC程序如下(在线编程中包含主方法的类必须是类Main,否则会出现错误):

```
import java.util.*;
import java.util.Scanner;
public class Main
{ final static int MAXN=10005;
  static int[] parent=new int[MAXN];                //树的双亲存储结构
  public static int Level(int x)                    //求x结点的层次
  {  int cnt=0;
     while(x!=-1)                                   //找到根为止
     {  x=parent[x];                                //结点x上移
        cnt++;                                      //累计上移的次数就是原x结点的层次
     }
     return cnt;
  }
  public static int solve(int x,int y)              //求x和y结点的最近公共祖先结点
  {  int lx=Level(x);                               //求x结点的层次lx
     int ly=Level(y);                               //求y结点的层次ly
     while(lx>ly)                                   //将较高层次的x结点上移
     {  x=parent[x];
        lx--;
     }
     while(ly>lx)                                   //将较高层次的y结点上移
     {  y=parent[y];
```

```
            ly--;
        }
        while(x!=y)                                //当x和y移到相同层次时再找LCA
        {   x=parent[x];
            y=parent[y];
        }
        return x;
    }
    public static void main(String[] args)
    {   Scanner fin=new Scanner(System.in);
        int T,N,a,b,x,y;
        T=fin.nextInt();
        while(T-->0)
        {   N=fin.nextInt();
            for(int i=0;i<=N;i++)                  //初始化N个结点的双亲为-1
                parent[i]=-1;
            for(int i=1;i<N;i++)                   //输入n-1条边,创建树的双亲存储结构
            {   a=fin.nextInt();                   //输入一条边
                b=fin.nextInt();
                parent[b]=a;
            }
            x=fin.nextInt();                       //输入查询
            y=fin.nextInt();
            int ans=solve(x,y);                    //求LCA
            System.out.println(ans);               //输出结果
        }
    }
}
```

本题的时间限制为1000ms、空间限制为10 000KB,上述程序的运行时间为485ms、空间为5296KB。

说明:本题有其他多种解法,不同解法采用的树存储结构可能不同。在线编程不同于一般的练习题算法设计,通常不会指定哪种存储结构,需要程序员选择合适的存储结构,所以更能够反映程序员求解问题的能力。例如在例7.11和例7.16中规定二叉树采用二叉链存储结构,如果不做这样的规定,采用二叉树的双亲存储结构时算法的性能更好。实际上例7.16中就是通过层次遍历在队列中建立二叉树的双亲存储结构,再求x结点的所有祖先结点的。

7.9.2 并查集

视频讲解

1. 并查集的定义

给定n个结点的集合,结点编号为$1\sim n$,再给定一个等价关系,由等价关系产生所有结点的一个划分,每个结点属于一个等价类,所有等价类是不相交的。这里需要求一个结点所属的等价类,以及合并两个等价类。

求解该问题的基本运算如下。

(1) Init():初始化。

(2) Find(int x):查找x结点所属的等价类。

(3) Union(int x,int y)：将 x 和 y 所属的两个等价类合并。

上述数据结构称为并查集,因为主要的运算是查找和合并。等价关系就是满足自反性、对称性和传递性的关系,像图中顶点之间的连通性、亲戚关系等都是等价关系,都可以采用并查集求解,所以并查集的应用十分广泛。

2. 并查集的实现

并查集的实现方式有多种,这里采用树结构来实现。将并查集看成一个森林,每个等价类用一棵树表示,包含该等价类的所有结点,即结点子集,每个子集通过一个代表来识别,该代表可以是该子集中的任一结点,通常选择根做这个代表。如图 7.46 所示的子集的根结点为 A 结点,称为以 A 为根的子集树。

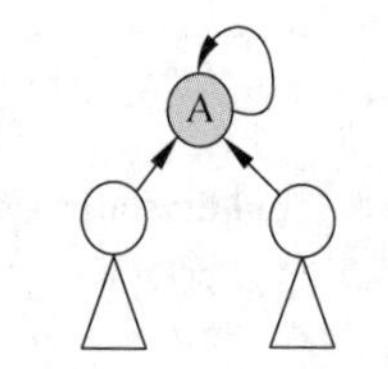

图 7.46　一个以 A 为根的子集树

并查集的基本存储结构(实际上是森林的双亲存储结构)如下：

```
final static int MAXN=1005;                         //最多结点个数
static int[] parent=new int[MAXN];                  //并查集存储结构
static int[] rank=new int[MAXN];                    //存储结点的秩
static int n;                                       //实际结点个数
```

其中,parent[i]=j 时表示结点 i 的双亲结点是 j,初始时每个结点可以看成是一棵子树,置 parent[i]=i(实际上置 parent[i]=−1 也是可以的,只是人们习惯采用前一种方式),当结点 i 是对应子树的根结点时,用 rank[i]表示子树的高度(即秩),实际上秩并不与高度完全相同,但它与高度成正比,初始化时置所有结点的秩为 0。初始化算法如下[该算法的时间复杂度为 $O(n)$]：

```
void Init()                                         //初始化运算
{  for(int i=1;i<=n;i++)
   {  parent[i]=i;
      rank[i]=0;
   }
}
```

所谓查找就是查找 x 结点所属子集树的根结点(根结点 y 满足条件 parent[y]=y),这是通过 parent[x]向上找双亲实现的,显然树的高度越小查找性能越好。为此在查找过程中进行路径压缩(即在查找过程中把查找路径上的结点逐一指向根结点),如图 7.47 所示,查找 x 结点的根结点为 A,查找路径是 x→B→A,找到 A 结点后,将路径上的所有结点的双亲置为 A 结点。这样在以后再查找 x 和 B 结点的根结点时效率更高。

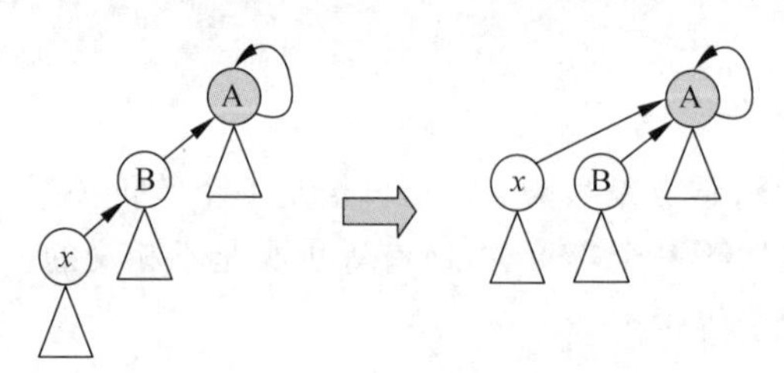

图 7.47　查找中的路径压缩

那么为什么不直接将一棵子树中的所有子结点的双亲都置为根结点呢？这是因为还有合并运算，合并运算可能会破坏这种结构。

查找运算的递归算法如下：

```
int Find(int x)                                    //查找 x 结点的根结点
{  if(x!=parent[x])
       parent[x]= Find(parent[x]);                 //路径压缩
   return parent[x];
}
```

查找运算的非递归算法如下：

```
int Find(int x)                                    //查找 x 结点的根结点
{  int rx=x;
   while(parent[rx]!=rx)                           //找到 x 的根 rx
       rx=parent[rx];
   int y=x;
   while(y!=rx)                                    //路径压缩
   {   int tmp= parent[y];
       parent[y]=rx;
       y=tmp;
   }
   return rx;                                      //返回根
}
```

由于一棵子树的高度不超过 $\log_2 n$，上述两个查找算法的时间复杂度均不超过 $O(\log_2 n)$。

所谓合并，就是给定一个等价关系(x,y)后，需要将 x 和 y 所属的子树合并为一棵子树。首先查找 x 和 y 所属子树的根结点 rx 和 ry，若 rx==ry，说明它们属于同一棵子树，不需要合并；否则需要合并，注意合并是根结点 rx 和 ry 的合并，并且希望合并后的子树的高度(rx 或者 ry 子树的高度通过秩 rank[rx]或者 rank[ry]反映出来)尽可能小，其过程如下：

(1) 若 rank[rx]<rank[ry]，将高度较小的 rx 结点作为 ry 的孩子结点，ry 子树的高度不变。

(2) 若 rank[rx]>rank[ry]，将高度较小的 ry 结点作为 rx 的孩子结点，rx 子树的高度不变。

(3) 若 rank[rx]==rank[ry]，将 rx 结点作为 ry 的孩子结点或者将 ry 结点作为 rx 的孩子结点均可，但此时合并后的子树的高度增 1。

对应的合并算法如下[该算法的时间复杂度不超过 $O(\log_2 n)$]：

```
void Union(int x, int y)                           //x 和 y 的两个集合的合并
{  int rx=Find(x);                                 //在查找中包含路径压缩
   int ry=Find(y);
   if(rx==ry)                                      //x 和 y 属于同一棵树的情况
       return;
   if(rank[rx]< rank[ry])
       parent[rx]=ry;                              //rx 结点作为 ry 的孩子
   else
```

```
    { if(rank[rx]==rank[ry])                                    //秩相同,合并后 rx 的秩增 1
         rank[rx]++;
      parent[ry]=rx;                                             //ry 结点作为 rx 的孩子
    }
}
```

下面通过一个示例说明并查集的应用。需要说明的是,并查集通常作为求解问题中的一种临时数据结构,是由程序员设计的,程序员可以任意改变这种结构,如果用它来存放主数据并且题目要求不能改变主数据,在这种情况下并查集就不再合适。

【例 7.25】 HDU1232——畅通工程问题。

问题描述:某省调查城镇交通状况,得到现有城镇道路统计表,表中列出了每条道路直接连通的城镇。省政府"畅通工程"的目标是使全省任何两个城镇间都可以实现交通(但不一定有直接的道路相连,只要互相间接通过道路可达即可)。问最少还需要建设多少条道路?

输入格式:测试输入包含若干测试用例。每个测试用例的第一行给出两个正整数,分别是城镇数目 $N(N<1000)$和道路数目 M,随后的 M 行对应 M 条道路,每行给出一对正整数,分别是该条道路直接连通的两个城镇的编号。为简单起见,城镇从 1 到 N 编号。注意两个城镇之间可以有多条道路相通,也就是说:

视频讲解

```
3 3
1 2
1 2
2 1
```

这种输入也是合法的。当 N 为 0 时输入结束,该用例不被处理。

输出格式:对每个测试用例,在一行里输出最少还需要建设的道路数目。

输入样例:

```
4 2
1 3
4 3
3 3
1 2
1 3
2 3
5 2
1 2
3 5
999 0
0
```

输出样例:

```
1
0
2
998
```

解:要使全省任何两个城镇间都实现交通,最少的道路是所有城镇之间都有一条路径,即全部城镇构成一棵树。采用并查集求解，由输入构造并查集，每棵子树中的所有城镇是有路径的，求出其中子树的个数ans，那么最少还需要建设的道路数就是ans－1。对应的AC程序如下：

```
import java.util.*;
import java.util.Scanner;
public classMain
{ final static int MAXN=1005;
  static int[] parent=new int[MAXN];                    //并查集存储结构
  static int[] rank=new int[MAXN];                      //存储结点的秩
  static int n;                                         //n个城镇
  static int m;                                         //m条道路
  public static void Init()                             //并查集初始化
  {  for(int i=1;i<=n;i++)
     {  parent[i]=i;
        rank[i]=0;
     }
  }
  public static int Find(int x)                         //在并查集中查找x结点的根结点
  {  if(x!=parent[x])
        parent[x]= Find(parent[x]);                     //路径压缩
     return parent[x];
  }
  public static void Union(int x,int y)                 //并查集中x和y的两个集合的合并
  {  int rx=Find(x);
     int ry=Find(y);
     if(rx==ry)                                         //x和y属于同一棵树的情况
        return;
     if(rank[rx]< rank[ry])
        parent[rx]=ry;                                  //rx结点作为ry的孩子
     else
     {  if(rank[rx]==rank[ry])                          //秩相同，合并后rx的秩增1
           rank[rx]++;
        parent[ry]=rx;                                  //ry结点作为rx的孩子
     }
  }
  public static void main(String[] args)
  {  Scanner fin = new Scanner(System.in);
     while(fin.hasNext())
     {  n=fin.nextInt();                                //输入一个测试用例
        if(n==0) break;                                 //n=0结束
        m=fin.nextInt();
        Init();                                         //初始化
        int a,b;
        for(int i=1;i<=m;i++)                           //输入m条边
        {  a=fin.nextInt();
           b=fin.nextInt();
           Union(a,b);
        }
        int ans=0;
```

```
            for (int i=1;i<=n;i++)                    //求子树个数 ans
               if (parent[i]==i)
                  ans++;
            System.out.println(ans-1);                //结果为 ans-1
        }
    }
}
```

本题的时间限制为 4000ms、空间限制为 65 536KB,上述程序的运行时间为 468ms、空间为 13 744KB。

说明:在本题中并查集可以用于忽略重复的输入,例如输入两个(1,2)边不影响求解结果。

自测题

7.10 练习题

7.10.1 问答题

1. 若一棵度为 4 的树中度为 1、2、3、4 的结点个数分别为 4、3、2、2,则该树的总结点个数是多少?

2. 对于具有 n 个结点的 m 次树,回答以下问题:

(1) 若采用孩子链存储结构,共有多少个空指针?

(2) 若采用孩子兄弟链存储结构,共有多少个空指针?

3. 已知一棵完全二叉树的第 6 层(设根结点为第 1 层)有 8 个叶子结点,则该完全二叉树的结点个数最多是多少? 最少是多少?

4. 已知一棵完全二叉树有 50 个叶子结点,则该二叉树的总结点数至少应有多少个?

5. 已知一棵完全二叉树共有 892 个结点,试求:

(1) 树的高度;

(2) 单支结点数;

(3) 叶子结点数;

(4) 最小的叶子结点的层序编号。

6. 对于以 b 为根结点的一棵二叉树,指出其中序遍历序列的开始结点和尾结点。

7. 指出满足以下各条件的非空二叉树的形态:

(1) 先序序列和中序序列正好相同;

(2) 中序序列和后序序列正好相反。

8. 若已知一棵完全二叉树的某种遍历序列(假设所有结点值为单个字符值且不同),能够唯一确定这棵二叉树吗? 并举例说明。

9. 已知一棵含有 n 个结点的二叉树的先序遍历序列为 $1,2,\cdots,n$,它的中序序列是否可以是 $1\sim n$ 的任意排列,如果是,请予以证明,否则请举一反例。

10. 给出在先序线索二叉树中查找结点 p 的后继结点的过程。

11. 一组包含不同权值的字母已经对应好哈夫曼编码,如果某个字母对应的编码为 001,则什么编码不可能对应其他字母? 什么编码肯定对应其他字母?

7.10.2 算法设计题

1. 假设二叉树中每个结点值为单个字符,采用二叉链存储结构存储。试设计一个算法,求一棵给定二叉树 bt 中所有大于 x 的结点个数。

2. 假设二叉树中每个结点值为单个字符,采用二叉链存储结构存储。二叉树 bt 的后序遍历序列为 $a_0, a_1, \cdots, a_{n-1}$,设计一个算法按 a_{n-1}、a_{n-2}、……、a_0 的次序输出各结点值。

3. 假设二叉树中每个结点值为单个字符,采用二叉链存储结构存储。设计一个算法,按从右到左的次序输出一棵二叉树 bt 中的所有叶子结点。

4. 假设二叉树中每个结点值为单个字符,采用二叉链存储结构存储。设计一个算法,计算一棵给定二叉树 bt 中的所有单分支结点个数。

5. 假设二叉树中每个结点值为单个字符,采用顺序存储结构 sb 存储。设计一个算法,求二叉树中的双分支结点个数。

6. 有 n 个字符采用 str 字符串存放,对应的权值采用 int 数组 w 存放,完成以下任务。

(1) 设计一个算法构造对应的哈夫曼树,其根结点为 root,要求哈夫曼树采用二叉链存储结构存储,其结点类型如下:

```
class HNode
{  int ch;                                    //字符的位置
   int w;                                     //对应的权值
   HNode lchild, rchild;                      //左、右孩子结点的指针
   public HNode(int ch, int w)                //构造方法
   {  this.ch=ch;
      this.w=w;
      lchild=rchild=null;
   }
   public int getw()                          //返回 w
   {  return w; }
}
```

(2) 设计一个算法产生所有字符的哈夫曼编码。

(3) 设计一个算法求其带权路径长度(WPL)。

7. 假设二叉树中每个结点值为单个字符,采用二叉链存储结构存储。设计一个算法求二叉树 bt 的最小枝长,所谓最小枝长指的是根结点到最近叶子结点的路径长度。

8. 假设二叉树中每个结点值为单个字符,采用二叉链存储结构存储。设计一个算法,采用先序遍历方法输出二叉树 bt 中所有结点的层次。

9. 假设二叉树中每个结点值为单个字符,采用二叉链存储结构存储。设计一个算法,输出二叉树 bt 中第 k 层上的所有叶子结点的个数。

10. 假设二叉树采用二叉链存储结构,设计一个算法判断一棵二叉树 bt 是否为镜像对称的。

11. 假设二叉树中每个结点值为单个字符,采用二叉链存储结构存储。设计一个算法,判断一棵二叉树 bt 是否为完全二叉树。

7.11 实验题

7.11.1 上机实验题

1. 编写一个实验程序，假设非空二叉树采用二叉链存储结构，所有结点值为单个字符且不相同。将一棵二叉树 bt 的左、右子树进行交换，要求不破坏原二叉树，并且采用相关数据进行测试。

2. 编写一个实验程序，假设二叉树采用二叉链存储结构，所有结点值为单个字符且不相同。求 x 和 y 结点的最近公共祖先结点(LCA)，假设二叉树中存在结点值为 x 和 y 的结点，并且采用相关数据进行测试。

3. 编写一个实验程序，假设二叉树采用二叉链存储结构，所有结点值为单个字符且不相同。采用本书例 7.15 的 3 种解法按层次顺序(从上到下、从左到右)输出一棵二叉树中的所有结点，并且利用图 7.17 进行测试。

4. 编写一个实验程序，假设二叉树采用二叉链存储结构，所有结点值为单个字符且不相同。采用先序遍历、非递归后序遍历和层次遍历方式输出二叉树中从根结点到每个叶子结点的路径，并且利用图 7.17 进行测试。

5. 编写一个实验程序，给定一个字符串 str，包含一个简单算术表达式的后缀表达式(仅包含正整数和'+'、'-'、'*'、'/'运算符)。完成以下任务：

(1) 将后缀表达式采用二叉树表示(称为表达式树)。例如一个后缀表达式 str="10#3#-3#5#2#/*+"对应的二叉树表示如图 7.48 所示。

(2) 采用括号表示法输出该表达式树。

(3) 利用该表达式树求出表达式的值，上述表达式树的求值结果是 14.5。

(4) 将该表达式树转换为中缀表达式并输出。

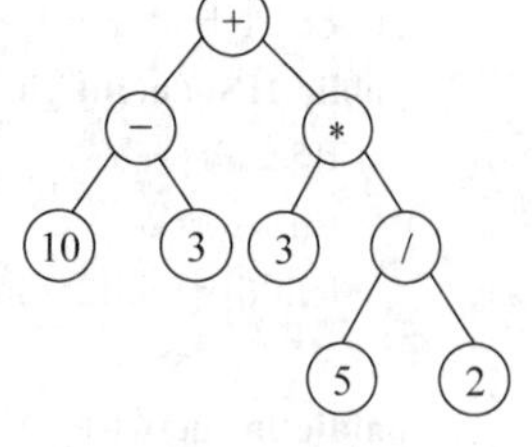

图 7.48 一棵表达式树

6. 编写一个实验程序，给定一个字符串，统计其中 ASCII 码为 0~255 的字符出现的次数，构造出对应的哈夫曼编码，用其替换产生加密码(其他字符保持不变)，再由加密码解密产生原字符串，并且利用相关数据进行测试。

7.11.2 在线编程题

1. HDU1710——二叉树的遍历

时间限制：1000ms；空间限制：32 768KB。

问题描述：二叉树是一组有限的顶点，或者为空或者由根 r 和两个不相交的子二叉树组成，称为左右子树。它有 3 种最重要的遍历结点方式，即先序、中序和后序遍历。令 T 为由根 r 和子树 $T1$、$T2$ 组成的二叉树，在 T 的先序遍历中，先访问根 r，然后先序遍历 $T1$，最后先序遍历 $T2$；在 T 的中序遍历中，先中序遍历 $T1$，然后访问根 r，最后中序遍历 $T2$；在 T 的后序遍历中，先后序遍历 $T1$，然后后序遍历 $T2$，最后访问 r。

现在给出一棵二叉树的先序遍历序列和中序遍历序列，试着找出它的后序遍历序列。

输入格式：输入包含几个测试用例。每个测试用例的第一行包含一个整数 $n(1\leqslant n\leqslant 1000)$，即二叉树的结点数，后面跟着两行，分别表示先序遍历序列和中序遍历序列，可以假设它们唯一构造一棵二叉树。

输出格式：对于每个测试用例，打印一行指定相应的后序遍历序列。

输入样例：

```
9
1 2 4 7 3 5 8 9 6
4 7 2 1 8 5 9 3 6
```

输出样例：

```
7 4 2 8 9 5 6 3 1
```

2. HDU1622——二叉树的层次遍历

时间限制：2000ms；空间限制：65 536KB。

问题描述：树是许多计算机科学领域的基础。目前最先进的并行计算机如 Thinking Machines'CM-5 都是以胖树为基础的。在计算机图形学中常用到四叉树和八叉树。

此问题涉及构建和遍历二叉树。给定一系列二叉树，试着编写一个程序来输出每棵树的层次遍历序列。在该问题中二叉树的每个结点包含一个正整数，并且所有二叉树的结点个数少于 256。

在树的层次遍历中，按从左到右的顺序输出一层的所有结点值，并且层次 k 的所有结点在层次 $k+1$ 的所有结点之前输出。例如，如图 7.49 所示的一棵二叉树的层次遍历序列是 5,4,8,11,13,4,7,2,1。

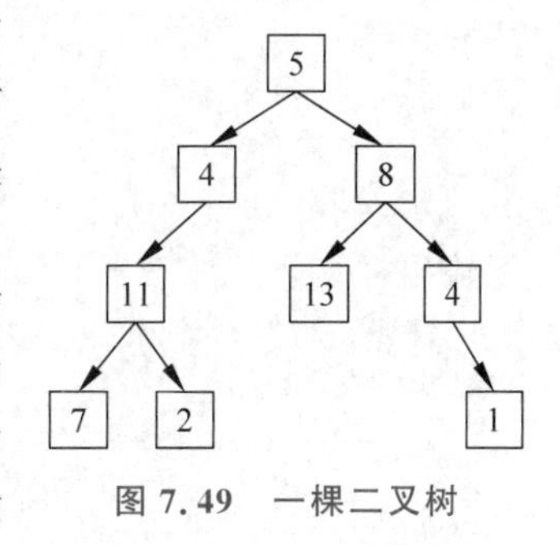

图 7.49　一棵二叉树

在这个问题中，二叉树由 (n,s) 对序列指定，其中 n 是结点值，s 是从根结点到该结点的路径，路径是由 L 和 R 构成的序列，其中 L 表示左分支，R 表示右分支。在图 7.49 所示的树中，13 结点由(13,RL)指定，2 结点由(2,LLR)指定，根结点由(5,)指定。空字符串表示从根到自身的路径。如果树中所有根结点路径上的每个结点都只给出一次值(所有结点值不重复)，则认为该二叉树是完全指定的。

输入格式：输入是如上所述的二叉树序列，序列中的每棵树由如上所述的若干 (n,s) 对组成，中间用空格分隔。每棵树中的最后是()，左、右括号之间没有空格。所有结点都包含正整数，输入中的每棵树将包含至少一个结点且不超过 256 个结点。输入由文件结束终止。

输出格式：对于输入中每个完全指定的二叉树，应输出该树的层次遍历序列。如果未完全指定，即树中的某个结点未给定值或结点被赋了多于一次的值，则应输出字符串“not complete”。

输入样例：

```
(11,LL) (7,LLL) (8,R)
(5,) (4,L) (13,RL) (2,LLR) (1,RRR) (4,RR) ()
(3,L) (4,R) ()
```

输出样例：

```
5 4 8 11 13 4 7 2 1
not complete
```

3. POJ2499——二叉树问题

时间限制：1000ms；空间限制：65 536KB。

问题描述：二叉树是计算机科学中常见的数据结构。在本问题中将看到一棵非常大的二叉树,其中结点包含一对整数,树的构造如下：

(1) 根包含整数对(1,1)。

(2) 如果一个结点包含(a,b),则其左孩子结点包含$(a+b,b)$,右孩子结点包含$(a,a+b)$。

该问题是给定上述二叉树的某个结点的内容(a,b),假设沿着最短的路径从树根行走到给定结点,能否知道需要经过左孩子的个数(走左路步数)和右孩子的个数(走右路步数)。

输入格式：第一行包含场景个数。每个场景由一行构成,包含两个整数i和j($1 \leqslant i, j \leqslant 2 \times 10^9$)的结点$(i,j)$,可以假设这是上述二叉树中的有效结点。

输出格式：每个场景的输出都以"Scenario #i:"行开头,其中i是从1开始的场景编号。然后输出包含两个数字l和r的单行(用空格分隔),其中l和r分别表示从树根遍历到输入的结点需要经过的左、右孩子的个数,在每个场景后输出一个空行。

输入样例：

```
3
42 1
3 4
17 73
```

输出样例：

```
Scenario #1:
41 0

Scenario #2:
2 1

Scenario #3:
4 6
```

4. POJ3253——围栏修复问题

时间限制：2000ms；空间限制：65 536KB。

问题描述：农夫约翰想修牧场周围的一小部分篱笆,他测量围栏发现需要n块($1 \leqslant n \leqslant 20\,000$)木板,每块木板都有一个整数长度Li(1≤Li≤50 000)。然后他购买了一块足够长的木板(即其长度为所有长度Li的总和)。约翰忽略了"切口",当用切割锯切时木屑损失了额外的长度,你也应该忽略它。约翰遗憾地意识到他没有切割木头的锯子,所以他带上这个木板去农民唐的农场,礼貌地问他是否可以借用锯子。

唐并没有向约翰免费提供锯子,而是向约翰收取$n-1$次切割的费用,切割一块木头的费用与其长度完全相同,例如切割长度为21的木板需要21美分。

唐让约翰决定切割木板的顺序和位置。请帮助约翰确定切割成 n 块木板的最低费用。约翰知道他可以以各种不同的顺序切割木板，这将导致不同的费用，因为所得到的中间木板有不同的长度。

输入格式：第一行是一个整数 n，表示木板的数量，第 $2 \sim n+1$ 行中每行包含一个描述所需木板长度的整数。

输出格式：一个整数表示约翰切割 $n-1$ 次的最低费用。

输入样例：

```
3
8
5
8
```

输出样例：

```
34
```

提示：他想把一块长度为21的板子切成3块长度分别为8、5和8的木板。初始板子的长度为8+5+8=21。第一次切割将花费21美分，应该是将板子切割成13和8。第二次切割将花费13美分，应该是将13的木板切割成8和5。这将花费21+13=34美分。如果将21切割成16和5，则第二次切割将花费16美分，总共37美分(超过34美分)。

5. POJ1308——是否为一棵树问题

时间限制：1000ms；空间限制：10 000KB。

问题描述：树是众所周知的数据结构，它或者是空的(null、void、nothing)，或者是由满足以下特性的结点之间的有向边连接的一个或多个结点的集合，即只有一个结点，称为根，没有有向边指向它；除根之外的每个结点都只有一个指向它的边，从根到每个结点有一个有向边序列。例如，如图7.50所示的图，结点由圆圈表示，边由带箭头的线条表示。其中前两个是树，但最后一个不是。

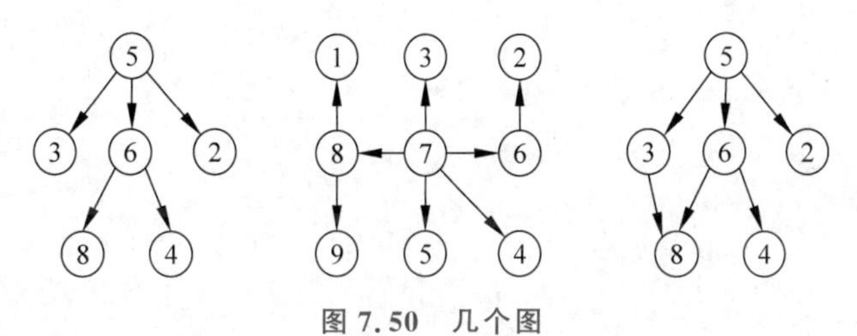

图7.50 几个图

在本问题中给出有向边连接的结点集合，对于每个数据，要确定它是否满足树的定义。

输入格式：输入包含多个测试用例，以一对负整数结束。每个测试用例包含一个边序列，以一对零结束。每个边由一对整数组成，第一个整数表示边的开始结点，第二个整数表示边的终点。结点编号始终大于零。

输出格式：对于每个测试用例，显示“Case k is tree.”或者“Case k is not a tree.”，其中 k 对应测试用例编号(它们从1开始按顺序编号)。

输入样例:

```
6 8  5 3  5 2  6 4
5 6  0 0
8 1  7 3  6 2  8 9  7 5
7 4  7 8  7 6  0 0
3 8  6 8  6 4
5 3  5 6  5 2  0 0
-1 -1
```

输出样例:

```
Case 1 is a tree.
Case 2 is a tree.
Case 3 is not a tree.
```

CHAPTER 8

第8章 图

图形结构简称为图，属于复杂的非线性数据结构。在图中数据元素称为顶点，每个顶点可以有零个或多个前驱顶点，也可以有零个或多个后继顶点，也就是说图中顶点之间是多对多的任意关系。本章主要学习要点如下：

(1) 图的相关概念，包括有向图/无向图、完全图、子图、路径/简单路径、路径长度、回路/简单回路、连通图/连通分量、强连通图/强连通分量、权/网等定义。

(2) 图的各种存储结构，主要包括邻接矩阵和邻接表。

(3) 图的基本运算算法设计。

(4) 图的遍历过程，包括深度优先遍历和广度优先遍历。

(5) 图遍历算法的应用。

(6) 生成树和最小生成树，包含普里姆算法设计和克鲁斯卡尔算法设计。

(7) 求图的最短路径，包括单源最短路径的狄克斯特拉算法设计和多源最短路径的弗洛伊德算法设计。

(8) 拓扑排序过程及其算法设计。

(9) 求关键路径的过程及其算法设计。

(10) 灵活运用图数据结构解决一些综合应用问题。

8.1 图的基本概念

在实际应用中很多问题可以用图来描述，例如城市街道图就是用图来表示地理元素之间的关系。本节介绍图的定义和图的基本术语。

8.1.1 图的定义

无论多么复杂的图都是由顶点和边构成的。采用形式化的定义，图 G (Graph)由两个集合 V(Vertex)和 E(Edge)组成，记为 $G=(V,E)$，其中 V 是顶点的有限集合，记为 $V(G)$，E 是连接 V 中两个不同顶点(顶点对)的边的有限集合，记为 $E(G)$。

抽象数据类型图的定义如下：

ADT Graph
{
数据对象:
　$D=\{a_i \mid 0 \leqslant i \leqslant n-1, n \geqslant 0, a_i$ 为 int 类型$\}$　　　　//a_i 为每个顶点的唯一编号
数据关系:
　$R=\{r\}$
　$r=\{<a_i,a_j> \mid a_i,a_j \in D, 0 \leqslant i \leqslant n-1, 0 \leqslant j \leqslant n-1$，其中 a_i 可以有零个或多个前驱元素，也可以有零个或多个后继元素$\}$
基本运算:
　void CreateGraph():根据相关数据建立一个图。
　void DispGraph():输出一个图。
　…
}

通常用字母或自然数(顶点的编号)来标识图中的顶点，约定用 $i(0 \leqslant i \leqslant n-1)$ 表示第 i 个顶点的编号。$E(G)$表示图 G 中边的集合，它确定了图 G 中数据元素的关系。$E(G)$可以为空集，当 $E(G)$为空集时，图 G 只有顶点没有边。

在图 G 中，如果代表边的顶点对(或序偶)是无序的，则称 G 为**无向图**。在无向图中代表边的无序顶点对通常用圆括号括起来，以表示一条无向边。例如(i,j)表示顶点 i 与顶点 j 的一条无向边，显然，(i,j)和(j,i)所代表的是同一条边。如果表示边的顶点对(或序偶)是有序的，则称 G 为**有向图**。在有向图中代表边的顶点对通常用尖括号括起来，以表示一条有向边(又称为弧)，例如$<i,j>$表示从顶点 i 到 j 的一条边，通常用顶点 i 到 j 的箭头表示，可见有向图中$<i,j>$和$<j,i>$是两条不同的边。

说明：图中的边一般不重复出现，如果允许出现重复边，这样的图称为多重图，例如一个无向图中顶点 1 和 2 之间出现两条或两条以上的边。数据结构课程中讨论的图均指非多重图。

如图 8.1 所示，图 8.1(a)是一个无向图 G_1，其顶点集合 $V(G_1)=\{0,1,2,3,4\}$，边集合 $E(G_1)=\{(1,2),(1,3),(1,0),(2,3),(3,0),(2,4),(3,4),(4,0)\}$。图 8.1(b)是一个有向图 G_2，其顶点集合 $V(G_2)=\{0,1,2,3,4\}$，边集合 $E(G_2)=\{<1,2>,<1,3>,<0,1>,<2,3>,<0,3>,<2,4>,<4,3>,<4,0>\}$。

说明：本章约定，对于有 n 个顶点的图，其顶点编号为 $0 \sim n-1$，用编号 $i(0 \leqslant i \leqslant n-1)$ 来唯一标识一个顶点。

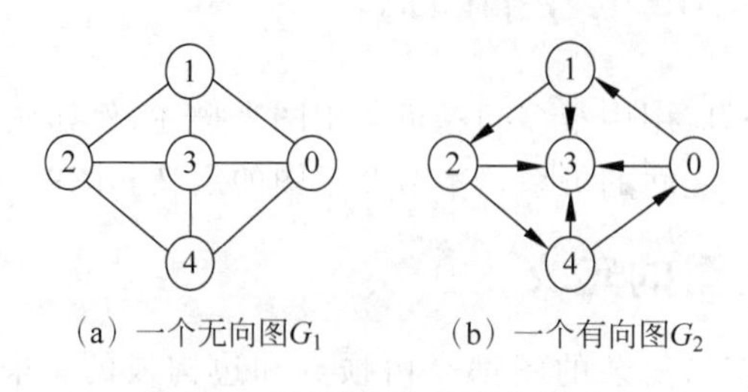

(a) 一个无向图G_1　　(b) 一个有向图G_2

图 8.1　无向图 G_1 和有向图 G_2

8.1.2 图的基本术语

视频讲解

下面讨论有关图的各种基本术语。

1. 端点和邻接点

在一个无向图中，若存在一条边(i,j)，则称顶点 i 和顶点 j 为该边的两个端点，并称它们互为邻接点，即顶点 i 是顶点 j 的一个邻接点，顶点 j 也是顶点 i 的一个邻接点。

在一个有向图中，若存在一条边$<i,j>$，则称此边是顶点 i 的一条出边，同时也是顶点 j 的一条入边，称 i 和 j 分别为此边的**起始端点**(简称为起点)和**终止端点**(简称为终点)，并称顶点 j 是 i 的出**边邻接点**，顶点 i 是 j 的**入边邻接点**。

2. 顶点的度、入度和出度

在无向图中，顶点所关联的边的数目称为该**顶点的度**。在有向图中，顶点 i 的度又分为入度和出度，以顶点 i 为终点的入边的数目称为该顶点的**入度**，以顶点 i 为起点的出边的数目称为该顶点的**出度**。一个顶点的入度与出度的和为该**顶点的度**。

若一个图(无论有向图或无向图)中有 n 个顶点和 e 条边，每个顶点的度为 $d_i(0\leqslant i\leqslant n-1)$，则有

$$e=\frac{1}{2}\sum_{i=0}^{n-1}d_i$$

也就是说，一个图中所有顶点的度之和等于边数的两倍，因为图中每条边分别作为两个邻接点的度各计一次。

【例 8.1】 一个无向图中有 16 条边，度为 4 的顶点有 3 个，度为 3 的顶点有 4 个，其余顶点的度均小于 3，则该图至少有多少个顶点？

解：设该图有 n 个顶点，图中度为 i 的顶点数为 $n_i(0\leqslant i\leqslant 4)$，$n_4=3$，$n_3=4$，要使顶点数最少，该图应是连通的，即 $n_0=0$，$n=n_4+n_3+n_2+n_1+n_0=7+n_2+n_1$，即 $n_2+n_1=n-7$。度之和$=4\times3+3\times4+2\times n_2+n_1=24+2n_2+n_1\leqslant 24+2(n_2+n_1)=24+2\times(n-7)=10+2n$，而度之和$=2e=32$，所以有 $10+2n\geqslant 32$，即 $n\geqslant 11$，即这样的无向图至少有 11 个顶点。

3. 完全图

若无向图中的每两个顶点之间都存在着一条边，有向图中的每两个顶点之间都存在着方向相反的两条边，则称此图为**完全图**。显然，含有 n 个顶点的完全无向图有 $n(n-1)/2$ 条边，含有 n 个顶点的完全有向图包含有 $n(n-1)$ 条边。例如，图 8.2(a)所示的图是一个具有 4 个顶点的完全无向图，共有 6 条边；图 8.2(b)所示的图是一个具有 4 个顶点的完全有向图，共有 12 条边。

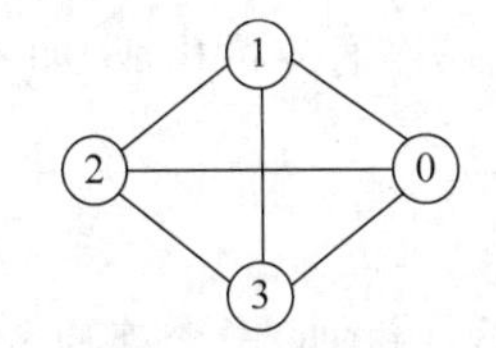

(a) 一个具有4个顶点的完全无向图

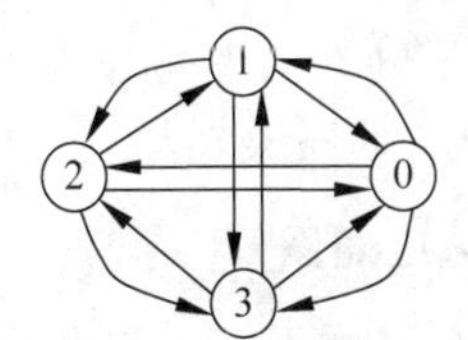

(b) 一个具有4个顶点的完全有向图

图 8.2 两个完全图

4. 稠密图和稀疏图

当一个图接近完全图时称为**稠密图**。相反,当一个图含有较少的边数[即无向图有 $e \ll n(n-1)/2$,有向图有 $e \ll n(n-1)$]时称为**稀疏图**。

5. 子图

设有两个图 $G=(V,E)$ 和 $G'=(V',E')$,若 V' 是 V 的子集,即 $V' \subseteq V$,且 E' 是 E 的子集,即 $E' \subseteq E$,则称 G' 是 G 的子图。

说明:图 G 的子图 G' 一定是一个图,所以并非 V 的任何子集 V'' 和 E 的任何子集 E'' 都能构成 G 的子图,因为这样的 (V'',E'') 并不一定构成一个图。

6. 路径和路径长度

在一个图 $G=(V,E)$ 中,从顶点 i 到顶点 j 的一条**路径**是一个顶点序列 $(i,i_1,i_2,\cdots,i_m,j)$,若此图 G 是无向图,则边 (i,i_1)、(i_1,i_2)、……、(i_{m-1},i_m)、(i_m,j) 属于 $E(G)$;若此图是有向图,则 $<i,i_1>$、$<i_1,i_2>$、……、$<i_{m-1},i_m>$、$<i_m,j>$ 属于 $E(G)$。**路径长度**是指一条路径上经过的边的数目。若一条路径上除开始点和结束点可以相同外,其余顶点均不相同,则称此路径为**简单路径**。例如,在图 8.2(b)中(0,2,1)就是一条简单路径,其长度为 2。

7. 回路或环

若一条路径上的开始点与结束点为同一个顶点,则此路径被称为**回路**或**环**。开始点与结束点相同的简单路径被称为**简单回路**或**简单环**。例如,在图 8.2(b)中(0,2,1,0)就是一条简单回路,其长度为 3。

8. 连通、连通图和连通分量

在无向图 G 中,若从顶点 i 到顶点 j 有路径,则称顶点 i 和顶点 j 是**连通的**。若图 G 中任意两个顶点都连通,则称 G 为**连通图**,否则称为**非连通图**。无向图 G 中的极大连通子图称为 G 的**连通分量**。显然,任何连通图的连通分量只有一个,即本身,而非连通图有多个连通分量。

如图 8.3 所示的无向图是非连通图,由两个连通分量构成,对应的顶点集分别是{0,1,2,3}和{4}。

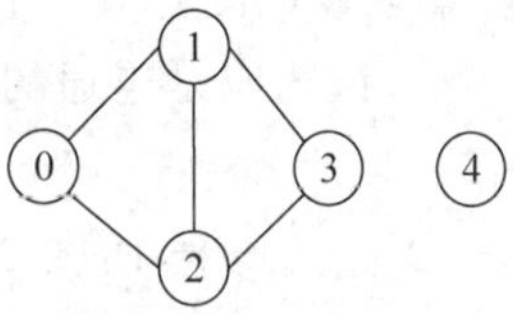

图 8.3　一个无向图 G

9. 强连通图和强连通分量

在有向图 G 中,若从顶点 i 到顶点 j 有路径,则称从顶点 i 到顶点 j 是**连通的**。若图 G 中的任意两个顶点 i 和 j 都连通,即从顶点 i 到顶点 j 和从顶点 j 到顶点 i 都存在路径,则称图 G 是**强连通图**。有向图 G 中的极大强连通子图称为 G 的**强连通分量**。显然,强连通图只有一个强连通分量,即本身,非强连通图有多个强连通分量。一般单个顶点自身就是一个强连通分量。

如图 8.4(a)所示的有向图是非强连通图,由两个强连通分量构成,如图 8.4(b)所示,对应的顶点集分别是{0,1,2,3}和{4}。

10. 关结点和重连通图

假如在删除图 G 中的顶点 i 以及相关联的各边后,将图的一个连通分量分割成两个或多个连通分量,则称顶点 i 为该图的**关结点**。一个没有关结点的连通图称为**重连通图**。

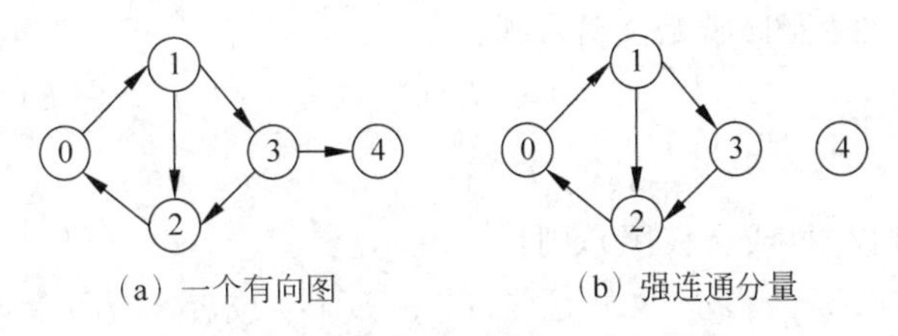

图 8.4　一个有向图及其强连通分量

11. 权和网

图中的每一条边都可以附有一个对应的数值，这种与边相关的数值称为**权**。权可以表示从一个顶点到另一个顶点的距离或花费的代价。边上带有权的图称为**带权图**，也称作**网**。例如，图 8.5 是一个带权有向图。

【**例 8.2**】 n 个顶点的强连通图至少有多少条边？这样的有向图是什么形状？

解：根据强连通图的定义可知，图中的任意两个顶点 i 和 j 都连通，即从顶点 i 到顶点 j 和从顶点 j 到顶点 i 都存在路径。这样每个顶点的度 $d_i \geqslant 2$，设图中总的边数为 e，有：

$$e = \frac{1}{2}\sum_{i=0}^{n-1} d_i \geqslant \frac{1}{2}\sum_{i=0}^{n-1} 2 = n$$

即 $e \geqslant n$。因此 n 个顶点的强连通图至少有 n 条边，刚好只有 n 条边的强连通图是环形的，即顶点 0 到顶点 1 有一条有向边，顶点 1 到顶点 2 有一条有向边，……，顶点 $n-1$ 到顶点 0 有一条有向边，如图 8.6 所示。

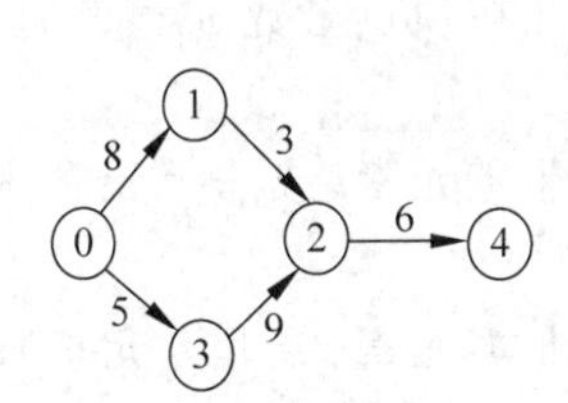

图 8.5　带权有向图 G_3

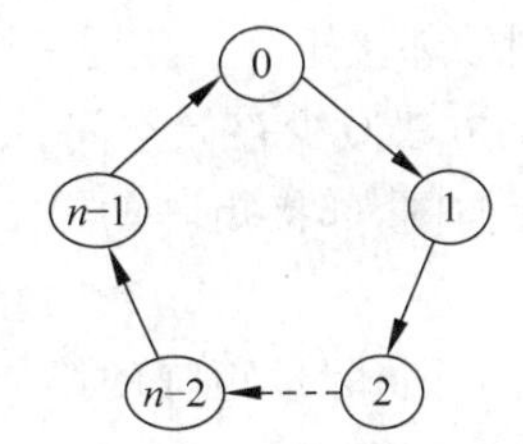

图 8.6　具有 n 个顶点、n 条边的强连通图

8.2　图的存储结构

图的存储结构除了要存储图中各个顶点本身的信息外，同时还要存储顶点与顶点之间的所有关系（边的信息）。常用的图的存储结构主要有邻接矩阵和邻接表，还可以演变出逆邻接表、十字链表和邻接多重表等。

8.2.1　邻接矩阵

视频讲解

1. 邻接矩阵存储方法

邻接矩阵是表示顶点之间邻接关系的矩阵。设 $G=(V,E)$ 是含有 n（设 $n>0$）个顶点的图，各顶点的编号为 $0 \sim n-1$，则 G 的邻接矩阵数组 $\boldsymbol{A}$ 是 n 阶方阵，其定义如下。

(1) 如果 G 是不带权图(或无权图),则:

$$A[i][j]=\begin{cases}1 & (i,j)\in E(G)\text{ 或者 }<i,j>\in E(G)\\ 0 & \text{其他}\end{cases}$$

(2) 如果 G 是带权图(或有权图),则:

$$A[i][j]=\begin{cases}w_{ij} & i\neq j\text{ 并且}(i,j)\in E(G)\text{ 或者 }<i,j>\in E(G)\\ 0 & i=j\\ \infty & \text{其他}\end{cases}$$

例如,图 8.1(a)所示的无向图 G_1、图 8.1(b)所示的有向图 G_2 和图 8.5 中的带权有向图 G_3 分别对应的邻接矩阵 $\boldsymbol{A}_1$、$\boldsymbol{A}_2$ 和 $\boldsymbol{A}_3$ 如图 8.7 所示。

$$\boldsymbol{A}_1=\begin{bmatrix}0&1&0&1&1\\1&0&1&1&0\\0&1&0&1&1\\1&1&1&0&1\\1&0&1&1&0\end{bmatrix}\quad \boldsymbol{A}_2=\begin{bmatrix}0&1&0&1&0\\0&0&1&1&0\\0&0&0&1&1\\0&0&0&0&0\\1&0&0&1&0\end{bmatrix}\quad \boldsymbol{A}_3=\begin{bmatrix}0&8&\infty&5&\infty\\\infty&0&3&\infty&\infty\\\infty&\infty&0&\infty&6\\\infty&\infty&9&0&\infty\\\infty&\infty&\infty&\infty&0\end{bmatrix}$$

图 8.7　3 个邻接矩阵

邻接矩阵的特点如下:

(1) 图的邻接矩阵表示是唯一的。

(2) 对于含有 n 个顶点的图,在采用邻接矩阵存储时,无论是有向图还是无向图,也无论边的数目是多少,其存储空间均为 $O(n^2)$,所以邻接矩阵适合于存储边数较多的稠密图。

(3) 无向图的邻接矩阵一定是一个对称矩阵,因此在顶点个数 n 很大时可以采用对称矩阵的压缩存储方法减少存储空间。

(4) 对于无向图,邻接矩阵的第 i 行(或第 i 列)非零元素(或非∞元素)的个数正好是顶点 i 的度。

(5) 对于有向图,邻接矩阵的第 i 行(或第 i 列)非零元素(或非∞元素)的个数正好是顶点 i 的出度(或入度)。

(6) 在用邻接矩阵存储图时,确定任意两个顶点之间是否有边相连的时间为 $O(1)$。

设计图的邻接矩阵类 MatGraphClass 如下:

```
public class MatGraphClass                      //图的邻接矩阵类
{  final int MAXV=100;                          //表示最多顶点个数
   final int INF=0x3f3f3f3f;                    //表示∞
   int[][] edges;                               //邻接矩阵数组,假设元素为int类型
   int n,e;                                     //顶点数和边数
   String[] vexs;                               //存放顶点信息
   public MatGraphClass()                       //构造方法
   {   edges=new int[MAXV][MAXV];
       vexs=new String[MAXV];
   }
   //图的基本运算算法
}
```

说明:INF 表示∞,对于 int 类型,INF 置为 0x3f3f3f3f 而不是 Integer. INT_VALUE(最大 int 类型取值),原因是图算法中会出现 INF+INF 的情况,如果 INF 取值 Integer

. INT_VALUE，则会出现溢出，导致 INF+INF<0 的情况发生。

2. 图基本运算在邻接矩阵中的实现

图的主要基本运算算法包括创建图的邻接矩阵和输出图。

1）创建图的邻接矩阵

这里假设给定图的邻接矩阵数组 a、顶点数 n 和边数 e 来建立图的邻接矩阵存储结构（由于邻接矩阵数组中确定了图类型，这样不带权和带权图、有向图和无向图的处理是相同的）。对应的算法（包括在 MatGraphClass 类中）如下：

```
public void CreateMatGraph(int[][] a,int n,int e)          //建立图的邻接矩阵
{ this.n=n; this.e=e;                                      //设置顶点数和边数
  for(int i=0;i<n;i++)
  {  edges[i]=new int[n];
     for(int j=0;j<n;j++) edges[i][j]=a[i][j];
  }
}
```

2）输出图

输出图的邻接矩阵数组。对应的算法如下：

```
public void DispMatGraph()                                 //输出图
{ for(int i=0;i<n;i++)
  {  for(int j=0;j<n;j++)
        if(edges[i][j]==INF) System.out.printf("%4s","∞");
        else System.out.printf("%5d",edges[i][j]);
     System.out.println();
  }
}
```

【例 8.3】 一个含有 n 个顶点、e 条边的图采用邻接矩阵 g 存储，设计以下算法：

(1) 该图为无向图，求其中顶点 v 的度。

(2) 该图为有向图，求该图中顶点 v 的出度和入度。

视频讲解

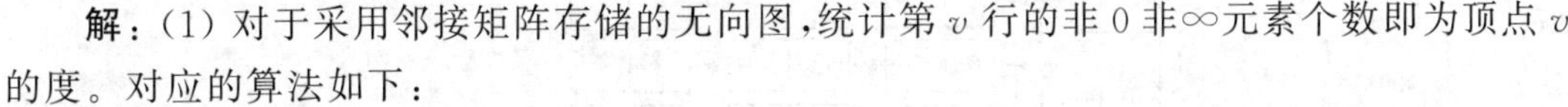

解：(1) 对于采用邻接矩阵存储的无向图，统计第 v 行的非 0 非∞元素个数即为顶点 v 的度。对应的算法如下：

```
public static int Degree1(MatGraphClass g,int v)           //在无向图邻接矩阵中求顶点 v 的度
{ int d=0;
  for(int j=0;j<g.n;j++)                                   //统计第 v 行的非 0 非∞元素个数
     if(g.edges[v][j]!=0 && g.edges[v][j]!=g.INF)
        d++;
  return d;
}
```

(2) 对于采用邻接矩阵存储的有向图，统计第 v 行的非 0 非∞元素个数即为顶点 v 的出度，统计第 v 列的非 0 非∞元素个数即为顶点 v 的入度。对应的算法如下：

```
public static int[] Degree2(MatGraphClass g,int v)      //在有向图邻接矩阵中求顶点 v 的出度和入度
{ int[] ans=new int[2];
  ans[0]=0;                                               //累计出度
  for(int j=0;j<g.n;j++)                                  //统计第 v 行的非 0 非∞元素个数即为出度
```

```
        if(g.edges[v][j]!=0 && g.edges[v][j]!=g.INF)
            ans[0]++;
    ans[1]=0;                                          //累计入度
    for(int i=0;i<g.n;i++)                             //统计第 v 列的非 0 非∞元素个数即为入度
        if(g.edges[i][v]!=0 && g.edges[i][v]!=g.INF)
            ans[1]++;;
    return ans;                                        //返回出度和入度
}
```

视频讲解

8.2.2 邻接表

1. 邻接表存储方法

图的邻接表存储方法是一种顺序分配与链式分配相结合的存储方法。在表示含 n 个顶点的图的邻接表中,每个顶点建立一个单链表,第 $i(0\leqslant i\leqslant n-1)$个单链表中的结点表示依附于顶点 i 的边(有向图是顶点 i 出边)。每个单链表上附设一个表头结点,将所有表头结点构成一个头结点数组。边结点和头结点的结构如图 8.8 所示。

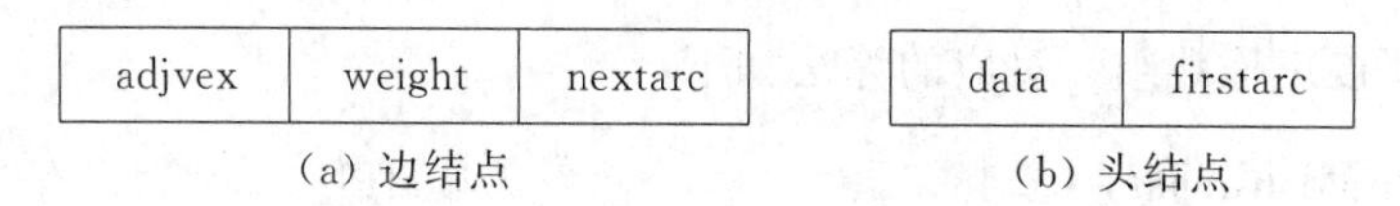

图 8.8 边结点和头结点的结构

其中,边结点通常由 3 个成员变量组成,adjvex 表示与顶点 i 邻接的顶点编号,weight 存储与边相关的信息,例如权值等,nextarc 表示下一条边的结点。头结点通常由两个成员变量组成,data 存储顶点 i 的名称或其他信息,firstarc 指向顶点 i 的单链表中的第一个边结点。

例如,图 8.1(a)中的无向图 G_1、图 8.1(b)中的有向图 G_2 和图 8.5 中的带权有向图 G_3 对应的邻接表分别如图 8.9(a)~图 8.9(c)所示。

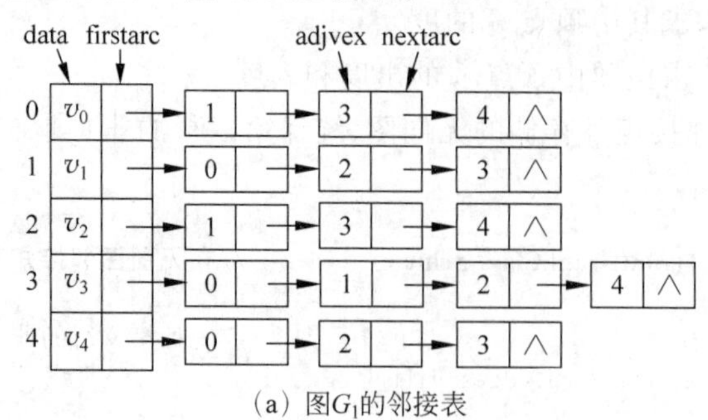

(a) 图G_1的邻接表

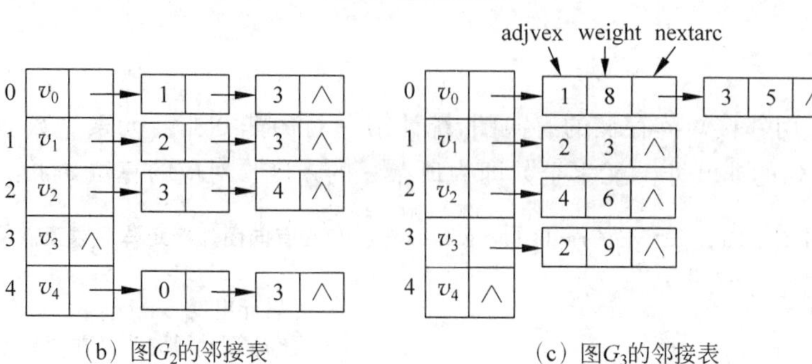

(b) 图G_2的邻接表　　(c) 图G_3的邻接表

图 8.9 3 个邻接表

提示：对于不带权的图，假设边的权值均为 1，在邻接表的边结点中通常不画出 weight(权值)部分。对于有向图，在邻接表的边结点中必须画出 weight 部分标识相应边的权值。

邻接表的特点如下：

(1) 邻接表的表示不唯一。这是因为在每个顶点对应的单链表中，各边结点的链接次序可以是任意的，取决于建立邻接表的算法以及边的输入次序。

(2) 对于有 n 个顶点和 e 条边的无向图，其邻接表有 n 个表头结点和 $2e$ 个边结点；对于有 n 个顶点和 e 条边的有向图，其邻接表有 n 个表头结点和 e 个边结点。显然，对于边数目较少的稀疏图，用邻接表比用邻接矩阵要节省空间。

(3) 对于无向图，顶点 $i(0 \leqslant i \leqslant n-1)$ 对应的单链表的边结点个数正好是顶点 i 的度。

(4) 对于有向图，顶点 $i(0 \leqslant i \leqslant n-1)$ 对应的单链表的边结点个数仅仅是顶点 i 的出度。顶点 i 的入度是邻接表中所有 adjvex 值为 i 的边结点个数。

(5) 在用邻接表存储图时，确定任意两个顶点之间是否有边相连的时间为 $O(m)$（m 为最大顶点出度，$m<n$）。

设计图的邻接表存储类 AdjGraphClass 如下：

```
class ArcNode                                    //边结点类
{  int adjvex;                                   //该边的终点编号
   ArcNode nextarc;                              //指向下一条边的指针
   int weight;                                   //该边的相关信息，例如边的权值
}
class VNode                                      //头结点类
{  String[] data;                                //顶点信息
   ArcNode firstarc;                             //指向第一条边的邻接顶点
}
public class AdjGraphClass                       //图邻接表类
{  final int MAXV=100;                           //表示最多顶点个数
   final int INF=0x3f3f3f3f;                     //表示∞
   VNode[] adjlist;                              //邻接表头数组
   int n,e;                                      //图中的顶点数 n 和边数 e
   public AdjGraphClass()                        //构造方法
   {   adjlist=new VNode[MAXV];
       for(int i=0;i<MAXV;i++)
           adjlist[i]=new VNode();
   }
   //图的基本运算算法
}
```

由于在有向图的邻接表中 adjlist[i]的单链表只存放了顶点 i 的出边，所以不易找到顶点 i 的入边，为此可以设计有向图的逆邻接表。所谓逆邻接表，就是在有向图的邻接表中将 adjlist[i]的单链表的出边改为入边。例如，在有向图 G 中有边$<1,3>$、$<2,3>$、$<4,3>$，顶点 3 的入边顶点是 1、2 和 4，则 adjlist[3]的单链表改为包含 1、2 和 4 的边结点。

例如，图 8.1(b)中的有向图 G_2 和图 8.5 中的带权有向图 G_3 对应的逆邻接表分别如图 8.10(a)和图 8.10(b)所示。

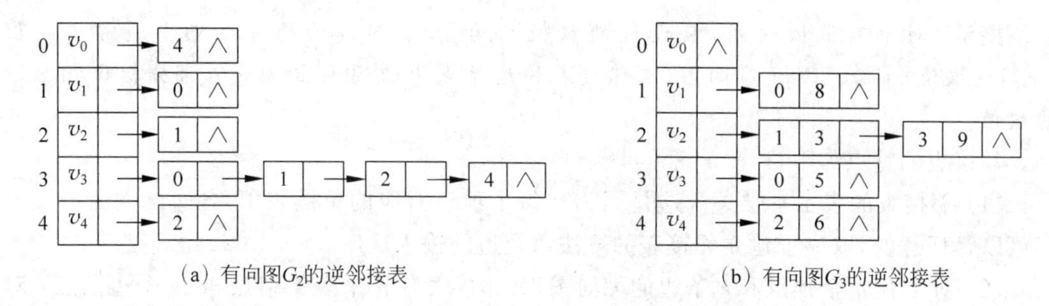

(a) 有向图G_2的逆邻接表　　(b) 有向图G_3的逆邻接表

图 8.10　两个逆邻接表

2. 图基本运算在邻接表中的实现

1) 创建图的邻接表

这里假设给定图的邻接矩阵数组 a、顶点数 n 和边数 e 来建立图的邻接表存储结构。其过程是先将头结点数组 adjlist 的所有元素的 firstarc 成员变量设置为空,再按行序优先遍历 a 数组,若 $a[i][j]$是非 0 非∞元素,表示存在一条从顶点 i 到顶点 j 的边,新建一个边结点 p 存放该边的信息,采用头插法将其插入 adjlist[i]单链表的开头。对应的算法(包括在 AdjGraphClass 类中)如下:

```
public void CreateAdjGraph(int[][] a, int n, int e)        //通过 a、n 和 e 建立图的邻接表
{ this.n=n; this.e=e;                                       //置顶点数和边数
  ArcNode p;
  for(int i=0;i<n;i++)                                      //将邻接表中所有头结点的指针置初值
     adjlist[i].firstarc=null;
  for(int i=0;i<n;i++)                                      //检查边数组 a 中的每个元素
     for(int j=n-1;j>=0;j--)
        if(a[i][j]!=0 && a[i][j]!=INF)                      //存在一条边
        {  p=new ArcNode();                                 //创建一个边结点 p
           p.adjvex=j; p.weight=a[i][j];
           p.nextarc=adjlist[i].firstarc;                   //采用头插法插入 p
           adjlist[i].firstarc=p;
        }
}
```

2) 输出图

输出图的邻接表的算法如下:

```
public void DispAdjGraph()                                  //输出图的邻接表
{ ArcNode p;
  for(int i=0;i<n;i++)
  {  System.out.printf("  [%d]",i);
     p=adjlist[i].firstarc;                                 //p 指向第一个邻接点
     while(p!=null)
     {  System.out.printf("->(%d,%d)",p.adjvex,p.weight);
        p=p.nextarc;                                        //p 移向下一个邻接点
     }
     System.out.println("->∧");
  }
}
```

思考题：图的两种存储结构(即邻接矩阵和邻接表)分别适合什么场合的算法设计？

【例 8.4】 一个含有 n 个顶点、e 条边的图采用邻接表存储，设计以下算法：

(1) 该图为无向图，求其中顶点 v 的度。

(2) 该图为有向图，求该图中顶点 v 的出度和入度。

视频讲解

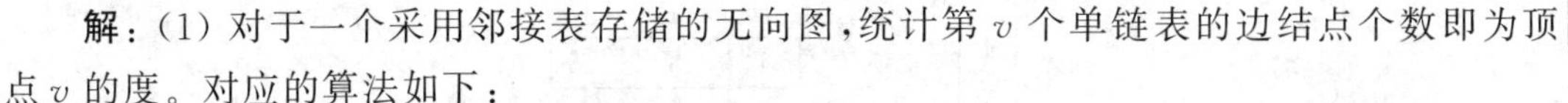

解：(1) 对于一个采用邻接表存储的无向图，统计第 v 个单链表的边结点个数即为顶点 v 的度。对应的算法如下：

```
public static int Degree1(AdjGraphClass G, int v)          //在无向图邻接表中求顶点 v 的度
{ int d=0;
  ArcNode p;
  p=G.adjlist[v].firstarc;
  while(p!=null)
  {  d++;
     p=p.nextarc;
  }
  return d;
}
```

(2) 对于一个采用邻接表存储的有向图，统计第 v 个单链表的边结点个数即为顶点 v 的出度，统计所有 adjvex 为 v 的边结点个数即为顶点 v 的入度。对应的算法如下：

```
public static int[] Degree2(AdjGraphClass G, int v)        //在有向图邻接表中求顶点 v 的出度和入度
{ int[] ans=new int[2];
  ArcNode p;
  ans[0]=0;                                               //累计出度
  p=G.adjlist[v].firstarc;
  while(p!=null)                                          //统计第 v 个单链表中的边结点个数
  {  ans[0]++;
     p=p.nextarc;
  }
  ans[1]=0;                                               //累计入度
  for(int i=0;i<G.n;i++)                                  //遍历所有的头结点
  {  p=G.adjlist[i].firstarc;                             //遍历第 i 个单链表
     while(p!=null)
     {  if(p.adjvex==v)
        {  ans[1]++;
           break;                                         //每个单链表中最多只有一个这样的边结点
        }
        else p=p.nextarc;
     }
  }
  return ans;                                             //返回出度和入度
}
```

3. 简化的邻接表

视频讲解

在线编程中常常采用简化的邻接表，即直接用数组表示，头结点数组为 head，边结点数组 edge 为 ENode 类型，该类型包含 v、w 和 next 成员变量，其中 head[i]表示顶点 i 的单链表(head[i]=−1 表示顶点 i 没有出边)。edge 数组包含所有边，若 head[i]指向边结点

$(v_1,w_1,next_1)$，而 $next_1$ 指向 $(v_2,w_2,-1)$，表示顶点 i 有两条出边为 $<i,v_1,w_1>$ 和 $<i,v_2,w_2>$(next=−1 表示没有其他出边)。图 8.5 中的带权有向图 G_3 对应的简化邻接表如图 8.11 所示。

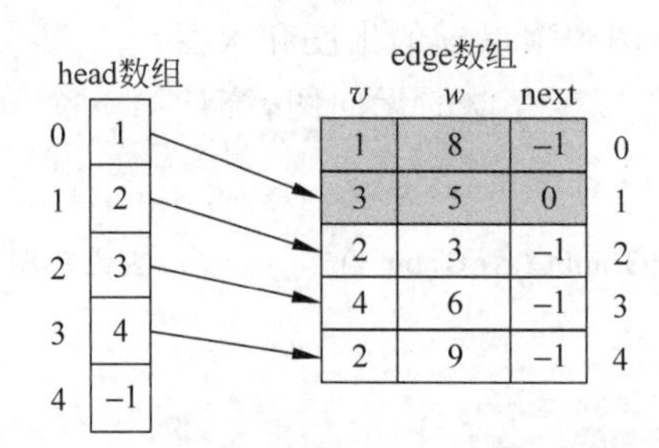

图 8.11　带权有向图 G_1 的简化邻接表

在简化邻接表中实现创建邻接表和输出邻接表的 AdjGraphClass1 类如下：

```
class ENode                                              //边结点类
{  int v;                                                //邻接点
   int w;                                                //边权值
   int next;                                             //下一条边
   public ENode(int v,int w)                             //构造方法
   {  this.v=v;
      this.w=w;
   }
}
public class AdjGraphClass1                              //图的简化邻接表类
{  final int MAXV=100;                                   //表示最多顶点个数
   final int MAXE=300;                                   //表示最多边数
   final int INF=0x3f3f3f3f;                             //表示∞
   int[] head;                                           //邻接表头结点数组
   ENode [] edge;                                        //边结点数组
   int n,e;                                              //图中的顶点数 n 和边数 e
   int toll;                                             //边数组下标
   public AdjGraphClass1()                               //构造方法
   {  head=new int[MAXV];                                //创建头结点数组
      Arrays.fill(head,-1);                              //head 的所有元素初始化为-1
      edge=new ENode[MAXE];                              //创建边结点数组
      toll=0;                                            //edge 数组的下标从 0 开始
   }
   public void addEdge(int u,int v,int w)                //图中增加边<u,v,w>
   {  edge[toll]=new ENode(v,w);
         edge[toll].next=head[u];
         head[u]=toll++;
   }
   public void CreateAdjGraph(int[][] a)                 //通过边数组 a 建立图的简化邻接表
   {  n=a.length; e=0;                                   //初始化顶点数和边数
      for(int i=0;i<n;i++)                               //检查边数组 a 中的每个元素
      {  for(int j=1;j<n;j++)
            if(a[i][j]!=0 && a[i][j]!=INF)               //存在一条边
            {  addEdge(i,j,a[i][j]);
```

```
                e++;                                    //边数增1
            }
        }
    }
    public void DispAdjGraph()                          //输出图的邻接表
    {   for(int i=0;i<n;i++)
        {   System.out.printf("  [%d]",i);
            for (int e=head[i];e!=-1; e=edge[e].next)
                System.out.printf("->(%d,%d)",edge[e].v,edge[e].w);
            System.out.println("->∧");
        }
    }
}
```

8.3 图的遍历

和树遍历一样，也存在图遍历，所不同的是树中有一个特殊的结点，即根结点，树的遍历总要参照根结点，而图中没有特殊的顶点，可以从任何顶点出发进行遍历。本节主要讨论图的两种遍历算法及其应用。

8.3.1 图遍历的概念

视频讲解

从给定图中任意指定的顶点(称为初始点)出发，按照某种搜索方法沿着图的边访问图中的所有顶点，使每个顶点仅被访问一次，这个过程称为**图遍历**。如果给定图是连通的无向图或者是强连通的有向图，则遍历一次就能完成，并可按访问的先后顺序得到由该图的所有顶点组成的一个序列。

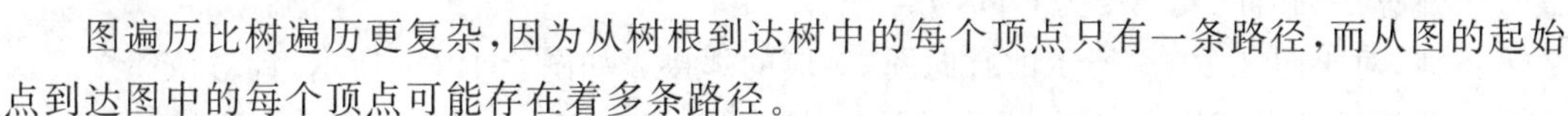

图遍历比树遍历更复杂，因为从树根到达树中的每个顶点只有一条路径，而从图的起始点到达图中的每个顶点可能存在着多条路径。

说明：为了避免同一个顶点被重复访问，用户必须记住访问过的顶点。为此可设置一个访问标识数组 visited，初始时所有元素置为 0，当顶点 i 访问过时，该数组元素 visited[i]置为 1。

根据遍历方式的不同，图的遍历方法有两种，一种是深度优先遍历(DFS)方法，另一种是广度优先遍历(BFS)方法。

8.3.2 深度优先遍历

深度优先遍历的过程是从图中某个起始点 v 出发，首先访问初始顶点 v，然后选择一个与顶点 v 邻接且没被访问过的顶点 w 为初始顶点，再从 w 出发进行深度优先搜索，直到图中与当前顶点 v 邻接的所有顶点都被访问过为止。

从中看出，深度优先遍历是一个递归过程，每次都以当前顶点的一个未访问过的邻接点进行深度优先遍历。因此采用递归算法实现非常直观。

图采用邻接表为存储结构，其深度优先遍历算法如下(其中，v 是起始点编号，visited 是类成员数组)：

```
public static void DFS(AdjGraphClass G, int v)          //邻接表 G 中顶点 v 出发深度优先遍历
{ int w;
  ArcNode p;
  System.out.print(v+" ");                              //访问顶点 v
  visited[v]=1;                                         //置已访问标记
  p=G.adjlist[v].firstarc;                              //p 指向顶点 v 的第一个邻接点
  while(p!=null)
  {  w=p.adjvex;
     if(visited[w]==0)
        DFS(G, w);                                      //若 w 顶点未访问,递归访问它
     p=p.nextarc;                                       //p 置为下一个邻接点
  }
}
```

从上述算法看出,在遍历中对图中的每个顶点最多访问一次,所以算法的时间复杂度为 $O(n+e)$。需要注意的是同一个图可能对应不同的邻接表,而不同的邻接表得到的 DFS 序列可能不同。

以邻接矩阵为存储结构的图深度优先遍历算法如下(其中,v 是起始点编号,visited 是类成员数组):

```
public static void DFS(MatGraphClass g, int v)          //邻接矩阵 g 中顶点 v 出发深度优先遍历
{ System.out.print(v+" ");                              //访问顶点 v
  visited[v]=1;                                         //置已访问标记
  for (int w=0;w<g.n;w++)
  {  if (g.edges[v][w]!=0 && g.edges[v][w]!=g.INF)
     {  if (visited[w]==0)                              //存在边<v,w>并且 w 没有访问过
           DFS(g, w);                                   //若 w 顶点未访问,递归访问它
     }
  }
}
```

上述算法的时间复杂度为 $O(n^2)$。

例如,对于图 8.12(a)所示的有向图,对应的邻接表如图 8.12(b)所示,针对该邻接表从顶点 0 开始进行深度优先遍历,得到的访问序列是 0 1 5 2 3 4。其遍历过程如图 8.13 所示,图中实线表示查找顶点(对应的边为前向边),虚线表示返回(返回方式是原路返回,如图中访问顶点之后,从顶点 2 找到一个邻接点 3,访问顶点 3,顶点 3 没有邻接点,则从顶点 3 回退到顶点 2,再从顶点 2 找到邻接顶点 4),顶点旁与实线相交的粗棒表示访问点。

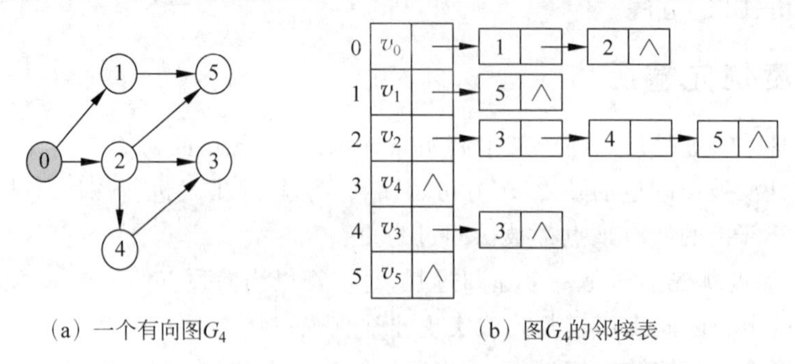

(a) 一个有向图G_4　　(b) 图G_4的邻接表

图 8.12　一个有向图 G_4 和对应的邻接表

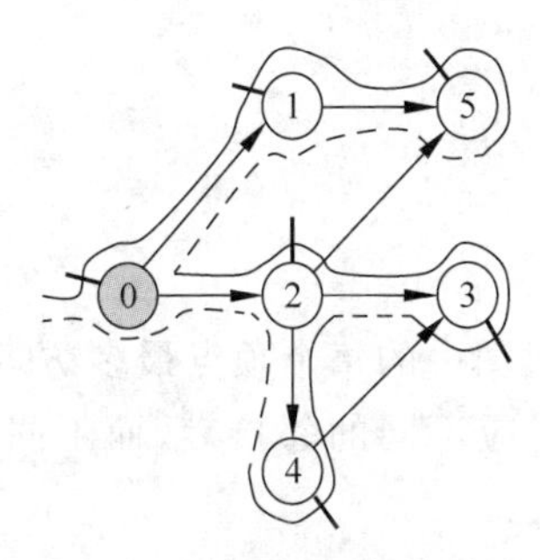

图 8.13 从顶点 0 出发的深度优先遍历过程

从中看出，在深度优先遍历中，起始点为 v，考虑 v 到图中顶点 u 的最短路径长度，则最短路径长度越大的顶点越优先访问。实际上在遍历中产生以 v 为根的搜索子树（若搜索到边 $<v,w>$ 并且 w 是首次访问，则 $<v,w>$ 构成该子树的树边），对该子树进行先根遍历得到深度优先遍历序列。

8.3.3 广度优先遍历

广度优先遍历的过程是首先访问起始点 v，接着访问顶点 v 的所有未被访问过的邻接点 v_1、v_2、……、v_t，然后再按照 v_1、v_2、……、v_t 的次序访问每一个顶点的所有未被访问过的邻接点，以此类推，直到图中所有和初始点 v 有路径相通的顶点或者图中所有已访问顶点的邻接点都被访问过为止。

广度优先遍历类似于树的层次遍历，即按树的深度来遍历，先访问深度为 1 的结点，再访问深度为 2 的结点，以此类推。对于图是按起始点为 v，由近至远，依次访问和 v 有路径相通且路径长度为 1、2……的顶点的过程。

由于广度优先遍历图中访问顶点的次序是“先访问的顶点的邻接点”先于“后访问的顶点的邻接点”，所以需要使用一个队列。

图采用邻接表为存储结构，其广度优先遍历算法如下（其中，v 是起始点编号，visited 是类成员数组，可以改为局部数组）：

```
public static void BFS(AdjGraphClass G, int v)             //邻接表 G 中顶点 v 出发广度优先遍历
{ ArcNode p;
  int w;
  Queue<Integer> qu=new LinkedList<Integer>();             //定义一个队列
  System.out.print(v+" ");                                 //访问顶点 v
  visited[v]=1;                                            //置已访问标记
  qu.offer(v);                                             //v 进队
  while(!qu.isEmpty())                                     //队列不空循环
  {  v=qu.poll();                                          //出队顶点 v
     p=G.adjlist[v].firstarc;                              //找顶点 v 的第一个邻接点
     while(p!=null)
     {  w=p.adjvex;
        if(visited[w]==0)                                  //若 v 的邻接点 w 未访问
        {  System.out.print(w+" ");                        //访问顶点 w
           visited[w]=1;                                   //置已访问标记
           qu.offer(w);                                    //w 进队
```

```
            }
            p=p.nextarc;                                    //找下一个邻接点
        }
    }
}
```

从上述算法看出,在遍历中对图中的每个顶点最多访问一次,所以算法的时间复杂度为 $O(n+e)$。同样,同一个图可能对应不同的邻接表,而不同的邻接表得到的 BFS 序列可能不同。

以邻接矩阵为存储结构的图广度优先遍历算法如下(其中,v 是起始点编号,visited 是类成员数组,可以改为局部数组):

```
public static void BFS(MatGraphClass g, int v)          //邻接矩阵 g 中顶点 v 出发广度优先遍历
{ Queue<Integer> qu=new LinkedList<Integer>();          //定义一个队列
  System.out.print(v+" ");                               //访问顶点 v
  visited[v]=1;                                          //置已访问标记
  qu.offer(v);                                           //v 进队
  while(!qu.isEmpty())                                   //队列不空循环
  {   v=qu.poll();                                       //出队顶点 v
      for(int w=0;w<g.n;w++)
      {   if(g.edges[v][w]!=0 && g.edges[v][w]!=g.INF)
          {   if(visited[w]==0)                          //存在边<v,w>并且 w 未访问
              {   System.out.print(w+" ");               //访问顶点 w
                  visited[w]=1;                          //置已访问标记
                  qu.offer(w);                           //w 进队
              }
          }
      }
  }
}
```

上述算法的时间复杂度为 $O(n^2)$。

例如,对于如图 8.12(b)所示的邻接表,针对该邻接表从顶点 0 开始进行广度优先遍历,得到的访问序列是 0 1 2 5 3 4。其遍历过程如图 8.14 所示,顶点旁与实线相交的粗棒表示访问点。

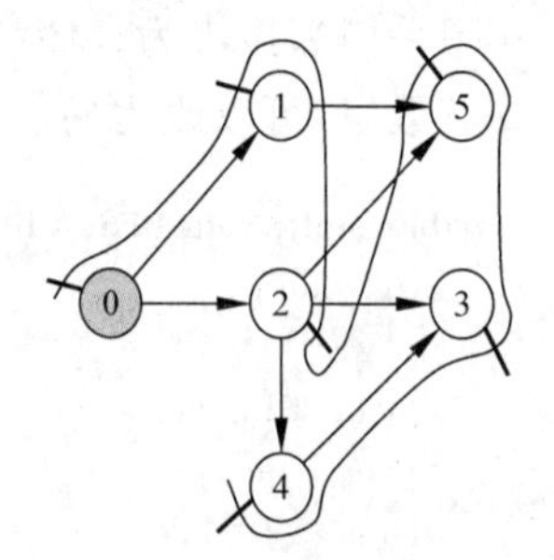

图 8.14 从顶点 0 出发的广度优先遍历过程

从中看出,在广度优先遍历中,起始点为 v,考虑 v 到图中顶点 u 的最短路径长度,则最短路径长度越小的顶点越优先访问。实际上在遍历中产生以 v 为根的搜索子树(若搜索到边 <v,w>并且 w 是首次访问,则<v,w>构成该子树的树边),对该子树进行层次遍历得到广度优先遍历序列。

视频讲解

8.3.4 非连通图的遍历

上面讨论的两种图遍历方法,对于无向图来说,若是连通图,则一次遍历能够访问到图中的所有顶点;若是非连通图,则只能访问到起始点所在连通分量中的所有顶点,其他连通分量中的顶点是不可能访问到的,为此需要从其他每个连通分量中选择起始点分别进行遍

历，这样才能够访问到图中的所有顶点。

对于有向图来说，若从起始点到图中的其他每个顶点都有路径，则能够访问到图中的所有顶点；否则不能访问到所有顶点，为此同样需要再选起始点，继续进行遍历，直到图中的所有顶点都被访问过为止。

非连通图采用邻接表存储结构，其深度优先遍历算法如下：

```
public static void DFSA(AdjGraphClass G)            //非连通图的DFS
{ Arrays.fill(visited,0);                            //visited数组元素均置为0
  for(int i=0;i<G.n;i++)
      if(visited[i]==0)                              //若顶点i没有访问过
          DFS(G,i);                                  //从顶点i出发深度优先遍历
}
```

非连通图采用邻接表存储结构，其广度优先遍历算法如下：

```
public static void BFSA(AdjGraphClass G)            //非连通图的BFS
{ Arrays.fill(visited,0);                            //visited数组元素均置为0
  for(int i=0;i<G.n;i++)
      if(visited[i]==0)                              //若顶点i没有访问过
          BFS(G,i);                                  //从顶点i出发广度优先遍历
}
```

【例8.5】 假设图采用邻接表存储，设计一个算法判断一个无向图是否为连通图。若是连通图，则返回true，否则返回false。

解：采用遍历方式判断无向图是否连通。先将visited数组元素均置初值0，然后从顶点0开始遍历该图(深度优先和广度优先均可)。在一次遍历之后，若所有顶点i的visited[i]均为1，则该图是连通的，否则不连通。采用深度优先遍历的算法如下：

```
public static void DFS1(AdjGraphClass G,int v)      //图G从v出发的深度优先遍历
{ int w;
  ArcNode p;
  visited[v]=1;                                      //置已访问标记
  p=G.adjlist[v].firstarc;                           //p指向顶点v的第一个邻接点
  while(p!=null)
  {   w=p.adjvex;
      if(visited[w]==0)
          DFS1(G,w);                                 //若w顶点未访问，递归访问它
      p=p.nextarc;                                   //p置为下一个邻接点
  }
}
public static boolean Connect(AdjGraphClass G)      //判断无向图G的连通性
{ boolean flag=true;
  Arrays.fill(visited,0);                            //visited数组元素均置为0
  DFS1(G,0);                                         //调用DSF1算法，从0出发深度优先遍历
  for(int i=0;i<G.n;i++)
      if(visited[i]==0)
      {   flag=false;                                //存在没有访问的顶点，则不连通
          break;
      }
```

```
    return flag;
}
```

8.3.5 图遍历算法的应用

图遍历算法主要有基于深度优先和基于广度优先的算法,下面讨论这两种遍历算法的应用。

视频讲解

1. 基于深度优先遍历算法的应用

图的深度优先遍历算法是从顶点 v 出发,以纵向方式一步一步向后访问各个顶点的。对图 8.12(b)的邻接表执行 DFS(G,0),其执行过程是 DFS(G,0)⇨DFS(G,1)⇨DFS(G,5)⇨回退到顶点 1⇨回退到顶点 0⇨DFS(G,2)⇨DFS(G,3)⇨回退到顶点 2⇨DFS(G,4)⇨回退到顶点 2⇨回退到顶点 0。

简单地说,从起始点 v 深度优先遍历时,找顶点 v 的一个未访问的邻接点 u(对应边 $<v,u>$),从顶点 u 继续找一个未访问的邻接点 w(对应边 $<u,w>$),以此类推,若顶点 w 没有未访问的邻接点,则回退到顶点 u,再找顶点 u 的下一个未访问的邻接点,直到满足求解问题中的条件为止。这种思路常用于图算法设计中。

【例 8.6】 假设图 G 采用邻接表存储,设计一个算法判断顶点 u 到顶点 v 之间是否有路径,并对于图 8.15 所示的有向图判断从顶点 0 到顶点 5、从顶点 0 到顶点 2 是否有路径。

解: 利用深度优先遍历方法,先置 visited 数组的所有元素值为 0。从顶点 u 开始,置 visited[u]=1,找到顶点 u 的一个未访问过的邻接点 u_1; 再从顶点 u_1 出发,置 visited[u_1]=1,找到顶点 u_1 的一个未访问过的邻接点 u_2,…,当找到的某个未访问过的邻接点 $u_n=v$ 时,说明顶点 u 到 v 有简单路径,返回 true,如果图遍历完都没有返回 true,则表示 u 到 v 没有路径,返回 false,其过程如图 8.16 所示(深度优先遍历中包括自动回退过程)。

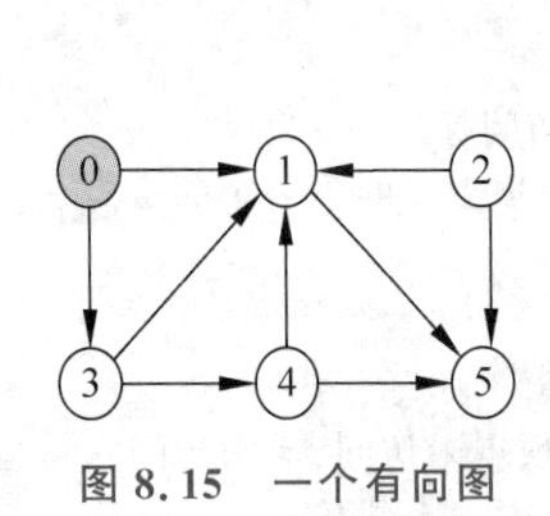

图 8.15 一个有向图

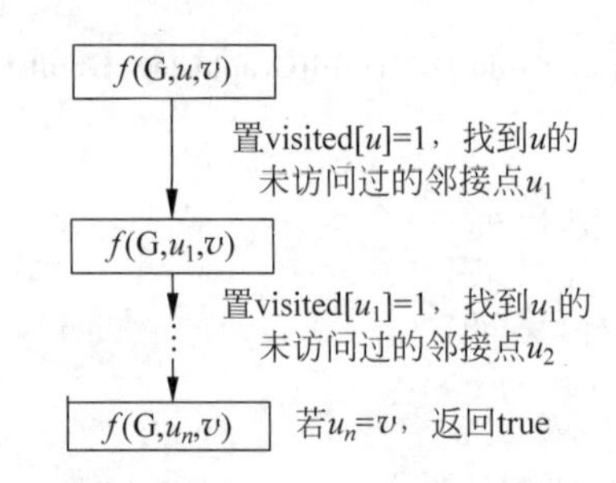

图 8.16 查找从顶点 u 到 v 是否有简单路径的过程

实际上,从递归算法设计角度看,$f(G,u,v)$是大问题,表示图 G 中从顶点 u 到顶点 v 是否存在简单路径,再找到顶点 u 的没有搜索过的边 $<u,w>$,则 $f(G,w,v)$是小问题,若小问题返回 true,表示 G 中从顶点 w 到顶点 v 存在简单路径,显然可推出顶点 u 到 v 存在简单路径; 若小问题返回 false,表示 G 中从顶点 w 到顶点 v 不存在简单路径,回退再搜索顶点 u 的下一条没有搜索过的边,以此类推。

对应的完整程序如下:

```
import java.util.*;
public class Exam8_6
```

```
{ static final int MAXV=100;                                   //表示最多顶点个数
  static int[] visited=new int[MAXV];                          //全局变量数组
  public static boolean HasPath(AdjGraphClass G,int u,int v)   //判断 u 到 v 是否有简单路径
  {  Arrays.fill(visited,0);                                   //初始化
     return HasPath1(G,u,v);
  }
  private static boolean HasPath1(AdjGraphClass G,int u,int v) //被 HasPath()方法调用
  {  ArcNode p;
     int w;
     visited[u]=1;
     p=G.adjlist[u].firstarc;                                  //p 指向 u 的第一个相邻点
     while(p!=null)
     {  w=p.adjvex;                                            //w 是 u 的邻接点
        if(w==v)                                               //找到目标顶点后返回
           return true;                                        //表示 u 到 v 有路径
        if(visited[w]==0)
           if(HasPath1(G,w,v)) return true;
        p=p.nextarc;                                           //p 指向下一个邻接点
     }
     return false;
  }
  public static void main(String[] args)
  {  AdjGraphClass G=new AdjGraphClass();
     int n=6,e=9;
     int[][] a={{0,1,0,1,0,0},{0,0,0,0,0,1},{0,1,0,0,0,1},
                {0,1,0,0,1,0},{0,1,0,0,0,1},{0,0,0,0,0,0} };
     G.CreateAdjGraph(a,n,e);                                  //创建图 8.15 所示有向图的邻接表
     System.out.println("图 G");   G.DispAdjGraph();
     int u=0,v=5;
     System.out.println("求解结果");
     System.out.printf("  顶点%d 到顶点%d 路径情况:%s \n",u,v,(HasPath(G,u,v)?"有":
"没有"));
     u=0; v=2;
     System.out.printf("  顶点%d 到顶点%d 路径情况:%s \n",u,v,(HasPath(G,u,v)?"有":
"没有"));
  }
}
```

上述程序的执行结果如下：

```
图 G
  [0]->(1,1)->(3,1)->∧
  [1]->(5,1)->∧
  [2]->(1,1)->(5,1)->∧
  [3]->(1,1)->(4,1)->∧
  [4]->(1,1)->(5,1)->∧
  [5]->∧
求解结果
顶点 0 到顶点 5 路径情况：有
顶点 0 到顶点 2 路径情况：没有
```

视频讲解

【例 8.7】 假设图 G 采用邻接表存储,设计一个算法求顶点 u 到顶点 v 之间的一条简单路径(假设两顶点之间存在一条或多条简单路径),并对于图 8.14 所示的有向图求从顶点 0 到顶点 5 的一条简单路径。

解:利用深度优先遍历方法,先置 visited 数组的所有元素值为 0,采用 path[0..d]存放从 u 到 v 的一条结点路径(初始时路径为空,d 设置为-1)。从顶点 u 开始,置 visited[u]=1,将顶点 u 添加到 path 中,找到顶点 u 的一个未访问过的邻接点 u_1;再从顶点 u_1 出发,置 visited[u_1]=1,将顶点 u_1 添加到 path 中,找到顶点 u_1 的一个未访问过的邻接点 u_2,…,当找到的某个未访问过的邻接点 $u_n=v$ 时,说明 path 中存放的是顶点 u 到 v 的一条简单路径,输出并返回,其过程如图 8.17 所示(深度优先遍历中包括自动回退过程)。

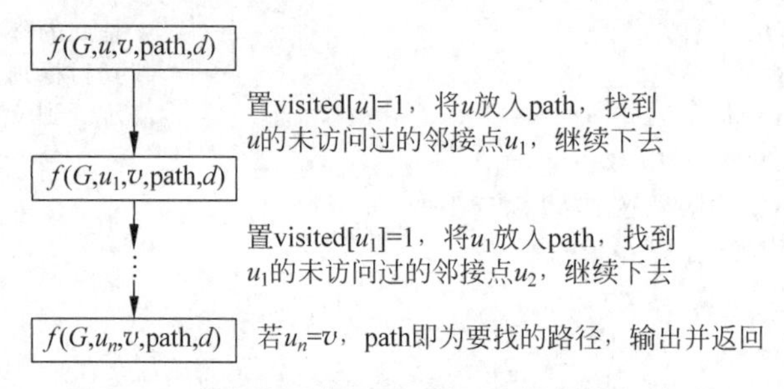

图 8.17 查找从顶点 u 到 v 的一条简单路径的过程

对应的算法如下:

```
public static void FindaPath1(AdjGraphClass G,int u,int v)        //求 u 到 v 的一条简单路径
{ int[] path=new int[MAXV];
  int d=-1;                                                      //path[0..d]存放一条路径
  Arrays.fill(visited,0);                                        //visited 数组元素置初值 0
  FindaPath11(G,u,v,path,d);
}
private static void FindaPath11(AdjGraphClass G,int u,int v,int[] path,int d)//被 FindaPath1()调用
{ ArcNode p;
  visited[u]=1;
  d++; path[d]=u;                                                //顶点 u 加入路径中
  if(u==v)                                                       //找到一条路径后输出并返回
  {  for(int i=0;i<=d;i++)
         System.out.print(path[i]+" ");
     System.out.println();
     return;
  }
  p=G.adjlist[u].firstarc;                                       //p 指向 u 的第一个邻接点
  while(p!=null)
  {  int w=p.adjvex;                                             //w 为邻接点
     if(visited[w]==0)                                           //w 没有访问过
         FindaPath11(G,w,v,path,d);                              //递归调用
     p=p.nextarc;                                                //p 指向下一个邻接点
  }
}
```

对于图 8.15 所示的有向图,在执行 FindaPath1(G,0,5)语句时输出的一条简单路径为 0 1 5。那么能不能用 ArrayList 对象 path 存放路径呢? 答案是完全可行的,如果直接将上述

算法中的 path 改为 ArrayList 对象，对应的算法如下：

```
public static void FindaPath2(AdjGraphClass G,int u,int v)         //求 u 到 v 的一条简单路径
{ ArrayList<Integer> path=new ArrayList<Integer>();
  FindaPath21(G,u,v,path);
}
private static void FindaPath21(AdjGraphClass G,int u,int v,ArrayList<Integer> path)
{ ArrayNode p;
  visited[u]=1;
  path.add(u);                                                     //将顶点 u 加入路径中
  if(u==v)                                                         //找到一条路径后输出并返回
  {  System.out.println(path);
     return;
  }
  p=G.adjlist[u].firstarc;                                         //p 指向 u 的第一个邻接点
  while(p!=null)
  {  int w=p.adjvex;                                               //w 为邻接点
     if(visited[w]==0)                                             //w 没有访问过
        FindaPath21(G,w,v,path);                                   //递归调用
     p=p.nextarc;                                                  //p 指向下一个邻接点
  }
}
```

对于图 8.15 所示的有向图，在执行 FindaPath2(G,0,5)语句时输出的一条简单路径为 0 1 5，但执行 FindaPath2(G,0,4)语句时输出的一条简单路径为 0 1 5 3 4，显然结果是错误的。为什么出现这样的情况呢？这是因为 ArrayList 对象 path 是引用参数，在 Java 中引用参数没有自动回退功能，相当于全局变量。实际上执行 FindaPath2(G,0,4)语句时 path 中存放的是搜索轨迹，而不是从顶点 0 到顶点 4 的路径，改正的方式是增加具有回退功能的代码，即在访问顶点 u 时将 u 添加到 path 中，如果从 u 出发没有找到终点 v，则回退，也就是将顶点 u 从 path 中删除（u 是 path 中最后添加的顶点）。对应的正确算法如下：

```
public static void FindaPath3(AdjGraphClass G,int u,int v)         //求 u 到 v 的一条简单路径
{ ArrayList<Integer> path=new ArrayList<Integer>();
  FindaPath31(G,u,v,path);
}
private static void FindaPath31(AdjGraphClass G,int u,int v,ArrayList<Integer> path)
{ ArcNode p;
  visited[u]=1;
  path.add(u);                                                     //将顶点 u 加入路径中
  if(u==v)                                                         //找到一条路径后输出并返回
  {  System.out.println(path);
     return;
  }
  p=G.adjlist[u].firstarc;                                         //p 指向 u 的第一个邻接点
  while(p!=null)
  {  int w=p.adjvex;                                               //w 为邻接点
     if(visited[w]==0)                                             //w 没有访问过
        FindaPath31(G,w,v,path);                                   //递归调用
     p=p.nextarc;                                                  //p 指向下一个邻接点
```

```
    }
    path.remove(path.size()-1);                                //增加的具有回退功能的代码
}
```

前面的 FindaPath1 算法之所以正确,是由于路径 path[0..d]中的 d 是 int 基本数据类型,为非引用参数,具有自动回退功能。

视频讲解

【例 8.8】 假设图 G 采用邻接表存储,设计一个算法求顶点 u 到顶点 v 之间的所有简单路径(假设两顶点之间存在一条或多条简单路径),并对于图 8.15 所示的有向图,求从顶点 0 到顶点 5 的所有简单路径。

解:利用带回溯的深度优先遍历方法,先置 visited 数组的所有元素值为 0,用 path[0..d]存放两顶点之间的一条简单路径(初始时路径为空,d 设置为−1)。

从顶点 u 出发,置 visited[u]=1,将 u 放入 path:

(1) 若 $u=v$,表示找到从源顶点 u 到 v 的一条简单路径,输出该路径。

(2) 若找到 u 的未访问过的邻接点,则从该顶点出发继续下去。

(3) 若找不到 u 的未访问过的邻接点,需要重置 visited[u]=0,以便 u 成为另一条路径上的顶点(这称为回溯)。

其过程如图 8.18 所示。

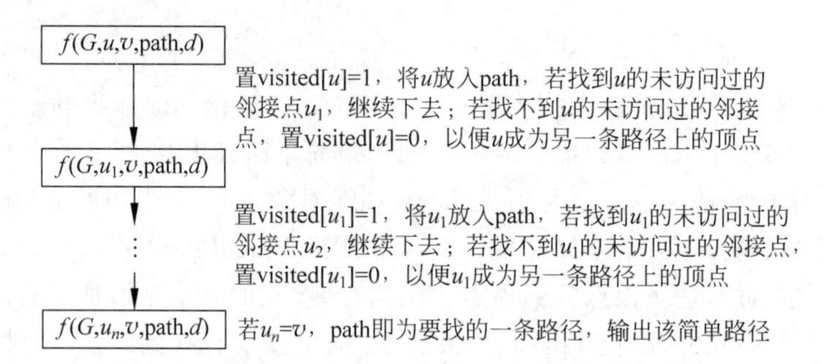

图 8.18　查找从顶点 u 到 v 的所有简单路径的过程

这里的 path 利用了深度优先遍历中包括的自动回退过程,不必增加 path 回退的代码,而 visited 数组是类变量(即全局变量),一旦设置了 visited[u]为 1,后面就不能再搜索到顶点 u,当从 u 出发的路径搜索完毕,从 u 自动回退到前一个顶点时,需要重置 visited[u]为 0。对于图 8.15 所示的有向图,在求从顶点 0 到顶点 5 的所有简单路径时,搜索过程如图 8.19 所示。先找到路径 0→1→5,从顶点 5 回退到顶点 1,将 visited[5]重置 visited[u]为 0,从顶点 1 回退到顶点 0,将 visited[1]重置 visited[u]为 0,再找到从顶点 0 的下一个邻接点 3,以此类推,结果找到从顶点 0 到顶点 5 的 4 条结点路径,分别是 0 1 5、0 3 1 5、0 3 4 1 5、0 3 4 5。

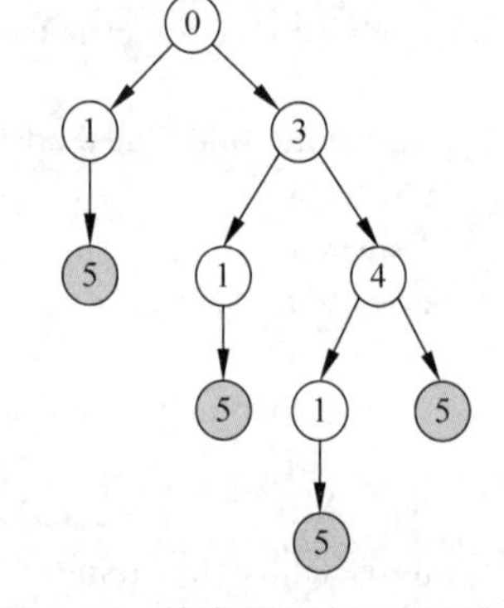

图 8.19　搜索从顶点 0 到顶点 5 的所有简单路径

从中看出,所谓带回溯的深度优先遍历主要体现在 visited 的回退,实际上这里的 path 和 visited 是一致的(path 中的顶点对应的 visited 值为 1),可以用 visited 替代 path。对应的算法如下:

```
public static void FindallPath(AdjGraphClass G, int u, int v)       //求 u 到 v 的所有简单路径
{ Arrays.fill(visited, 0);                                          //visited 数组元素设置初值为 0
  FindallPath1(G, u, v);
}
private static void FindallPath1(AdjGraphClass G, int u, int v)     //被 FindallPath()调用
{ ArcNode p;
  visited[u]=1;
  if(u==v)                                                          //找到一条路径后输出
  {   for(int i=0;i<G.n;i++)
         if(visited[i]==1)
            System.out.print(i+" ");
      System.out.println();
      visited[u]=0;
      return;
  }
  p=G.adjlist[u].firstarc;                                          //p 指向 u 的第一个邻接点
  while(p!=null)
  {   int w=p.adjvex;                                               //w 为邻接点
      if(visited[w]==0)                                             //w 没有访问过
         FindallPath1(G, w, v);                                     //递归调用
      p=p.nextarc;                                                  //p 指向下一个邻接点
  }
  visited[u]=0;                                                     //回溯并重置 visited[u]为 0
}
```

实际上，上述算法中输出的是 visited 值为 1 的顶点，如果希望输出 u 到 v 的真正路径，还需要增加 path，对应的算法如下：

```
public static void FindallPath(AdjGraphClass G, int u, int v)       //求 u 到 v 的所有简单路径
{ int[] path=new int[MAXV];
  int d=-1;                                                         //path[0..d]存放一条路径
  Arrays.fill(visited, 0);                                          //visited 数组元素设置初值为 0
  FindallPath1(G, u, v, path, d);
}
private static void FindallPath1(AdjGraphClass G, int u, int v, int[] path, int d)  //被 FindallPath()调用
{ ArcNode p;
  visited[u]=1;
  d++; path[d]=u;                                                   //顶点 u 加入路径中
  if(u==v)                                                          //找到一条路径后输出
  {   for(int i=0;i<=d;i++)
         System.out.print(path[i]+" ");
      System.out.println();                                         //输出一条路径后返回
      visited[u]=0;
      return;
  }
  p=G.adjlist[u].firstarc;                                          //p 指向 u 的第一个邻接点
  while(p!=null)
  {   int w=p.adjvex;                                               //w 为邻接点
      if(visited[w]==0)                                             //w 没有访问过
         FindallPath1(G, w, v, path, d);                            //递归调用
      p=p.nextarc;                                                  //p 指向下一个邻接点
  }
  visited[u]=0;                                                     //回溯并重置 visited[u]为 0
}
```

【例 8.9】 假设图 G 采用邻接表存储,设计一个算法求图 G 中从顶点 u 到 v 的长度为 l 的所有简单路径(假设两顶点之间存在一条或多条简单路径),并对于图 8.15 所示的有向图,求从顶点 0 到顶点 5 的所有长度为 3 的简单路径。

解:和例 8.8 相似,采用带回溯的深度优先遍历,只是增加一个找到一条简单路径的条件判断(路径长度是否为 l)。对应的算法如下:

```
public static void FindallLengthPath(AdjGraphClass G, int u, int v, int l)
{  int[] path=new int[MAXV];
   int d=-1;                                              //path[0..d]存放一条路径
   Arrays.fill(visited, 0);                               //visited 数组元素设置初值为 0
   FindallLengthPath1(G, u, v, l, path, d);
}
private static void FindallLengthPath1(AdjGraphClass G, int u, int v, int l, int[] path, int d)
{  ArcNode p;
   visited[u]=1;
   d++; path[d]=u;                                        //顶点 u 加入路径中
   if(u==v && d==l)                                       //找到一条长度为 l 的路径后输出
   {   for(int i=0;i<=d;i++)
          System.out.print(path[i]+" ");
       System.out.println();
       visited[u]=0;
       return;
   }
   p=G.adjlist[u].firstarc;                               //p 指向 u 的第一个邻接点
   while(p!=null)
   {   int w=p.adjvex;                                    //w 为邻接点
       if(visited[w]==0)                                  //w 没有访问过
          FindallLengthPath1(G, w, v, l, path, d);         //递归调用
       p=p.nextarc;                                       //p 指向下一个邻接点
   }
   visited[u]=0;                                          //回溯,并重置 visited[u]为 0
}
```

对于图 8.14 所示的有向图,执行 FindallLengthPath(G,0,5,3)输出从顶点 0 到顶点 5 的长度为 3 的两条简单路径为 0 3 1 5、0 3 4 5。

视频讲解

*【例 8.10】 假设无向图 G 采用邻接表存储,设计一个算法判断图中是否包含任何简单回路。注意,若一个无向图中只有两个顶点、一条连接它们的边,不能认为存在回路,也就是说尽管无向图中边是对称的,单条边不能看成一个回路,回路的长度应大于 1(至少包含两条边)。

解法 1:采用深度优先遍历方法判断无向图 G 中是否存在经过顶点 v 的回路。从图中顶点 v 出发遍历,对每个访问的顶点做标记(设置其 visited 元素为 1),并用 d 表示对应路径的长度。

当从顶点 v 出发访问到顶点 u 时,若找到顶点 u 的一个邻接点 w,如果 visited[w]=0,继续遍历下去;若 visited[w]=1 并且 $w=v$,当 $d>1$ 时表示从顶点 v 出发又回到顶点 v,而且路径长度大于 1,说明存在一条经过顶点 v 的回路,如图 8.20 所示,返回 true。

如果从图中所有顶点出发遍历都没有返回 true,说明没有经过顶点 v 的回路,返回 false。一旦从图中某个顶点出发遍历返回 true 就结束,表示存在回路。

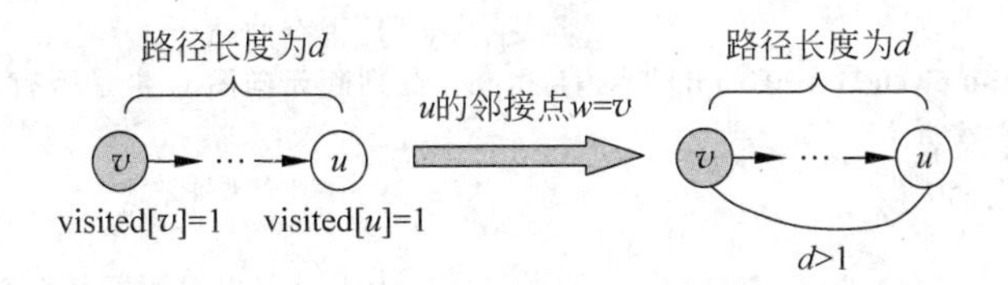

图 8.20 无向图中存在经过顶点v的回路的情况

说明：从图中顶点 v 出发遍历找到经过顶点 v 的回路的条件是搜索到顶点 w 时有 visited[w]=1 && w==v && $d>1$ 成立，visited[w]=1 && w==v 表示搜索到初始点，$d>1$ 表示回路的长度大于1。

对应的算法如下：

```
public static boolean Cycle1(AdjGraphClass G)              //解法1:判断无向图G中是否有回路
{ for(int i=0;i<G.n;i++)
  {  Arrays.fill(visited,0);                               //visited 初始化
     if(Cycle11(G,i,i,-1))                                 //从顶点v出发搜索成功则返回true
        return true;
  }
  return false;
}
private static boolean Cycle11(AdjGraphClass G,int u,int v,int d)  //经过顶点v的回路判断算法
{ ArcNode p;
  visited[u]=1;                                            //置已访问标记
  d++;                                                     //路径长度增加1
  p=G.adjlist[u].firstarc;                                 //p指向顶点u的第一个邻接点
  while(p!=null)
  {  int w=p.adjvex;
     if(visited[w]==0)                                     //若顶点w未访问,递归调用
     {  if(Cycle11(G,w,v,d))                               //从顶点w出发找到回路成功则返回true
           return true;
     }
     else if(w==v && d>1)                                  //搜索到顶点v并且环长度大于1
        return true;
     p=p.nextarc;                                          //寻找下一个邻接点
  }
  return false;
}
```

解法2：在深度优先遍历时，visited 记录的是搜索轨迹，当访问到顶点 u 时，如果找到顶点 u 的邻接点 w，若 w 已经访问过，由于是无向图，说明从 w 到 u 一定有路径，而此时 u 到 w 有边，说明找到一个回路，但需要排除将(w,u)一条边作为回路的情况，为此增加一个 pre 参数，表示顶点 u 的前驱顶点，只要 $w\neq$pre 才能够排除这种情况，从而确定找到一个长度大于1的回路。如图8.21所示，当 $w\neq$pre 时，w 到 u 的路径长度至少是1，再加上边(u,w)，所以回路的长度大于1。

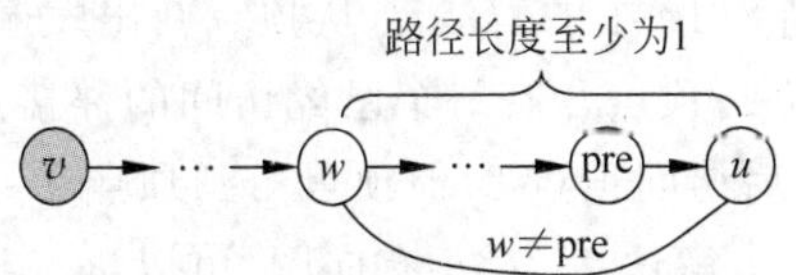

图 8.21 无向图中存在回路的情况

对应的算法如下：

```
static boolean has;                                     //是否有回路
public static boolean Cycle2(AdjGraphClass G)           //判断无向图 G 中是否有回路
{ for(int i=0;i<G.n;i++)
  {  Arrays.fill(visited,0);                            //visited 初始化
     has=false;
     Cycle21(G,i,-1);                                   //从顶点 i 出发搜索是否有回路,i 的前驱为-1
     if(has)                                            //有回路则返回 true
        return true;
  }
  return false;
}
private static void Cycle21(AdjGraphClass G,int u,int pre)  //从顶点 u 出发判断是否有回路的算法
{ ArcNode p;
  visited[u]=1;                                         //设置已访问标记
  if(has) return;                                       //找到回路后直接返回
  p=G.adjlist[u].firstarc;                              //p 指向顶点 u 的第一个邻接点
  while(p!=null)
  {  int w=p.adjvex;
     if(visited[w]==0)                                  //若顶点 w 未访问,递归调用
        Cycle21(G,w,u);                                 //从顶点 w 出发搜索
     else if(w!=pre)                                    //搜索到已访问的顶点并且不是 w
     {  has=true;                                       //说明有回路
        return;
     }
     p=p.nextarc;                                       //寻找下一个邻接点
  }
}
```

说明：对于无向图,解法 2 更加高效,因为解法 1 从顶点 v 出发遍历时是确定是否存在一定经过顶点 v 的回路,而解法 2 是从顶点 v 出发遍历确定是否存在回路,该回路不一定经过顶点 v。

视频讲解

*【例 8.11】 假设有向图 G 采用邻接表存储,设计一个算法判断图中是否包含任何简单回路。注意,若一个有向图只有两个顶点 a 和 b,并且存在边 $<a,b>$ 和 $<b,a>$,则认为存在回路。

解法 1：例 8.10 中的解法 1 既适合无向图也适合有向图判断是否有回路,但针对有向图不必增加 $d>1$ 的条件,所以需要删除形参 d,其算法不再列出。

例 8.10 中的解法 2 仅适合无向图不适合有向图判断是否有回路,这是因为该算法中仅仅通过 visited 记录搜索轨迹,没有记录路径。在无向图中先访问 w 后访问 u,则 w 到 u 一定有一条路径,对于有向图却不一定成立。例如,如图 8.22 所示的有向图没有回路,但采用例 8.10 中的解法 2,从顶点 0 出发遍历时,先访问 0 再访问 1,回退到顶点 0 时继续访问顶点 2,顶点 2 有一个已经访问的邻接点 1,从而得出有回路的结果。实际上,尽管先访问顶点 1 后访问顶点 2,但顶点 1 到顶点 2 并没有路径。

解法 2：对于有向图,可以进一步优化解法 1,从顶点 v 出发深度优先遍历,当访问到顶点 u 时,path 中保存从 v 到 u 的路径,若 u 的一个邻接点 w 是 path 中的一个顶点(w 一定是已经访问过的顶点),如图 8.23 所示,则构成一个包含顶点 u 和 w 的回路。与解法 1 不同,这里找到的简单回路不一定包含顶点 v,实际上是从顶点 v 出发搜索任何一个简单回

路,所以效率更高。

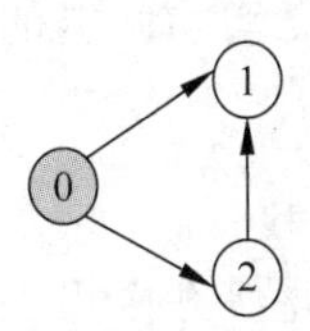

图 8.22 一个无回路的有向图

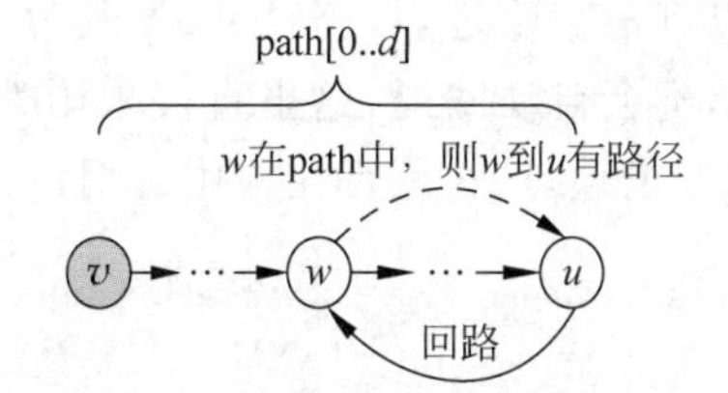

图 8.23 有向图中存在回路的情况

对应的算法如下:

```
public static boolean Cycle2(AdjGraphClass G)          //判断有向图 G 中是否有回路
{  int[] path=new int[MAXV];
   int d;                                              //path[0..d]存放路径
   for(int i=0;i<G.n;i++)
   {  d=-1;
      Arrays.fill(visited,0);                          //visited 初始化
      if(Cycle21(G,i,path,d))                          //从顶点 v 出发搜索
         return true;
   }
   return false;
}
private static boolean inpath(int[] path,int d,int w) //判断 w 是否在 path[0..d]中
{  for(int i=0;i<=d;i++)
      if(path[i]==w)
         return true;
   return false;
}
private static boolean Cycle21(AdjGraphClass G,int u,int[] path,int d)
//从顶点 u 出发搜索有向图 G 中是否存在回路的算法
{  ArcNode p;
   visited[u]=1;                                       //设置已访问标记
   d++; path[d]=u;                                     //将顶点 u 添加到路径中
   p=G.adjlist[u].firstarc;                            //p 指向顶点 u 的第一个邻接点
   while(p!=null)
   {  int w=p.adjvex;
      if(visited[w]==0)                                //若顶点 w 未访问
      {  if(Cycle21(G,w,path,d))                       //从顶点 w 出发搜索存在回路
            return true;
      }
      else if(inpath(path,d,w))                        //顶点 w 没有访问但在路径中
         return true;                                  //找到回路则返回 true
      p=p.nextarc;                                     //寻找下一个邻接点
   }
   return false;
}
```

说明:在上述算法中 path 和 visited 是不同的,前者表示路径,后者表示轨迹,不能将 inpath(path,d,w)条件改为 visited[w]==1。

解法 3：在解法 2 中判断一个顶点 w 是否在路径 path 中时采用逐一比较的方式，效率比较低，可以进一步改进，将路径 path 改为一个栈 st（但与前面的路径 path[0..d]不同，st 为引用对象，不会自动回退，这里直接采用类成员变量表示，需要增加回退的代码），增加一个 flag 数组标记顶点 w 是否在栈中。对应的算法如下：

```
static Stack<Integer> st=new Stack<Integer>();          //定义一个栈
static int[] flag=new int[MAXV];                        //标记顶点是否在栈中
public static boolean Cycle3(AdjGraphClass G)           //判断有向图G中是否有回路
{ for(int i=0;i<G.n;i++)
  {  Arrays.fill(visited,0);                            //对visited初始化
     if(Cycle31(G,i))                                   //从顶点v出发搜索
        return true;
  }
  return false;
}
private static boolean Cycle31(AdjGraphClass G,int u)   //从顶点u出发搜索是否存在回路的算法
{ ArcNode p;
  visited[u]=1;                                         //设置已访问标记
  st.push(u);                                           //使顶点u进栈
  flag[u]=1;                                            //表示顶点u在栈中
  p=G.adjlist[u].firstarc;                              //p指向顶点u的第一个邻接点
  while(p!=null)
  {  int w=p.adjvex;
     if(visited[w]==0)                                  //若顶点w未访问
     {  if(Cycle31(G,w))                                //从顶点w出发搜索存在回路
           return true;
        else                                            //从w回退,出栈w,置flag[w]=0
        {  st.pop();
           flag[w]=0;
        }
     }
     else if(flag[w]==1)                                //顶点v已访问且在栈中,则返回true
        return true;
     p=p.nextarc;                                       //寻找下一个邻接点
  }
  return false;
}
```

说明：从例 8.10 和例 8.11 可以看出，判断一个图中是否有回路，首先看图是无向图还是有向图，再采用相应的算法求解。

视频讲解

2. 基于广度优先遍历算法的应用

图的广度优先遍历算法是从顶点 v 出发，以横向方式一步一步向后访问各个顶点的，即访问过程是一层一层地向后推进的。简单地说，当起始点为 u 时，以顶点 u 到其他顶点的最短路径长度分层，一层一层地访问顶点。用户可以利用这一特点采用广度优先遍历算法找从顶点 u 到顶点 v 的最短路径等。

【例 8.12】 假设图 G 采用邻接表存储，设计一个算法求不带权图 G 中从顶点 u 到顶

点 v 的一条最短路径(假设两顶点之间存在一条或多条简单路径),并对于图 8.15 所示的有向图求从顶点 0 到顶点 5 的一条最短简单路径。

解:图 G 是不带权图,一条边的长度计为 1,因此求顶点 u 到顶点 v 的最短路径即求顶点 u 到顶点 v 的边数最少的顶点序列。利用广度优先遍历算法,从 u 出发进行广度优先遍历,类似于从顶点 u 出发一层一层地向外扩展,当第一次找到顶点 v 时队列中便包含了从顶点 u 到顶点 v 最近的路径,如图 8.24 所示,再利用队列输出最短路径(逆路径),由于要利用队列找出路径,所以设计成非循环队列。

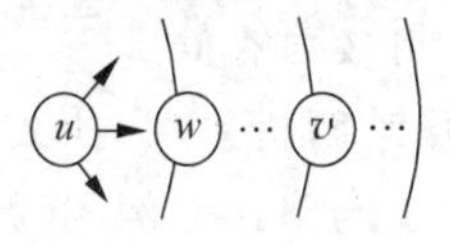

图 8.24 查找顶点 u 和顶点 v 的最短路径

对应的算法如下:

```
public static void ShortPath(AdjGraphClass G,int u,int v)
{ class QNode                                                  //队列元素类型
  {   int no;                                                  //顶点编号
      QNode parent;                                            //前驱顶点
  }
  Queue<QNode> qu=new LinkedList<QNode>(); //定义一个队列
  QNode e,e1;
  ArcNode p;
  e=new QNode();
  e.no=u; e.parent=null;                                       //初始点对应队列元素的前驱为空
  qu.offer(e);                                                 //u 进队
  visited[u]=1;                                                //设置已访问标记
  while(!qu.isEmpty())                                         //队列不空循环
  {   e=qu.poll();                                             //出队元素 e
      if(e.no==v)                                              //找到 v 时输出路径之逆并退出
      {   int[] path=new int[MAXV];                            //path[0..d]存放逆路径
          int d=-1;
          QNode f=e;                                           //通过前驱关系求逆路径
          while(f!=null)
          {   d++; path[d]=f.no;
              f=f.parent;
          }
          for(int i=d;i>=0;i--)                                //反向输出逆路径构成正向路径
              System.out.print(path[i]+" ");
          System.out.println();
          return;                                              //输出一条路径后返回
      }
      p=G.adjlist[e.no].firstarc;                              //找 e 对应顶点的第一个邻接点
      while(p!=null)
      {   int w=p.adjvex;
          if(visited[w]==0)                                    //若 u 的邻接点 w 未访问
          {   e1=new QNode();                                  //建立队列元素
              e1.no=w; e1.parent=e;                            //其前驱为 e
              visited[w]=1;                                    //设置已访问标记
              qu.offer(e1);                                    //e1 进队
          }
          p=p.nextarc;                                         //找下一个邻接点
```

```
        }
    }
}
```

对于图 8.15 所示的有向图,执行 ShortPath(G,0,5)输出的一条最短简单路径为 0 1 5。

说明:本题的思想类似于用队列求解迷宫问题,只是这里的数据用邻接表存储,而前面的迷宫用数组存储。

【疑难解析】 为什么广度优先遍历找到的路径一定是最短路径呢?以图 8.15 中求顶点 0 到 5 的路径为例,起始点为 0,以顶点 0 到其他顶点的最短路径长度分层,如图 8.25 所示。当搜索到顶点 5 时,求出的逆路径是 5 1 0,路径上的每个顶点均为不同层次的顶点,所以该路径一定是最短路径。如果采用深度优先遍历,找到的路径中的顶点可能属于相同层次的顶点,所以不一定是最短路径。

视频讲解

【例 8.13】 假设图 G 采用邻接表存储,设计一个算法求不带权图 G 中离顶点 v 的最短路径中最远的一个顶点,并对于图 8.15 所示的有向图求距离顶点 0 的最短路径中最远的顶点。

解:给定的图 G 是不带权的图,一条边的长度计为 1,因此求距离顶点 v 的最远的顶点即求距离顶点 v 的边数最多的顶点。

从顶点 v 到某个顶点的路径可能有多条,这里是求最短路径中最远的一个顶点,所以利用广度优先遍历算法。从顶点 v 出发进行广度遍历,类似于从顶点 v 出发一层一层地向外扩展,到达顶点 w,到达顶点 j……最后到达的顶点 k 即为距离 v 最远的顶点(这样的顶点可能有多个),如图 8.26 所示。在遍历时利用队列逐层暂存各个顶点,最后出队的一个顶点 k 即为所求。由于本题只需要求距离顶点 v 的最远的一个顶点,不需要求路径,所以采用 int 类型的队列即可。

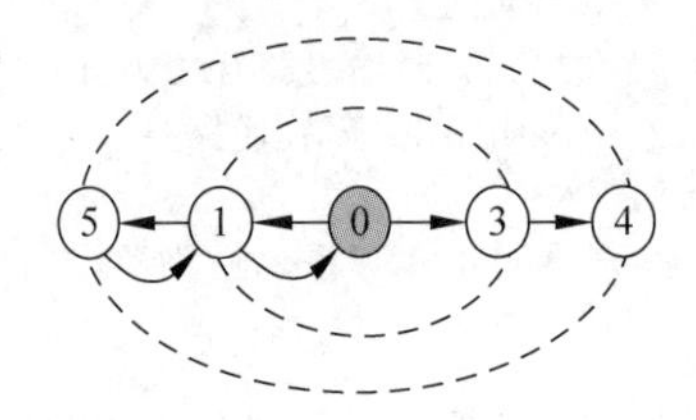

图 8.25 搜索从 0 到 5 的所有简单路径

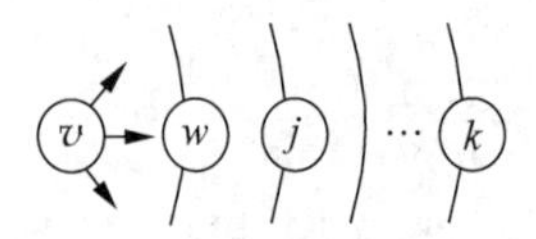

图 8.26 查找距离顶点 v 的最远的顶点 k

对应的算法如下:

```
public static int Maxdist(AdjGraphClass G,int v)          //图 G 从顶点 v 出发的广度优先遍历
{  ArcNode p;
   Queue<Integer> qu=new LinkedList<Integer>();          //定义一个队列
   visited[v]=1;                                          //设置已访问标记
   qu.offer(v);                                           //v 进队
   while(!qu.isEmpty())                                   //队列不空循环
   {  v=qu.poll();                                        //出队顶点 v
      p=G.adjlist[v].firstarc;                            //找顶点 v 的第一个邻接点
      while(p!=null)
      {  int w=p.adjvex;
         if(visited[w]==0)                                //若 v 的邻接点 w 未访问
         {  visited[w]=1;                                 //设置已访问标记
            qu.offer(w);                                  //w 进队
```

```
        }
        p=p.nextarc;                                    //找下一个邻接点
      }
    }
    return v;
}
```

对于图8.14所示的有向图，执行Maxdist(G,0)求出距离顶点0的最短路径中最远的顶点是4。

说明：在采用广度优先遍历求最短路径时，一定要针对不带权图(或者所有边的权值相同)，如果是带权图，需要采用后面8.5节介绍的求最短路径算法。

*8.3.6 求有向图中强连通分量的Tarjan算法

视频讲解

Tarjan(塔里杨)算法采用深度优先遍历过程求有向图的所有强连通分量，将每一个强连通分量作为搜索树上的一个子树。为了在搜索树上顺利地找到强连通分量的顶点，每个顶点都有两个参数。

(1) DFN[u]：表示顶点u搜索的次序编号(时间戳)，简单来说就是第几个被搜索到的，每个顶点的时间戳都不一样。

(2) LOW[u]：表示顶点u在这棵树中的最小子树的根(也是指时间戳)，每次保证是最小的。在深度优先遍历中每找到一个新顶点u，总是置LOW[u]=DFN[u]。

为了存储整个强连通分量，采用一个栈st，每次新顶点出现就进栈。从顶点u出发搜索，若有出边$\langle u,v\rangle$：

(1) 若顶点v没有访问过，就从顶点v继续下去，每次返回时，顶点v对应的最小子树的根为LOW[v]，根据顶点v与这个顶点u的LOW值，修改LOW[u]取两者的最小值，即LOW[u]=min(LOW[u],LOW[v])，保证LOW[u]存放最小子树的根。

(2) 若顶点v访问过并且在栈中，更新LOW[u]=min(LOW[u],DFN[v])，因为v是在u之后搜索的顶点(存在从u到v的路径)，如果顶点v能够回溯到已经在栈中的顶点，则顶点u也一定能够回溯到(v能够到达的顶点u也一定能够到达)。

顶点u的所有出边处理后，如果DFN[u]=LOW[u]，说明顶点u是这个强连通分量的最小根(因为LOW[u]就是这个强连通分量的最小根)，输出该强连通分量，也就是说出栈栈中所有比顶点u后进来的顶点。Tarjan算法的过程如下：

```
Tarjan(G,u)
{ DFN[u]=LOW[u]=++Index;                          //为顶点u设置次序编号和LOW初值
  st.push(u);                                     //顶点u进栈
  for each (u, v) in E                            //枚举每一条边<u,v>
  {  if(v没有访问过)                               //如果顶点v未被访问过
     {  Tarjan(G,v);                              //从新顶点v继续向下找
        LOW[u]=min(LOW[u], LOW[v]);               //遍历返回时,由LOW[v]更新LOW[u]
     }
     else if(v in st)                             //如果顶点u在栈中
        LOW[u]=min(LOW[u], DFN[v])                //说明当前路径上存在环,更新LOW[u]
  }
  if(DFN[u]==LOW[u])                              //如果顶点u是强连通分量的最小根
```

```
    {   repeat
        {   v=st.pop                                //v退栈,为该强连通分量中的一个顶点
            print v;                                //输出 v
        } until (v==u)                              //直到 v=u
    }
}
```

对于图 8.4(a)所示的有向图,从顶点 0 出发求强连通分量的过程如下:

(1) $u=0$,置 DFN[0]=LOW[0]=1,访问 0 并进栈,找到顶点 u 的出边<0,1>。

(2) $u=1$,置 DFN[1]=LOW[1]=2,访问 1 并进栈,找到顶点 u 的出边<1,2>。

(3) $u=2$,置 DFN[2]=LOW[2]=3,访问 2 并进栈,找到顶点 u 的出边<2,0>。$v=0$ 已访问且在栈中,说明找到当前路径上存在环 0→1→2→0,修改 LOW[2]=min(LOW[2], DFN[0])=1,表示顶点 2 的最小根为顶点 0。

(4) 顶点 2 没有其他未访问的出边,从顶点 2 回退到顶点 1,修改 LOW[1]=min(LOW[1], LOW[2])=1,表示顶点 1 的最小根也是顶点 0。

(5) 找到顶点 $u=1$ 的其他出边<1,3>。

(6) $u=3$,置 DFN[3]=LOW[3]=4,访问 3 并进栈,找到顶点 u 的出边<3,2>。$v=2$ 已访问且在栈中,说明找到当前路径上存在环,修改 LOW[3]=min(LOW[3],DFN[2])=3,找到顶点 u 的其他出边<3,4>。

(7) $u=4$,置 DFN[4]=LOW[4]=5,访问 4 并进栈,顶点 4 没有出边。

(8) $u=4$,有 DFN[u]=LOW[u]成立,说明 u 是一个强连通分量的最小根,通过出栈输出一个强连通分量顶点集为{4}。

(9) 从顶点 4 回退到顶点 3,修改 LOW[3]=min(LOW[3],LOW[4])=3。从顶点 3 回退到顶点 1,修改 LOW[1]=min(LOW[1],LOW[3])=1。从顶点 1 回退到顶点 0,修改 LOW[0]=min(LOW[0],LOW[1])=1。

(10) $u=0$,有 DFN[u]=LOW[u]成立,说明 u 是一个强连通分量的最小根,通过出栈输出一个强连通分量顶点集为{3,2,1,0}。

对应的 Tarjan 算法(算法思路可以参考例 8.11 的解法 3)如下:

```
import java.lang.*;
import java.util.*;
public class Tarjan
{   static final int MAXV=100;                          //表示最多顶点个数
    static int[] visited=new int[MAXV];                 //全局变量数组
    static int[] DFN=new int[MAXV];
    static int[] LOW=new int[MAXV];
    static Stack<Integer> st=new Stack<Integer>();      //定义一个栈
    static int[] flag=new int[MAXV];                    //标记顶点是否在栈中
    static int Index=0;                                 //搜索次序号
    public static void Tarjan(AdjGraphClass G,int u)    //Tarjan 算法
    {   int v;
        DFN[u]=LOW[u]=++Index;                          //次序从 1 开始
            visited[u]=1;                               //设置顶点 u 的访问标记
        st.push(u);                                     //将顶点 u 进栈
        flag[u]=1;                                      //表示顶点 u 在栈中
```

```
        ArcNode p=G.adjlist[u].firstarc;
        while(p!=null)                                  //处理顶点 u 的所有出边<u,v>
        {   v=p.adjvex;
            if(visited[v]==0)                           //顶点 v 没有访问过
            {   Tarjan(G,v);                            //继续向下找
                LOW[u]=Math.min(LOW[u],LOW[v]);//返回时,由 LOW[v]更新 LOW[u]
            }
            else if(flag[v]==1)                         //顶点 v 已访问且在栈中,更新 LOW[u]
                LOW[u]=Math.min(LOW[u],DFN[v]);
            p=p.nextarc;                                //继续处理顶点 u 的出边
        }
        if(DFN[u]==LOW[u])                              //顶点 u 是强连通分量的最小根
        {   System.out.print("  一个以"+u+"为根的强连通分量: ");
            do
            {   v=st.pop();
                System.out.print(v+" ");
                flag[v]=0;
            } while(v!=u);
            System.out.println();
        }
    }
    public static void main(String[] args)
    {   AdjGraphClass G=new AdjGraphClass();
        int n=5,e=6;
        int[][] a={{0,1,0,0,0}, {0,0,1,1,0}, {1,0,0,0,0}, {0,0,1,0,1}, {0,0,0,0,0}};
        G.CreateAdjGraph(a,n,e);                        //创建图 8.4(a)所示有向图的邻接表
        Arrays.fill(visited,0);                         //初始化所有元素为 0
        Tarjan(G,0);
        System.out.println();
    }
}
```

上述程序是求图 8.4(a)所示的有向图的强连通分量,执行结果如下:

```
一个以 4 为根的强连通分量: 4
一个以 0 为根的强连通分量: 3 2 1 0
```

8.4 生成树和最小生成树

视频讲解

8.4.1 生成树和最小生成树的概念

通常生成树是针对无向图的,最小生成树是针对带权无向图的。

1. 什么是生成树

一个有 n 个顶点的连通图的**生成树**是一个极小连通子图,它含有图中的全部顶点,但只包含构成一棵树的 $n-1$ 条边。如果在一棵生成树上添加一条边,必定构成一个环,因为这条边使得它依附的那两个顶点之间有了第二条路径。

如果一个无向图有 n 个顶点和少于 $n-1$ 条边,则是非连通图。如果它有多于 $n-1$ 条边,则一定有回路,但是有 $n-1$ 条边的图不一定都是生成树。

2. 连通图的生成树和非连通图的生成森林

在对无向图进行遍历时,若是连通图,仅需调用遍历过程(DFS 或 BFS)一次,从图中任一顶点出发,便可以遍历图中的各个顶点。在遍历中搜索边< v,w >时,若顶点 w 首次访问(该边也是首次搜索到),则该边是一条树边,所有树边构成一棵生成树。

若是非连通图,则需对每个连通分量调用一次遍历过程,所有连通分量对应的生成树构成整个非连通图的生成森林。

3. 由两种遍历方法产生的生成树

连通图可以产生一棵生成树,非连通分量可以产生生成森林。由深度优先遍历得到的生成树称为**深度优先生成树**,由广度优先遍历得到的生成树称为**广度优先生成树**。无论哪种生成树,都是由相应遍历中首次搜索的边构成的。

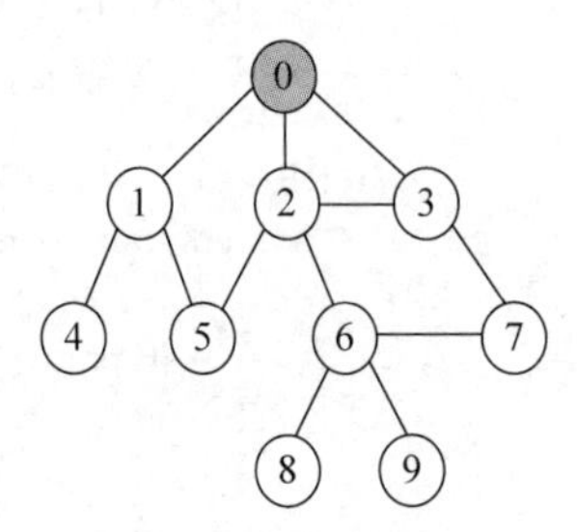

图 8.27 一个无向图

【例 8.14】 对于如图 8.27 所示的无向图,画出其邻接表存储结构,并在该邻接表中以顶点 0 为根画出图 G 的深度优先生成树和广度优先生成树。

解:假设该图的邻接表如图 8.28 所示(注意,图 G 的邻接表不是唯一的)。

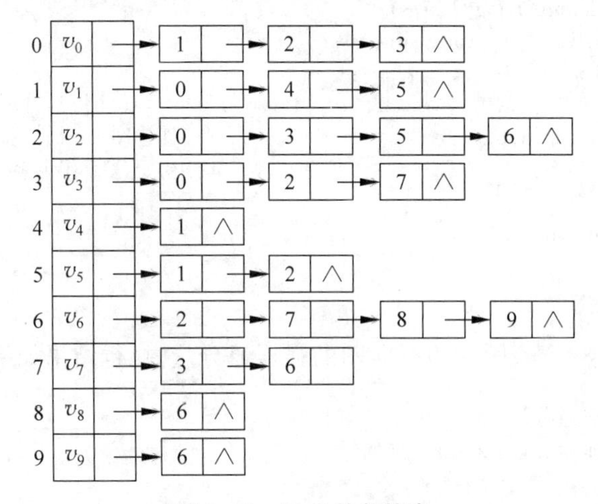

图 8.28 图 G 的邻接表

对于该邻接表,从顶点 0 出发的深度优先遍历过程如图 8.29 所示,因此对应的深度优先生成树如图 8.30 所示。

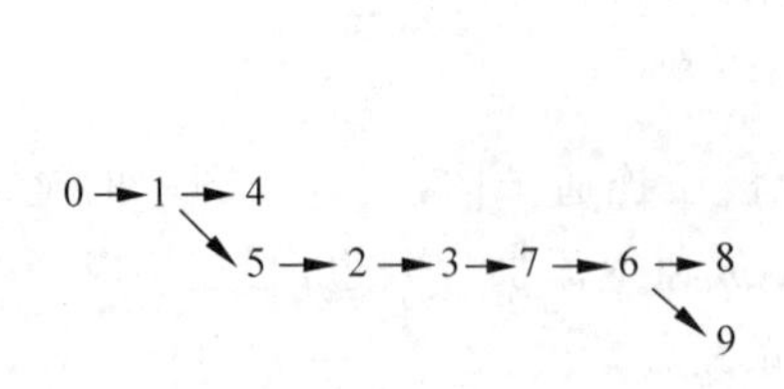

图 8.29 深度优先遍历过程

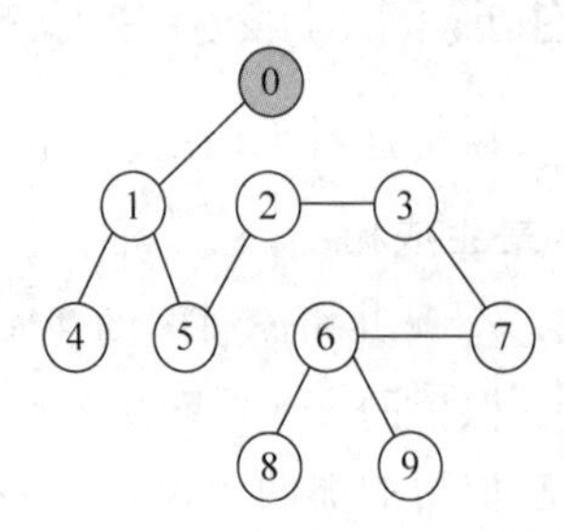

图 8.30 深度优先生成树

对于该邻接表,从顶点 0 出发的广度优先遍历过程如图 8.31 所示,因此对应的广度优先生成树如图 8.32 所示。

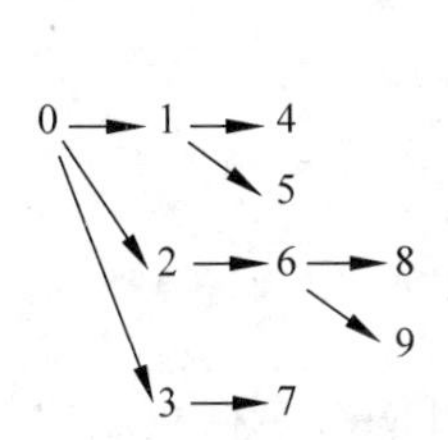

图 8.31 广度优先遍历过程

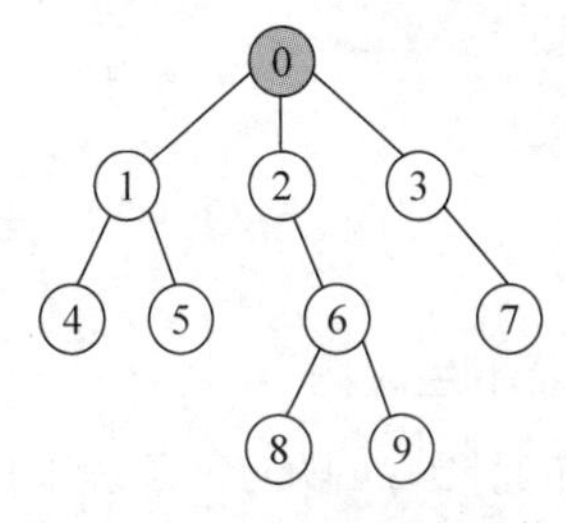

图 8.32 广度优先生成树

说明:一个图的邻接表存储结构不一定唯一,而不同的邻接表,其深度优先遍历序列和广度优先遍历序列可能不同,对应的深度优先生成树和广度优先生成树也可能不同。

【例 8.15】 假设图 G 采用邻接表存储结构表示,设计产生从该图中顶点 v 出发的深度优先生成树和广度优先生成树的算法。

解:在深度优先遍历过程中,所有首次搜索的边(前向边)构成的生成树即为深度优先生成树。从顶点 v 出发产生深度优先生成树的算法如下:

```
public static void DFSTree(AdjGraphClass G,int v)        //生成图的深度优先生成树
{ ArcNode p;
  visited[v]=1;                                          //设置已访问标记
  p=G.adjlist[v].firstarc;                               //p指向顶点v的第一个邻接点
  while(p!=null)
  { int w=p.adjvex;
    if(visited[w]==0)
    { System.out.print("("+v+","+w+")  ");               //输出生成树的一条边
      DFSTree(G,w);                                      //递归调用
    }
    p=p.nextarc;                                         //p置为下一个邻接点
  }
}
```

在广度优先遍历过程中,所有首次搜索的边构成的生成树即为广度优先生成树。从顶点 v 出发产生广度优先生成树的算法如下:

```
public static void BFSTree(AdjGraphClass G,int v)        //生成图的广度优先生成树
{ ArcNode p;
  Queue<Integer> qu=new LinkedList<Integer>();           //定义一个队列
  visited[v]=1;                                          //设置已访问标记
  qu.offer(v);                                           //v进队
  while(!qu.isEmpty())                                   //队列不空循环
  { v=qu.poll();                                         //出队顶点v
    p=G.adjlist[v].firstarc;                             //寻找顶点v的第一个邻接点
    while(p!=null)
    { int w=p.adjvex;
      if(visited[w]==0)                                  //若v的邻接点w未访问
      { System.out.print("("+v+","+w+")  ");             //输出生成树的一条边
```

```
                visited[w]=1;                              //设置已访问标记
                qu.offer(w);                               //w 进队
            }
            p=p.nextarc;                                   //寻找下一个邻接点
        }
    }
}
```

4. 什么是最小生成树

一个带权连通图 G(假定每条边上的权值均大于零)可能有多棵生成树,每棵生成树中所有边上的权值之和可能不同,其中边上的权值之和最小的生成树称为图的**最小生成树**。

按照生成树的定义,n 个顶点的连通图的生成树有 n 个顶点、$n-1$ 条边,因此构造最小生成树的准则有以下几条:

(1) 必须只使用该图中的边来构造最小生成树。

(2) 必须使用且仅使用 $n-1$ 条边来连接图中的 n 个顶点,生成树一定是连通的。

(3) 不能使用产生回路的边。

(4) 最小生成树的权值之和是最小的,但一个图的最小生成树不一定是唯一的。

求图的最小生成树有很多实际应用,例如城市之间的交通工程造价最优问题就是一个最小生成树问题。构造图的最小生成树主要有两个算法,即普里姆算法和克鲁斯卡尔算法,将分别在后面介绍。

视频讲解

8.4.2 普里姆算法

1. 普里姆算法过程

普里姆(Prim)算法是一种构造性算法。假设 $G=(V,E)$是一个具有 n 个顶点的带权连通图,$T=(U,\mathrm{TE})$是 G 的最小生成树,其中 U 是 T 的顶点集,TE 是 T 的边集,则由 G 构造从起始点 v 出发的最小生成树 T 的步骤如下:

(1) 初始化 $U=\{v\}$,以 v 到其他顶点的所有边为候选边。

(2) 重复以下步骤 $n-1$ 次,使得其他 $n-1$ 个顶点被加入 U 中:

① 从候选边中挑选权值最小的边加入 TE(所有候选边一定是连接两个顶点集 U 和 $V-U$ 的边),设该边在 $V-U$ 中的顶点是 k,将顶点 k 加入 U 中。

② 考查当前 $V-U$ 中的所有顶点 j,修改候选边:若(k,j)的权值小于原来和顶点 j 关联的候选边,则用(k,j)取代后者作为候选边。

简单地说,普里姆算法将图中的所有顶点分为 U 和 $V-U$ 两个集合,初始时 U 中仅包含一个顶点,即起始点 v,每次取两个顶点集之间的最小边(权值最小的边)作为最小生成树的一条边,将该边位于 $V-U$ 中的那个顶点移到 U 中,这样 U 和 $V-U$ 两个集合发生改变,以此类推,直到 U 中包含 n 个顶点。

2. 普里姆算法设计

设计普里姆算法的要点如下:

(1) 算法中最主要的操作是在集合 U 和 $V-U$ 之间选择最小边(i,j),并且 $i\in U,j\in V-U$,两个顶点集之间的所有边称为割集,这里就是在割集中找最小边。由于是无向图,求割集可以考虑U中每个顶点到$V-U$的所有边，也可以考虑$V-U$中每个顶点到U的所有边，但本问题的目的仅仅是求最小边，没有必要求出整个割集，只需要考虑U中每个顶点到$V-U$的最小边，或者$V-U$中每个顶点到U的最小边，然后在所有这样的边中找到最小边。

不妨考虑$V-U$中每个顶点j到U的最小边，在这样的最小边中再找出一条最小边便是最小生成树的一条边。

(2) 如何记录$V-U$中每个顶点$j(j\in V-U)$到U的最小边呢？为此建立两个数组closest和lowcost，用closest[j]表示该最小边在U中的顶点，lowcost[j]表示该边的权值。

(3) 对于任意顶点i，如何知道它属于集合U还是集合$V-U$呢？由于图中的权值为正整数，可以通过lowcost值来区分，一旦顶点i移到U中，将lowcost[i]置为0，即$U=\{i \mid \text{lowcost}[i]=0\}$，而$V-U=\{j \mid \text{lowcost}[j]\neq 0\}$。

假设$V-U$中顶点j的最小边为(i,j)，有closest[j]$=i$，其权值为lowcost[j]，它表示的是j到U集合的最小边，对应图8.33中的左图。当然也可以采用图8.33中右图所示的表示形式，注意右图中顶点j连接的是整个U集合，表示$V-U$中顶点j到U集合的最小边是(closest[j],j)，其权值为lowcost[j]。

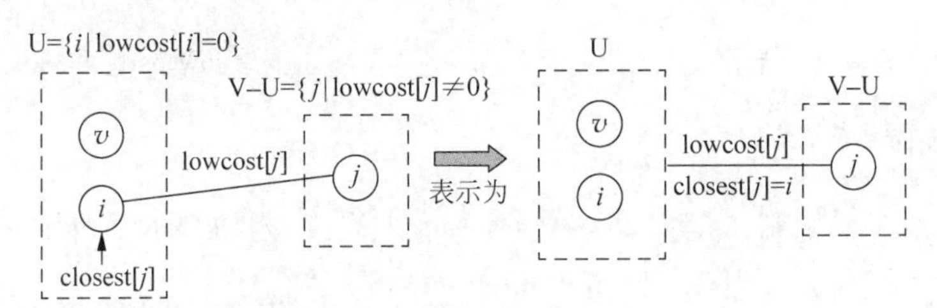

图8.33　顶点集合U和$V-U$

(4) 在算法中频繁地取两个顶点的权值，所以采用邻接矩阵存储图更加高效。

(5) 初始时，U中只有一个顶点v，其他顶点i均在$V-U$中，如果(v,i)有一条边，它就是i到U的最小边，所以置closest[i]$=v$，lowcost[i]$=$g.edges[v][i]。如果(v,i)没有边，不妨认为有一条权为∞的边，同样置closest[i]$=v$，lowcost[i]$=$g.edges[v][i]（此时恰好有g.edges[v][i]为∞，可以看出邻接矩阵为什么这样表示的原因）。

(6) 一旦找到集合U和$V-U$之间的最小边(i,k)，将顶点k移到U中，操作是置lowcost[k]$=0$，这样U和$V-U$两个集合发生改变，显然$V-U$集合中每个顶点j的最小边需要修改。实际上，在顶点k移到U中之前，顶点j的最小边是closest[j]和lowcost[j]，现在U中仅仅新增加了一个顶点k，只需要将原lowcost[j]与g.edges[k][j]比较，若g.edges[k][j]< lowcost[j]，说明(k,j)边更小，修改为lowcost[j]$=$g.edges[k][j]，closest[j]$=k$，否则说明原来的最小边仍然是最小边，不需要修改，如图8.34所示。

说明：在上述要点(6)中可能出现lowcost[j]$=$g.edges[k][j]的情况，这就是为什么最小生成树不一定唯一的原因。当一个带权连通图有多棵最小生成树时，起始点v不同得到的最小生成树可能不同。

对应的Prim(v)算法如下（该算法输出从起始点v出发求得的最小生成树的所有边）：

```
public static void Prim(MatGraphClass g, int v)          //Prim算法
{  int[] lowcost=new int[MAXV];                          //建立数组lowcost
   int[] closest=new int[MAXV];                          //建立数组closest
```

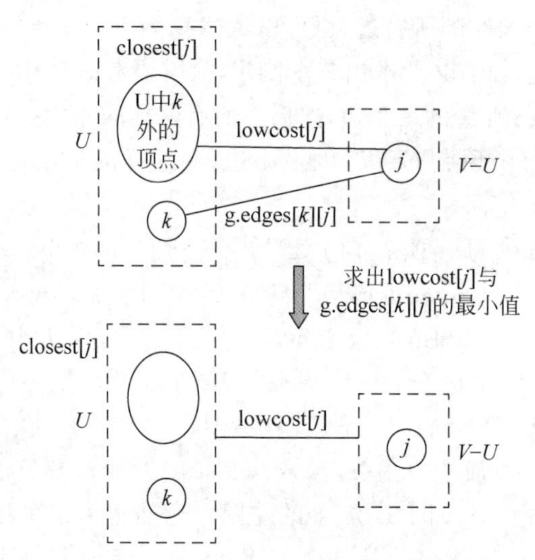

图 8.34　修改 V−U 集合中顶点 j 的最小边

```
    int min,k;
    for(int i=0;i<g.n;i++)                               //给 lowcost[]和 closest[]设置初值
    {   lowcost[i]=g.edges[v][i];
        closest[i]=v;
    }
    for(int i=1;i<g.n;i++)                               //找出最小生成树的 n-1 条边
    {   min=g.INF; k=-1;
        for(int j=0;j<g.n;j++)                     //在(V-U)集合中找出离 U 集合最近的顶点 k
            if(lowcost[j]!=0 && lowcost[j]<min)
            {   min=lowcost[j];
                k=j;                                     //k 记录最小顶点的编号
            }
        System.out.print("("+closest[k]+","+k+"):"+min+" ");  //输出最小生成树的边
        lowcost[k]=0;                                    //将顶点 k 移到 U 集合中
        for(int j=0;j<g.n;j++)                           //修改数组 lowcost 和 closest
            if(lowcost[j]!=0 && g.edges[k][j]<lowcost[j])
            {   lowcost[j]=g.edges[k][j];
                closest[j]=k;
            }
    }
}
```

提示：图应用的几个算法是难度较高的算法，例如求最小生成树和最短路径等，如何掌握这些算法呢？其要点之一是首先要弄清楚算法执行的过程；二是要理解算法设计中几个辅助数组的含义，例如 Prim 算法中 closest 和 lowcost 数组元素的含义；三是要体会算法增量的思路，即一步一步地求解，每一步都是在前面一步的基础上执行的，后一步有哪些变化，如何利用这些变化使得结果向最终解靠近。

例如，图 8.35(a)所示的带权连通图采用 Prim 算法调用 Prim(0)构造最小生成树的过程如图 8.35(b)～图 8.35(f)所示，图 8.35(f)就是最后求出的一棵最小生成树。

上述 Prim 算法中有两重 for 循环语句，所以时间复杂度为 $O(n^2)$，其中 n 为图的顶点

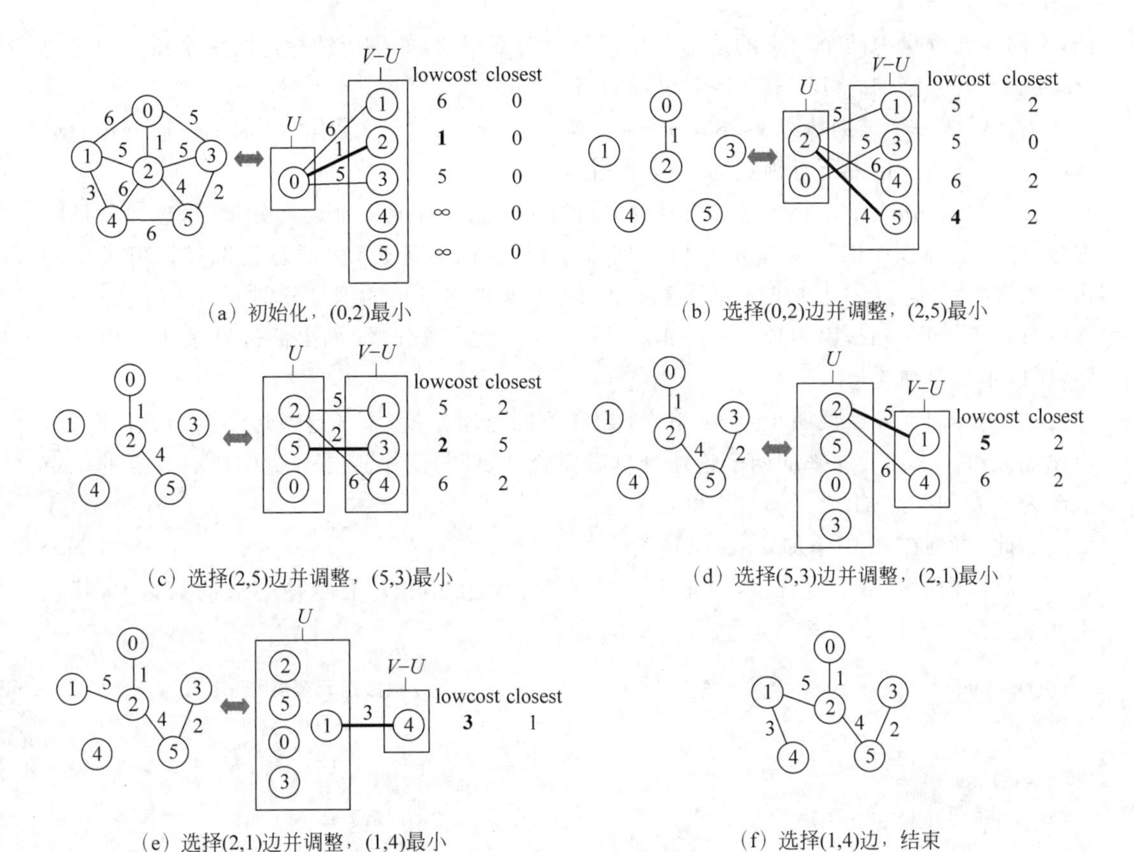

(a) 初始化，(0,2)最小

(b) 选择(0,2)边并调整，(2,5)最小

(c) 选择(2,5)边并调整，(5,3)最小

(d) 选择(5,3)边并调整，(2,1)最小

(e) 选择(2,1)边并调整，(1,4)最小

(f) 选择(1,4)边，结束

图 8.35　用 Prim 算法求解最小生成树的过程

个数。由于与 e 无关，所以普里姆算法特别适合于稠密图求最小生成树。

思考题：当一个带权连通图有多棵最小生成树时，如何利用普里姆算法的思路求出所有的最小生成树？

8.4.3 Kruskal 算法

视频讲解

1. Kruskal 算法过程

Kruskal(克鲁斯卡尔)算法是一种按权值的递增次序选择合适的边来构造最小生成树的方法。假设 $G=(V,E)$是一个具有 n 个顶点的带权连通图，$T=(U,\mathrm{TE})$是 G 的最小生成树，则构造最小生成树的步骤如下：

(1) 置 U 的初值等于 V(即包含有 G 中的全部顶点)，TE 的初值为空集(即图 T 中的每一个顶点都构成一个分量)。

(2) 将图 G 中的边按权值从小到大的顺序依次选取：若选取的边未使生成树 T 形成回路，则加入 TE；否则舍弃，直到 TE 中包含 $n-1$ 条边为止。

2. Kruskal 算法设计

设计 Kruskal 算法的关键是如何判断选择的边是否与生成树中已有的边形成回路，这可通过判断该边的两个顶点所在的连通分量是否相同的方法来解决，每个连通分量用其中的一个顶点编号来标识，称为连通分量编号，同一个连通分量中所有顶点的连通分量编号相同，不同连通分量中两个顶点的连通分量编号一定不相同，如果所选择边的两个顶点的连通分量编号相同，添加到 TE 中一定会出现回路。

为此设置一个辅助数组 vset[0..$n-1$]，其元素 vset[i]代表顶点 i 所属的连通分量的编号(同一个连通分量中所有顶点的 vset 值相同)。

初始时 T 中只有 n 个顶点，没有任何边，每个顶点 i 看成一个连通分量，该连通分量的编号就是 i。将图中的所有边按权值递增排序，从前向后选边(保证总是选择权值最小的边)，当选择一条边($u1$,$v1$)时，求出这两个顶点所属连通分量的编号分别为 sn1 和 sn2：

(1) 若 sn1＝sn2，说明顶点 $u1$ 和 $v1$ 属于同一个连通分量，如果添加这条边会出现回路，所以不能添加该边。

(2) 若 sn1≠sn2，说明顶点 $u1$ 和 $v1$ 属于不同连通分量，添加这条边不会出现回路，所以添加该边。添加后原来的两个连通分量需要合并，即将两个连通分量中所有顶点的 vset 值改为相同(改为 sn1 或者 sn2 均可)。

如此，直到在 T 中添加 $n-1$ 条边为止。

在算法中需要考虑所有边，为此从图 G 的邻接矩阵中获取存放所有边的数组 E，其数组元素类型如下：

```
class Edge                                          //边数组元素类
{ int u;                                            //边的起始顶点
  int v;                                            //边的终止顶点
  int w;                                            //边的权值
  public Edge(int u,int v,int w)                    //构造方法
  {   this.u=u;
      this.v=v;
      this.w=w;
  }
}
```

再对 E 数组按权值 w 递增排序，排序采用 Java 中的 sort()方法。

Kruskal 算法如下：

```
public static void Kruskal1(MatGraphClass g)          //Kruskal 算法
{ int[] vset=new int[MAXV];                          //建立数组 vset
  Edge[] E=new Edge[MAXE];                           //建立存放所有边的数组 E
  int k=0;                                           //E 数组的下标从 0 开始
  for(int i=0;i<g.n;i++)                             //由邻接矩阵 g 产生的边集数组 E
     for(int j=0;j<i;j++)                            //对于无向图仅考虑下三角部分的边
        if(g.edges[i][j]!=0 && g.edges[i][j]!=g.INF)
        {  E[k]=new Edge(i,j,g.edges[i][j]);
           k++;
        }
  Arrays.sort(E,0,k,new Comparator<Edge>()           //E 数组按 w 递增排序
     {  public int compare(Edge o1,Edge o2)          //返回值>0 时进行交换
        {    return o1.w-o2.w; }
     });
  for(int i=0;i<g.n;i++) vset[i]=i;                  //初始化辅助数组
  int cnt=1;                                         //cnt 表示当前构造生成树的第几条边,初值为 1
  int j=0;                                           //取 E 中边的下标,初值为 0
```

```
    while(cnt<g.n)                                //生成的边数小于 n 时循环
    {   int u1=E[j].u; int v1=E[j].v;             //取一条边的起始和终止顶点
        int sn1=vset[u1];
        int sn2=vset[v1];                         //分别得到两个顶点所属连通分量的编号
        if(sn1!=sn2)                              //两顶点属于不同连通分量,添加不会构成回路
        {   System.out.print("("+u1+","+v1+"):"+E[j].w+"  ");  //输出最小生成树的边
            cnt++;                                //生成边数增 1
            for(int i=0;i<g.n;i++)                //两个连通分量统一编号
                if(vset[i]==sn2)                  //将 sn2 的连通分量中的顶点改为 sn1
                    vset[i]=sn1;
        }
        j++;                                      //继续取 E 的下一条边
    }
}
```

说明：在数组 E 中添加边时可能会出现几条权值相同的边，这就是为什么最小生成树不一定唯一的原因。另外，Kruskal 算法中开头添加的两条边一定不会出现回路，所以图中如果有两条权值最小的边，它们一定都会出现在所有的最小生成树中；而添加第 3 条就可能出现回路，所以图中如果有 3 条权值最小的边，它们不一定都会出现在所有的最小生成树中。

例如，对于图 8.35(a)所示的带权无向图，采用 Kruskal 算法构造最小生成树的过程如图 8.36(a)～图 8.36(e)所示。初始时，$j=0$，顶点 i 对应的 vset[i]值为 i，图 8.36 中各顶点旁边标出该值的变化过程。

(1) 在图 8.36(a)中添加一条 $j=0$ 的边(0,2):1，顶点 0 和 2 连通，则将顶点 2 的 vset[2]值改为 0。

(2) 在图 8.36(b)中添加一条 $j=1$ 的边(3,5):2，顶点 3 和 5 连通，则将顶点 5 的 vset[5]值改为 3。

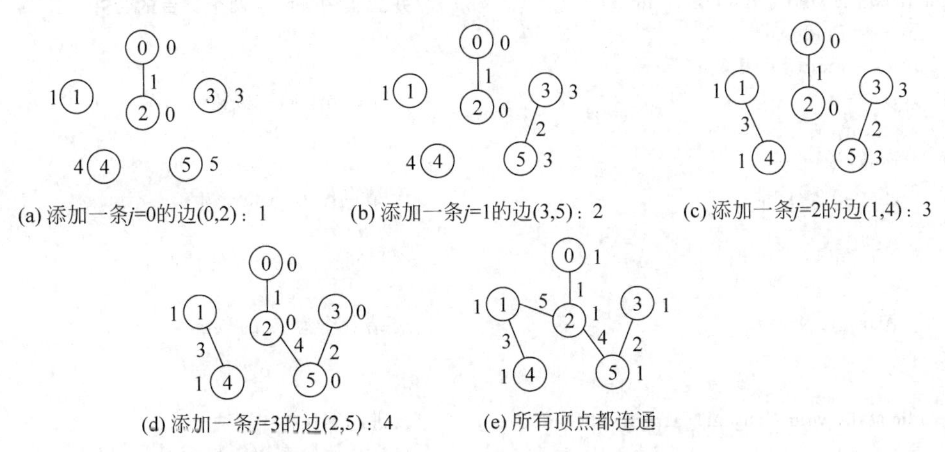

(a) 添加一条j=0的边(0,2)：1　(b) 添加一条j=1的边(3,5)：2　(c) 添加一条j=2的边(1,4)：3

(d) 添加一条j=3的边(2,5)：4　(e) 所有顶点都连通

图 8.36　用 Kruskal 算法求解最小生成树的过程

(3) 在图 8.36(c)中添加一条 $j=2$ 的边(1,4):3，顶点 1 和 4 连通，则将顶点 4 的 vset[4]值改为 1。

(4) 在图 8.36(d)中添加一条 $j=3$ 的边(2,5):4，这样顶点 0、2、3、5 连通，则将顶点 5

的 vset[5]值改为 0,顶点 3 的 vset[3]值改为 0。

(5) 选择一条 $j=4$ 的边(0,3):5,由于 vset[0]=vset[3],不能添加该边。执行 $j++$,选择 $j=5$ 的边(1,2):5,这样所有顶点都连通,则所有顶点的 vset 值改为 1,如图 8.36(e)所示,该图就是最后求出的一棵最小生成树。

思考题 当一个带权连通图有多棵最小生成树时,如何利用克鲁斯卡尔算法的思路求出所有的最小生成树?

视频讲解

*3. 改进的 Kruskal 算法设计

上述 Kruskal 算法不是高效的算法,因为在采用 vset 数组时添加一条边后合并的时间复杂度为 $O(n)$,可以采用 7.9.2 节的并查集实现连通分量的查找和合并,也就是将一个连通分量看成一个等价类,属于一个等价类的两个顶点是同一个连通分量的顶点,属于两个不同等价类的两个顶点是不同连通分量的顶点。

采用并查集实现的 Kruskal 算法如下:

```
static int[] parent=new int[MAXV];                //并查集存储结构
static int[] rank=new int[MAXV];                  //存储结点的秩
public static void Init(int n)                    //并查集初始化
{ for(int i=0;i<n;i++)                            //顶点编号为 0～n-1
  {  parent[i]=i;
     rank[i]=0;
  }
}
public static int Find(int x)                     //在并查集中查找 x 结点的根结点
{ if(x!=parent[x])
     parent[x]=Find(parent[x]);                   //路径压缩
  return parent[x];
}
public static void Union(int x,int y)             //并查集中 x 和 y 两个集合的合并
{ int rx=Find(x);
  int ry=Find(y);
  if(rx==ry)                                      //x 和 y 属于同一棵树的情况
     return;
  if(rank[rx]<rank[ry])
     parent[rx]=ry;                               //rx 结点作为 ry 的孩子
  else
  {  if(rank[rx]==rank[ry])                       //秩相同,合并后 rx 的秩增 1
        rank[rx]++;
     parent[ry]=rx;                               //ry 结点作为 rx 的孩子
  }
}
public static void Kruskal2(MatGraphClass g)      //改进的 Kruskal 算法
{ Edge[] E=new Edge[MAXE];                        //建立存放所有边的数组 E
  int k=0;                                        //E 数组的下标从 0 开始
  for(int i=0;i<g.n;i++)                          //由邻接矩阵 g 产生的边集数组 E
     for(int j=0;j<i;j++)                         //对于无向图仅考虑下三角部分的边
        if(g.edges[i][j]!=0 && g.edges[i][j]!=g.INF)
        {  E[k]=new Edge(i,j,g.edges[i][j]);
           k++;
```

```
        }
    Arrays.sort(E,0,k,new Comparator<Edge>()   //E数组按w递增排序
        {   public int compare(Edge o1,Edge o2)     //返回值>0时进行交换
            {     return o1.w-o2.w; }
        });
    Init(g.n);
    int cnt=1;                                 //cnt表示当前构造生成树的第几条边,初值为1
    int j=0;                                   //取E中边的下标,初值为0
    while(cnt<g.n)                             //生成的边数小于n时循环
    {  int u1=E[j].u; int v1=E[j].v;           //取一条边的头、尾顶点
       int sn1=Find(u1);
       int sn2=Find(v1);                       //分别得到两个顶点所属连通分量的编号
       if(sn1!=sn2)                            //两顶点属于不同连通分量,添加不会构成回路
       {  System.out.print("("+u1+","+v1+"):"+E[j].w+"   ");  //输出最小生成树的边
          cnt++;                               //生成边数增1
          Union(u1,v1);                        //合并
       }
       j++;                                    //继续取E的下一条边
    }
}
```

若带权连通图 G 有 n 个顶点、e 条边，上述算法中排序的时间复杂度为 $O(e\log_2 e)$，而并查集的查找和合并都是 $O(\log_2 e)$，while 循环语句最多执行 e 次，所以整个算法的时间复杂度仍然为 $O(e\log_2 e)$(注意这里的时间不计提取 E 数组的时间，因为在许多实际问题中边信息是已知的)。通常说 Kruskal 算法的时间复杂度为 $O(e\log_2 e)$，指的是改进的 Kruskal 算法。由于与 n 无关，所以 Kruskal 算法特别适合于稀疏图求最小生成树。

8.5 最短路径

8.5.1 最短路径的概念

在一个不带权图中，若从一顶点到另一顶点存在着一条路径，则称该路径的长度为该路径上所经过边的数目，它等于该路径上的顶点数减 1。从一顶点到另一顶点可能存在着多条路径，每条路径上所经过的边数可能不同，即路径长度不同，把路径长度最短(即经过的边数最少)的那条路径称为**最短路径**，把其路径长度称为**最短路径长度**或最短距离。

对于带权图，考虑路径上各边的权值，通常把一条路径上所经边的权值之和定义为该路径的路径长度或称**带权路径长度**。从源点到终点可能不止一条路径，把带权路径长度最短的那条路径称为最短路径，把其路径长度(权值之和)称为**最短路径长度**或者最短距离。

实际上，只要把不带权图上的每条边看成是权值为 1 的边，那么不带权图和带权图的最短路径和最短距离的定义是一致的。

求图的最短路径主要包括两个方面的问题，一是求图中某一顶点到其余各顶点的最短路径(称为单源最短路径)，这里介绍 Dijkstra(狄克斯特拉)算法；二是求图中每一对顶点之间的最短路径(称为多源最短路径)，这里介绍 Floyd(弗洛伊德)算法。

视频讲解

8.5.2 Dijkstra 算法

1. Dijkstra 算法过程

给定一个带权图 G 和一个起始点(即源点 v),Dijkstra 算法的具体步骤如下:

(1) 初始时,顶点集 S 只包含源点,即 $S=\{v\}$,顶点 v 到自己的最短路径长度为 0。顶点集 U 包含除 v 以外的其他顶点,源点 v 到 U 中顶点 i 的最短路径长度为边上的权值(若源点 v 到顶点 i 有边 $<v,i>$)或∞(若源点 v 到顶点 i 没有边,此时认为有一条长度为∞的最短路径)。

(2) 从 U 中选取一个顶点 u,它是源点 v 到 U 中最短路径长度最小的顶点,然后把顶点 u 加入 S 中(此时求出了源点 v 到顶点 u 的最短路径长度)。

(3) 以顶点 u 为新考虑的中间点,修改顶点 u 的出边邻接点 j 的最短路径长度,此时源点 v 到顶点 j 的最短路径有两条,一条经过顶点 u,一条不经过顶点 u。如图 8.37 所示,图中实线表示边,虚线表示路径。

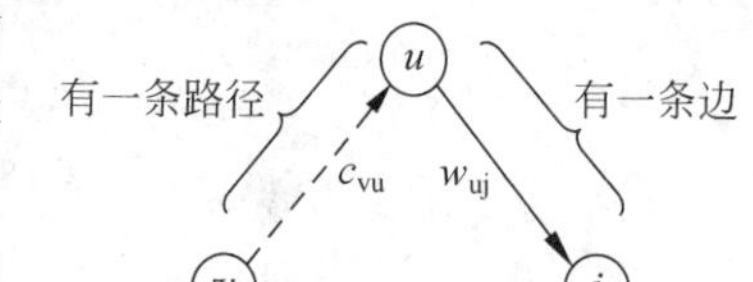

图 8.37 从源点 v 到顶点 j 的路径比较

① 若经过顶点 u 的最短路径长度(图中为 $c_{vu}+w_{uj}$)比不经过顶点 u 的最短路径长度(图中为 c_{vj})更短,则修改源点 v 到顶点 j 的最短路径长度为经过顶点 u 的那条路径长度。

② 否则,说明原来的不经过顶点 u 的最短路径长度更短,不需要修改。

(4) 重复步骤(2)和(3),直到 S 包含所有的顶点,即 U 为空。

2. Dijkstra 算法设计

设有向图 $G=(V,E)$,采用邻接矩阵作为存储结构。设计 Dijkstra 算法的要点如下:

(1) 判断顶点 i 属于哪个集合,设置一个数组 S,$S[i]=1$ 表示顶点 i 属于 S 集合,$S[i]=0$ 表示顶点 i 属于 U 集合。

(2) 保存最短路径长度,由于源点 v 是已知的,只需要设置一个数组 dist[0..$n-1$],dist[i]用来保存从源点 v 到顶点 i 的最短路径长度。dist[i]的初值为 $<v,i>$ 边上的权值,若顶点 v 到顶点 i 没有边,则权值定为∞。以后每考虑一个新的中间点 u 时,dist[i]的值可能被修改变小。

(3) 保存最短路径,设置一个数组 path[0..$n-1$],其中 path[i]存放从源点 v 到顶点 i 的最短路径。为什么能够用一个一维数组保存多条最短路径呢?

如图 8.38 所示,假设从源点 v 到顶点 j 有多条路径,其中 v⇨…⇨a⇨…⇨u⇨j 是最短路径,即最短路径上顶点 j 的前一个顶点是顶点 u,则 v⇨…⇨a⇨…⇨u 也一定是从源点 v 到顶点 u 的最短路径,否则说明从源点 v 到顶点 u 还有另一条最短路径,如 v⇨…⇨b⇨…⇨u,而这条路径加上顶点 j 即 v⇨…⇨b⇨…⇨u⇨j,构成从源点 v 到顶点 j 的最短路径,这与前面的假设矛盾,所以若 v⇨…⇨a⇨…⇨u⇨j 是一条最短路径,则 v⇨…⇨a⇨…⇨u 一定是从源点 v 到顶点 u 的最短路径,这样就可以用 path[j]保存从源点 v 到顶点 j 的最短路径了,即置 path[j]为最短路径上的前一个顶点 u(即 path[j]$=u$),不妨称顶点 u 为顶点 j 的前驱顶点,再由 path[u]一步一步向前推,直到源点 v,这样可以推出从源点 v 到顶点 j 的最短路径。

也就是说 path[j]只保存源点 v 到顶点 j 的最短路径上顶点 j 的前驱顶点(实际上 path 数组改名为 pre 数组更直观,但为了尊重算法的发明者,仍采用 path 数组),从而只需要用一个一维数组 path 便可以保存所有的最短路径了。

例如对于图 8.39 所示的带权有向图,在采用 Dijkstra 算法求从顶点 0 到其他顶点的最短路径时,S、U、dist 和 path 到各顶点的距离的变化过程如表 8.1 所示,其中 dist 和 path 中的阴影部分表示发生了修改。

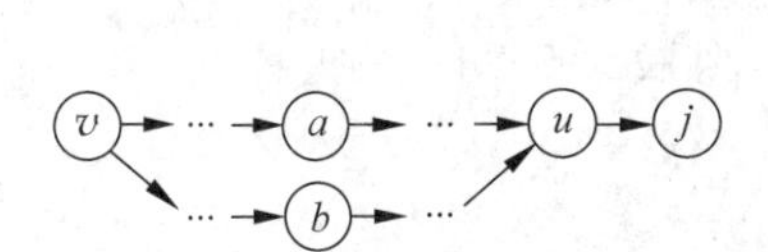

图 8.38　顶点 v 到 j 的最短路径

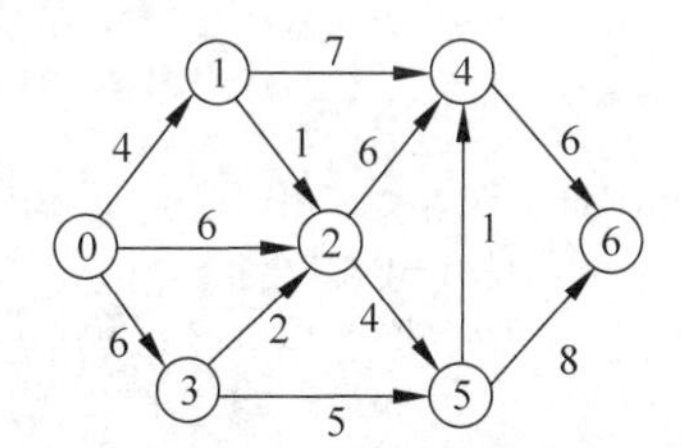

图 8.39　一个带权有向图

表 8.1　求从顶点 0 出发的最短路径时 S、U、dist 和 path 的变化过程

S	U	dist							path							选择 U 中的 u 顶点
		0	1	2	3	4	5	6	0	1	2	3	4	5	6	
{0}	{1,2,3,4,5,6}	0	4	6	6	∞	∞	∞	0	0	0	0	−1	−1	−1	1
{0,1}	{2,3,4,5,6}	0	4	5	6	11	∞	∞	0	0	1	0	1	−1	−1	2
{0,1,2}	{3,4,5,6}	0	4	5	6	11	9	∞	0	0	1	0	1	2	−1	3
{0,1,2,3}	{4,5,6}	0	4	5	6	11	9	∞	0	0	1	0	1	2	−1	5
{0,1,2,3,5}	{4,6}	0	4	5	6	10	9	17	0	0	1	0	5	2	5	4
{0,2,3,5,4}	{6}	0	4	5	6	10	9	16	0	0	1	0	5	2	4	6
{0,1,2,3,5,4,6}	{}	0	4	5	6	10	9	16	0	0	1	0	5	2	4	算法结束

最后求出顶点 0 到 1~6 各顶点的最短距离分别为 4、5、6、10、9 和 16。

求出的 path 为{0,0,1,0,5,2,4}。这里以求顶点 0 到顶点 4 的最短路径为例说明通过 path 求最短路径的过程:path[4]=5,path[5]=2,path[2]=1,path[1]=0(源点),则顶点 0 到顶点 4 的最短路径之逆为 4→5→2→1→0,正向最短路径为 0→1→2→5→4。

对应的 Dijkstra 算法如下(v 为源点编号):

视频讲解

```
public static void Dijkstra1(MatGraphClass g,int v)  //Dijkstra 算法
{ int[] dist=new int[MAXV];                          //建立 dist 数组
  int[] path=new int[MAXV];                          //建立 path 数组
  int[] S=new int[MAXV];                             //建立 S 数组
  for(int i=0;i<g.n;i++)
  { dist[i]=g.edges[v][i];                           //对最短路径长度进行初始化
    S[i]=0;                                          //S[]置空
    if(g.edges[v][i]<g.INF)                          //最短路径初始化
      path[i]=v;                                     //当 v 到 i 有边时,设置路径上顶点 i 的前驱为 v
    else                                             //当 v 到 i 没边时,设置路径上顶点 i 的前驱为-1
      path[i]=-1;
```

```
    }
    S[v]=1;                                          //将源点 v 放入 S 中
    int u=-1;
    int mindis;
    for(int i=0;i<g.n-1;i++)                         //循环向 S 中添加 n-1 个顶点
    {   mindis=g.INF;                                //mindis 置求最小长度的初值
        for(int j=0;j<g.n;j++)                       //选取不在 S 中且具有最小距离的顶点 u
            if(S[j]==0 && dist[j]<mindis)
            {   u=j;
                mindis=dist[j];
            }
        S[u]=1;                                      //将顶点 u 加入 S 中
        for(int j=0;j<g.n;j++)                       //修改不在 S 中的顶点的距离
            if(S[j]==0)                              //仅仅修改 S 中的顶点 j
                if(g.edges[u][j]<g.INF && dist[u]+g.edges[u][j]<dist[j])
                {   dist[j]=dist[u]+g.edges[u][j];
                    path[j]=u;
                }
    }
    DispAllPath(dist,path,S,v,g.n);                  //输出所有最短路径及长度
}
```

以下是输出所有最短路径及其长度的方法，其中通过对 path 数组向前递推生成从源点到顶点 i 的最短路径。

```
private static void DispAllPath(int[] dist,int[] path,int[] S,int v,int n)
{ int[] apath=new int [MAXV];
  int d;                                             //path[0..d]存放一条最短路径(逆向)
  for(int i=0;i<n;i++)                               //循环输出从顶点 v 到 i 的路径
      if(S[i]==1 && i!=v)
      {   System.out.printf("  从%d到%d最短路径长度: %d \t路径:",v,i,dist[i]);
          d=0; apath[d]=i;                           //添加路径上的终点
          int k=path[i];
          if(k==-1)                                  //没有路径的情况
              System.out.println("无路径");
          else                                       //存在路径时输出该路径
          {   while(k!=v)
              {   d++; apath[d]=k;                   //将顶点 k 加入路径中
                  k=path[k];
              }
              d++; apath[d]=v;                       //添加路径上的起点
              for(int j=d;j>=0;j--)                  //输出最短路径
                  System.out.print(apath[j]+" ");
              System.out.println();
          }
      }
}
```

上述 Dijkstra 算法的时间复杂度为 $O(n^2)$。

思考题：①一个带权图的两个顶点之间有多条长度相同的最短路径，如何利用 Dijkstra 算法的思路求出所有的最短路径？②如何利用 Dijkstra 算法的思路仅仅求出顶点 i 到顶点

j 的最短路径?

【深入扩展】 Dijkstra 算法的特点如下:

(1) 既适合带权有向图求单源最短路径,也适合带权无向图求单源最短路径。

(2) 算法中一旦顶点 u 添加到 S 中,源点 v 到该顶点的最短路径在后面不再发生改变,所以狄克斯特拉算法不适合含负权的图求最短路径。因为含负权时后面可能出现源点 v 到顶点 u 的更短路径,但这里是得不到修改的。例如图 8.40 所示为一个含负权的带权图,源点为 0,在采用狄克斯特拉算法时,先求出 0 到 1 的最短路径长度为 1,后面不会修改,而实际上 0 到 1 的最短路径长度为 3－4＝－1。

(3) S 中越后面添加的顶点,源点 v 到该顶点的最短路径长度越长,也就是说是按照最短路径长度递增次序向 S 中添加顶点的。

(4) 能不能利用狄克斯特拉算法思路求源点 v 到其他顶点的最长路径呢? 即选择的 u 顶点是具有最长路径长度的顶点,其出边邻接点也改为按最长路径长度进行修改。答案是否定的。可以通过一个反例证明,例如对于图 8.41 所示的带权图,求源点 0 到其他顶点的最长路径,照此方法求出 0⇨3 的最长路径为 0→1→3,实际上是 0→2→3。

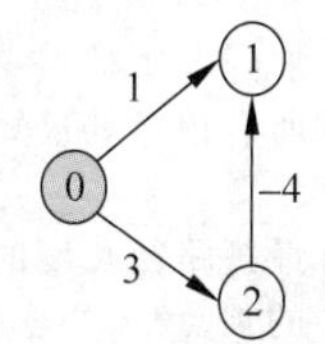

图 8.40 一个含负权的带权图

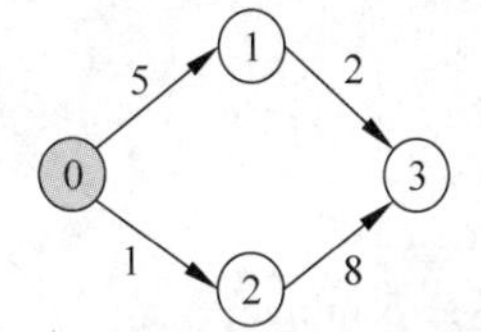

图 8.41 一个带权图

*3. 改进的 Dijkstra 算法设计

视频讲解

对前面的 Dijkstra 算法从两个方面进行优化,这里仅仅求最短路径长度:

(1) 在前面的 Dijkstra1 算法中,当求出源点 v 到顶点 u 的最短路径长度后,实际上只需要调整从顶点 u 出发的邻接点的最短路径长度,而 Dijkstra1 算法由于采用邻接矩阵存储图,需要花费 $O(n)$的时间来调整从顶点 u 出发的邻接点的最短路径长度,如果采用邻接表存储图,可以更快地查找到顶点 u 的所有邻接点并进行调整,时间为 O(MAX(图中顶点的出度))。

(2) 在求目前一个最短路径长度的顶点 u 时,Dijkstra1 算法采用简单比较方法,可以改为采用优先队列(小根堆)求解。由于最多有 e 条边对应的顶点进队,对应的时间为 $O(\log_2 e)$。

对应的改进 Dijkstra 算法 Dijkstra2 如下:

```
class Node                                      //优先队列(小根堆)中的结点类型
{  int i;                                       //为顶点编号
   int dist;                                    //dist[i]值
   public Node(int i,int dist)                  //构造方法
   {  this.i=i;
      this.dist=dist;
   }
}
static final int MAXV=100;                      //表示最多顶点个数
```

```
public static void Dijkstra2(AdjGraphClass G, int v) //改进的 Dijkstra 算法
{ Comparator< Node > dComparator                      //定义 dComparator
  = new Comparator< Node >()
  {  public int compare(Node o1, Node o2)             //用于创建 dist 小根堆
     {  return (o2.dist-o1.dist); }
  };
  PriorityQueue< Node > pq=new PriorityQueue< Node >(MAXV, dComparator);
  int[] dist=new int[MAXV];                           //建立 dist 数组
  int[] S=new int[MAXV];                              //建立 S 数组
  Node e;
  ArcNode p;
  Arrays.fill(dist, G.INF);                           //初始化 dist[i]为∞
  p=G.adjlist[v].firstarc;
  while(p!=null)
  {  int w=p.adjvex;
     dist[w]=p.weight;                                //距离初始化
     pq.offer(new Node(w, dist[w]));                  //将 v 的出边顶点进队
     p=p.nextarc;
  }
  S[v]=1;                                             //源点 v 添加到 S 中
  for(int i=0;i<G.n-1;i++)                            //循环直到所有顶点的最短路径都求出
  {  e=pq.poll();                                     //出队 e
     int u=e.i;                                       //选取具有最短路径长度的顶点 u
     if(S[u]==1) continue;                            //跳过 S 中的顶点
     S[u]=1;                                          //顶点 u 加入 S 中
     p=G.adjlist[u].firstarc;
     while(p!=null)                                   //考查从顶点 u 出发的所有相邻点
     {  int w=p.adjvex;
        if(S[w]==0)                                   //考虑修改不在 S 中的顶点 w 的最短路径长度
           if(dist[u]+p.weight < dist[w])
           {  dist[w]=dist[u]+p.weight;               //修改最短路径长度
              pq.offer(new Node(w, dist[w]));         //修改最短路径长度的顶点进队
           }
        p=p.nextarc;
     }
  }
  System.out.printf("从%d 顶点出发的最短路径长度如下:\n", v);
  for(int i=0;i<G.n;i++)                              //输出结果
     if(i!=v)
        System.out.println("  到顶点"+i+"的最短路径长度:"+dist[i]);
}
```

上述 Dijkstra2 算法的最坏时间复杂度为 $O(n\log_2 e+e\log_2 e)$，一般图中顶点个数 n 小于 e，所以进一步简化时间复杂度为 $O(e\log_2 e)$。

8.5.3 Floyd 算法

视频

1. Floyd 算法过程

求解每对顶点之间的最短路径的一个办法是每次以一个顶点为源点，重复执行 Dijkstra 算法 n 次，这样便可以求得每一对顶点之间的最短路径。解决该问题的另一种方

法是采用 Floyd(弗洛伊德)算法。

弗洛伊德算法的思路是假设有向图 $G=(V,E)$ 采用邻接矩阵 **g** 表示,另外设置一个二维数组 A 用于存放当前顶点之间的最短路径长度,其中元素 $A[i][j]$ 表示当前顶点 i 到 j 的最短路径长度。为了求 **A**,必须考查以所有顶点为中间点通过比较求最短路径长度,如一个图中只有 3 个顶点和 0→1 以及 1→2 的两条边,仅仅从邻接矩阵看,0→2 是没有路径的,但考查中间顶点 1 时就会发现有一条 0→1→2 的路径。

当图中的顶点个数 $n>2$ 时,中间顶点会有多个,但每一次只能考查一个顶点,不妨按从 0 到 $n-1$ 的次序来考查 n 个顶点。这样在考查中间顶点 k 时,前面的 $0\sim k-1$ 顶点均已考查过。所谓考查中间顶点 k,就是考查任意两个顶点 i 到 j 的路径上经过考查顶点 k 的新路径。k 从 0 到 $n-1$,这样产生了一个矩阵序列 $\boldsymbol{A}_0,\boldsymbol{A}_1,\cdots,\boldsymbol{A}_k,\cdots,\boldsymbol{A}_{n-1}$,其中 $A_k[i][j]$ 表示从顶点 i 到 j 的路径上所经过的顶点不大于 k(或者说经过的顶点小于等于 k)的最短路径长度。

初始时没有考查任何中间顶点,也就是将任意两个顶点之间的边看成它们之间的最短路径,而邻接矩阵恰好表示了这样的最短路径,所以 $A_{-1}[i][j]$=g.edges$[i][j]$。

若 $A_{k-1}[i][j](k>0)$ 已求出,或者说已经求出以 $0\sim k-1$ 为中间顶点的任意两个顶点的最短路径长度,现在新增加一个中间顶点 k,即求 $A_k[i][j]$。如图 8.42 所示(图中虚线表示路径),$A_{k-1}[i][k]$ 是顶点 i 到 k 经过 $0\sim k-1$ 的中间顶点(该路径除了终点为 k 外中间顶点一定不含顶点 k)的最短路径长度,$A_{k-1}[k][j]$ 是顶点 k 到 j 经过 $0\sim k-1$ 的中间顶点(该路径除了起点为 k 外中间顶点一定不含顶点 k)的最短路径长度,$A_{k-1}[i][j]$ 是顶点 i 到 j 经过 $0\sim k-1$ 的中间顶点(该路径中一定不含顶点 k)的最短路径长度。简单地说,在考查顶点 k 时,顶点 i 到 j 有两条路径(若没有其中的某条路径,不妨将其看成是长度为∞的路径):

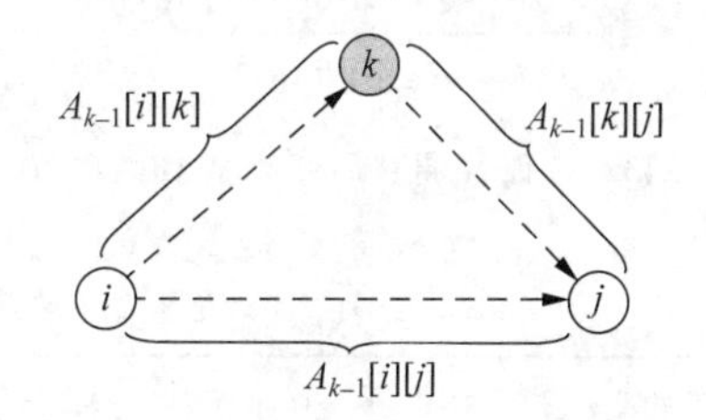

图 8.42 在考查顶点 $0\sim k$ 后求顶点 i 到 j 的最短路径长度 $A_k[i][j]$

(1) 不经过顶点 k 的路径,该路径与之前求出的路径长度相同,即为 $A_{k-1}[i][j]$。

(2) 经过顶点 k 的路径,其长度为 $A_{k-1}[i][k]+A_{k-1}[k][j]$。

显然顶点 i 到 j 的最短路径是这样两条路径中的较短者,若 $A_{k-1}[i][j]>A_{k-1}[i][k]+A_{k-1}[k][j]$,选择经过顶点 k 的路径,即 $A_k[i][j]=A_{k-1}[i][k]+A_{k-1}[k][j]$,否则 $A_k[i][j]=A_{k-1}[i][j]$。

归纳起来,上述求解思路可用如下表达式来描述:

$A_{-1}[i][j]$=g.edges$[i][j]$

$A_k[i][j]=\mathrm{MIN}\{A_{k-1}[i][j],A_{k-1}[i][k]+A_{k-1}[k][j]\}\quad 0\leqslant k\leqslant n-1$

该式是一个迭代表达式,每迭代一次,在从顶点 i 到顶点 j 的最短路径上就多考查了一个中间顶点,经过 n 次迭代后所得的 $A_{n-1}[i][j]$ 值就是考查所有顶点后求出的从顶点 i 到 j 的最短路径长度,也就是最后的解。

另外用二维数组 path 保存最短路径,它与当前迭代的次数有关,即当迭代完毕时,path$[i][j]$ 存放从顶点 i 到顶点 j 的最短路径上顶点 j 的前驱顶点。path 中存放最短路径的含义与狄克斯特拉算法中的路径表示方式类似。

说明：由于 k 是递增的，而且是 $\mathbf{A}_{k-1}$ 全部求出后再求 $\mathbf{A}_k$，所以用 $\mathbf{A}_k$ 覆盖 $\mathbf{A}_{k-1}$，这样 **A** 仅仅设计为二维数组而不是三维数组，从而节省空间。path 也采用类似的设计。

在求 $A_{k-1}[i][j]$时，$\text{path}_{k-1}[i][j]$中存放的是已考查 $0\sim k-1$ 中间顶点求出的从顶点 i 到顶点 j 的最短路径上顶点 j 的前驱顶点，考查顶点 k 的最短路径修改情况如图 8.43 所示(图中虚线表示路径，实线表示边)，$\text{path}_{k-1}[i][j]=b$ 表示考查 $0\sim k-1$ 中间顶点后求出顶点 i 到 j 的最短路径上顶点 j 的前驱顶点是 b，$\text{path}_{k-1}[k][j]=a$ 表示这样的最短路径上顶点 j 的前驱顶点是 a。若 $A_{k-1}[i][j]>A_{k-1}[i][k]+A_{k-1}[k][j]$，应选择经过顶点 k 的路径，新路径表示为 $\text{path}_k[i][j]=a=\text{path}_{k-1}[k][j]$，否则仍然选择不经过顶点 k 的原来路径，即不修改 path。

在算法结束时，由二维数组 path 一步一步向前推可以得到从顶点 i 到顶点 j 的最短路径。例如对于图 8.44 所示的带权有向图，对应的邻接矩阵如图 8.45 所示，求所有顶点之间最短路径时 A、path 数组的变化如表 8.2 所示(表中深阴影表示修改部分)。

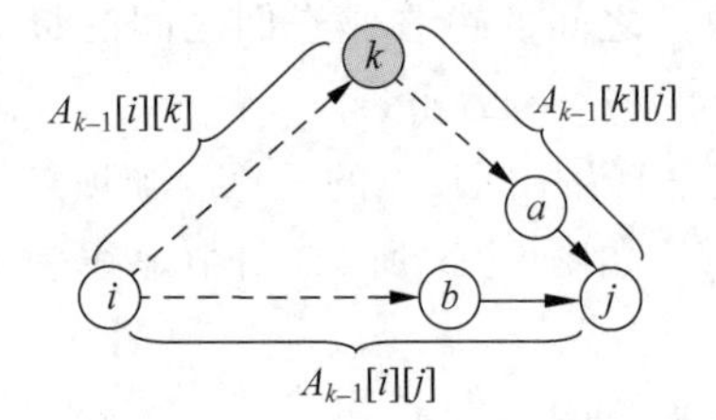

图 8.43 在路径调整后修改 $\text{path}_k[i][j]$

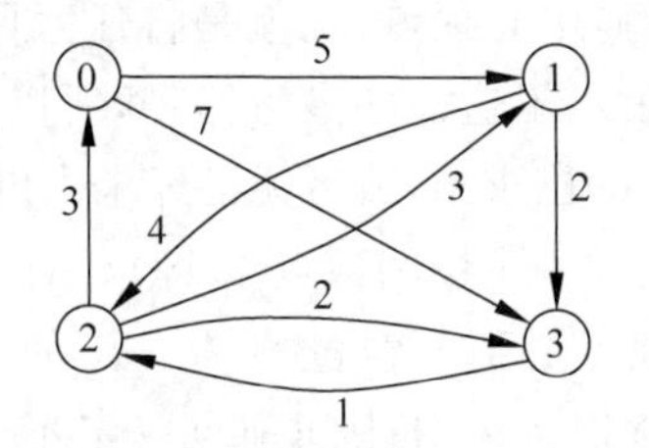

图 8.44 一个有向图

$$\begin{bmatrix} 0 & 5 & \infty & 7 \\ \infty & 0 & 4 & 2 \\ 3 & 3 & 0 & 2 \\ \infty & \infty & 1 & 0 \end{bmatrix}$$

图 8.45 图的邻接矩阵

表 8.2 求最短路径时 A、path 数组的变化过程

$\mathbf{A}_{-1}$					$\mathbf{path}_{-1}$				
	0	1	2	3		0	1	2	3
0	0	5	∞	7	0	−1	0	−1	0
1	∞	0	4	2	1	−1	−1	1	1
2	3	3	0	2	2	2	2	−1	2
3	∞	∞	1	0	3	−1	−1	3	−1
$\mathbf{A}_0$					$\mathbf{path}_0$				
	0	1	2	3		0	1	2	3
0	0	5	∞	7	0	−1	0	−1	0
1	∞	0	4	2	1	−1	−1	1	1
2	3	3	0	2	2	2	2	−1	2
3	∞	∞	1	0	3	−1	−1	3	−1
$\mathbf{A}_1$					$\mathbf{path}_1$				
	0	1	2	3		0	1	2	3
0	0	5	9	7	0	−1	0	1	0
1	∞	0	4	2	1	−1	−1	1	1
2	3	3	0	2	2	2	2	−1	2
3	∞	∞	1	0	3	−1	−1	3	−1

续表

A_2					$path_2$				
	0	1	2	3		0	1	2	3
0	0	5	9	7	0	−1	0	1	0
1	7	0	4	2	1	2	−1	1	1
2	3	3	0	2	2	2	2	−1	2
3	4	4	1	0	3	2	2	3	−1
A_3					$path_3$				
	0	1	2	3		0	1	2	3
0	0	5	8	7	0	−1	0	3	0
1	6	0	3	2	1	2	−1	3	1
2	3	3	0	2	2	2	2	−1	2
3	4	4	1	0	3	2	2	3	−1

初始时，$\boldsymbol{A}_{-1}$ 和邻接矩阵相同。$path_{-1}$ 元素的设置是当存在顶点 i 到顶点 j 的边时，path[i][j]置为 i（将 $i \to j$ 的边看成 i 到 j 的最短路径，这样 i 到 j 的最短路径上顶点 j 的前驱顶点是 i），否则置为−1。

(1) 考虑顶点 0 时，没有任何最短路径得到修改，所以 $\boldsymbol{A}_0$ 与 $\boldsymbol{A}_{-1}$ 相同，$path_0$ 与 $path_{-1}$ 相同。

(2) 考虑顶点 1 时，0⇨2 原来没有路径，现在有一条通过顶点 1 的路径 0→1→2，其长度为 5+4=9，A[0][2]由原来的∞修改为 9，path[0][2]由原来的−1 修改为该路径上顶点 2 的前驱顶点 1。其他两个顶点的最短路径没有修改。

(3) 考虑顶点 2 时：

① 1⇨0 原来没有路径，现在有一条通过顶点 2 的路径 1→2→0，其长度为 4+3=7，A[1][0]由原来的∞修改为 7，path[1][0]由原来的−1 修改为该路径上顶点 0 的前驱顶点 2。

② 3⇨0 原来没有路径，现在有一条通过顶点 2 的路径 3→2→0，其长度为 1+3=4，A[3][0]由原来的∞修改为 4，path[3][0]由原来的−1 修改为该路径上顶点 0 的前驱顶点 2。

③ 3⇨1 原来没有路径，现在有一条通过顶点 2 的路径 3→2→1，其长度为 1+3=4，A[3][1]由原来的∞修改为 4，path[3][1]由原来的−1 修改为该路径上顶点 1 的前驱顶点 2。其他两个顶点的最短路径没有修改。

(4) 考虑顶点 3 时：

① 0⇨2 原来路径为 0→1→2，长度为 9，现在有一条通过顶点 3 的更短路径为 0→1→3→2，其长度为 5+2+1=8，A[0][2]修改为 8，path[0][2]修改为该路径上顶点 2 的前驱顶点 3。

② 1⇨2 原来路径为 1→2→0，长度为 7，现在有一条通过顶点 3 的更短路径为 1→3→2→0，其长度为 2+1+3=6，A[1][0]修改为 6，path[1][0]由原来的 2 修改为该路径上顶点 0 的前驱顶点 2（尽管都是 2，但也有修改）。

③ 1⇨2 原来路径为 1→2，长度为 4，现在有一条通过顶点 3 的更短路径为 1→3→2，其

长度为 2+1=3,A[1][2]修改为 3,path[1][2]修改为该路径上顶点 2 的前驱顶点 3。其他两个顶点的最短路径没有修改。

这样的 $\boldsymbol{A}_3$ 和 $path_3$ 就是最终的 **A** 和 path。在求出 **A** 和 path 后,由 **A** 数组可以直接得到两个顶点之间的最短路径长度,例如 $A[1][0]=6$,说明顶点 1 到 0 的最短路径长度为 6。

由 path 数组可以推导出所有顶点之间的最短路径,其中第 $i(0 \leqslant i \leqslant n-1)$ 行用于推导顶点 i 到其他各顶点的最短路径。这里以求顶点 1 到 0 的最短路径及长度为例说明求路径的过程: path[1][0]=2,说明 1⇨0 的最短路径上顶点 0 的前驱顶点是 2; path[1][2]=3,表示该路径上顶点 2 的前驱顶点是 3; path[1][3]=1,表示该路径上顶点 3 的前驱顶点是 1,找到起点,得到的顶点序列为 0,2,3,1(逆路径),则顶点 1 到 0 的最短路径为 1→3→2→0。

2. Floyd 算法设计

利用前述原理设计的 Floyd 算法如下:

```
public static void Floyd(MatGraphClass g)                    //Floyd 算法
{  int[][] A=new int[MAXV][MAXV];                            //建立 A 数组
   int[][] path=new int[MAXV][MAXV];                         //建立 path 数组
   for(int i=0;i<g.n;i++)                                    //给数组 A 和 path 置初值,即求 A_-1[i][j]
      for(int j=0;j<g.n;j++)
      {  A[i][j]=g.edges[i][j];
         if(i!=j && g.edges[i][j]<g.INF)
            path[i][j]=i;                                    //i 和 j 顶点之间有边时
         else
            path[i][j]=-1;                                   //i 和 j 顶点之间没有边时
      }
   for(int k=0;k<g.n;k++)                                    //求 A_k[i][j]
   {  for(int i=0;i<g.n;i++)
         for(int j=0;j<g.n;j++)
            if(A[i][j]>A[i][k]+A[k][j])
            {  A[i][j]=A[i][k]+A[k][j];
               path[i][j]=path[k][j];                        //修改最短路径
            }
   }
   Dispath(A,path,g);                                        //生成最短路径和长度
}
```

以下是输出所有最短路径及其长度的方法,其中通过对 path 数组向前递推生成从顶点 i 到顶点 j 的最短路径。

```
public static void Dispath(int[][]A,int[][] path,MatGraphClass g) //输出所有的最短路径和长度
{  int[] apath=new int[MAXV];
   int d;                                                    //apath[0..d]存放一条最短路径(逆向)
   for(int i=0;i<g.n;i++)
      for(int j=0;j<g.n;j++)
      {  if(A[i][j]!=g.INF && i!=j)                          //若顶点 i 和 j 之间存在路径
         {  System.out.print("  顶点"+i+"到"+j+"的最短路径长度:"+A[i][j]+"\t
路径:");
            int k=path[i][j];
```

```
                d=0; apath[d]=j;                        //在路径上添加终点
                while (k!=-1 && k!=i)                   //在路径上添加中间点
                {   d++; apath[d]=k;                    //将顶点 k 加入路径中
                    k=path[i][k];
                }
                d++; apath[d]=i;                        //在路径上添加起点
                for (int s=d;s>=0;s--)                  //输出最短路径
                    System.out.print(" "+apath[s]);
                System.out.println();
            }
        }
    }
```

上述弗洛伊德算法中有三重循环,其时间复杂度为 $O(n^3)$。

【深入扩展】 弗洛伊德的特点如下:

(1) 既适合带权有向图求多源最短路径,也适合带权无向图求多源最短路径。

(2) Floyd 算法适合含负权和回路的带权图求多源最短路径。这是因为每考虑一个顶点 k,其他任意两个顶点 i、$j(i\neq j)$之间的最短路径长度都可能调整。简单地说在求出 $A_k[i][j]$ 后,后面考查其他顶点时可能修改该路径长度,这一点不同于 Dijkstra 算法。

(3) Floyd 算法不适合负回路(该回路上所有边的权值和为负数)的带权图求多源最短路径。这是因为当出现负回路时,理论上讲不存在最短路径,因为围绕负回路走一圈的路径更短,而 Floyd 算法中没有判断路径中顶点重复的问题。

【例 8.16】 假设一个带权有向图 G 采用邻接矩阵存储结构表示(所有权值为正整数),设计一个算法求其中的一个最小环的长度,要求这样的环至少包含 3 个顶点,并求出如图 8.46 所示的带权有向图中满足要求的最小环的长度。

解:采用 Floyd 算法求存放任意两个顶点之间最短路径长度的数组 A,另外设置一个二维数组 pcnt,pcnt$[i][j]$表示从顶点 i 到 j 的最短路径上包含的顶点个数。

图 8.46 一个带权有向图 G

当求出 A 和 pcnt 后,如果 $i\neq j$ 并且 $A[i][j]$< INF && pcnt$[i][j]$>2,表示顶点 i 到 j 有一条包含 3 个或者更多顶点的最短路径,若 g.edges$[j][i]$< INF,表示顶点 j 到 i 有一条边,则构成一个至少包含 3 个顶点的环,其长度为 $A[i][j]$+g.edges$[j][i]$,通过比较求出长度最短的环的长度。

对应的完整程序如下:

视频讲解

```
public class Exam8_16
{ static final int MAXV=100;                               //表示最多顶点个数
  static int[][] A=new int[MAXV][MAXV];                    //A 数组
  static int[][] pcnt=new int[MAXV][MAXV];                 //路径中的顶点个数
  public static void Floyd(MatGraphClass g)                //Floyd 算法
  {   for(int i=0;i<g.n;i++)                               //A 和 pcnt 初始化
          for(int j=0;j<g.n;j++)
          {   A[i][j]=g.edges[i][j];
              if(A[i][j]!=0 && A[i][j]!=g.INF)             //有边
                  pcnt[i][j]=2;                            //<i,j>作为路径,含两个顶点
```

```
            else
                pcnt[i][j]=0;                           //没有路径,顶点个数为0
        }
    for(int k=0;k<g.n;k++)                              //依次考查所有顶点
    {   for(int i=0;i<g.n;i++)
            for(int j=0;j<g.n;j++)
                if(A[i][j]>A[i][k]+A[k][j])
                {   A[i][j]=A[i][k]+A[k][j];            //修改最短路径长度
                    pcnt[i][j]=pcnt[i][k]+pcnt[k][j]-1;
                }
    }
}
public static int Mincycle(MatGraphClass g)             //找出一个最小环长度
{   int minlength=g.INF;
    Floyd(g);
    for(int i=0;i<g.n;i++)
        for(int j=0;j<g.n;j++)
            if(i!=j && A[i][j]<g.INF && pcnt[i][j]>2 && g.edges[j][i]<g.INF)
            {   if(A[i][j]+g.edges[j][i]<minlength)
                    minlength=A[i][j]+g.edges[j][i];
            }
    return minlength;
}
public static void main(String[] args)
{   MatGraphClass g=new MatGraphClass();
    int n=5,e=10;
    int[][] a={{0,13,g.INF,4,g.INF},{13,0,15,g.INF,5},
            {g.INF,g.INF,0,12,g.INF},{4,g.INF,12,0,g.INF},{g.INF,g.INF,6,3,0}};
    g.CreateMatGraph(a,n,e);                            //建立图8.46所示有向图的邻接矩阵
    System.out.println("图g");
    g.DispMatGraph();
    System.out.println("最小环长度="+Mincycle(g));
}
}
```

上述程序的执行结果如下：

```
图g
   0  13   ∞   4   ∞
  13   0  15   ∞   5
   ∞   ∞   0  12   ∞
   4   ∞  12   0   ∞
   ∞   ∞   6   3   0
最小环长度=25
```

该程序求出图8.46所示带权有向图中最小环(至少包含3个顶点)的长度为25,该环为0→1→4→3→0。如果不考虑最小环至少包含3个顶点,算法设计会更简单(不必设计pcnt数组),其结果是8,对应的最小环是0→3→0。

视频讲解

8.6　拓扑排序

8.6.1　什么是拓扑排序

设 $G=(V,E)$ 是一个具有 n 个顶点的有向图，当且仅当 V 中的顶点序列 $v_1,v_2,\cdots,v_n$ 满足下列条件时称为一个**拓扑序列**：若 $<v_i,v_j>$ 是图中的有向边或者从顶点 v_i 到顶点 v_j 有一条路径，则在序列中顶点 v_i 必须排在顶点 v_j 之前。

在一个有向图 G 中找一个拓扑序列的过程称为**拓扑排序**。

例如，计算机专业的学生必须完成一系列规定的基础课和专业课才能毕业，假设这些课程的名称与相应编号如表 8.3 所示。

表 8.3　课程名称与相应编号的关系

课程编号	课程名称	先修课程
C_1	高等数学	无
C_2	程序设计	无
C_3	离散数学	C_1
C_4	数据结构	C_2、C_3
C_5	编译原理	C_2、C_4
C_6	操作系统	C_4、C_7
C_7	计算机组成原理	C_2

课程之间的这种先修关系可用一个有向图表示，如图 8.47 所示。这种用顶点表示活动、用有向边表示活动之间优先关系的有向图称为顶点表示活动的网（简称为 AOV 网）。

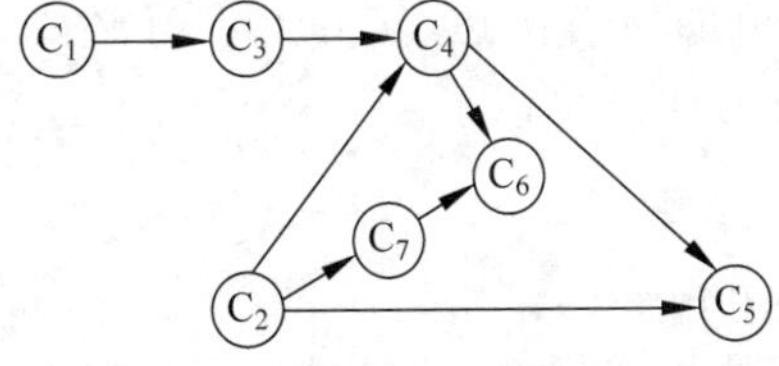

图 8.47　课程之间的优先关系有向图

对这个有向图进行拓扑排序可得到一个拓扑序列 $C_1\to C_3\to C_2\to C_4\to C_7\to C_6\to C_5$，也可得到另一个拓扑序列 $C_2\to C_7\to C_1\to C_3\to C_4\to C_5\to C_6$，还可以得到其他的拓扑序列。学生按照任何一个拓扑序列都可以有顺序地进行课程学习。

拓扑排序的过程如下：

(1) 从有向图中选择一个没有前驱（即入度为 0）的顶点并且输出它。

(2) 从图中删去该顶点，并且删去从该顶点发出的全部有向边。

(3) 重复上述两步，直到剩余的图中不再存在没有前驱的顶点为止。

拓扑排序的结果有两种：一种是图中的全部顶点都被输出，即得到包含全部顶点的拓扑序列，称为成功的拓扑排序；另一种就是图中顶点未被全部输出，即只能得到部分顶点的拓扑序列，称为失败的拓扑排序。

由拓扑排序过程看出，如果只得到部分顶点的拓扑序列，那么剩余的顶点均有前驱顶点，或者说至少有两个顶点相互为前驱，从而构成一个有向回路。

说明：对一个有向图进行拓扑排序，如果不能得到全部顶点的拓扑序列，则图中存在有向回路，否则图中不存在有向回路，可以利用这个特点采用拓扑排序判断一个有向图中是否存在回路。

【例 8.17】 给出图 8.48 所示有向图的全部可能的拓扑排序序列。

解：从图中看到，入度为 0 有两个顶点，即 0 和 4，先考虑顶点 0，删除 0 及相关边，入度为 0 者有 4；删除 4 及相关边，入度为 0 者有 1 和 5；考虑顶点 1，删除 1 及相关边，入度为 0 者有 2 和 5，如此得到拓扑序列 041253、041523、045123。

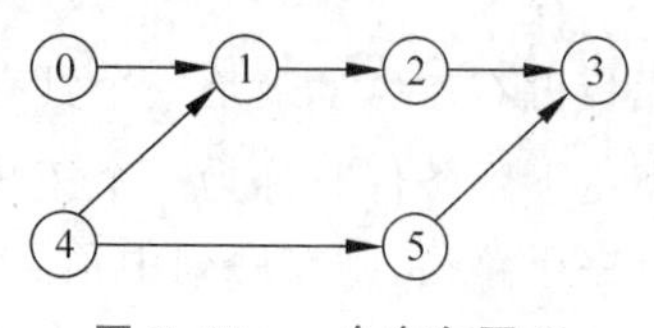

图 8.48 一个有向图 *G*

再考查顶点 4，类似地得到拓扑序列 450123、401253、405123、401523。

因此，所有的拓扑序列为 041253、041523、045123、450123、401253、405123、401523。

从该例可知，一个有向图的拓扑序列不一定唯一，那么在什么情况下一个有向图的拓扑序列唯一呢？按照拓扑排序的过程可以看出，这样的有向图中入度为 0 的顶点是唯一的，而且每次输出一个顶点并删去从该顶点发出的全部有向边后，剩下部分中入度为 0 的顶点也是唯一的。

视频讲解

8.6.2 拓扑排序算法设计

在设计拓扑排序算法时，假设给定的有向图采用邻接表作为存储结构，需要考虑顶点的入度，为此设计一个 ind 数组，ind[i]存放顶点 i 的入度，先通过邻接表 G 求出 ind。拓扑排序时的设计要点如下：

(1) 在某个时刻，可以有多个入度为 0 的顶点，为此设置一个栈 st，以存放多个入度为 0 的顶点，栈中的顶点都是入度为 0 的顶点。

(2) 在出栈顶点 i 时，将顶点 i 输出，同时删去该顶点的所有出边，实际上没有必要真删去这些出边，只需要将顶点 i 的所有出边邻接点的入度减 1 就可以了。

对应的拓扑排序算法如下：

```
public static void TopSort(AdjGraphClass G)                    //拓扑排序
{  int[] ind=new int[MAXV];                                    //记录每个顶点的入度
   Arrays.fill(ind,0);                                         //初始化 ind 数组
   ArcNode p;
   for(int i=0;i<G.n;i++)                                      //求顶点 i 的入度
   {   p=G.adjlist[i].firstarc;
       while(p!=null)
       {   int j=p.adjvex;
           ind[j]++;                                           //有边<i,j>,顶点 j 的入度增 1
           p=p.nextarc;
       }
   }
   Stack<Integer> st=new Stack<Integer>();                     //定义一个栈
   for(int i=0;i<G.n;i++)                                      //所有入度为 0 的顶点进栈
       if(ind[i]==0)
           st.push(i);
   while(!st.empty())                                          //栈不为空时循环
```

```
    {   int i=st.pop();                                    //出栈一个顶点i
        System.out.print(i+" ");                           //输出顶点i
        p=G.adjlist[i].firstarc;                           //寻找第一个邻接点
        while(p!=null)
        {   int j=p.adjvex;
            ind[j]--;                                      //顶点j的入度减1
            if(ind[j]==0)                                  //入度为0的邻接点进栈
                st.push(j);
            p=p.nextarc;                                   //寻找下一个邻接点
        }
    }
}
```

上述算法仅仅输出一个拓扑序列(实际应用中绝大多数情况都是如此,例如8.7节讨论的求关键路径就只需要产生一个拓扑序列)。对于图8.48所示的有向图,输出的拓扑序列为4 5 0 1 2 3。

说明:在拓扑排序中栈仅仅用于存放所有入度为0的顶点,不必考虑先后顺序,可以用队列代替栈。对于图8.48所示的有向图,采用队列时输出的拓扑序列为0 4 1 5 2 3。

*8.6.3 逆拓扑序列和非递归深度优先遍历

若在有向图中考查各顶点的出度并以下列步骤进行排序,则将这种排序称为逆拓扑排序,将输出的结果称为逆拓扑序列:

(1) 在有向图中选择一个没有后继的顶点(出度为0)输出。

(2) 在图中删除该顶点,并删去所有到达该顶点的边,即删除所有入边。

(3) 重复(1)、(2),直到图中没有出度为0的顶点为止。

若上述过程结束时全部顶点均已输出,则排序成功,否则说明有向图中存在有向回路。例如对于图8.49所示的有向无环图,采用上述过程求出的一个逆拓扑序列是4→2→1→3→0,包含全部顶点,表示排序成功。

实际上逆拓扑序列就是拓扑序列的反序,显然求一个有向无环图的逆拓扑序列可以这样做,先求出一个拓扑序列,然后反过来就是逆拓扑序列。如图8.49所示有向无环图的一个拓扑序列为0→3→1→2→4,反过来得到的逆拓扑序列是4→2→1→3→0。

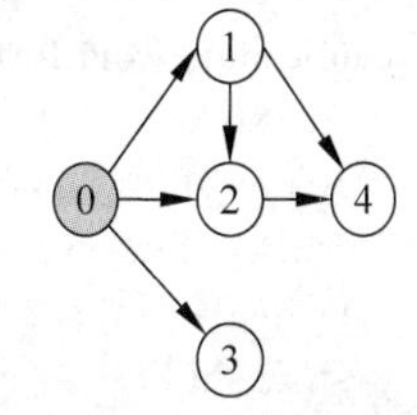

图8.49 一个有向无环图

当一个有向无环图可以利用深度优先遍历访问所有顶点时,则可以采用非递归的深度优先遍历的方法进行逆拓扑排序,如果遍历一次不能访问全部顶点,可以像非强连通图那样多次遍历。

从顶点v出发的深度优先遍历过程是访问顶点v,找到顶点v的一个未访问的邻接点w,从w出发继续深度优先遍历(即使顶点v还有其他未访问的邻接点w_1,也总是先扩展w而不是先访问w_1),对应的非递归过程如下:

(1) 采用一个栈st保存被访问过的结点,先访问起始点v并修改其访问标记,将顶点v进栈。

(2) 栈不空时循环,取栈顶顶点x,找顶点x的一个未访问的邻接点w,访问顶点w并修改其访问标记,将顶点w进栈,然后不是考虑顶点x的下一个未访问的邻接点,而是对顶

点 w 做与顶点 x 相同的操作(后进的顶点 w 先扩展)。若顶点 x 不再有未访问的邻接点,将顶点 x 出栈(此时 x 没有保存的必要)。

视频讲解

对应的算法如下:

```
public static void DFS1(AdjGraphClass G, int v)          //非递归深度优先遍历算法
{ ArcNode p;
  Stack<Integer> st=new Stack<Integer>();              //定义一个栈
  System.out.print(v+" ");                             //访问顶点 v
  visited[v]=1;                                         //设置顶点 v 已访问
  st.push(v);                                           //使顶点 v 进栈
  while(!st.empty())                                    //栈不空时循环
  {  int x=st.peek();                                   //取栈顶顶点 x 作为当前顶点
     p=G.adjlist[x].firstarc;                           //寻找顶点 x 的第一个邻接点
     while(p!=null)
     {  int w=p.adjvex;                                 //x 的邻接点为 w
        if(visited[w]==0)                               //若顶点 w 没有访问
        {  System.out.print(w+" ");                     //访问顶点 w
           visited[w]=1;                                //设置顶点 w 已访问
           st.push(w);                                  //使顶点 w 进栈
           break;                                       //退出循环,转向处理栈顶顶点(体现后进先出)
        }
        p=p.nextarc;                                    //寻找顶点 x 的下一个邻接点
     }
     if(p==null) st.pop();                              //若顶点 x 再没有未访问的邻接点,将其退栈
  }
}
```

从上述过程看出,当有向无环图可以利用非递归深度优先遍历算法访问所有顶点时,最先出栈的顶点即为出度为 0 的顶点,它是拓扑序列中最后的一个顶点,因此按顶点出栈的先后次序记录下的顶点序列即为逆拓扑序列。对应的算法如下:

```
public static void ReTopSort(AdjGraphClass G, int v) //求 G 中从 v 出发的逆拓扑序列
{ ArcNode p;
  Arrays.fill(visited,0);
  Stack<Integer> st=new Stack<Integer>();              //定义一个栈
  visited[v]=1;                                         //设置顶点 v 已访问
  st.push(v);                                           //使顶点 v 进栈
  while(!st.empty())                                    //栈不空时循环
  {  int x=st.peek();                                   //取栈顶顶点 x 作为当前顶点
     p=G.adjlist[x].firstarc;                           //寻找顶点 x 的第一个邻接点
     while(p!=null)
     {  int w=p.adjvex;                                 //x 的邻接点为 w
        if(visited[w]==0)                               //若顶点 w 没有访问
        {  visited[w]=1;                                //设置顶点 w 已访问但不输出
           st.push(w);                                  //使顶点 w 进栈
           break;                                       //退出循环,转向处理栈顶顶点(体现后进先出)
        }
        p=p.nextarc;                                    //寻找顶点 x 的下一个邻接点
     }
     if(p==null)                                        //若顶点 x 再没有未访问的邻接点
```

```
        {   System.out.print(x+" ");                    //访问 x
            st.pop();                                   //将其退栈
        }
    }
}
```

8.7　AOE 网与关键路径

视频讲解

8.7.1　什么是 AOE 网和关键路径

若用一个带权有向图(DAG)描述工程的预计进度,以顶点表示事件,有向边表示活动,边 e 的权 $c(e)$ 表示完成活动 e 所需的时间(例如天数),或者说活动 e 持续时间,图中入度为 0 的顶点表示工程开始事件(例如开工仪式),出度为 0 的顶点表示工程结束事件,则称这样的有向图为 AOE 网。

通常每个工程都只有一个开始事件和一个结束事件,因此表示工程的 AOE 网都只有一个入度为 0 的顶点,称为**源点**(source),和一个出度为 0 的顶点,称为**汇点**(converge)。如果图中存在多个入度为 0 的顶点,只要加一个虚拟源点,使这个虚拟源点到原来所有入度为 0 的点都有一条长度为 0 的边,变成只有一个源点,对存在多个出度为 0 的顶点的情况做类似的处理,所以只需讨论单源点和单汇点的情况。

利用这样的 AOE 网能够预计整个工程的完工时间,并找出影响工程进度的"关键活动",为决策者提供修改各活动的预计进度的依据。所谓关键活动是指不存在富余时间的活动,关键活动不能按期完工,整个工程的工期会发生拖延。与之相对应,非关键活动是指存在有富裕时间的活动,适当地拖延非关键活动可能不影响整个工程的工期。例如,小明和小英是小学三年级的同班学生,教师布置一个作业要求 3 天交,小明恰好需要 3 天完成该作业,而小英只需要两天完成该作业,那么该作业对于小明来说是关键活动,一天都不能耽误,但对于小英来说是非关键活动,有一天的富裕时间。

在 AOE 网从源点到汇点的所有路径中,具有最大路径长度的路径称为**关键路径**。完成整个工程的最短时间就是网中关键路径的长度,也就是网中关键路径上各活动持续时间的总和。关键路径上的活动都是关键活动,或者说关键路径是由关键活动构成的,所以只要找出 AOE 网中的全部关键活动,也就找到全部关键路径了。

例如图 8.50 表示某工程的 AOE 网,共有 9 个事件和 11 项活动,其中 A 表示开始事件即源点,I 表示结束事件即汇点。

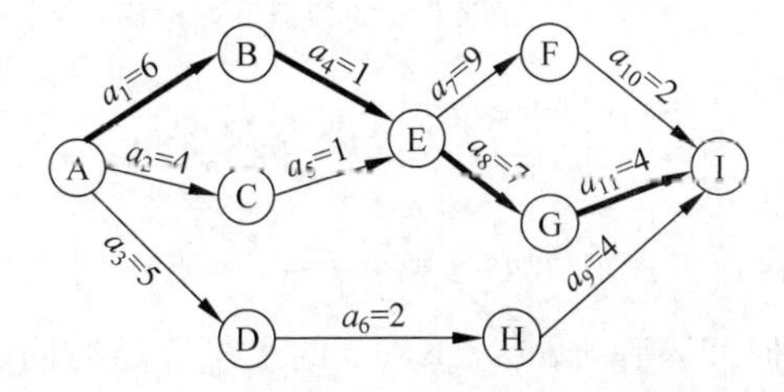

图 8.50　AOE 网的示例(粗线表示一条关键路径)

AOE 网中的任何活动连接两个事件,若存在活动 $a=<x,y>$,称 x 为 y 的前驱事件,y 为 x 的后继事件。

下面介绍如何利用 AOE 网计算出影响工程进度的关键活动。

在 AOE 网中先求出每个事件(顶点)的最早开始和最迟开始时间,再求出每个活动(边)的最早开始和最迟开始时间,由此求出所有的关键活动。

(1) 事件的最早开始时间：规定源点事件的最早开始时间为 0,定义 AOE 网中其他事件 v 的最早开始时间 ve(v)等于所有前驱事件最早开始时间加上相应活动持续时间的最大值。例如,事件 v 有 x、y、z 共 3 个前驱事件(即有 3 个活动到事件 v,持续时间分别为 a、b、c),求事件 v 的最早开始时间如图 8.51 所示。

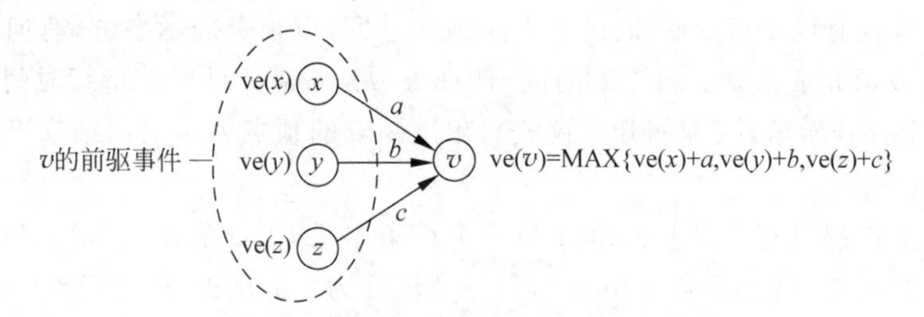

图 8.51　求事件 v 的最早开始时间

归纳起来,事件 v 的最早开始时间定义如下：

$$\begin{aligned}&\mathrm{ve}(v)=0 && v\text{ 为源点}\\&\mathrm{ve}(v)=\mathrm{MAX}\{\mathrm{ve}(x_i)+c(a_j)\mid a_j\text{ 为活动}<x_i,v>,c(a_j)\text{为活动 }a_j\text{ 的持续时间}\} && \text{其他}\end{aligned}$$

(2) 事件的最迟开始时间：定义在不影响整个工程进度的前提下,事件 v 必须发生的时间称为 v 的最迟开始时间 vl(v)。规定汇点事件的最迟开始时间等于其最早开始时间,定义其他事件 v 的最迟开始时间 vl(v)等于所有后继事件最迟开始时间减去相应活动持续时间的最小值。例如,事件 v 有 x、y、z 共 3 个后继事件(即从事件 v 出发有 3 个活动,持续时间分别为 a、b、c),求事件 v 的最迟开始时间如图 8.52 所示。

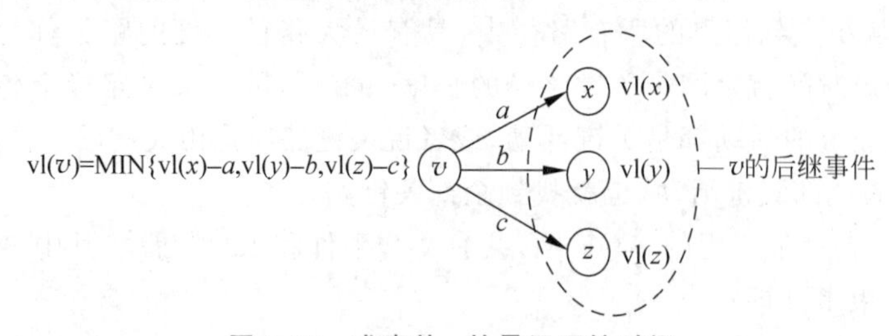

图 8.52　求事件 v 的最迟开始时间

归纳起来,事件 v 的最迟开始时间定义如下：

$$\begin{aligned}&\mathrm{vl}(v)=\mathrm{ve}(v) && v\text{ 为汇点}\\&\mathrm{vl}(v)=\mathrm{MIN}\{\mathrm{vl}(x_i)-c(a_j)\mid a_j\text{ 为活动}<v,x_i>,c(a_j)\text{为活动 }a_j\text{ 的持续时间}\} && \text{其他}\end{aligned}$$

(3) 活动的最早开始时间：活动 $a=<x,y>$的最早开始时间 $e(a)$等于 x 事件的最早开始时间,如图 8.53 所示,即

$$e(a)=\mathrm{ve}(x)$$

(4) 活动的最迟开始时间：活动 $a=<x,y>$ 的最迟开始时间 $l(a)$ 等于 y 事件的最迟开始时间与该活动持续时间之差，如图 8.53 所示，即

$l(a)=\mathrm{vl}(y)-c(a)$

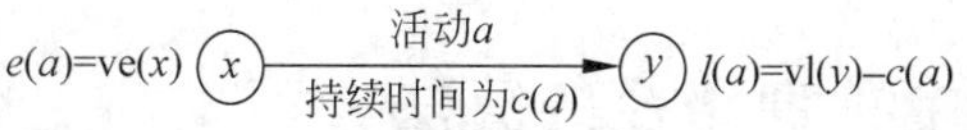

$e(a)=\mathrm{ve}(x)$ x 活动a 持续时间为$c(a)$ y $l(a)=\mathrm{vl}(y)-c(a)$

图 8.53 活动 a 的最早开始时间和最迟开始时间

(5) 关键活动：如果一个活动 a 的最早开始时间等于最迟开始时间，即 $d(a)=e(a)-l(a)=0$，则 a 为关键活动。

【例 8.18】 求图 8.50 所示的 AOE 网的关键路径。

解：对于图 8.50 所示的 AOE 图，源点为顶点 A，汇点为顶点 I。求出一个拓扑序列为 ABCDEFGHI，按其次序计算各事件 v 的 $\mathrm{ve}(v)$ 如下：

$\mathrm{ve(A)}=0$
$\mathrm{ve(B)}=\mathrm{ve(A)}+c(a_1)=6$
$\mathrm{ve(C)}=\mathrm{ve(A)}+c(a_2)=4$
$\mathrm{ve(D)}=\mathrm{ve(A)}+c(a_3)=5$
$\mathrm{ve(E)}=\mathrm{MAX}\{\mathrm{ve(B)}+c(a_4),\mathrm{ve(C)}+c(a_5)\}=\mathrm{MAX}\{7,5\}=7$
$\mathrm{ve(F)}=\mathrm{ve(E)}+c(a_7)=16$
$\mathrm{ve(G)}=\mathrm{ve(E)}+c(a_8)=14$
$\mathrm{ve(H)}=\mathrm{ve(D)}+c(a_6)=7$
$\mathrm{ve(I)}=\mathrm{MAX}\{\mathrm{ve(F)}+c(a_{10}),\mathrm{ve(G)}+c(a_{11}),\mathrm{ve(H)}+c(a_9)\}=\mathrm{MAX}\{18,18,11\}=18$

按上述拓扑序列的逆序计算各事件 v 的 $\mathrm{vl}(v)$ 如下：

$\mathrm{vl(I)}=\mathrm{ve(I)}=18$
$\mathrm{vl(F)}=\mathrm{vl(I)}-c(a_{10})=16$
$\mathrm{vl(G)}=\mathrm{vl(I)}-c(a_{11})=14$
$\mathrm{vl(H)}=\mathrm{vl(I)}-c(a_9)=14$
$\mathrm{vl(E)}=\mathrm{MIN}\{\mathrm{vl(F)}-c(a_7),\mathrm{vl(G)}-c(a_8)\}=\{7,7\}=7$
$\mathrm{vl(D)}=\mathrm{vl(H)}-c(a_6)=12$
$\mathrm{vl(C)}=\mathrm{vl(E)}-c(a_5)=6$
$\mathrm{vl(B)}=\mathrm{vl(E)}-c(a_4)=6$
$\mathrm{vl(A)}=\mathrm{MIN}\{\mathrm{vl(B)}-c(a_1),\mathrm{vl(C)}-c(a_2),\mathrm{vl(D)}-c(a_3)\}=\{0,2,7\}=0$

计算各活动 a 的 $e(a)$、$l(a)$ 和差值 $d(a)$ 如下：

活动 a_1：$e(a_1)=\mathrm{ve(A)}=0$　　$l(a_1)=\mathrm{vl}(B)-6=0$　　$d(a_1)=0$
活动 a_2：$e(a_2)=\mathrm{ve(A)}=0$　　$l(a_2)=\mathrm{vl(C)}-4=2$　　$d(a_2)=2$
活动 a_3：$e(a_3)=\mathrm{ve(A)}=0$　　$l(a_3)=\mathrm{vl(D)}-5=7$　　$d(a_3)=7$
活动 a_4：$e(a_4)=\mathrm{ve(B)}=6$　　$l(a_4)=\mathrm{vl(E)}-1=6$　　$d(a_4)=0$
活动 a_5：$e(a_5)=\mathrm{ve(C)}=4$　　$l(a_5)=\mathrm{vl(E)}-1=6$　　$d(a_5)=2$
活动 a_6：$e(a_6)=\mathrm{ve(D)}=5$　　$l(a_6)=\mathrm{vl(H)}-2=12$　　$d(a_6)=7$
活动 a_7：$e(a_7)=\mathrm{ve(E)}=7$　　$l(a_7)=\mathrm{vl(F)}-9=7$　　$d(a_7)=0$
活动 a_8：$e(a_8)=\mathrm{ve(E)}=7$　　$l(a_8)=\mathrm{vl(G)}-7=7$　　$d(a_8)=0$
活动 a_9：$e(a_9)=\mathrm{ve(H)}=7$　　$l(a_9)=\mathrm{vl(I)}-4=14$　　$d(a_9)=7$

活动 a_{10}：$e(a_{10})=ve(F)=16$　　$l(a_{10})=vl(I)-2=16$　　$d(a_{10})=0$

活动 a_{11}：$e(a_{11})=ve(G)=14$　　$l(a_{11})=vl(I)-4=14$　　$d(a_{11})=0$

由此可知，关键活动有 a_{11}、a_{10}、a_8、a_7、a_4、a_1，因此关键路径有两条，即 A⇨B⇨E⇨F⇨I 和 A⇨B⇨E⇨G⇨I。

8.7.2 求 AOE 网中关键路径的算法

下面讨论 AOE 网中求关键路径的算法。假设 AOE 网采用邻接表存储，用 ve 数组存放每个顶点的最早开始时间，用 vl 数组存放每个顶点的最迟开始时间。先调用前面介绍的拓扑排序算法产生拓扑序列 top，其中第一个顶点为源点，最后一个顶点为汇点。按照拓扑序列的正序求出每个顶点的最早开始时间，按照拓扑序列的反序求出每个顶点的最迟开始时间。在算法中并没有保存每个活动(边)的最早开始时间和最迟开始时间，因为对每一条边<i,p.adjvex>，如果有 ve[i]==vl[p.adjvex]−p.weight，则说明该边是关键活动。对应的算法类如下：

```
public class KeypathExam
{ static final int MAXV=100;                               //表示最多顶点个数
  static int start;                                        //G 的源点
  static int end;                                          //G 的汇点
  static ArrayList<KeyNode> keys=new ArrayList<KeyNode>();  //存放图 G 的关键活动
  static ArrayList<Integer> top=new ArrayList<>();         //拓扑序列
  public static boolean KeyPath(AdjGraphClass G)           //求从源点 start 到汇点 end 的关键活动
  { ArcNode p;
     TopSort(G);                                           //调用拓扑排序算法产生拓扑序列
     if(top.size()<G.n)
        return false;                                      //不能产生拓扑序列时则返回 false
     start=top.get(0);                                     //求出源点
     end=top.get(top.size()-1);                            //求出汇点
     int[] ve=new int[MAXV];                               //事件的最早开始时间
     int[] vl=new int[MAXV];                               //事件的最迟开始时间
     Arrays.fill(ve,0);                                    //先将所有事件的 ve 设置初值为 0
     for(int i=0;i<G.n;i++)                                //从左向右求所有事件的最早开始时间
     { p=G.adjlist[i].firstarc;
        while(p!=null)                                     //遍历每一条边(即活动)
        { int w=p.adjvex;
           if(ve[i]+p.weight>ve[w])                        //求出的最大者即为最早开始时间
              ve[w]=ve[i]+p.weight;
           p=p.nextarc;
        }
     }
     Arrays.fill(vl,ve[end]);                              //先将所有事件的 vl 值设置为最大值
     for(int i=G.n-2;i>=0;i--)                             //从右向左求所有事件的最迟开始时间
     { p=G.adjlist[i].firstarc;
        while(p!=null)
        { int w=p.adjvex;
           if(vl[w]-p.weight<vl[i])                        //求出的最小者即为最迟开始时间
              vl[i]=vl[w]-p.weight;
           p=p.nextarc;
        }
     }
```

```
        for(int i=0;i<G.n;i++)                              //求所有的关键活动
        {   p=G.adjlist[i].firstarc;
            while(p!=null)
            {   int w=p.adjvex;
                if(ve[i]==vl[w]-p.weight)                   //<i,w>是一个关键活动
                    keys.add(new KeyNode(i,w));              //添加到 KeyNode 数组中
                p=p.nextarc;
            }
        }
        return true;                                        //能够产生拓扑序列,则返回 true
    }
    public static void TopSort(AdjGraphClass G)             //拓扑排序
    {   int[] ind=new int[MAXV];                            //记录每个顶点的入度
        Arrays.fill(ind,0);                                 //初始化 ind 数组
        ArcNode p;
        for(int i=0;i<G.n;i++)                              //求顶点 i 的入度
        {   p=G.adjlist[i].firstarc;
            while(p!=null)
            {   int j=p.adjvex;
                ind[j]++;                                   //有边<i,j>,顶点 j 的入度增 1
                p=p.nextarc;
            }
        }
        Stack<Integer> st=new Stack<Integer>();             //定义一个栈
        for(int i=0;i<G.n;i++)                              //所有入度为 0 的顶点进栈
            if(ind[i]==0)
                st.push(i);
        while(!st.empty())                                  //栈不为空时循环
        {   int i=st.pop();                                 //出栈一个顶点 i
            top.add(i);                                     //将顶点 i 添加到拓扑序列中
            p=G.adjlist[i].firstarc;                        //寻找第一个邻接点
            while(p!=null)
            {   int j=p.adjvex;
                ind[j]--;                                   //使顶点 j 的入度减 1
                if (ind[j]==0)                              //入度为 0 的邻接点进栈
                    st.push(j);
                p=p.nextarc;                                //寻找下一个邻接点
            }
        }
    }
    public static void DispKeynode(AdjGraphClass G)         //输出图的所有关键活动
    {   if(KeyPath(G))
        {   System.out.printf("  源点: %c\n",(char)(start+'A'));
            System.out.printf("  汇点: %c\n",(char)(end+'A'));
            System.out.print("  关键活动: "+keys.size());
            for(int i=0;i<keys.size();i++)                  //输出所有的关键活动
                System.out.printf("(%c,%c)  ",(char)(keys.get(i).i+'A'),(char)(keys.get(i).j+'A'));
            System.out.println();
        }
        else
            System.out.println("不能求关键活动");
    }
}
```

对于图 8.49 所示的图 G,调用 DispKeynode(G)的结果如下:

```
源点: A
```

汇点：I
关键活动：(A,B)　(B,E)　(E,F)　(E,G)　(F,I)　(G,I)

本算法的时间复杂度为 $O(n+e)$，其中 n 为 AOE 网中的顶点数，e 为边数。

自测题

8.8　练习题

8.8.1　问答题

1. 无向图 G 中有 24 个顶点、30 条边，所有顶点的度均不超过 4，且度为 4 的顶点有 5 个，度为 3 的顶点有 8 个，度为 2 的顶点有 6 个，该图 G 是连通图吗？

2. 图 G 是一个非连通无向图，共有 28 条边，则该图至少有多少个顶点？

3. 设 $\boldsymbol{A}$ 为一个不带权图的 0/1 邻接矩阵，定义：

$\boldsymbol{A}^1=\boldsymbol{A}$

$\boldsymbol{A}^n=\boldsymbol{A}^{n-1}\times\boldsymbol{A}$

试证明 $\boldsymbol{A}[i][j]$的值即为从顶点 i 到顶点 j 的路径长度为 n 的数目。

4. 图的两种遍历算法 DFS 和 BFS 对无向图和有向图都适用吗？

5. 对于如图 8.54 所示的无向图，试给出：

(1) 其邻接表表示(每个边结点单链表中按顶点编号递增排列)。

(2) 从顶点 0 出发进行深度优先遍历的深度优先生成树。

(3) 从顶点 0 出发进行广度优先遍历的广度优先生成树。

6. 采用 Prim 算法从顶点 1 出发构造出如图 8.55 所示的图 G 的一棵最小生成树。

7. 采用 Kruskal 算法构造出如图 8.55 所示的图 G 的一棵最小生成树。

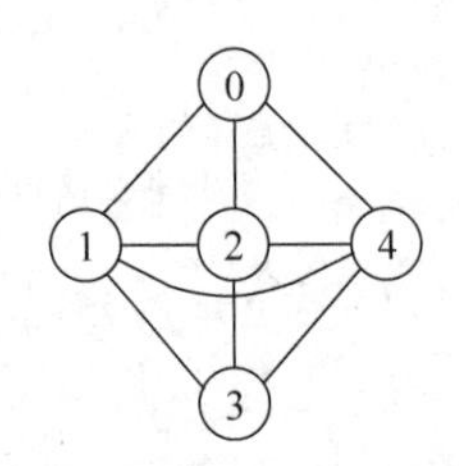

图 8.54　一个无向图

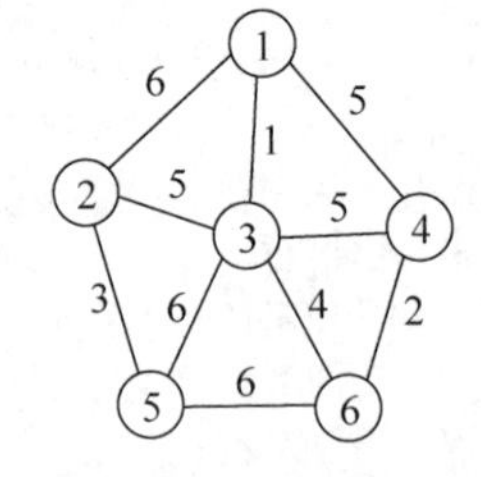

图 8.55　一个无向图

8. 对于如图 8.56 所示的带权有向图，采用 Dijkstral 算法求出从顶点 0 到其他各顶点的最短路径及其长度。

9. 设图 8.57 中的顶点表示村庄，有向边代表交通路线，若要建立一家医院，试问建在哪一个村庄能使各村庄总体的交通代价最小？

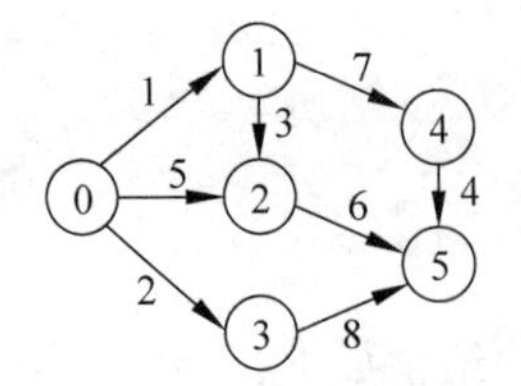

图 8.56　一个带权有向图

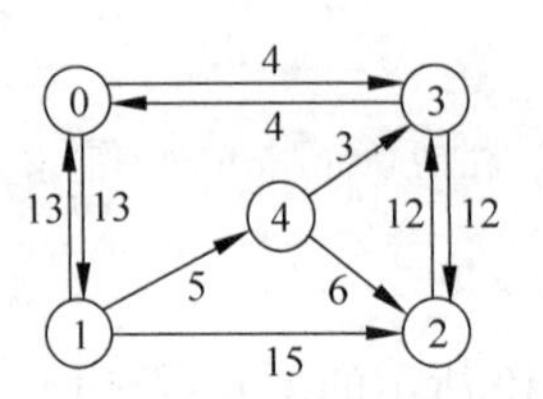

图 8.57　一个有向图

10. 给出如图8.58所示有向图的所有拓扑序列。

11. 对于如图8.59所示的AOE网，求：

(1) 每项活动 a_i 的最早开始时间 $e(a_i)$ 和最迟开始时间 $l(a_i)$。

(2) 完成此工程最少需要多少天(设边上的权值为天数)。

(3) 哪些是关键活动。

(4) 是否存在某项活动，当其提高速度后能使整个工程缩短工期。

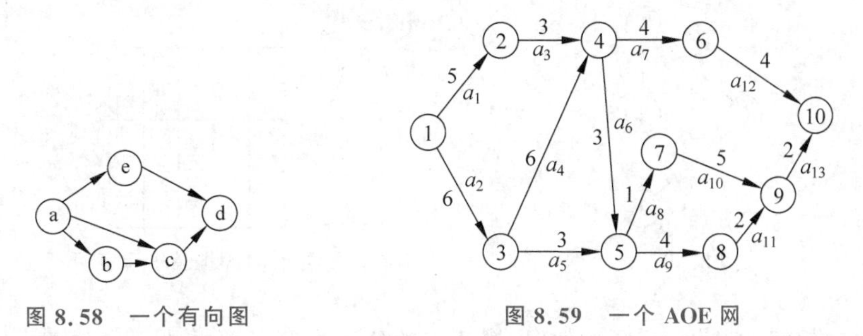

图8.58 一个有向图　　图8.59 一个AOE网

8.8.2 算法设计题

1. 给定一个带权有向图的邻接矩阵存储结构 g，创建对应的邻接表存储结构 G。

2. 给定一个带权有向图的邻接表存储结构 G，创建对应的邻接矩阵存储结构 g。

3. 假设无向图 G 采用邻接表存储，设计一个算法求出连通分量的个数。

4. 一个图 G 采用邻接矩阵作为存储结构，设计一个算法采用广度优先遍历判断顶点 i 到顶点 j 是否有路径(假设顶点 i 和 j 都是 G 中的顶点)。

5. 一个图 G 采用邻接表作为存储结构，设计一个算法判断顶点 i 到顶点 j 是否存在不包含顶点 k 的路径(假设 i、j、k 都是 G 中的顶点并且不相同)。

6. 一个非空图 G 采用邻接表作为存储结构。设计一个算法判断顶点 i 到顶点 j 是否存在包含顶点 k 的路径(假设 i、j、k 都是 G 中的顶点并且不相同)。

7. 有一个含 n 个顶点(顶点编号为 $0 \sim n-1$，$n>2$)的树图，采用邻接表作为存储结构。设计一个算法求其直径，树图中两个顶点之间的路径上经过的边数称为路径长度，树图的直径是指其中最大简单路径的长度。

8. 一个连通图 G 采用邻接表作为存储结构，假设不知道其顶点个数和边数，设计一个算法判断它是否为一棵树，若是一棵树，返回true，否则返回false。

9. 假设图 G 采用邻接矩阵存储，设计一个算法采用深度优先遍历方法求有向图的一个根，如果有多个根，求最小编号的根。若有向图中存在一个顶点 v，从顶点 v 可以通过路径到达图中的其他所有顶点，则称 v 为该有向图的根。

10. 假设一个带权图 G 采用邻接矩阵存储，设计一个算法采用狄克斯特拉算法思路求顶点 s 到顶点 t 的最短路径长度(假设顶点 s 和 t 都是 G 中的顶点)。

8.9 实验题

8.9.1 上机实验题

1. 编写一个实验程序，对于不带权图，按深度优先遍历找到从指定顶点 u 出发且长度

为 m 的所有路径,并求图 8.60 中 $u=0$、$m=3$ 的结果。

2. 推箱子是一个很经典的游戏,今天做一个简单版本。在一个 $n\times m$ 的房间里有一个箱子和一个搬运工,搬运工的工作就是把箱子推到指定的位置。注意,搬运工只能推箱子而不能拉箱子,因此如果箱子被推到一个角上(如图 8.61 所示),那么箱子就不能再被移动了;如果箱子被推到一面墙上,那么箱子只能沿着墙移动。

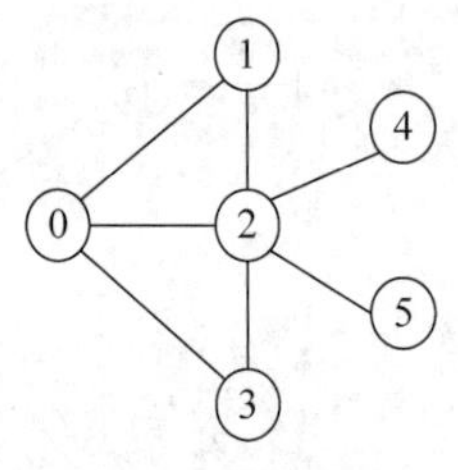

图 8.60 一个图

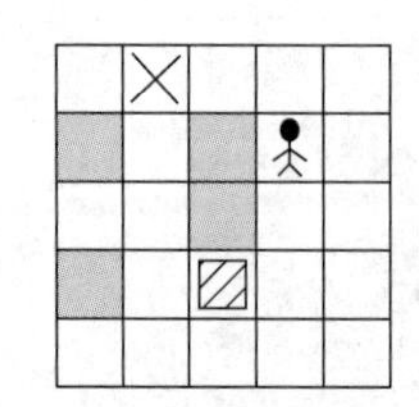

图 8.61 推箱子示意图

现在给定房间的结构、箱子的位置、搬运工的位置和箱子要被推去的位置,请计算出搬运工至少要推动箱子多少格。

输入格式:输入数据的第一行是一个整数 $T(1\leqslant T\leqslant 20)$,代表测试数据的数量;然后是 T 组测试数据,每组测试数据的第一行是两个正整数 n 和 $m(2\leqslant n,m\leqslant 7)$,代表房间的大小;接下来是一个 n 行 m 列的矩阵,代表房间的布局,其中 0 代表空的地板,1 代表墙,2 代表箱子的起始位置,3 代表箱子要被推去的位置,4 代表搬运工的起始位置。

输出格式:对于每组测试数据,输出搬运工最少需要推动箱子多少格才能把箱子推到指定位置,如果不能推到指定位置则输出−1。

输入样例:

```
1
5 5
0 3 0 0 0
1 0 1 4 0
0 0 1 0 0
1 0 2 0 0
0 0 0 0 0
```

输出样例:

```
4
```

3. 设计广域网中某些结点之间的连接,已知该区域中的一组结点以及用电缆连接结点对的路线,对于两个结点之间的每条可能路线给出所需的电缆长度。注意,两个给定结点之间可能存在许多路径,这里给定的路线仅仅连接该区域中的两个结点。请为该区域设计网络,以便在任意两个结点之间是可以连接的(直接或间接),并且使用电缆的总长度最小。

输入格式:输入文件由许多数据集组成,每个数据集定义一个网络,第一行包含两个整数,P 给出结点个数,R 给出路径数,接下来的 R 行定义了结点之间的路线,每行给出 3 个整数,其中前两个数字标识结点,第 3 个给出路线的长度,数字用空格分隔。另外,仅给出一个数字 $P=0$ 的数据集表示输入结束。数据集用空行分隔。

最大结点数为 50,给定路线的最大长度为 100,可能的路线数量不受限制。结点用 1 和 P(含)之间的整数标识,两个结点 i 和 j 之间的路线可以为 i j 或 j i。

输出格式:对于每个数据集,在单独的行上打印一个数字,该行显示用于设计整个网络的电缆的总长度。

输入样例:

```
1 0

2 3
1 2 37
2 1 17
1 2 68

3 7
1 2 19
2 3 11
3 1 7
1 3 5
2 3 89
3 1 91
1 2 32

5 7
1 2 5
2 3 7
2 4 8
4 5 11
3 5 10
1 5 6
4 2 12

0
```

输出样例:

```
0
17
16
26
```

4. 虽然草儿是个路痴,但是草儿仍然很喜欢旅行,因为在旅途中会遇见很多人、很多事,还能丰富自己的阅历,还可以看美丽的风景。草儿想去很多地方,她想去东京铁塔看夜景,去威尼斯看电影,去阳明山上看海芋,去纽约看雪景,去巴黎喝咖啡……。眼看寒假就快到了,这么一大段时间可不能浪费,一定要给自己好好放个假,可是也不能荒废了训练,所以草儿决定要在最短的时间去一个自己想去的地方。因为草儿的家在一个小镇上,没有火车经过,所以她只能去邻近的城市坐火车。

输入格式:输入数据有多组,每组的第一行是 3 个整数 T、S 和 D,表示有 T 条路,和草儿家相邻的城市有 S 个,草儿想去的地方有 D 个;接着有 T 行,每行有 3 个整数 a、b、 time，表示 a 和 b 城市之间的车程是 time 小时($1 \leqslant a, b \leqslant 1000$，$a$ 和 b 之间可能有多条路)；接着的第 $T+1$ 行有 S 个数，表示和草儿家相连的城市；接着的第 $T+2$ 行有 D 个数，表示草儿想去的地方。

输出格式：输出草儿能去某个喜欢的城市的最短时间。

输入样例：

```
6 2 3                                               //T=6,S=2,D=3
1 3 5
1 4 7
2 8 12
3 8 4
4 9 12
9 10 2
1 2                                                 //相连的城市是 1 和 2
8 9 10                                              //草儿想去的城市是 8,9,10
```

输出样例：

```
9
```

8.9.2 在线编程题

1. POJ 1985——求最长路径长度问题

时间限制：2000ms；空间限制：30 000KB。

问题描述：在听说美国肥胖流行之后，农夫约翰希望他的奶牛能够做更多运动，因此他为他的奶牛提交了马拉松申请，马拉松路线包括一系列农场对和它们之间的道路组成的路径。由于约翰希望奶牛尽可能多地运动，他想在地图上找到彼此距离最远的两个农场(距离是根据两个农场之间的道路的总长度来衡量的)。请帮助他确定这对最远的农场之间的距离。

输入格式：第一行是两个以空格分隔的整数 n 和 m；接下来的第二行到第 $m+1$ 行，每行包含 4 个以空格分隔的元素 x、y、w 和 d 来描述一条道路，其中 x 和 y 是一条长度为 w 的道路相连的两个农场的编号，d 是字符'N'、'E'、'S'或'W'，表示从 x 到 y 的道路的方向。

输出格式：给出最远的一对农场之间距离的整数。

输入样例：

```
7 6
1 6 13 E
6 3 9 E
3 5 7 S
4 1 3 N
2 4 20 W
4 7 2 S
```

输出样例：

```
52
```

提示：样例中的最长马拉松路线是从 2 经过 4、1、6、3 到达 5，长度为 20＋3＋13＋9＋7＝52。

2. HDU4514——求风景线的最大长度问题

时间限制：6000ms；空间限制：65 535KB。

问题描述：随着杭州西湖的知名度的进一步提升，园林规划专家湫湫希望设计出一条新的经典观光线路，根据老板马小腾的指示，新的风景线最好能建成环形，如果没有条件建成环形，那就越长越好。

现在已经勘探确定了 n 个位置可以用来建设，在它们之间也勘探确定了 m 条可以设计的线路以及长度。请问是否能够建成环形的风景线？如果不能，风景线最长能够达到多少？其中，可以兴建的线路均是双向的，它们之间的长度均大于 0。

输入格式：测试数据有多组，每组测试数据的第一行有两个数字 n 和 m，其含义参见问题描述；接下来的 m 行，每行 3 个数字 u、v 和 w，分别代表这条线路的起点、终点和长度，有 $n \leqslant 100\,000$，$m \leqslant 1\,000\,000$，$1 \leqslant u, v \leqslant n$，$w \leqslant 1000$。

输出格式：对于每组测试数据，如果能够建成环形（并不需要连接上全部的风景点），那么输出 YES，否则输出最长的长度，每组数据输出一行。

输入样例：

```
3 3
1 2 1
2 3 1
3 1 1
```

输出样例：

```
YES
```

3. POJ1164——城堡问题

时间限制：1000ms；空间限制：10 000KB。

问题描述：在如图 8.62 所示的城堡中"#"表示墙，请编写一个程序，计算城堡一共有多少房间？最大的房间有多大？城堡被分割成 $m \times n$（$m \leqslant 50$，$n \leqslant 50$）个方块，每个方块可以有 0～4 面墙。

```
      1       2       3       4       5       6       7
  # # # # # # # # # # # # # # # # # # # # # # # # # # # # #
1 #       |       #       |       #       |       |       #
  # # # # # - - - # # # # # - - - # - - - # # # # # - - - #
2 #       #       |       #       #       #       #       #
  # - - - # # # # # - - - # # # # # - - - # # # # # - - - #
3 #       |       |       #       #       #       #       #
  # - - - # # # # # # # # # - - - # # # # # - - - # - - - #
4 #       #       |       |       |       |       #       #
  # # # # # # # # # # # # # # # # # # # # # # # # # # # # #
```

图 8.62　一个城堡图

输入格式：程序从标准输入设备读入数据。第一行是两个整数，分别是南北向、东西向的方块数。在接下来的输入行里，每个方块用一个数字($0 \leqslant p \leqslant 50$)描述，1 表示西墙，2 表示北墙，4 表示东墙，8 表示南墙。每个方块的数字是其周围墙的数字之和。城堡的内墙被计算两次，方块(1,1)的南墙同时也是方块(2,1)的北墙。另外，输入的数据要保证城堡至少有两个房间。

输出格式：输出两个整数，前者表示城堡的房间数，后者表示城堡中最大房间包括的方块数。

输入样例：

```
4 7
11 6 11 6 3 10 6
7 9 6 13 5 15 5
1 10 12 7 13 7 5
13 11 10 8 10 12 13
```

输出样例：

```
5
9
```

4. POJ1751——高速公路问题

时间限制：1000ms；空间限制：10 000KB。

问题描述：某岛国地势平坦，不幸的是高速公路系统非常糟糕，当地政府意识到了这个问题，并且已经建造了连接一些最重要城镇的高速公路，但是仍有一些城镇无法通过高速公路抵达，所以有必要建造更多的高速公路让任何两个城镇之间通过高速公路连接。

所有城镇的编号从 1 到 n，城镇 i 的位置由笛卡尔坐标(xi,yi)给出。每条高速公路连接两个城镇。所有高速公路都直线相连，因此它们的长度等于城镇之间的笛卡儿距离。另外，所有高速公路都是双向的。

高速公路可以自由地相互交叉，但司机只能在连接高速公路的两个城镇进行切换。政府希望最大限度地降低建设新高速公路的成本，但希望保证每个城镇都能够到达。由于地势平坦，高速公路的成本总是与其长度成正比，因此最便宜的高速公路系统将是最小化总公路长度的系统。

输入格式：输入包括两部分，第一部分描述了该国的所有城镇，第二部分描述了所有已建成的高速公路。输入文件的第一行包含一个整数 $n(1 \leqslant n \leqslant 750)$，表示城镇的数量；接下来的 n 行，每行包含两个整数 xi 和 yi，由空格分隔，给出了第 i 个城镇的坐标(i 从 1 到 n)，注意坐标的绝对值不超过 10 000，每个城镇都有一个独特的位置；下一行包含单个整数 $m(0 \leqslant m \leqslant 1000)$，表示现有高速公路的数量；接下来的 m 行，每行包含一对由空格分隔的整数，这两个整数给出了一对已经通有高速公路的城镇的编号，每对城镇最多有一条高速公路连接。

输出格式：输出所有要新建的高速公路，每条输出一行，以便连接所有城镇，尽可能减少新建高速公路的总长度。如果不需要新建高速公路(所有城镇都已连接)，则输出为空。

输入样例：

```
9
1 5
0 0
3 2
4 5
5 1
0 4
5 2
1 2
5 3
3
1 3
9 7
1 2
```

输出样例：

```
1 6
3 7
4 9
5 7
8 3
```

5. POJ1797——重型运输问题

时间限制：3000ms；空间限制：30 000KB。

问题描述：Hugo 很高兴，在 Cargolifter 项目失败后他现在可以扩展业务了，但他需要一个聪明的人告诉他能不能将货物运输到指定的客户并且经过的道路不超过最大承载量。他已经有了城市中所有街道和桥梁的最大承载量，但他不知道如何找到最大运输质量。

现在有城市的规划图，描述了各交叉点之间的街道(具有最大承载量)，交叉点的编号从 1 到 n。请找到从 1 号(Hugo 的位置)到 n 号(客户的位置)交叉点可以运输的最大质量，可以假设至少有一条路径。所有街道都是双向通行。

输入格式：第一行包含场景数量(城市图)；对于每个城市，第二行给出街道交叉点的数量 $n(1\leqslant n\leqslant 1000)$ 和街道的数量 m；以下 m 行，每行是一个整数三元组，指定街道开始和结束交叉点的编号以及允许的最大重量，它是正数且不大于 1 000 000，每对交叉点之间最多只有一条街道。

输出格式：每个场景的输出以“Scenario #i:”开头，其中 i 是从 1 开始的场景编号，然后输出一行，其中包含 Hugo 可以为客户运输的最大重量。每个场景以一个空行表示输出结束。

输入样例：

```
1
3 3
1 2 3
1 3 4
2 3 5
```

输出样例：

Scenario ＃1:
4

6. POJ1125——股票经纪人的小道消息问题

时间限制：1000ms；空间限制：10 000KB。

问题描述：众所周知，股票经纪人对谣言会反应过度。假设你已经签约开发一种在股票经纪人中传播虚假信息的方法，以便为你的雇主提供股票市场的战术优势。为了达到最大效果，必须以最快的方式传播谣言。

不幸的是，股票经纪人只信任来自他们"可信来源"的信息，这意味着你必须在传播谣言时考虑他们的联系人的结构。特定的股票经纪人需要一定的时间才能将谣言传递给他的每个同事。请编写一个程序，告诉你选择哪个股票经纪人作为谣言的起点，以及谣言传播到股票经纪人社区所需的时间。该持续时间是指最后一个人接收信息所需的时间。

输入格式：程序将为不同的股票经纪人输入数据。每组都以一个包含股票经纪人数量 n 的行开头，接下来每行一个股票经纪人，其中包含与之联系的人数，这些人是谁，以及他们将消息传递给每个人所花费的时间。每个股票经纪人行的格式如下：该行以联系人数量(m)开头，后跟 n 对整数，每个联系人一对。每一对首先列出一个指代联系人的号码(例如 1 表示该组中的第一个号码)，然后是用于将消息传递给该人的时间(以分钟为单位)，没有特殊的标点符号或间距规则。

每个人的编号为 1 到股票经纪人的数量。传递消息所需的时间将介于 1 到 10 分钟(包括 1 和 10 分钟)之间，联系人数量将介于 0 到股票经纪人的数量减 1 之间。股票经纪人的数量范围是从 1 到 100，输入由一组中包含 0 个股票经纪人终止。

输出格式：对于每组数据，程序必须输出一行，其中包含导致消息最快传输的人，以及在将该消息传递给此人之后最后一个人收到任何给定消息的时间，以整数分钟为单位。程序可能会收到一个排除某些人的连接网络，即某些人可能无法访问。如果程序检测到这样一个破碎的网络，只需输出消息"disjoint"。注意，将消息从 A 传递给 B 所花费的时间不一定与将其从 B 传递给 A 所花费的时间相同。

输入样例：

```
3
2 2 4 3 5
2 1 2 3 6
2 1 2 2 2
5
3 4 4 2 8 5 3
1 5 8
4 1 6 4 10 2 7 5 2
0
2 2 5 1 5
0
```

输出样例：

```
3 2
3 10
```

7. HDU4109——重新排列指令问题

时间限制：2000ms，空间限制：32 768KB。

问题描述：阿里本学期开设了计算机组织与架构课程，他了解到指令之间可能存在依赖关系，例如 WAR(写入后读取)、WAW、RAW。如果两个指令之间的距离小于安全距离(Safe Distances)，则会导致危险，这可能导致错误的结果，所以需要设计特殊的电路以消除危险。然而，解决此问题的最简单方法是添加气泡(无用操作)，这意味着浪费时间来确保两条指令之间的距离不小于安全距离。

两条指令之间距离的定义是它们的开始时间之间的差异。现在有很多指令，已知指令之间的依赖关系和安全距离。我们有一个非常强大的 CPU，具有无限数量的内核，因此可以根据需要同时运行多个指令，并且 CPU 的速度非常快，只需花费 1ns 即可完成任何指令。接下来的工作是重新排列指令，以便 CPU 可以使用最短的时间完成所有指令。

输入格式：输入包含几个测试用例。每个测试用例的第一行是两个整数 n、m($n \leqslant 1000$，$m \leqslant 10\,000$)，表示有 n 个指令和 m 个依赖关系；以下 m 行，每行包含 3 个整数 x、y、z，表示 x 和 y 之间的安全距离为 z，y 应在 x 之后运行。指令的编号从 0 到 $n-1$。

输出格式：每个测试用例打印一个整数，即 CPU 运行所需的最短时间。

输入样例：

```
5 2
1 2 1
3 4 1
```

输出样例：

```
2
```

提示：在第 1 个 ns 中执行指令 0、1 和 3，在第 2 个 ns 中执行指令 2 和 4，所以答案应该是 2。

CHAPTER 9

第9章　查　找

查找又称为检索，是指在某种数据结构中找出满足给定条件的元素，所以查找与数据组织和查找方式有关。本章主要学习要点如下：

(1) 查找的基本概念，包括静态查找表和动态查找表、内查找和外查找之间的差异以及平均查找长度等。

(2) 线性表的各种查找算法，包括顺序查找、折半查找和分块查找的基本思路、算法实现和查找效率等。

(3) 各种树表的查找算法，包括二叉排序树、AVL树、B-树和B+树的基本思路、算法实现和查找效率等，以及Java中TreeMap和TreeSet集合的使用方法。

(4) 哈希表查找技术以及Java中HashMap和HashSet集合的使用方法。

(5) 灵活运用各种查找算法解决一些综合应用问题。

视频讲解

9.1　查找的基本概念

查找是一种十分有用的操作，在实际生活中人们经常需要从海量信息中查找有用的资料。一般情况下，被查找的对象称为查找表，查找表包含一组元素(或记录)，每个元素由若干个数据项组成，并假设有能唯一标识元素的数据项，称为**主关键字**，查找表中所有元素的主关键字值均不相同。那些可以标识多个元素的数据项称为次关键字，查找表值可能存在两个次关键字值相同的元素。除非特别指定，本章中假设按主关键字查找。

查找的定义是给定一个值 k，在含有 n 个元素的查找表中找出关键字等于 k 的元素。若成功找到这样的元素，返回该元素在表中的位置；否则表示查找不成功或者查找失败，返回相应的指示信息。

查找表按照操作方式分为静态查找表和动态查找表两类。**静态查找表**是主要适合做查找操作的查找表，如查询某个“特定的”数据元素是否在查找表中，检索某个“特定的”数据元素的某个属性。**动态查找表**适合于在查找过程中同时插入查找表中不存在的数据元素，或者从查找表中删除已经存在的某个数据元素。

为了提高查找的效率，需要专门为查找操作设计合适的数据结构。从逻辑上来说，查找所基于的数据结构是集合，集合中的元素之间没有特定关系，但是要想获得较高的查找性能，就不得不改变元素之间的关系，将查找集合组织成线性表和树等结构。

查找有内查找和外查找之分。若整个查找过程都在内存中进行，则称之为**内查找**；若查找过程中需要访问外存，则称之为**外查找**。

由于查找算法中的主要操作是关键字之间的比较，所以通常把查找过程中关键字的平均比较次数(也就是平均查找长度)作为衡量一个查找算法效率优劣的依据。**平均查找长度**(Average Search Length)定义为 $ASL=\sum_{i=0}^{n-1}p_ic_i$，其中，$n$ 是查找表中元素的个数，p_i 是查找第 i 个元素的概率，除特别指出外，均认为每个元素的查找概率相等，即 $p_i=1/n(0\leqslant i\leqslant n-1)$，$c_i$ 是查找到第 i 个元素所需的关键字比较次数。

由于查找的结果有查找成功和不成功两种情况，所以平均查找长度也分为成功情况下的平均查找长度和不成功情况下的平均查找长度。前者指在查找表中找到指定关键字 k 的元素平均所需关键字比较的次数，后者指在查找表中确定找不到关键字 k 的元素平均所需关键字比较的次数。

9.2 线性表的查找

线性表是最简单也是最常见的一种查找表。本节将介绍3种线性表查找方法，即顺序查找、折半查找和分块查找算法。这里的线性表采用顺序表存储，由于顺序表不适合数据修改操作(插入和删除元素几乎需要移动一半的元素)，所以顺序表是一种静态查找表。

为了简单，假设元素的查找关键字为 int 类型，顺序表中元素的类型如下：

```
class RecType                                //顺序表的元素类型
{  int key;                                  //存放关键字,假设关键字为 int 类型
   String data;                              //存放其他数据,假设为 String 类型
   public RecType(int d)                     //构造方法
   {  key=d;  }
}
```

定义一个顺序表查找类 SqListSearchClass 如下：

```
public class SqListSearchClass               //顺序表查找类
{  final int MAXN=100;                       //表示最多元素个数
   RecType[] R;                              //存放查找表的数组,R[0..n-1]表示查找表
   int n;                                    //实际元素个数
   public void CreateR(int[] a)              //由关键字序列 a 构造顺序表 R
   {  R=new RecType[MAXN];
      for (int i=0;i<a.length;i++)
          R[i]=new RecType(a[i]);
      n=a.length;
   }
```

```
    public void Disp()                               //输出顺序表
    {   for(int i=0;i<n;i++)
            System.out.print(R[i].key+" ");
        System.out.println();
    }
    //各种顺序表查找算法将在后面讨论
}
```

视频讲解

9.2.1 顺序查找

1. 顺序查找算法

顺序查找是一种最简单的查找方法。其基本思路是从顺序表的一端开始依次遍历,将遍历的元素关键字和给定值 k 相比较,若两者相等,则查找成功,返回该元素的序号;若遍历结束后仍未找到关键字等于 k 的元素,则查找失败,返回 -1。为了简单,假设从顺序表的前端开始遍历(从顺序表后端开始遍历的过程与之类似),对应的顺序查找算法如下:

```
public int SeqSearch1(int k)                         //顺序查找算法1
{ int i=0;
  while(i<n && R[i].key!=k) i++;                     //从表头往后找
  if(i>=n) return -1;                                //未找到返回-1
  else return i;                                     //找到后返回其序号i
}
```

当然也可以设置一个哨兵,即将顺序表 $R[0..n-1]$后面位置 $R[n]$的关键字设置为 k,这样 i 从0开始依次比较,当满足 $R[i].\text{key}=k$ 时(任何查找一定会出现这种情况),若 $i=n$ 说明查找失败,返回-1,否则说明查找成功,返回 i。对应的算法如下:

```
public int SeqSearch2(int k)                         //顺序查找算法2
{ R[n]=new RecType(k);                               //添加哨兵
  int i=0;
  while(R[i].key!=k) i++;                            //从表头往后找
  if (i==n) return -1;                               //未找到返回-1
  else return i;                                     //找到后返回其序号i
}
```

说明:上述 SeqSearch1 算法中需要做 i 的越界判断,由于查找算法中主要考虑关键字比较次数,所以这里只考虑 $R[i]$.key 和 k 之间的比较次数,在查找失败时需要 n 次关键字比较。增加哨兵后的 SeqSearch2 算法在查找中不需要做 i 的越界判断,但在查找失败时需要 $n+1$ 次关键字比较。

【例 9.1】 在关键字序列为(3,9,1,5,8,10,6,7,2,4)的顺序表中采用顺序查找方法查找关键字为6的元素。

解:顺序查找 $k=6$ 的过程如图9.1所示。

2. 顺序查找算法分析

以 SeqSearch1 算法为例,对于线性表$(a_0,a_1,\cdots,a_i,\cdots,a_{n-1})$,$k$ 为要查找的关键字,c_i 为查找元素 a_i 所需要的关键字比较次数,p_i 为查找元素 a_i 的概率。

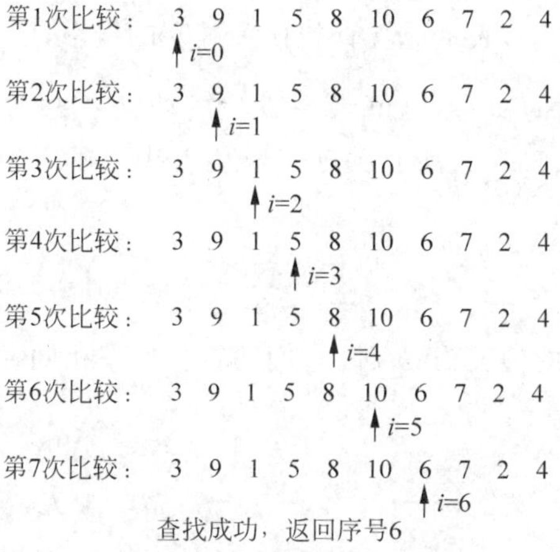

```
第1次比较：  3  9  1  5  8  10  6  7  2  4
             ↑i=0
第2次比较：  3  9  1  5  8  10  6  7  2  4
                ↑i=1
第3次比较：  3  9  1  5  8  10  6  7  2  4
                   ↑i=2
第4次比较：  3  9  1  5  8  10  6  7  2  4
                      ↑i=3
第5次比较：  3  9  1  5  8  10  6  7  2  4
                         ↑i=4
第6次比较：  3  9  1  5  8  10  6  7  2  4
                            ↑i=5
第7次比较：  3  9  1  5  8  10  6  7  2  4
                                ↑i=6
          查找成功，返回序号6
```

图 9.1　顺序查找过程

1）仅考虑查找成功的情况

从顺序查找过程可以看到，若查找到的元素是第一个元素（即 $R[0]$. key $=k$），仅需一次关键字比较；若查找到的元素是第 2 个元素（即 $R[1]$. key $=k$），需两次关键字比较；以此类推，若查找到的元素是第 n 个元素（即 $R[n-1]$. key $=k$），则需 n 次关键字比较，即 $c_i=i+1$。共有 n 种查找成功的情况，在等概率时 $p_i=1/n$，所以成功查找时对应的平均查找长度为：

$$\mathrm{ASL}_{\text{成功}}=\sum_{i=0}^{n-1} p_i c_i=\frac{1}{n}\sum_{i=0}^{n-1}(i+1)=\frac{1}{n}\times\frac{n(n+1)}{2}=\frac{n+1}{2}$$

也就是说，成功查找的平均查找长度为 $(n+1)/2$，即找到 R 中存在的元素时平均需要的关键字比较次数约为表长的一半。

2）仅考虑查找不成功的情况

若 k 值不在表中，总是需要 n 次比较之后才能确定查找失败，所以仅仅考虑查找不成功时对应的平均查找长度为：

$$\mathrm{ASL}_{\text{不成功}}=n$$

3）既考虑查找成功又考虑查找不成功的情况

一个顺序表中顺序查找的全部情况（查找成功和失败）可以用一棵**判定树**或**比较树**（这里是单支二叉树）来描述。例如，$n=5$ 的关键字序列（18，16，14，12，20）的顺序查找过程对应的判定树如图 9.2 所示，其中小方形结点称为判定树的**外部结点**（注意外部结点是虚设的，用于表示查找失败位置，当查找失败时总会遇到一个外部结点，这里外部结点只有一个），圆形结点称为**内部结点**。

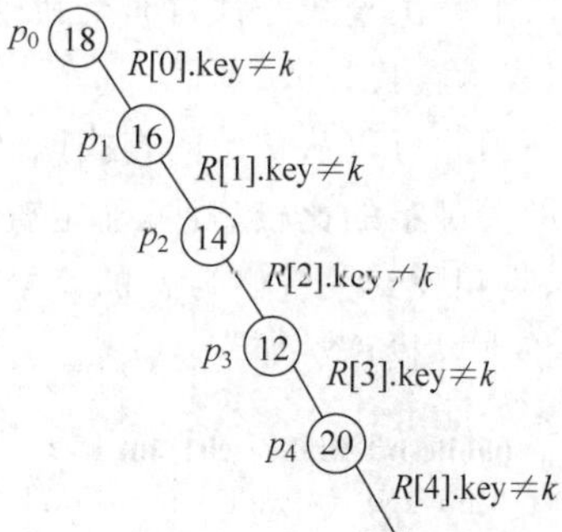

其查找过程是首先 k 与根结点关键字比较，若 $k=18$，成功返回（比较一次）；否则 k 与关键字 16 的结点比较，若 $k=16$，成功返回（比较两次）；以此类推，若 $k=20$，成功返回（比较 5 次），否则查找失败（比较 5 次，即 k 不等于查找表中的 5 个元素关键字）。

p_0 (18)　$R[0]$.key $\neq k$
p_1 (16)　$R[1]$.key $\neq k$
p_2 (14)　$R[2]$.key $\neq k$
p_3 (12)　$R[3]$.key $\neq k$
p_4 (20)　$R[4]$.key $\neq k$
q □

图 9.2　顺序查找的判定树

在图 9.2 中，$p_i(0\leqslant i\leqslant 4)$表示成功查找该关键字的概率，设 $p=\sum_{i=0}^{4}p_i$ 为所有成功查找的概率，q 表示不成功查找的概率，当既考虑查找成功又考虑查找不成功的情况时有 $p+q=1$。不妨假设 $p=q=0.5$，并且所有关键字成功查找的概率相同，即 $p_i=0.5/n$，则成功情况下的平均查找长度为：

$$\mathrm{ASL}_{成功}=\sum_{i=0}^{n-1}p_i c_i=\sum_{i=0}^{n-1}\left(\frac{0.5}{n}\times(i+1)\right)=0.5\times\frac{n+1}{2}$$

假设所有不成功查找的情况为 m 种，它们的查找概率相同，即 $q_i=0.5/m$，则不成功情况下的平均查找长度为：

$$\mathrm{ASL}_{不成功}=\sum_{i=1}^{m}q_i\times n=\sum_{i=1}^{m}\left(\frac{0.5}{m}\times n\right)=0.5n$$

则 $\mathrm{ASL}=\mathrm{ASL}_{成功}+\mathrm{ASL}_{不成功}=0.5\times\frac{n+1}{2}+0.5\times n=\frac{3n+1}{4}=4(n=5)$。

归纳起来，顺序查找的优点是算法简单，且对查找表的存储结构无特殊要求，无论是用顺序表还是用链表来存放元素，也无论是元素之间是否按关键字有序，它都同样适用。顺序查找的缺点是查找效率低，因此当 n 较大时不宜采用顺序查找。

视频讲解

9.2.2 折半查找

1. 折半查找算法

折半查找又称二分查找，它是一种效率较高的查找方法。但是折半查找要求线性表是有序表，即表中的元素按关键字有序。在下面的讨论中均默认表中元素是递增有序的。

折半查找的基本思路是设 R[low..high]是当前的非空查找区间(下界为 low，上界为 high)，首先确定该区间的中间位置 mid=(low+high)/2[或者 mid=(low+high)>> 1]，然后将待查的 k 值与 R[mid].key 比较：

(1) 若 $k=R$[mid].key，则查找成功并返回该元素的序号 mid。

(2) 若 $k<R$[mid].key，则由表的有序性可知 R[mid..high].key 均大于 k，因此若表中存在关键字等于 k 的元素，则该元素必定在左子表中，故新查找区间为 R[low..mid−1]，即下界不变，上界改为 mid−1。

(3) 若 $k>R$[mid].key，则要查找的 k 必在右子表 R[mid+1..high]中，故新查找区间为 R[mid+1..high]，即下界改为 mid+1，上界不变。

下一次查找是针对非空新查找区间进行的，其过程与上述过程类似。若新查找区间为空，表示查找失败，返回−1。

因此可以从初始的查找区间 $R[0..n-1]$开始，每经过一次与当前查找区间的中间位置上的关键字的比较，就可确定查找是否成功，不成功则新查找区间缩小一半。重复这一过程，直到找到关键字为 k 的元素(查找成功)或者新查找区间为空(查找失败)时为止。对应的折半查找算法如下：

```
public int BinSearch1(int k)                          //折半查找非递归算法
{ int low=0,high=n-1,mid;
  while(low<=high)                                    //当前区间非空时
  {   mid=(low+high)/2;                               //求查找区间的中间位置
```

```
        if(k==R[mid].key)                    //查找成功返回其序号 mid
            return mid;
        if(k<R[mid].key)                     //继续在 R[low..mid-1]中查找
            high=mid-1;
        else                                 //k>R[mid].key
            low=mid+1;                       //继续在 R[mid+1..high]中查找
    }
    return -1;                               //当前查找区间空时返回-1
}
```

说明：将 mid=(low+high)/2 改为 mid=low+(high-low)/2 效果会更好，因为当 low+high 的结果大于 int 类型所能表示的最大值时会产生溢出，再除以 2 不会得到正确的结果，而 low+(high-low)/2 不存在这个问题。

【例 9.2】 在关键字有序序列(2,4,7,9,10,14,18,26,32,40)中采用折半查找方法查找关键字为 7 的元素。

解：折半查找过程如图 9.3 所示。

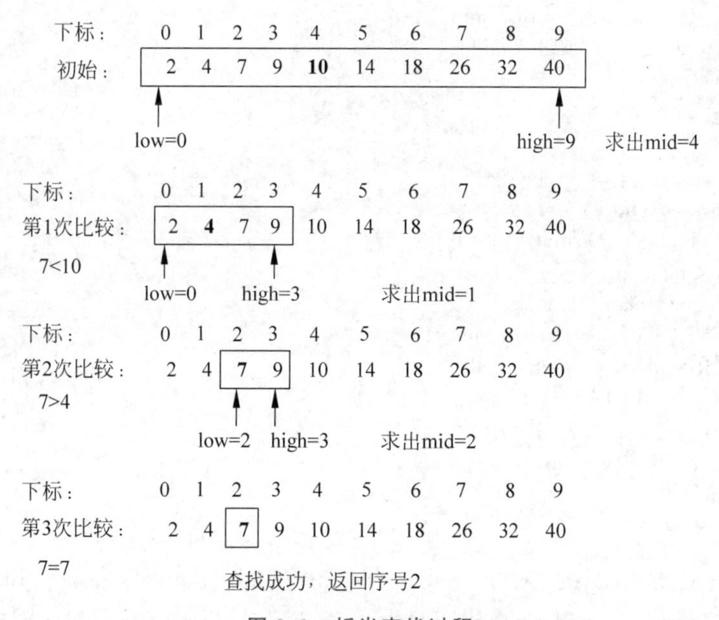

图 9.3　折半查找过程

上述 BinSearch1 算法是采用迭代方式(循环语句)实现的，实际上折半查找过程是一个递归过程，也可以采用以下递归算法来实现：

```
public int BinSearch2(int k)                 //折半查找递归算法
{
    return BinSearch21(0,n-1,k);
}
private int BinSearch21(int low,int high,int k)    //被 BinSearch2 方法调用
{   if(low<=high)                            //当前查找区间非空时
    {   int mid=(low+high)/2;                //求查找区间的中间位置
        if(k==R[mid].key)                    //查找成功返回其序号 mid
            return mid;
```

```
            if(k < R[mid].key)                        //递归在左区间中查找
                return BinSearch21(low, mid-1, k);
            else                                      //k > R[mid].key,递归在右区间中查找
                return BinSearch21(mid+1, high, k);
        }
        else return -1;                               //当前查找区间空时返回-1
    }
```

说明:折半查找算法需要快速地确定查找区间的中间位置,所以不适合链式存储结构的数据查找,而适合顺序存储结构(具有随机存取特性)的数据查找。

【例 9.3】 有以下两个折半查找算法,其中参数 R 是非空递增有序顺序表,指出它们的正确性。

```
public int BSearch1(int k)
{  int low=0, high=n-1, mid;
   while(low <= high)
   {   mid=(low+high)/2;
       if(k==R[mid].key) return mid;
       if(k < R[mid].key) high=mid-1;
       else low=mid;
   }
   return -1;
}
public int BSearch2(int k)
{  int low=0, high=n-1, mid;
   while(low < high)
   {   mid=(low+high)/2;
       if(k==R[mid].key) return mid;
       if(k < R[mid].key) high=mid-1;
       else low=mid+1;
   }
   if(R[low].key==k) return low;
   else return -1;
}
```

解:BSearch1 是错误的,对于查找区间[low, high],mid=(low+high)/2,若 $k>R[mid].key$,执行 low=mid,新查找区间为[mid,high],若 mid 与查找区间的 low 相同(例如 low=high 时),则新查找区间没有变化,从而陷入死循环。这里以 $R=(1,3,5)$、$k=2$ 为例进行说明,其执行过程如下:

(1) low=0,high=2 ⇨ mid=(low+high)/2=1,$k<R[mid].key$ ⇨ high=mid−1=0。

(2) low=0,high=0 ⇨ mid=(low+high)/2=0,$k>R[mid].key$ ⇨ low=mid=0,新查找区间没有改变,陷入死循环。

BSearch2 是正确的,一般的折半查找算法中 while 语句循环到空为止,这里 R 是非空表,将 while 语句改为循环到仅包含一个元素 R[low]为止,再判断该元素的关键字是否为 k,若不成立返回−1。

视频讲解

2. 折半查找算法分析

一个有序顺序表 R 中所有元素的折半查找过程可用一棵判定树或比较树(这里是二叉

树)来描述。查找区间为 R[low..high]的判定树 T(low,high)定义为,当 low>high 时,T(low,high)为空树;当 low≤high 时,根结点为中间序号 mid=(low+high)/2 的元素,其左子树是 R[low..mid−1]对应的判定树 T(low,mid−1),其右子树是 R[mid+1,high]对应的判定树 T(mid+1,high)。

在折半查找的判定树中所有结点的空指针都指向一个外部结点(用方形表示),其他称为内部结点(用圆形表示)。在后面介绍的二叉排序树、B-树等查找树中都采用类似的表示。

例如,具有 11 个元素(R[0..10])的有序表可用如图 9.4 所示的判定树来表示,内部结点中的数字表示该元素在有序表中的下标,外部结点中的两个值表示查找不成功时关键字对应的元素序号范围,即外部结点中"i~j"表示被查找值 k 是介于 $R[i]$.key 和 $R[j]$.key 之间的,即 $R[i]$.key<k<$R[j]$.key,用 u_i 表示。

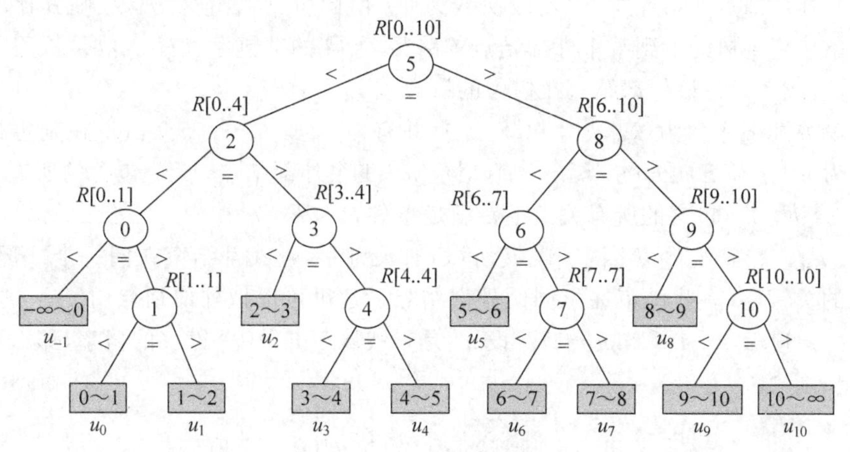

图 9.4 R[0..10]的折半查找的判定树(n=11)

说明:对于含 n 个元素的有序表 R,对应的判定树中恰好有 n 个内部结点和 $n+1$ 个外部结点。

在图 9.4 所示的判定树中,若查找的元素是 R[5],则只需一次比较;若查找的元素是 R[2]或 R[8],则分别需要两次比较(例如查找 R[8]对应的比较序列是 R[5],R[8]);若查找的元素是 R[0]、R[3]、R[6]或者 R[9],则分别需要 3 次比较(例如查找 R[6]对应的比较序列是 R[5],R[8],R[6]);若查找的元素是 R[1]、R[4]、R[7]或者 R[10],则分别需要 4 次比较(例如查找 R[4]对应的比较序列是 R[5],R[2],R[3],R[4])。由此可见,成功的折半查找过程恰好是走了一条从判定树的根到被查结点(某个内部结点)的路径,经历比较的关键字次数恰好为该结点在树中的层数。

说明:在折半查找中,当 $k=R$[mid].key 成立时,需要一次关键字比较,否则还要判定 $k<R$[mid].key 是否成立,这样有两次关键字比较。但在求关键字比较次数时,均认为是一次关键字比较,这样做一方面是为了简单,另一方面不会改变算法的时间复杂度。

不妨设关键字序列为($k_0,k_1,\cdots,k_{n-1}$),并有 $k_0<k_1<\cdots<k_{n-1}$,查找关键字 k_i 的概率为 p_i,则成功情况下的平均查找长度为:

$$\text{ASL}_{\text{成功}}=\sum_{i=0}^{n-1}p_i\times \text{level}(k_i)$$

其中 level(k_i)表示 k_i 的层次。若成功查找每个元素的概率相同,即 $p_i=1/n$,则 $\text{ASL}_{\text{成功}}$ 等同于:

$$\text{ASL}_{\text{成功}}=\frac{\text{所有内部结点的关键字比较次数和}}{n}$$

对于图 9.4 所示的判定树考虑查找成功的情况,设所有元素查找成功的概率相等(仅仅针对判定树中的内部结点),即 $p_i=1/11$,因此有:

$$\text{ASL}_{\text{成功}}=\frac{1\times1+2\times2+4\times3+4\times4}{11}=3$$

在图 9.4 所示的判定树中,若查找关键字 k 不在查找表中,则查找失败。例如,若查找的关键字 k 满足 $R[4].\text{key}<k<R[5].\text{key}$,则依次与 $R[5]$、$R[2]$、$R[3]$、$R[4]$的关键字比较,由于 $k>R[4].\text{key}$,查找结束在“4～5”的外部结点中(落在 R[4]结点的右孩子结点中)。尽管“4～5”外部结点在第 5 层,但比较次数为 4。由此可见,若查找失败,则其比较过程是经历了一条从判定树的根到某个外部结点的路径,所需的关键字比较次数是该路径上内部结点的总数,或者说是该外部结点在树中的层数减 1。

不妨设关键字序列为($k_0,k_1,\cdots,k_{n-1}$),并有 $k_0<k_1<\cdots<k_{n-1}$,不在判定树中的关键字可分为 $n+1$ 类 E_i($-1\leqslant i\leqslant n-1$),对应 $n+1$ 个外部结点,E_{-1} 包含的所有关键字 k 满足条件 $k<k_0$,E_i 包含的所有关键字 k 满足条件 $k_i<k<k_{i+1}$,E_{n-1} 包含的关键字 k 满足条件 $k>k_{n-1}$。显然对属于同一类 E_i 的所有关键字,查找都结束在同一个外部结点,而对不同类的关键字,查找结束在不同的外部结点。这里可以把外部结点用 u_{-1} 到 u_{n-1} 来标记,即 u_i 对应 E_i($-1\leqslant i\leqslant n-1$)。设 q_i 是查找属于 E_i 中关键字的概率,那么不成功的平均查找长度为:

$$\text{ASL}_{\text{不成功}}=\sum_{i=-1}^{n-1}q_i\times(\text{level}(u_i)-1)$$

其中 level(u_i)表示外部结点 u_i 的层次。若不成功的查找结束于每个外部结点的概率相同,共 $n+1$ 个外部结点,则 $q_i=1/(n+1)$,则 $\text{ASL}_{\text{不成功}}$ 等同于:

$$\text{ASL}_{\text{不成功}}=\frac{\text{所有外部结点的关键字比较次数和}}{n+1}$$

对于图 9.4 所示的判定树考虑不成功查找的情况,设所有不成功查找的概率相等(仅仅针对判定树中的外部结点),即 $q_i=1/12$,因此有:

$$\text{ASL}_{\text{不成功}}=\frac{4\times3+8\times4}{12}=3.67$$

从前面的示例看到,借助一棵二叉判定树很容易求得折半查找的平均查找长度。为了讨论方便,不妨设内部结点的总数为 $n=2^h-1$,这样的判定树是高度为 $h=\log_2(n+1)$的满二叉树(高度 h 不计外部结点),如图 9.5 所示。该满二叉树中第 j($1\leqslant j\leqslant h$)层上的结点个数为 2^{j-1},查找该层上的每个结点需要进行 j 次比较。因此在等概率时折半查找成功情况下的平均查找长度为:

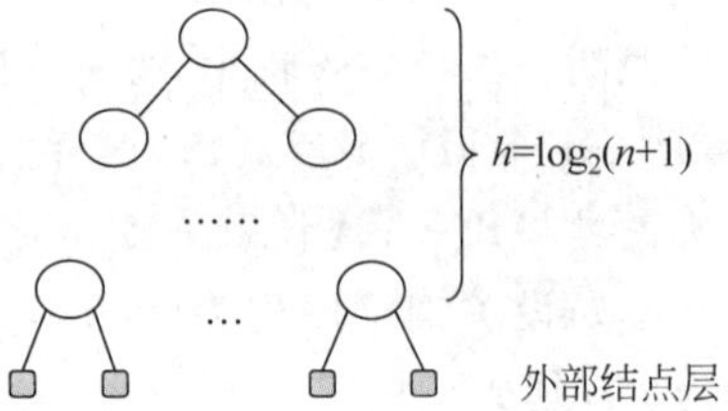

图 9.5　判定树为高度为 h 的满二叉树

$$ASL_{成功}=\sum_{i=0}^{n-1}p_ic_i=\frac{1}{n}\sum_{j=1}^{h}2^{j-1}\times j=\frac{n+1}{n}\log_2(n+1)\approx\log_2(n+1)-1$$

在图 9.5 所示的判定树中所有外部结点在同一层，它们的高度为 $h+1$，不成功的查找结束于每个外部结点时，对应的关键字比较次数均为 h，所以在等概率时不成功情况下的平均查找长度$=h$。

从成功和不成功情况下的平均查找长度看出，折半查找的时间复杂度为 $O(\log_2 n)$，它是一种高效的查找算法。

说明：当 n 不等于 2^h-1 时，其折半查找判定树不一定为满二叉树，但可以证明 n 个结点的判定树的高度与 n 个结点的完全二叉树的高度相等，即 h 为 $\lceil\log_2(n+1)\rceil$ 或者 $\lfloor\log_2 n\rfloor+1$。同样，查找成功时关键字比较次数最多为判定树的高度 h，查找不成功时关键字比较次数最多也为判定树的高度 h。

【例 9.4】 给定 11 个元素的有序表(2,3,10,15,20,25,28,29,30,35,40)，采用折半查找，试问(1)若查找给定值为 20 的元素，将依次与表中的哪些元素比较？(2)若查找给定值为 26 的元素，将依次与哪些元素比较？(3)假设查找表中每个元素的概率相同，求查找成功时的平均查找长度和查找不成功时的平均查找长度。

解：对应的折半查找判定树如图 9.6 所示。

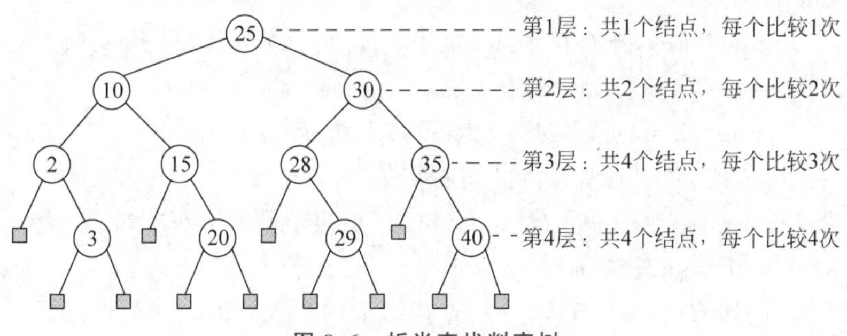

图 9.6　折半查找判定树

(1) 若查找给定值为 20 的元素，依次与表中的 25、10、15、20 元素比较，共比较 4 次。这是一种成功查找的情况，成功的查找一定落在某个内部结点中。

(2) 若查找给定值为 26 的元素，依次与 25、30、28 元素比较，共比较 3 次。这是一种不成功查找的情况，不成功的查找一定落在某个外部结点中。

(3) 在等概率时，成功查找情况下的平均查找长度为：

$$ASL_{成功}=\frac{1\times1+2\times2+4\times3+4\times4}{11}=3$$

在等概率时，不成功查找情况下的平均查找长度为：

$$ASL_{不成功}=\frac{4\times3+8\times4}{12}=3.67$$

注意：从前面的示例看到，折半查找的判定树的形态只与查找表的元素个数 n 相关，而与输入实例中 $R[0..n-1]$.key 的取值无关。

【例 9.5】 有 n(n 为较大的整数)个元素的有序顺序表通过折半查找产生的判定树的高度(不计外部结点)是多少？设有 100 个元素的有序顺序表，在用折半查找时，成功查找情况下最大的比较次数和不成功查找情况下最大的比较次数各是多少？

解：当 n 较大时，对应的折半查找判定树与 n 个结点的完全二叉树的高度相等，所以其高度为 $h=\lceil\log_2(n+1)\rceil$。

在折半查找判定树中，成功查找情况下最大的比较次数是最大层次的内部结点的层次，它恰好等于该树的高度 h。层次最大的外部结点就是不成功查找所需关键字比较次数最多的结点，它一定是层次最大的内部结点的孩子结点，其关键字比较次数恰好是 $h+1-1=h$。

所以若 $n=100$，采用折半查找，成功时最大的比较次数和不成功时最大的比较次数均为 $h=\lceil\log_2(n+1)\rceil=7$。

*3. 折半查找算法的扩展

这里讨论折半查找算法的几个扩展，并假设有序表 R 中可能出现相同关键字的元素。

视频讲解

1) 在有序表 R 中查找插入点

对于有序查找表 R，关键字 k 的插入点定义为将 k 插入 R 中使其有序的那一点。假设 R 是递增有序的，插入点就是第一个大于等于 k 的元素序号。例如，$R=(1,1,1)$，$k=2$ 的插入点为 3，$k=-1$ 的插入点为 0。若 $R=(1,3,5)$，$k=1$ 的插入点为 0，$k=2$ 的插入点为 1，$k=5$ 的插入点为 2。

在非空查找区间 R[low..high]（满足 low≤high）中查找 k 插入点的设计思路是置 mid=(low+high)/2：

(1) 若 k≤R[mid].key，新查找区间为左区间，即置 high=mid−1(跳过大于或者等于 k 的元素)，或者说 k≤R[mid].key 时新查找区间左移。

(2) 若 k>R[mid].key，新查找区间为右区间，即置 low=mid+1(与普通折半查找相同)，或者说 k>R[mid].key 时新查找区间右移。

重复上述过程，直到查找区间 R[low..high]变空（满足 low>high）为止，并且满足 R[0..high].key<k，R[high+1..$n-1$].key≥k。这样若 high+1 就是第一个大于或者等于 k 的元素序号，例如 $R=(1,3,5)$，$k=2$，查找结束的空区间为[1,0]，返回插入点为 1。对应的算法如下：

```
public int GOEk(int k)                      //查找第一个大于或者等于 k 的序号即 k 的插入点
{  int low=0,high=n-1,mid;
   while(low<=high)                         //当前区间非空时
   {  mid=(low+high)/2;                     //求查找区间的中间位置
      if(k<=R[mid].key)                     //继续在 R[low..mid-1]中查找
         high=mid-1;
      else                                  //k>R[mid].key
         low=mid+1;                         //继续在 R[mid+1..high]中查找
   }
   return high+1;                           //返回 high+1
}
```

【例 9.6】 有一个按整数关键字 key 递增有序的顺序表 R，其中关键字可能重复出现。设计一个算法返回与 k 最接近的元素关键字，若有多个最接近的元素关键字，返回较大的那一个。例如，$R=(1,3,8,8,12)$，$k=6$ 时最接近的元素是 8，$k=10$ 时最接近的元素是 12。

解：用 SqListSearchClass 对象 s 存放递增有序的顺序表 R，注意这里的 k 不一定包含在 R 中，所以不能直接采用基本折半查找求解，而需要进行改进。求与 k 最接近的元素关键字的算法的设计思路如下：

(1) 若 $k \leqslant$ s. R[0]. key，则返回 s. R[0]. key。

(2) 若 $k \geqslant$ s. R[s. $n-1$]. key，则返回 s. R[s. $n-1$]. key。

(3) 否则先调用前面的算法 GOEk(int k)求 R 中第一个大于或者等于 k 的元素序号 j，再取其前一个元素序号 i，最接近元素的区间为 $[i, j]$，通过比较返回 $R[i]$. key 或者 $R[j]$. key。

对应的算法如下：

```
static int Closest(SqListSearchClass s, int k)
{ if(k<=s.R[0].key) return s.R[0].key;
  if(k>=s.R[s.n-1].key) return s.R[s.n-1].key;
  int j=s.GOEk(k);                          //查找第一个大于或者等于 k 的序号
  int i=j-1;                                //前一个元素的序号
  if(Math.abs(s.R[i].key-k)<Math.abs(s.R[j].key-k))
      return s.R[i].key;
  else
      return s.R[j].key;
}
```

说明：(1)Java 中类的 Arrays 提供了静态方法 binarySearch(E[] a[,int fromIndex, int toIndex], E key)，使用折半查找在一维有序数组 a 的[fromIndex,toIndex)范围内查找为 k 的元素序号，若省略范围，则在整个有序数组中查找。如果数组 a 中包含多个为 k 的元素，则无法保证找到的是哪一个。如果查找成功，则返回找到的一个元素的序号；否则返回(−插入点−1)，例如，$a=\{1,3,5\}$，$k=4$，查找不成功，k 的插入点为 2，返回值为 $-2-1=-3$。注意，这保证了当且仅当 k 被找到时返回的值≥0。(2)由于折半查找时要求一维数组 a 是有序的，可以先使用 Arrays 类的静态方法 sort()进行排序，再实施折半查找。

2) 在有序表 R 中查找关键字 k 的元素区间

视频讲解

若 R 中存在多个关键字为 k 的元素，它们一定是相邻的。查找关键字 k 的元素区间就是查找其中关键字为 k 的第一个和最后一个元素序号。

对于查找区间 R[low..high]，其长度为 $m=$(high−low+1)。当 m 为奇数时，中间位置 mid=(low+high)/2 是唯一的，例如 $R[0..2]=(1,2,3)$，对应的中位数(中间位置的元素)是 $R[1]=2$。当 m 为偶数时，中间位置有两个，其中 mid1=(low+high)/2 是低中间位，mid2=(low+high+1)/2[或者 mid=low+(high−low+1)/2]是高中间位，例如 $R[0..3]=(1,2,3,4)$，对应的低中位数是 $R[1]=2$(mid1=1)，高中位数是 $R[2]=3$(mid2=2)。在前面基本的折半查找中总是取低中间位。

先设计 Firstequalsk(k)算法用于返回 R 中第一个等于 k 的元素序号，若 R 中没有等于 k 的元素，则返回 −1。其设计思路是对于长度大于 1 的查找区间 R[low..high](满足 low<high)，置 mid=(low+high)/2(其长度为偶数时取低中间位)：

(1) 若 $k \leqslant R$[mid]. key，新查找区间为左区间，即置 high=mid(由于可能有 R[mid]. key=k，新查找区间应包含 mid)，或者说 $k \leqslant R$[mid]. key 时新查找区间左移。

(2) 若 $k > R$[mid]. key，新查找区间为右区间，即置 low=mid+1(由于 R[mid]. key<k，新查找区间不包含 mid)，或者说 $k > R$[mid]. key 时新查找区间右移。

重复上述过程，直到找到长度为 1 的查找区间 R[low..low](即 high=low)为止，此时该区间最多有一个为 k 的元素，而 R[low+1..$n-1$].key≥k。这样若 R[low].key=k，则 R[low]一定是第一个等于 k 的元素，否则说明 R 中不存在关键字为 k 的元素。对应的算法如下：

```
public int Firstequalsk(int k)                    //查找第一个等于 k 的元素序号
{  int mid, low=0, high=n-1;
   while(low < high)
   {   mid=(low+high)/2;
       if(k<=R[mid].key) high=mid;
       else low=mid+1;
   }
   if(k==R[low].key) return low;
   else return -1;
}
```

再设计 Lastequalsk(k)算法用于返回 R 中最后一个等于 k 的元素序号，若 R 中没有等于 k 的元素，则返回-1。其设计思路是对于长度大于 1 的当前查找区间 R[low..high](满足 low<high)，置 mid=(low+high+1)/2(其长度为偶数时取高中间位)：

(1) 若 k≥R[mid].key，新查找区间为右区间，即置 low=mid(由于可能有 R[mid].key=k，新查找区间应包含 mid)，或者说 k≥R[mid].key 时新查找区间右移。

(2) 若 k<R[mid].key，新查找区间为左区间，即置 high=mid-1(由于 R[mid].key>k，新查找区间不包含 mid)，或者说 k<R[mid].key 时新查找区间左移。

重复上述过程，直到找到长度为 1 的查找区间 R[low..low](即 high=low)为止，此时该区间最多有一个为 k 的元素，而 R[0..low-1].key≤k。这样若 R[low].key=k，则 R[low]一定是最后一个等于 k 的元素，否则说明 R 中不存在关键字为 k 的元素。对应的算法如下：

```
public int Lastequalsk(int k)                     //查找最后一个等于 k 的元素序号
{  int mid, low=0, high=n-1;
   while(low < high)
   {   mid=(low+high+1)/2;
       if(k>=R[mid].key) low=mid;
       else high=mid-1;
   }
   if(k==R[low].key) return low;
   else return -1;
}
```

这样，在可能有相同关键字元素的有序表 R 中查找关键字 k 的元素区间(查找失败时返回[-1,-1])的算法如下：

```
public int[] Intervalk(int k)                     //查找为 k 的元素区间[v[0],v[1]]
{  int[] v=new int[2];
   v[0]=Firstequalsk(k);
   v[1]=Lastequalsk(k);
   return v;
}
```

9.2.3 索引存储结构和分块查找

1. 索引存储结构

索引存储结构是在采用数据表存储数据的同时还建立附加的索引表。索引表中的每一项称为索引项,索引项的一般形式为(关键字,地址),其中关键字唯一标识一个元素,地址为该关键字元素在数据表中的存储地址,整个索引表按关键字有序排列。例如,对于第1章中表1.1所示的高等数学成绩表,以学号为关键字时的索引存储结构如图9.7所示,其中数据表采用顺序表结构存放所有学生的成绩元素,每个元素有一个地址(这里采用相对地址),索引表由学号和地址组成,并且按学号递增排列。在这样的索引存储结构中,数据表的每个元素都对应索引表的一个索引项,也就是说数据表和索引表的长度相同,称之为稠密索引。

视频讲解

数据表

地址	学号	姓名	分数
0	2018001	王华	90
1	2018010	刘丽	62
2	2018006	陈明	54
3	2018009	张强	95
4	2018007	许兵	76
5	2018012	李萍	88
6	2018005	李英	82

索引表

学号	地址
2018001	0
2018005	6
2018006	2
2018007	4
2018009	3
2018010	1
2018012	5

图9.7 高等数学成绩表的索引存储结构

含 n 个元素的线性表采用索引存储结构后,按关键字 k 的查找过程是先在索引表中按折半查找方法找到关键字为 k 的索引项,得到其地址,所花时间为 $O(\log_2 n)$,再通过地址在数据表中找到对应的元素,所花时间为 $O(1)$,合起来的查找时间为 $O(\log_2 n)$,与折半查找的性能相同,属于高效的查找方法。索引存储结构的缺点是为了建立索引表而增加了时间和空间的开销。

2. 分块查找

视频讲解

分块查找又称索引顺序查找,它是一种性能介于顺序查找和折半查找之间的查找方法。它要求按如下的索引方式来存储查找表:将表 $R[0..n-1]$ 均分为 b 块,前 $b-1$ 块中的元素个数为 $s=\lceil n/b \rceil$,最后一块(即第 b 块)的元素数小于等于 s;每一块中的关键字不一定有序,但前一块中的最大关键字必须小于后一块中的最小关键字,即要求表是"分块有序"的。

抽取各块中的最大关键字及其起始位置构成一个索引表 $I[0..b-1]$,即 $I[i](0\leqslant i\leqslant b-1)$ 中存放着第 i 块的最大关键字及该块在表 R 中的起始位置。由于表 R 是分块有序的,所以索引表是一个递增有序表。

也就是说,在这种结构中除了数据表外,另外增加了一个分块索引表,所以它也是一种索引存储结构。由于索引表中每个索引项对应数据表中的一个块而不是一个元素,即索引表的长度远远小于数据表的长度,称之为稀疏索引。

假设数据表长度为 n,分为 b 个块,块长度为 s,如果 $n\%b=0$,则 $s=n/b$,这样 b 个块的

长度均为 s,是一种理想的状态。若 $n\%b\neq 0$,取 $s=\lceil n/b\rceil=\lfloor (n+b-1)/b\rfloor$,这样前 $b-1$ 个块的长度为 s,最后一个块的长度 $=n-(b-1)\times s$。

说明:分块查找并非适合任何无序数据的查找,也不是随意地分块,一定满足在分块后块间数据有序、块内数据无序的特点。

索引表的元素类型定义如下:

```
class IdxType                                    //索引表元素类型
{ int key;                                       //关键字(这里是对应块中的最大关键字)
  int link;                                      //该索引块在数据表中的起始下标
}
```

例如,设有一个查找线性表采用顺序表 R 存储,其中包含 25 个元素,其关键字序列为(8,14,6,9,10,22,34,18,19,31,40,38,54,66,46,71,78,68,80,85,100,94,88,96,87)。假设将 R 中的 25 个元素分为 5 块($b=5$),每块中有 5 个元素($s=5$),并且这样分块后满足分块有序性。对应的索引存储结构如图 9.8 所示,第 1 块中的最大关键字 14 小于第 2 块中的最小关键字 18,第 2 块中的最大关键字 34 小于第 3 块中的最小关键字 38,以此类推。也就是说,这里的索引项中关键字为对应块中的最大关键字,整个索引表按关键字递增排列。

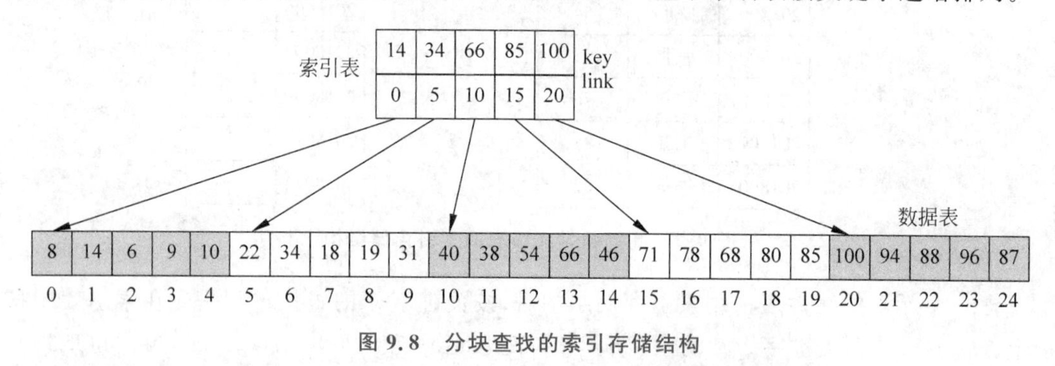

图 9.8 分块查找的索引存储结构

对于数据表 R,若分为 b 个块,构造上述索引表 I 的算法如下:

```
public void CreateI(IdxType[] I, int b)          //构造索引表
{ int s=(n+b-1)/b;                               //每块的元素个数
  int j=0,jmax=R[j].key;
  for(int i=0;i<b;i++)                           //构造 b 块
  { I[i]=new IdxType();
    I[i].link=j;
    while(j<=(i+1)*s-1 && j<=n-1)  //j 遍历一个块,查找其中的最大关键字 jmax
    { if(R[j].key>jmax)
        jmax=R[j].key;
      j++;
    }
    I[i].key=jmax;
    if(j<=n-1)                                   //j 没有遍历完,jmax 置为下一个块的首元素关键字
      jmax=R[j].key;
  }
}
```

分块查找的基本思路是首先查找索引表,因为索引表是有序表,可以采用折半查找(当

索引项较少时可以采用顺序查找)，以确定待查的元素在哪一块中；然后在已确定的块中进行顺序查找(因块内元素有序，只能用顺序查找)。

例如，在图9.8所示的存储结构中，查找关键字等于给定值 $k=80$ 的元素，因为索引表较小，不妨用顺序查找方法查找索引表。即首先将 k 依次和索引表中的各关键字比较，直到找到第一个关键字大于等于 k 的元素，由于 $k \leqslant 85$，所以关键字为80的元素若存在，则必定在第4块中；然后由 $I[3]$.link 找到第4块的起始地址15，从该地址开始在 $R[15..19]$ 中进行顺序查找，直到 $R[18]$.key$=k$ 为止。若给定值 $k=30$，同理先确定第2块，然后在该块中查找。因该块中查找不成功，故说明表中不存在关键字为30的元素。

采用折半查找索引表(索引表 I 的长度为 b)的分块查找算法如下(查找索引表的思路与前面的GOEk算法类似)：

```
public int IdxSearch(IdxType[] I,int b,int k)    //在顺序表R[0..n-1]和索引表I[0..b-1]中查找k
{  int low=0,high=b-1,mid;
   while(low<=high)                               //在索引表中折半查找,找到块号为high+1
   {  mid=(low+high)/2;
      if(k<=I[mid].key) high=mid-1;
      else low=mid+1;
   }
   if(high+1>=b) return -1;                       //块号超界,查找失败,返回-1
   int i=I[high+1].link;                          //所在块的起始位置
   int s=(n+b-1)/b;                               //求每块的元素个数s
   if(i==b-1)                                     //第i块是最后块,元素个数可能少于s
      s=n-s*(b-1);
   while(i<=I[high+1].link+s-1 && R[i].key!=k)
      i++;
   if(i<=I[high+1].link+s-1) return i;            //查找成功,返回该元素的序号
   else return -1;                                //查找失败,返回-1
}
```

由于分块查找实际上是两次查找过程，故整个查找过程的平均查找长度是两次查找的平均查找长度之和。

若有 n 个元素，每块中有 s 个元素(每块的大小 $b=\lceil n/s \rceil$)，分析分块查找在成功情况下的平均查找长度如下：

若以折半查找来确定元素所在的块，则分块查找成功时的平均查找长度为：

$$\mathrm{ASL_{blk}} = \mathrm{ASL_{bn}} + \mathrm{ASL_{sq}} = \log_2(b+1) - 1 + \frac{s+1}{2}$$

$$\approx \log_2(n/s+1) + \frac{s}{2}\left(\text{或} \log_2(b+1) + \frac{s}{2}\right)$$

显然，当 s 越小时 $\mathrm{ASL_{blk}}$ 的值越小，即当采用折半查找确定块时每块的长度越小越好。

若以顺序查找来确定元素所在的块，则分块查找成功时的平均查找长度为：

$$\mathrm{ASL'_{blk}} = \mathrm{ASL_{bn}} + \mathrm{ASL_{sq}} = \frac{b+1}{2} + \frac{s+1}{2} = \frac{1}{2}\left(\frac{n}{s} + s\right) + 1 \quad \left(\text{或}\frac{1}{2}(b+s)+1\right)$$

显然，当 $s=\sqrt{n}$ 时 $\mathrm{ASL'_{blk}}$ 取极小值 $\sqrt{n}+1$，即当采用顺序查找确定块时各块中的元素个数选定为 $\sqrt{n}$ 时效果最佳。

分块查找的主要代价是增加一个索引表的存储空间和增加建立索引表的时间。

【例 9.7】 对于具有 10 000 个元素的顺序表,假设数据分布满足相应的要求,回答以下问题。

(1) 若采用分块查找方法,并用顺序查找来确定元素所在的块,则分成几块最好?每块的最佳长度为多少?此时成功情况下的平均查找长度为多少?在这种情况下,若改为用折半查找确定块,成功情况下的平均查找长度为多少?

(2) 若采用分块查找方法,仍用顺序查找来确定元素所在的块,假定每块长度为 $s=20$,此时成功情况下的平均查找长度是多少?在这种情况下,若改为用折半查找确定块,成功情况下的平均查找长度为多少?

(3) 若直接采用顺序查找和折半查找方法,其成功情况下的平均查找长度各是多少?

解:(1) 对于具有 10 000 个元素的文件,若采用分块查找方法,并用顺序查找来确定元素所在的块,每块中最佳元素个数 $s=\sqrt{10\,000}=100$,总的块数 $b=\lceil n/s \rceil=100$。此时成功情况下的平均查找长度为:

$$\text{ASL}=\frac{1}{2}(b+s)+1=100+1=101$$

在这种情况下,若改为用折半查找确定块,此时成功情况下的平均查找长度为:

$$\text{ASL}=\log_2(b+1)+\frac{s}{2}=\log_2 101+50\approx 57$$

(2) $s=20$,则 $b=\lceil n/s \rceil=10\,000/20=500$。

在进行分块查找时,若仍用顺序查找确定块,此时成功情况下的平均查找长度为:

$$\text{ASL}=\frac{1}{2}(b+s)+1=260+1=261$$

在这种情况下,若改为用折半查找确定块,此时成功情况下的平均查找长度为:

$$\text{ASL}=\log_2(b+1)+\frac{s}{2}=\log_2 501+10\approx 19$$

(3) 若直接采用顺序查找,此时成功情况下的平均查找长度为:

$$\text{ASL}=(10\,000+1)/2=5000.5$$

若直接采用折半查找,此时成功情况下的平均查找长度为:

$$\text{ASL}=\log_2 10\,001-1\approx 13$$

由此可见,分块查找算法的效率介于顺序查找和折半查找之间。

9.3 树表的查找

9.2 节讨论了查找表为线性表的情况,实际上查找表也可以为树形结构,本节介绍几种特殊树形结构的查找,统称为**树表**。这里的树表采用链式存储结构,由于链式存储结构既适合查找,也适合数据修改,属于动态查找表。对于动态查找表,不仅要讨论查找方法,还要讨论修改方法。本节主要讨论二叉排序树、平衡二叉树、B-树和 B+树,以及 Java 中的 TreeMap 和 TreeSet 集合。

9.3.1　二叉排序树

1. 二叉排序树的定义

二叉排序树(简称BST)又称二叉查找(搜索)树,其定义为二叉排序树或者是空树,或者是满足如下性质的二叉树:

(1) 若它的左子树非空,则左子树上所有结点的值(默认为结点关键字)均小于根结点值。

(2) 若它的右子树非空,则右子树上所有结点的值均大于根结点值。

(3) 左、右子树本身又各是一棵二叉排序树。

上述性质称为二叉排序树性质(简称为BST性质),故二叉排序树实际上是满足BST性质的二叉树,并且假设所有结点值唯一。

说明:上述是基本二叉排序树的定义(除特别指定外,本章默认为基本二叉排序树),在实际应用中它有两种变形,变形一是结点的关键字不唯一,可将二叉排序树定义中BST性质(1)的"小于"改为"小于或等于",BST性质(2)的"大于"改为"大于或等于";变形二是左子树结点关键字大,右子树结点关键字小。

从BST性质可推出二叉排序树的一些重要性质:按中序遍历该树所得到的中序序列是一个递增有序序列。整棵二叉排序树中关键字最小的结点是根结点的最左下结点(中序序列的开始结点),关键字最大的结点是根结点的最右下结点(中序序列的尾结点)。

正是因为二叉排序树的中序序列是一个有序序列,所以对于一个任意的关键字序列构造一棵二叉排序树,其实质是对此关键字序列进行排序,使其变为有序序列。"排序树"的名称也由此而来。

定义二叉排序树的结点类型如下(这里每个结点值仅有关键字key,若有其他数据项可相应地增加成员):

```
class BSTNode                          //二叉排序树结点类
{  public int key;                     //存放关键字,假设关键字为int类型
   public BSTNode lchild;              //存放左孩子指针
   public BSTNode rchild;              //存放右孩子指针
   BSTNode()                           //构造方法
   {  lchild=rchild=null;  }
}
```

设计二叉排序树类模板BSTClass如下:

```
public class BSTClass                  //二叉排序树类
{  public BSTNode r;                   //二叉排序树的根结点
   private BSTNode f;                  //用于存放待删除结点的双亲结点
   public BSTClass()                   //构造方法
   {  r=null;  }
   //二叉排序树的基本运算算法
}
```

2. 二叉排序树的插入和生成

在二叉排序树中插入一个新结点要保证插入后仍满足BST性质。在根结点p的二叉排序树中插入关键字为k的结点的过程如下:

(1) 若 p 为空,创建一个 key 为 k 的结点,返回时将它作为根结点。

(2) 若 k<p. key,将 k 插入 p 结点的左子树中并且修改 p 的左子树。

(3) 若 k>p. key,将 k 插入 p 结点的右子树中并且修改 p 的右子树。

(4) 其他情况是 k=p. key,说明树中已有关键字 k,无须插入,直接返回 p。

对应的递归算法 InsertBST()如下:

```
public void InsertBST(int k)                          //插入一个关键字为 k 的结点
{
  InsertBST1(r,k);
}
private BSTNode InsertBST1(BSTNode p,int k)   //在以 p 为根的 BST 中插入关键字为 k 的结点
{ if(p==null)                                         //原树为空,新插入的元素为根结点
  {  p=new BSTNode();
     p.key=k;
  }
  else if(k<p.key)
     p.lchild=InsertBST1(p.lchild,k);                 //插入 p 的左子树中
  else if(k>p.key)
     p.rchild=InsertBST1(p.rchild,k);                 //插入 p 的右子树中
  return p;
}
```

创建二叉排序树是从一个空树开始的,先创建根结点,以后每插入一个关键字 k,就调用一次 InsertBST(k)算法将 k 插入当前已生成的二叉排序树中。对应的 CreateBST()算法如下:

```
public void CreateBST(int[] a)                        //由关键字序列 a 创建一棵二叉排序树
{ r=new BSTNode();                                    //创建根结点
  r.key=a[0];
  for(int i=1;i<a.length;i++)                         //创建其他结点
     InsertBST1(r,a[i]);                              //插入关键字 a[i]
}
```

视频讲解

3. 二叉排序树的查找

由于二叉排序树可看作是一个有序表,所以在二叉排序树上进行查找和折半查找类似,也是一个逐步缩小查找范围的过程。递归查找算法 SearchBST()如下(在二叉排序树上查找关键字为 k 的元素,成功时返回查找到的结点,否则返回 null):

```
public BSTNode SearchBST(int k)                       //在二叉排序树中查找关键字为 k 的结点
{
  return SearchBST1(r,k);                             //r 为二叉排序树的根结点
}
private BSTNode SearchBST1(BSTNode p,int k)     //被 SearchBST()方法调用
{ if(p==null) return null;                            //空树返回 null
  if(p.key==k) return p;                              //找到后返回 p
  if(k<p.key)
     return SearchBST1(p.lchild,k);                   //在左子树中递归查找
  else
     return SearchBST1(p.rchild,k);                   //在右子树中递归查找
}
```

与折半查找的判定树类似,在二叉排序树中的每个空指针处添加一个外部结点。在二叉排序树中查找时,若查找成功,则是从根结点出发走了一条从根结点到查找到的结点的路径;若查找不成功,则是从根结点出发走了一条从根结点到某个外部结点的路径。因此二叉排序树的查找与折半查找类似,在查找中关键字比较的次数不超过树的高度。

一个关键字集合可以有多个不同顺序的关键字序列,对于不同的关键字序列,CreateBST()算法创建的二叉排序树可能不同。例如,关键字序列为(5,2,1,6,7,4,3),创建的二叉排序树如图9.9(a)所示;若关键字序列为(1,2,3,4,5,6,7),创建的二叉排序树如图9.9(b)所示。

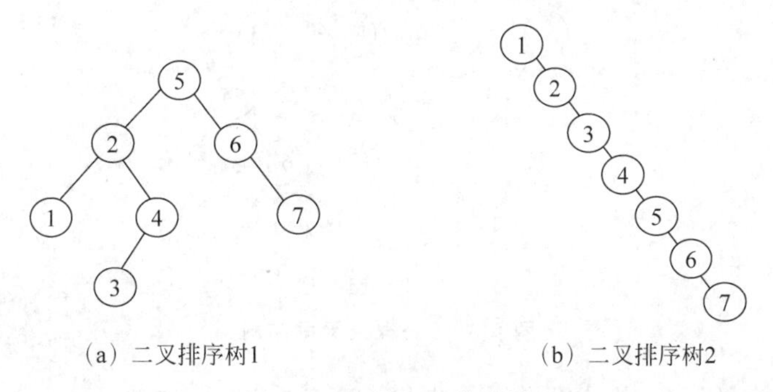

图9.9　两棵二叉排序树

这两棵二叉排序树的高度分别是4和7,因此在查找失败的情况下最多关键字比较次数分别为4和7。在查找成功的情况下,它们的平均查找长度是不相同的。对于图9.9(a)所示的二叉排序树,在等概率假设下,查找成功的平均查找长度为:

$$ASL_a = \frac{1\times1+2\times2+3\times3+1\times4}{7} = 2.57$$

同样,在等概率假设下,图9.9(b)所示的二叉排序树在查找成功时的平均查找长度为:

$$ASL_b = \frac{1\times1+1\times2+1\times3+1\times4+1\times5+1\times6+1\times7}{7} = 4$$

由此可见,二叉排序树查找的平均查找长度和二叉排序树的形态有关,显然图9.9(a)的二叉排序树的查找效率比图9.9(b)的好,因此构造一棵高度越小的二叉排序树查找效率越高。

那么如何分析二叉排序树的查找性能呢?有如下两种分析方法。

(1) 对于含 n 个关键字的集合,假设所有关键字不相同,对应有 $n!$ 个关键字序列,每个关键字序列构造一棵二叉排序树,其中有些二叉排序树是相同的,例如3个关键字的集合{1,2,3},由(2,1,3)和(2,3,1)两个关键字序列构造的二叉排序树是相同的,所有这些二叉排序树中查找每个关键字的平均时间为 $O(\log_2 n)$。

(2) 给定含 n 个关键字的关键字序列构造一棵二叉排序树(是 $n!$ 个关键字序列中的一个),其中查找性能最好的是高度最小的二叉排序树,最好查找性能为 $O(\log_2 n)$;查找性能最坏的是高度为 n 的二叉排序树[类似图9.9(b)所示的单支树],最坏查找性能为 $O(n)$。平均情况由具体的关键字序列来确定。所以常说二叉排序树的时间复杂度在 $O(\log_2 n)$ 和 $O(n)$ 之间,就是指这种分析方法。

【例 9.8】 已知一组关键字为(25,18,46,2,53,39,32,4,74,67,60,11),按该顺序依次插入一棵初始为空的二叉排序树中,画出最终的二叉排序树,并求在等概率情况下查找成功的平均查找长度和查找不成功的平均查找长度。

解:最终构造的二叉排序树如图 9.10 所示,图中的圆形结点为内部结点,小方形结点为外部结点。

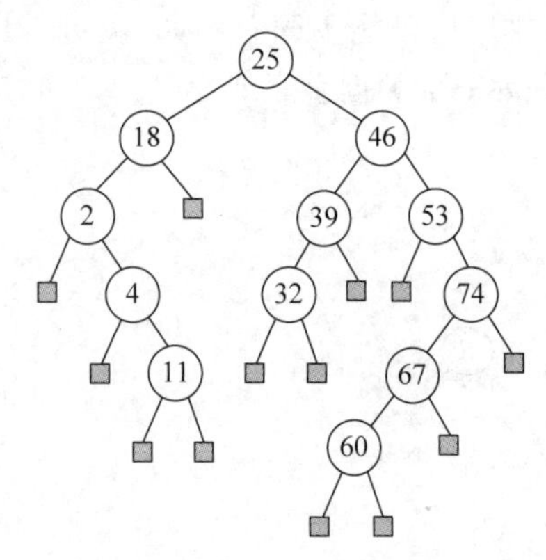

图 9.10 一棵二叉排序树

在等概率的情况下,查找成功的平均查找长度为:

$$ASL_{成功}=\frac{1\times1+2\times2+3\times3+3\times4+2\times5+1\times6}{12}=3.5$$

在等概率的情况下,查找不成功的平均查找长度为:

$$ASL_{不成功}=\frac{1\times2+3\times3+4\times4+3\times5+2\times6}{13}=4.15$$

【例 9.9】 在含有 27 个结点的二叉排序树上查找关键字为 35 的结点,以下 4 个选项中哪些是可能的关键字比较序列?

A. 28,36,18,46,35　　　　B. 18,36,28,46,35

C. 46,28,18,36,35　　　　D. 46,36,18,28,35

解:各查找序列对应的查找树如图 9.11 所示。查找序列$(k_1,k_2,\cdots,k_n)$的查找树画法是每一层只有一个结点,首先 k_1 为根结点,再依次画出其他结点,若 $k_{i+1}<k_i$,则 k_{i+1} 的结点作为 k_i 结点的左孩子,否则作为右孩子。

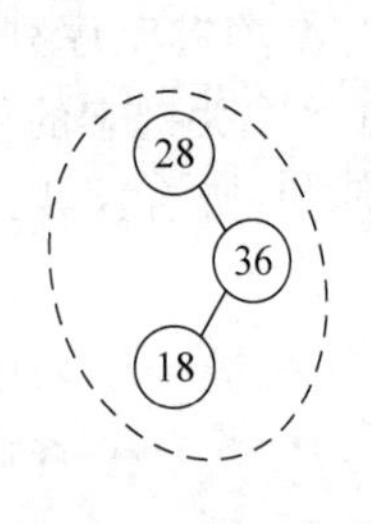

(a) A序列的查找过程

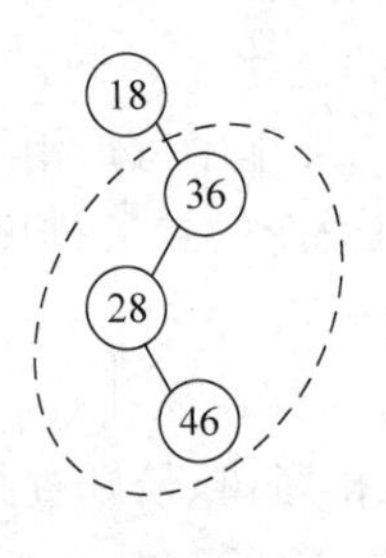

(b) B序列的查找过程

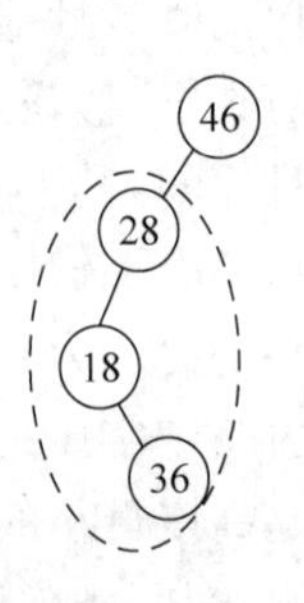

(c) C序列的查找过程

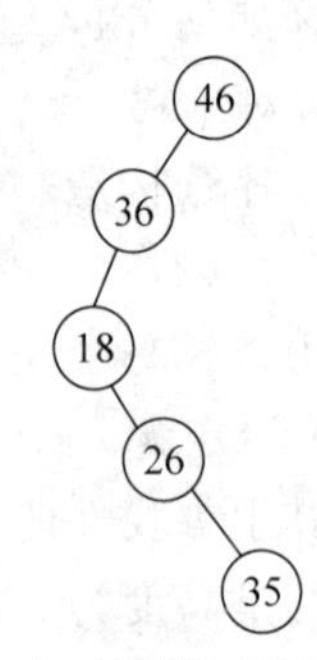

(d) D序列的查找过程

图 9.11 各序列对应的查找过程

查找树是原来二叉排序树的一部分，也一定构成一棵二叉排序树。图中虚线圆圈部分表示违背了二叉排序树的定义，从中看到只有 D 序列对应的查找树是一棵二叉排序树，所以只有 D 序列可能是查找关键字 35 的关键字比较序列。

视频讲解

4. 二叉排序树的删除

二叉排序树的删除是指从二叉排序树中删除一个指定关键字 k 的结点（由于二叉排序树中结点的关键字是唯一的，每个结点只有一个关键字，所以删除关键字与删除结点是一回事），在删除一个结点时不能简单地把以该结点为根的子树都删去，只能删除该结点本身，并且还要保证删除后的二叉树仍然满足 BST 性质。也就是说，在二叉排序树中删除一个结点就相当于删除有序序列（即该树的中序序列）中的一个结点。

删除操作必须首先找到待删除的结点，当找到关键字为 k 的结点 p 时，删除结点 p 分为以下几种情况。

(1) 若结点 p 是叶子结点（结点 p 的度为 0），删除该结点等同于删除该结点的子树，所以可以直接删除该结点。图 9.12(a)所示为删除叶子结点 9 的过程。这是一种最简单的删除结点的情况。

(2) 若结点 p 只有左孩子没有右孩子（结点 p 的度为 1），根据二叉排序树的特点，可以用结点 p 的左子树替代结点 p 的子树，也就是直接用其左孩子替代它（结点替代），图 9.12(b)所示为删除只有左孩子的结点 4 的过程。

(3) 若结点 p 只有右孩子没有左孩子（结点 p 的度为 1），根据二叉排序树的特点，可以用结点 p 的右子树替代结点 p 的子树，也就是直接用其右孩子替代它（结点替代），图 9.12(c)所示为删除只有右孩子的结点 7 的过程。

(4) 若结点 p 既有左孩子又有右孩子（结点 p 的度为 2），根据二叉排序树的特点，可以从其左子树中选择关键字最大的结点（中序前驱）或从其右子树中选择关键字最小的结点（中序后继）q 替代结点 p，再将结点 q 从相应子树中删除。操作步骤是先用结点 q 的值替代结点 p 的值（值替代），再删除结点 q。

删除方法 1：选择的结点 q 是结点 p 的左子树中的最大关键字结点，它一定是结点 p 的左孩子的最右下结点，这样的结点 q 一定没有右孩子，最多只有左孩子，可以采用(2)删除结点 q。图 9.12(d)所示为删除有左、右孩子的结点 5 的过程，先找到结点 5 的左孩子的最右下结点 4，用结点值 4 替代结点 5，再删除原结点 4。

删除方法 2：选择的结点 q 是结点 p 的右子树中的最小关键字结点，它一定是结点 p 的右孩子的最左下结点，这样的结点 q 一定没有左孩子，最多只有右孩子，可以采用(3)删除结点 q。所以要删除结点 5，也可以找到结点 5 的右孩子的最左下结点 6，用结点值 6 替代结点 5，再删除原结点 6。

上述两种删除方法都是正确的，即删除后的二叉树仍然是二叉排序树，在后面的算法中采用的是前一种删除方法。

说明：由二叉排序树结点的删除过程看出，若一棵非空二叉排序树为 T，删除关键字为 k 的结点 p 后得到二叉排序树 $T1$，然后在 $T1$ 中插入关键字 k 得到二叉排序树 $T2$。如果结点 p 是叶子结点，则 $T2$ 与 T 是相同的；如果结点 p 不是叶子结点，则 $T2$ 与 T 是不相同的。

在删除算法设计中，先查找关键字为 k 的结点 p，再删除结点 p。从二叉排序树中删除

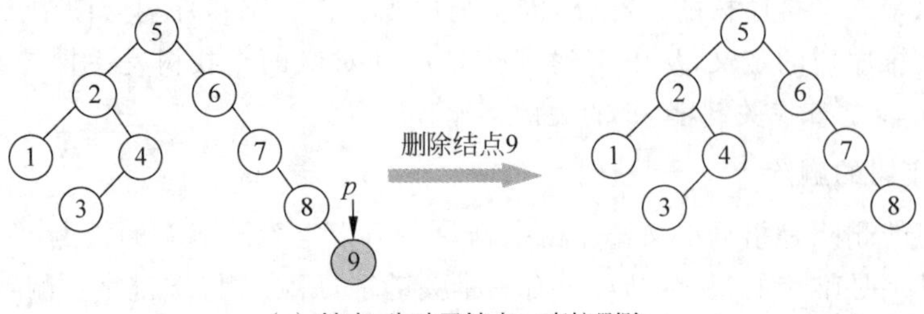

(a) 结点p为叶子结点：直接删除

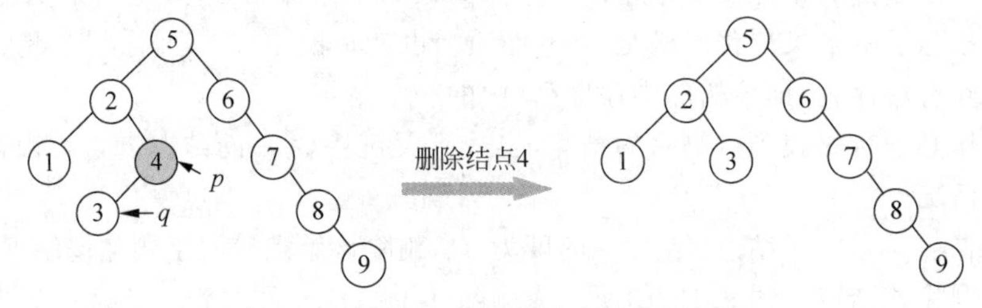

(b) 结点p只有左孩子：用左孩子q结点替代结点p

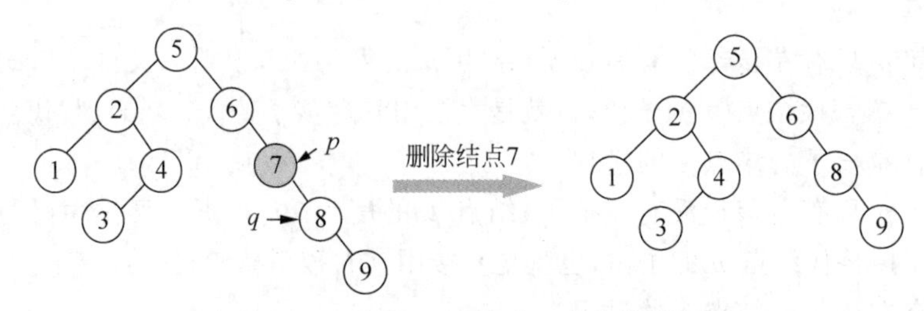

(c) 结点p只有右孩子：用右孩子q结点替代结点p

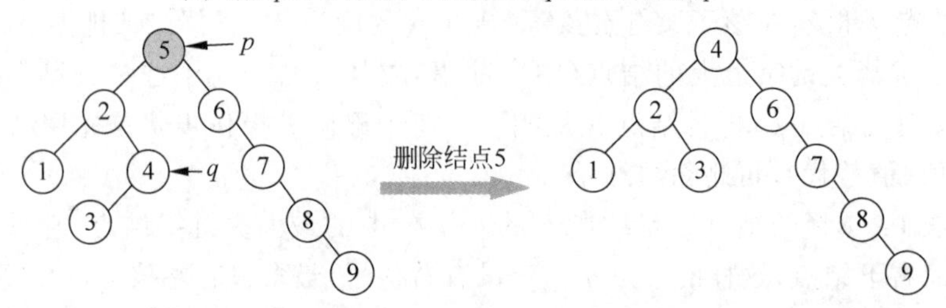

(d) 结点p有左、右孩子：找到其左孩子的最右下结点q，置p结点值为q结点值（值替代），再删除q结点（q结点没有右孩子，最多只有左孩子，采用（b）删除）

图 9.12　二叉排序树的结点删除

结点 p 是通过修改其双亲的相关指针实现的，为此需要标识结点 p 的双亲结点 f，并且用 flag 标识结点 p 是结点 f 的何种孩子，flag＝－1 表示结点 p 是根结点，没有双亲；flag＝0 表示结点 p 是结点 f 的左孩子；flag＝1 表示结点 p 是结点 f 的右孩子。所以删除中的查找不能简单地采用前面的基本查找算法，而需要在查找中确定结点 p 对应的双亲结点 f 和左、右孩子标记 flag。

这里以删除仅有左孩子的结点 p（含结点 p 为叶子结点的情况）为例进行说明，分为以下 3 种情况：

(1) flag＝－1，说明结点 p 是根结点，由于它没有右孩子，删除操作是用它的左孩子作为二叉排序树的根结点，即执行 r＝p. lchild，如图 9.13(a)所示。

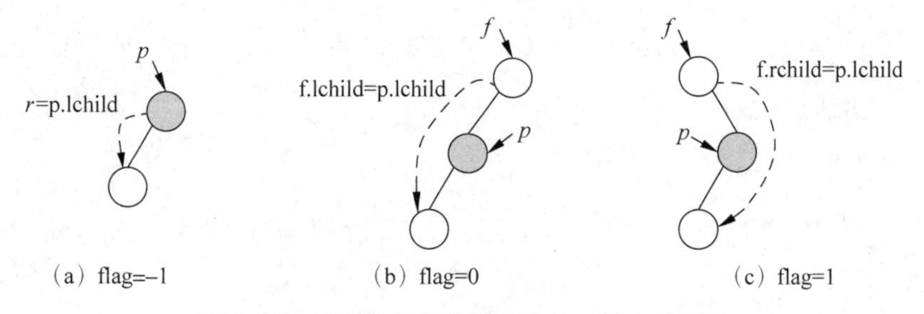

图 9.13 删除仅有左孩子的结点 p 的 3 种情况

(2) flag＝0,说明结点 p 是其双亲结点 f 的左孩子,删除操作是用它的左孩子替代它,即执行 f. lchild＝p. lchild,如图 9.13(b)所示。

(3) flag＝1,说明结点 p 是其双亲结点 f 的右孩子,删除操作是用它的左孩子替代它,即执行 f. rchild＝p. lchild,如图 9.13(c)所示。

删除仅有右孩子的结点 p 的过程与上述类似。

当被删结点 p 有左、右孩子时,采用前面的删除方法 1,先让 q 指向其左孩子结点,分为以下两种情况:

(1) 若结点 q 没有右孩子,说明结点 q 就是结点 p 的左子树中关键字最大的结点,操作是将被删结点 p 的值用结点 q 的值替代(值替代),再删除结点 q,即执行 p. key＝q. key,p. lchild＝q. lchild,如图 9.14(a)所示。

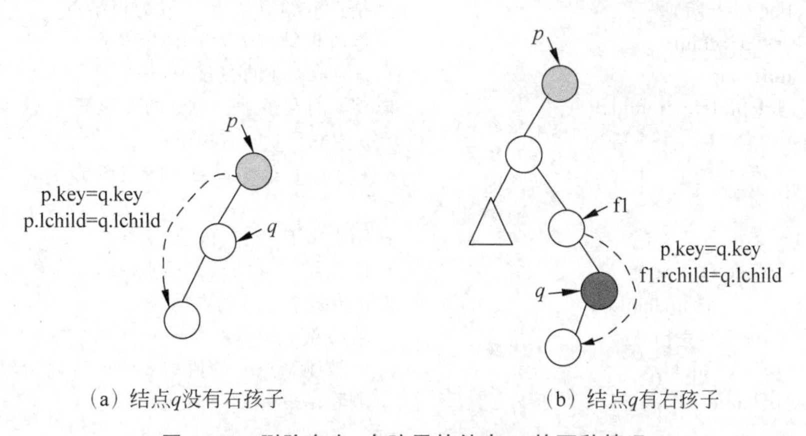

图 9.14 删除有左、右孩子的结点 p 的两种情况

(2) 若结点 q 有右孩子,说明结点 p 的左子树中关键字最大的结点是结点 q 的最右下结点,则从结点 q 出发向右找到最右下结点(仍用 q 表示),f1 指向结点 q 的双亲结点,找到最右下结点 q 后,将被删结点 p 的值用 q 的值替代,再通过 f1 删除结点 q,即执行 p. key＝q. key,p. rchild＝q. lchild,如图 9.14(b)所示。

对应的删除算法 DeleteBST 如下:

```
public boolean DeleteBST(int k)                    //删除关键字为 k 的结点
{  f=null;
   return DeleteBST1(r,k,-1);                      //r 为二叉排序树的根结点
}
private boolean DeleteBST1(BSTNode p,int k,int flag)  //被 DeleteBST()方法调用
```

```
{ if(p==null)
      return false;                              //空树返回 false
  if(p.key==k)
      return DeleteNode(p,f,flag);               //找到后删除 p 结点
  if(k<p.key)
  {   f=p;
      return DeleteBST1(p.lchild,k,0);           //在左子树中递归查找
  }
  else
  {   f=p;
      return DeleteBST1(p.rchild,k,1);           //在右子树中递归查找
  }
}
private boolean DeleteNode(BSTNode p,BSTNode f,int flag)  //删除结点 p(其双亲为 f)
{ if(p.rchild==null)                             //结点 p 只有左孩子(含 p 为叶子的情况)
  {   if(flag==-1)                               //结点 p 的双亲为空(p 为根结点)
          r=p.lchild;                            //修改根结点 r 为 p 的左孩子
      else if(flag==0)                           //p 为双亲 f 的左孩子
          f.lchild=p.lchild;                     //将 f 的左孩子置为 p 的左孩子
      else                                       //p 为双亲 f 的右孩子
          f.rchild=p.lchild;                     //将 f 的右孩子置为 p 的左孩子
  }
  else if(p.lchild==null)                        //结点 p 只有右孩子
  {   if(flag==-1)                               //结点 p 的双亲为空(p 为根结点)
          r=p.rchild;                            //修改根结点 r 为 p 的右孩子
      else if(flag==0)                           //p 为双亲 f 的左孩子
          f.lchild=p.rchild;                     //将 f 的左孩子置为 p 的左孩子
      else                                       //p 为双亲 f 的右孩子
          f.rchild=p.rchild;                     //将 f 的右孩子置为 p 的左孩子
  }
  else                                           //结点 p 有左、右孩子
  {   BSTNode f1=p;                              //f1 为结点 q 的双亲结点
      BSTNode q=p.lchild;                        //q 转向结点 p 的左孩子
      if(q.rchild==null)                         //若结点 q 没有右孩子
      {   p.key=q.key;                           //将被删结点 p 的值用 q 的值替代
          p.lchild=q.lchild;                     //删除结点 q
      }
      else                                       //若结点 q 有右孩子
      {   while(q.rchild!=null)                  //找到最右下结点 q,其双亲结点为 f1
          {   f1=q;
              q=q.rchild;
          }
          p.key=q.key;                           //将被删结点 p 的值用 q 的值替代
          f1.rchild=q.lchild;                    //删除结点 q
      }
  }
  return true;
}
```

上述删除算法的主要时间花费在查找上,所以删除算法与查找算法的时间复杂度相同。

9.3.2 平衡二叉树

二叉排序树的查找性能与树的高度相关，在最坏情况下长度为 n 的关键字序列创建的二叉排序树的高度为 n，此时查找的时间复杂度为 $O(n)$。为了避免这种情况发生，人们研究了许多种动态平衡的方法，使得往树中插入或删除元素时通过调整树形来保持树的"平衡"，使之既保持 BST 性质又保证树的高度较小，通过这样的平衡规则和操作来维护 $O(\log_2 n)$ 高度的二叉排序树称为平衡二叉树。平衡二叉树有多种，较为著名的是 AVL 树，本节主要讨论 AVL 树。

AVL 树的高度平衡性质是树中每个结点的左、右子树的高度至多相差 1，也就是说如果树 T 中的结点 v 有孩子结点 x 和 y，则 $|h(x)-h(y)|\leqslant 1$，$h(x)$ 表示以结点 x 为根的子树的高度。需要说明的是，AVL 树首先是一棵二叉排序树，因为脱离二叉排序树讨论平衡二叉树是没有意义的。

说明：有多种平衡二叉树，例如 AVL 树、红黑树、伸展树和 Treap 等，不同的平衡二叉树采用的平衡性质不同，AVL 树采用的是高度平衡性质。由于 AVL 树最为著名，所以在数据结构中除了特别指出外平衡二叉树默认均指 AVL 树。

在算法中通过平衡因子(balance factor，用 bf 表示)来实现，每个结点的平衡因子是该结点左子树的高度减去右子树的高度。从平衡因子的角度可以说，若一棵二叉排序树中所有结点的平衡因子的绝对值小于或等于 1，则该二叉树为 AVL 树。

图 9.15 是两棵二叉排序树，结点旁标注的数字为该结点的平衡因子。图 9.15(a)是一棵 AVL 树，其中所有结点平衡因子的绝对值都小于等于 1；图 9.15(b)是一棵非 AVL 树，其中结点 3、4、5(带阴影结点)的平衡因子值分别为−2、−3 和−2，它们是失衡的结点。

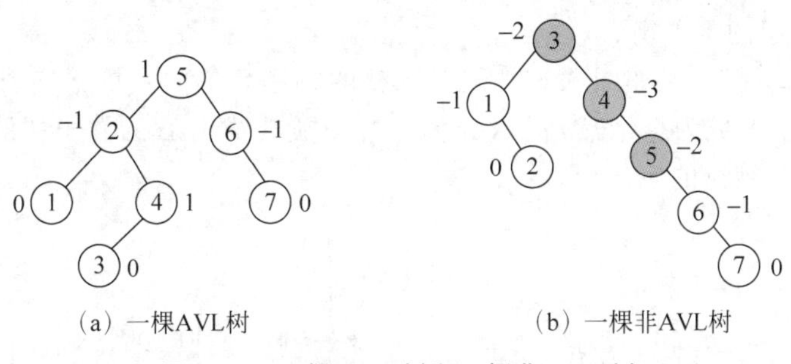

视频讲解

图 9.15 一棵 AVL 树和一棵非 AVL 树

如何使构造的二叉排序树是一棵 AVL 树呢？关键是每次向树中插入新结点时使所有结点的平衡因子满足高度平衡性质，这就要求插入后一旦哪些结点失衡就要进行调整。

这里不讨论 AVL 树的基本运算算法设计，仅介绍这些运算的操作过程。

1. AVL 树插入结点的调整方法

先向 AVL 树中插入一个新结点(插入过程与二叉排序树的插入过程相同)，再从该新插入结点到根结点方向(向上方向查找)找第一个失衡结点 p，如果找不到这样的结点，说明插入后仍然是一棵 AVL 树，不需要调整。如果找到这样的结点 p，说明插入后破坏了平衡性，需要调整。调整过程是以结点 p 和两个相邻的刚查找过的结点构成最小失衡子树，采用某种调整方法使其成为平衡子树，其他所有结点无须调整，得到一棵 AVL 树。

从中看出，最小失衡子树是指以离插入结点最近且平衡因子的绝对值大于 1 的结点作为根的子树,其高度至少为 3。假设用 A 表示最小失衡子树的根结点,根据各种情况有以下 4 种调整方法。

1) LL 型调整

这是在 A 结点的左孩子(设为 B 结点)的左子树上插入结点,使得 A 结点的平衡因子由 1 变为 2 而引起的不平衡。

LL 型调整的一般情况如图 9.16 所示。在图中用长方框表示子树,长方框旁标有高度值 h 或 $h+1$,用带阴影的小方框表示新插入结点。LL 型调整的方法是单向右旋平衡,即将 A 的左孩子 B 向右上旋转代替 A 成为根结点,将 A 结点向右下旋转成为 B 的右子树的根结点,而 B 的原右子树则作为 A 结点的左子树。

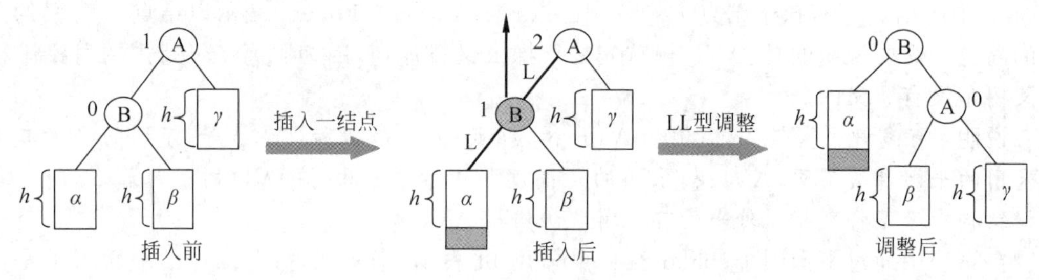

图 9.16 LL 型调整过程

这样调整后使所有结点平衡了,又由于调整前后对应的中序序列相同,即调整后仍保持了二叉排序树的性质不变,所以 LL 型调整后变为一棵 AVL 树,其他 3 种调整亦如此。

2) RR 型调整

这是在 A 结点的右孩子(设为 B 结点)的右子树上插入结点,使得 A 结点的平衡因子由 −1 变为 −2 而引起的不平衡。

RR 型调整的一般情况如图 9.17 所示,调整的方法是单向左旋平衡,即将 A 的右孩子 B 向左上旋转代替 A 成为根结点,将 A 结点向左下旋转成为 B 的左子树的根结点,而 B 的原左子树则作为 A 结点的右子树。

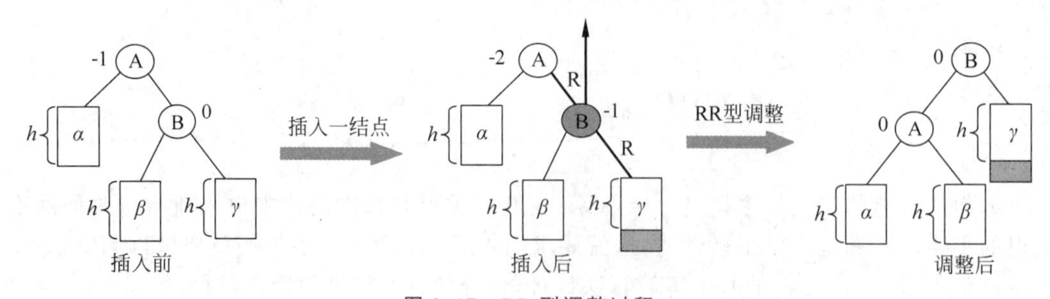

图 9.17 RR 型调整过程

3) LR 型调整

这是在 A 结点的左孩子(设为 B 结点)的右子树上插入结点,使得 A 结点的平衡因子由 1 变为 2 而引起的不平衡。

LR 型调整的一般情况如图 9.18 所示,调整的方法是先左旋转后右旋转平衡,即先将 A 结点的左孩子(即 B 结点)的右子树的根结点(设为 C 结点)向左上旋转提升到 B 结点的位置,然后再把该 C 结点向右上旋转提升到 A 结点的位置。

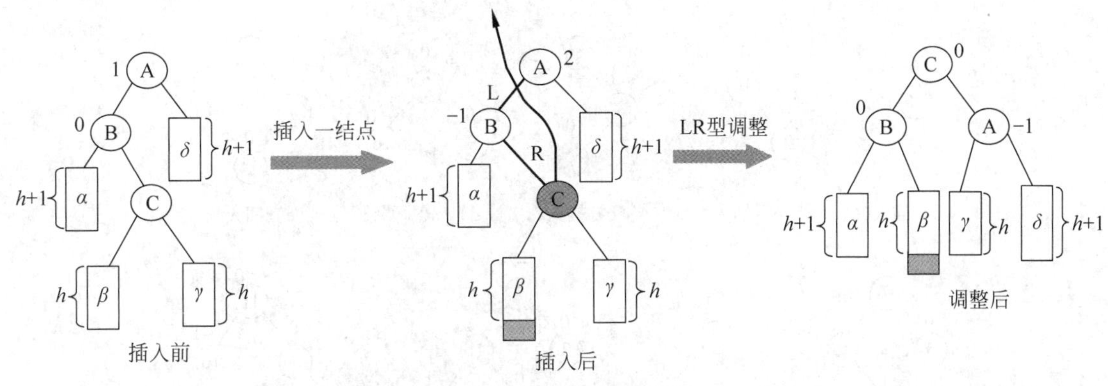

图 9.18　LR 型调整过程

4）RL 型调整

这是在 A 结点的右孩子（设为 B 结点）的左子树上插入结点，使得 A 结点的平衡因子由 −1 变为 −2 而引起的不平衡。

RL 型调整的一般情况如图 9.19 所示，调整的方法是先右旋转后左旋转平衡，即先将 A 结点的右孩子（即 B 结点）的左子树的根结点（设为 C 结点）向右上旋转提升到 B 结点的位置，然后再把该 C 结点向左上旋转提升到 A 结点的位置。

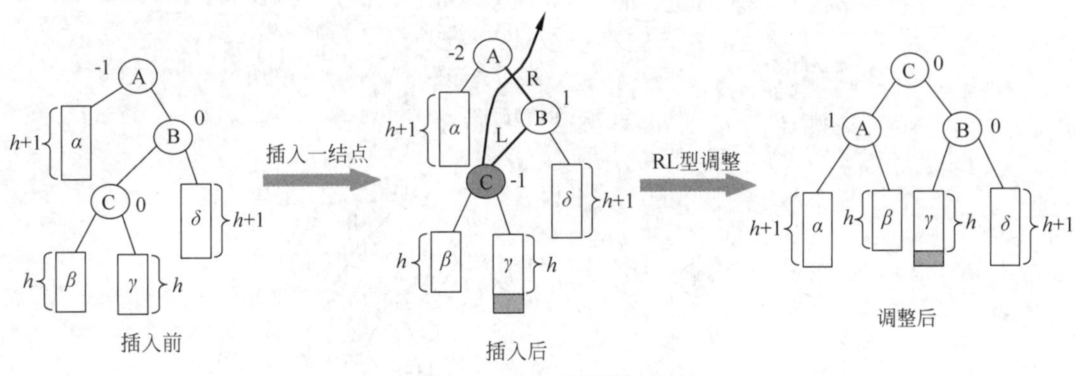

图 9.19　RL 型调整过程

归纳起来，LL 型和 RR 型调整是对称的，LR 型和 RL 型调整是对称的。

【例 9.10】　输入关键字序列（16，3，7，11，9，26，18，14，15），给出构造一棵 AVL 树的过程。

解：通过给定的关键字序列建立 AVL 树的过程如图 9.20 所示，其中需要 5 次调整，涉及前面介绍的 4 种调整方法。

2. AVL 树删除结点的调整方法

AVL 树中删除关键字为 k 的结点的操作与插入操作有许多相似之处，也是在失衡时采用上述 4 种调整方法。

首先在 AVL 树中查找关键字为 k 的结点 x（假定存在这样的结点并且唯一），删除结点 x 的过程如下：

（1）如果结点 x 左子树为空，用其右孩子结点替换它，即直接删除结点 x。

（2）如果结点 x 右子树为空，用其左孩子结点替换它，即直接删除结点 x。

（3）如果结点 x 同时有左右子树（这种情况下，结点 x 是通过值替换间接删除的，称为

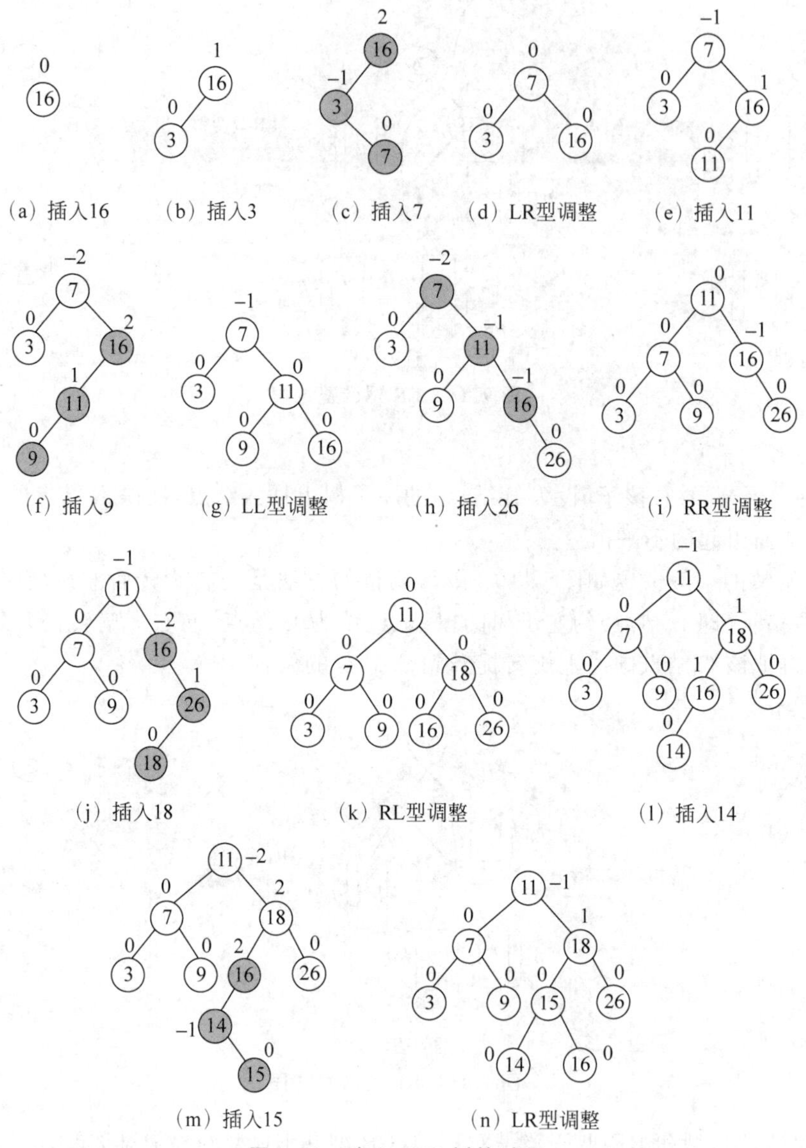

图 9.20　建立 AVL 树的过程

间接删除结点),分为两种情况:

① 若结点 x 的左子树较高,在其左子树中找到最大结点 q,直接删除结点 q,用结点 q 的值替换结点 x 的值。

② 若结点 x 的右子树较高,在其右子树中找到最小结点 q,直接删除结点 q,用结点 q 的值替换结点 x 的值。

(4) 当直接删除结点 x 时,沿着其双亲到根结点方向逐层向上求结点的平衡因子,若一直找到根结点时路径上的所有结点均平衡,说明删除后的树仍然是一棵平衡二叉树,不需要调整,删除结束。若找到路径上的第一个失衡结点 p,就要进行调整。

① 若直接删除的结点在结点 p 的左子树中(由于是在结点 p 的左子树中删除结点,结点 p 失衡时其平衡因子应该为−2),在结点 p 失衡后要做何种调整,需要看结点 p 的右孩子 p_R: 若 p_R 的左子树较高,需做 RL 调整,如图 9.21(a)所示; 若 p_R 的右子树较高,需做

RR 调整,如图 9.21(b)所示;若 p_R 的左右子树高度相同,则做 RL 或 RR 调整均可。

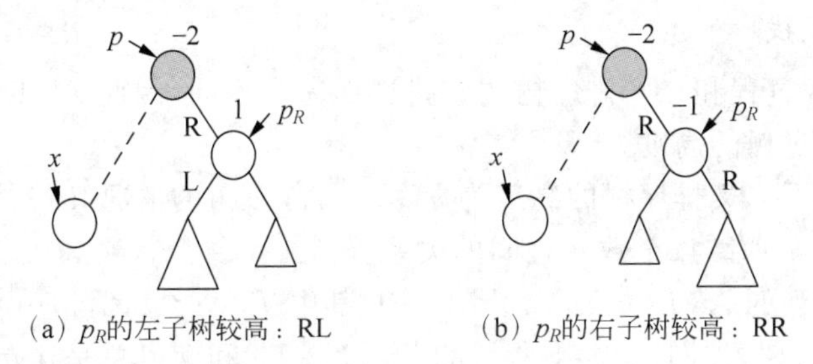

(a) p_R的左子树较高:RL　　(b) p_R的右子树较高:RR

图 9.21　在结点 p 的左子树删除结点导致不平衡的两种情况

② 若直接删除的结点在结点 p 的右子树中,调整过程类似。

当这样调整后的树变为一棵平衡二叉树,删除结束。

说明:在删除一个结点时,由于之前的树是平衡的,上述步骤(3)中当结点 p 同时有左右子树时,总是选择较高的子树直接进行结点的删除,所以最多需要一次调整即可让删除后的树又成为一棵平衡二叉树。

【例 9.11】 对例 9.10 生成的 AVL 树,给出删除结点 11、9 和 3 的过程。

解:图 9.22(a)为初始 AVL 树,各结点的删除操作如下。

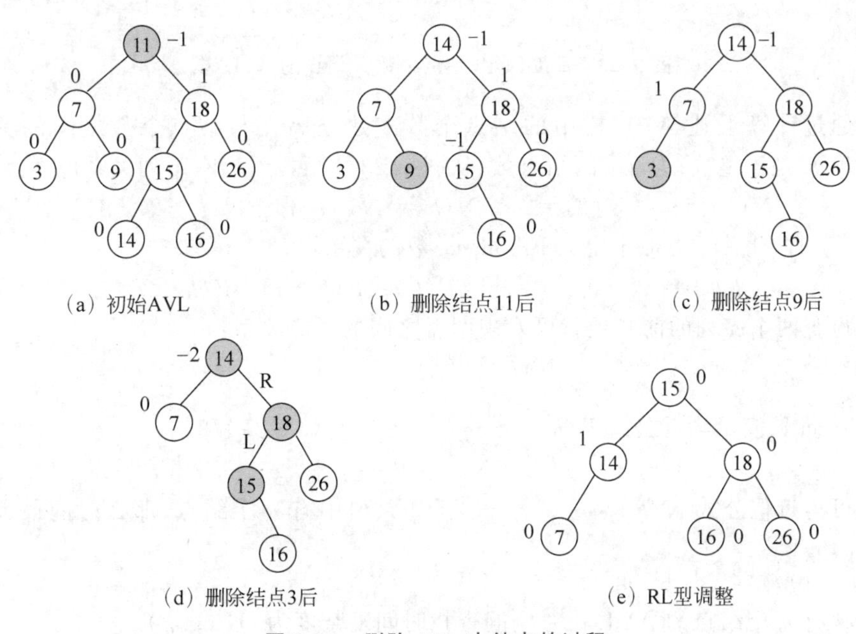

(a) 初始AVL　　(b) 删除结点11后　　(c) 删除结点9后

(d) 删除结点3后　　(e) RL型调整

图 9.22　删除 AVL 中结点的过程

① 删除结点 11(为根结点)的过程是:找到结点 11,其右子树较高,在右子树中找到最小结点 14,删除结点 14,沿着原结点 14 的双亲到根结点方向求平衡因子,均平衡,不做调整,将结点 11 的值用 14 替换,删除结果如图 9.22(b)所示。

② 删除结点 9 的过程是:找到结点 9,它是叶子结点,直接删除,沿着原结点 9 的双亲到根结点方向求平衡因子,均平衡,不做调整,删除结果如图 9.22(c)所示。

③ 删除结点 3 的过程是:找到结点 3,它是叶子结点,直接删除,沿着原结点 3 的双亲到根结点方向求平衡因子,找到第一个失衡结点 14(根结点),结点 14 的右孩子的左子树较

高,做 RL 型调整,删除结果如图 9.22(e)所示。

3. AVL 树的查找

AVL 树的查找过程和二叉排序树的查找过程完全相同,因此 AVL 树的查找中关键字的比较次数不会超过树的高度。

在最坏的情况下二叉排序树的高度为 n,那么 AVL 树的情况又是怎样的呢?下面分析平衡二叉树的高度 h 和结点个数 n 之间的关系。

首先构造一系列的 AVL 树 $T_1,T_2,T_3,\cdots$,其中 $T_h(h=1,2,3,\cdots)$是高度为 h 且结点数尽可能少的 AVL 树,如图 9.23 中所示的 T_1、T_2、T_3 和 T_4(总是让左子树较高),为了构造 T_h,先分别构造 T_{h-1} 和 T_{h-2},再增加一个根结点,让 T_{h-1} 和 T_{h-2} 分别作为其左、右子树。对于每一个 T_h,只要从中删除一个结点,就会失衡或高度不再是 h(显然,这样构造的 AVL 树是结点个数相同的 AVL 树中高度最大的)。

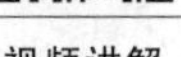

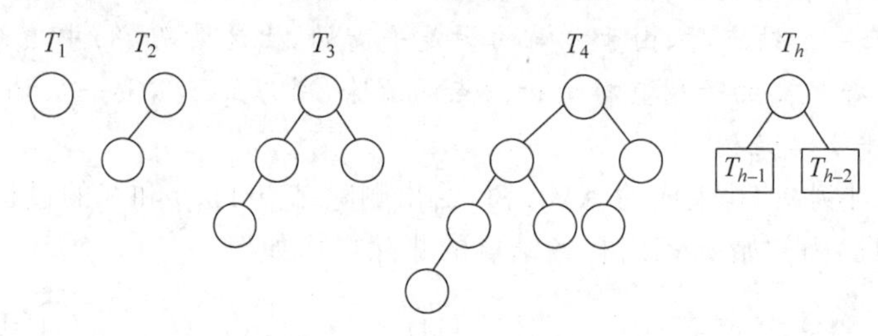

图 9.23　高度固定、结点个数 n 最少的 AVL 树

然后通过计算上述 AVL 树中的结点个数来建立高度与结点个数之间的关系。设 $N(h)$(高度 h 是正整数)为 T_h 的结点数,从图 9.23 中可以看出有下列关系成立:

$$N(1)=1,\quad N(2)=2,\quad N(h)=N(h-1)+N(h-2)+1$$

当 $h>1$ 时,此关系类似于定义 Fibonacci 数的关系:

$$F(1)=1,\quad F(2)=1,\quad F(h)=F(h-1)+F(h-2)$$

通过检查两个序列的前几项就可发现两者之间的对应关系:

$$N(h)=F(h+2)-1$$

Fibonacci 数满足渐近公式 $F(h)=\frac{1}{\sqrt{5}}\varphi^h$,其中 $\varphi=(1+\sqrt{5})/2$。

由此可得近似公式 $N(h)=\frac{1}{\sqrt{5}}\varphi^{h+2}-1$。如果树中有 n 个结点,那么树的最大高度为 $\log_\varphi(\sqrt{5}(n+1))-2\approx1.44\log_2(n+2)=O(\log_2 n)$。

所以含有 n 个结点的 AVL 树对应的查找时间复杂度为 $O(\log_2 n)$。

另外,设 $M(h)$(高度 h 是正整数)为 T_h 中最小叶子结点的层次,有下列关系成立:

$$M(1)=1,\quad M(2)=2,\quad M(h)=\min(M(h-1),M(h-2))+1$$

例如 $M(3)=2,M(4)=3$,以此类推。

【例 9.12】 在含有 15 个结点的 AVL 树中查找关键字为 28 的结点,以下哪些是可能的关键字比较序列?

A. 30,36　　B. 38,48,28　　C. 48,18,38,28　　D. 60,30,50,40,38,36

解:画出 4 个查找序列对应的查找树,B 序列对应的查找树不是一棵二叉排序树,故排除选项 B。

设 N_h 表示高度为 h 的 AVL 树中含有的最少结点数，按照前面 $N(h)$ 的公式求得 $N(3)=4, N(4)=7, N(5)=12, N(6)=20>15$，也就是说高度为 6 的 AVL 树最少有 20 个结点，因此 15 个结点的 AVL 树的最大高度为 5，而 D 序列比较了 6 次还查找失败，显然是错误的，排除选项 D。

$n=15$ 的 AVL 树的最小高度为 4，即 $\log_2(n+1)=4$，此时为一棵满二叉树，所有叶子结点的层次为 4，此时查找失败至少需要 4 次比较。该 AVL 树的最大高度为 5，当 $h=5$ 时，加上外部结点后树高为 6，设 $M(h)$ 表示高度为 h 的 AVL 树中最小外部结点的层次（这里的外部结点相当于添加外部结点后的 AVL 树的叶子结点），按照前面 $M(h)$ 的公式求得 $M(3)=2, M(4)=3, M(5)=3, M(6)=4$，这样说明 15 个结点的 AVL 树中最小外部结点层次为 4，查找失败至少需要 3 次比较。而 A 序列表示查找失败，仅仅经过了 2 次比较，显然是错误的，排除选项 A。

这样只有选项 C 是可能的关键字比较序列，表示经过 4 次比较成功找到 28。答案为 C。

*9.3.3 Java 中的 TreeMap 和 TreeSet 集合

视频讲解

1. 红黑树

红黑树是另外一种平衡二叉树，因为 AVL 调整复杂且代价较高，所以稍微放松一点限制条件，通过结点变色和左右旋转维护平衡性，同样可以在 $O(\log_2 n)$ 的时间内完成查找。红黑树是满足如下条件的二叉排序树：

(1) 每个结点要么是红色，要么是黑色。

(2) 根结点和外部结点必须是黑色。

(3) 红色结点不能连续（也就是说红色结点的孩子和双亲结点都不能是红色）。

(4) 从任意结点到外部结点的任何路径上都含有相同个数的黑色结点。

(5) 在树的结构发生改变时（插入或者删除操作）往往会破坏上述条件(3)或条件(4)，需要通过调整使得查找树重新满足红黑树的条件。

如图 9.24 所示的二叉排序树就是一棵红黑树（带阴影的结点表示黑色结点），其中根结点和所有外部结点是黑色，没有相邻的红色结点，从任意结点到外部结点的任何路径上都含有相同个数的黑色结点。

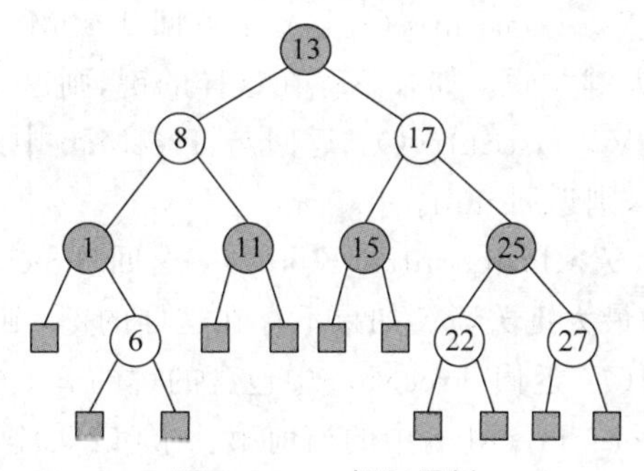

图 9.24　一棵红黑树

可以证明，在红黑树中从根结点到叶子结点的所有路径，没有一条路径会比其他路径长两倍。从 AVL 树的高度平衡角度看，红黑树是接近平衡的，有时将 AVL 树称为强平衡二叉树，将红黑树称为弱平衡二叉树。红黑树比 AVL 树的实现简单，所以像 Java 和 C++ 等计算机语言中用到的平衡二叉树都是采用红黑树实现的。

2. TreeMap

TreeMap(Set<E>接口的实现类之一)集合包含一组键(key)和值(value)映射关系的元素,元素类型为 Map.Entry<K,V>。其底层是采用红黑树来实现的,不允许出现重复的关键字。它的两种创建方法如下。

(1) TreeMap():使用键的自然顺序构造一个新的空映射树,例如键为 Integer 类型时自然顺序为递增顺序。

(2) TreeMap(Comparator<? super K> comparator):构造一个新的空映射树,该映射根据给定比较器进行排序。对于映射中的任意两个键 k1 和 k2,执行 comparator.compare(k1, k2)不得抛出比较异常 ClassCastException。如果比较器的比较结果为 0,即比较的两个键值相等,将会发生值覆盖,但键值不变。

TreeMap 提供的一些方法如下。

(1) int size():返回 TreeMap 中的键值映射关系数。

(2) V put(K key, V value):将指定值与 TreeMap 中的指定键进行关联。

(3) V remove(Object key):如果 TreeMap 中存在该键的映射关系,则将其删除。

(4) void clear():从 TreeMap 中移除所有映射关系。

(5) V get(Object key):返回指定键所映射的值,如果 TreeMap 中不包含该键的任何映射关系,则返回 null。

(6) boolean containsKey(Object key):如果 TreeMap 中包含指定键的映射关系,则返回 true。

(7) boolean containsValue(Object value):如果 TreeMap 中为指定值映射一个或多个键,则返回 true。

(8) Set<Map.Entry<K,V>> entrySet():返回 TreeMap 中包含的映射关系的 Set 视图。

(9) Map.Entry<K,V> firstEntry():返回一个与 TreeMap 中的最小键关联的键值映射关系,如果 TreeMap 为空,则返回 null。

(10) Map.Entry<K,V> floorEntry(K key):返回 TreeMap 中的一个键值映射关系,它与小于等于给定键的最大键关联。如果不存在这样的键,则返回 null。

(11) Map.Entry<K,V> lastEntry():返回与 TreeMap 中的最大键关联的键值映射关系。如果 TreeMap 为空,则返回 null。

(12) Map.Entry<K,V> lowerEntry(K key):返回 TreeMap 中的一个键值映射关系,它与严格小于给定键的最大键关联。如果不存在这样的键,则返回 null。

(13) Set<K> keySet():返回 TreeMap 中包含的键的 Set 视图。

(14) K firstKey():返回 TreeMap 中的当前第一个(最低)键。

(15) K floorKey(K key):返回 TreeMap 中小于等于给定键的最大键。如果不存在这样的键,则返回 null。

(16) K lastKey():返回 TreeMap 中的当前最后一个(最高)键。

(17) K lowerKey(K key):返回 TreeMap 中严格小于给定键的最大键。如果不存在这样的键,则返回 null。

(18) Collection <V> values()：返回 TreeMap 中包含的值的 Collection 视图。
其中最常用的方法是 containsKey()、get()、put()和 remove()，它们的时间复杂度是 $O(\log_2 n)$。

TreeMap 的有些成员方法返回 Map.Entry <K,V>接口，它表示键值映射关系。例如 entrySet()方法返回映射的 Set 视图，其中的元素属于此类，获得映射项引用的唯一方法是通过此 Set 视图的迭代器来实现的。这些 Map.Entry 对象仅在迭代期间有效，更确切地讲，如果在迭代器返回项之后修改了底层映射，则某些映射项的行为是不确定的。

Map.Entry <K,V>接口的主要方法如下。

(1) K getKey()：返回与此项对应的键。

(2) V getValue()：返回与此项对应的值。

(3) V setValue(V value)：用指定的值替换与此项对应的值。

【例 9.13】 编写一个程序，创建一个 TreeMap 对象 map，键值元素的类型为<Integer, String>，并且按键的值递减排序。由于 TreeMap 不能直接迭代，请分别利用 entrySet()和 keySet()成员方法得到相应集合再输出 map 中的所有元素。

解：对应的程序如下。

```
import java.util.*;
class mycompare implements Comparator
{ public int compare(Object o1, Object o2)                    //比较器,按键值递减顺序
    { int i1=(int)o1;
      int i2=(int)o2;
      return i2-i1;
    }
}
public class Exam9_13
{ static void disp1(TreeMap<Integer,String> map)             //使用 entrySet()方法
  { Iterator it=map.entrySet().iterator();
    while(it.hasNext())
    { Map.Entry entry=(Map.Entry)it.next();
      int key=(int)entry.getKey();                             //获取 key
      String value=(String)entry.getValue();                   //获取 value
      System.out.print("  ["+key+","+value+"]");
    }
    System.out.println();
  }
  static void disp2(TreeMap<Integer,String> map)             //使用 keySet()方法
  { Iterator it=map.keySet().iterator();
    while(it.hasNext())
    { int key=(int)it.next();                                  //获取 key
      String value=(String)map.get(key);                       //根据 key 获取 value
      System.out.print("  ["+key+","+value+"]");
    }
    System.out.println();
  }
  public static void main(String[] args)
  { TreeMap<Integer,String> map=new TreeMap<Integer,String>(new mycompare());
    map.put(1,"李君");
    map.put(3,"陈斌");
```

```
        map.put(2,"王林");
        System.out.println("使用 entrySet 方法遍历"); disp1(map);
        System.out.println("使用 keySet 方法遍历"); disp2(map);
    }
}
```

上述两种方法输出的结果都是[3,陈斌] [2,王林] [1,李君]。

在 TreeMap 中所有元素的键是唯一的,如果在插入时出现相同的键,用后者的值替代前者的值,用户可以利用这个特点设计相关算法。

【例 9.14】 编写一个程序,统计一个整数序列中每个整数出现的次数。

解:对应的程序如下。

```
import java.util.*;
public class Exam9_14
{ static void Count(int[] a,TreeMap<Integer,Integer> map)   //求各整数出现的次数
  { for(int i=0;i<a.length;i++)
    { if(map.containsKey(a[i]))                            //若 a[i]出现过
        map.put(a[i],map.get(a[i])+1);                     //对应值增加 1
      else                                                 //若 a[i]没有出现过
        map.put(a[i],1);                                   //对应值设置为 1
    }
  }
  static void disp(TreeMap<Integer,Integer> map)            //输出结果
  { Iterator it=map.keySet().iterator();
    while(it.hasNext())
    { int key=(int)it.next();                              //获取 key
      int value=(int)map.get(key);                         //根据 key 获取 value
      System.out.println("  整数"+key+"出现"+value+"次");
    }
  }
  public static void main(String[] args)
  { int a[]={5,1,6,3,2,6,3,1,2,4,1};
    TreeMap<Integer,Integer> map=new TreeMap<Integer,Integer>();
    Count(a,map);
    System.out.println("求解结果");
    disp(map);
  }
}
```

上述程序求出整数 1 出现 3 次、整数 2 出现两次、整数 3 出现两次、整数 4 出现一次、整数 5 出现一次、整数 6 出现两次。

视频讲解

3. TreeSet

TreeSet 集合是用来对元素(而不是 TreeMap 中的键值映射关系)进行排序的,同样它要求元素值唯一,对应的泛型类为 TreeSet<E>,E 为该集合的元素类型。实际上,TreeSet 的底层是采用 TreeMap 存放元素的,即 TreeSet 也是采用红黑树结构。

与 TreeMap 的构造方法相似,TreeSet 既可以使用元素的自然顺序对元素进行排序,也可以根据创建 TreeSet 时提供的 Comparator(比较器)进行排序。但不同于 TreeMap,

TreeSet 可以使用 Iterator()和 descendingIterator()返回的迭代器分别实现正向和反向迭代。

TreeSet 提供的一些方法如下。

(1) int size():返回 TreeSet 中的元素数(容量)。

(2) boolean add(E *e*):将指定的元素添加到 TreeSet 中(如果该元素之前不存在)。

(3) E ceiling(E *e*):返回 TreeSet 中大于等于给定元素的最小元素。如果不存在这样的元素,则返回 null。

(4) void clear():移除 TreeSet 中的所有元素。

(5) boolean contains(Object *o*):如果 TreeSet 中包含指定的元素,则返回 true。

(6) Iterator<E> descendingIterator():返回在 TreeSet 元素上按降序进行迭代的迭代器。

(7) E first():返回 TreeSet 中的当前第一个(最低)元素。

(8) E floor(E *e*):返回 TreeSet 中小于等于给定元素的最大元素。如果不存在这样的元素,则返回 null。

(9) E higher(E *e*):返回 TreeSet 中严格大于给定元素的最小元素。如果不存在这样的元素,则返回 null。

(10) boolean isEmpty():如果 TreeSet 中不包含任何元素,则返回 true。

(11) Iterator<E> iterator():返回在 TreeSet 中的元素上按升序进行迭代的迭代器。

(12) E last():返回 TreeSet 中的当前最后一个(最高)元素。

(13) E lower(E *e*):返回 TreeSet 中严格小于给定元素的最大元素。如果不存在这样的元素,则返回 null。

(14) E pollFirst():获取并移除第一个(最低)元素。如果 TreeSet 为空,则返回 null。

(15) E pollLast():获取并移除最后一个(最高)元素。如果 TreeSet 为空,则返回 null。

(16) boolean remove(Object *o*):将指定的元素从 TreeSet 中移除(如果该元素存在于 TreeSet 中)。

TreeSet 中成员方法 add()、remove()和 contains()等的时间复杂度均为 $O(\log_2 n)$。

【例 9.15】 编写一个程序,利用 TreeSet 存放若干学生元素,每个学生元素包含学号(主关键字)和姓名,并按学号递增顺序输出所有学生的信息。

解:对应的程序如下。

```
import java.util.*;
class Student implements Comparable<Student>
{  int id;                                          //学号
   String name;                                     //姓名
   public Student(int id, String name)              //构造方法
   {  this.id=id;
      this.name=name;
   }
   public String toString()
   {
      return "["+id+","+name+"]";
```

```
    }
    public int compareTo(Student o)                                  //实现比较器
    {
        return(this.id-o.id);                                        //按学号递增排列
    }
}
public class Exam9_15
{   public static void main(String[] args)
    {   TreeSet<Student> set=new TreeSet<Student>();
        Student s1=new Student(1,"李君");
        Student s2=new Student(3,"陈斌");
        Student s3=new Student(2,"王林");
        set.add(s1);
        set.add(s2);
        set.add(s3);
        for(Student s:set)
            System.out.print(" "+s);
        System.out.println();
    }
}
```

上述程序的输出结果是[1,李君] [2,王林] [3,陈斌]。

9.3.4 B-树

与二叉排序树和平衡二叉树一样,B-树(或 B 树,其中"-"为连字符)也是一种查找树,通常将前两种称为二路查找树,而 B-树是一种多路查找平衡树。B-树和后面介绍的 B+树主要用于外存数据的组织和查找。

视频讲解

和二叉排序树类似,B-树中的结点分为内部结点和外部结点,外部结点是查找失败对应的结点,并且所有的外部结点在同一层,不带任何信息。在下面的讨论中除了特别指出外,默认的结点均指内部结点。B-树中所有结点的最大子树个数称为 B-树的阶,通常用 m 表示,从查找效率考虑,要求 $m \geqslant 3$。一棵 m 阶 B-树或者是一棵空树,或者是满足下列要求的 m 叉树:

(1) 树中的每个结点最多有 m 棵子树(即最多含有 $m-1$ 个关键字,设 $\text{Max}=m-1$)。

(2) 若根结点不是叶子结点,则根结点至少有两棵子树。

(3) 除根结点外,所有结点至少有 $\lceil m/2 \rceil$ 棵子树(即至少含有 $\lceil m/2 \rceil -1$ 个关键字,设 $\text{Min}=\lceil m/2 \rceil -1$)。

(4) 每个结点的结构如图 9.25 所示。

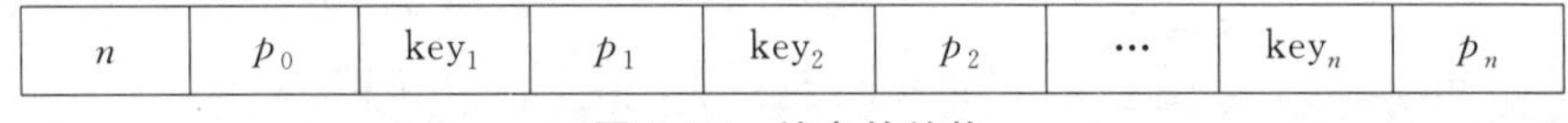

n	p_0	key_1	p_1	key_2	p_2	…	key_n	p_n

图 9.25 结点的结构

其中,n 为该结点中的关键字个数,除根结点外,其他所有结点的关键字个数 n 满足 $\lceil m/2 \rceil -1 \leqslant n \leqslant m-1$;$\text{key}_i$($1 \leqslant i \leqslant n$)为该结点的关键字且满足 $\text{key}_i < \text{key}_{i+1}$;$p_i$($0 \leqslant i \leqslant n$)指向该结点对应的子树,该子树中所有结点上的关键字大于 key_i 且小于 key_{i+1}。p_0 所指子树的结点关键字小于 key_1,p_n 所指子树的结点关键字大于 key_n。

(5) 所有的叶子结点在同一层。

例如,图 9.26 所示为一棵 3 阶 B-树,$m=3$。它的特点如下:

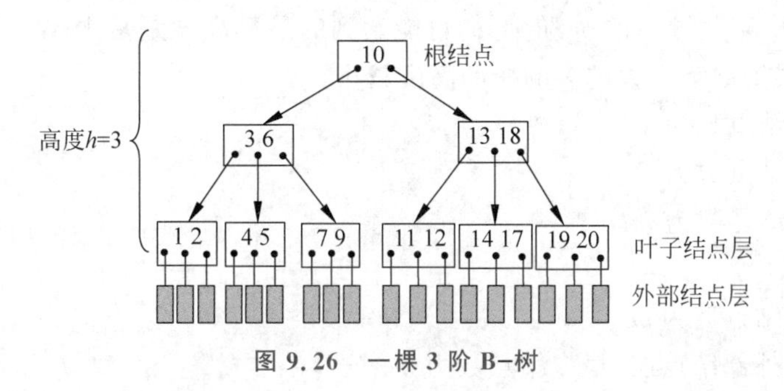

图 9.26　一棵 3 阶 B-树

(1) 根结点有两个孩子结点。

(2) 除根结点外,所有的非叶子结点至少有$\lceil m/2 \rceil=2$ 个孩子,最多有 $m=3$ 个孩子(这类结点的关键字个数为 1～2 个)。

(3) 所有叶子结点都在同一层上。

(4) 树的高度为 $h=3$(h 中不含外部结点层)。

这里不讨论 B-树的基本运算算法设计,仅介绍这些运算的操作过程。

1. B-树的查找

在 B-树中查找给定关键字的方法类似于二叉排序树上的查找,不同的是在每个结点上确定向下查找的路径不一定是二路的,而是 $n+1$ 路的(n 为该结点的关键字个数)。因为内部结点中的关键字序列 key[1..n]是有序的,故在这样的结点内既可以用顺序查找,也可以用折半查找。

在一棵 B-树上查找关键字 k 的结点的方法是在根结点的 key[i]($1 \leqslant i \leqslant n$)中查找 k,分为以下几种情况:

(1) 若 $k=$key[i],则查找成功。

(2) 若 $k<$key[1],则沿着指针 p[0]所指的子树继续查找。

(3) 若 key[i]$<k<$key[$i+1$],则沿着指针 p[i]所指的子树继续查找。

(4) 若 $k>$key[n],则沿着指针 p[n]所指的子树继续查找。

现在分析查找性能,与二叉排序树类似,B-树的每一次查找,在每一层中最多访问一个结点。假设 m 阶 B-树的高度为 h(h 中不含外部结点层,外部结点层看成是第 $h+1$ 层),访问的结点个数不超过 $O(h)$,那么含有 N 个关键字的 m 阶 B-树可能达到的最大高度是多少呢?显然在关键字个数固定时,每一层关键字个数越少的树的高度越高。

第 1 层最少结点数为 1。

第 2 层最少结点数为 2。

第 3 层最少结点数为 $2\lceil m/2 \rceil$。

第 4 层最少结点数为 $2\lceil m/2 \rceil^2$。

…………

第 h 层最少结点数为 $2\lceil m/2 \rceil^{h-2}$。

第 $h+1$ 层(外部结点层)最少结点数为 $2\lceil m/2 \rceil^{h-1}$。

在 m 阶 B-树中共含有 N 个关键字,则外部结点必为 $N+1$ 个,即 $N+1 \geqslant 2\lceil m/2 \rceil^{h-1}$,有 $h-1 \leqslant \log_{\lceil m/2 \rceil}(N+1)/2$,则 $h \leqslant \log_{\lceil m/2 \rceil}(N+1)/2+1=O(\log_m N)$。

另外,含有 N 个关键字的 m 阶 B-树可能达到的最小高度是多少呢?显然在关键字个数固定时,每一层关键字个数越多的树的高度越小。

第 1 层最多结点数为 1。

第 2 层最多结点数为 m。

第 3 层最多结点数为 m^2。

…………

第 h 层最多结点数为 m^{h-1}。

第 $h+1$ 层(外部结点层)最多结点数为 m^h。

在 m 阶 B-树中共含有 N 个关键字,则外部结点必为 $N+1$ 个,即 $N+1 \leqslant m^h$,则 $h \geqslant \log_m(N+1)=O(\log_m N)$。

因此,含 N 个关键字的 m 阶 B-树的高度 $h=O(\log_m N)$,查找时的时间复杂度为 $O(\log_m N)$。当 m 越大时查找性能越好。

视频讲解

2. B-树的插入

将关键字 k 插入 m 阶 B-树的过程分两步完成:

(1) 利用前述的查找过程找到关键字 k 的插入结点 p(注意 m 阶 B-树的插入结点一定是某个叶子结点)。

(2) 判断结点 p 是否还有空位置,即其关键字个数 n 是否满足 $n<\text{Max}(\text{Max}=m-1)$。

① 若 $n<\text{Max}$ 成立,说明结点 p 有空位置,直接把关键字 k 有序插入结点 p 中(插入关键字 k 后结点 p 的所有关键字仍有序)。

② 若 $n=\text{Max}$,说明结点 p 没有空位置,需要把结点 p 分裂成两个。分裂的做法是新建一个结点,把原结点 p 的关键字加上 k 按升序排列,如图 9.27 所示,从中间位置把关键字(不包括中间位置的关键字 k_s)分成两部分,左部分所含的关键字放在原结点中,右部分所含的关键字放在新结点中,中间位置的关键字 k_s 连同新结点的存储位置插入双亲结点中。

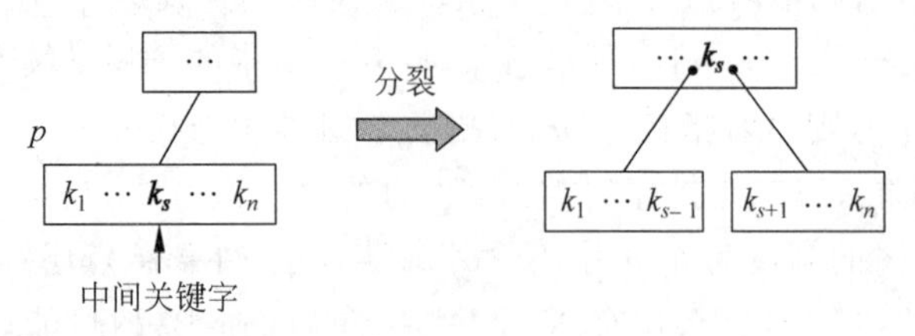

图 9.27　结点 p 的分裂过程

如果此时双亲结点的关键字个数也超过 Max,则要再分裂,再往上插,直到这个过程传递到根结点为止。如果根结点也需要分裂,则整个 m 阶 B-树增高一层。

【例 9.16】 关键字序列为(1,2,6,7,11,4,8,13,10,5,17,9,16,20,3,12,14,18,19,15),创建一棵 5 阶 B-树。

解:建立 5 阶 B-树的过程如图 9.28 所示。这里 $m=5$,所以每个结点的关键字个数为 2~4。其中最复杂的一步是在图 9.28(g)中插入关键字 15,其过程如图 9.29 所示,先查找到插入结点为[11,12,13,14]叶子结点,向其中有序插入关键字 15,将该结点变成[11,12,

13,14,15],此时关键字个数不符合要求,需进行分裂,将该结点以中间关键字13为界变成两个结点,分别包含关键字[11,12]和[14,15],并将中间关键字13移至双亲结点中,双亲结点(根结点)变为[3,6,10,13,16]。此时双亲结点的关键字个数不符合要求,需继续分裂根结点,将该结点以中间关键字10为界变成两个结点,分别包含关键字[3,6]和[13,16],新建一个根结点并插入关键字10,这样树高增加一层。最终创建的5阶B-树如图9.28(h)所示。

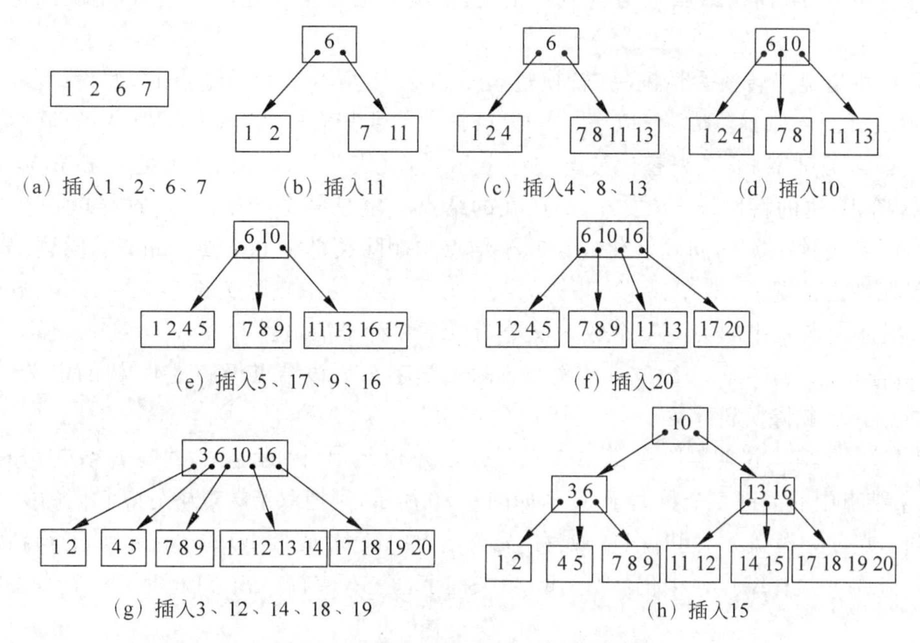

图9.28　创建一棵5阶B-树的过程

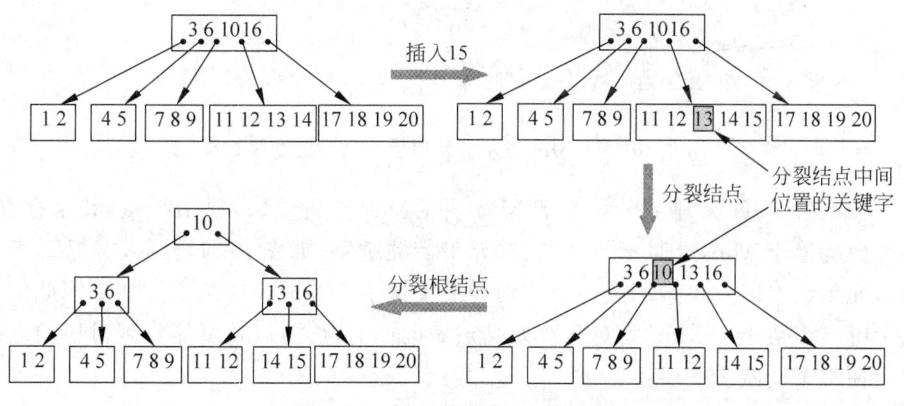

图9.29　插入关键字15的过程

说明:由一个关键字序列创建 m 阶B-树的过程是从一棵空树开始,逐个插入关键字而得到的,首先根据 m 确定结点的关键字个数的上界(Max)。与二叉排序树插入类似,每个关键字都是插入到某个叶子结点中,但又不同于二叉排序树插入,在 m 阶B-树中插入一个关键字 k 不一定总是新建一个结点。当插入结点的关键字个数等于Max时需要分裂。另外,并非任何结点分裂都会导致树高增加,只有在根结点分裂时树高才增加一层。

3. B-树的删除

同样，在 m 阶 B-树中删除关键字 k 的过程也分两步完成：

视频讲解

(1) 利用前述的查找算法找出关键字 k 所在的结点 p。

(2) 实施关键字 k 的删除操作。

但不同于插入，这里不一定能够直接从结点 p 中删除关键字 k，因为直接删除 k 可能导致不再是 m 阶 B-树。结点 p 分为两种情况，情况一是结点 p 是叶子结点，情况二是结点 p 不是叶子结点。

需要将情况二转换为情况一，转换过程是当结点 p 不是叶子结点时，假设结点 p 中的关键字 key[i]=k($1 \leqslant i \leqslant n$)，以 p[i](或 p[$i-1$])所指右子树(或左子树)中的最小关键字 min(或最大关键字 max)来替代被删关键字 key[i](值替代)，再删除关键字 min(或 max)。根据 m 阶 B-树的特性，min(或 max)所在的结点一定是某个叶子结点，这样就把在非叶子结点中删除关键字 k 的问题转化成在叶子结点中删除关键字 min(或 max)的问题。

现在考虑情况一，即在 m 阶 B-树的某个叶子结点 q 中删除关键字 k'=min(或者 k'=max)，根据结点 q 中的关键字个数 n 又分为以下 3 种子情况：

① 若 n>Min(=$\lceil m/2 \rceil -1$)，说明删除关键字 k'后该结点仍满足 B-树的定义，则可直接从结点 q 中删除关键字 k'。

② 若 n=Min，说明删除关键字 k'后该结点不满足 B-树的定义，此时若结点 q 的左(或右)兄弟结点中的关键字个数大于 Min，如图 9.30 所示，则把双亲结点中分隔它们的关键字 k_t 下移到结点 q 中覆盖 k'，同时把左(或右)兄弟结点中最大(或最小)的关键字 k''上移到双亲结点中覆盖 k_t。这样结点 q 中仍然有 Min 个关键字，但左(或右)兄弟中减少了一个关键字。

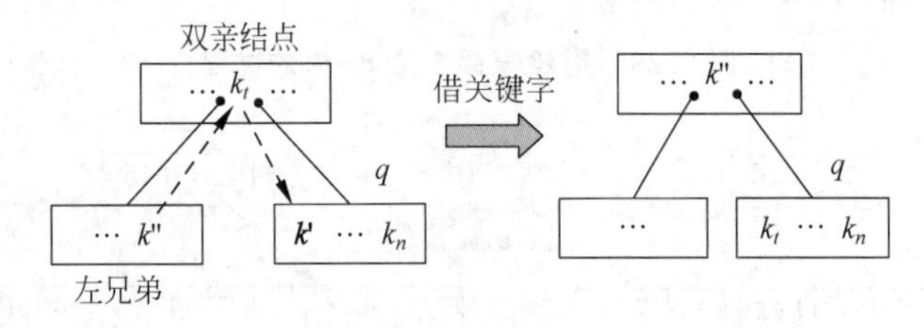

图 9.30 n=Min 时从左兄弟借关键字的删除过程

③ 假如结点 q 的关键字个数等于 Min，并且该结点的左、右兄弟结点(如果存在)中的关键字个数均等于 Min，这时不能从左、右兄弟借关键字，如图 9.31 所示，需把结点 q 与其左(或右)兄弟结点以及双亲结点中分割两者的关键字合并成一个结点。如果因此使双亲结点中的关键字个数小于 Min，则对此双亲结点做同样的合并，以致可能直到对根结点做这样的合并而使整个树减少一层。

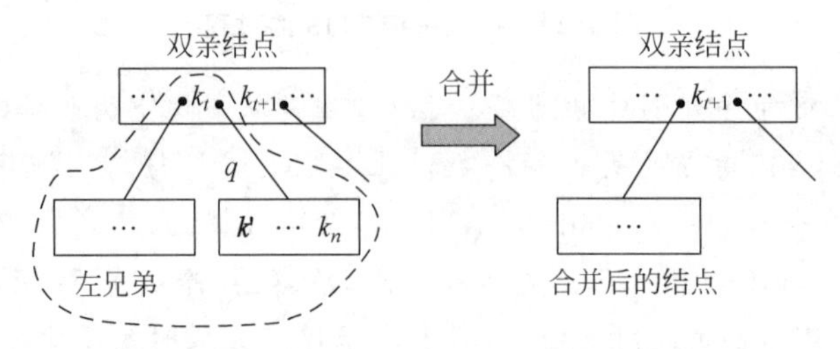

图 9.31 n=Min 时不能从左、右兄弟借关键字的删除过程

【例 9.17】 对于例 9.16 创建的 5 阶 B-树，给出删除 8、16、15 和 4 关键字的过程。

解：这里 $m=5$，每个结点的关键字个数为 2～4。图 9.32(a)所示为初始 5 阶 B-树，依次删除各关键字的过程如下。

(1) 删除关键字 8 的过程是先找到关键字 8 所在的结点，它为叶子结点，并且关键字个数＞2，直接从该结点中删除关键字 8，删除结果如图 9.32(b)所示。

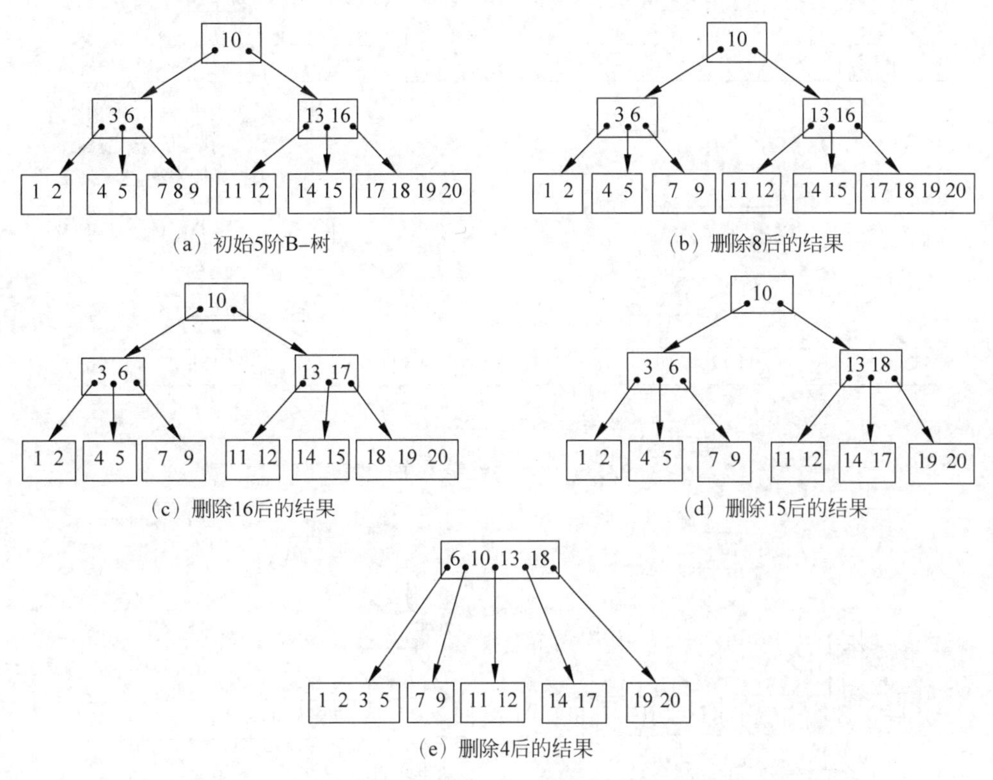

图 9.32 从一棵 5 阶 B-树上删除 8、16、15 和 4 关键字的过程

(2) 删除关键字 16 的过程如图 9.33 所示，先在图 9.32(b)中找到删除结点[13,16]，该结点不是叶子结点，在其右子树中查找关键字最小的结点[17,18,19,20]，将 16 替换成 17，再在叶子结点[17,18,19,20]中删除 17 变为[18,19,20]，删除结果如图 9.32(c)所示。

(3) 删除关键字 15 的过程是先在图 9.32(c)中找到删除结点[14,15]，它为叶子结点，但关键字个数＝2，从右兄弟借一个关键字，删除结果如图 9.32(d)所示。

(4) 删除关键字 4 的过程如图 9.34 所示，先在图 9.32(d)中找到删除结点[4,5]，它为叶子结点，但关键字个数＝2，并且左、右兄弟都只有两个关键字(不能借)，将其左兄弟[1,2]、双亲中的关键字 3 和[5](原结点[4,5]删除关键字 4 后的结果)合并成一个结点[1,2,3,5]，这样双亲变为[6]。结点[6]也不满足要求，将其右兄弟[13,18]、双亲中的关键字 10 和[6]合并成一个结点[6,10,13,18]，这样双亲变为[6,10,13,18]。由于根结点参与了合并，所以 B-树减少一层，删除结果如图 9.32(e)所示。

说明：在 m 阶 B-树中删除关键字 k 时，首先根据 m 确定结点的关键字个数的下界 Min。不同于二叉排序树删除，在 m 阶 B-树中删除一个关键字 k 不一定删除一个结点。在非叶子结点中删除一个关键字 k 需要转换为在叶子结点中删除关键字 k'。当在一个叶子结点中删除关键字并且左、右兄弟不能借时需要合并。并非任何结点合并都会导致树高减少,只有在根结点参加合并时树高才减少一层。

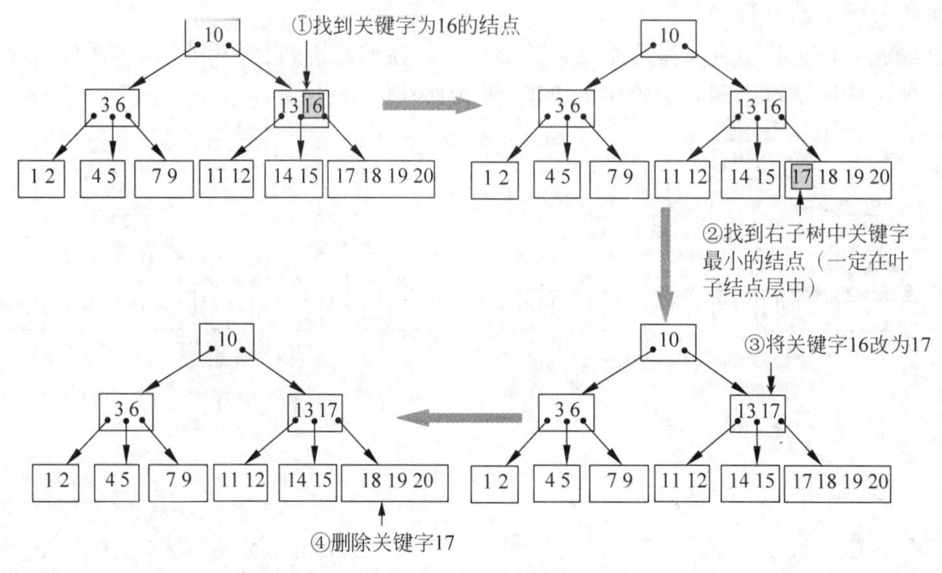

图 9.33　删除关键字 16 的过程

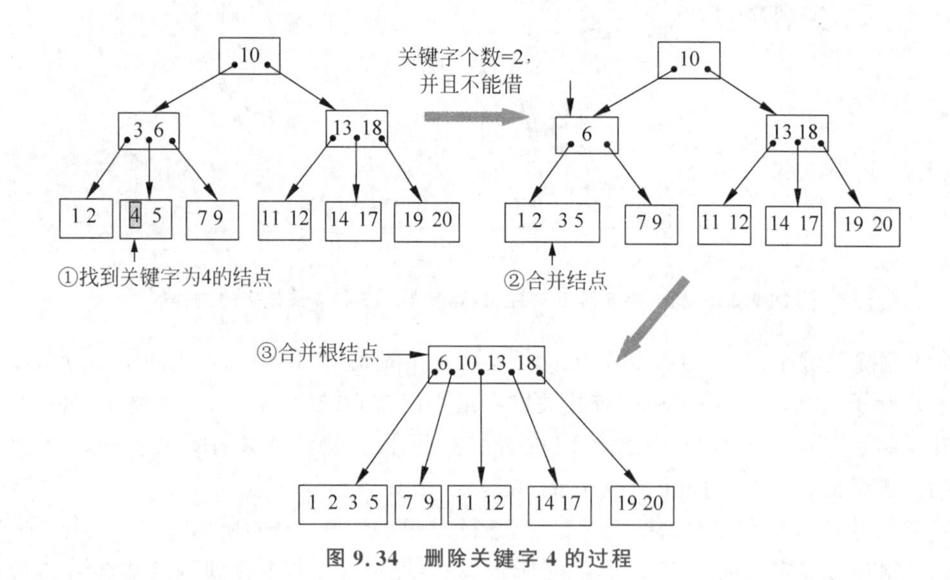

图 9.34　删除关键字 4 的过程

9.3.5　B+树

在索引文件组织中,经常使用 B-树的一些变形,其中 B+树是一种应用广泛的变形,像数据库管理系统中数据库文件的索引大多采用 B+树组织。一棵 m 阶 B+树满足下列条件:

视频讲解

(1) 每个分支结点最多有 m 棵子树。

(2) 根结点或者没有子树,或者至少有两棵子树。

(3) 除根结点外,其他每个分支结点至少有 $\lceil m/2 \rceil$ 棵子树。

(4) 有 n 棵子树的结点有 n 个关键字。

(5) 所有叶子结点包含全部关键字及指向相应数据记录的指针，而且叶子结点按关键字大小顺序链接(每个叶子结点的指针指向数据文件中的记录)。

(6) 所有分支结点(可看成是索引)中仅包含各子树中的最大关键字。

例如，图 9.35 所示为一棵 4 阶的 B+树。通常在 B+树上有两个标识指针，一个指向根结点，这里为 root，另一个指向关键字最小的叶子结点，这里为 sqt。

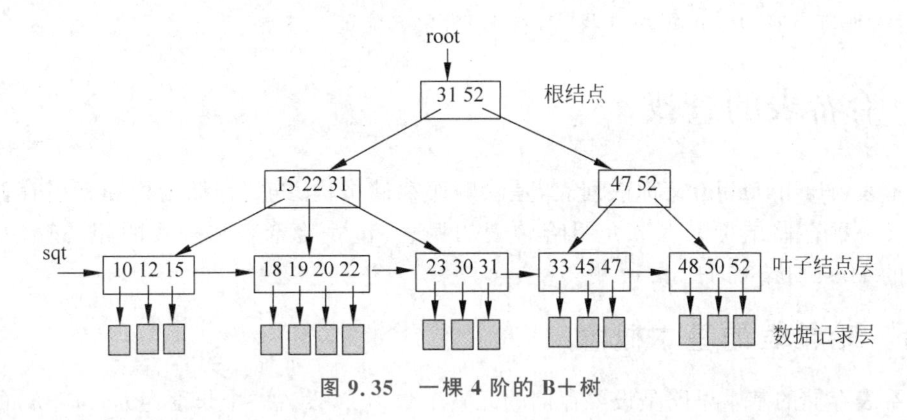

图 9.35 一棵 4 阶的 B+树

1. B+树的查找

在 B+树中可以采用两种查找方式，一种是通过 sqt 从最小关键字开始顺序查找，另一种是从 B+树的根结点开始随机查找，后者与 B-树的查找方法类似，只是在分支结点上的关键字与查找值相等时查找并不结束，要查到叶子结点为止，此时若查找成功，则按所给指针取出对应记录即可。因此，在 B+树中不管查找成功与否，每次查找都是经历一条从树根结点到叶子结点的路径。

2. B+树的插入

与 B-树的插入操作类似，B+树的插入也是将关键字 k 的记录插入某个叶子结点中，当插入后结点中的关键字个数大于 m 时要分裂成两个结点，它们所含的关键字个数分别为 $\lceil (m+1)/2 \rceil$ 和 $\lfloor (m+1)/2 \rfloor$，同时要使它们的双亲结点中包含有这两个结点的最大关键字和指向它们的指针。若双亲结点的关键字个数大于 m，应继续分裂，以此类推。

3. B+树的删除

B+树的删除也是从叶子结点开始，当叶子结点中的最大关键字被删除时，分支结点中的值可以作为“分界关键字”存在。若因删除操作而使结点中的关键字个数少于 $\lceil m/2 \rceil$，则从兄弟结点中调剂关键字或者和兄弟结点合并，其过程和 B-树类似。

说明：m 阶 B+树和 m 阶 B-树的主要差异如下。

(1) 在 B+树中，具有 n 个关键字的结点对应 n 棵子树，即每个关键字对应一棵子树，而在 B-树中，具有 n 个关键字的结点对应 $n+1$ 棵子树。

(2) 在 B+树中，每个结点(除根结点外)中的关键字个数 n 的取值范围是 $\lceil m/2 \rceil \leqslant n \leqslant m$，根结点 n 的取值范围是 $2 \leqslant n \leqslant m$；而在 B-树中，除根结点外，其他结点的关键字个数 n 的取值范围是 $\lceil m/2 \rceil - 1 \leqslant n \leqslant m-1$，根结点 n 的取值范围是 $1 \leqslant n \leqslant m-1$。

(3) B+树中的叶子结点层包含全部关键字，即其他非叶子结点中的关键字包含在叶子结点中,而在 B-树中,所有关键字是不重复的。

(4) B+树中的所有非叶子结点仅起到索引的作用,即这些结点中的每个索引项只含有对应子树的最大关键字和指向该子树的指针,不含有该关键字对应的记录,而在 B-树中,每个结点的关键字都含有对应的记录。

(5) 在 B+树上有两个标识指针,一个是指向根结点的 root,另一个是指向关键字最小叶子结点的 sqt,所有叶子结点链接成一个不定长的线性链表,所以 B+树既可以通过 root 随机查找,也可以通过 sqt 顺序查找,而在 B-树中只能随机查找。

9.4 哈希表的查找

哈希表(Hash Table)又称散列表,是除顺序存储结构、链式存储结构和索引存储结构之外的又一种存储结构。本节介绍哈希表的概念、建立哈希表和查找的相关算法,以及 Java 中的 HashMap 和 HashSet 集合。

9.4.1 哈希表的基本概念

哈希表存储的基本思路是设要存储的元素个数为 n,设置一个长度为 $m(m \geqslant n)$ 的连续内存单元,以每个元素的关键字 $k_i(0 \leqslant i \leqslant n-1)$ 为自变量,通过一个哈希函数 h 把 k_i 映射为内存单元的地址(或相对地址) $h(k_i)$,并把该元素存储在这个内存单元中。通常把这样构造的存储结构称为**哈希表**。

例如,对于第 1 章中表 1.1 所示的高等数学成绩表($n=7$),学号为关键字,采用长度 $m=12$ 的哈希表 ha[0..11]存储,哈希函数为 h(学号)=学号-2018001,对应的哈希表如图 9.36 所示(其中的空结点不存放元素,可以用特殊关键字 NULLKEY 值表示)。

哈希地址	学号	姓名	分数
0	2018001	王华	90
1			
2			
3			
4	2018005	李英	82
5	2018006	陈明	54
6	2018007	许兵	76
7			
8	2018009	张强	95
9	2018010	刘丽	62
10			
11	2018012	李萍	88

图 9.36 高等数学成绩表的哈希表 ha[0..11]

在该哈希表中查找学号为 2018010 的学生的分数的过程是首先计算 $h(2018010)=2018010-2018001=9$,再取 ha[9]元素的分数 62。其对应的查找时间为 $O(1)$。

上述哈希表是一种最理想的状态，实际中哈希表可能存在这样的问题，对于两个不同的关键字 k_i 和 $k_j(i\neq j)$ 出现 $h(k_i)=h(k_j)$，这种现象称为**哈希冲突**，将具有不同关键字而具有相同哈希地址的元素称为"同义词"，这种冲突也称为同义词冲突。

在一般的哈希表中哈希冲突是很难避免的，像图9.36所示的哈希表中没有哈希冲突，但由于关键字取值不连续导致存储空间浪费。

归纳起来，当一组元素的关键字与存储地址存在某种映射关系时（如图9.37所示），这组元素适合于采用哈希表存储。

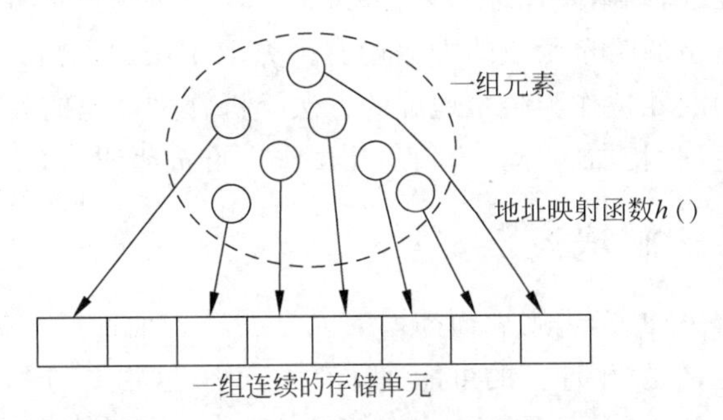

图9.37 数据适合哈希表存储的示意图

9.4.2 哈希函数的构造方法

构造哈希函数的目标是使 n 个元素的哈希地址尽可能均匀地分布在 m 个连续内存单元地址上，同时使计算过程尽可能简单，以达到尽可能高的时间效率。根据关键字的结构和分布的不同，可构造出许多不同的哈希函数。这里主要讨论几种常用的整数类型关键字的哈希函数的构造方法。

1. 直接定址法

视频讲解

直接定址法是以关键字 k 本身或关键字加上某个常量 c 作为哈希地址的方法。直接定址法的哈希函数 $h(k)$ 为：

$$h(k)=k+c$$

图9.36所示哈希表的哈希函数就是采用直接定址法，这种哈希函数计算简单，并且不可能有冲突发生。当关键字的分布基本连续时，可用直接定址法的哈希函数；否则，若关键字分布不连续将造成内存单元的大量浪费。

2. 除留余数法

除留余数法是用关键字 k 除以某个不大于哈希表长度 m 的整数 p 所得的余数作为哈希地址的方法。除留余数法的哈希函数 $h(k)$ 为：

$$h(k)=k \bmod p \quad (\text{mod 为求余运算}, p\leqslant m)$$

除留余数法的计算比较简单，适用范围广，是最经常使用的一种哈希函数。这种方法的关键是选好 p，使得元素集合中的每一个关键字通过该函数映射到哈希表范围内的任意地址上的概率相等，从而尽可能减少发生冲突的可能性。例如，p 取奇数就比取偶数好。理论研究表明，p 在取不大于 m 的素数时效果最好。

3. 数字分析法

该方法是提取关键字中取值较均匀的数字位作为哈希地址的方法。它适合于所有关键字值都已知的情况,并需要对关键字中每一位的取值分布情况进行分析。例如,有一组关键字为{92317602,92326875,92739628,92343634,92706816,92774638,92381262,92394220},通过分析可知,每个关键字从左到右的第1、2、3位和第6位取值较集中,不宜作为哈希函数,剩余的第4、5、7和8位取值较分散,可根据实际需要取其中的若干位作为哈希地址。若取最后两位作为哈希地址,则哈希地址的集合为{2,75,28,34,16,38,62,20}。

其他构造整数关键字的哈希函数的方法还有平方取中法、折叠法等。平方取中法是取关键字平方后分布均匀的几位作为哈希地址的方法。折叠法是先把关键字中的若干段作为一小组,然后把各小组折叠相加后分布均匀的几位作为哈希地址的方法。

视频讲解

9.4.3 哈希冲突的解决方法

设计哈希表必须解决冲突,否则后面插入的元素会覆盖前面已经插入的元素。在哈希表中虽然冲突很难避免,但发生冲突的可能性却有大有小,这主要与3个因素有关。

(1) 与装填因子 α 有关:所谓装填因子是指哈希表中元素个数 n 与哈希地址空间大小 m 的比值,即 $\alpha=n/m$,显然 α 越小,哈希表中空闲单元的比例就越大,冲突的可能性就越小,反之 α 越大(最大为1),哈希表中空闲单元的比例就越小,冲突的可能性就越大。另一方面,α 越小,存储空间的利用率就越低,反之,存储空间的利用率也就越高。为了兼顾两者,通常控制 α 在0.6~0.9的范围内。

(2) 与所采用的哈希函数有关:若哈希函数选择得当,就可使哈希地址尽可能均匀地分布在哈希地址空间上,从而减少冲突的发生;否则,若哈希函数选择不当,就可能使哈希地址集中于某些区域,从而加大冲突的发生。

(3) 与解决冲突的哈希冲突函数有关:哈希冲突函数选择的好坏也将减少或增加发生冲突的可能性。

解决哈希冲突方法有许多,可分为开放定址法和拉链法两大类。

1. 开放定址法

开放定址法就是在插入一个关键字为 k 的元素时,若发生哈希冲突,通过某种哈希冲突解决函数(也称为再哈希)得到一个新空闲地址再插入该元素的方法。这样的哈希冲突解决函数设计有很多种,下面介绍常用的几种。

1) 线性探测法

线性探测法是从发生冲突的地址(设为 d_0)开始,依次探测 d_0 的下一个地址(当到达下标为 $m-1$ 的哈希表的表尾时,下一个探测的地址是表首地址0),直到找到一个空闲单元为止(当 $m \geqslant n$ 时一定能找到一个空闲单元)。线性探测法的迭代公式为:

$$d_0=h(k)$$
$$d_i=(d_{i-1}+1) \bmod m \quad (1 \leqslant i \leqslant m-1)$$

其中,模 m 是为了保证找到的地址在 $0\sim m-1$ 的有效空间中。这里以看电影为例,假设电影院的座位只有一排(共20个座位,编号为1~20),某个人买了一张电影票,但他晚到了电影院,于是他的位置8被其他人占了。线性探测法就是依次查看9、10、……、20的座位是否为空的，有空就坐下，否则再查看1、2、……、7的座位是否为空的，如此这样，他总可以找到一个空座位坐下。

线性探测法的优点是解决冲突简单，但一个重大的缺点是容易产生堆积问题。这是由于当连续出现若干个同义词时（设第一个同义词占用单元 d_0，这连续的若干个同义词将占用哈希表的 d_0、d_0+1、d_0+2 等单元），随后任何 d_0+1、d_0+2 等单元上的哈希映射都会由于前面的同义词堆积而产生冲突，尽管随后的这些关键字并没有同义词。这称为非同义词冲突，就是哈希函数值不相同的两个元素争夺同一个后继哈希地址导致出现堆积（或聚集）现象。

2）平方探测法

设发生冲突的地址为 d_0，则平方探测法的探测序列为 d_0+1^2，d_0-1^2，d_0+2^2，d_0-2^2，……平方探测法的数学描述公式为：

$$d_0=h(k)$$

$$d_i=(d_0 \pm i^2) \bmod m \quad (1 \leqslant i \leqslant m-1)$$

仍以前面的看电影为例，平方探测法就是在该人被占用的座位前后来回找空座位。

平方探测法是一种较好处理冲突的方法，可以避免出现堆积问题。其缺点是不一定能探测到哈希表上的所有单元，但至少能探测到一半单元。

此外，开放定址法的探测方法还有伪随机序列法、双哈希函数法等。

从中看出，在开放定址法中哈希表空闲单元既向同义词关键字开放，也向发生冲突的非同义词关键字开放，这就是它的名称的由来。至于哈希表的一个地址中存放的是同义词关键字还是非同义词关键字，要看谁先占用它，这和构造哈希表的元素的排列次序有关。

【例9.18】 假设哈希表ha的长度 $m=13$，采用除留余数法和线性探测法解决冲突建立关键字集合{16,74,60,43,54,90,46,31,29,88,77}的哈希表。

解：$n=11$，$m=13$，除留余数法的哈希函数为 $h(k)=k \bmod p$，p 应为小于或等于 m 的素数。假设 p 取值13，当出现同义词问题时采用线性探测法解决冲突，则有：

$h(16)=3$，　　没有冲突，将16放在ha[3]处
$h(74)=9$，　　没有冲突，将74放在ha[9]处
$h(60)=8$，　　没有冲突，将60放在ha[8]处
$h(43)=4$，　　没有冲突，将43放在ha[4]处
$h(54)=2$，　　没有冲突，将54放在ha[2]处
$h(90)=12$，　　没有冲突，将90放在ha[12]处
$h(46)=7$，　　没有冲突，将46放在ha[7]处
$h(31)=5$，　　没有冲突，将31放在ha[5]处
$h(29)=3$　　有冲突
　$d_0=3$，$d_1=(3+1) \bmod 13=4$　　仍有冲突
　$d_2=(4+1) \bmod 13-5$　　仍有冲突
　$d_3=(5+1) \bmod 13=6$　　冲突已解决，将29放在ha[6]处
$h(88)=10$　　没有冲突，将88放在ha[10]处
$h(77)=12$　　有冲突
　$d_0=12$，$d_1=(12+1) \bmod 13=0$　　冲突已解决，将77放在ha[0]处

建立的哈希表 ha[0..12]如表 9.1 所示。

表 9.1　哈希表 ha[0..12]

下　标	0	1	2	3	4	5	6	7	8	9	10	11	12
k	77		54	16	43	31	29	46	60	74	88		90
探测次数	2		1	1	1	1	4	1	1	1	1		1

2. 拉链法

拉链法(chaining)是把所有的同义词用单链表链接起来的方法。如图 9.38 所示,哈希函数为 $h(k)=k\%m$,所有哈希地址为 i 的元素对应的结点构成一个单链表,哈希表地址空间为 $0\sim m-1$,地址为 i 的单元是一个指向对应单链表的首结点。

视频讲解

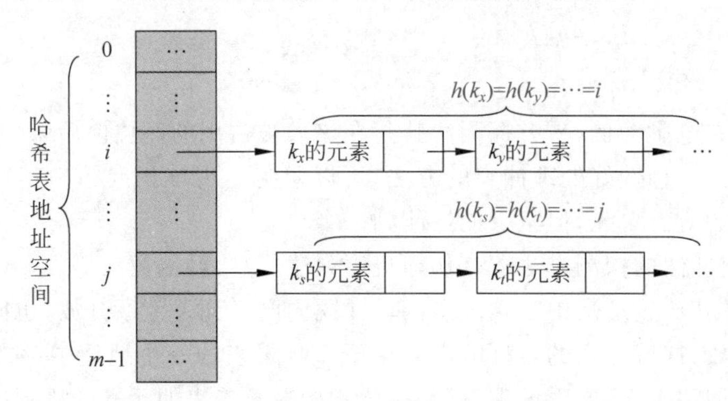

图 9.38　拉链法的示意图

在这种方法中,哈希表每个单元中存放的不再是元素本身,而是相应同义词单链表的首结点指针。由于单链表中可插入任意多个结点,所以此时装填因子 α 根据同义词的多少既可以设定为大于 1,也可以设定为小于或等于 1,通常取 $\alpha=1$。

与开放定址法相比,拉链法有如下几个优点:

(1) 拉链法处理冲突简单,且无堆积现象,即非同义词绝不会发生冲突,因此平均查找长度较短。

(2) 由于拉链法中各单链表上的结点空间是动态申请的,故它更适合于造表前无法确定表长的情况。

(3) 开放定址法为减少冲突要求装填因子 α 较小,故当数据规模较大时会浪费很多空间,而拉链法中可取 $\alpha\geqslant 1$,且元素较大时拉链法中增加的指针域可忽略不计,因此节省空间。

(4) 在用拉链法构造的哈希表中,删除结点的操作更加易于实现。

拉链法也有缺点,即指针需要额外的空间,故当元素规模较小时开放定址法较为节省空间。若将节省的指针空间用来扩大哈希表的规模,可使装填因子变小,这又减少了开放定址法中的冲突,从而提高了平均查找速度。

【例 9.19】 假设哈希表的长度 $m=13$,采用除留余数法和拉链法解决冲突建立关键字集合{16,74,60,43,54,90,46,31,29,88,77}的哈希表。

解: $n=11$,$m=13$,除留余数法的哈希函数为 $h(k)=k \bmod m$,当出现哈希冲突时采用拉链法解决冲突，则有 $h(16)=3$，$h(74)=9$，$h(60)=8$，$h(43)=4$，$h(54)=2$，$h(90)=12$，$h(46)=7$，$h(31)=5$，$h(29)=3$，$h(88)=10$，$h(77)=12$。

建立的拉链法哈希表如图 9.39 所示。

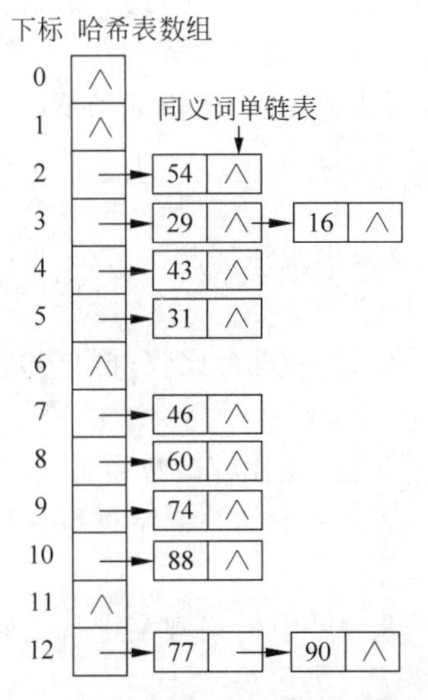

图 9.39　采用拉链法建立的哈希表

9.4.4　哈希表的查找及性能分析

在建立哈希表后，在哈希表中查找关键字为 k 的元素的过程与解决冲突方法相关。哈希表查找长度也分为成功情况下的平均查找长度和不成功情况下的平均查找长度。成功情况下的平均查找长度是指找到哈希表中已有元素的平均探测次数，不成功情况下的平均查找长度是指在表中查找不到关键字为 k 的元素，但找到插入位置的平均探测次数。

1. 采用开放定址法建立的哈希表的查找

这种哈希表查找关键字为 k 的元素的过程是先以建立哈希表的哈希函数 $h(k)$ 求出哈希地址 d_0，若 ha[d_0].key=k，则查找成功，否则说明存在哈希冲突，以建立哈希表时的哈希冲突解决函数求出新地址 d_i，若 ha[d_i].key=k，则查找成功，否则以同样的方式继续查找，直到查找成功或查找到某个空地址(即查找失败)为止。

假设有元素类型为 HashNode 的哈希表 ha[0..$m-1$]，哈希函数为 $h(k)=k \% p$，采用开放定址法中的线性探测法解决冲突，哈希表中空元素的关键字为常量 NULLKEY，对应的查找算法如下：

```
int SearchHT(HashNode[] ha, int p, int m, int k)        //在哈希表 ha 中查找关键字 k
{ int d;
  d=k % p;                                              //求哈希函数值
  while(ha[d].key!=NULLKEY && ha[d].key!=k)
     d=(d+1) % m;                                       //找到的位置不空闲
  if(ha[d].key==k)                                      //查找成功返回 ha 的序号
     return d;
```

```
    else                                                //查找失败返回-1
        return -1;
}
```

例 9.18 的哈希表为表 9.1,其中 $n=11$。考虑查找成功的情况,假设每个关键字的查找概率相等,其中 9 个关键字查找成功均需要比较一次,一个关键字查找成功均需要比较两次,另一个关键字查找成功均需要比较 4 次,所以成功情况下的平均查找长度如下:

$$\mathrm{ASL}_{成功}=\frac{9\times1+1\times2+4\times1}{11}=1.364$$

考虑查找不成功的情况,这里采用线性探测法解决冲突。假设待查关键字 k 不在该表中,先求出 $h(k)$:

(1) 若 $h(k)=0$,将 k 和 ha[0].key 进行比较,再与 ha[1]进行比较才发现 ha[1]为空,即比较次数为 2。

(2) 若 $h(k)=1$,发现 ha[1]为空,即比较次数为 1。

(3) 若 $h(k)=2$,将 k 和 ha[2..10]中的关键字进行比较,再与 ha[11]进行比较才发现 ha[11]为空,即比较次数为 10。

(4) 若 $h(k)=3$,将 k 和 ha[3..10]中的关键字进行比较,再与 ha[11]进行比较才发现 ha[11]为空,即比较次数为 9。

(5) $h(k)=4$ 到 10 的情况与上类似,分别求出需要的比较次数为 8~2。

(6) 若 $h(k)=11$,发现 ha[11]为空,即比较次数为 1。

(7) 若 $h(k)=12$,将 k 和 ha[12]、ha[0]中的关键字进行比较,再与 ha[1]进行比较才发现 ha[1]为空,即比较次数为 3。

共有 13 种不成功的查找类别,所以哈希表中不成功查找的探测次数如表 9.2 所示。

表 9.2　哈希表 ha 中不成功查找的探测次数

下标	0	1	2	3	4	5	6	7	8	9	10	11	12
k	77		54	16	43	31	29	46	60	74	88		90
探测次数	2	1	10	9	8	7	6	5	4	3	2	1	3

这样对应的不成功查找的平均查找长度为:

$$\mathrm{ASL}_{不成功}=\frac{2+1+10+\cdots+1+3}{13}=4.692$$

【例 9.20】 将关键字序列{7,8,30,11,18,9,14}依次存储到哈希表中,哈希表的存储空间是一个下标从 0 开始的一维数组,哈希函数为 $h(\mathrm{key})=(\mathrm{key}\times3)\ \mathrm{mod}\ 7$,处理冲突采用线性探测法,要求装填因子为 0.7。

(1) 画出所构造的哈希表。

(2) 分别计算等概率情况下查找成功和查找不成功的平均查找长度。

解:(1) 这里 $n=7$,装填因子 $\alpha=0.7=n/m$,则 $m=n/0.7=10$。计算各关键字存储地址的过程如下:

$h(7)=7\times3\ \mathrm{mod}\ 7=0$

$h(8)=8\times3\ \mathrm{mod}\ 7=3$

$h(30)=30\times3 \bmod 7=6$

$h(11)=11\times3 \bmod 7=5$

$h(18)=18\times3 \bmod 7=5$ 冲突

$d_1=(5+1) \bmod 10=6$ 仍冲突

$d_2=(6+1) \bmod 10=7$

$h(9)=9\times3 \bmod 7=6$ 冲突

$d_1=(6+1) \bmod 10=7$ 仍冲突

$d_2=(7+1) \bmod 10=8$

$h(14)=14\times3 \bmod 7=0$ 冲突

$d_1=(0+1) \bmod 10=1$

构造的哈希表如表9.3所示。

表9.3 一个哈希表

下标	0	1	2	3	4	5	6	7	8	9
关键字	7	14		8		11	30	18	9	
探测次数	1	2		1		1	1	3	3	

(2) 在等概率情况下：

$$\mathrm{ASL}_{成功}=\frac{1+2+1+1+1+3+3}{7}=1.71$$

由于任一关键字k,$h(k)$的值只能是0～6,在不成功的情况下,$h(k)$为0需比较3次,$h(k)$为1需比较两次,$h(k)$为2需比较一次,$h(k)$为3需比较两次,$h(k)$为4需比较一次,$h(k)$为5需比较5次,$h(k)$为6需比较4次,共7种情况,如表9.4所示。所以有：

$$\mathrm{ASL}_{不成功}=\frac{3+2+1+2+1+5+4}{7}=2.57$$

表9.4 不成功查找的探测次数

下标	0	1	2	3	4	5	6	7	8	9
关键字	7	14		8		11	30	18	9	
探测次数	3	2	1	2	1	5	4	—	—	—

2. 采用拉链法建立的哈希表的查找

视频讲解

这种哈希表查找关键字为k的元素的过程是先以建立哈希表的哈希函数$h(k)$求出哈希地址d_0,若ha[d_0]的地址为空,表示查找失败；否则通过ha[d_0]的地址找到对应单链表的首结点p,若p.key=k,则查找成功(关键字比较一次),否则p后移一个结点,若p.key=k,则查找成功(关键字比较两次),以此类推,若p为空,表示查找失败。

假设有元素类型为HNode的哈希表,单链表结点类型为SNode,哈希函数为$h(k)=k \% m$,采用拉链法解决冲突,对应的查找算法如下：

```
SNode SearchHT(HNode[] ha,int m,int k)      //在哈希表中查找关键字k
{ int d;
```

```
    SNode p;
    d=k % m;
    p=ha[d].next;                              //p 指向 ha[d]单链表的首结点
    while(p!=null && p.key!=k)                //在 ha[d]的单链表中查找
        p=p.next;
    if(p==null)                                //查找失败返回 null
        return null;
    else                                       //查找成功返回对应的结点
        return p;
}
```

例 9.19 的哈希表为图 9.38,其中 $n=11$。考虑查找成功的情况,假设每个关键字的查找概率相等,其中 9 个关键字查找成功均需要比较一次,两个关键字查找成功均需要比较两次,所以成功情况下的平均查找长度如下:

$$ASL_{成功}=\frac{9\times1+2\times2}{11}=1.182$$

考虑查找不成功的情况,这里采用拉链法解决冲突。假设待查关键字 k 不在该表中,先求出 $d=h(k)$,且第 d 个单链表中具有 i 个结点,则需做 i 次关键字的比较(不包括空指针判定)才确定查找失败,因此查找不成功的平均查找长度为:

$$ASL_{不成功}=\frac{0+0+1+2+1+1+0+1+1+1+1+0+2}{13}=0.846$$

一般地,由同一个哈希函数、不同的解决冲突方法构造的哈希表,其平均查找长度是不相同的。假设哈希函数是均匀的,可以证明不同的解决冲突方法得到的哈希表的平均查找长度不同,表 9.5 列出了用几种不同的方法解决冲突时哈希表的平均查找长度。从中看到,哈希表的平均查找长度不是元素个数 n 的函数,而是装填因子 α 的函数。因此,在设计哈希表时可选择 α 控制哈希表的平均查找长度。

表 9.5 用几种不同的方法解决冲突时哈希表的平均查找长度

解决冲突的方法	平均查找长度	
	成功的查找	不成功的查找
线性探测法	$\frac{1}{2}\left(1+\frac{1}{1-\alpha}\right)$	$\frac{1}{2}\left(1+\frac{1}{(1-\alpha)^2}\right)$
平方探测法	$-\frac{1}{\alpha}\log_e(1-\alpha)$	$\frac{1}{1-\alpha}$
拉链法	$1+\frac{\alpha}{2}$	$\alpha+e^{-\alpha}\approx\alpha$

*9.4.5 Java 中的 HashMap 和 HashSet 集合

HashMap/HashSet 集合与 TreeMap/TreeSet 集合相对应,不同点如下:

(1) TreeMap/TreeSet 底层采用红黑树实现,而 HashMap/HashSet 主要采用哈希表实现。

(2) TreeMap/TreeSet 是有序的，而 HashMap/HashSet 是无序的。

(3) TreeMap/TreeSet 适用于按自然顺序或自定义顺序遍历键，而 HashMap/HashSet 适用于插入、删除和查找元素。通常 HashMap/HashSet 的查找速度比 TreeMap/TreeSet 更快。

HashMap 集合中的元素是< key，value >键值映射关系，HashSet 集合中的元素是关键字，两者中的关键字不重复。下面主要讨论 HashMap 集合。

HashMap 采用数组＋链表＋红黑树的数据结构，其示意图如图 9.40 所示。

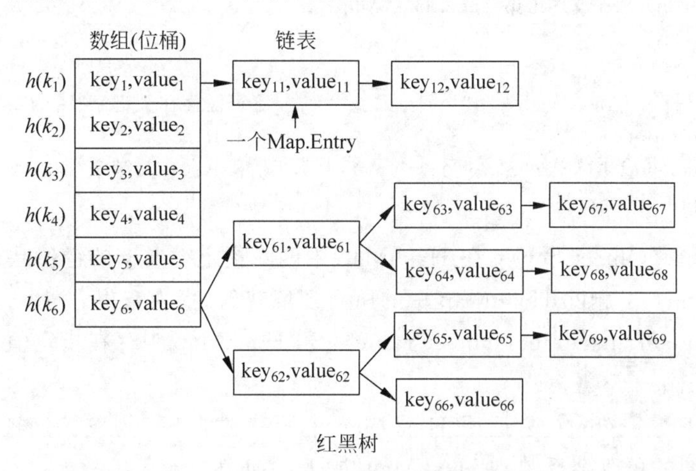

图 9.40 HashMap 采用数组＋链表＋红黑树的数据结构示意图

每个元素(Entry 类型结点)都是链表中的一个结点，当添加一个元素< key，value >时，先计算元素 key 的 h(key)值以确定插入数组中的位置，再插入对应的链表中，同一个链表上的元素哈希值相同(用链表存放同义词)，当链表结点个数较多(如超过 8 个)时就转换为红黑树，这样大大提高了查找的效率。当数组的大小超过一定大小(如初始大小×装填因子)时，将数组大小扩大两倍，把原数组搬移到新的数组中。其查找过程与前面介绍的拉链法哈希表查找过程类似。

HashMap 的主要构造方法如下。

(1) HashMap(int initialCapacity, float loadFactor)：用指定的初始大小和装填因子构造一个空的 HashMap。

(2) HashMap(int initialCapacity)：用指定的初始大小和默认装填因子(0.75)构造一个空的 HashMap。

(3) HashMap()：用指定的默认初始大小(16)和默认装填因子(0.75)构造一个空的 HashMap。

HashMap 的主要方法如下。

(1) int size()：返回 HashMap 中键值映射的个数。

(2) boolean isEmpty()：HashMap 中没有任何键值映射时返回 true。

(3) V get(Object key)：返回 HashMap 中指定键 key 对应的值，不存在 key 的键值映射时返回 null。

(4) boolean containsKey(Object key)：HashMap 中包含指定键 key 的键值映射时返

回 true。

(5) V put(K key,V value)：将键值映射< key,value >插入 HashMap 中，如果之前存在该键，用新 value 替换原来的值。

(6) V putIfAbsent(K key,V value)：如果当前 HashMap 中指定键 key 尚未与值关联(或映射为 null)，则将 key 与给定值 value 关联并返回 null(与执行 put 相同)，否则返回当前值(不执行 put)。例如，以下代码说明了 put()和 putIfAbsent()的差别：

```
HashMap< String, String > map=new HashMap <>();
map.put("a","A");
map.put("b","B");
String v=map.putIfAbsent("b","v");                //注意已存在关键字“b”的映射
System.out.println(v);                            //输出 B
String v1=map.putIfAbsent("c","v");               //注意不存在关键字“c”的映射
System.out.println(v1);                           //输出 null
```

(7) V remove(Object key)：在 HashMap 中删除指定键 key 的键值映射(若存在)。

(8) void clear()：删除 HashMap 中的所有键值映射，变为空集。

(9) boolean containsValue(Object value)：若 HashMap 中存在指定值 value 的一个或者多个键，返回 true。

(10) Set < K > keySet()：返回 HashMap 中所有键的 Set 视图。该视图由 HashMap 支持，因此对视图的更改会反映到 HashMap 中，反之亦然。

(11) Collection < V > values()：返回 HashMap 中所有值的 Collection 视图。

(12) Set < Map. Entry < K,V >> entrySet()：返回 HashMap 中包含的映射关系的 Set 视图。

(13) V getOrDefault(Object key, V defaultValue)：返回 HashMap 中指定键 key 关联的值，如果不存在 key 的映射，则返回 defaultValue。

(14) boolean remove(Object key, Object value)：仅当 HashMap 中存在< key,value >键值映射时才删除它。

(15) boolean replace(K key,V oldValue,V newValue)：若 HashMap 中存在键 key 的关联值 oldValue，用 newValue 替代它。

(16) V replace(K key,V value)：若 HashMap 中存在键 key 的某个关联值，用值 value 替代它。

(17) V compute(K key,BiFunction <? super K,? super V,? extends > remappingFunction)：返回更新后该键 key 映射的值 value，若键 key 没有映射的值 value，则返回 null。

(18) V computeIfAbsent(K key,Function <? super K,? extends V > mappingFunction)：如果 HashMap 中指定键 key 尚未与值关联(或映射为 null)，则尝试使用给定的映射函数 mappingFunction()计算其值，并插入此映射(除非为 null)。最常见的用法是构造一个新对象用作初始映射值或记忆结果，例如 map.computeIfAbsent(key, k-> new Value(f(k)))。

HashMap 元素遍历的方法与 TreeMap 类似，例如用 HashMap < Integer, Integer > map 语句定义一个 map 后，可以用以下 for 语句输出所有元素(映射)：

```
for(Map.Entry < Integer, Integer > entry1: map.entrySet())
```

```
System.out.println("<"+entry1.getKey()+","+entry1.getValue()+">");
```

若用 HashMap<Integer,Stack<Integer>> map 语句定义一个 map,可以用以下 for 语句输出所有元素(映射):

```
for(Map.Entry<Integer,Stack<Integer>> entry2: map.entrySet())
{ System.out.print(entry2.getKey()+":");          //输出关键字
  Stack<Integer> s=entry2.getValue();
  while(!s.empty())                               //输出关键字对应的所有栈元素
      System.out.print(s.pop()+" ");
  System.out.println();
}
```

【例 9.21】 给定一个仅由小写字母组成的字符串 *s*,设计一个算法判断是否其中的所有字母都唯一出现。

解:采用 HashMap<Character,Integer>集合 map 存放 *s* 中字母出现的次数,当重复出现时返回 false,最后返回 true。对应的算法如下:

```
static boolean unique(String s)                    //判断 s 中的所有字母是否都唯一
{ HashMap<Character,Integer> map=new HashMap<Character,Integer>();
  for(int i=0;i<s.length();i++)
  {  char c=s.charAt(i);
     if(map.containsKey(c))                        //字母 c 不唯一,返回 false
        return false;
     else                                          //字母 c 第一次出现,插入<c,1>
        map.put(c,1);
  }
  return true;                                     //所有字母唯一,返回 true
}
```

【例 9.22】 给定一个 abc.in 文本文件,由若干行组成,每行为一个学生姓名和分数(用空格分隔),假设同一个学生的多个分数均不同,例如 abc.in 文件如下:

```
Mary 90
Smith 86
Mary 85
John 78
Mary 92
Smith 88
```

编写一个程序,读取该文件数据,按姓名输出所有学生分数,姓名顺序不做要求,但每个学生的分数按递增顺序,并且将结果存放在 abc.out 文件中。例如,abc.in 对应的 abc.out 文件如下:

```
Smith: 86 88
John: 78
Mary: 85 90 92
```

解:采用 HashMap<String,TreeSet<Integer>>集合 map 存放所有学生的分数,关键字为姓名,对应的值为 TreeSet 集合,用于存放一学生的所有分数(分数不重复并且有序)。

对应的程序如下：

```
import java.util.*;
import java.io.FileInputStream;
import java.io.FileNotFoundException;
import java.io.PrintStream;
@SuppressWarnings("unchecked")
public class Exam9_22
{ static HashMap<String,TreeSet<Integer>> map=new HashMap();
  static void insertmap(String s,int d)                    //将<s,d>插入 map 中
  {
     map.computeIfAbsent(s,z-> new TreeSet()).add(d);
  }
  static void dispmap()                                    //输出分数 map
  {  Iterator it=map.keySet().iterator();
     while(it.hasNext())
     {  String key=(String)it.next();                      //获取 key(姓名)
        System.out.print(key+":");
        TreeSet value=(TreeSet)map.get(key);               //根据 key 获取 value
        for(Object e:value)
           System.out.print(" "+e);
        System.out.println();
     }
  }
  public static void main(String[] args) throws FileNotFoundException
  {  System.setIn(new FileInputStream("abc.in"));          //将标准输入流重定向至 abc.in
     Scanner fin=new Scanner(System.in);
     System.setOut(new PrintStream("abc.out"));            //将标准输出流重定向至 abc.out
     String s;
     int d;
     while(fin.hasNext())                                  //读文件
     {  s=fin.next();
        d=fin.nextInt();
        System.out.println(s+","+d);
        insertmap(s,d);                                    //向 map 中插入
     }
     dispmap();                                            //由 abc.out 文件输出结果
  }
}
```

其中，语句 map.computeIfAbsent(s,z-> new TreeSet()).add(d)的功能是若 map 中存在键 s 姓名的映射，返回对应的值(即已存在的 TreeSet 集合)，通过 add()方法向其中插入分数 d，若 map 中不存在键 s 姓名的映射，则在 map 中新建一个键 s 姓名的映射，值为空的 TreeSet，再通过 add()方法向其中插入分数 d。z-> new TreeSet()是一个用 Lambda 表达式表示的匿名函数，"->"左边的 z 为函数参数，右边的 new TreeSet()为函数体，即新创建一个 TreeSet()对象。

HashSet 集合与 HashMap 集合在用法上类似，这里不再详述。

自测题

9.5 练习题

9.5.1 问答题

1. 有一个含 n 个元素的递增有序数组 a，以下算法利用有序性进行顺序查找：

```
int Find(int[] a, int n, int k)
{ int i=0;
  while(i<n)
  {  if(a[i]==k)
        return i;
     else if(a[i]<k)
        i++;
     else
        return -1;
  }
}
```

假设查找各元素的概率相同，分别分析该算法在成功和不成功情况下的平均查找长度。和一般的顺序查找相比，哪个查找效率更高些？

2. 设有5个关键字do、for、if、repeat、while，它们存放在一个有序顺序表中，其查找概率分别是 $p_1=0.2$、$p_2=0.15$、$p_3=0.1$、$p_4=0.03$、$p_5=0.01$，而查找各关键字不存在的概率分别为 $q_0=0.2$、$q_1=0.15$、$q_2=0.1$、$q_3=0.03$、$q_4=0.02$、$q_5=0.01$，如图9.41所示。

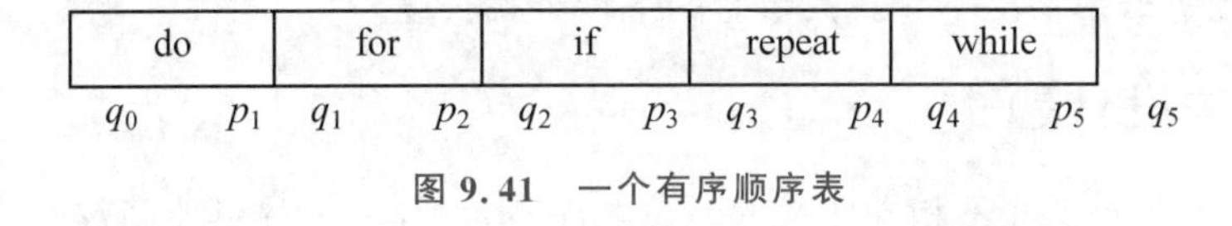

图9.41 一个有序顺序表

（1）试画出对该有序顺序表分别采用顺序查找和折半查找时的判定树。

（2）分别计算顺序查找时查找成功和不成功的平均查找长度。

（3）分别计算折半查找时查找成功和不成功的平均查找长度。

3. 如何理解折半查找仅适合有序顺序表，而不适合有序链表？

4. 对长度为 2^h-1 的有序顺序表进行折半查找，在成功查找时最少需要多少次关键字比较？最多需要多少次关键字比较？查找失败时的平均比较次数是多少？

5. 对于有序顺序表 $A[0..10]$，采用折半查找法，求成功和不成功时的平均查找长度。对于有序顺序表(12,18,24,35,47,50,62,83,90,92,95)，采用折半查找法，查找90时需进行多少次比较可确定成功，查找47时需进行多少次比较可确定成功，查找60时需进行多少次比较才能确定不成功，给出各个查找序列。

6. 有一个长度为2000的顺序表，采用分块查找方法，索引表采用顺序查找方法。假设每个元素的查找概率相同，回答以下问题：

（1）理想的块长是多少？应该分成多少块？

（2）在理想的分块时成功查找的平均查找长度是多少？

（3）若每块的长度为20，则成功查找的平均查找长度是多少？

7. 假设一棵二叉排序树的关键字为单个字母,其后序遍历序列为 ACDBFIJHGE,回答以下问题:

(1) 画出该二叉排序树。

(2) 求在等概率下查找成功的平均查找长度。

(3) 求在等概率下查找不成功的平均查找长度。

8. 由关键字集合{23,12,45}构成的不同二叉排序树有多少棵?其中属于平衡二叉树的有多少棵?

9. 将整数序列(4,5,7,2,1,3,6)中的整数依次插入一棵空的平衡二叉树中,试构造相应的平衡二叉树。

10. 给定一组关键字序列(20,30,50,52,60,68,70),创建一棵 3 阶 B-树,请回答以下问题:

(1) 给出建立 3 阶 B-树的过程。

(2) 分别给出删除关键字 50 和 68 之后的结果。

11. 设有一组关键字为{19,1,23,14,55,20,84,27,68,11,10,77},其哈希函数为 $h(\text{key})=\text{key}\ \%\ 13$,采用开放地址法的线性探测法解决冲突,试在 0~18 的哈希表中对该关键字序列构造哈希表,并求在成功和不成功情况下的平均查找长度。

12. 设有一组关键字为{26,36,41,38,44,15,68,12,6,51,25},用拉链法解决冲突。假设装填因子 $\alpha=0.75$,哈希函数为 $h(k)=k\ \%\ p$,解答以下问题:

(1) 构造哈希函数。

(2) 计算在等概率情况下查找成功时的平均查找长度。

(3) 计算在等概率情况下查找失败时的平均查找长度。

9.5.2 算法设计题

1. 有一个含有 n 个互不相同元素的整数顺序表,设计一个尽可能高效的算法求最大元素和最小元素。

2. 有一个含有 n 个互不相同整数元素的递增有序顺序表 s,设计一个尽可能高效的算法判断是否存在某个序号 i,其元素值恰好为 i。若存在这样的元素,返回 i,否则返回-1。

3. 一个长度为 $L(L\geqslant 1)$的升序序列 S,处在第$\lceil L/2\rceil$个位置的数称为 S 的中位数。例如,若序列 $S1=(11,13,15,17,19)$,则 $S1$ 的中位数是 15。两个序列的中位数是含它们所有元素的升序序列的中位数。例如,若 $S2=(2,4,6,8,20)$,则 $S1$ 和 $S2$ 的中位数是 11。现有两个等长的升序序列 A 和 B,试设计一个在时间和空间两方面都尽可能高效的算法,找出两个序列 A 和 B 的中位数。请说明所设计算法的时间复杂度和空间复杂度。

4. 设计一个算法,递减有序输出一棵关键字为整数的二叉排序树中所有结点的关键字。

5. 设计一个算法,在一棵非空二叉排序树中求出指定结点的层次。

6. 设计一个算法,判断给定的一棵二叉树是否为二叉排序树,假设二叉排序树中所有的关键字均为正整数。

7. 设计一个算法,输出在一棵二叉排序树中查找某个关键字 k 经过的查找路径。

8. 假设二叉排序树 bt 中所有的关键字是由整数构成的,为了查找某关键字 k,会得到一个查找序列。设计一个算法，判断一个序列(存放在 a 数组中)是否为从 bt 中搜索关键字 k 的查找序列。

9. 设计一个算法，在给定的二叉排序树 bt 上找出任意两个不同结点 x 和 y 的最近公共祖先(LCA)，其中结点 x 是指关键字为 x 的结点。

10. 利用二叉树遍历思路设计一个判断二叉排序树是否为 AVL 树的算法。

9.6 实验题

9.6.1 上机实验题

1. 已知 sqrt(2)约等于 1.414，要求不用数学库，求 sqrt(2)，精确到小数点后 10 位。

2. 小明要输入一个整数序列 $a_1, a_2, \cdots, a_n$(所有整数均不相同)，他在输入过程中随时要删除当前输入部分或全部序列中的最大整数或者最小整数，为此小明设计了一个结构 S 和如下功能算法。

(1) insert(S, x)：向结构 S 中添加一个整数 x。

(2) delmin(S)：在结构 S 中删除最小整数。

(3) delmax(S)：在结构 S 中删除最大整数。

请帮助小明设计出一个好的结构 S，尽可能在时间和空间两个方面高效地实现上述算法，并给出各个算法的时间复杂度。

3. 有一个整数序列，其中存在相同的整数，创建一棵二叉排序树。按递增顺序输出所有不同整数的名次(第几小的整数，从 1 开始计)。例如，整数序列为(3,5,4,6,6,5,1,3)，求解结果是 1 的名次为 1、3 的名次为 2、4 的名次为 4、5 的名次为 5、6 的名次为 7。

4. 实现一个 FreqStack 类，模拟类似栈的数据结构的操作的一个类。FreqStack 有两个成员方法，push(int x)用于将整数 x 进栈，pop()用于移除并返回栈中出现最频繁的元素。如果出现最频繁的元素不止一个，则移除并返回最接近栈顶的元素。例如将(5,7,5,7,4,5)整数序列进栈，出栈结果如下。

pop()：返回 5，因为 5 是出现频率最高的，栈变成[5,7,5,7,4](栈底到栈顶)。

pop()：返回 7，因为 5 和 7 都是出现频率最高的，但 7 最接近栈顶，栈变成[5,7,5,4]。

pop()：返回 5，栈变成[5,7,4]。

pop()：返回 4，栈变成[5,7]。

9.6.2 在线编程题

1. HDU2025——查找最大元素

时间限制：2000ms；空间限制：65 536KB。

问题描述：对于输入的每个字符串，查找其中的最大字母，在该字母后面插入字符串"(max)"。

输入格式：输入数据包括多个测试用例，每个测试用例由一行长度不超过 100 的字符串组成，字符串仅由大小写字母构成。

输出格式：对于每个测试用例输出一行字符串，输出的结果是插入字符串"(max)"后的结果,如果存在多个最大的字母,就在每一个最大字母后面都插入"(max)"。

输入样例:

```
abcdefgfedcba
xxxxx
```

输出样例:

```
abcdefg(max)fedcba
x(max)x(max)x(max)x(max)x(max)
```

2. POJ2785——总和为 0 的四元组数

时间限制:15 000ms;空间限制:228 000KB。

问题描述:SUM 问题是给定 4 个整数列表 A、B、C 和 D,计算多少个四元组$(a,b,c,d)\in A\times B\times C\times D$ 满足 $a+b+c+d=0$。在下面假设所有列表都具有相同的大小 n。

输入格式:输入文件的第一行包含列表的大小 n(此值可以大到 4000),然后有 n 行,每行包含 4 个整数值(绝对值达到 2^{28}),它们分别属于 A、B、C 和 D。

输出格式:对于每个输入文件,输出总和为 0 的四元组数。

输入样例:

```
6
-45 22 42 -16
-41 -27 56 30
-36 53 -37 77
-36 30 -75 -46
26-38 -10 62
-32 -54 -6 45
```

输出样例:

```
5
```

提示:有 5 个四元组的总和为 0,分别是(−45,−27,42,30)、(26,30,−10,−46)、(−32,22,56,−46)、(−32,30,−75,77)、(−32,−54,56,30)。

3. HDU3791——二叉排序树问题

时间限制:2000ms;空间限制:32 768KB。

问题描述:判断两序列是否为同一个二叉搜索树序列。

输入格式:开始的一个数 $n(1\leqslant n\leqslant 20)$表示有 n 个序列需要判断,当 $n=0$ 的时候输入结束。接下来的一行是一个序列,序列长度小于 10,包含 0~9 的数字,没有重复数字,根据这个序列可以构造出一棵二叉搜索树。接下去的 n 行有 n 个序列,每个序列的格式跟第一个序列一样,请判断这两个序列是否能组成同一棵二叉搜索树。

输出格式:如果序列相同则输出 YES,否则输出 NO。

输入样例:

```
2
567432
```

```
543267
576342
0
```

输出样例：

```
YES
NO
```

4. POJ2418——硬木种类

时间限制：10 000ms；空间限制：65 536KB。

问题描述：硬木是植物树群，有宽阔的叶子，产生水果或坚果，并且通常在冬天休眠。美国的温带气候产生了数百种硬木树种，例如橡树、枫树和樱桃树都是硬木树种，它们是不同的物种。所有硬木树种共同占美国树木的 40%。

利用卫星成像技术，某政府部门编制了一份特定日期的每棵树的清单，请计算每个树种的百分比。

输入格式：输入包括卫星观测到的每棵树的清单。每行表示一棵树的树种，树种名称不超过 30 个字符。所有树种不超过 10 000 种，不超过 1 000 000 棵树。

输出格式：按字母顺序输出每个树种的名称，以及对应的百分比，百分比精确到第 4 个小数位。

输入样例：

```
Red Alder
Ash
Aspen
Basswood
Ash
Beech
Yellow Birch
Ash
Cherry
Cottonwood
Ash
Cypress
Red Elm
Gum
Hackberry
White Oak
Hickory
Pecan
Hard Maple
White Oak
Soft Maple
Red Oak
Red Oak
White Oak
Poplan
Sassafras
```

Sycamore
Black Walnut
Willow

输出样例:

Ash 13.7931
Aspen 3.4483
Basswood 3.4483
Beech 3.4483
Black Walnut 3.4483
Cherry 3.4483
Cottonwood 3.4483
Cypress 3.4483
Gum 3.4483
Hackberry 3.4483
Hard Maple 3.4483
Hickory 3.4483
Pecan 3.4483
Poplan 3.4483
Red Alder 3.4483
Red Elm 3.4483
Red Oak 6.8966
Sassafras 3.4483
Soft Maple 3.4483
Sycamore 3.4483
White Oak 10.3448
Willow 3.4483
Yellow Birch 3.4483

5. HDU1263——水果问题

时间限制:2000ms;空间限制:65 536KB。

问题描述:Joe 经营着一个不大的水果店,他认为生存之道就是经营最受顾客欢迎的水果,夏天来了,现在他想要一份水果销售情况的明细表,这样他就可以很容易地掌握所有水果的销售情况了。

输入格式:第一行的正整数 $n(0<n\leqslant 10)$ 表示有 n 组测试数据。每组测试数据的第一行是一个整数 $m(0<m\leqslant 100)$,表示共有 m 次成功的交易。其后有 m 行数据,每行表示一次交易,由水果名称(由小写字母组成,长度不超过 80)、水果产地(由小写字母组成,长度不超过 80)和交易的水果数目(正整数,不超过 100)组成。

输出格式:对于每一组测试数据,请输出一份排版格式正确(请分析样本输出)的水果销售情况明细表。这份明细表包括所有水果的产地、名称和销售数目的信息,水果先按产地分类,产地按字母顺序排列,同一产地的水果按照名称排序,名称按字母顺序排序。两组测试数据之间有一个空行,最后一组测试数据之后没有空行。

输入样例:

1
5

```
apple shandong 3
pineapple guangdong 1
sugarcane guangdong 1
pineapple guangdong 3
pineapple guangdong 1
```

输出样例：

```
guangdong
        |----pineapple(5)
        |----sugarcane(1)
shandong
        |----apple(3)
```

6. POJ2503——Babelfish 问题

时间限制：2000ms；空间限制：65 536KB。

问题描述：你刚从滑铁卢搬到了一个大城市，这里的人说一种让你难以理解的方言，幸运的是你有一本字典可以帮助理解它们。

输入格式：输入最多包含 100 000 个字典条目，后跟一个空行，接下来有最多 100 000 个单词的消息。每个字典条目为一行，包含一个英文单词，后跟一个空格和一个外来词。在字典中外来词不会出现多次。该消息是外来词序列，每行一个外来词。输入中的单词最多包含 10 个小写字母。

输出格式：输出是翻译成英文的消息，每行一个字。不在字典中的外来词应翻译为"eh"。

输入样例：

```
dog ogday
cat atcay
pig igpay
froot ootfray
loops oopslay

atcay
ittenkay
oopslay
```

输出样例：

```
cat
eh
loops
```

7. POJ2092——爷爷很出名问题

时间限制：2000ms；空间限制：30 000KB。

问题描述：爷爷几十年来一直是一个非常好的桥牌选手，但当宣布他成为吉尼斯世界纪录中有史以来的最佳桥牌选手时整个家庭都为之兴奋。国际桥牌协会(IBA)多年来一直保持着世界上最佳桥牌选手的每周排名，每周排名中选手的每次出场计一个点，爷爷被提名为有史以来的最好选手,因为他获得了最高点数。爷爷有许多竞争对手,他非常好奇,想知道哪个选手获得了第二名。由于 IBA 排名现已在互联网上发布,他向你寻求帮助。你需要编写一个程序,当给出每周排名列表时根据点数找出哪个或者哪些选手获得了第二名。

输入格式:输入包含几个测试用例。所有选手的编号是 1 到 10 000。每个测试用例的第一行包含两个整数 $n(2\leqslant n\leqslant 500)$ 和 $m(2\leqslant m\leqslant 500)$,分别表示可用的排名数和每个排名中的选手数量。接下来的 n 行中,每行都包含一周排名的描述,每个描述由 m 个整数组成,由空格分隔,标识在每周排名中的选手。可以假设在每个测试用例中只有一个最佳选手和至少一个排名第二的选手,每周排名由 m 个不同的选手组成。输入由 $n=m=0$ 表示结束。

输出格式:对于每个测试用例,程序必须生成一行输出,其中包含所有排名中出现第二多的选手编号,如果有多个这样的选手,则按选手编号的递增顺序输出,每个选手编号的后面有一个空格。

输入样例:

```
4 5
20 33 25 32 99
32 86 99 25 10
20 99 10 33 86
19 33 74 99 32
3 6
2 34 67 36 79 93
100 38 21 76 91 85
32 23 85 31 88 1
0 0
```

输出样例:

```
32 33
1 2 21 23 31 32 34 36 38 67 76 79 88 91 93 100
```

CHAPTER 10

排　　序　　第10章

在第9章介绍过，一般情况下折半查找比顺序查找效率高，但折半查找要求被查找的数据有序，因此为了提高查找速度需要对数据进行排序，排序算法是许多高效算法的基础。本章主要学习要点如下：

(1) 排序的基本概念，包括排序的稳定性以及内排序和外排序之间的差异。

(2) 插入排序算法，包括直接插入排序、折半插入排序和希尔排序的过程和算法实现。

(3) 交换排序算法，包括冒泡排序和快速排序的过程和算法实现。

(4) 选择排序算法，包括简单选择排序和堆排序的过程和算法实现。

(5) 二路归并排序的过程和算法实现。

(6) 基数排序的过程和算法实现。

(7) 各种内排序方法的比较和选择。

(8) 外排序的基本步骤。

(9) 磁盘排序中的多路平衡归并和最佳归并树等。

(10) 灵活运用各种排序算法解决一些综合应用问题。

10.1　排序的基本概念

和第9章类似，假定被排序的是由一组元素组成的表，而元素由若干个数据项组成，其中用来标识元素的数据项称为**关键字项**，该数据项的值称为关键字。关键字可用作排序的依据。在本章中假设要排序元素的关键字可以重复，两个元素的比较默认为它们之间的关键字比较。

1. 什么是排序

视频讲解

所谓排序，就是要整理表中的元素，使之按关键字递增或递减有序排列。本章仅讨论递增排序的情况，在默认情况下所有的排序均指递增排序。排序的输入与输出如下。

输入：n 个元素序列为 $R_0, R_1, \cdots, R_{n-1}$，其相应的关键字分别为 $k_0, k_1, \cdots, k_{n-1}$。

输出：$R_{i_0}, R_{i_1}, \cdots, R_{i_{n-1}}$，使得 $k_{i_0} \leqslant k_{i_1} \leqslant \cdots \leqslant k_{i_{n-1}}$。

因此排序算法就是要确定 $0 \sim n-1$ 的一种排列 $i_0, i_1, \cdots, i_{n-1}$，使表中的元素依此顺序按关键字排序。

2. 内排序和外排序

在排序过程中，若整个表都是放在内存中处理，排序时不涉及数据的内、外存交换，则称之为**内排序**；反之，若排序过程中要进行数据的内、外存交换，则称之为**外排序**。内排序受到内存限制，适用于能够一次将全部元素放入内存的小表；外排序不受内存限制，适用于不能一次将全部元素放入内存的大表。内排序方法是外排序的基础。

3. 内排序的分类

根据内排序算法是否基于关键字的比较，将内排序算法分为基于比较的排序算法和不基于比较的排序算法。像插入排序、交换排序、选择排序和归并排序都是基于比较的排序算法；而基数排序是不基于比较的排序算法。

4. 基于比较的排序算法的性能

在基于比较的排序算法中主要进行以下两种基本操作。

(1) 比较：元素关键字之间的比较。

(2) 移动：元素从一个位置移动到另一个位置。

排序算法的性能是由算法的时间和空间确定的，而时间又是由比较和移动的次数确定的。

若待排序元素的关键字顺序正好和排序顺序相同，称此表中元素为**正序**；反之，若待排序元素的关键字顺序正好和排序顺序相反，称此表中元素为**反序**。

下面分析基于比较的排序算法的下界。假设有 3 个元素(R_1、R_2、R_3)，对应的关键字为 k_1、k_2、k_3，基于比较的排序方法是若 $k_1 \leqslant k_2$，序列不变；否则交换 R_1 和 R_2，变为序列 (R_2, R_1, R_3)。以此类推，排序过程构成一棵决策树，如图 10.1 所示，这里的排序结果有 6 种情况。

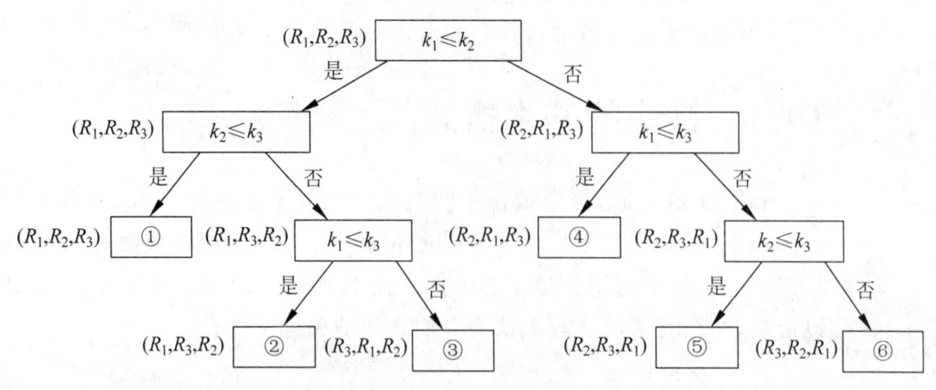

图 10.1　排序的决策树

推广一下，对于 n 个元素排序结果有 $n!$ 种情况，对应的决策树是一棵有 $n!$ 个叶子结点的二叉树，设其高度为 h，其中没有单分支结点，总结点个数 $=2n!-1$，其高度等同于含

$2n!-1$ 个结点的完全二叉树的高度，则 $h=\lceil \log_2(2n!) \rceil=\log_2 n!+1$，而 $\log_2 n! \approx n\log_2 n$，即 $h=O(n\log_2 n)$，由此推出 n 个元素的序列采用基于比较的排序方法在最坏情况下需要 $O(n\log_2 n)$ 次关键字比较，移动次数也是同样的数量级，即基于比较的排序算法的下界为 $O(n\log_2 n)$，同样可以证明平均时间复杂度也为 $O(n\log_2 n)$。

上述结论说明，如果采用基于比较的排序方法，算法的下界不可能优于 $O(n\log_2 n)$，如快速排序算法的下界为 $O(n^2)$，堆排序算法的下界为 $O(n\log_2 n)$。一般地，平均时间复杂度为 $O(n\log_2 n)$ 的排序是高效的排序算法。

5. 排序的稳定性

当待排序元素的关键字均不相同时，排序的结果是唯一的，否则排序的结果不一定唯一。如果待排序的表中存在有多个关键字相同的元素，经过排序后这些具有相同关键字的元素之间的相对次序保持不变，则称这种排序方法是**稳定的**；反之，若具有相同关键字的元素之间的相对次序发生变化，则称这种排序方法是**不稳定的**。注意，排序算法的稳定性是针对所有输入实例而言的。也就是说，在所有可能的输入实例中，只要有一个实例使得算法不满足稳定性要求，则该排序算法就是不稳定的。

6. 排序数据的组织

在讨论内排序算法时，以顺序表作为排序数据的存储结构(除基数排序采用单链表外)。假设关键字为 int 类型，待排序的顺序表中元素的类型如下：

```
class RecType                              //顺序表元素类型
{ int key;                                 //存放关键字,假设关键字为 int 类型
  String data;                             //存放其他数据,假设为 String 类型
  public RecType(int d)                    //构造方法
  {  key=d;  }
}
```

设计用于内排序的 SqListSortClass 类(除基数排序外)如下：

```
public class SqListSortClass               //顺序表排序类
{ final int MAXN=100;                      //表示最多元素个数
  RecType[] R;                             //存放排序的元素
  int n;                                   //实际元素个数
  public void swap(int i,int j)            //交换 R[i]和 R[j]
  {  RecType tmp=R[i];
     R[i]=R[j]; R[j]=tmp;
  }
  public void CreateR(int[] a)             //由关键字序列 a 构造顺序表 R[0..n-1]
  {  R=new RecType[MAXN];
     for(int i=0;i<a.length;i++)
        R[i]=new RecType(a[i]);
     n=a.length;
  }
  public void Disp()                       //输出顺序表 R[0..n-1]
  {  for(int i=0;i<n;i++)
        System.out.print(R[i].key+" ");
```

```
        System.out.println();
    }
    public void CreateR1(int[] a)                    //由关键字序列 a 构造 R[1..n],用于堆排序
    {   R=new RecType[MAXN];
        for(int i=0;i<a.length;i++)
            R[i+1]=new RecType(a[i]);
        n=a.length;
    }
    public void Disp1()                              //输出顺序表 R[1..n],用于堆排序
    {   for(int i=1;i<=n;i++)
            System.out.print(R[i].key+" ");
        System.out.println();
    }
    //各种基于比较的排序方法,将在后面讨论
}
```

10.2 插入排序

插入排序的基本思想是每次将一个待排序的元素按其关键字大小插入前面已经排好序的子表中的适当位置,直到全部元素插入完成为止。本节介绍 3 种插入排序方法,即直接插入排序、折半插入排序和希尔排序。

视频讲解

10.2.1 直接插入排序

1. 排序思路

假设待排序序列存放在数组 $R[0..n-1]$ 中,排序过程的某一中间时刻 R 被划分成两个子区间 $R[0..i-1]$ 和 $R[i..n-1]$($1\leqslant i<n$),其中前面的子区间是已排好序的**有序区**,后面的子区间是当前未排序的部分,称其为**无序区**。直接插入排序的每趟操作是将当前无序区的开头元素 $R[i]$($1\leqslant i\leqslant n-1$)插入有序区 $R[0..i-1]$ 中适当的位置上,使 $R[0..i]$ 变为新的有序区,从而扩大有序区、减小无序区,如图 10.2 所示。这种方法通常称为增量法,因为它每次使有序区增加一个元素。经过 $n-1$ 趟后无序区变为空,有序区含有全部的元素,从而全部数据有序。

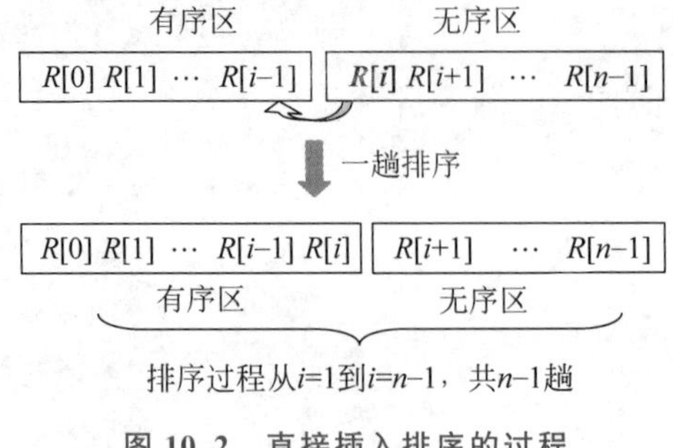

图 10.2 直接插入排序的过程

对于某一趟排序，如何将无序区的第一个元素 $R[i]$ 插入有序区呢？其过程如图 10.3 所示，先将 $R[i]$ 暂时放到 tmp 中，j 在有序区中从后向前找（初值为 $i-1$），凡是大于 tmp 的元素均后移一个位置，直到找到某个小于或等于 tmp 的 $R[j]$ 为止，再将 tmp 放在它的后面。

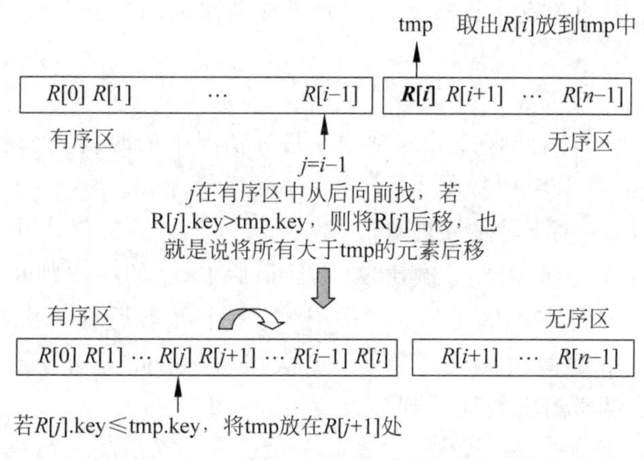

图 10.3　直接插入排序的一趟排序过程

说明：直接插入排序每趟产生的有序区是局部有序区（初始时将 $R[0..0]$ 看成局部有序区，所以 i 从 1 开始排序），局部有序区中的元素并不一定放在最终位置上，在后面的排序中可能发生元素的改变，若某个元素在后面的排序中不再发生位置的改变，称之为归位。相应地，全局有序区中的所有元素均已归位。

2. 排序算法

直接插入排序的算法如下：

```
public void InsertSort()                    //对 R[0..n-1]按递增有序进行直接插入排序
{ RecType tmp;
  int j;
  for(int i=1;i<n;i++)                      //从第 2 个元素(即 R[1])开始
  {  if(R[i].key<R[i-1].key)                //反序时
     {  tmp=R[i];                           //取出无序区的第一个元素
        j=i-1;                              //在有序区 R[0..i-1]中从右向左找 R[i]的插入位置
        do
        {  R[j+1]=R[j];                     //将关键字大于 tmp.key 的元素后移
           j--;                             //继续向前比较
        } while(j>=0 && R[j].key>tmp.key);
        R[j+1]=tmp;                         //在 j+1 处插入 R[i]
     }
  }
}
```

3. 算法分析

直接插入排序由两重循环构成，对于具有 n 个元素的顺序表 R，外循环表示要进行 $n-1$（i 的取值范围为 $1\sim n-1$）趟排序。在每一趟排序中，仅当待插入元素 $R[i]$ 的关键字小于无序区的尾元素关键字时（反序）才进入内循环，所以直接插入排序的时间性能与初始数据序列相关。

1）最好情况分析

若初始数据序列为正序，则在每趟 $R[i](1\leqslant i\leqslant n-1)$ 的排序中仅需进行一次关键字比较，由于比较结果正序，这样每趟排序均不进入内循环，故元素的移动次数为 0。由此可知，正序时直接插入排序中的关键字比较次数和元素移动次数均达到最小值 $C_{\min}$ 和 $M_{\min}$。

$$C_{\min}=\sum_{i=1}^{n-1}1=n-1=O(n),\quad M_{\min}=0$$

两者合起来为 $O(n)$，因此直接插入排序在最好情况下的时间复杂度为 $O(n)$。

2）最坏情况分析

若初始数据序列为反序，则在每趟 $R[i](1\leqslant i\leqslant n-1)$ 的排序中由于 tmp 均小于有序区 $R[0..i-1]$ 中的所有元素，需要 i 次比较（不计最后 $j\geqslant 0$ 的一次判断，这里仅仅考虑元素之间的关键字比较），同时有序区 $R[0..i-1]$ 中的每个元素后移一次，再加上前面 tmp=$R[i]$ 和 $R[j+1]$=tmp 的两次移动，需要 $i+2$ 次移动。由此可知，反序时直接插入排序的关键字比较次数和元素移动次数均达到最大值 $C_{\max}$ 和 $M_{\max}$。

$$C_{\max}=\sum_{i=1}^{n-1}i=\frac{n(n-1)}{2}=O(n^2),\quad M_{\max}=\sum_{i=1}^{n-1}(i+2)=\frac{(n-1)(n+4)}{2}=O(n^2)$$

两者合起来为 $O(n^2)$，因此直接插入排序在最坏情况下的时间复杂度为 $O(n^2)$。

3）平均情况分析

在每趟 $R[i](1\leqslant i\leqslant n-1)$ 的排序中，平均情况是将 $R[i](1\leqslant i\leqslant n-1)$ 插入有序区 $R[0..i-1]$ 的中间位置，这样平均比较次数为 $i/2$，平均移动次数为 $i/2+2$，对应的 C_{avg} 和 M_{avg} 如下：

$$C_{\text{avg}}=\sum_{i=1}^{n-1}\left(\frac{i}{2}\right)=\frac{n(n-1)}{4}=O(n^2),\quad M_{\text{avg}}=\sum_{i=1}^{n-1}\left(\frac{i}{2}+2\right)=O(n^2)$$

两者合起来为 $O(n^2)$，因此直接插入排序在平均情况下的时间复杂度为 $O(n^2)$。由于其平均时间性能接近最坏性能，所以它是一种低效的排序方法。

在直接插入排序算法中只使用 i、j 和 tmp 共 3 个辅助变量，与问题规模 n 无关，故算法的空间复杂度为 $O(1)$，也就是说它是一个就地排序算法。另外，对于任意两个满足 $i<j$ 且 $R[j]$.key=$R[i]$.key 的元素，本算法都是将 $R[j]$ 插入 $R[i]$ 的后面，也就是说 $R[i]$ 和 $R[j]$ 的相对位置保持不变，所以直接插入排序是一种稳定的排序方法。

【例 10.1】 设待排序表中有 10 个元素，其关键字序列为(9,8,7,6,5,4,3,2,1,0)，说明采用直接插入排序方法进行排序的过程。

解：其排序过程如图 10.4 所示。图中用方括号表示当前的有序区，每趟向有序区中插入一个元素（用粗体表示），并保持有序区中的元素仍有序。

视频讲解

10.2.2 折半插入排序

1. 排序思路

直接插入排序的每趟将元素 $R[i](1\leqslant i\leqslant n-1)$ 插入有序区 $R[0..i-1]$ 中，可以采用折半查找方法先在 $R[0..i-1]$ 中找到插入位置，再通过移动元素进行插入，这样的插入排序称为**折半插入排序**或**二分插入排序**。

初始关键字	[9]	8	7	6	5	4	3	2	1	0
i=1的结果：	**[8**	9]	7	6	5	4	3	2	1	0
i=2的结果：	**[7**	8	9]	6	5	4	3	2	1	0
i=3的结果：	**[6**	7	8	9]	5	4	3	2	1	0
i=4的结果：	**[5**	6	7	8	9]	4	3	2	1	0
i=5的结果：	**[4**	5	6	7	8	9]	3	2	1	0
i=6的结果：	**[3**	4	5	6	7	8	9]	2	1	0
i=7的结果：	**[2**	3	4	5	6	7	8	9]	1	0
i=8的结果：	**[1**	2	3	4	5	6	7	8	9]	0
i=9的结果：	**[0**	1	2	3	4	5	6	7	8	9]

图 10.4 10 元素进行直接插入排序的过程

在 R[low..high](初始时 low=0,high=i−1)中采用折半查找方法找到插入 $R[i]$的位置(即插入点)为 high+1,再将 R[high+1..i−1]元素后移一个位置,并置 R[high+1]=$R[i]$,如图 10.5 所示。

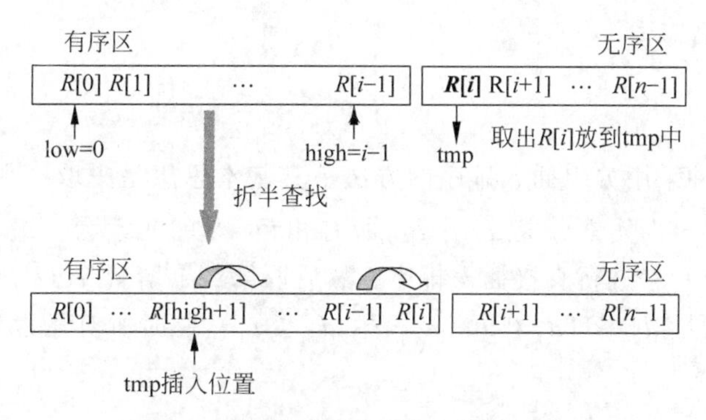

图 10.5 折半插入排序的一趟排序过程

说明：和直接插入排序一样,折半插入排序每趟产生的有序区也是局部有序区。

2. 排序算法

折半插入排序的算法如下：

```
public void BinInsertSort()                    //对 R[0..n−1]按递增有序进行折半插入排序
{  int low, high, mid;
   RecType tmp;
   for(int i=1;i<n;i++)
   {  if(R[i].key<R[i−1].key)                  //反序时
      {  tmp=R[i];                             //将 R[i]保存到 tmp 中
         low=0;high=i−1;
         while(low<=high)                      //在 R[low..high]中折半查找插入位置 high+1
         {  mid=(low+high)/2;                  //取中间位置
            if(tmp.key<R[mid].key)
               high=mid−1;                     //插入点在左区间
            else
               low=mid+1;                      //插入点在右区间
         }
         for(int j=i−1;j>=high+1;j−−)          //元素集中后移
            R[j+1]=R[j];
         R[high+1]=tmp;                        //插入原来的 R[i]
```

```
        }
    }
}
```

3. 算法分析

从上述算法中看到,在任何情况下排序中元素移动的次数与直接插入排序的相同,不同的仅是变分散移动为集中移动。这里仅分析平均情况,在 $R[0..i-1]$中查找插入 $R[i]$的位置,折半查找的平均关键字比较次数为 $\log_2(i+1)-1$,平均移动元素的次数为 $i/2+2$,所以算法的平均时间复杂度为 $\sum_{i=1}^{n-1}\left(\log_2(i+1)-1+\frac{i}{2}+2\right)=O(n^2)$。

从时间复杂度角度看,折半插入排序与直接插入排序相同,但由于采用折半查找,当元素个数较多时折半查找优于顺序查找,减少了关键字比较次数,所以折半插入排序也优于直接插入排序。同样,折半插入排序的空间复杂度为 $O(1)$,也是一种稳定的排序算法。

视频讲解

10.2.3 希尔排序

1. 排序思路

希尔排序是一种采用分组插入排序的方法。其基本思想是先取一个小于 n 的整数 d_1 作为第一个增量,将全部元素分成 d_1 个组,所有相距 d_1 的元素为一组,图 10.6 是分为 d 组的情况,再对各组元素进行直接插入排序。然后取第二个增量 $d_2(d_2<d_1)$,重复上述的分组和排序,直到增量 $d_t=1(d_t<d_{t-1}<\cdots<d_2<d_1)$,此时所有元素为一组再进行直接插入排序。

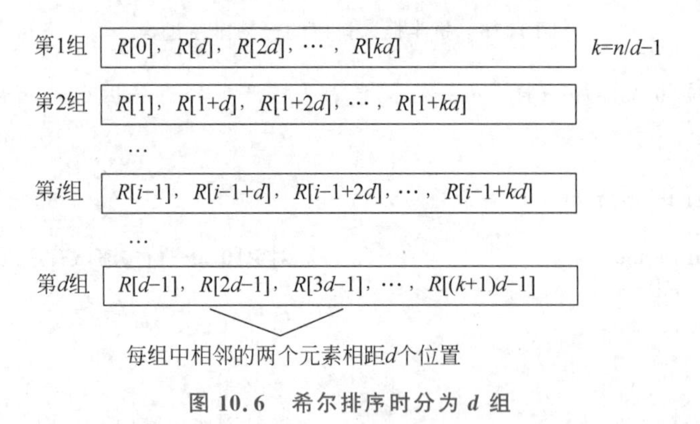

图 10.6 希尔排序时分为 d 组

每一趟进行直接插入排序的过程是从元素 $R[d]$开始直到元素 $R[n-1]$为止,每个元素都是和同组的元素比较,且插入该组的有序区中,如与元素 $R[i]$同组的前面的元素有 $\{R[j] \mid j=i-d\geqslant 0\}$。

说明:希尔排序每趟并不产生有序区,在最后一趟排序结束前所有元素并不一定归位了,但是希尔排序每趟完成后数据越来越接近有序。

2. 排序算法

取 $d_1=n/2,d_{i+1}=\lfloor d_i/2\rfloor$时的希尔排序算法如下:

```
public void ShellSort()                    //对 R[0..n-1]按递增有序进行希尔排序
```

```
{ RecType tmp;
  int d=n/2;                                  //增量置初值
  while(d>0)
  {  for(int i=d;i<n;i++)                     //对所有相隔 d 位置的元素组采用直接插入排序
     {  tmp=R[i];
        int j=i-d;
        while(j>=0 && tmp.key<R[j].key)
        {  R[j+d]=R[j];                       //对相隔 d 位置的元素组排序
           j=j-d;
        }
        R[j+d]=tmp;
     }
     d=d/2;                                   //递减增量
  }
}
```

3. 算法分析

希尔排序的性能分析比较复杂，因为它的执行时间是"增量"序列的函数，到目前为止增量的选取无一定论，但不管增量序列如何取，最后一个增量必须等于 1。如果按照上述算法的取法，即 $d_1=n/2,d_{i+1}=\lfloor d_i/2\rfloor(i\geqslant 1)$，也就是说后一个增量是前一个增量的 1/2，则经过 $t=\lceil \log_2 n\rceil-1$ 趟后 $d_t=1$，再经过最后一趟直接插入排序使整数序列变为有序的。希尔算法的时间复杂度难以分析，一般认为其平均时间复杂度为 $O(n^{1.58})$。希尔排序的速度通常要比直接插入排序快。

在希尔排序算法中只使用 i、j、d 和 tmp 共 4 个辅助变量，与问题规模 n 无关，故算法的空间复杂度为 $O(1)$，也就是说它是一个就地排序。

另外，希尔排序法是一种不稳定的排序算法，可以通过一个示例说明。假设 $n=10$，其中有两个为 8 的元素，第 1 趟 $d=5$ 排序后的结果是(3,5,10,8,7,2,8,1,20,6)，第 2 趟取 $d=2$，排序过程如图 10.7 所示，从中看出两个为 8 的元素的相对位置发生了改变。

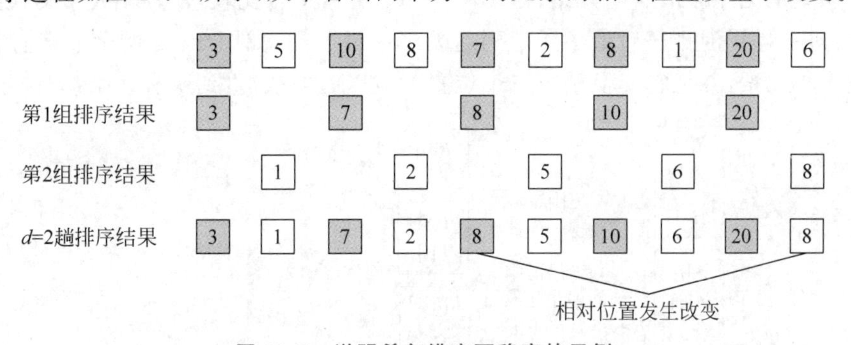

图 10.7　说明希尔排序不稳定的示例

【例 10.2】　设待排序的表中有 10 个元素，其关键字分别为 9、8、7、6、5、4、3、2、1、0，说明采用希尔排序方法进行排序的过程。

解：其排序过程如图 10.8 所示。第 1 趟排序时 $d=5$，整个表被分成 5 组，即(9,4)、(8,3)、(7,2)、(6,1)、(5,0)，各组采用直接插入排序方法排序，即结果分别为(4,9)、(3,8)、(2,7)、(1,6)、(0,5)，该趟的最终结果为(4,3,2,1,0,9,8,7,6,5)。

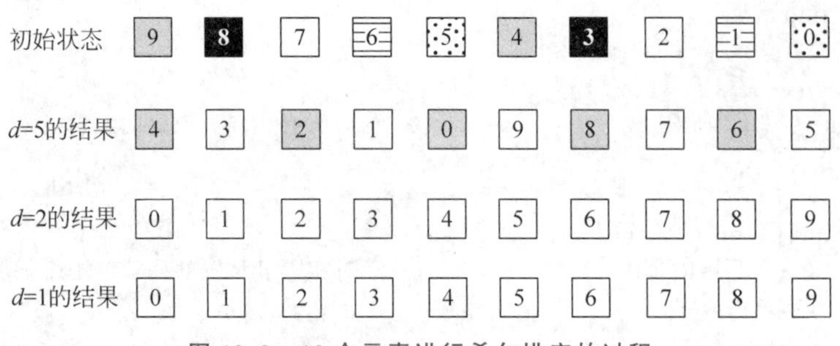

图 10.8　10 个元素进行希尔排序的过程

第 2 趟排序时 $d=2$,整个表分成两组,即(4,2,0,8,6)和(3,1,9,7,5),各组采用直接插入排序方法排序,即结果分别为(0,2,4,6,8)和(1,3,5,7,9),该趟的最终结果为(0,1,2,3,4,5,6,7,8,9)。

第 3 趟排序时 $d=1$,整个表为一组,采用直接插入方法排序,最终结果为(0,1,2,3,4,5,6,7,8,9)。

10.3　交换排序

交换排序的基本思想是两两比较待排序元素的关键字,当发现这两个元素反序时进行交换,直到没有反序的元素为止。本节介绍两种交换排序,即冒泡排序和快速排序。

视频讲解

10.3.1　冒泡排序

1. 排序思路

冒泡排序也称为气泡排序,它是一种典型的交换排序方法,其基本思想是通过无序区中相邻元素之间的比较和位置交换使最小(或者最大)元素如气泡一般逐渐往上"漂浮"直至"水面"。这里从无序区最后面开始,对每两个相邻元素进行比较,使较小元素交换到较大元素之上,经过一趟冒泡排序后最小元素到达无序区最前端,如图 10.9 所示。接着在剩下的元素中找次小元素,并把它交换到第二个位置上。以此类推,直到所有元素都有序为止。

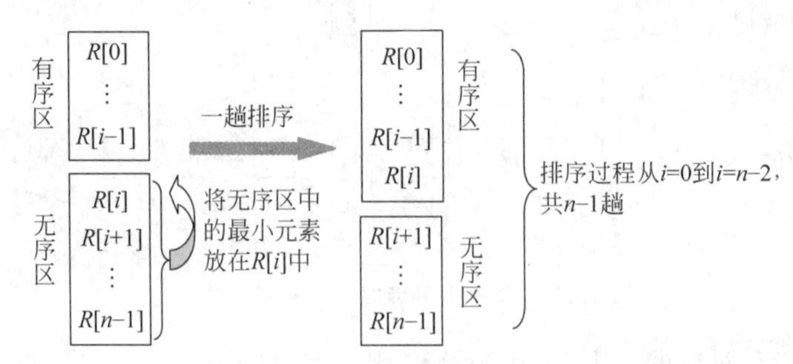

图 10.9　冒泡排序的过程

在冒泡排序算法中,若某一趟没有出现任何元素交换,说明所有元素已排好序了,就可以结束本算法。

说明:冒泡排序每趟产生的有序区一定是全局有序区,也就是说每趟产生的有序区中的所有元素都归位了。初始时将全局有序区看成空，所以 i 从 0 开始排序。

2. 排序算法

冒泡排序的算法如下：

```
public void BubbleSort()                        //对 R[0..n-1]按递增有序进行冒泡排序
{  boolean exchange=false;
   for(int i=0;i<n-1;i++)
   {  exchange=false;                           //本趟前将 exchange 置为 false
      for(int j=n-1;j>i;j--)                    //在一趟中找出最小关键字的元素
         if(R[j].key<R[j-1].key)                //反序时交换
         {  swap(j,j-1);                        //R[j]和 R[j-1]交换,将最小元素前移
            exchange=true;                      //本趟发生交换置 exchange 为 true
         }
      if(!exchange) return;                     //本趟没有发生交换,中途结束算法
   }
}
```

3. 算法分析

在冒泡排序中由 exchange 来控制算法是否提前结束，所以其时间性能与初始数据序列相关。

1）最好情况分析

若初始数据序列是正序的，第 1 趟后排序结束，所需的关键字比较和元素移动的次数均分别达到最小值 $C_{\min}$ 和 $M_{\min}$。

$$C_{\min}=\sum_{i=0}^{n-2}1=n-1=O(n),\quad M_{\min}=0$$

两者合起来为 $O(n)$，因此冒泡排序在最好情况下的时间复杂度为 $O(n)$。

2）最坏情况分析

若初始数据序列为反序，则需要进行 $n-1$ 趟排序，每趟排序要进行 $n-i-1(0\leqslant i\leqslant n-2)$ 次关键字的比较，$3(n-i-1)$ 次元素移动（一次交换为 3 次移动）。由此可知，反序时冒泡排序的关键字比较次数和元素移动次数均达到最大值 $C_{\max}$ 和 $M_{\max}$。

$$C_{\max}=\sum_{i=0}^{n-2}(n-i-1)=\frac{n(n-1)}{2}=O(n^2),$$

$$M_{\max}=\sum_{i=0}^{n-2}3(n-i-1)=\frac{3n(n-1)}{2}=O(n^2)$$

两者合起来为 $O(n^2)$，因此冒泡排序在最坏情况下的时间复杂度为 $O(n^2)$。

3）平均情况分析

平均情况分析稍微复杂一些，因为算法可能在中间的某一趟排序完成后就结束，但平均的排序趟数仍是 $O(n)$，每一趟的关键字比较次数和元素移动次数为 $O(n)$，所以平均时间复杂度为 $O(n^2)$。由于其平均时间性能接近最坏性能，所以它是一种低效的排序方法。另外，虽然冒泡排序不一定要做 $n-1$ 趟，但由于元素移动的次数较多，所以平均时间性能比直接插入排序要差。

在冒泡排序算法中只使用固定的几个辅助变量，与问题规模 n 无关，故算法的空间复

杂度为 $O(1)$,也就是说它是一个就地排序。

另外,对于任意两个满足 $i<j$ 且 $R[i]$.key$=R[j]$.key 的元素,两者没有逆序,不会发生交换,也就是说 $R[i]$和 $R[j]$的相对位置保持不变,所以冒泡排序是一种稳定的排序方法。

【例 10.3】 设待排序的表中有 10 个元素,其关键字分别为 9、8、7、6、5、4、3、2、1、0,说明采用冒泡排序方法进行排序的过程。

解:其排序过程如图 10.10 所示。每次从无序区中冒出一个最小关键字的元素(用粗体表示)并将其归位。

初始关键字	[]9	8	7	6	5	4	3	2	1	0
i=0的结果:	[**0**]	9	8	7	6	5	4	3	2	1
i=1的结果:	[0	**1**]	9	8	7	6	5	4	3	2
i=2的结果:	[0	1	**2**]	9	8	7	6	5	4	3
i=3的结果:	[0	1	2	**3**]	9	8	7	6	5	4
i=4的结果:	[0	1	2	3	**4**]	9	8	7	6	5
i=5的结果:	[0	1	2	3	4	**5**]	9	8	7	6
i=6的结果:	[0	1	2	3	4	5	**6**]	9	8	7
i=7的结果:	[0	1	2	3	4	5	6	**7**]	9	8
i=8的结果:	[0	1	2	3	4	5	6	7	**8**]	9

图 10.10 10 个元素进行冒泡排序的过程

10.3.2 快速排序

1. 排序思路

快速排序是由冒泡排序改进而得的,它的基本思想是在长度大于 1 的待排序表中取第一个元素作为基准,将基准归位(把基准放到最终位置上),同时将所有小于基准的元素放到基准的前面(构成左子表),所有大于基准的元素放到基准的后面(构成右子表),这个过程称为划分,如图 10.11 所示。然后对左、右子表分别重复上述过程,直到每个子表中只有一个元素或为空时为止。简而言之,一次划分使表中的基准归位,将表一分为二,对两个子表按递归方式继续这种划分,直到划分的子表的长为 1 或 0。

视频讲解

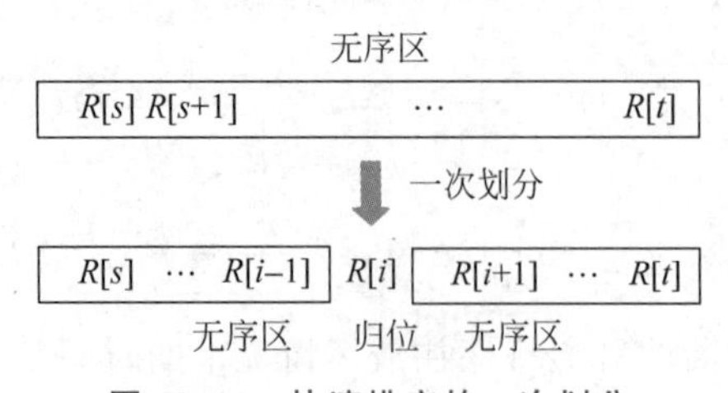

图 10.11 快速排序的一次划分

对无序区 $R[s..t]$快速排序的递归模型如下:

$f(R,s,t)\equiv$不做任何事情　　　　　　$R[s..t]$为空或者仅有一个元素

$f(R,s,t)\equiv$划分后基准位置为 i;　　　其他

　　　　$f(R,s,i-1)$; $f(R,i+1,t)$;

说明:快速排序的每趟仅将一个元素归位,在最后一趟排序结束前并不产生明确的有序区。

2. 排序算法

1）划分算法

这里是对长度大于 1 的无序区 $R[s..t]$以首元素为基准进行划分，提供 3 种算法。

算法 1：用 base 存放基准 $R[s]$，i（初值为 0）从前向后遍历 R，j（初值为 $n-1$）从后向前遍历 R。当 $i<j$ 时循环（即循环到 $i=j$ 为止），即 j 从后向前找一个小于 base 的元素 $R[j]$，i 从前向后找一个大于 base 的元素 $R[i]$，当 $i<j$ 时将 $R[i]$和 $R[j]$交换（小于 base 的元素前移，大于 base 的元素后移）。当循环结束后再将基准 $R[s]$和 $R[i]$交换（基准放在最终位置上）。对应的算法如下：

```
public int Partition1(int s,int t)          //划分算法 1
{ RecType base=R[s];                         //以表首元素为基准
  int i=s, j=t;
  while(i<j)                                 //从表两端交替向中间遍历
  {  while(i<j && R[j].key>=base.key)
        j--;                                 //从后向前遍历,找一个小于基准的 R[j]
     while(i<j && R[i].key<=base.key)
        i++;                                 //从前向后遍历,找一个大于基准的 R[i]
     if(i<j)
        swap(i,j);                           //将 R[i]和 R[j]进行交换
  }
  swap(s,i);                                 //将基准 R[s]和 R[i]进行交换
  return i;
}
```

例如，$R[0..4]=(3,5,1,2,4)$，Partition1 算法的划分过程如图 10.12 所示。

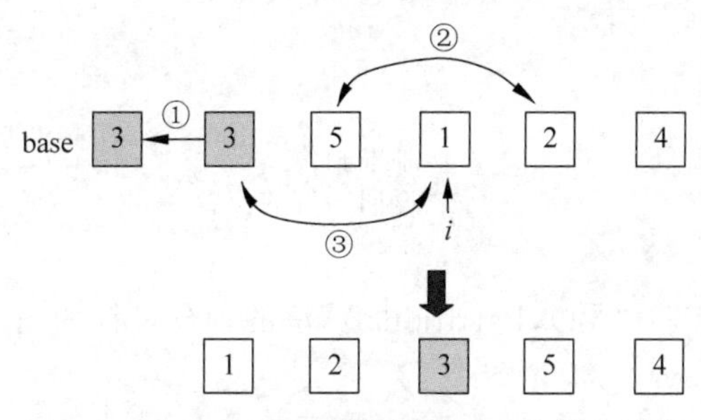

图 10.12 (3,5,1,2,4)采用算法 1 的划分过程

上述算法中存在重复的关键字比较，例如，j 指向 2 同时 i 指向 5 时，二者交换后进入下一轮循环，又将 j 指向元素(5)与 base(3)比较，执行 $j--$ 让 j 指向元素 1，将 i 指向元素(2)与 base(3)比较，执行 $i++$ 让 i 指向元素 1。消除重复比较后的优化算法如下：

```
public int Partition1_1(int s,int t)        //划分算法 1 的优化算法
{  int base=R[s].key;                        //以表首元素为基准,base 存放基准关键字
   int i=s,j=t+1;
   while(true)                               //从表两端交替向中间遍历,直至 i=j 为止
   {  while(R[++i].key<base)                 //从前向后遍历,找一个大于或等于基准的 R[i]
         if(i==t) break;
      while(R[--j].key>=base)                //从后向前遍历,找一个小于基准的 R[j]
         if(j==s) break;
      if(i>=j) break;
```

```
            swap(i,j);                    //将R[i]和R[j]进行交换
        }
        swap(s,j);                        //将基准R[s]和R[j]进行交换
        return j;                         //R[s..j-1]≤R[j]≤R[j+1..t]
    }
```

算法 2：Partition1 中对逆序元素进行交换使其放在适合的位置上，一次交换需要 3 次移动，由于元素的交换可能出现多次，可以改进以减少移动次数。同样，先用 base 存放基准 $R[s]$（此时 $R[s]$位置可以视为空），i、j 变量的功能和初值同 Partition1 中。当 $i<j$ 时循环，即 j 从后向前找一个小于 base 的元素 $R[j]$，将 $R[j]$前移覆盖 $R[i]$（此时 $R[j]$位置可以视为空），i 从前向后找一个大于 base 的元素 $R[i]$，将 $R[i]$后移覆盖 $R[j]$（此时 $R[i]$位置可以视为空）。循环结束后置 $R[i]=$base。对应的算法如下：

```
private int Partition2(int s,int t)       //划分算法 2
{   int i=s,j=t;
    RecType base=R[s];                    //以表首元素为基准
    while(i!=j)                           //从表两端交替向中间遍历,直到 i=j 为止
    {   while(j>i && R[j].key>=base.key)
            j--;                          //从后向前遍历,找一个小于基准的 R[j]
        if(j>i)
        {   R[i]=R[j];                    //R[j]前移覆盖 R[i]
            i++;
        }
        while(i<j && R[i].key<=base.key)
            i++;                          //从前向后遍历,找一个大于基准的 R[i]
        if(i<j)
        {   R[j]=R[i];                    //R[i]后移覆盖 R[j]
            j--;
        }
    }
    R[i]=base;                            //基准归位
    return i;                             //返回归位的位置
}
```

例如，$R[0..4]=(3,5,1,2,4)$，Partition2 算法的划分过程如图 10.13 所示。

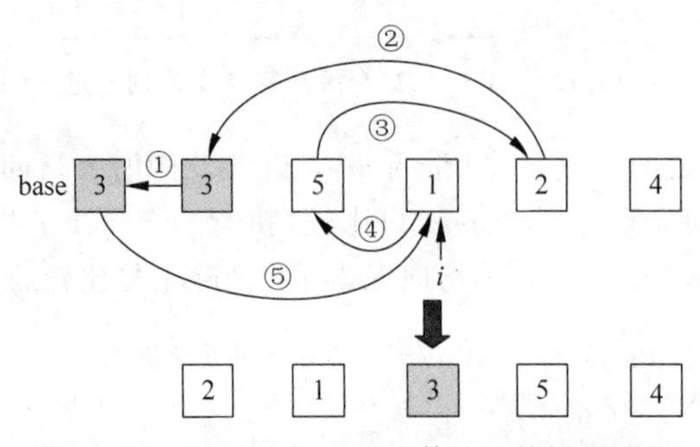

图 10.13 (3,5,1,2,4)采用算法 2 的划分过程

算法 3：采用第 2 章中例 2.4 的解法 3 的区间划分法实现划分算法，先用 base 存放基准 $R[s]$，将 R 划分为两个区间，前一个区间用 $R[s..i]$存放小于等于基准 base 的元素，初始时该区间含 $R[s]$，即 $i=s$。然后用 j 从 $s+1$ 开始遍历所有元素（满足 $j\leqslant t$），后一个区间

$R[i+1..j-1]$存放大于 base 的元素(初始时 $j=s+1$ 表示该区间也为空):

(1) 若 $R[j]$. key≤base. key,采用交换方法,先执行 $i++$ 扩大前一个区间,再将 $R[j]$交换到 $R[i]$(即将小于等于 base 的元素放在前一个区间),最后执行 $j++$ 继续遍历其余元素。

(2) 否则 $R[j]$就是要放到后一个区间的元素,不交换,执行 $j++$ 继续遍历其余元素。

当 j 遍历完所有元素时,$R[s..i]$便是原来 R 中所有小于等于 base 的元素,再将基准 $R[s]$与 $R[i]$交换,这样基准 $R[i]$就归位了(即 $R[s..i-1]$的元素均小于等于 $R[i]$,而 $R[i+1..t]$的元素均大于 $R[i]$)。对应的算法如下:

```
public int Partition3(int s, int t)          //划分算法 3
{ int i=s, j=s+1;
  RecType base=R[s];                         //以表首元素为基准
  while(j<=t)                                //j 从 s+1 开始遍历其他元素
  {  if(R[j].key<=base.key)                  //找到小于等于基准的元素 R[j]
     {  i++;                                 //扩大小于等于 base 的元素区间
        if(i!=j)
           swap(i, j);                       //将 R[i]与 R[j]交换
     }
     j++;                                    //继续扫描
  }
  swap(s, i);                                //将基准 R[s]和 R[i]进行交换
  return i;
}
```

在上述 3 个划分算法中 Partition2 是快速排序最常用的划分算法,默认情况下均指该算法。一般认为 n 个元素进行一趟划分时关键字比较次数为 $n-1$,元素移动次数同数量级,所以一趟划分的时间复杂度为 $O(n)$。

2) 快速排序算法

视频讲解

快速排序算法如下:

```
public void QuickSort()                      //对 R[0..n-1]的元素按递增进行快速排序
{
  QuickSort1(0, n-1);
}
private void QuickSort1(int s, int t)        //对 R[s..t]的元素进行快速排序
{ if(s<t)                                    //表中至少存在两个元素的情况
  {  int i=Partition*(s, t);                 //可以使用前面 3 种划分算法中的任意一种
     QuickSort1(s, i-1);                     //对左子表递归排序
     QuickSort1(i+1, t);                     //对右子表递归排序
  }
}
```

说明:在快速排序中每次划分得到两个子表,由于这两个子表的排序相对基准是独立的,上述算法总是先对左子表排序(先序遍历过程),实际上也可以先对右子表排序。也就是说可以将上述递归过程中的栈用队列替代。

【例 10.4】 设待排序的表中有 10 个元素,其关键字分别为 6、8、7、9、0、1、3、2、4、5,说明采用快速排序方法进行排序的过程。

解:其排序过程如图 10.14 所示。第 1 次划分以 6 为关键字将整个区间分为(5,4,2,3,0,1)和(9,7,8)两个子表,并将元素 6 归位,两个子表以此类推。

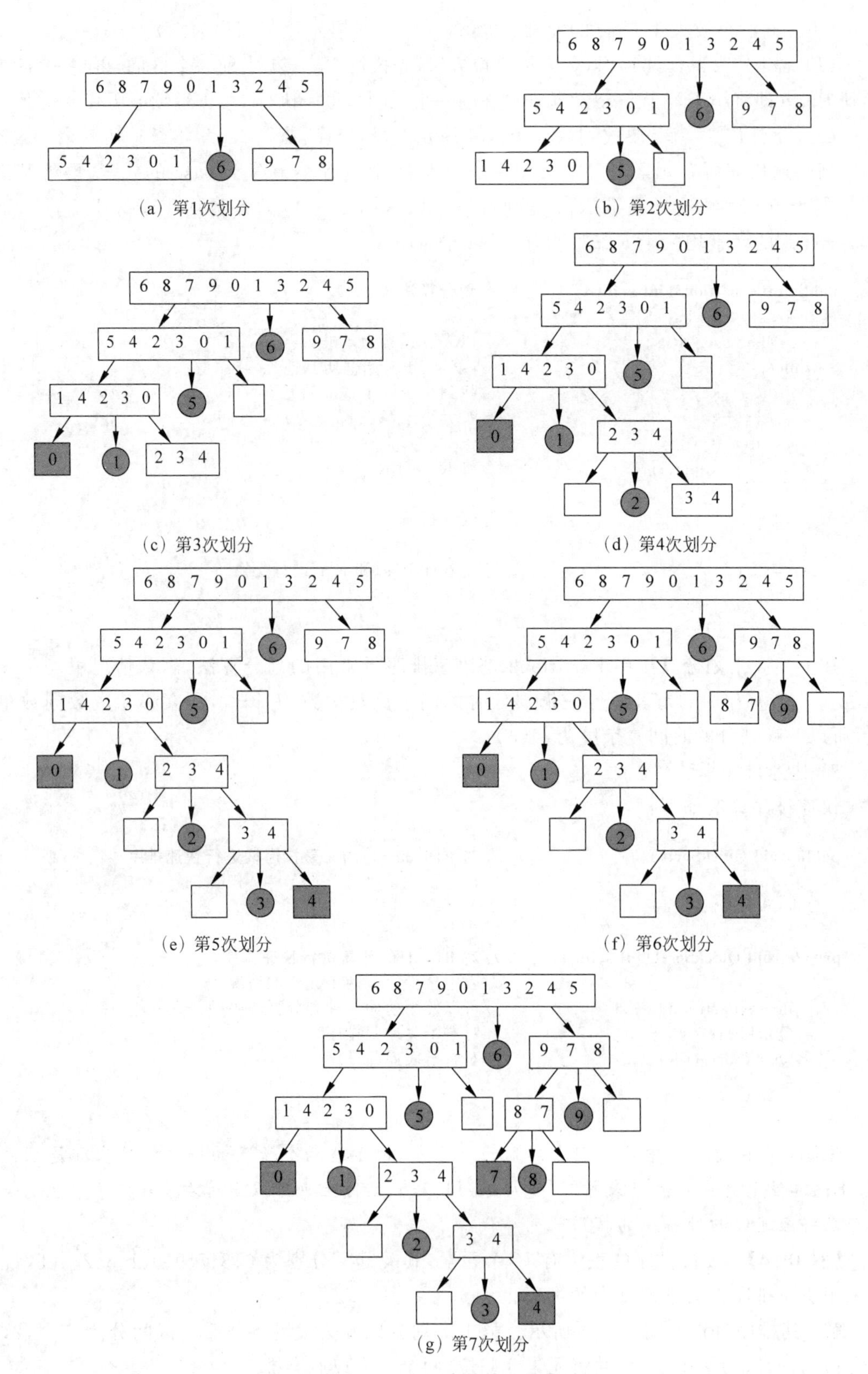

(a) 第1次划分　(b) 第2次划分　(c) 第3次划分　(d) 第4次划分　(e) 第5次划分　(f) 第6次划分　(g) 第7次划分

图 10.14　10 个元素的快速排序过程

快速排序过程构成一棵树结构，称为快速排序递归树。每个叶子结点要么是归位元素，要么是长度为 0 或者 1 的子表。递归调用的次数为分支结点的个数，图 10.14(g)所示递归树的分支结点为 7 个，对应的递归调用次数为 7，其高度为 6。

不同于前面介绍的几种排序方法，在快速排序过程中没有十分清晰的排序趟。有一种观点是将递归树中的每一层看成一趟排序，图 10.15 所示为例 10.4 各趟的排序结果。

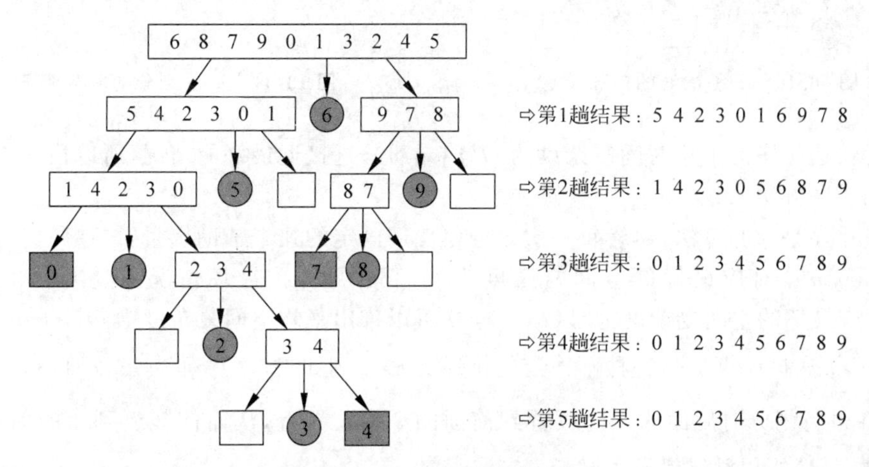

图 10.15　10 个元素的快速排序

3. 算法分析

快速排序的时间主要耗费在划分上。在快速排序递归树中，每一层无论进行几次划分，参加划分的元素个数最多为 n，这样每一层的时间可以看成 $O(n)$。所以整个排序的时间取决于递归树的高度，不同的排序序列对应的递归树的高度可能不同，故快速排序的时间性能与初始数据序列相关。

1）最好情况分析

如果初始数据序列随机分布，使得每次划分恰好分为两个长度相同的子表，此时递归树的高度最小、性能最好。例如 $R=(4,7,5,6,3,1,2)$，快速排序过程如图 10.16 所示，树的高度为 2。一般地，最好情况下递归树的高度为 $\lceil\log_2(n+1)\rceil$，每一层的时间为 $O(n)$，此时排序的时间复杂度为 $O(n\log_2 n)$。

2）最坏情况分析

如果初始数据序列为正序或者反序，使得每次划分的两个子表中一个为空、一个长度为 $n-1$，此时递归树的高度最高、性能最差。例如 $R=(1,2,3,4,5,6,7)$ 或者 $R=(7,6,5,4,3,2,1)$，对应的递归树的高度为 7，每层一个结点。一般地，最坏情况下递归树的高度为 $O(n)$，每一层的时间为 $O(n)$，此时排序的时间复杂度为 $O(n^2)$。

3）平均情况分析

考虑平均情况，在快速排序中一趟划分将无序区一分为二，所有可能性如图 10.17 所示，前、后子表元素个数的情况有 $(0,n-1)$、$(1,n-2)$、……、$(n-1,0)$，共 n 种情况，则：

$$
\begin{aligned}
T_{\text{avg}}(n) &= O(n)+\frac{1}{n}\sum_{k=1}^{n}(T_{\text{avg}}(k-1)+T_{\text{avg}}(n-k)) \\
&= cn+\frac{1}{n}\sum_{k=1}^{n}(T_{\text{avg}}(k-1)+T_{\text{avg}}(n-k))=\cdots=O(n\log_2 n)
\end{aligned}
$$

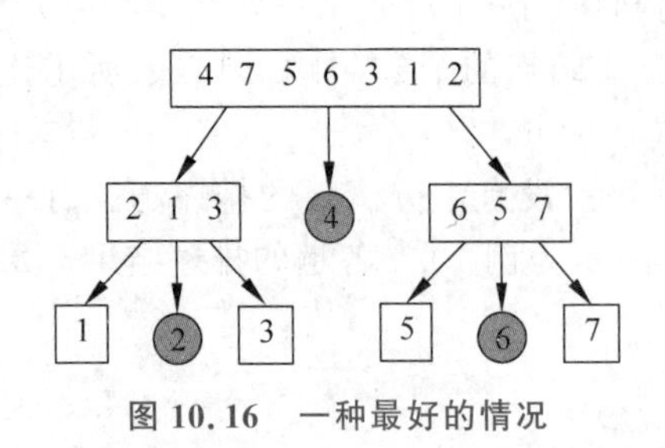

图 10.16 一种最好的情况

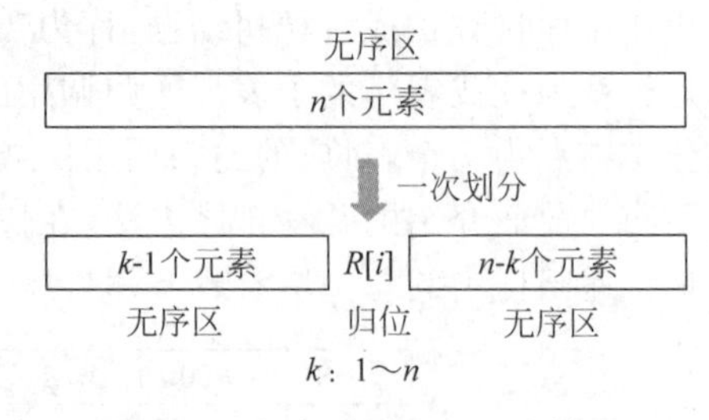

图 10.17 一次划分的所有情况

因此快速排序的平均时间复杂度为 $O(n\log_2 n)$，这接近最好的情况，所以快速排序是一种高效的排序方法。

快速排序是递归算法，尽管每一次划分仅使用固定的几个辅助变量，但递归树的高度最好为 $O(\log_2 n)$，对应最好的空间复杂度为 $O(\log_2 n)$。在最坏情况下递归树的高度为 $O(n)$，对应最坏的空间复杂度为 $O(n)$。同样可以推出平均空间复杂度为 $O(\log_2 n)$。

另外，快速排序算法是一种不稳定的排序方法。例如，排序序列为(5,2,4,8,7,$\boxed{4}$)，基准为 5，在进行划分时后面的$\boxed{4}$会放置到前面的 2 的位置上，从而使其放到 4 的前面，两个相同关键字(4)的相对位置发生改变。

【例 10.5】 设计一个以排序序列中间位置的元素为基准的快速排序算法。

解：对于排序序列 $R[s..t]$，当其中元素的个数大于 1 时，其中间位置 mid=$(s+t)/2$，将首元素 $R[s]$与 $R[\text{mid}]$交换，再采用以首元素为基准的一般快速排序方法。对应的算法如下：

```
private void QuickSort2(int s, int t)
{ if (s<t)                                //表中至少存在两个元素的情况
  {  int mid=(s+t)/2;
     swap(s, mid);                        //R[s]与 R[mid]交换
     int i=Partition * (s, t);            //可以使用前面 3 种划分算法中的任意一种
     QuickSort2(s, i-1);                  //对左子表递归排序
     QuickSort2(i+1, t);                  //对右子表递归排序
  }
}
```

当然也可以以排序序列中的任意一个元素为基准(从排序序列中随机选择一个元素作为基准)，相当于初始数据序列随机分布的情况，从而提高快速排序的效率。

10.4 选择排序

选择排序的基本思想是将排序序列分为有序区和无序区，每一趟排序从无序区中选出最小的元素放在有序区的最后，从而扩大有序区，直到全部元素有序为止。本节介绍两种选择排序方法，即简单选择排序(或称直接选择排序)和堆排序。

视频讲解

10.4.1 简单选择排序

1. 排序思路

从一个无序区中选出最小的元素，最简单的方法是逐个进行元素的比较，例如从无序区

$R[i..n-1]$中选出最小元素 $R[\text{minj}]$，对应的代码如下：

```
int minj=i;                              //minj 先置为区间中的首元素序号
for(int j=i+1;j<n;j++)                   //从 R[i..n-1]中选最小元素 R[minj]
  if(R[j].key<R[minj].key)               //与区间中的其他元素比较
      minj=j;
```

上述方法称为简单选择，若无序区中有 k 个元素，元素的比较次数固定为 $k-1$，对应的时间复杂度为 $O(k)$。

简单选择排序的基本思想是在第 i 趟排序开始前当前有序区和无序区分别为 $R[0..i-1]$ 和 $R[i..n-1]$($0\leqslant i<n-1$)，其中的有序区为全局有序的。采用简单选择方法在 $R[i..n-1]$ 中选出最小元素 $R[\text{minj}]$，将其与 $R[i]$(无序区的首位置)交换，这样有序区变为 $R[0..i]$，如图 10.18 所示。在进行 $n-1$ 趟排序之后有序区为 $R[0..n-2]$，无序区中只有一个元素，它一定是最大的，无须再排序。也就是说，经过 $n-1$ 趟排序之后整个表 $R[0..n-1]$递增有序。

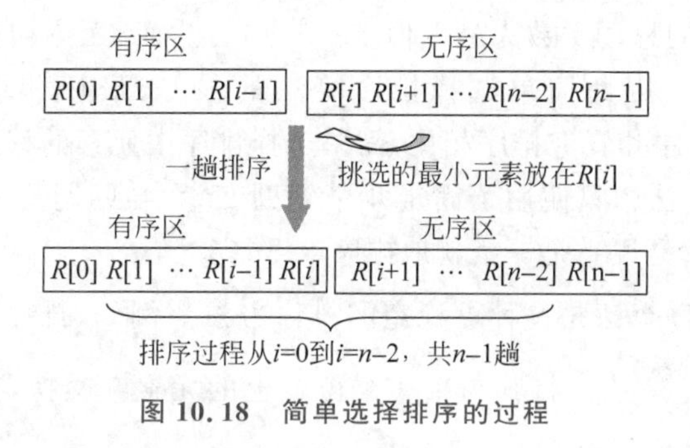

图 10.18　简单选择排序的过程

说明：简单选择排序中每趟产生的有序区一定是全局有序区。初始时全局有序区为空，所以第 1 趟时 i 从 0 开始排序。

2. 排序算法

简单选择排序的算法如下：

```
public void SelectSort()                 //对 R[0..n-1]元素进行简单选择排序
{ for(int i=0;i<n-1;i++)                 //做第 i 趟排序
  { int minj=i;
    for(int j=i+1;j<n;j++)               //在无序区 R[i..n-1]中选最小元素 R[minj]
      if(R[j].key<R[minj].key)
        minj=j;
    if(minj!=i)                          //R[minj]不是无序区的首元素
      swap(i,minj);                      //交换 R[i]和 R[minj]
  }
}
```

【例 10.6】　设待排序的表中有 10 个元素，其关键字分别为 6、8、7、9、0、1、3、2、4、5，说明采用简单选择排序方法进行排序的过程。

解：其排序过程如图 10.19 所示，每趟选择出一个元素(用粗体表示)。

3. 算法分析

显然，无论初始数据序列的状态如何，在第 i 趟排序中选出最小元素，内 for 循环需做

初始关键字	[]6 8 7 9 0 1 3 2 4 5
i=0的结果:	[**0**] 8 7 9 6 1 3 2 4 5
i=1的结果:	[0 **1**] 7 9 6 8 3 2 4 5
i=2的结果:	[0 1 **2**] 9 6 8 3 7 4 5
i=3的结果:	[0 1 2 **3**] 6 8 9 7 4 5
i=4的结果:	[0 1 2 3 **4**] 8 9 7 6 5
i=5的结果:	[0 1 2 3 4 **5**] 9 7 6 8
i=6的结果:	[0 1 2 3 4 5 **6**] 7 9 8
i=7的结果:	[0 1 2 3 4 5 6 **7**] 9 8
i=8的结果:	[0 1 2 3 4 5 6 7 **8**] 9

图 10.19　10 个元素进行简单选择排序的过程

$n-1-(i+1)+1=n-i-1$ 次比较,因此总的比较次数为:

$$C(n)=\sum_{i=0}^{n-2}(n-i-1)=\frac{n(n-1)}{2}=O(n^2)$$

至于元素的移动次数,当初始数据序列为正序时移动次数为 0,为反序时每趟排序均要执行交换操作,此时总的移动次数为最大值 $3(n-1)$。然而,无论初始数据序列如何分布,所需的比较次数相同。因此简单选择排序算法的最好、最坏和平均时间复杂度均为 $O(n^2)$。与直接插入排序和冒泡排序相比,简单选择排序中元素的移动次数是较少的。

在简单选择排序算法中只使用了固定几个辅助变量,与问题规模 n 无关,故算法的空间复杂度为 $O(1)$,也就是说它是一个就地排序。

另外,简单选择排序算法是一种不稳定的排序方法。例如,排序序列为(5,$\boxed{5}$,1),第 1 趟排序时选择出最小关键字 1,将其与第一个位置上的元素 5 交换,得到(1,$\boxed{5}$,5),从中看到两个 5 的相对位置发生了改变。

视频讲解

10.4.2　堆排序

1. 排序思路

堆排序是简单选择排序的改进,利用二叉树替代简单选择方法来找最大或者最小元素,属于一种树形选择排序方法。那么如何利用二叉树来找最大元素呢?假设排序序列为 $R[1..n]$,将其看成是一棵完全二叉树的顺序存储结构(为了与二叉树的顺序存储结构一致,堆排序的数据序列的下标从 1 开始),利用完全二叉树中双亲结点和孩子结点之间的内在关系,将其调整为堆,再在堆中选择关键字最大的元素。

堆的定义是 n 个关键字序列 k_1、k_2、……、k_n 称为堆,当且仅当该序列满足如下性质(简称为堆性质)时:

(1) $k_i \leqslant k_{2i}$ 且 $k_i \leqslant k_{2i+1}$　或　(2) $k_i \geqslant k_{2i}$ 且 $k_i \geqslant k_{2i+1}$ $(1 \leqslant i \leqslant \lfloor n/2 \rfloor)$

满足第(1)种情况的堆称为**小根堆**,满足第(2)种情况的堆称为**大根堆**。显然小根堆中根结点是最小的,大根堆中根结点是最大的。下面讨论的堆默认为大根堆。

在堆排序中一趟排序的过程如图 10.20 所示。这里的有序区为全局有序区,由于有序区在后面,所以有序区中的所有元素均大于无序区中的所有元素,将无序区建立一个大根堆,其根结点是无序区中的最大元素,将其交换到无序区的末尾,从而扩大了有序区。

说明: 堆排序中每趟产生的有序区一定是全局有序区,也就是说每趟产生的有序区中

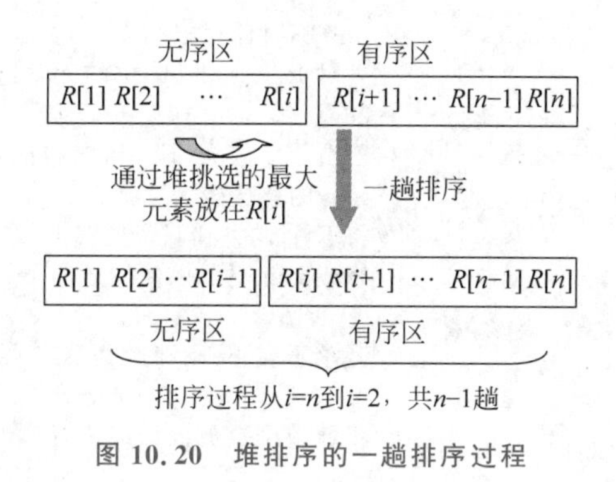

图 10.20　堆排序的一趟排序过程

的所有元素都归位了。

2. 排序算法

1）筛选算法

堆排序的核心是筛选过程，其用于将这样的完全二叉树调整为大根堆：该完全二叉树的左、右子树都是大根堆，但加上根结点后不再是大根堆(称为筛选条件)。

假设 R[low..high]为完全二叉树，其根结点为 R[low]，最后一个叶子结点为 R[high]，满足上述筛选条件，如图 10.21 所示。

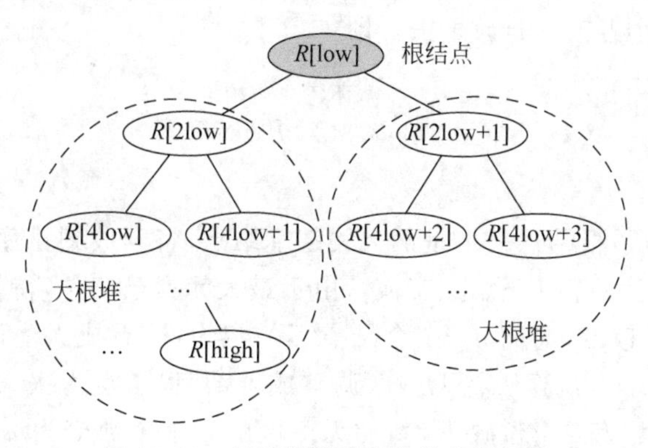

图 10.21　用筛选算法建堆的前提条件

筛选为大根堆的过程是先将 i 指向根结点 R[low]，取出根结点保存到 tmp(tmp＝$R[i]$)中，j 指向它的左孩子($j=2i$)，在 $j \leqslant$ high 时循环：

(1) 若 $R[i]$的右孩子($R[j+1]$)较大，让 j 指向其右孩子(j++)，这样 j 指向 $R[i]$的最大孩子。

(2) 若最大孩子 $R[j]$比双亲 $R[i]$大，将较大的孩子 $R[j]$移到双亲 $R[i]$中(实际上是 $R[j]$和 $R[i]$交换，这里采用类似快速排序划分中的方法)，这样可能破坏以 $R[j]$为子树的堆性质，于是继续筛选 $R[j]$的子树。

(3) 若最大孩子 $R[j]$比双亲 $R[i]$小，即 $R[i]$大于它的所有孩子，说明已经满足堆性质，退出循环。

最后置 $R[i]$＝tmp，将原根结点放入最终位置。对应的筛选算法如下：

```
private void sift(int low,int high)          //对 R[low..high]进行筛选
{ int i=low,j=2 * i;                         //R[j]是 R[i]的左孩子
```

```
    RecType tmp=R[i];                    //tmp 临时保存根结点
    while(j<=high)                       //只对 R[low..high]中的元素进行筛选
    {   if(j<high && R[j].key<R[j+1].key)
            j++;                         //若右孩子较大,把 j 指向右孩子
        if(tmp.key<R[j].key)             //tmp 的孩子较大
        {   R[i]=R[j];                   //将 R[j]调整到双亲位置上
            i=j; j=2*i;                  //修改 i 和 j 值,以便继续向下筛选
        }
        else break;                      //若孩子较小,则筛选结束
    }
    R[i]=tmp;                            //将原根结点放入最终位置
}
```

实际上上述自顶向下的筛选过程就是从根结点 $R[\text{low}]$开始向下依次查找较大的孩子结点,构成一个序列($R[\text{low}]$,$R[i_1]$,$R[i_2]$,…),其中除了 $R[\text{low}]$外其他元素的子序列恰好是递减的,采用类似直接插入排序的思路使其成为一个递减序列(因为大根堆中从根到每个叶子结点的路径均构成一个递减序列)。

2) 建立初始堆

对于一棵完全二叉树,在按层序编号后所有分支结点的编号为 $1\sim\lfloor n/2\rfloor$,其中编号为$\lfloor n/2\rfloor$的结点是最后一个分支结点,按从 $i=\lfloor n/2\rfloor$到 1 的顺序调用上述筛选算法 sift(i,n)建堆,让大者"上浮",小者被"筛选"下去。即:

```
for(int i=n/2; i>=1;i--)               //循环建立初始堆
  sift(i,n);                           //对 R[i..n]进行筛选
```

3) 堆排序算法

在初始堆构造好后,根结点一定是最大关键字结点,将其放到排序序列的最后,也就是将堆中的根结点与最后一个叶子结点交换。由于最大元素已归位,待排序的元素个数减少一个,但由于根结点的改变,前面 $n-1$ 个结点不一定为堆(看成无序区),而其左子树和右子树均为堆,调用一次 sift()算法将无序区调整成堆,其根结点为次大的元素,通过交换将它放到排序序列的倒数第二个位置上,新的无序区的元素个数变为 $n-2$ 个,再调整,再将根结点归位,以此类推,直到完全二叉树中只剩一个结点为止,该结点一定是最小结点。对应的堆排序算法如下:

```
public void HeapSort()                 //对 R[1..n]按递增进行堆排序
{  for(int i=n/2; i>=1;i--)            //循环建立初始堆
       sift(i,n);                      //对 R[i..n]进行筛选
   for(int i=n;i>=2;i--)               //进行 n-1 趟排序,每一趟排序中的元素个数减 1
   {   swap(1,i);                      //将区间中的最后一个元素与 R[1]交换
       sift(1,i-1);                    //从 R[1]继续筛选,得到 i-1 个结点的堆
   }
}
```

【例 10.7】 设待排序的表中有 10 个元素,其关键字序列为(6,8,7,9,0,1,3,2,4,5),说明采用堆排序方法进行排序的过程。

解:该排序序列对应的完全二叉树如图 10.22(a)所示,$n=10$,最后一个分支结点的编号 $i=5$,对应结点 0,以结点 0 为子树筛选的结果如图 10.22(b)所示(图中阴影部分为筛选

路径)，取 $i=4$，对应结点9，以结点9为子树筛选的结果如图10.22(c)所示，以此类推，建立的初始堆如图10.22(f)所示，对应的序列 R 为(9,8,7,6,5,1,3,2,4,0)。

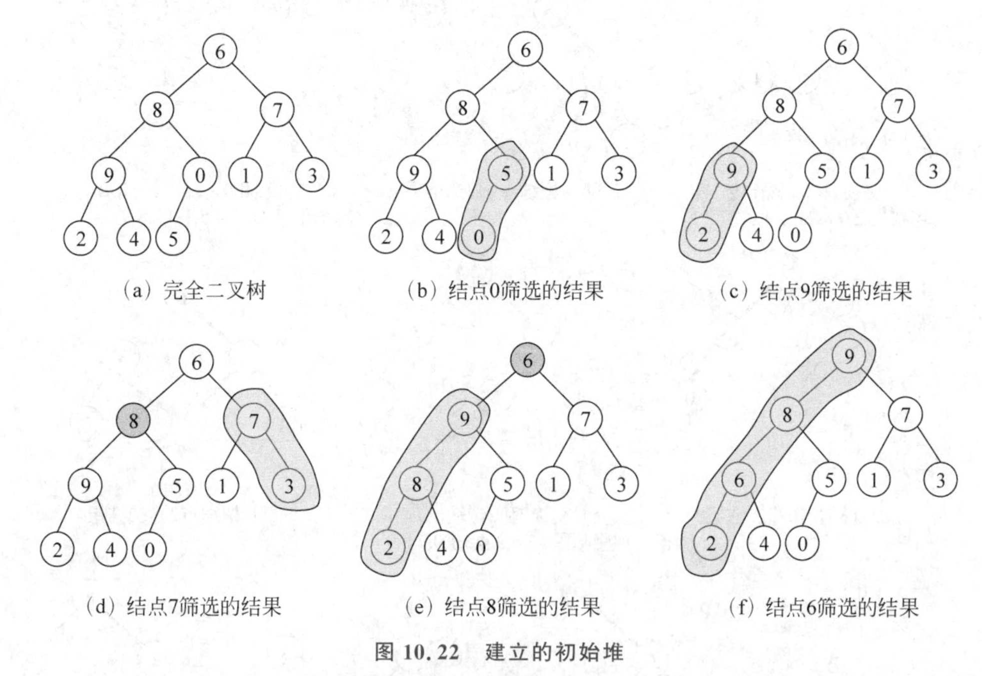

图10.22 建立的初始堆

在初始堆中根结点9是最大结点，将其和堆中的最后一个结点0交换，输出9，从而归位元素9，得到第1趟的排序序列为(0,8,7,6,5,1,3,2,4,**9**)，无序区中减少一个结点，再筛选(图中粗线部分为筛选路径)，产生次大元素8，再归位8，以此类推，直到堆中只有一个结点，其过程如图10.23所示(图中序列的粗体部分是有序区)，最后得到的排序序列为(0,1,2,3,4,5,6,7,8,9)。

3. 算法分析

堆排序的时间主要由建立初始堆和反复重建堆这两部分的时间构成，它们均是通过调用sift()实现的，首先分析在最坏情况下sift()的执行时间。若待调整区间是 R[low..high]，则该算法中的while循环每执行一次，low的值至少增加一倍，即第一次循环之后low至少增至2low，第 k 次循环之后它至少为 2^k low。不妨设第 k 次循环之后循环终止，即 $2^{k-1}\text{low}\leqslant\text{high}\leqslant 2^k\text{low}$，由此可解得 $k\approx\log_2\left(\frac{\text{high}}{\text{low}}\right)$。$k$ 实际上是以 R[low]为根的子树的高度，显然for循环最多执行 $\log_2\left(\frac{\text{high}}{\text{low}}\right)$ 次，这是因为从根开始的调整不一定沿着最长的路径直至树叶。每次循环有两次元素比较和一次元素的移动，故sift()所需的元素比较和移动的总次数最多是 $2\log_2\left(\frac{\text{high}}{\text{low}}\right)$ 和 $\log_2\left(\frac{\text{high}}{\text{low}}\right)$。

设 $m=\lfloor n/2\rfloor$，建初始堆需调用sift()一共 m 次，被调整区间的上界high$=n$，下界low的取值范围是从 m 到1，故总的比较次数 $C_1(n)$ 约为：

$$C_1(n)=2\sum_{i=1}^{m}\log_2\left(\frac{n}{i}\right)=2(m\log_2 n-\log_2 m!)\leqslant 4n$$

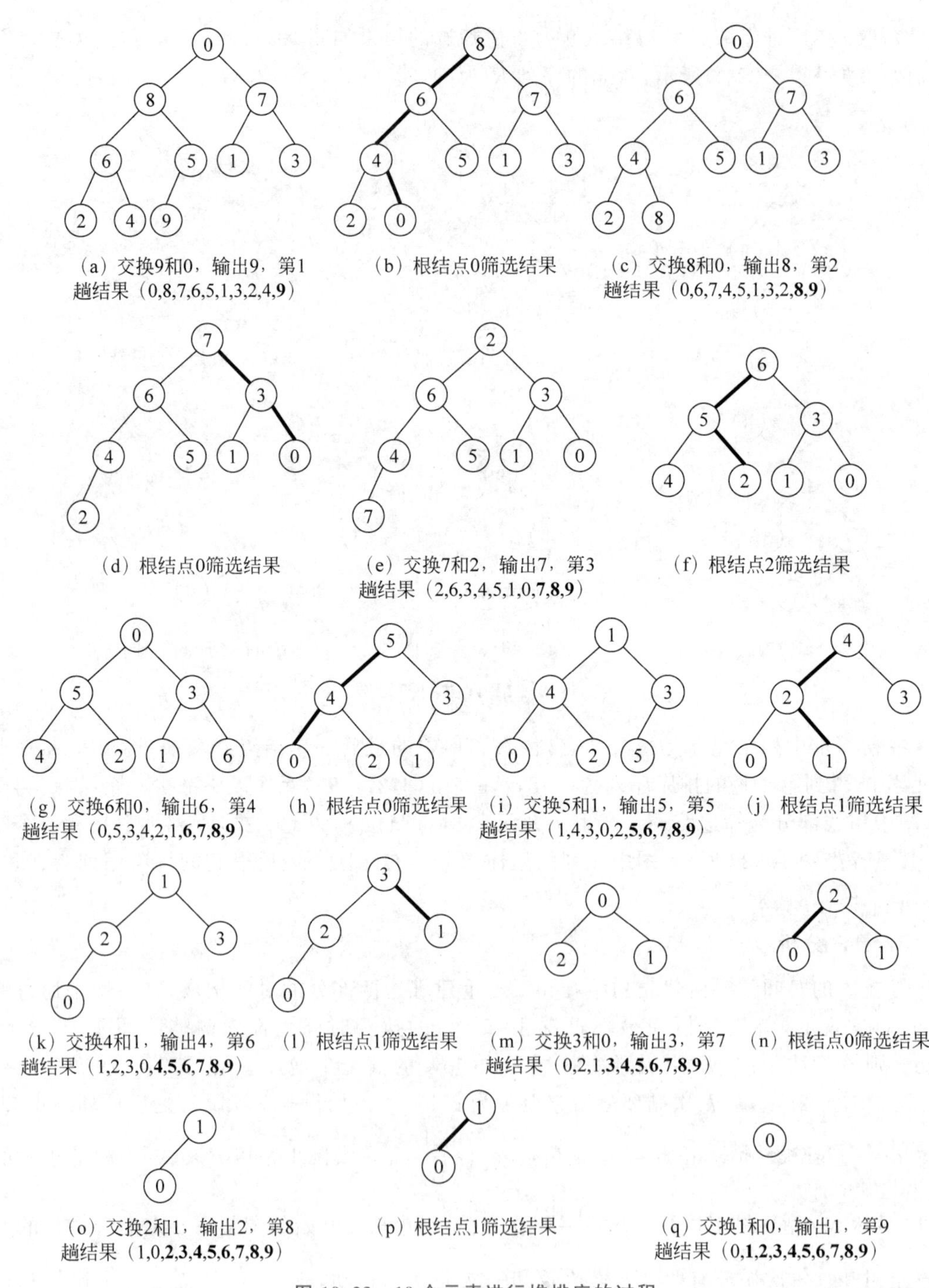

(a) 交换9和0，输出9，第1趟结果（0,8,7,6,5,1,3,2,4,**9**）
(b) 根结点0筛选结果
(c) 交换8和0，输出8，第2趟结果（0,6,7,4,5,1,3,2,**8**,**9**）
(d) 根结点0筛选结果
(e) 交换7和2，输出7，第3趟结果（2,6,3,4,5,1,0,**7**,**8**,**9**）
(f) 根结点2筛选结果
(g) 交换6和0，输出6，第4趟结果（0,5,3,4,2,1,**6**,**7**,**8**,**9**）
(h) 根结点0筛选结果
(i) 交换5和1，输出5，第5趟结果（1,4,3,0,2,**5**,**6**,**7**,**8**,**9**）
(j) 根结点1筛选结果
(k) 交换4和1，输出4，第6趟结果（1,2,3,0,**4**,**5**,**6**,**7**,**8**,**9**）
(l) 根结点1筛选结果
(m) 交换3和0，输出3，第7趟结果（0,2,1,**3**,**4**,**5**,**6**,**7**,**8**,**9**）
(n) 根结点0筛选结果
(o) 交换2和1，输出2，第8趟结果（1,0,**2**,**3**,**4**,**5**,**6**,**7**,**8**,**9**）
(p) 根结点1筛选结果
(q) 交换1和0，输出1，第9趟结果（0,**1**,**2**,**3**,**4**,**5**,**6**,**7**,**8**,**9**）

图 10.23　10 个元素进行堆排序的过程

也就是说，建立初始堆总共进行的元素比较次数不超过 $4n$。类似地可求出 HeapSort()中对 sift()的 $n-1$ 次调用所需的比较总次数 $C_2(n)$。因为被调整区间的下界 low=1，上界 high 的取值范围是从 n 到 2，所以有：

$$C_2(n)=2\sum_{i=2}^{n}\log_2 i=2\log_2 n!\ \approx 2n\log_2 n-3n$$

则 $C_1(n)+C_2(n) \leqslant 2n\log_2 n+n$ 是堆排序所需的元素比较的总次数，类似地可求出堆排序所需的元素移动的总次数为 $n\log_2 n+O(n)$。

综上所述，堆排序的最坏情况下的时间复杂度为 $O(n\log_2 n)$。可以推出其最好情况下的时间复杂度和平均时间复杂度也是 $O(n\log_2 n)$。由于建初始堆所需的比较次数较多，所以堆排序不适合于元素数较少的数据序列的排序。

堆排序只使用了固定几个辅助变量，其算法的空间复杂度为 $O(1)$。另外，在进行筛选时可能把后面相同关键字的元素调整到前面，所以堆排序算法是一种不稳定的排序方法。

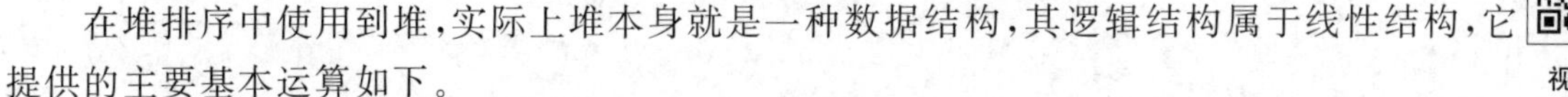

10.4.3　堆数据结构

在堆排序中使用到堆，实际上堆本身就是一种数据结构，其逻辑结构属于线性结构，它提供的主要基本运算如下。

(1) void push(E e)：向堆中插入元素 e。

(2) E pop()：删除一个元素并且返回该元素。这里的删除运算仅仅删除非空堆的堆顶元素。

(3) boolean empty()：判断堆是否为空。

现在实现上述定义的堆。为了简单，假设元素类型为 RecType，即用 $R[1..n]$ 存放堆中的 n 个元素(空堆时 $n=0$)，并且为大根堆。

1. 插入运算算法的设计

若 $R[1..n]$ 是一个堆，插入元素 e 的过程是先将元素 e 添加到 R 的末尾，即执行 $n++$，$R[n]=e$，然后在从该结点向根结点方向的路径上调整，若与双亲逆序(即该结点大于双亲结点)，两者交换，直到根结点为止。

例如，图 10.24(a)所示为一个大根堆，插入元素 10 的过程如图 10.24(b)～图 10.24(d)所示，恰好经过了从根结点到插入结点的一条路径，时间复杂度为 $O(\log_2 n)$。

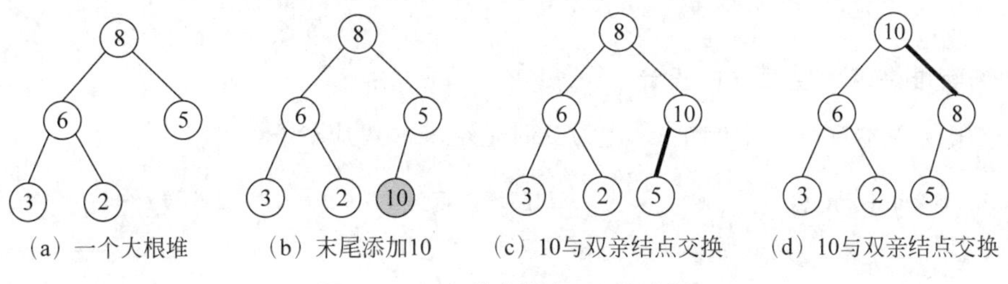

图 10.24　向堆中插入 10 的过程

对应的插入算法如下：

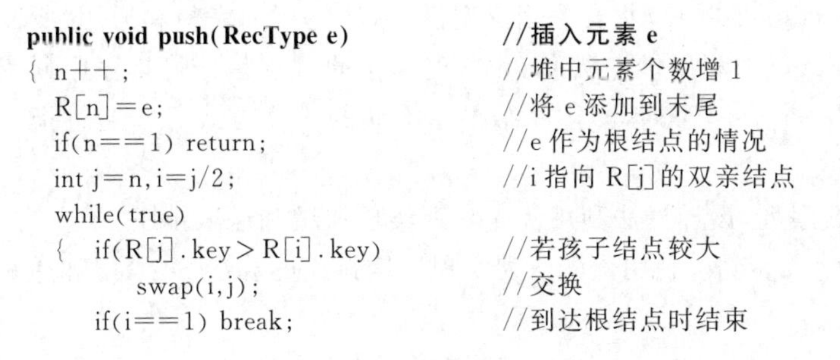

```
public void push(RecType e)              //插入元素 e
{ n++;                                   //堆中元素个数增 1
  R[n]=e;                                //将 e 添加到末尾
  if(n==1) return;                       //e 作为根结点的情况
  int j=n,i=j/2;                         //i 指向 R[j]的双亲结点
  while(true)
  { if(R[j].key>R[i].key)                //若孩子结点较大
        swap(i,j);                       //交换
    if(i==1) break;                      //到达根结点时结束
```

```
        j=i; i=j/2;                          //继续向上调整
    }
}
```

2. 删除运算算法的设计

在堆中只能删除非空堆的堆顶元素,即最大元素。删除运算的过程是先用 e 存放堆顶元素,用堆中的末尾元素覆盖堆顶元素,执行 $n--$ 减少元素个数,采用堆排序中的筛选算法调整为一个堆,最后返回 e。

例如,图 10.25(a)所示为一个大根堆,删除一个元素的过程如图 10.25(b)和图 10.25(c)所示,主要操作是筛选,时间复杂度为 $O(\log_2 n)$。

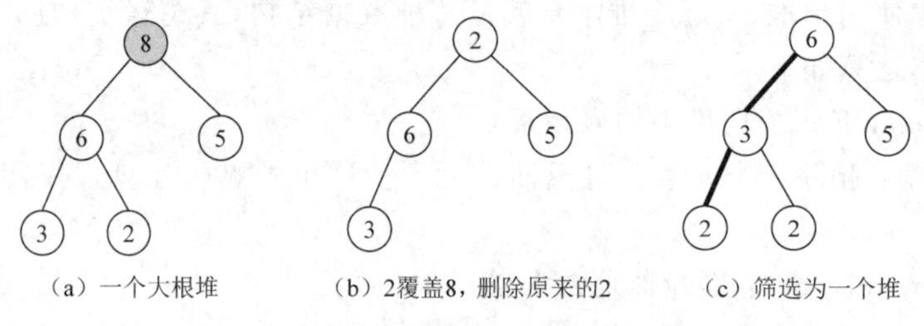

(a) 一个大根堆
(b) 2覆盖8,删除原来的2
(c) 筛选为一个堆

图 10.25　堆的一次删除过程

对应的删除算法如下:

```
public RecType pop()                     //删除堆顶元素
{ if(n==0) return null;
  RecType e=R[1];                        //取出堆顶元素
  R[1]=R[n];                             //用尾元素覆盖 R[1]
  n--;                                   //元素个数减少 1
  sift(1,n);                             //筛选为一个堆
  return e;
}
```

3. 判断堆是否为空算法的设计

这里用 n 表示堆中元素的个数,n 为 0 时是空堆。对应的算法如下:

```
public boolean empty()                   //判断堆是否为空
{
  return n==0;
}
```

在第 3 章中介绍的优先队列集合 PriorityQueue <E>就是一个堆结构,上面介绍的是它的实现原理。由于 PriorityQueue <E>集合采用泛型设计,功能更加完整和通用,所以在实际应用中可以用它替代堆。例如利用优先队列 qu 实现排序的过程是先将排序序列依次进队到 qu,再依次出队得到一个有序序列,即排序结果。不同的排序方式可以通过指定建立优先队列的比较器来实现。

【例 10.8】 有一个整数序列,设计算法利用优先队列实现递增和递减排序。

解: 整数序列用整数数组 a 存放,利用优先队列实现递增排序的算法 Sort1()和递减排序的算法 Sort2()如下。

```
static void Sort1(int[] a)                    //将 a 递增排序
{  PriorityQueue<Integer> qu=new PriorityQueue<>();
   for(int i=0;i<a.length;i++)
      qu.offer(a[i]);
   for(int i=0;i<a.length;i++)
      a[i]=qu.poll();
}
static void Sort2(int[] a)                    //将 a 递减排序
{  PriorityQueue<Integer> qu
   = new PriorityQueue<Integer>(new Comparator<Integer>()
   {  public int compare(Integer o1,Integer o2)
      {    return o2-o1;   }
   });
   for(int i=0;i<a.length;i++)
      qu.offer(a[i]);
   for(int i=0;i<a.length;i++)
      a[i]=qu.poll();
}
```

10.5 归并排序

归并排序的原理是多次将两个或两个以上的相邻有序表合并成一个新的有序表。根据归并的路数,归并排序分为二路、三路和多路归并排序。本节主要讨论二路归并排序,二路归并排序又分为自底向上和自顶向下两种方法。

10.5.1 自底向上的二路归并排序

1. 排序思路

二路归并是将两个有序子表合并成一个有序表(与第 2 章中 2.2.3 节的有序顺序表二路归并算法的思路相同),二路归并排序是利用二路归并实现的,其基本思路是先将 $R[0..n-1]$ 看成是 n 个长度为 1 的有序子表,然后进行两两相邻有序子表的归并,得到$\lceil n/2 \rceil$个长度为 2(最后一个有序序列的长度可能为 1)的有序子表,再进行两两相邻有序子表的归并,得到$\lceil n/4 \rceil$个长度为 4(最后一个有序子表的长度可能小于 4)的有序子表,以此类推,直到得到一个长度为 n 的有序表为止,如图 10.26 所示,其中{}内表示一个有序表或者子表。

视频讲解

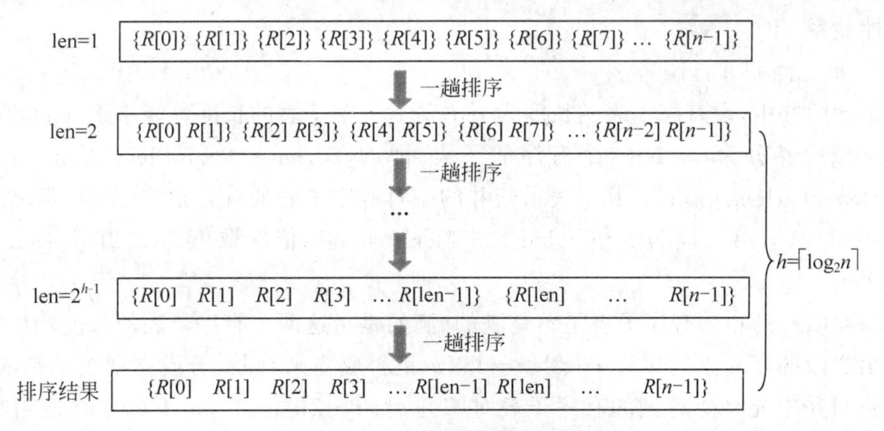

图 10.26 二路归并排序的过程

说明:二路归并排序中每趟产生一个或者多个局部有序区。整个归并过程构成一棵树,称为归并树。

2. 排序算法

1) 二路归并算法

在第2章介绍过两个有序表的二路归并算法,这里采用相同的思路,只是两个有序子表存放在同一数组中相邻的位置上,即 R[low..mid]和 R[mid+1..high],归并后得到 R[low..high]的有序表,称 R[low..mid]为第1段,R[mid+1..high]为第2段。二路归并的过程是先将它们有序合并到一个局部数组 $R1$ 中,待合并完成后再将 $R1$ 复制回 R 中。对应的算法如下:

```
private void Merge(int low, int mid, int high)      //R[low..mid]和R[mid+1..high]归并为R[low..high]
{ RecType[] R1=new RecType[high-low+1];
  int i=low, j=mid+1, k=0;                        //k是R1的下标,i、j分别为第1、2段的下标
  while(i<=mid && j<=high)                        //在第1段和第2段均未扫描完时循环
     if(R[i].key<=R[j].key)                       //将第1段中的元素放入R1中
     {  R1[k]=R[i];
        i++; k++;
     }
     else                                         //将第2段中的元素放入R1中
     {  R1[k]=R[j];
        j++; k++;
     }
  while(i<=mid)                                   //将第1段余下的部分复制到R1
  {  R1[k]=R[i];
     i++; k++;
  }
  while(j<=high)                                  //将第2段余下的部分复制到R1
  {  R1[k]=R[j];
     j++; k++;
  }
  for(k=0,i=low;i<=high;k++,i++)                  //将R1复制回R中
     R[i]=R1[k];
}
```

上述算法的时间复杂度和空间复杂度均为 O(high-low+1),即和参与归并的元素个数呈线性关系。

2) 一趟二路归并排序

在某趟归并中,设有序子表的长度为len(最后一个子表的长度可能小于len),则归并前 $R[0..n-1]$中共分为$\lceil n/\text{len} \rceil$个有序的子表,即 R[0..len-1]、R[len..2len-1]、……、$R[(\lceil n/\text{len} \rceil)\times \text{len}..n-1]$。用 i 表示归并的一对有序子表的首元素的序号(其中第1段为 $R[i..i+\text{len}-1]$,第2段为 $R[i+\text{len}..i+2\text{len}-1]$),$i$ 依次取值为0、2len、4len、……即 $i=i+2\text{len}$。

一对要归并的相邻有序子表是不是满的(满的是指这两个有序子表的长度均为len),可以通过第2段的尾元素的序号 $i+2\text{len}-1<n$ 是否成立来判断,若成立则表示是满的。在一趟二路归并中先将所有满的有序子表对归并,当 $i+2\text{len}-1<n$ 不成立时说明从序号 i

开始的剩余元素个数少于 2len，再看是否剩余两个有序子表，即第 1 段的尾元素的序号 $i+\text{len}-1<n-1$（或者 $i+\text{len}<n$）是否成立，若成立则说明剩余两个有序子表，其中第 1 段为 $R[i..i+\text{len}-1]$，第 2 段为 $R[i+\text{len}..n-1]$（其长度至少是 1），若不成立，说明仅剩余一个有序子表（第 2 段为空），该趟不参与归并。

对应的算法如下：

```
private void MergePass(int len)                    //一趟二路归并排序
{ int i;
  for(i=0;i+2 * len-1 < n;i=i+2 * len)              //归并 len 长的两个相邻子表
     Merge(i,i+len-1,i+2 * len-1);
  if(i+len < n)                                     //余下两个子表,后者的长度小于 len
     Merge(i,i+len-1,n-1);                          //归并这两个子表
}
```

其中，一趟二路归并排序使用的辅助空间正好为整个表的长度 n。

3）二路归并排序

在二路归并排序中，len 从 1 开始调用 MergePass()，以后每趟 len 倍增，直到 len 大于等于 n 为止，这样得到一个长度为 n 的有序表。对应的二路归并排序算法如下：

```
public void MergeSort1()                           //对 R[0..n-1]按递增进行二路归并算法
{ for(int len=1;len < n;len=2 * len)                //进行 log2n(取上界)趟归并
     MergePass(len);
}
```

上述算法从 n 个长度为 1 的有序段（底）开始，一趟一趟排序得到一个有序序列（顶），所以称之为自底向上的二路归并排序方法。

【例 10.9】 设排序序列中有 11 个元素，其关键字分别为 18、2、20、34、12、32、6、16、8、15、10，说明采用自底向上两路归并排序方法进行排序的过程。

解：$n=11$，总趟数$=\lceil \log_2 11 \rceil=4$，其排序过程如图 10.27 所示，整个归并过程构成一棵归并树。

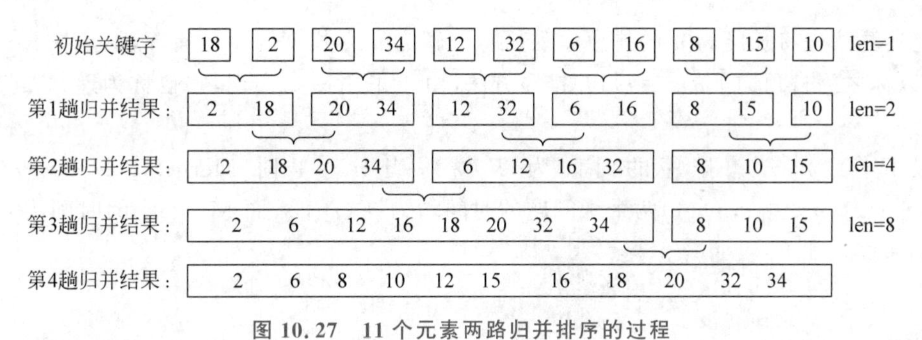

图 10.27　11 个元素两路归并排序的过程

3. 算法分析

在两路归并排序中，长度为 n 的排序表需做$\lceil \log_2 n \rceil$趟，对应的归并树的高度为$\lceil \log_2 n \rceil+1$，每趟的归并时间为 $O(n)$，故其时间复杂度在最好、最坏和平均情况下都是 $O(n\log_2 n)$。

在归并排序过程中每次调用 Merge()都需要使用局部数组 $R1$，但执行完后其空间被释放，且最后一趟排序一定是全部的 n 个元素参与归并，所以总的辅助空间复杂度为 $O(n)$。

Merge()算法不会改变相同关键字元素的相对次序,所以二路归并排序是一种稳定的排序方法。

如果采用三路归并,归并树的高度为$\lceil \log_3 n \rceil$,同样一次三路归并的时间为$O(n)$,所以三路归并排序的时间复杂度为$O(n\log_3 n)$。而$n\log_3 n = n\log_2 n/\log_2 3$,即$O(n\log_3 n) = O(n\log_2 n)$,也就是说三路归并排序与二路归并排序的时间复杂度相同。

10.5.2 自顶向下的二路归并排序

采用递归方法,假设排序区间是$R[s..t]$(为大问题),当其长度为0或者1时本身就是有序的,不做任何处理;否则取其中间位置m,采用相同方法对$R[s..m]$和$R[m+1..t]$排好序(分解为两个小问题),再调用前面的二路归并算法 Merge(s,m,t)得到整个有序表(合并)。对应的递归模型如下:

视频讲解

$f(R,s,t) \equiv$ 不做任何事情　　　　$R[s..t]$为空或者仅有一个元素

$f(R,s,t) \equiv m=(s+t)/2;$　　　　其他

　　$f(R,s,m);\ f(R,m+1,t);$

　　Merge(s,m,t);

对应的算法如下:

```
public void MergeSort2()                      //对 R[0..n-1]按递增进行二路归并算法
{
   MergeSort21(0,n-1);
}
private void MergeSort21(int s,int t)         //被 MergeSort2()调用
{  if(s>=t) return;                           //R[s..t]的长度为0或者1时返回
   int m=(s+t)/2;                             //取中间位置m
   MergeSort21(s,m);                          //对前子表排序
   MergeSort21(m+1,t);                        //对后子表排序
   Merge(s,m,t);                              //将两个有序子表合并成一个有序表
}
```

上述算法先将长度为n的排序序列(顶)分解为n个长度为1的有序段(底),再进行合并,所以称之为自顶向下的二路归并排序方法,由于采用递归实现,它也称为递归二路归并排序方法。

设$R[0..n-1]$排序的时间为$T(n)$,当$n>1$时 MergeSort21($0,n/2$)和 MergeSort21($n/2+1,n-1$)两个子问题的时间均为$T(n/2)$,而 Merge()的时间为$O(n)$。对应的递推式如下:

$T(n)=1$　　　　$n=1$

$T(n)=2T(n/2)+n$　　　　$n>1$

可以推出$T(n)=O(n\log_2 n)$。设$R[0..n-1]$排序的空间为$S(n)$,当$n>1$时两个子问题的空间均为$S(n/2)$,而 Merge()的空间为$O(n)$。MergeSort21($0,n/2$)求解完后栈空间释放,被 MergeSort21($n/2+1,n-1$)重复使用,对应的递推式如下:

$S(n)=1$　　　　$n=1$

$S(n)=S(n/2)+n$　　　　$n>1$

可以推出 $S(n)=O(n)$。也就是说，自顶向下的二路归并排序方法和自底向上的二路归并排序方法的性能相同，但自顶向下的二路归并排序算法的设计更简单。

【例 10.10】 设排序序列中有 5 个元素，其关键字分别为 3、5、1、2、4，说明采用自顶向下的二路归并排序方法进行排序的过程。

解：其排序过程如图 10.28 所示，图中的"(x)"表示第 x 步，所以步骤分为分解和合并两种类型。

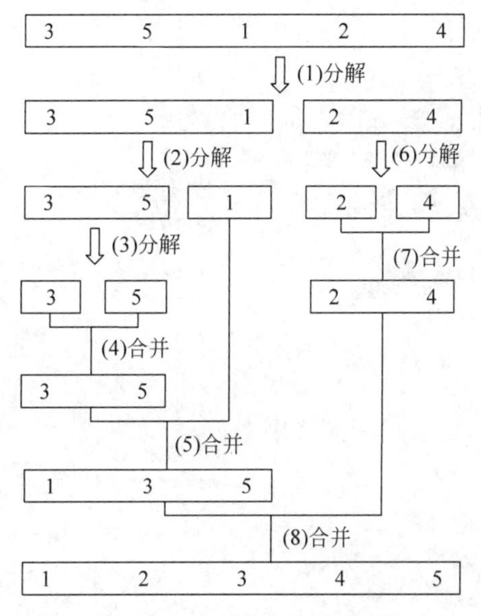

图 10.28　5 个元素两路归并排序的过程

【例 10.11】 求解 POJ1804——参谋问题，时间限制为 1000ms，空间限制为 30 000KB。

问题描述：给定有 n 个整数的序列，请移动整数以便最后对序列进行排序，允许的唯一操作是交换(swap)两个相邻的整数。例如：

```
初始序列:2 8 0 3
swap(2 8) 8 2 0 3
swap(2 0) 8 0 2 3
swap(2 3) 8 0 3 2
swap(8 0) 0 8 3 2
swap(8 3) 0 3 8 2
swap(8 2) 0 3 2 8
swap(3 2) 0 2 3 8
swap(3 8) 0 2 8 3
swap(8 3) 0 2 3 8
```

因此序列 2 8 0 3 可以通过 9 次交换相邻整数得到有序序列，甚至可以通过 3 次交换相邻整数得到有序序列：

```
初始序列:2 8 0 3
swap(8 0) 2 0 8 3
swap(2 0) 0 2 8 3
swap(8 3) 0 2 3 8
```

该问题是对于给定的序列进行排序，求相邻整数的最小交换次数是多少？

输入格式：第一行为场景数量。对于每个场景，首先给出一行包含序列的长度 n($1 \leqslant n \leqslant 1000$)，然后是该序列的 n 个整数(每个整数的范围是[$-1\,000\,000, 1\,000\,000$])，此行中的所有整数均由单个空格分隔。

输出格式：每个场景的输出以"Scenario #i:"行开始，其中 i 是从 1 开始的场景编号，然后输出一行，包含对给定初始序列所需的相邻整数的最小交换数量，最后使用空行结束每个场景的输出。

输入样例：

```
4
4
2 8 0 3
10
0 1 2 3 4 5 6 7 8 9
6
-42 23 6 28 -100 65537
5
0 0 0 0 0
```

输出样例：

```
Scenario #1:
3

Scenario #2:
0

Scenario #3:
5

Scenario #4:
0
```

解：对于一个含 n 个整数的场景，用数组 a 存放其整数序列，将其排序所需要的相邻整数的最小交换次数就是 a 序列的逆序数。例如，对于整数序列(2,8,0,3)有逆序对(2,0)、(8,0)、(8,3)，则逆序数为 3。一般地，对于整数序列 $a=(a_0, a_1, \cdots, a_i, \cdots, a_j, \cdots, a_{n-1})$，逆序对是$(a_i, a_j)$，满足 $i<j$ 并且 $a_i>a_j$，逆序对个数称为 a 的逆序数。

如果将 a_i($0 \leqslant i < n-1$)和后面的每个元素逐个比较来求逆序数，对应的时间复杂度为 $O(n^2)$，会出现超时。这里采用递归二路归并排序方法求逆序数。

在 a[low..high]递归二路归并排序时，先对前、后两半(a[low..mid]和 a[mid+1..high])分别进行二路归并排序，再将这两半有序序列合并起来。在合并过程中(设 low$\leqslant i \leqslant$mid，mid+1$\leqslant j \leqslant$high)：

(1) $a[i] \leqslant a[j]$时，不产生逆序对。

(2) 当 $a[i] > a[j]$时，前半部分中 $a[i..\text{mid}]$都比 $a[j]$大，对应的逆序对个数为 mid$-i+1$，如图 10.29 所示。

在整个排序过程中累计逆序数即为该整数序列 a 的逆序数 ans，最后输出 ans 即可。对应的 AC 程序如下：

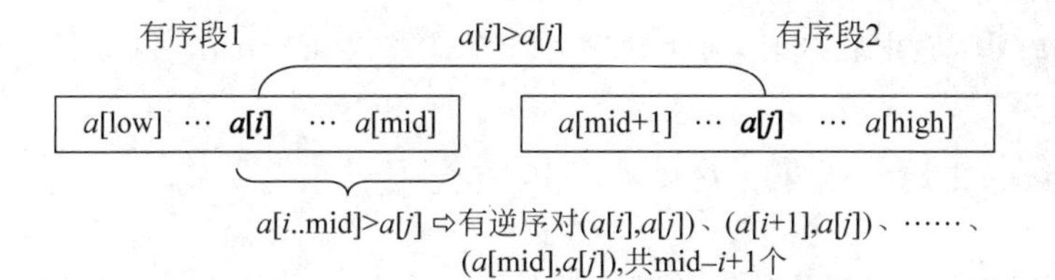

图 10.29 两个有序段在归并中求逆序数

```
import java.util.*;
public class Exam10_11
{ static int MAXN=1005;
  static int ans;                                   //存放逆序数
  static int[] a=new int[MAXN];                     //存放整数序列
  static void Merge(int low,int mid,int high)       //两个相邻有序段归并
  {  int i=low;
     int j=mid+1;
     int k=0;
     int[] b=new int[high-low+1];                   //开辟临时空间
     while(i<=mid && j<=high)                       //二路归并:a[low..mid]、a[mid+1..high]=>b
     {  if(a[i]>a[j])
        {  b[k++]=a[j++];
           ans+=mid-i+1;                            //累计逆序数
        }
        else b[k++]=a[i++];
     }
     while(i<=mid) b[k++]=a[i++];
     while(j<=high) b[k++]=a[j++];
     for(int k1=0;k1<k;k1++)                        //b[0..k-1]=>a[low..high]
        a[low+k1]=b[k1];
  }
  static void MergeSort(int s,int t)                //两路归并排序
  {  if(s>=t) return;                               //a[s..t]的长度为 0 或者 1 时返回
     int m=(s+t)/2;                                 //取中间位置 m
     MergeSort(s,m);                                //对前子表排序
     MergeSort(m+1,t);                              //对后子表排序
     Merge(s,m,t);                                  //将两个有序子表合并成一个有序表
  }
  public static void main(String[] args)
  {  Scanner fin=new Scanner(System.in);
     int m,n;
     m=fin.nextInt();                               //场景个数
     for(int cas=1;cas<=m;cas++)
     {  n=fin.nextInt();
        for(int i=0;i<n;i++)
           a[i]=fin.nextInt();
        ans=0;
        MergeSort(0,n-1);
        System.out.printf("Scenario #%d:\n%d\n\n",cas,ans);
     }
  }
}
```

说明：在在线环境中验证时，将上述程序中的类名称 Exam10_11 改为 Main。

10.6 基数排序

前面介绍的各种排序都是基于关键字比较的，而基数排序是一种不基于关键字比较的排序算法，它是通过“分配”和“收集”过程来实现排序的。

视频讲解

1. 排序思路

基数排序是一种借助于多关键字排序的思想对单关键字排序的方法。

所谓多关键字是指所讨论元素中含有多个关键字，假设多个关键字分别为 k^0、k^1、……、k^{d-1}，称 k^0 是第一关键字，k^{d-1} 是第 d 个关键字。

由元素 R_0、R_1、……、R_{n-1} 组成的表，当且仅当对每一元素 $R_i \leqslant R_j$ 有 $(k_i^0,k_i^1,\cdots,k_i^{d-1}) \leqslant (k_j^0,k_j^1,\cdots,k_j^{d-1})$ 时，称关于关键字 k^0、k^1、……、k^{d-1} 有序。在 r 元组上定义的 $\leqslant$ 关系是 $x_j=y_j$ 且 $x_{j+1}<y_{j+1}$ 或者 $x_i=y_i(0\leqslant i,j\leqslant d-1)$ 成立，则 $(x_0,x_1,\cdots,x_{d-1}) \leqslant (y_0,y_1,\cdots,y_{d-1})$。简单地说，先按关键字 k^0 排序，k^0 相同的再按 k^1 排序，以此类推。所以各个关键字的重要性是不同的，这里关键字 k^0 最重要，k^1 次之，k^{d-1} 最不重要。

以扑克牌为例，每张牌含有两个关键字，一个是花色，一个是牌面，两个关键字的顺序关系定义如下。

k^0 花色：♦<♣<♥<♠

k^1 牌面：2<3<4<5<6<7<8<9<10<J<Q<K<A

根据以上定义，所有牌(除大、小王外)关于花色与牌面两个关键字的递增排序结果如下：

2♦，…，A♦，2♣，…，A♣，2♥，…，A♥，2♠，…，A♠

显然排序的过程应该从最不重要的关键字开始，这里从 k^{d-1} 开始。以扑克牌排序为例，只有两个关键字(即花色和牌面)，花色的重要性大于牌面的重要性，一副乱牌的排序过程是先将 52 张牌按牌面分为 13 个子表，按 2～A 的顺序得到一个序列，再将该序列按花色 ♦～♠ 排序，从而得到最后结果。

基数排序就是利用了多关键字排序思路，只不过将元素中的单个关键字分为多个位，每个位看成一个关键字。

一般地，在基数排序中元素 $R[i]$ 的关键字 $R[i]$.key 是由 d 位数字组成的，即 $k^{d-1}k^{d-2}\cdots k^0$，每一个数字表示关键字的一位，其中 k^{d-1} 为最高位，k^0 是最低位，每一位的值都在 $[0,r)$ 范围内，其中 r 称为基数。例如，对于二进制数 r 为 2，对于十进制数 r 为 10。

假设 k^{d-1} 是最重要位，k^0 是最不重要位，应该从最低位开始排序，称为最低位优先(LSD)；反之，若 k^{d-1} 是最不重要位，k^0 是最重要位，应该从最高位开始排序，称为最高位优先(MSD)。两种方法的思路完全相同，下面主要讨论最低位优先方法。

最低位优先排序的过程是先按最低位的值对元素进行排序，在此基础上再按次低位进行排序，以此类推，由低位向高位，每趟都是根据关键字的一位并在前一趟的基础上对所有元素进行排序，直至最高位，则完成了基数排序的整个过程。

假设线性表由元素序列 $a_0,a_1,\cdots,a_{n-1}$ 构成，每个结点 a_j 的关键字由 d 元组 $(k_j^{d-1},$

$k_j^{d-2},\cdots,k_j^1,k_j^0$)组成,其中 $0\leqslant k_j^i\leqslant r-1(0\leqslant j<n,0\leqslant i\leqslant d-1)$。在排序过程中使用 r 个队列,即 $Q_0,Q_1,\cdots,Q_{r-1}$。排序过程如下:

对 $i=0,1,\cdots,d-1$(从低位到高位)依次做一次“分配”和“收集”。

分配:开始时,把 $Q_0,Q_1,\cdots,Q_{r-1}$ 各个队列置成空队列,然后依次考查线性表中的每一个元素 $a_j(j=0,1,\cdots,n-1)$,如果 a_j 的关键字位 $k_j^i=k$,就把 a_j 插入 Q_k 队列中。

收集:将 $Q_0,Q_1,\cdots,Q_{r-1}$ 各个队列中的元素依次首尾相接,得到新的元素序列,从而组成新的线性表。

说明:*基数排序中每趟并不产生明确的有序区,也就是说在最后一趟排序结束前所有元素并不一定归位了。*

2. 排序算法

由于在分配和收集中涉及大量元素的移动,采用顺序表时效率较低,所以采用单链表存放排序序列,这里采用以 h 为首结点的单链表(不带头结点),其结点类型 LinkNode 如下:

```
class LinkNode                                //单链表结点类型
{ int key;                                    //存放关键字
  String data;                                //存放其他数据,假设为String类型
  LinkNode next;                              //下一个结点指针
  public LinkNode(int d)                      //构造方法
  {  key=d;
     next=null;
  }
}
```

假设元素的关键字均为十进制($r=10$)正整数,最大位数为 d,按递增排序的最低位优先基数排序类 RadixSortClass 如下:

```
public class RadixSortClass                   //基数排序类
{ LinkNode h=null;                            //单链表首结点
  public void CreateList(int[] a)             //由关键字序列a构造单链表
  {  LinkNode s,t;
     h=new LinkNode(a[0]);                    //创建首结点
     t=h;
     for(int i=1;i<a.length;i++)
     {  s=new LinkNode(a[i]);
        t.next=s; t=s;
     }
     t.next=null;
  }
  public void Disp()                          //输出单链表
  {  LinkNode p=h;
     while(p!=null)
     {  System.out.print(" "+p.key);
        p=p.next;
     }
     System.out.println();
  }
  private int geti(int key,int r,int i)       //求基数为r的正整数key的第i位
```

```
{   int k=0;
    for(int j=0;j<=i;j++)
    {   k=key%r;
        key=key/r;
    }
    return k;
}
public void RadixSort(int d,int r)                    //最低位优先基数排序算法
{   LinkNode p,t=null;
    LinkNode[] head=new LinkNode[r];                  //建立链队的队头数组
    LinkNode[] tail=new LinkNode[r];                  //建立链队的队尾数组
    for(int i=0;i<d;i++)                              //从低位到高位循环
    {   for(int j=0;j<r;j++)                          //初始化各链队的首、尾指针
            head[j]=tail[j]=null;
        p=h;
        while(p!=null)                                //分配:对于原链表中的每个结点循环
        {   int k=geti(p.key,r,i);                    //提取结点关键字的第i个位k
            if(head[k]==null)                         //第k个链队空时队头、队尾均指向p结点
            {   head[k]=p;
                tail[k]=p;
            }
            else                                      //第k个链队非空时p结点进队
            {   tail[k].next=p;
                tail[k]=p;
            }
            p=p.next;                                 //取下一个结点
        }
        h=null;                                       //重新用h来收集所有结点
        for(int j=0;j<r;j++)                          //收集:对于每一个链队循环
            if(head[j]!=null)                         //若第j个链队是第一个非空链队
            {   if(h==null)
                {   h=head[j];
                    t=tail[j];
                }
                else                                  //若第j个链队是其他非空链队
                {   t.next=head[j];
                    t=tail[j];
                }
            }
        t.next=null;                                  //尾结点的next置空
    }
  }
}
```

3. 算法分析

在基数排序过程中共进行了 d 趟分配和收集，每次分配的时间为 $O(n)$(需要遍历每个结点并且插入相应链队中)，每次收集的时间为 $O(r)$(按一个一个队列整体收集而不是按单个结点收集的)，这样每一趟分配和收集的时间为 $O(n+r)$，所以基数排序的时间复杂度为 $O(d(n+r))$。

在基数排序中每一趟排序需要的辅助存储空间为 r（创建 r 个队列），但后面的排序趟中重复使用这些队列，所以总的空间复杂度为 $O(r)$。

另外，在基数排序中使用的是队列，排在后面的关键字只能排在前面相同关键字的后面，相对位置不会发生改变，它是一种稳定的排序方法。

【例 10.12】 设排序序列中有 10 个元素，其关键字序列为(75,23,98,44,57,12,29,64,38,82)，说明采用基数排序方法进行排序的过程。

解：这里 $n=10,d=2,r=10$，采用最低位优先基数排序算法，先按个位数进行排序，再按十位数进行排序，排序过程如图 10.30 所示。

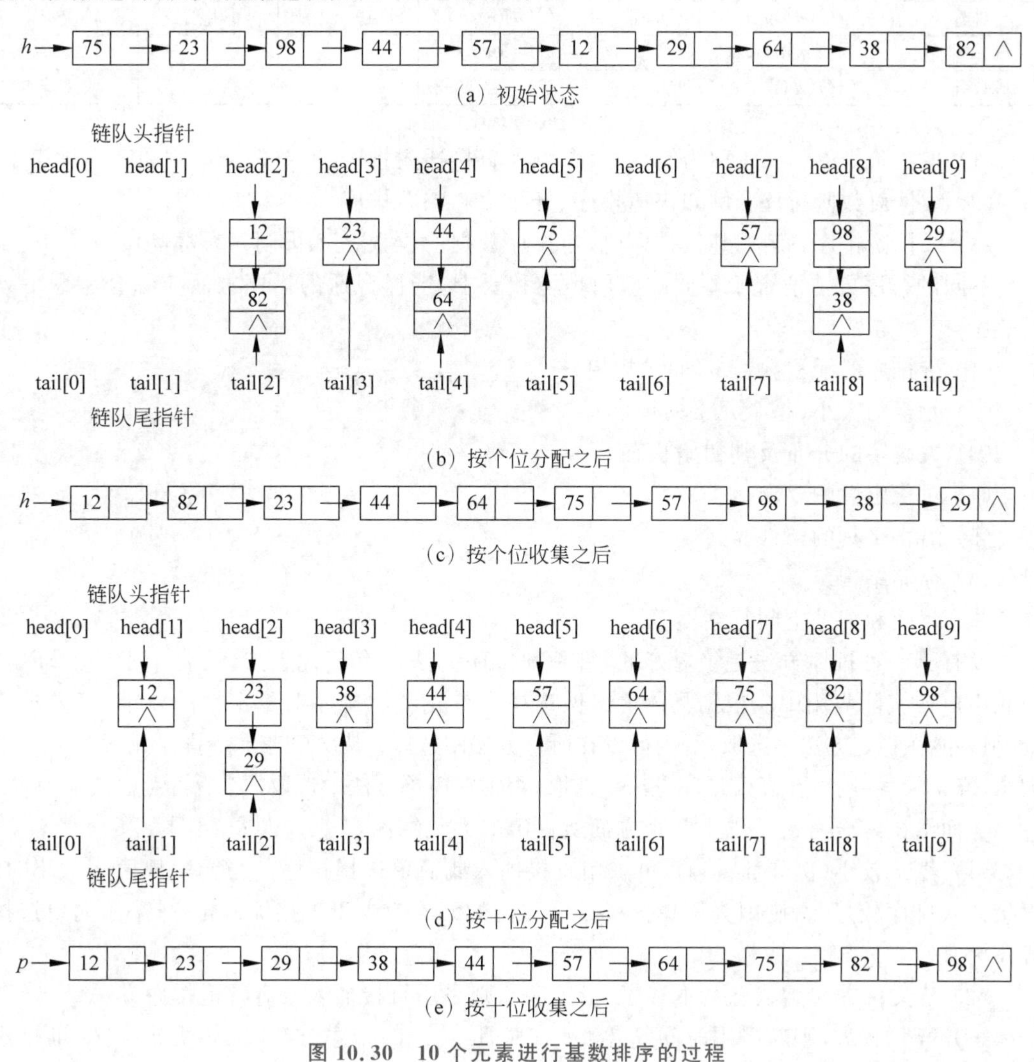

图 10.30　10 个元素进行基数排序的过程

10.7　各种内排序方法的比较和选择

视频讲解

前面介绍了多种内排序方法，将这些排序方法总结为表 10.1。通常按平均时间复杂度将排序方法分为 3 类。

表 10.1 各种排序方法的性能

排序方法	时间复杂度			空间复杂度	稳定性	复杂性
	平均情况	最坏情况	最好情况			
直接插入排序	$O(n^2)$	$O(n^2)$	$O(n)$	$O(1)$	稳定	简单
折半插入排序	$O(n^2)$	$O(n^2)$	$O(n)$	$O(1)$	稳定	较复杂
希尔排序	$O(n^{1.58})$			$O(1)$	不稳定	较复杂
冒泡排序	$O(n^2)$	$O(n^2)$	$O(n)$	$O(1)$	稳定	简单
快速排序	$O(n\log_2 n)$	$O(n^2)$	$O(n\log_2 n)$	$O(\log_2 n)$	不稳定	较复杂
简单选择排序	$O(n^2)$	$O(n^2)$	$O(n^2)$	$O(1)$	不稳定	简单
堆排序	$O(n\log_2 n)$	$O(n\log_2 n)$	$O(n\log_2 n)$	$O(1)$	不稳定	较复杂
归并排序	$O(n\log_2 n)$	$O(n\log_2 n)$	$O(n\log_2 n)$	$O(n)$	稳定	较复杂
基数排序	$O(d(n+r))$	$O(d(n+r))$	$O(d(n+r))$	$O(r)$	稳定	较复杂

(1) 平方阶排序：一般称为简单排序,例如直接插入排序、简单选择排序和冒泡排序。

(2) 线性对数阶排序：例如快速排序、堆排序和归并排序。

(3) 线性阶排序：例如基数排序(假定排序数据的位数 d 和进制 r 为常量)。

不同的排序方法适合于不同的应用环境和要求,选择合适的排序方法应综合考虑下列因素：

(1) 待排序的元素数目 n(问题规模)。

(2) 元素的大小(每个元素的规模)。

(3) 关键字的分布及其初始状态。

(4) 对稳定性的要求。

(5) 语言工具的条件。

(6) 存储结构。

(7) 时间和辅助空间复杂度等。

没有哪一种排序方法是绝对好的,每一种排序方法都有其优缺点,适合于不同的环境,因此用户在实际应用中应根据具体情况做选择。首先考虑排序对稳定性的要求,若要求稳定,则只能在稳定方法中选取,否则可以在所有方法中选取；其次要考虑待排序元素个数 n 的大小,若 n 较大,则可在高效排序方法中选取,否则在简单方法中选取；然后再考虑其他因素。

下面给出综合考虑了以上几个方面所得出的大致结论：

(1) 若 n 较小(例如 $n\leqslant 50$),可采用直接插入或简单选择排序。当元素规模非常小时,直接插入排序较好,否则因为简单选择排序移动的元素数少于直接插入排序,采用简单选择排序为宜。

(2) 若文件的初始状态基本有序(指正序),则采用直接插入或者冒泡排序方法。

(3) 若 n 较大,则应采用时间复杂度为 $O(n\log_2 n)$的排序方法,例如快速排序、堆排序或归并排序。快速排序被认为是目前基于比较的内排序中较好的方法,当待排序的关键字随机分布时,快速排序的平均时间最少；但堆排序所需的辅助空间少于快速排序,并且不会出现快速排序可能出现的最坏情况。这两种排序都是不稳定的,若要求排序稳定,则可采用归并排序。

(4) 若有两个有序表,要将它们组合成一个新的有序表,最好采用归并排序方法。

(5) 在一般情况下,基数排序可能在 $O(n)$时间内完成对 n 个元素的排序。遗憾的是,基数排序只适用于像字符串和整数这类有明显结构特征的关键字，而当关键字的取值范围属于某个无穷集合（例如实数型关键字）时无法采用基数排序。因此当 n 很大、元素的关键字位数较少且可以分解时，采用基数排序较好。

例如，Java 中的 Arrays. sort()方法（详细使用参见第 6 章的 6.1.3 节，建议在编程中尽量使用该方法）就是考虑各种情况实现的，当待排序数据的元素个数较少时（若长度小于 27）会采用直接插入排序，否则采用一种双轴快速排序方法。双轴快速排序方法是基本快速排序的改进，在算法中使用两个轴（基准），通常选取最左边元素作为 pivot1，选取最右边元素作 pivot2，使用 i、j、k 几个变量将数组分成 4 个部分，分别是小于 pivot1 的部分、大于等于 pivot1 且小于等于 pivot2 的部分、大于 pivot2 的部分和未知部分。通过遍历逐个减少未知元素。

10.8 外排序

视频讲解

前面介绍的内排序的数据需要全部放在内存中，当数据量特别大时会出现无法整体排序的情况。为此将待排序数据存储在文件中，每次将一部分数据调到内存中进行排序，这样在排序中需要进行多次的内、外存数据交换，所以称为外排序。外排序的基本方法是归并排序法，它主要分为以下两个阶段。

(1) 生成初始归并段（顺串）：将一个文件（含待排序数据）中的数据分段读入内存，每个段在内存中进行排序，并将有序数据段写到外存文件上，从而得到若干初始归并段。

(2) 多路归并：对这些初始归并段进行多路归并，使得有序归并段逐渐扩大，最后在外存上形成整个文件的单一归并段，也就完成了这个文件的外排序。

外排序的时间是上述两个阶段的时间和，主要包含内、外存数据交换时间和元素比较时间（元素移动的次数相对较少）。

对存放在磁盘中的文件进行排序（即磁盘排序）属典型的外排序。下面讨论磁盘排序中两个阶段的主要方法。

10.8.1 生成初始归并段的方法

生成初始归并段就是由一个无序文件产生若干个有序文件，这些有序文件恰好包含前者的全部元素。

1. 常规方法

假设无序文件 F_{in} 的长度为 n，在排序中可用的内存大小为 w（通常 w 远远小于 n），打开 F_{in} 文件，读入 w 个元素到内存中，采用前面介绍的某种内排序方法排好序，写入文件 F_1 中。再读入 F_{in} 的下面 w 个元素到内存中，继续排好序，写入文件 F_2 中，以此类推，直到 F_{in} 中的所有元素处理完毕，得到 m 个有序文件 $F_1 \sim F_m$，它们称为初始归并段。显然 $m=\lceil n/w \rceil$，通常前 $m-1$ 个有序文件的长度均为 w，最后一个有序文件的长度小于或等于 w。

例如，在无序文件 F_{in} 中含 4500 个元素，即 R_1、R_2、……、R_{4500}，可用内存大小 $w=750$，假设磁盘每次读/写一个元素的数据块（即一个物理块对应一个逻辑元素，称为页块），内、外存数据交换是以页块为单位的，即读一次或者写一次都是一个页块，当页块为一个元素时内、外存数据交换次数与元素读/写次数相同,从而简化内、外存数据交换时间的计算。在采用常规方法生成初始归并段时,$m=4500/750=6$,这样得到6个初始归并段,即$F_1 \sim F_6$。

2. 置换-选择排序方法

在采用常规方法生成初始归并段时,通常初始归并段的个数较多,因为外排序的目的是产生一个有序文件,所以初始归并段的个数越少越好,而置换-选择排序方法可以满足这样的需求。

置换-选择排序方法基于选择排序,即从若干个元素中通过关键字比较选择一个最小的元素,同时在此过程中伴随元素的输入和输出,最后生成若干个长度可能各不相同的有序文件。其基本步骤如下:

(1) 从待排序文件F_{in}中按内存工作区WA的容量(设为w)读入w个元素。设当前初始归并段编号$i=1$。

(2) 从WA中选出关键字最小的元素R_{min}。

(3) 将R_{min}元素输出到文件F_i(F_i为产生的第i个初始归并段)中,作为当前初始归并段的一个元素。

(4) 若F_{in}不空,则从F_{in}中读入下一个元素到WA中替代刚输出的元素。

(5) 在WA工作区中所有大于或等于R_{min}的元素中选择出最小元素作为新的R_{min},转(3),直到选不出这样的R_{min}。

(6) 置$i=i+1$,开始下一个初始归并段。

(7) 若WA工作区已空,则所有初始归并段已全部产生,否则转(2)。

【例10.13】 设某个磁盘文件中共有18个元素,对应的关键字序列为(15,4,97,64,17,32,108,44,76,9,39,82,56,31,80,73,255,68),若内存工作区中可容纳5个元素,用置换-选择排序方法可产生几个初始归并段?每个初始归并段包含哪些元素?

解:初始归并段的生成过程如表10.2所示,共产生两个初始归并段,归并段F_1为(4,15,17,32,44,64,76,82,97,108),归并段F_2为(9,31,39,56,68,73,80,255)。

表10.2 初始归并段的生成过程

读入元素	内存工作区状态	R_{min}	输出之后的初始归并段状态
15,4,97,64,17	15,4,97,64,17	4($i=1$)	初始归并段1:{4}
32	15,32,97,64,17	15($i=1$)	初始归并段1:{4,15}
108	108,32,97,64,17	17($i=1$)	初始归并段1:{4,15,17}
44	108,32,97,64,44	32($i=1$)	初始归并段1:{4,15,17,32}
76	108,76,97,64,44	44($i=1$)	初始归并段1:{4,15,17,32,44}
9	108,76,97,64,9	64($i=1$)	初始归并段1:{4,15,17,32,44,64}
39	108,76,97,39,9	76($i=1$)	初始归并段1:{4,15,17,32,44,64,76}
82	108,82,97,39,9	82($i=1$)	初始归并段1:{4,15,17,32,44,64,76,82}
56	108,56,97,39,9	97($i=1$)	初始归并段1:{4,15,17,32,44,64,76,82,97}
31	108,56,31,39,9	108($i=1$)	初始归并段1:{4,15,17,32,44,64,76,82,97,108}
80	80,56,31,39,9	9(没有大于或等于108的元素,$i=2$)	初始归并段2:{9}

续表

读入记录	内存工作区状态	R_{min}	输出之后的初始归并段状态
73	80,56,31,39,9	31(i=2)	初始归并段 2：{9,31}
255	80,56,255,39,73	39(i=2)	初始归并段 2：{9,31,39}
68	80,56,255,68,73	56(i=2)	初始归并段 2：{9,31,39,56}
	80,,255,68,73	68(i=2)	初始归并段 2：{9,31,39,56,68}
	80,,255,,73	73(i=2)	初始归并段 2：{9,31,39,56,68,73}
	80,,255,,	80(i=2)	初始归并段 2：{9,31,39,56,68,73,80}
	,,255,,	255(i=2)	初始归并段 2：{9,31,39,56,68,73,80,255}

置换-选择排序方法生成的初始归并段的长度既与内存工作区大小 w 有关，也与输入文件中元素的排列次序有关。如果输入文件中的元素按关键字随机排列，则所得到的初始归并段的平均长度大约为 w 的两倍。也就是说，置换-选择排序方法得到的初始归并段的个数是常规方法的一半。

10.8.2　多路归并方法

在多路归并中总时间大约是内、外存数据交换时间和关键字比较次数之和。内、外存数据交换时间通过元素的读/写次数来表示。常用的多路归并方法有 k 路平衡归并方法和最佳归并树。

1. k 路平衡归并方法

如果初始归并段有 m 个，那么二路平衡归并每一趟使归并段个数减半(可以简单理解为每一趟所有的归并段均参与归并，归并段不够时用长度为 0 的虚段补充)，对应的归并树有$\lceil \log_2 m \rceil+1$ 层，需要做$\lceil \log_2 m \rceil$趟归并。做类似的推广，在采用 $k(k>2)$路平衡归并时，相应的归并树有$\lceil \log_k m \rceil+1$ 层，要对数据进行 $s=\lceil \log_k m \rceil$趟归并。

例如，对于前面的含 4500 个文件的示例，产生 6 个初始归并段($F_1 \sim F_6$)，每个初始归并段含 750 个元素，内存工作区大小为 750。下面讨论两种归并方案。

(1) $k=2$，采用二路平衡归并的过程如图 10.31 所示(图中的虚段是指长度为 0 的段，这是为了保证每次都有两个段参与归并而增加的)，最后产生一个有序文件 F_{out}，达到了外排序的目的。

视频讲解

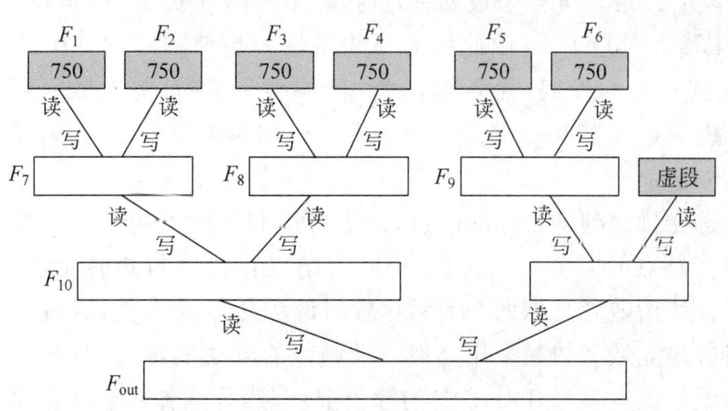

图 10.31　6 个归并段的二路归并过程

从中看出,由于假设页块大小为 1,当归并段 a 和 b 归并为 c 时,a 和 b 中的每个元素都需要读一次(读入内存进行比较)和写一次(较小的元素写入 c 中),而归并中元素读次数恰好等于归并树的带权路径长度(WPL),并且元素读/写次数相同,即元素读/写总次数等于 2WPL。这里有:

$$\text{WPL}=(750+750+750+750)\times3+(750+750)\times2=12\,000$$

则该二路归并中元素读/写总次数=2WPL=24 000。文件中共有 4500 个元素,每个元素大约读 12 000/4500=2.67 次,写的次数相同。显然 WPL 越大,内外存数据交换越多。

(2) $k=3$,采用三路归并的过程如图 10.32 所示(图中的虚段是为了保证每次有 3 个段参与归并而增加的)。该三路归并树的 WPL 如下:

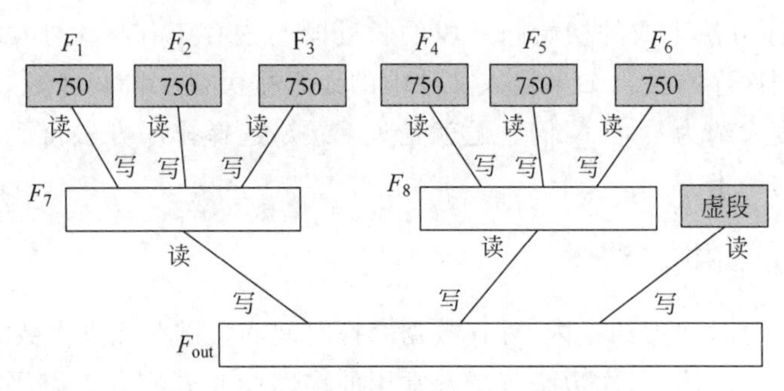

图 10.32　6 个归并段的三路归并过程

$$\text{WPL}=6\times750\times2+0\times1=9000$$

则三路归并中元素读/写总次数=2WPL=18 000。

从中看出,k 越大,元素读/写次数越少,相应地内、外存数据交换时间越少。对于本例,内存工作区大小为 750,k 可以取更大的值,那么是不是 k 越大归并的性能就越好呢?

现在分析 k 路平衡归并的性能。在 k 路归并时,总趟数为 $s=\lceil \log_k m \rceil$,归并中最频繁的操作是在 k 个元素中选择最小者,如果采用简单选择方法,需要进行 $k-1$ 次关键字比较。每趟归并 u 个元素,共需要做 $(u-1)\times(k-1)$ 次关键字比较,则 s 趟归并总共需要的关键字比较次数为:

$$\begin{aligned} s\times(u-1)\times(k-1) &= \lceil \log_k m \rceil\times(u-1)\times(k-1) \\ &= \lceil \log_2 m \rceil\times(u-1)\times(k-1)/\lceil \log_2 k \rceil \end{aligned}$$

当初始归并段个数 m 和元素个数 u 一定时,其中的 $\lceil \log_2 m \rceil\times(u-1)$ 是常量,而 $(k-1)/\lceil \log_2 k \rceil$ 在 k 无限增大时趋于∞,因此增大归并路数 k 会使多路归并中的关键字比较次数增大。若 k 增大到一定的程度,就会抵消掉由于减少元素读/写次数而赢得的时间。也就是说,在 k 路平衡归并中,如果在选择最小元素时采用简单选择方法,则并非 k 越大归并的效率就越好。

类似从简单选择排序到堆排序的改进,这里可以利用败者树来选择最小元素。败者树是一棵有 k 个叶子结点的完全二叉树,其中叶子结点存放要归并的元素,分支结点存放关键字对应的段号。所谓败者是指两个元素比较时的关键字较大者,胜者是两个元素比较时的关键字较小者。建立败者树是采用类似于堆调整的方法实现的,其初始时令所有的分支结点指向一个含最小关键字(MINKEY)的叶子结点,然后从各叶子结点出发调整分支结点为新的败者即可。

对 k 个初始归并段(有序段)进行 k 路平衡归并的方法如下。

(1) 取每个输入有序段的第一个元素作为败者树的叶子结点,建立初始败者树:在每个叶子结点到根结点方向上做两两结点关键字的比较,败者(关键字较大者)放在双亲结点中,让胜者(关键字较小者)参加更高一层的比较,以此类推,在根结点上胜出的"冠军"就是关键字最小者。

(2) 将最后胜出的元素写至输出归并段,在对应的叶子结点处补充该输入有序段的下一个元素,若该有序段变空,则补充一个大关键字(比所有元素关键字都大,设为 k_{max},通常用∞表示)的虚元素。

(3) 调整败者树,选择新的关键字最小的元素:从补充元素的叶子结点向上和双亲结点的关键字比较,败者留在该双亲结点,胜者继续向上,直到树的根结点,最后将胜者放在根结点的双亲结点中。

(4) 若胜出的元素关键字等于 k_{max},则归并结束;否则转(2)继续。

【例 10.14】 设有 5 个初始归并段,它们中各元素的关键字分别如下:

F_0:{17,21,∞}　F_1:{5,44,∞}　F_2:{10,12,∞}　F_3:{29,32,∞}　F_4:{15,56,∞}
其中,∞是段结束标志。请说明利用败者树进行五路平衡归并排序的过程。

解:这里 $k=5$,其初始归并段的段号分别为 0~4(与 F_0~F_4 相对应)。先构造含有 5 个叶子结点的败者树,由于败者树中不存在单分支结点,所以其中恰好有 4 个分支结点,再加上一个冠军结点(用于存放最小关键字的段号)。用 ls[0]存放冠军结点,ls[1]~ls[4]存放分支结点,b_0~b_4 存放叶子结点。初始时 ls[0]~ls[4]分别取 5(对应的 F_5 是虚拟段,只含一个最小关键字 MINKEY,即 $-\infty$),b_0~b_4 分别取 F_0~F_4 中的第一个关键字,如图 10.33(a)所示。为了方便,图 10.33 的每个分支结点中除了段号外,另加有相应的关键字。

然后从 b_4 到 b_0 进行调整,建立败者树,过程如下:

① 调整 b_4,先置胜者 s(关键字最小者)为 4,$t=(s+5)/2=4$,将 $b[s]$.key(15)和 $b[\text{ls}[t]$.key]($b[\text{ls}[4]$.key]$=-\infty$)进行比较,胜者 $s=\text{ls}[t]=5$,将败者"4(15)"放在 ls[4]中,$t=t/2=2$;将 ls[s].key($-\infty$)与双亲结点 ls[t].key($-\infty$)进行比较,胜者仍为 $s=5$,$t=t/2=1$;将 ls[s].key($-\infty$)与双亲结点 ls[t].key($-\infty$)进行比较,胜者仍为 $s=5$,$t=t/2=0$。最后置 ls[0]$=s$($-\infty$)。其结果如图 10.33(b)所示。实际上就是从 b_4 到 ls[1][图 10.33(b)中的粗线部分]进行调整,将最小关键字的段号放在 ls[0]中。

② 调整 b_3~b_0 的过程与此类似,它们调整后得到的结果分别如图 10.33(c)~图 10.33(f)所示。最后的图 10.33(f)就是建立的初始败者树。

在败者树建立好后,可以利用 5 路归并产生有序序列,其中主要的操作是从 5 个元素中找出最小元素并确定其所在的段号。这对败者树来说十分容易实现,先从初始败者树中输出 ls[0]的当前元素,即 1 号段中关键字为 5 的元素,然后进行调整。调整的过程是将进入树的叶子结点与双亲结点进行比较,把较大者(败者)存放到双亲结点中,较小者(胜者)与上一级的祖先结点再进行比较,此过程不断进行,直到根结点,最后把新的全局优胜者写至输出归并段。

对于本例,将 1(5)写至输出归并段后,在 F_1 中补充下一个关键字为 44 的元素,调整败者树,调整过程是将 1(44)与 2(10)进行比较,产生败者 1(44),放在 ls[3]中,胜者为 2(10);

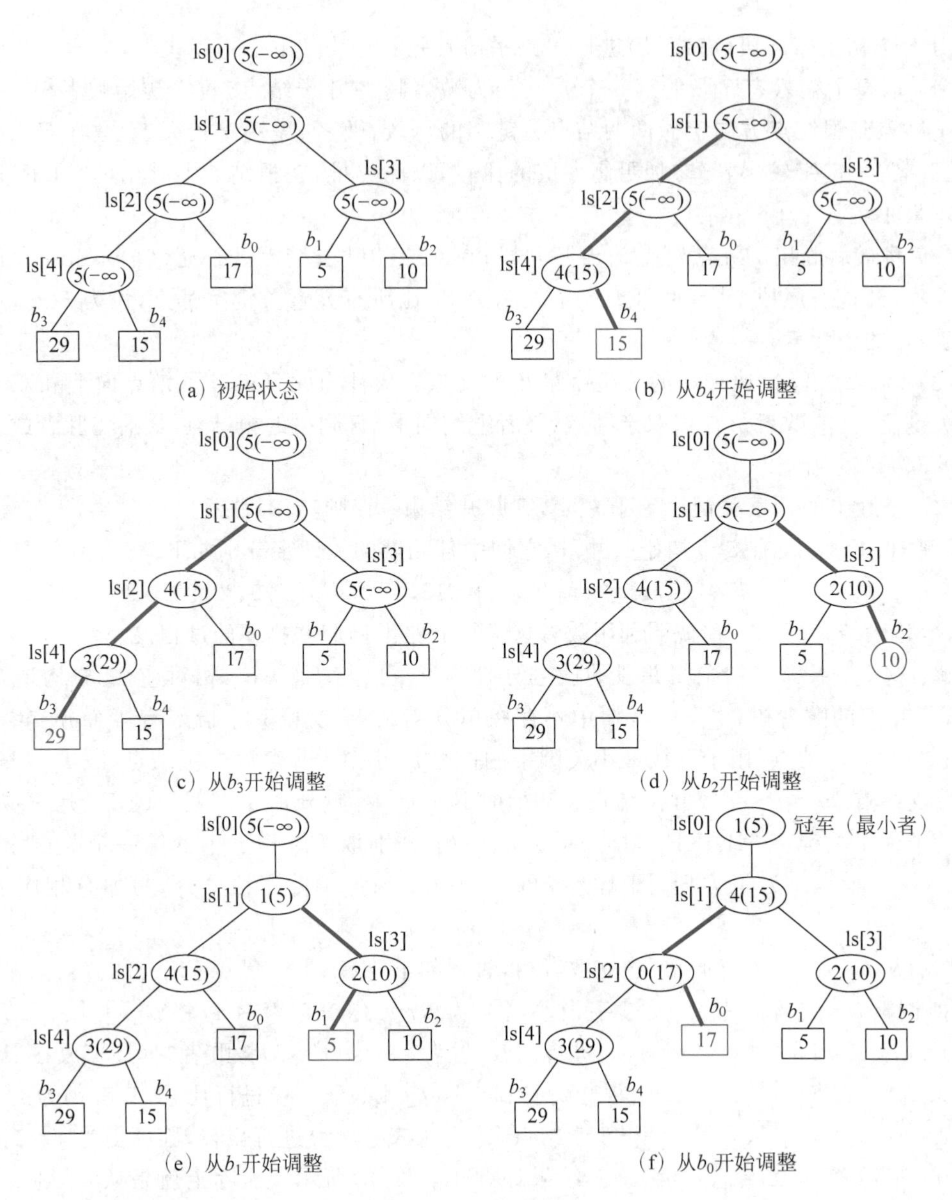

(a) 初始状态　(b) 从b_4开始调整

(c) 从b_3开始调整　(d) 从b_2开始调整

(e) 从b_1开始调整　(f) 从b_0开始调整

图 10.33　建立败者树的过程

将 2(10)与 4(15)进行比较，产生败者 4(15)，胜者为 2(10)；最后将胜者 2(10)放在 ls[0]中。经过两次比较产生了新的关键字最小的元素 2(10)，如图 10.34 所示，其中粗线部分为调整路径。

说明：*在置换-选择排序方法中的第(2)步，从 WA 中选出关键字最小的元素时也可以使用败者树方法，以提高算法的效率。*

从本例看到，k 路平衡归并的败者树的高度为$\lceil \log_2 k \rceil+1$[①]，在每次调整找下一个具有最小关键字的元素时仅需要做$\lceil \log_2 k \rceil$次关键字比较。

---

① k 路平衡归并败者树是一个含有 k 个叶子结点且没有单分支结点的完全二叉树，$n_2=n_0-1=k-1$，$n=n_0+n_1+n_2=2k-1$，$h=\lceil \log_2(n+1) \rceil=\lceil \log_2(2k) \rceil=\lceil \log_2 k \rceil+1$。

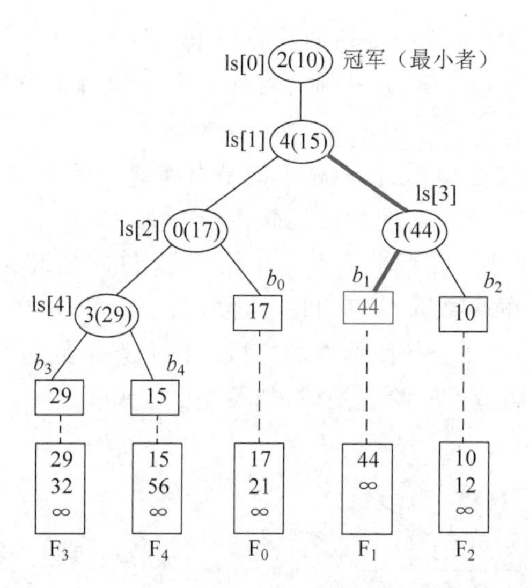

图 10.34 重购后的败者树(粗线部分的结点发生改变)

因此,若初始归并段为 m 个,利用败者树在 k 个元素中选择最小者只需要进行 $\lceil \log_2 k \rceil$ 次关键字比较。这样 $s=\lceil \log_k m \rceil$ 趟归并总共需要的关键字比较次数为:

$$
\begin{aligned}
s \times (u-1) \times \lceil \log_2 k \rceil &= \lceil \log_k m \rceil \times (u-1) \times \lceil \log_2 k \rceil \\
&= \lceil \log_2 m \rceil \times (u-1) \times \lceil \log_2 k \rceil / \lceil \log_2 k \rceil \\
&= \lceil \log_2 m \rceil \times (u-1)
\end{aligned}
$$

从中看出关键字比较次数与 k 无关,总的内部归并时间不会随 k 的增大而增大。但 k 越大,归并树的高度较小,读/写磁盘的次数也较少。因此,当采用败者树实现多路平衡归并时,只要内存空间允许,增大归并路数 k,有效地减少归并树的高度,从而减少内、外存数据交换时间,提高外排序的速度。

2. 最佳归并树

由于采用置换-选择排序算法生成的初始归并段长度不等,在进行逐趟 k 路归并时对归并段的组合不同,会导致归并过程中元素的读/写次数不同。为提高归并的性能有必要对各归并段进行合理的搭配组合。按照最佳归并树的方案实施归并可以最小化内、外存数据交换时间。

假设 m 个初始归并段进行 k 路归并,对应的最佳归并树是带权路径长度最小的 k 次(阶)哈夫曼树,其中只有度为 0 的结点和度为 k 的分支结点,前者恰好 m 个,设后者 n_k 个,有:

(1) $n=m+n_k$(n 为总结点个数)

(2) 所有结点度之和$=n-1$

(3) 所有结点度之和$=k\times n_k$

可以推出 $n_k=(m-1)/(k-1)$,n_k 应该为整数,即 $x=(m-1)\ \%\ (k-1)=0$。若 $x\neq 0$,不能保证每次 k 路归并时恰好有 k 个归并段,这样会导致归并算法复杂化,为此增加若干长度为 0 的虚段,可以求出最少增加 $k-1-x$ 个虚段就可以保证每次恰好有 k 个归并段参与归并。

构造 m 个初始归并段的最佳归并树的步骤如下：

(1) 若 $x=(m-1)\ \%\ (k-1)\neq 0$,则需附加 $k-1-x$ 个长度为0的虚段,以使每次归并都可以对应 k 个段。

(2) 按照哈夫曼树的构造原则(权值越小的结点离根结点越远)构造最佳归并树。

【例 10.15】 设某文件经预处理后得到长度分别为49、9、35、18、4、12、23、7、21、14和26的11个初始归并段,试为4路归并设计一个读/写文件次数最少的归并方案。

解：这里初始归并段的个数 $m=11$,归并路数 $k=4$,由于 $x=(m-1)\ \%\ (k-1)=1$,不为0,所以需附加 $k-1-x=2$ 个长度为0的虚段。按元素个数递增排序为(0,0,4,7,9,12,14,18,21,23,26,35,49)构造4阶哈夫曼树,如图10.35所示。

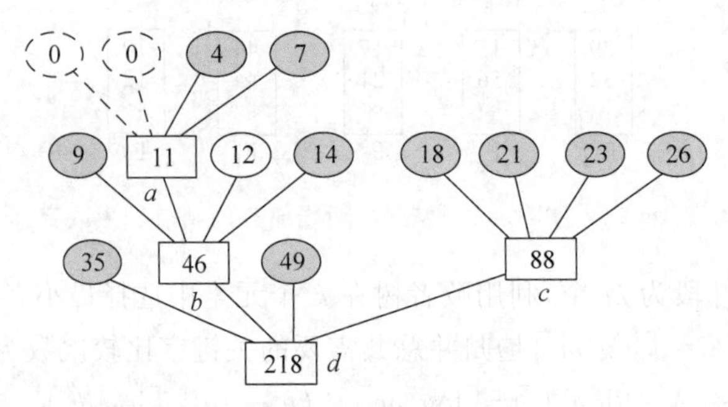

图 10.35 一棵4路最佳归并树

该最佳归并树给出了元素读/写次数最少的归并方案,如下：

(1) 第1次将长度为4和7的初始归并段归并为长度为11的有序段 a。

(2) 第2次将长度为9、12和14的初始归并段以及有序段 a 归并为长度为46的有序段 b。

(3) 第3次将长度为18、21、23和26的初始归并段归并为长度为88的有序段 c。

(4) 第4次将长度为35和49的初始归并段以及有序段 b、c 归并为元素长度为218的有序文件整体 d。该方案共需4次归并。

若每个元素占用一个物理页块,则此方案中4路归并的总的元素读/写次数为 $2\times[(4+7)\times 3+(9+12+14+18+21+23+26)\times 2+(35+49)\times 1]=726$ 次。

一般地,为了提高整个外部排序的效率,可以从以下两个方面进行优化：

(1) 在产生 m 个初始归并段时,为了尽量减小 m,采用置换-选择排序方法,可以将整个待排序文件分为数量较少的长度不等的初始归并段。

(2) 在将若干初始归并段归并为一个有序文件的多路归并中,为了尽量减少元素读/写次数,采用最佳归并树的归并方案对初始归并段进行归并,在归并的具体实现中采用败者树选择最小元素。

自测题

10.9 练习题

10.9.1 问答题

1. 直接插入排序算法在含有 n 个元素的初始数据正序、反序和数据全部相等时,时间复杂度各是多少？

2. 折半插入排序和直接插入排序的平均时间复杂度都是 $O(n^2)$，为什么一般情况下折半插入排序要好于直接插入排序？

3. 希尔排序算法中每一趟都对各个组采用直接插入排序算法，为什么希尔排序算法比直接插入排序算法的效率更高，试举例说明之。

4. 采用什么方法可以改善快速排序算法在最坏情况下的时间性能？

5. 有如下快速排序算法，指出该算法是否正确，若不正确，请说明错误的原因。

```
void QuickSort(RecType[] R, int s, int t)  //对 R[s..t]的元素进行快速排序
{ int i=s, j=t;
  int base;
  if(s<t)
  {   base=s;
      while(i!=j)
      { while(j>i && R[j].key>R[base].key)
            j--;
        R[i]=R[j];
        while(i<j && R[i].key<R[base].key)
            i++;
        R[j]=R[i];
      }
      R[i]=R[base];
      QuickSort(R, s, i-1);            //对左区间递归排序
      QuickSort(R, i+1, t);            //对右区间递归排序
  }
}
```

6. 简述堆和二叉排序树的区别。

7. 一个有 n 个整数的数组 $R[1..n]$，其中所有元素是有序的，将其看成是一棵完全二叉树，该树构成了一个堆吗？若不是，请给一个反例；若是，请说明理由。

8. 请回答下列关于堆排序中堆的一些问题：

(1) 堆的存储表示是顺序还是链式的？

(2) 设有一个小根堆，即堆中任意结点的关键字均小于它的左孩子和右孩子的关键字，其中具有最大关键字的结点可能在什么地方？

9. 在堆排序、快速排序和归并排序中：

(1) 若只从存储空间考虑，应首先选取哪种排序方法？其次选取哪种排序方法？最后选取哪种排序方法？

(2) 若只从排序结果的稳定性考虑，应选取哪种排序方法？

(3) 若只从最坏情况下的排序时间考虑，不应选取哪种排序方法？

10. 由二路归并排序的思想可以推广到三路归并排序，对 n 个元素采用三路归并排序，其总的归并趟数是多少？算法的时间和空间复杂度是多少？

11. 在基数排序的过程中用队列暂存排序的元素，是否可以用栈来代替队列？为什么？

12. 什么是多路平衡归并？多路平衡归并的目的是什么？

13. 外排序中的"败者树"和堆有什么区别？若用败者树求 k 个数中的最小值，在某次

比较中得到 $a>b$,那么谁是败者?

14. 设有 11 个长度(即包含的元素个数)不同的初始归并段,它们所包含的元素个数依次为 25、40、16、38、77、64、53、88、9、48 和 98,试根据它们做 4 路归并,要求:

(1) 指出采用 4 路平衡归并时总的归并趟数。

(2) 构造最佳归并树。

(3) 根据最佳归并树计算总的读/写元素次数(假设一个页块含一个元素)。

10.9.2 算法设计题

1. 设计一个这样的直接插入排序算法:设整数数组为 $a[0..n-1]$,其中 $a[0..i-1]$为有序区、$a[i..n-1]$为无序区,对于排序的元素 $a[i]$,将其与有序区中的元素(从头开始)进行比较,找到一个刚好大于 $a[i]$的元素 $a[j]$($j<i$),将 $a[j..i-1]$元素后移,然后将原 $a[i]$插入 $a[j]$处,要求给出每趟结束后的结果。

2. 对于含 n 个整数的数组 a,设计一个 3 分的希尔排序算法,即将希尔排序中的 $d=d/2$ 改为 $d=d/3$。

3. 设计一个算法,判断一个整数序列 $a[1..n]$是否构成一个大根堆。

4. 有一个整数序列 $a[0..n-1]$,设计以下快速排序的非递归算法:

(1) 用栈实现非递归,对于每次划分的两个子表,先将左子表进栈,再将右子表进栈。

(2) 用栈实现非递归,对于每次划分的两个子表,先将右子表进栈,再将左子表进栈。

(3) 用队列实现非递归,对于每次划分的两个子表,先将左子表进队,再将右子表进队。

5. 有一个含 n 个整数的无序序列 $a[1..n]$,设计一个算法,从小到大顺序输出前 k($1\leqslant k\leqslant n$)个最大的元素。

6. 设 $a[0..n-1]$表示 n 个学生的分数,每个分数在 0 到 100 之间,大于等于 90 为等级 A,小于 90 但大于等于 80 为 B,小于 80 但大于等于 70 为 C,小于 70 但大于等于 60 为 D,其他为 E。设计一个算法,将所有分数按等级 A 到 E 的顺序输出,相同等级按在 a 中的初始顺序输出。

10.10 实验题

10.10.1 上机实验题

1. 求无序序列的前 k 个元素。有一个含 n($n<100$)个整数的无序数组 a,编写一个高效程序输出其中前 k($1\leqslant k\leqslant n$)个最小的元素(输出结果不必有序),并用相关数据进行测试。

2. 三路归并排序。采用递归方法设计一个三路归并排序算法,并给出整数序列(10,9,8,7,6,5,4,3,2,1)共 10 个元素的递增排序过程。

3. 含负数的整数序列的基数排序。假设有一个含 n($n<100$)个整数的序列 a,每个元素的值均为 3 位整数,其中存在负数。设计一个算法采用基数排序方法实现该序列的递增排序,并用相关数据进行测试。

4. 求平均数问题。在演讲比赛中,当参赛者完成演讲时评委将对他的表演进行评分。

工作人员删除最高分和最低分,并计算其余的平均分作为参赛者的最终成绩。这是一个容易出问题的问题,因为通常只有几名评委。考虑上面问题的一般形式,给定 n 个正整数,删除最大的 n_1 个和最少的 n_2 个,并计算其余的平均值。

输入格式:输入包含几个测试用例。每个测试用例包含两行,第一行包含由单个空格分隔的3个整数 n_1、n_2 和 n($1\leqslant n_1,n_2\leqslant 10,n_1+n_2<n\leqslant 5\,000\,000$);第二行包含由单个空格分隔的 n 个正整数 a_i($1\leqslant a_i\leqslant 10^8,1\leqslant i\leqslant n$)。最后一个测试用例后跟3个零。

输出格式:对于每个测试用例,在一行中输出平均分,四舍五入到小数点后6位数。

输入样例:

```
1 2 5
1 2 3 4 5
4 2 10
2121187 902 485 531 843 582 652 926 220 155
0 0 0
```

输出样例:

```
3.500000
562.500000
```

10.10.2 在线编程题

1. POJ2388——求中位数问题

时间限制:1000ms;空间限制:65 536KB。

问题描述:FJ正在调查他的牛群以寻找最普通的牛群,他想知道产奶量的中位数,一半奶牛的产奶量与中位数一样多或更多,一半奶牛的产奶量与中位数一样多或更少。

输入格式:给定 n(n 为奇数,$1\leqslant n<10\,000$)头牛的牛奶产量(1~1 000 000),找到这些奶牛中产奶量的中位数。输入的第一行为整数 n,第二行到第 $n+1$ 行中每行包含一个整数,表示一头奶牛的产奶量。

输出格式:输出一行表示产奶量的中位数。

输入样例:

```
5
2
4
1
3
5
```

输出样例:

```
3
```

2. POJ1007——DNA排序问题

时间限制:1000ms;空间限制:65 536KB。

问题描述:一个序列中"未排序"的度量是相对于彼此顺序不一致的条目对的数量,例如在字母序列"DAABEC"中,度量为5,因为D大于其右边的4个字母,E大于其右边的一个字母。该度量称为该序列的逆序数。序列"AACEDGG"只有一个逆序对(E和D),它几乎被排好序了,而序列"ZWQM"有6个逆序对,它是未排序的,恰好是反序。

请对若干个DNA序列(仅包含4个字母A、C、G和T的字符串)分类,注意是分类而不是按字母顺序排序,按照"最多排序"到"最小排序"的顺序排列,所有DNA序列的长度都相同。

输入格式:第一行包含两个整数,$n(0<n\leqslant 50)$表示字符串长度,$m(0<m\leqslant 100)$表示字符串个数。后面是m行,每行包含一个长度为n的字符串。

输出格式:按"最多排序"到"最小排序"的顺序输出所有字符串。若两个字符串的逆序对个数相同,按原始顺序输出它们。

输入样例:

```
10 6
AACATGAAGG
TTTTGGCCAA
TTTGGCCAAA
GATCAGATTT
CCCGGGGGGA
ATCGATGCAT
```

输出样例:

```
CCCGGGGGGA
AACATGAAGG
GATCAGATTT
ATCGATGCAT
TTTTGGCCAA
TTTGGCCAAA
```

3. POJ3784——求中位数

时间限制:1000ms;空间限制:65 536KB。

问题描述:对于这个问题,需要编写一个程序读取一系列整数,在读取每个奇数序号的整数后输出到目前为止接收到的整数的中值(中位数)。

输入格式:第一行输入包含一个整数$t(1\leqslant t\leqslant 1000)$,表示数据集个数。每个数据集的第一行包含数据集编号,后跟一个空格,接下来是一个奇数十进制整数$m(1\leqslant m\leqslant 9999)$,表示要处理的有符号整数的个数,数据集中的其余行,每行由10个整数组成,由单个空格分隔。数据集中的最后一行包含的整数可能少于10个。

输出格式:对于每个数据集,第一行输出包含数据集编号、单个空格和中位数个数(应该是输入整数个数的一半加1),将在以下行中输出中位数,每行10个,由单个空格分隔。最后一行包含的整数可能少于10个,但至少有一个。输出中没有空行。

输入样例:

```
3
1 9
1 2 3 4 5 6 7 8 9
```

```
2 9
9 8 7 6 5 4 3 2 1
3 23
23 41 13 22 -3 24 -31 -11 -8 -7
3 5 103 211-311 -45 -67 -73 -81 -99
-33 24 56
```

输出样例：

```
1 5
1 2 3 4 5
2 5
9 8 7 6 5
3 12
23 23 22 22 13 3 5 5 3 -3
-7 -3
```

4. HDU1106——排序问题

时间限制：2000ms；空间限制：65 536KB。

问题描述：输入一行数字，如果把这行数字中的“5”都看成空格，那么就得到一行用空格分割的若干非负整数(可能有些整数以“0”开头，这些头部的“0”应该被忽略掉，除非这个整数就是由若干个“0”组成的，这时这个整数就是 0)。请对这些分割得到的整数按从小到大的顺序排序输出。

输入格式：输入包含多组测试用例，每组输入数据只有一行数字(数字之间没有空格)，这行数字的长度不大于 1000。输入数据保证分割得到的非负整数不会大于 100 000 000，输入数据不可能全部由“5”组成。

输出格式：对于每个测试用例，输出分割得到的整数的排序结果，相邻的两个整数之间用一个空格分开，每组输出占一行。

输入样例：

```
0051231232050775
```

输出样例：

```
0 77 12312320
```

5. HDU2020——按绝对值排序问题

时间限制：2000ms；空间限制：65 536KB。

问题描述：输入 $n(n\leqslant 100)$ 个整数，按照绝对值从大到小排序后输出。题目保证对于每一个测试用例，所有数的绝对值都不相等。

输入格式：输入数据有多组，每组占一行，每行的第一个数字为 n，接着是 n 个整数，$n=0$ 表示输入数据结束，不做处理。

输出格式：对于每个测试用例，输出排序后的结果，两个数之间用一个空格隔开。每个测试用例占一行。

输入样例:

```
3 3 -4 2
4 0 1 2 -3
0
```

输出样例:

```
-4 3 2
-3 2 1 0
```

6. HDU1862——Excel 排序问题

时间限制:10 000ms;空间限制:32 768KB。

问题描述:Excel 可以对一组记录按任意指定列排序,请编写程序实现类似功能。

输入格式:测试输入包含若干测试用例。每个测试用例的第一行包含两个整数 n($0<n\leqslant 100\,000$)和 c,其中 n 是记录的条数,c 是指定排序的列号。以下有 n 行,每行包含一条学生记录。每条学生记录由学号(6 位数字,同组测试中没有重复的学号)、姓名(不超过 8 位且不包含空格的字符串)、成绩(闭区间[0,100]的整数)组成,每个项目间用一个个空格隔开。当读到 $n=0$ 时全部输入结束,相应的结果不输出。

输出格式:对每个测试用例,首先输出一行"Case i:",其中 i 是测试用例的编号(从 1 开始)。随后在 n 行中输出按要求排序后的结果,当 $c=1$ 时按学号递增排序,当 $c=2$ 时按姓名的非递减字典序排序,当 $c=3$ 时按成绩的非递减排序。当若干学生具有相同姓名或者相同成绩时,则按他们的学号递增排序。

输入样例:

```
3 1
000007 James 85
000010 Amy 90
000001 Zoe 60
4 2
000007 James 85
000010 Amy 90
000001 Zoe 60
000002 James 98
4 3
000007 James 85
000010 Amy 90
000001 Zoe 60
000002 James 90
0 0
```

输出样例:

```
Case 1:
000001 Zoe 60
000007 James 85
000010 Amy 90
Case 2:
```

```
000010 Amy 90
000002 James 98
000007 James 85
000001 Zoe 60
Case 3:
000001 Zoe 60
000007 James 85
000002 James 90
000010 Amy 90
```

参 考 文 献

[1] Sedgewick R,Wayne K.算法[M].谢路云,译.4 版.北京:人民邮电出版社,2012.

[2] Thomas H. Cormen,Charles E. Leiserson,Ronald L. Rivest,等.算法导论[M].潘金贵,顾铁成,李成法,等译.北京:机械工业出版社,2009.

[3] 萨特吉·萨尼(Sartag Sahni).数据结构、算法与应用(C++语言描述)[M].王立柱,刘志红,译.北京:机械工业出版社,2015.

[4] 邓俊辉.数据结构(C++语言版)[M].3 版.北京:清华大学出版社,2013.

[5] 李文辉,等.程序设计导引及在线实践[M].2 版.北京:清华大学出版社,2017.

[6] 王红梅,胡明,王涛.数据结构(C++版)[M].2 版.北京:清华大学出版社,2011.

[7] 张铭,等.数据结构与算法[M].北京:高等教育出版社,2008.

[8] 翁惠玉,等.数据结构:思想与实现[M].北京:高等教育出版社,2009.

[9] 李春葆,等.数据结构教程[M].5 版.北京:清华大学出版社,2017.

[10] 李春葆,等.数据结构教程(第 5 版)学习指导[M].北京:清华大学出版社,2017.

[11] 李春葆,等.数据结构教程(第 5 版)上机实验指导[M].北京:清华大学出版社,2017.

图书资源支持

感谢您一直以来对清华版图书的支持和爱护。为了配合本书的使用，本书提供配套的资源，有需求的读者请扫描下方的“书圈”微信公众号二维码，在图书专区下载，也可以拨打电话或发送电子邮件咨询。

如果您在使用本书的过程中遇到了什么问题，或者有相关图书出版计划，也请您发邮件告诉我们，以便我们更好地为您服务。

我们的联系方式：

地　　址：北京市海淀区双清路学研大厦 A 座 714

邮　　编：100084

电　　话：010-83470236　010-83470237

客服邮箱：2301891038@qq.com

QQ：2301891038（请写明您的单位和姓名）

资源下载：关注公众号“书圈”下载配套资源。

书圈

获取最新书目

观看课程直播